U0903308

江苏省“道德发展智库”成果
江苏省“公民道德与社会风尚协同创新中心”成果

国家社科基金重大招标项目
“现代伦理学诸理论形态研究”（10&ZD072）成果

2018年国家社会科学基金重大项目
“改革开放40年中国伦理道德数据库建设研究”
（18ZDA022）成果

中国伦理道德发展数据库

第二卷

樊 浩 王 珏 等著

中国社会科学出版社

图书在版编目(CIP)数据

中国伦理道德发展数据库：全七卷／樊浩等著．—北京：中国社会科学出版社，2018.12

ISBN 978-7-5203-3603-1

Ⅰ.①中…　Ⅱ.①樊…　Ⅲ.①社会公德—调查研究—中国
Ⅳ.①B822

中国版本图书馆CIP数据核字（2018）第260004号

出 版 人　赵剑英
责任编辑　高　歌
责任校对　石春梅
责任印制　戴　宽

出　　版　中国社会科学出版社
社　　址　北京鼓楼西大街甲158号
邮　　编　100720
网　　址　http://www.csspw.cn
发 行 部　010-84083685
门 市 部　010-84029450
经　　销　新华书店及其他书店

印刷装订　北京君升印刷有限公司
版　　次　2018年12月第1版
印　　次　2018年12月第1次印刷

开　　本　787×1092　1/16
印　　张　482.5
字　　数　8918千字
定　　价　2788.00元（全七卷）

凡购买中国社会科学出版社图书，如有质量问题请与本社营销中心联系调换
电话：010-84083683

中国伦理道德发展数据库
建设委员会

中国伦理道德发展数据库
编辑委员会

总　序

东南大学的伦理学科起步于20世纪80年代前期，由著名哲学家、伦理学家萧焜焘教授、王育殊教授创立，90年代初开始组建一支由青年博士构成的年轻的学科梯队，至90年代中期，这个团队基本实现了博士化。在学界前辈和各界朋友的关爱与支持下，东南大学的伦理学科得到了较大的发展。自20世纪末以来，我本人和我们团队的同仁一直在思考和探索一个问题：我们这个团队应当和可能为中国伦理学事业的发展做出怎样的贡献？换言之，东南大学的伦理学科应当形成和建立什么样的特色？我们很明白，没有特色的学术，其贡献总是有限的。2005年，我们的伦理学科被批准为“985工程”国家哲学社会科学创新基地，这个历史性的跃进推动了我们对这个问题的思考。经过认真讨论并向学界前辈和同仁求教，我们将自己的学科特色和学术贡献点定位于三个方面：道德哲学；科技伦理；重大应用。

以道德哲学为第一建设方向的定位基于这样的认识：伦理学在一级学科上属于哲学，其研究及其成果必须具有充分的哲学基础和足够的哲学含量；当今中国伦理学和道德哲学的诸多理论和现实课题必须在道德哲学的层面探讨和解决。道德哲学研究立志并致力于道德哲学的一些重大乃至尖端性的理论课题的探讨。在这个被称为“后哲学”的时代，伦理学研究中这种对哲学的执着、眷念和回归，着实是一种“明知不可为而为之”之举，但我们坚信，它是我们这个时代稀缺的学术资源和学术努力。科技伦理的定位是依据我们这个团队的历史传统、东南大学的学科生态以及对伦理道德发展的新前沿而做出的判断和谋划。东南大学最早的研究生培养方向就是“科学伦理学”，当年我本人就在这个方向下学习和研究，而东南大学以科学技术为主体、文管艺医综合发展的学科生态，也使我们这些90年代初成长起来的“新生代”再次认识到，选择科技伦理为学科生长点是明智之举。如果说道德哲学与科技伦理的定位与我们的学科传统有关，那么，重大应用的定位就是基于对伦理学的现实本性以及为中国伦理道德建设做贡献的愿望和抱负的选择。定位“重大应用”而不是一般的“应用伦理学”，昭明我们在这方面有所为也有所不为，只是试图在伦理学应用的某些重大方面和重大领域凝聚我们的努力。

基于以上定位，在“985 工程”建设中，我们决定进行系列研究并在长期积累的基础上严肃而审慎地推出以“东大伦理”为标识的学术成果。“东大伦理”取名于两种考虑：这些系列成果的作者主要是东南大学伦理学团队的成员，有的系列也包括东南大学培养的伦理学博士生的优秀博士论文；更深刻的原因是，我们希望并努力使这些成果具有某种特色，以为中国伦理学事业的发展做出自己的贡献。“东大伦理”由六个系列构成：道德哲学研究系列；科技伦理研究系列；重大应用研究系列；与以上三个结构相关的译著系列；以丛刊形式出现并在 20 世纪 90 年代已经创刊的《伦理研究》专辑系列，该丛刊同样围绕三大定位组稿和出版；还有优秀博士论文系列。

“道德哲学系列”的基本结构是“两史一论”，即道德哲学基本理论；中国道德哲学；外国道德哲学。道德哲学理论的研究基础，不仅在概念上将“伦理”与“道德”相区分，而且在一定意义将伦理学、道德哲学、道德形而上学相区分。这些区分某种意义上回归到德国古典哲学的传统，但它更深刻地与中国道德哲学传统相契合。在这个被宣布“哲学终结”的时代，深入而细致、精致而宏大的哲学研究反倒是必需而稀缺的，虽然那个“致广大、尽精微、综罗百代”的“朱熹气象”在中国几乎已经一去不返，但这并不代表我们今天的学术已经不再需要深刻、精致和宏大气魄。中国道德哲学史、西方道德哲学史研究的理念基础，是将道德哲学史当作“哲学的历史”，而不只是道德哲学“原始的历史”和“反省的历史”，它致力探索和发现中西方道德哲学传统中那些具有“永远的现实性”的精神内涵，并在哲学层面进行中西方道德传统的对话与互释。专门史与通史，将是道德哲学史研究的两个基本维度，马克思主义的历史辩证法是其灵魂与方法。

“科技伦理系列”的学术风格与“道德哲学系列”相接并一致，它同样包括两个研究结构。第一个研究结构是科技道德哲学研究，它不是一般的科技伦理学，而是从哲学的层面、用哲学的方法进行科技伦理的理论建构和学术研究，故名之“科技道德哲学”而不是“科技伦理学”；第二个研究结构是当代科技前沿的伦理问题研究，如基因伦理研究、网络伦理研究、生命伦理研究等。第一个结构的学术任务是理论建构，第二个结构的学术任务是问题探讨，由此形成理论研究与现实研究之间的互补与互动。

“重大应用系列”以目前我作为首席专家的国家哲学社会科学重大招标课题和江苏省哲学社会科学重大委托课题为起步，以调查研究和对策研究为重点。目前我们正组织四个方面的大调查，即当今中国社会的伦理关系大调查；道德生活大调查；伦理—道德素质大调查；伦理—道德发展的经验教训及其影响因子的大调查。我们的目标和任务，是努力了解和把握当今中国伦理道德的真实状况，在此基础上进行理论推进和理论创新，为中国伦理道德建设提出具有战略意义和创新意义的对策思路。这就是我们对“重大应用”的诠释和理解，今后我们将沿着这个方向走下去，并贡献出团队和个人的研究成果。

“译著系列”、《伦理研究》丛刊，将围绕以上三个结构展开。我们试图进行的努力是：这两个系列将以学术交流，包括团队成员对国外著名大学、著名学术机构、著名学者的访问，以及高层次的国际国内学术会议为基础，以“我们正在做的事情”为主题和主线，由此凝聚自己的资源和努力。“优秀博士论文系列”将审慎地推出一些东南大学伦理学科的优秀博士论文，以检阅我们的文脉传承。

马克思曾经说过，历史只能提出自己能够完成的任务，因为任务的提出已经表明完成任务的条件已经具备或正在具备。也许，我们提出的是一个自己难以完成或不能完成的任务，因为我们完成任务的条件尤其是我本人和我们这支团队的学术资质方面的条件还远没有具备。我们期待通过漫漫兮求索乃至几代人的努力，建立起以道德哲学、科技伦理、重大应用为三原色的“东大伦理”的学术标识。这个计划所展示的，与其说是某些学术成果，不如说是我们这个团队的成员为中国伦理学事业贡献自己努力的抱负和愿望。我们无法预测结果，因为哲人罗素早就告诫，没有发生的事情是无法预料的，我们甚至没有足够的信心展望未来，我们唯一可以昭告和承诺的是：

我们正在努力！

我们将永远努力！

樊　浩

谨识于东南大学“舌在谷”

2007 年 2 月 11 日

前　言
国家需求—学术成长—学科发展的协奏

东南大学伦理学团队是中国第三个伦理学博士点，在学科建设的初期就将道德哲学、科技伦理、重大应用定位于“东大伦理”的三原色，但重大应用的“重大”如何确认？重大应用研究如何与道德哲学研究良性互动？这个学术研究和学科发展的战略问题一开始并不是很清晰，只是有一点很明确：之所以瞄准“重大”，就是要有所为有所不为，着力于理论创新和文化传承。在中国学术界，应用研究的缺陷很明显，很多是理论研究的功力不够而转向“应用”，就像高考，不少人是因为理科成绩不理想而选考文科，于是对文科学习的激情和好奇心不够，直接影响了人文社会科学教学与研究的质量。还有一个问题是，我们发现不少学者长期从事应用研究，理论研究的高度和深度明显下滑，学界所谓“上行”与“下行”之说便由此而来。在国家“985”创新基地建设的初期，在我们的学术与学科发展理念中只是知道必须“重大”，但到底何谓“重大”、如何“重大”却并不聚焦。

这一问题的自觉始于 2007 年。那一年，全国哲学社会科学规划办第一次启动全国范围的重大招标项目，东南大学以樊和平教授为首席专家申报的“构建社会主义和谐社会进程中的思想道德与和谐伦理的理论与实践研究”在激烈竞争中获得成功。一段时间后，江苏省哲学社会科学规划办公室委托樊和平教授作为首席专家之一，承担重大委托项目“当前我国思想道德文化多元、多样、多变的特点和规律研究”。当时，整个团队都很兴奋，同时压力也很大，更重要的是，面对这两个以前从未邂逅的“重大”项目，不知从何处下手。樊和平教授做了多种方案，一年中团队多次研讨，但总觉得难以聚焦，也难以找到突破口，最后樊和平教授决定两个课题都从国情省情的调查研究突破。然而，到底如何调查，这支从未受过调查研究系统训练的团队只是凭着青春期的那股朝气和勇气前行。樊和平教授制定了一个“‘四大结构’—‘六大群体’—‘两类地区’”的逻辑框架。“四大结构”即“四大调查”：伦理关系大调查、道德生活大调查、伦理道德素质大调查、伦理道德的影响因子大调查；“六大群体”即政府公务员群体、企业家与企业员工群体、青少年群体、青年知识分子群体、新兴群体、弱势群体；“两类地区”即在全国和江苏都分别从发达地区和发展中地区采样，在全国以江苏、广东（广东以专题调查和补充调查为主）和广西、新疆，在江苏以苏州和盐城分别代表发达地区和发展中地区。两大课题分别设总课题调查组和六大群体的子课题调查组，投放问卷一万多份，故称“万人大调查”。子课题组根据六大群体的不同情况分别设计问卷，分别召开座谈会，总课题组设计综合问卷不分群体进行综合调查和座谈。无疑，问卷设计是基础也是第一道难关，因为它不仅考验和锻炼学者将学术问题转化为现实问题的那种“入化”的学术能力和学术境界，而且必须在这个过程中打造和建立团队。据此，问题设计的基本方法是：樊和平教授设计总体框架和学术内容，然后由各子课题负责人设计四大调查和六大群体的相关内容，在此基础上集体研讨，最后由樊和平教授逐一修改定稿，最后形成了由五十多个问题构成的两大问卷，并开始了在全国和江苏的浩浩荡荡的调查研究。国家课题组分别在江苏、广西、新疆三地，以多阶层抽样的方式共投放问卷1200份，获得有效样本984份，有效回收率为82%，其中江苏地区417份，新疆、广西两地区共567份。江苏委托项目的总课题组的调查在三地同样投放1200份问卷，获得有效样本971份，有效回收率为81%，其中江苏427份，广西、新疆544份。六大群体中的每个课题组都投放了相当数量的调查问卷。当时，不少学者包括规划办的领导都提醒我们可能将课题展开得太大了，但团队处于高昂的热情之中，深夜从数百里之外的盐城回来，还从车厢里飘出一路歌声。调查研究最终形成了200多万字的研究报告和数据库《中国伦理道德报告》《中国大众意识形态报告》（中国社会科学出版社，2010年12月版），首发式和成果发布会后，包括《人民日报》和《光明日报》在内的各主流媒体都以不同方式对成果做了报道和介绍，受到时任中共中央政治局常委李长春同志的关注，并作了重要批示。

首轮道德国情调查焕发了东大伦理学团队的激情，它不仅主要是由东南大学伦理学团队组织和完成，而且主要是用伦理学的方法进行调查研究。首轮道德国情调查的重要尝试和进展是在问卷设计上做出了原创性的理论探索，但是在此过程中也暴露了这支团队在学术体制和能力结构上社会学素养方面的短板。为此，我们一方面进行知识学习，请社会调查的著名社会学家做学术辅导；另一方面着手组建一支新型的国际化的社会学团队。于是，在道德国情调查研究的过程中，一支来自世界各社会学重镇的知识结构和学术视野全新的优秀青年社会学团队暨东南大学社会学系诞生了，它从一开始便与伦理学团队交会，这一交会赋予两个团队、两个学科以特殊的活力与魅力。伦理学团队找到“道德哲学”与“重大应用”的结合点，形成了“道德国情与道德哲学前沿”江苏省创新团队，这个团队的目标和气派是“顶天立地”，方法和境界是在道德国情的调查研究中发现道德哲学前沿，而不再是从理论到理论，从热点到热点，更不是跟风西方学术，而是摆脱西方学术的路径信赖，将“前沿”与“热点”相区分，将“重大应用”聚力于道德国情的调查研究，在调查研究的基础上发现前沿，进行尖端性的道德哲学理论创新。

2013 年，“东大伦理”团队依托“公民道德与社会风尚”协同创新研究中心“2011 项目”和江苏省决策咨询基地“道德国情调查研究中心”，开展了第二轮江苏道德省情和中国道德国情调查。江苏调查由社会学系第一任系主任李林艳博士领衔，在 2007 年调查问卷的基础上补充一些新内容，并将整个问卷“社会学化”，使之更专业。江苏省省委常委、宣传部部长王燕文决定，全国调查搭载中国人民大学中国调查与数据中心的 CGSS 项目进行，CGSS（China General Social Survey）是中国人民大学社会学系和香港科技大学社会科学部发起的一项全国范围的大型抽样调查项目。2013 年为中国综合社会调查（CGSS）第二期（2010—2019）的第 4 次年度调查，也是 CGSS 自 2003 年开始以来的第 10 年。本次调查在全国一共抽取了 100 个县（区），加上北京、上海、天津、广州和深圳 5 个大城市，作为初级抽样单元。其中在每个抽中的县（区），随机抽取 4 个居委会或村委会；在每个居委会或村委会又计划调查 25 个家庭；在每个抽取的家庭，随机抽取一人进行访问。而在北京、上海、天津、广州和深圳这 5 个大城市，一共抽取 80 个居委会；在每个居委会计划调查 25 个家庭；在每个抽取的家庭，随机抽取一人进行访问。这样，在全国一共调查 480 个村/居委会，每个村/居委会调查 25 个家庭，每个家庭随机调查 1 人，最终完成有效调查样本 5666 个。江苏省道德省情调查项目由东南大学道德国情调查中心和社会学系具体实施，调查采用多阶段抽样方法，按照经济发展水平和地理位置进行分类。先把所有地级市分为三类，南京单独成一类，把其他地级市按照人均 GDP 高低分成两类，即人均 GDP 较高和较低两类。然后用概率比例规模抽样（PPS）在经济发展水平较高和较低这两大类中分别抽取了无锡市和连云港市，由此产生了南京、无锡和连云港三个地级市抽样样本。在每个地级市中，把城乡分开、按照 PPS 方法抽取两个区县，在每个区县中采用 PPS 方法抽取两个街道/乡镇，最后在每个街道/乡镇中采用 PPS 方法抽取两个社区（居委会/村委会）。随后利用社区常住人口名单进行系统抽样，每个社区抽取 50—60 户进行调查。因此，最终抽中了 3 个地级市中的 6 个区县、12 个街道/乡镇、24 个社区。入户问卷调查于 2013 年 9 月 5—15 日、11

月 9 日进行，访谈员主要是东南大学人文学院社会学系师生。入户之后，调查员利用 KISH 表抽取户内 18—69 岁的 1 名被访者进行面访。最终完成 1281 份调查问卷，其中南京完成问卷 446 份，无锡完成 443 份，连云港完成 392 份。第二次道德国情与道德省情调查，借助专业的社会学调查机构和调查团队进行，为中国道德国情与江苏道德省情调查提供更为专业的调研平台。但是在此过程中也经历了十分艰难的磨合，在与中国人民大学合作意向确定之后，樊和平教授就问卷中每个问题的主题及试图获得的相关信息，逐一与南京大学社会学家吴愈晓教授进行研讨，从而共同讨论出双方可以接受的问卷方式。在此过程中，伦理学与社会学两个学科的专家有学术交锋，乃至有不见面的学术争吵，社会学似乎认为伦理学主观并难以操作，而伦理学认为这是以社会学的偶然性代替伦理学的主观性，深度不够。然而，正是经过磨合甚至争吵，我们的国情调查才真正既有伦理学的主题和立场，又有社会学的味道。

2015 年 10 月，东南大学伦理学团队成为江苏省首批重点高端智库“道德发展智库”，它以“道德发展研究院”为依托，以东南大学伦理学科为牵头单位，与“公民道德与社会风尚协同创新中心”合而为一，与江苏省委宣传部、北京大学世界伦理中心、吉林大学马克思主义基本理论教育部重点研究基地、华东师范大学中国传统思想文化研究所教育部重点研究基地、中山大学马克思主义与中国现代化教育部重点研究基地、中国人民大学伦理学与道德建设教育部重点研究基地合作，进行协同创新。道德发展智库成立后，江苏省委宣传部、江苏省文明办与东南大学伦理学团队在全国首创《江苏省道德发展测评体系》，该测评体系由李林艳博士为课题负责人，先后经过十一轮的艰难探索和修改。测评体系主要包括“主流价值引领”“崇德向善风尚”“人文精神培育”“道德突出问题治理”和“政策法规保障”5 大类 23 项测评内容。2016 年 8 月，以江苏省道德发展测评体系为指南，道德发展智库与江苏省委宣传部、江苏省文明办协同，组织 320 多位师生，由人文学院院长王珏教授为行政总负责，社会学系龙书芹博士在一线指挥，对江苏全省 13 个设区市、41 个县（市），共抽中了 70 个区县、139 个街道、248 个社区，进行覆盖全省万户家庭的首轮江苏道德发展测评与第三轮道德省情大调查。第三次江苏道德省情调查总样本量 7000 份，其中有效样本量为 6355 份（成人问卷），同时完成青少年问卷 704 份。2017 年 9 月 19 日，在第 15 个公民道德宣传日来临之际，江苏省文明办和东南大学道德发展智库联合发布 2016 年江苏省道德发展状况测评指数报告。此次调查主要由东南大学伦理学团队与社会学团队合作完成，同时也是学术研究与社会服务相结合的智库合作尝试。

2017 年，江苏省委宣传部、江苏省文明办与道德发展智库深入合作，开展“2017 年全国和江苏省道德发展状况调查”。调查以“道德发展”理念为核心，先由樊和平教授进行理念和理论研究，形成并发表《伦理道德，如何才是发展?》的长篇学术论文，论证“以发展看待道德”的理念，提出“七力”的调查研究的理论体系和问卷框架，即：公民道德的自主力、家庭伦理的承载力、集团伦理的建构力、社会伦理的凝聚力、政府伦理的公信力、生态伦理的亲和力、世界伦理的兼容力。由此，测评当代中国伦理道德发展的“七大指数”，即公民的道德自觉自持指数、家庭的伦理承载力指数、集团的伦理可靠性指数、社会的伦理凝聚力指数、政府的伦理公信力指数、生态的伦理亲和力指数、文化的伦理魅力指数。在“伦理道德，如何才是发展”的理论框架的基础上，伦理学与社会学团队相整合，分部分进行问卷设计，以此推进团队建设和个体学术发展，锻炼和提升学者和团队“顶天立地”的学术能力，最后由樊和平教授逐一修改，定稿问卷。虽然过程漫长并十分艰苦，足够让那些耐心和耐力不够的学者望而却步，但在此过程中大家明显感到，学者和团队又一次进步了。江苏省省委常委、宣传部部长王燕文再次决定，此次调查过程由北京大学政府管理学院中国国情研究中心通过招标完成，东南大学伦理团队进行全程合作和全程监督。为解决流动人口的覆盖偏差问题，调查采用“GPS/GIS 辅助的地址抽样”（GPS Assistant Area Sampling）方法，以单元格内人口数为规模度量（Measure of Size），按照分层、多阶段的概率与规模成比例的方法（Probabilities Proportional to Size，PPS）进行选取。调查团队于 2017 年 8—11 月在全国 29 个省（自治区、直辖市）、89 个市、143 个县（市）进行抽样调查，派出督导员 30 人，访员 185 人。中国道德国情调查实际共抽取了 13358 个符合调查资格的住宅单位，完成了 8755 个有效样本，有效回答率为 65.5%；江苏道德省情调查实际共抽取了 6523 个符合调查资格的住宅单位，完成了 4362 个有效样本，有效回答率为 66.9%，同时完成青少年样本 576 个。调查由人文学院院长王珏为行政总负责，道德发展研究院庞俊来副院长负责执行。第三次道德国情与第四次道德省情调查进一步完善了道德国情与道德省情调查的问卷体系，积极探索了适合当代中国的道德发展状况的伦理道德调查理论与社会调查实践方法。

目前，东南大学伦理学团队已经完成三轮中国道德国情调查（2007 年、2013 年、2017 年），四轮江苏道德省情调查（2007 年、2013 年、2016 年、2017 年）。东南大学道德发展研究院对所有调查数据全部进行复核，并以大众可以接受的方式呈现，以直接服务于政府决策、大众需求和理论研究。2018 年，为纪念改革开放 40 周年，东南大学道德发展智库决定出版“中国伦理道德国情数据库”系列，记录这个伟大时代、伟大民族的道德发展历程。数据库的建设由庞俊来、龙书芹、李林艳具体负责，樊和平、王珏总负责。我们的目标和抱负是：将中国伦理道德国情数据库做成服务政府决策和学术研究的最全面、最专业、最权威的数据库。显然，我们和最终目标的实现还有相当距离，但我们的承诺一如既往——

我们正在努力！

我们将永远努力！

樊　浩

2018 年 9 月 10 日

总 目 录

中国伦理道德发展数据库·第一卷
伦理道德国情调查的问卷设计与初始数据库（2007 年）

本卷编著责任专家：徐　嘉

上篇　伦理道德国情调查问卷设计与行动方案

下篇 伦理道德发展初始数据库（2007年·中国与江苏）

中国伦理道德发展数据库·第二卷
伦理道德发展的大众共识与群体差异数据库（2013年）

本卷编著责任专家：李林艳

上篇 2013年中国伦理道德发展数据库

下篇 2013年江苏省伦理道德发展数据库

中国伦理道德发展数据库·第三卷
伦理道德发展的大众共识与群体差异数据库（中国·2017年）

本卷编著责任专家：庞俊来

中国伦理道德发展数据库·第四卷
伦理道德发展的大众共识与群体差异数据库（江苏省·2016年）

本卷编著责任专家：龙书芹

中国伦理道德发展数据库·第五卷
伦理道德发展的大众共识与群体差异数据库（江苏省·2017年）

本卷编著责任专家：蒋艳艳

中国伦理道德发展数据库·第六卷
中国伦理道德发展的时序差异比较数据库（2007—2017）

本卷编著责任专家：许　敏

中国伦理道德发展数据库·第七卷
伦理道德发展的大众共识与地域差异比较数据库

本卷编著责任专家：洪岩壁

第二卷目录

上　篇

2013 年中国伦理道德发展数据库

第一章　2013年中国伦理道德发展数据库频数分析表

第一部分　个人信息

性别

	频数	有效百分比	累积百分比
男	2835	50.0%	50.0%
女	2831	50.0%	100.0%
总计	5666	100.0%	

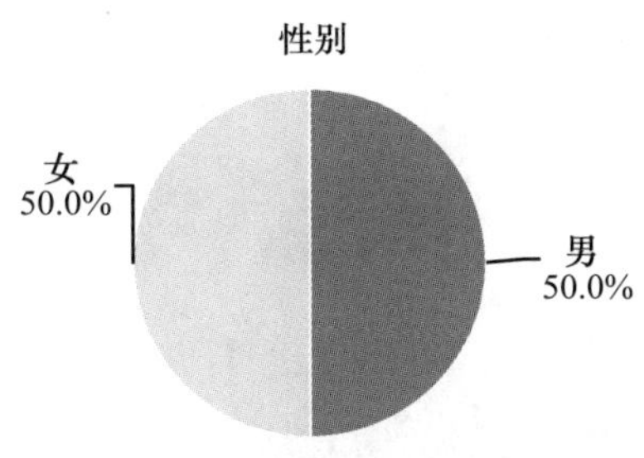

年龄

	频数	有效百分比	累积百分比
30岁以下	821	14.5%	14.5%
30—39岁	985	17.4%	31.9%
40—49岁	1234	21.8%	53.7%
50—59岁	1095	19.3%	73.0%
60岁及以上	1531	27.0%	100.0%
总计	5666	100.0%	

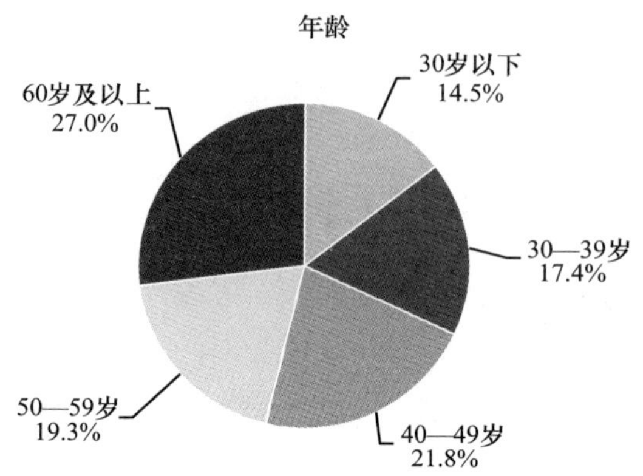

教育程度

	频数	有效百分比	累积百分比
未受过高等教育	4734	83.6%	83.6%
受过高等教育	928	16.4%	100.0%
总计	5662	100.0%	

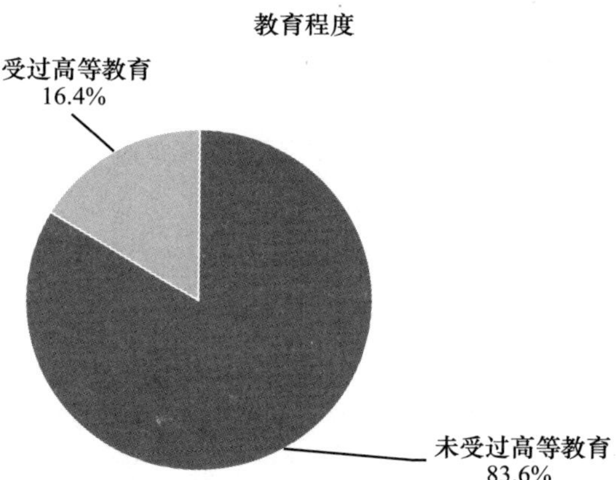

户口

	频数	有效百分比	累积百分比
农业户口	3118	55.0%	55.0%
非农业户口	2548	45.0%	100.0%
总计	5666	100.0%	

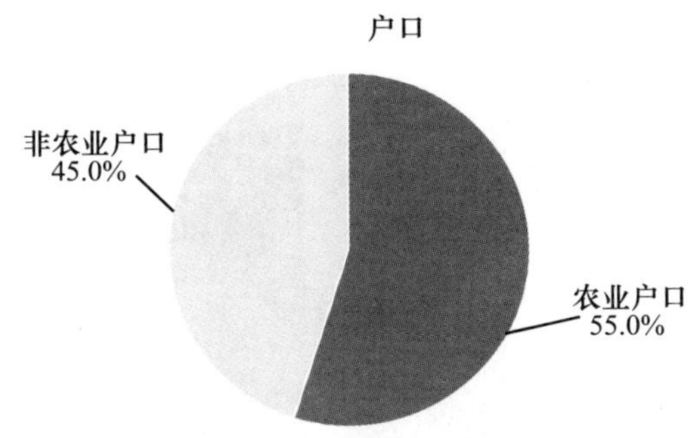

民族

	频数	有效百分比	累积百分比
汉族	5162	91. 2%	91. 2%
少数民族	499	8. 8%	100. 0%
总计	5661	100. 0%	

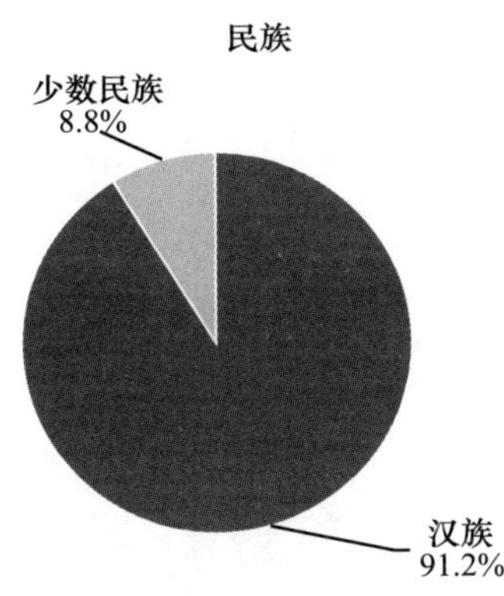

收入

	频数	有效百分比	累积百分比
无收入	604	10. 7%	10. 7%
1—1999 元	2609	46. 0%	56. 7%
2000—3999 元	1167	20. 6%	77. 3%
4000 元及以上	1286	22. 7%	100. 0%
总计	5666	100. 0%	

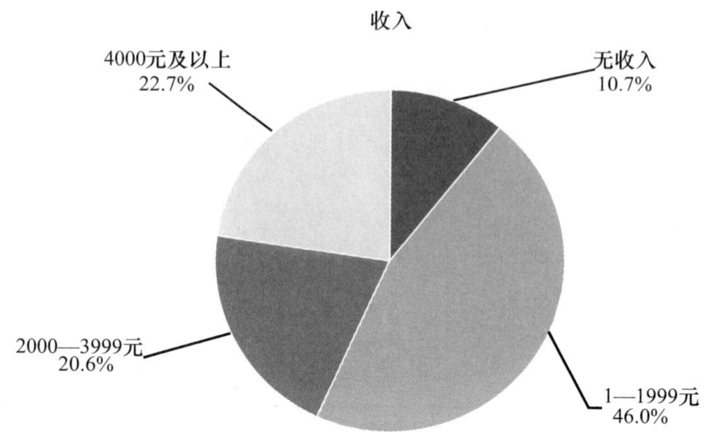

宗教信仰

	频数	有效百分比	累积百分比
信仰宗教	652	11.5%	11.5%
不信仰宗教	5013	88.5%	100.0%
总计	5665	100.0%	

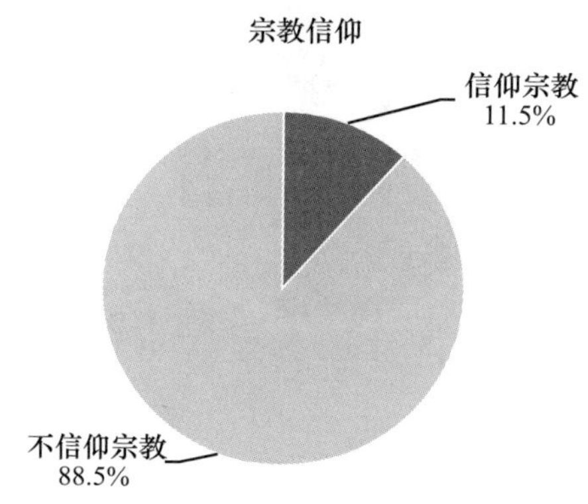

第二部分　公民道德状况

D1 您对当前我国社会的道德状况的总体满意程度是

	频数	有效百分比	累积百分比
非常满意	117	2.1%	2.1%
比较满意	1895	33.7%	35.7%
一般	2337	41.5%	77.2%
比较不满意	1069	19.0%	96.2%

续表

	频数	有效百分比	累积百分比
非常不满意	212	3.8%	100.0%
总计	5630	100.0%	

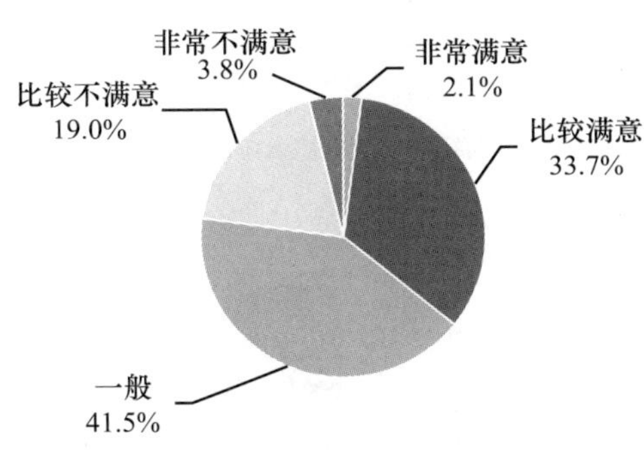

D2 您对当前我国社会的人际关系的总体满意程度是

	频数	有效百分比	累积百分比
非常满意	129	2.3%	2.3%
比较满意	1974	35.1%	37.4%
一般	2528	45.0%	82.4%
比较不满意	868	15.5%	97.9%
非常不满意	118	2.1%	100.0%
总计	5617	100.0%	

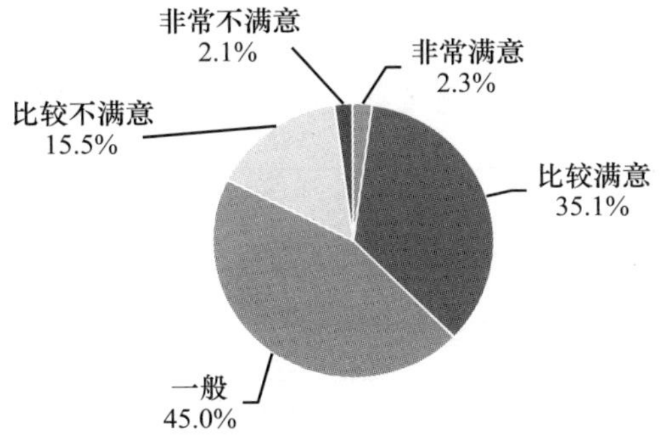

D3 您认为当前中国社会个人道德素质的主要问题是

	频数	有效百分比	累积百分比
道德上无知	660	12.3%	12.3%
有道德知识，但不见诸行动	3577	66.8%	79.0%
既道德上无知，也不见道德行动	925	17.2%	96.3%
其他	201	3.7%	100.0%
总计	5363	100.0%	

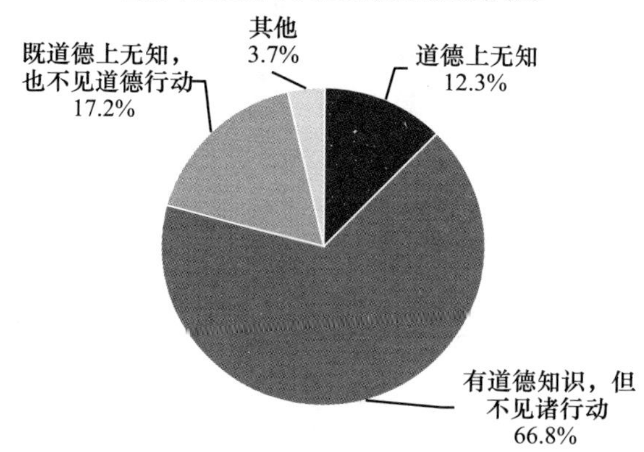

D4 下列哪个因素最可能影响人际关系紧张

	频数	有效百分比	累积百分比
社会资源缺乏，引发恶性竞争	483	8.9%	8.9%
过度宣扬竞争意识	276	5.1%	14.0%
社会财富分配不公，贫富差距过大	2410	44.6%	58.6%
个人主义盛行	482	8.9%	67.6%
缺乏爱心	355	6.6%	74.1%
缺乏宽容	321	5.9%	80.1%
缺乏相互理解和沟通的意识和能力	583	10.8%	90.9%
制度安排不公正，机会不平等	333	6.2%	97.0%
一切诉诸利益或法律，人际关系缺乏伦理调节的机制和能力	79	1.5%	98.5%
其他	82	1.5%	100.0%
总计	5404	100.0%	

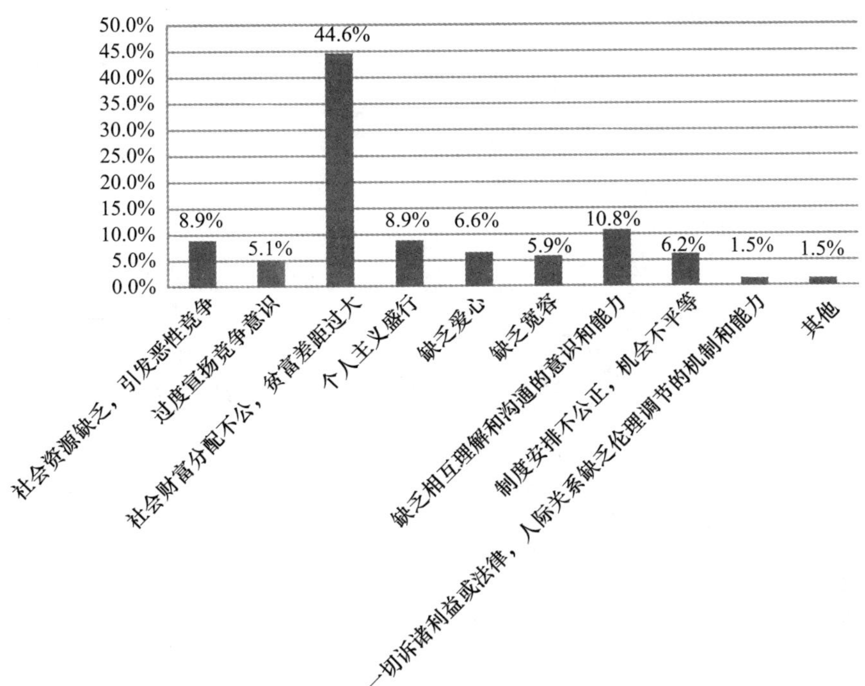

D5 当前有些人身心不和谐，如忧郁，精神分裂，自杀等，您认为造成这种情况的最主要原因是什么

	频数	有效百分比	累积百分比
欲望过多过大，不能知足常乐	89	16.7%	16.7%
社会保障体系不健全，对自己和未来没有把握	674	12.5%	29.2%
竞争激烈，工作压力过大，身心疲惫	1760	32.7%	61.9%
人与人之间缺乏信任感，人际关系紧张	610	11.3%	73.2%
有烦恼很难找到人倾诉和排解	308	5.7%	78.9%
个人的文化底蕴和文化积累不够，缺乏自我理解和自我调节能力	483	9.0%	87.9%
现代人缺乏安顿自己、化解内心矛盾的能力	189	3.5%	91.4%
缺乏道德公正，没有道德的人总是占便宜	155	2.9%	94.3%
缺乏理想和信念支持，精神没有寄托和归宿	179	3.3%	97.6%
其他	128	2.4%	100.0%
总计	5383	100.0%	

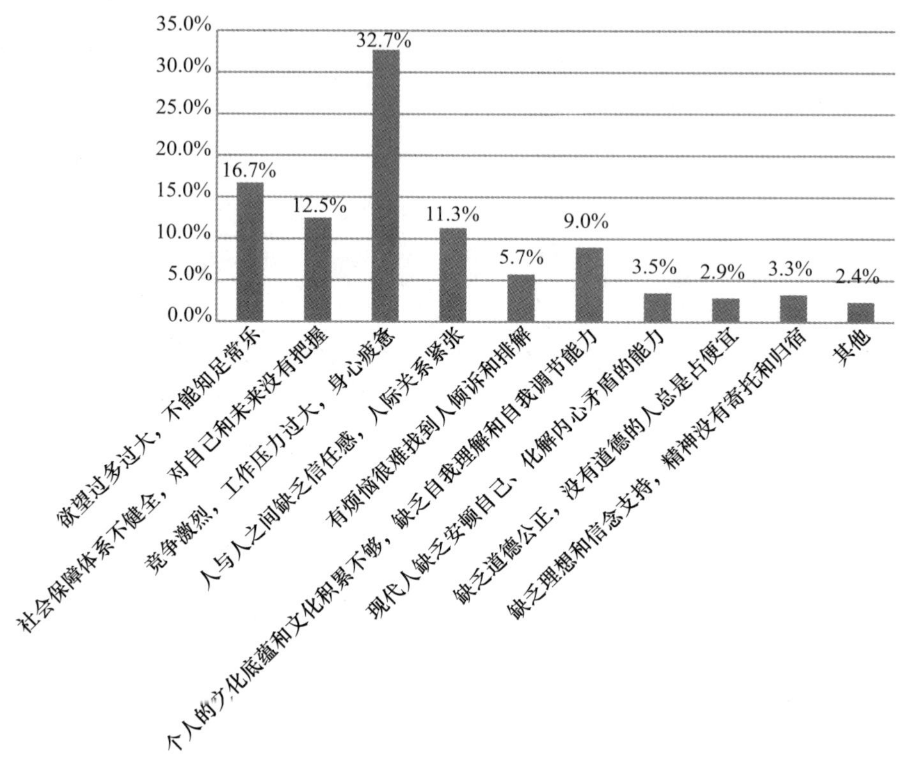

D7 您觉得政府推动或倡导的下列活动，效果如何

	没听说过	完全没效果	有较少效果	一般	有较多效果	非常有效果	平均值
典型人物的宣传（感动中国、中国好人、道德楷模等）	779	200	949	1675	1550	481	2. 79
学雷锋活动	560	296	1133	1934	1354	355	2. 76
文明城市创建	1114	183	852	1856	1264	362	2. 54
志愿服务的倡导和推广	1257	170	868	1657	1312	361	2. 48
反腐倡廉的举措	803	620	1538	1441	930	294	2. 35
《公民道德建设实施纲要》的推进	2112	261	846	1514	719	171	1. 82

政府推动或倡导的各项活动效果均值排序：

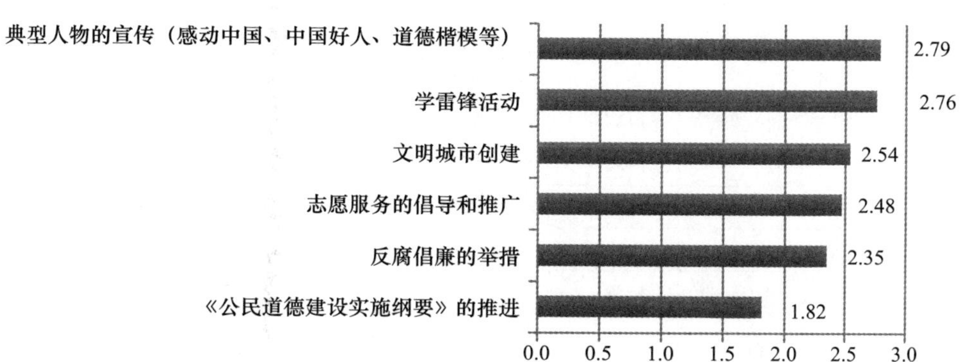

D7a 典型人物的宣传（感动中国、中国好人、道德楷模等）

		频数	百分比	有效百分比	累积百分比
有效	没听说过该活动	779	6.8%	13.8%	13.8%
	完全没有效果	200	1.7%	3.5%	17.4%
	有较少的效果	949	8.3%	16.8%	34.2%
	一般	1675	14.6%	29.7%	64%
	有较多的效果	1550	13.6%	27.5%	91.5%
	有非常多的效果	481	4.2%	8.5%	100.0%
	总计	5634	49.3%	100.0	
缺失	拒绝回答	6	0.1%		
	不知道	23	0.2%		
	不适用	3			
	系统	5772	50.5%		
	总计	5804	50.7%		
总计		11438	100.0%		

注："系统"在本卷中指系统缺失，读者可忽略，下同。

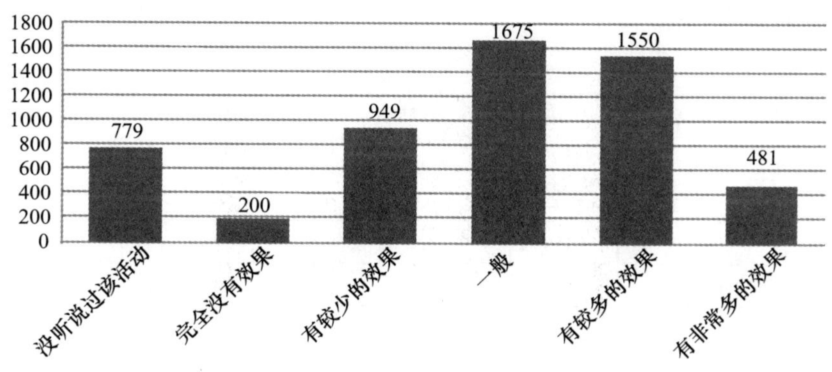

D7b 学雷锋活动

		频数	百分比	有效百分比	累积百分比
有效	没听说过该活动	560	4.9%	9.9%	9.9%
	完全没有效果	296	2.6%	5.3%	15.2%
	有较少的效果	1133	9.9%	20.1%	35.3%
	一般	1934	16.9%	34.3%	69.7%
	有较多的效果	1354	11.8%	24%	93.7%
	有非常多的效果	355	3.1%	6.3%	100.0%
	总计	5632	49.2%	100.0%	
缺失	拒绝回答	11	0.1%		
	不知道	19	0.2%		
	不适用	4			
	系统	5772	50.5%		
	总计	5806	50.8%		
总计		11438	100.0%		

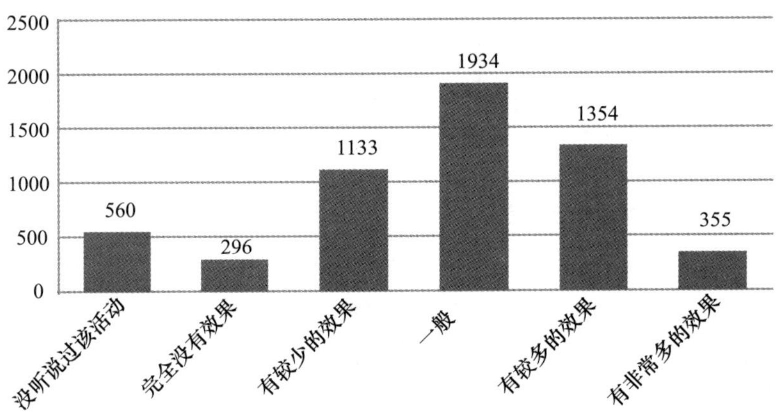

D7c 文明城市创建

		频数	百分比	有效百分比	累积百分比
有效	没听说过该活动	1114	9.7%	19.8%	19.8%
	完全没有效果	183	1.6%	3.2%	23%
	有较少的效果	852	7.4%	15.1%	38.2%
	一般	1856	16.2%	33%	71.1%
	有较多的效果	1264	11.1%	22.4%	93.6%

续表

		频数	百分比	有效百分比	累积百分比
	有非常多的效果	362	3.2%	6.4%	100.0%
	总计	5631	49.2%	100.0%	
缺失	拒绝回答	8	0.1%		
	不知道	24	0.2%		
	不适用	3			
	系统	5772	50.5%		
	总计	5807	50.8%		
总计		11438	100.0%		

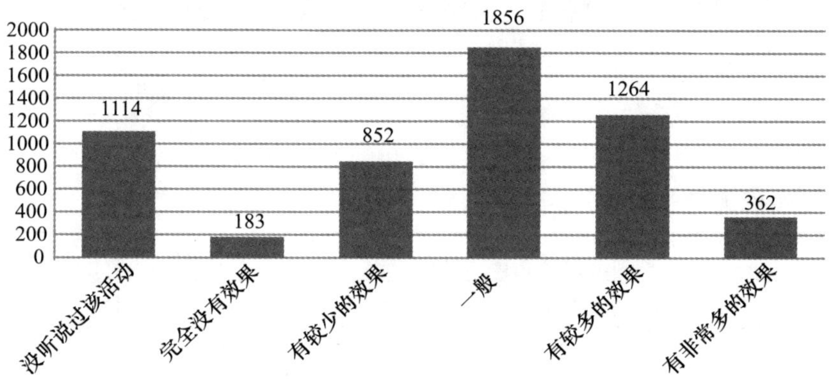

D7d 志愿服务的提倡和推广

		频数	百分比	有效百分比	累积百分比
有效	没听说过该活动	1257	11%	22.3%	22.3%
	完全没有效果	170	1.5%	3%	25.4%
	有较少的效果	868	7.6%	15.4%	40.8%
	一般	1657	14.5%	29.5%	70.3%
	有较多的效果	1312	11.5%	23.3%	93.6%
	有非常多的效果	361	3.2%	6.4%	100.0%
	总计	5625	49.2%	100.0%	
缺失	拒绝回答	12	0.1%		
	不知道	26	0.2%		
	不适用	3			
	系统	5772	50.5%		

续表

		频数	百分比	有效百分比	累积百分比
	总计	5813	50.8%		
总计		11438	100.0%		

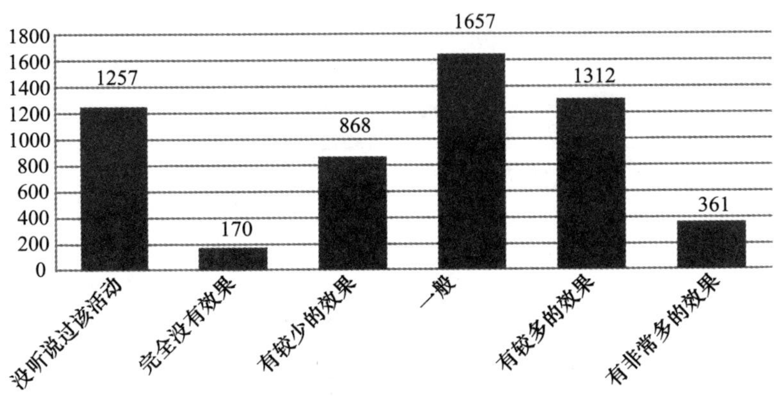

D7e 反腐倡廉的举措

		频数	百分比	有效百分比	累积百分比
有效	没听说过该活动	803	7%	14.3%	14.3%
	完全没有效果	620	5.4%	11%	25.3%
	有较少的效果	1538	13.4%	27.3%	52.6%
	一般	1441	12.6%	25.6%	78.2%
	有较多的效果	930	8.1%	16.5%	94.8%
	有非常多的效果	294	2.6%	5.2%	100.0%
	总计	5626	49.2%	100.0%	
缺失	拒绝回答	8	0.1%		
	不知道	29	0.3%		
	不适用	3			
	系统	5772	50.5%		
	总计	5812	50.8%		
总计		11438	100.0%		

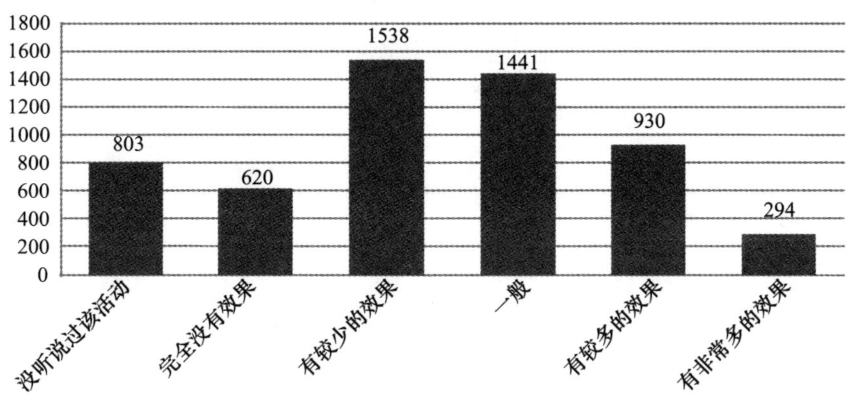

D7f 公民道德建设实施纲要的推进

		频数	百分比	有效百分比	累积百分比
有效	没听说过该活动	2112	18.5%	37.6%	37.6%
	完全没有效果	261	2.3%	4.6%	42.2%
	有较少的效果	846	7.4%	15%	57.2%
	一般	1514	13.2%	26.9%	84.2%
	有较多的效果	719	6.3%	12.8%	97%
	有非常多的效果	171	1.5%	3%	100.0%
	总计	5623	49.2%	100.0%	
缺失	拒绝回答	8	0.1%		
	不知道	32	0.3%		
	不适用	3			
	系统	5772	50.5%		
	总计	5815	50.8%		
总计		11438	100.0%		

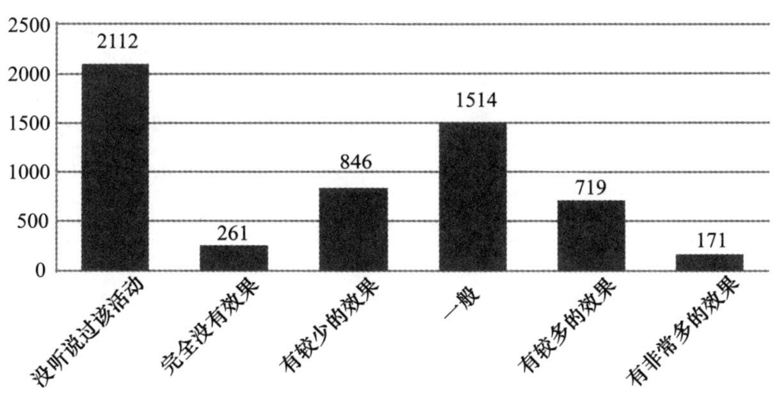

D8 您认为当前社会下列状况的严重程度如何

	非常不严重	比较不严重	一般	比较严重	非常严重	平均值
干部贪污受贿，以权谋私	46	379	1101	2458	1591	3.93
社会财富分配不公，贫富悬殊过大	37	335	1219	2624	1379	3.89
企业损害社会利益，如污染环境，以虚假广告误导公众等	66	632	2019	2153	678	3.49
坑蒙拐骗	65	936	1623	2343	677	3.47
生活奢侈，铺张浪费	85	808	1933	2129	657	3.44
诚信缺乏，社会信用低	47	789	1912	2423	444	3.43
公共场所缺乏公德，如大声喧哗，不排队，随地吐痰等	71	892	1847	2174	627	3.43
自私自利，损人利己，物欲横流	56	836	2100	2166	453	3.38
人际关系冷漠	89	1005	1945	2187	403	3.32
娱乐界以丑闻，绯闻炒作，污染社会风气	73	754	2193	1535	518	3.31
奉行功利主义，互相算计	73	839	2402	1836	408	3.30
缺乏公正心和正义感	57	982	2292	1912	349	3.27
媒体缺乏社会责任，炒作新闻	89	821	2553	1512	434	3.26
偷盗	186	1218	1915	1743	586	3.23
两性关系过度开放导致婚姻不稳定	109	1056	2440	1505	396	3.19
缺乏羞耻感	87	1189	2428	1524	349	3.15
公众人物用知名度攫取财富	72	850	2938	1278	257	3.15
老无所养，缺乏安全感	217	1401	2068	1589	362	3.08
医生不守职业道德	266	1477	1968	1447	466	3.07
父母和子女代沟问题严重，难以沟通	141	1396	2370	1488	235	3.05
年轻人缺乏责任感，不孝敬父母	176	1557	2089	1498	315	3.04
教师不尽职	356	1685	2024	1225	309	2.90
不爱国	660	2222	2001	543	153	2.52

当前社会下列各现象严重程度排序：

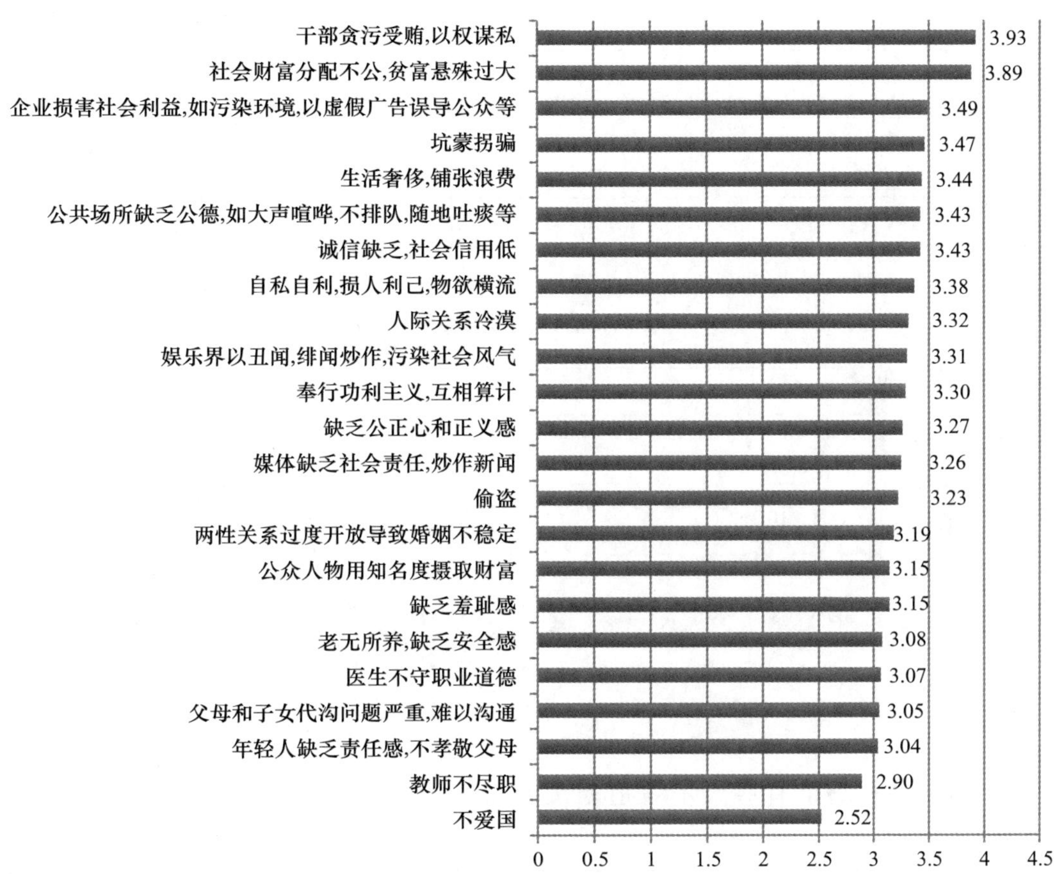

D9 在下列关系中，您认为哪些关系最重要

	第一重要		第二重要		第三重要		总得分
	频数	加权得分	频数	加权得分	频数	加权得分	
父母与子女	3458	10374	1505	3010	270	270	13654
夫妻	1423	4269	2621	5242	495	495	10006
兄弟姐妹	41	123	447	894	2420	2420	3437
个人与社会	183	549	266	532	473	473	1554
个人与国家	191	573	154	308	273	273	1154
朋友	42	126	156	312	592	592	1030
个人与自身的关系	84	252	65	130	202	202	584
人与自然的关系	66	198	94	188	150	150	536
个人与工作单位	30	90	84	168	203	203	461
上级与下级	47	141	75	150	149	149	440

续表

	第一重要		第二重要		第三重要		总得分
	频数	加权得分	频数	加权得分	频数	加权得分	
同事或同学	25	75	68	136	222	222	433
师生	14	42	48	96	85	85	223
通过网络建立的关系	8	24	11	22	13	13	59
其他	6	18	3	6	14	14	38

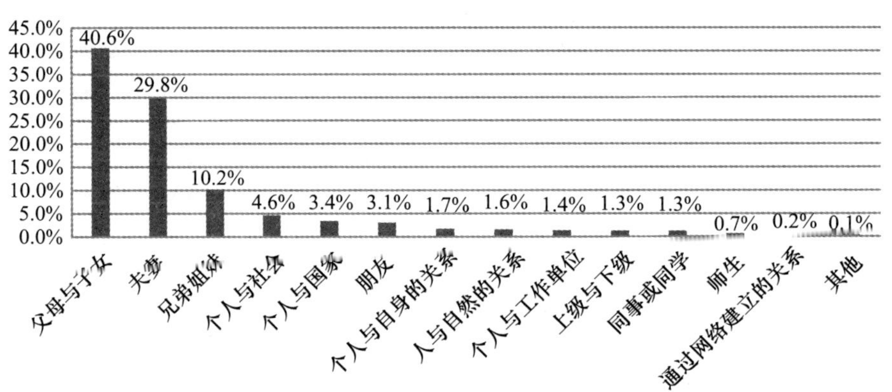

D10 现在社会上有些人不守道德反而占了便宜，您会不会为了得到好处而效仿

	频数	有效百分比	累积百分比
从来不这么做	4077	73.1%	73.1%
通常不这么做，关键时刻会这么做	758	13.6%	86.7%
经常这么做	75	1.3%	88.0%
说不清	669	12.0%	100.0%
总计	5579	100.0%	

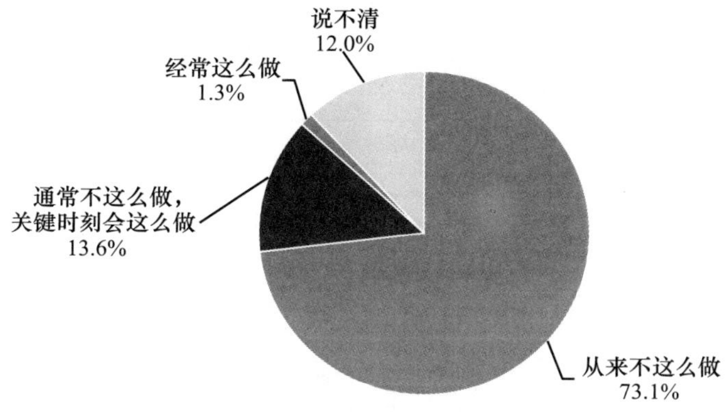

D11 如果您与下列人员发生重大利益冲突，您会首先选择哪种途径来解决

	家庭成员之间	朋友之间	同事之间	商业伙伴之间
诉诸法律，打官司（%）	0.6	1.2	2.7	34.8
直接找对方沟通但得理让人，适可而止（%）	55.7	51.5	47.5	29.8
通过第三方从中调解，尽量不伤和气（%）	8.9	24.2	29.7	25.6
能忍则忍（%）	34.8	23.1	20.1	9.8
总计（%）	100.0	100.0	100.0	100.0

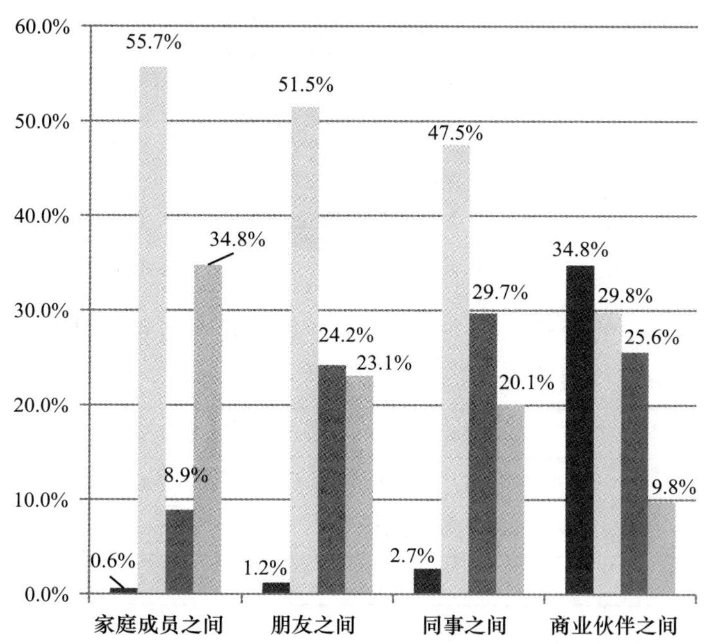

注：条形图一组数据中，数据标签从左到右依次为：诉诸法律，打官司；直接找对方沟通但得理让人，适可而止；通过第三方从中调解，尽量不伤和气；能忍则忍。

D12 一些政府机关和大中小学，利用权力让本单位的职工子女在很好的学校读书，或降分录取，您认为这种行为道德吗

	频数	有效百分比	累积百分比
为本单位人员谋福利，符合道德	207	3.7%	3.7%
以权谋私，不道德	3419	61.1%	64.8%
是对社会公众的欺骗，严重不道德	1105	19.8%	84.6%
符合本单位员工利益和内部伦理，但严重侵蚀社会道德	396	7.1%	91.7%
无所谓道德不道德	467	8.3%	100.0%
总计	5594	100.0%	

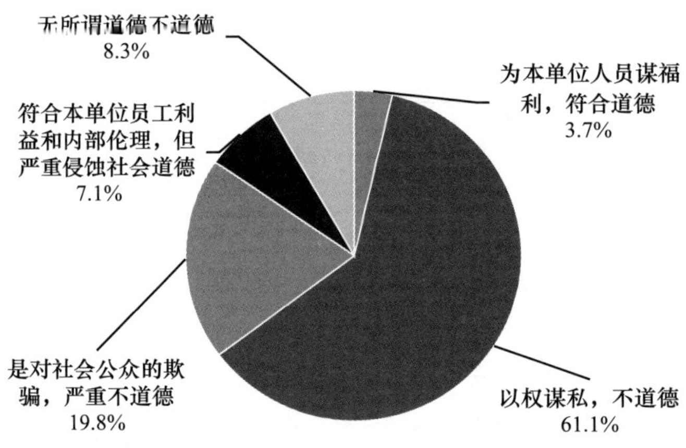

D13 如果您所在的单位有一项举措可以提高集体福利并使您个人得到利益，但会造成环境污染或社会公害，您会举报吗

	频数	有效百分比	累积百分比
会	3104	56.3%	56.3%
不会	2410	43.7%	100.0%
总计	5514	100.0%	

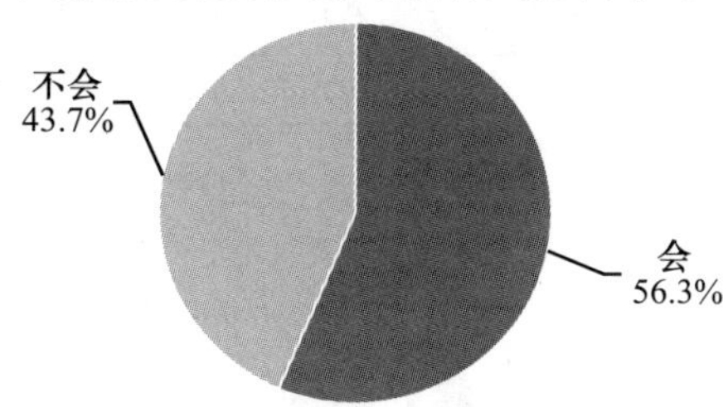

D14 您认为对当前我国伦理关系和道德风尚造成最大负面影响的因素是

	频数	有效百分比	累积百分比
传统文化的崩坏	1876	35.6%	35.6%
外来文化的冲击	1213	23.0%	58.6%
市场经济导致的个人主义	1597	30.3%	89.0%
计算机网络技术的发展	422	8.0%	97.0%
其他	159	3.0%	100.0%
总计	5267	100.0%	

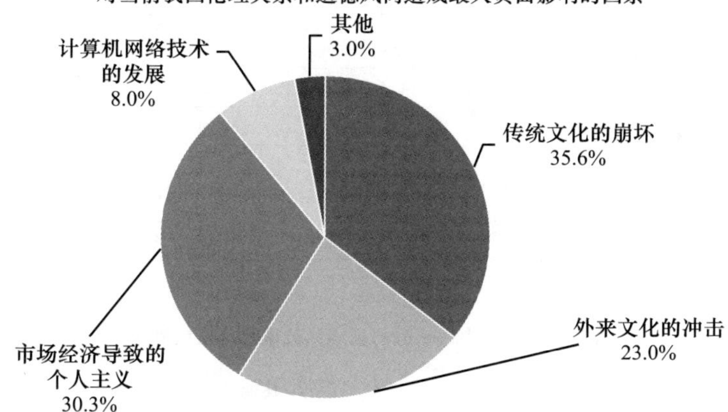

D15 从网络中获得的信息（文字、图片、视频等）对您的思想行为影响如何

	频数	百分比	有效百分比	累积百分比
影响很大	393	7.0%	7.0%	7.0%
有一些影响	1305	23.3%	23.3%	30.3%
影响不大	1005	17.9%	17.9%	48.3%
完全没有影响	230	4.1%	4.1%	52.4%
不适用，因为不上网	2666	47.6%	47.6%	100.0%

续表

	频数	百分比	有效百分比	累积百分比
总计	5599	100.0%	100.0%	

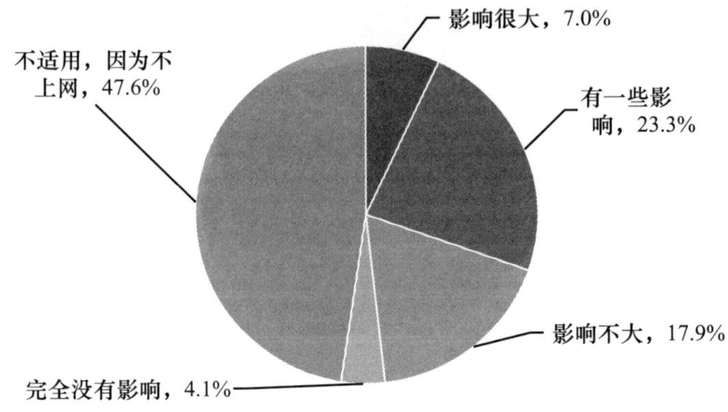

D16 您认为在自己的成长中得到道德训练的最重要场所或机构是

	频数	有效百分比	累积百分比
家庭	2841	50.7%	50.7%
学校	998	17.8%	68.5%
社会	1415	25.2%	93.7%
国家或政府	198	3.5%	97.2%
媒体	97	1.7%	98.9%
其他	59	1.1%	100.0%
总计	5608	100.0%	

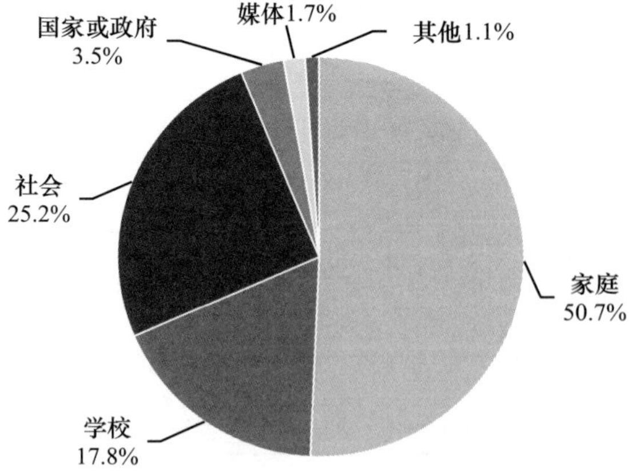

D17 你对下列群体的伦理道德状况的满意度如何

	非常不满意	比较不满意	一般	比较满意	非常满意	平均值
您对下列群体的伦理道德状况的满意度如何 - 农民	37	230	2178	2615	566	3. 61
您对下列群体的伦理道德状况的满意度如何 - 教师	157	566	1768	2797	330	3. 46
您对下列群体的伦理道德状况的满意度如何 - 工人	16	240	2687	2407	222	3. 46
您对下列群体的伦理道德状况的满意度如何 - 专家学者	72	473	2476	2177	307	3. 39
您对下列群体的伦理道德状况的满意度如何 - 青少年	104	671	2616	2077	151	3. 27
您对下列群体的伦理道德状况的满意度如何 - 医生	258	915	2133	2104	192	3. 19
您对下列群体的伦理道德状况的满意度如何 - 企业家	196	1090	3174	1040	45	2. 94
您对下列群体的伦理道德状况的满意度如何 - 演艺娱乐界明星	279	1106	3322	682	23	2. 83
您对下列群体的伦理道德状况的满意度如何 - 商人	269	1446	2940	895	36	2. 82
您对下列群体的伦理道德状况的满意度如何 - 政府官员	804	1936	2002	816	48	2. 53

下列群体的伦理道德状况满意度均值排序：

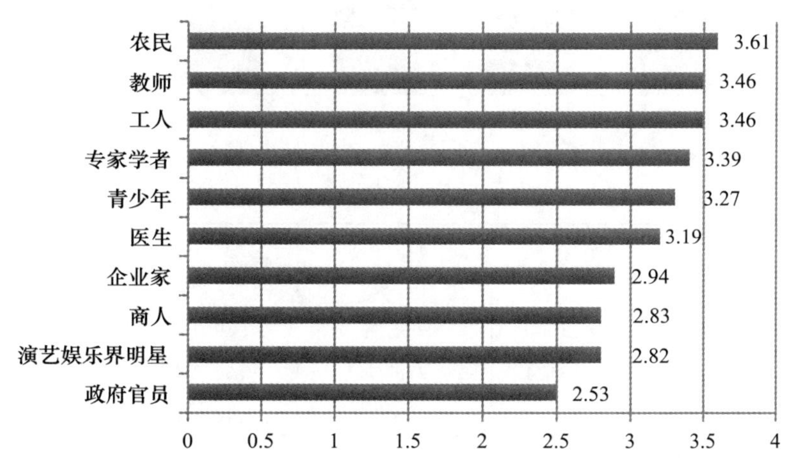

D17a 政府官员

		频数	百分比	有效百分比	累积百分比
有效	非常不满意	804	7. 0%	14. 3%	14. 3%
	比较不满意	1936	16. 9%	34. 5%	48. 9%
	一般	2002	17. 5%	35. 7%	84. 6%

续表

		频数	百分比	有效百分比	累积百分比
	比较满意	816	7.1%	14.6%	99.1%
	非常满意	48	0.4%	0.9%	100.0%
	总计	5606	49.0%	100.0%	
缺失	拒绝回答	13	0.1%		
	不知道	47	0.4%		
	系统	5772	50.5%		
	总计	5832	51.0%		
总计		11438	100.0%		

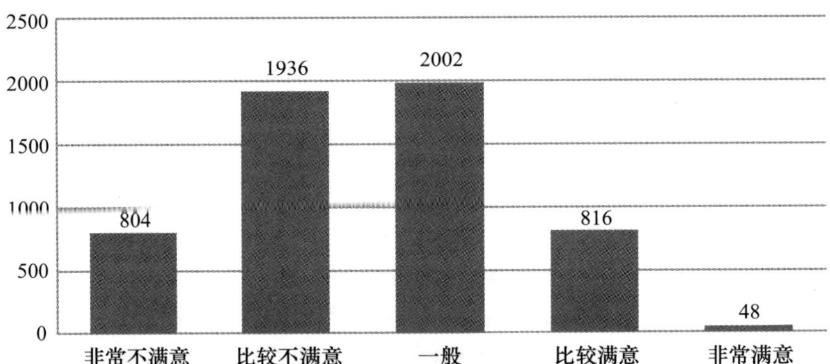

D17b 企业家

		频数	百分比	有效百分比	累积百分比
有效	非常不满意	196	1.7%	3.5%	3.5%
	比较不满意	1090	9.5%	19.7%	23.2%
	一般	3174	27.7%	57.2%	80.4%
	比较满意	1040	9.1%	18.8%	99.2%
	非常满意	45	0.4%	0.8%	100.0%
	总计	5545	48.5%	100.0%	
缺失	拒绝回答	13	0.1%		
	不知道	106	0.9%		
	不适用	2			
	系统	5772	50.5%		
	总计	5893	51.5%		

续表

		频数	百分比	有效百分比	累积百分比
总计		11438	100.0%		

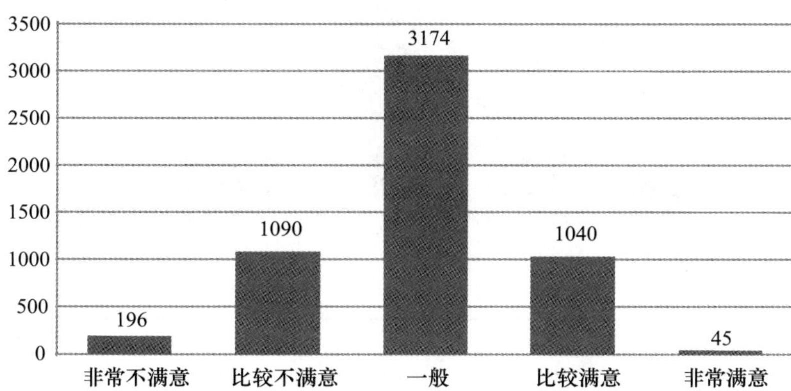

D17c 演艺娱乐界明星

		频数	百分比	有效百分比	累积百分比
有效	非常不满意	279	2.4%	5.2%	5.2%
	比较不满意	1106	9.7%	20.4%	25.6%
	一般	3322	29.0%	61.4%	87.0%
	比较满意	682	6.0%	12.6%	99.6%
	非常满意	23	0.2%	0.4%	100.0%
	总计	5412	47.3%	100.0%	
缺失	拒绝回答	28	0.2%		
	不知道	222	1.9%		
	不适用	4			
	系统	5772	50.5%		
	总计	6026	52.7%		
总计		11438	100.0%		

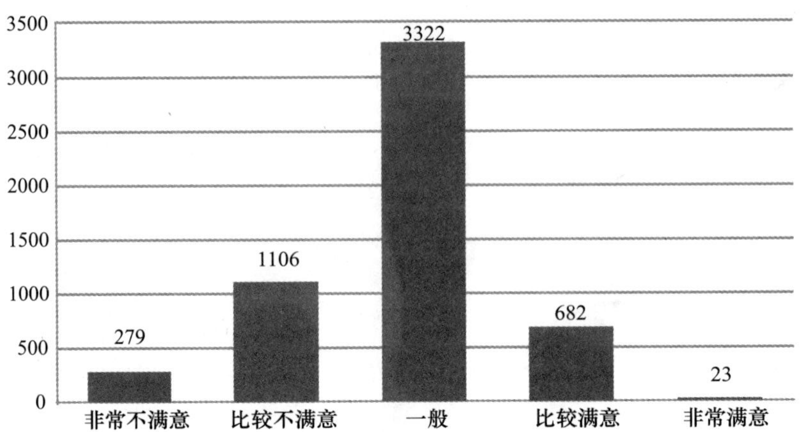

D17d 教师

		频数	百分比	有效百分比	累积百分比
有效	非常不满意	157	1.4%	2.8%	2.8%
	比较不满意	566	4.9%	10.1%	12.9%
	一般	1768	15.5%	31.5%	44.3%
	比较满意	2797	24.5%	49.8%	94.1%
	非常满意	330	2.9%	5.9%	100.0%
	总计	5618	49.1%	100.0%	
缺失	拒绝回答	11	0.1%		
	不知道	37	0.3%		
	系统	5772	50.5%		
	总计	5820	50.9%		
总计		11438	100.0%		

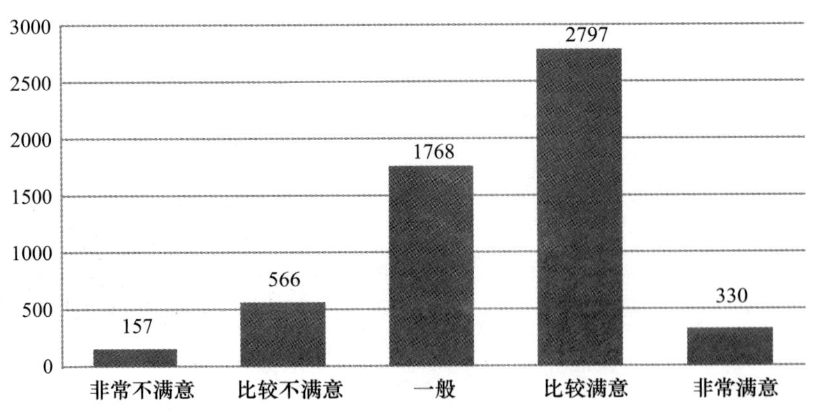

D17e 青少年

		频数	百分比	有效百分比	累积百分比
有效	非常不满意	104	0.9%	1.9%	1.9%
	比较不满意	671	5.9%	11.9%	13.8%
	一般	2616	22.9%	46.6%	60.3%
	比较满意	2077	18.2%	37%	97.3%
	非常满意	151	1.3%	2.7%	100.0%
	总计	5619	49.1%	100.0%	
缺失	拒绝回答	11	0.1%		
	不知道	34	0.3%		
	不适用	2			
	系统	5772	50.5%		
	总计	5819	50.9%		
总计		11438	100.0%		

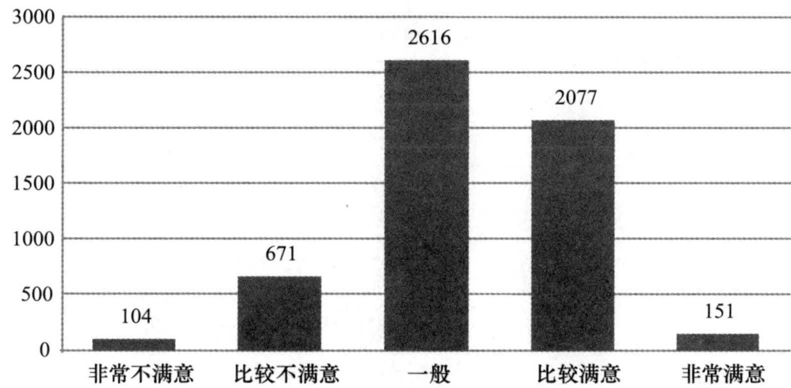

D17f 农民

		频数	百分比	有效百分比	累积百分比
有效	非常不满意	37	0.3%	0.7%	0.7%
	比较不满意	230	2.0%	4.1%	4.7%
	一般	2178	19.0%	38.7%	43.5%
	比较满意	2615	22.9%	46.5%	89.9%
	非常满意	566	4.9%	10.1%	100.0%
	总计	5626	49.2%	100.0%	

续表

		频数	百分比	有效百分比	累积百分比
缺失	拒绝回答	14	0.1%		
	不知道	26	0.2%		
	系统	5772	50.5%		
	总计	5812	50.8%		
总计		11438	100.0%		

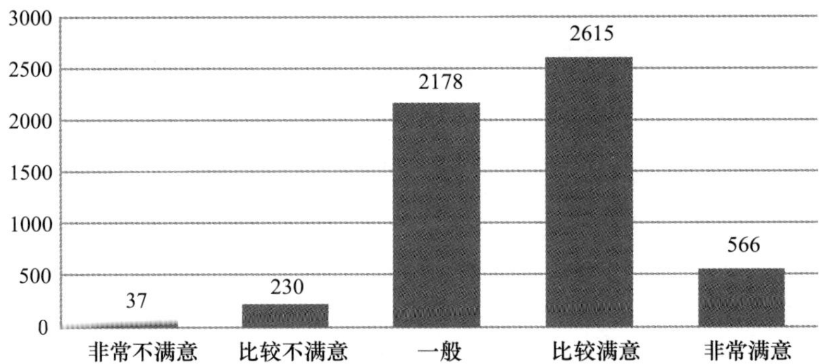

D17g 商人

		频数	百分比	有效百分比	累积百分比
有效	非常不满意	269	2.4%	4.8%	4.8%
	比较不满意	1446	12.6%	25.9%	30.7%
	一般	2940	25.7%	52.6%	83.3%
	比较满意	895	7.8%	16.0%	99.4%
	非常满意	36	0.3%	0.6%	100.0%
	总计	5586	48.8%	100.0%	
缺失	拒绝回答	21	0.2%		
	不知道	58	0.5%		
	不适用	1			
	系统	5772	50.5%		
	总计	5852	51.2%		
总计		11438	100.0%		

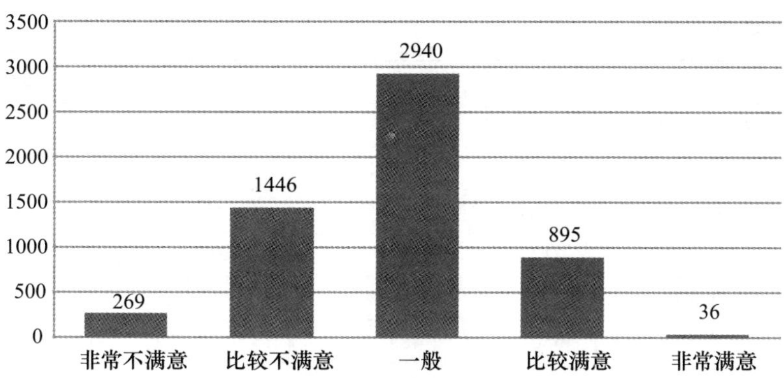

D17h 工人

		频数	百分比	有效百分比	累积百分比
有效	非常不满意	16	0.1%	0.3%	0.3%
	比较不满意	240	2.1%	4.3%	4.6%
	一般	2687	23.5%	48.2%	52.8%
	比较满意	2407	21.0%	43.2%	96.0%
	非常满意	222	1.9%	4.0%	100.0%
	总计	5572	48.7%	100.0%	
缺失	拒绝回答	25	0.2%		
	不知道	68	0.6%		
	不适用	1			
	系统	5772	50.5%		
	总计	5866	51.3%		
总计		11438	100.0%		

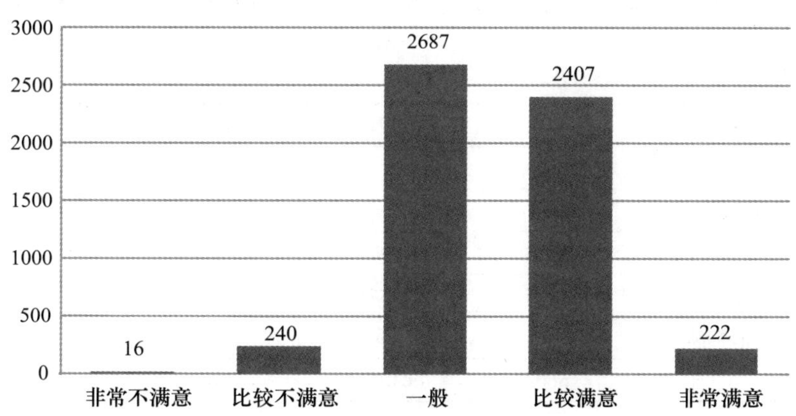

D17i 专家学者

		频数	百分比	有效百分比	累积百分比
有效	非常不满意	72	0.6%	1.3%	1.3%
	比较不满意	473	4.1%	8.6%	9.9%
	一般	2476	21.6%	45.0%	54.9%
	比较满意	2177	19.0%	39.5%	94.4%
	非常满意	307	2.7%	5.6%	100.0%
	总计	5505	48.1%	100.0%	
缺失	拒绝回答	25	0.2%		
	不知道	135	1.2%		
	不适用	1			
	系统	5772	50.5%		
	总计	5933	51.9%		
总计		11438	100.0%		

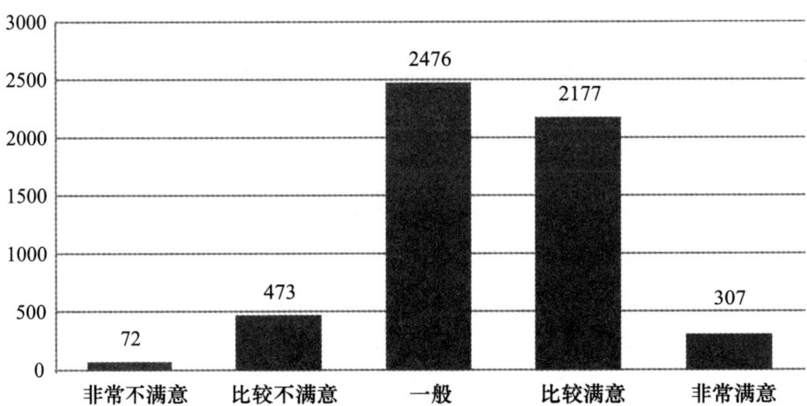

D17j 医生

		频数	百分比	有效百分比	累积百分比
有效	非常不满意	258	2.3%	4.6%	4.6%
	比较不满意	915	8.0%	16.3%	20.9%
	一般	2133	18.6%	38.1%	59.0%
	比较满意	2104	18.4%	37.6%	96.6%
	非常满意	192	1.7%	3.4%	100.0%
	总计	5602	49.0%	100.0%	

续表

		频数	百分比	有效百分比	累积百分比
缺失	拒绝回答	25	0.2%		
	不知道	39	0.3%		
	系统	5772	50.5%		
	总计	5836	51.0%		
总计		11438	100.0%		

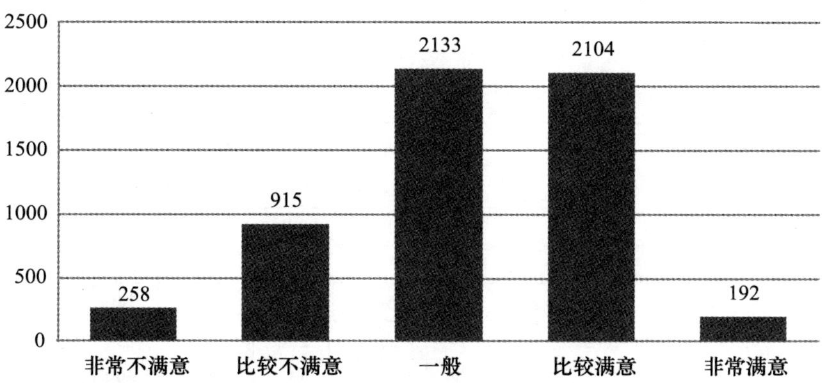

D18 您觉得当前我国政府官员道德问题最严重的是

	频数	有效百分比	累积百分比
贪污	2389	43.1%	43.1%
以权谋私	1374	24.8%	67.9%
受贿	438	7.9%	75.8%
生活作风腐败	478	8.6%	84.4%
官僚主义	174	3.1%	87.6%
平庸，不作为	218	3.9%	91.5%
政绩工程，折腾百姓	237	4.3%	95.8%
铺张浪费	91	1.6%	97.4%
拉帮结派	42	0.8%	98.2%
其他	100	1.8%	100.0%
总计	5541	100.0%	

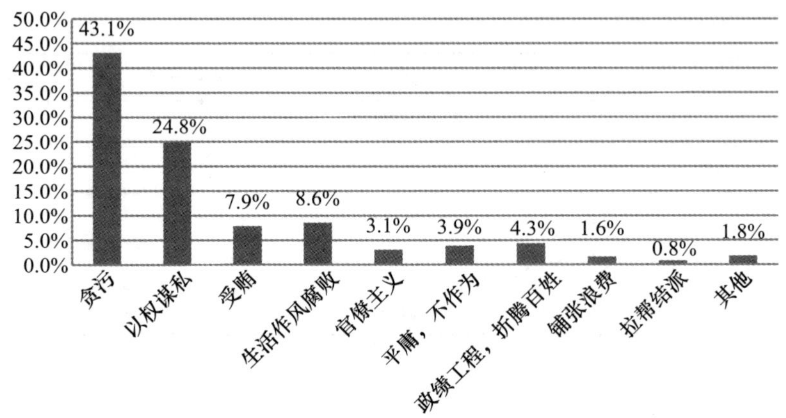

D19 您的思想行为受什么人影响最大

	第一重要		第二重要		第三重要		总得分
	频数	加权得分	频数	加权得分	频数	加权得分	
父母	3755	11265	808	1616	375	375	13256
教师	599	1797	2211	4422	839	839	7058
农民	167	501	723	1446	749	749	2696
政府官员	454	1362	276	552	634	634	2548
先哲先贤	174	522	450	900	699	699	2121
知识精英	136	408	307	614	827	827	1849
工人	66	198	230	460	500	500	1158
企业家	125	375	231	462	252	252	1089
自由职业者	36	108	90	180	226	226	514
演艺明星、体育明星	38	114	71	142	138	138	394

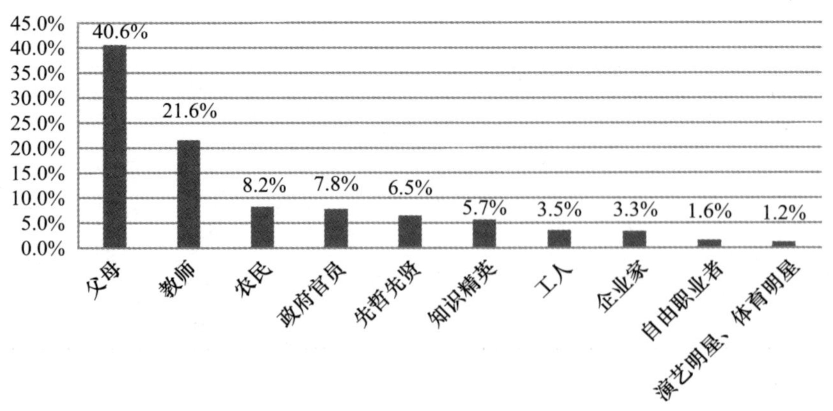

D20 您认为目前我国社会成员之间的收入差距如何

	频数	有效百分比	累积百分比
合理，可以接受	785	13.9%	13.9%
不合理，但可以接受	2548	45.0%	58.9%
不合理，不能接受	1670	29.5%	88.4%
说不清	657	11.6%	100.0%
总计	5660	100.0%	

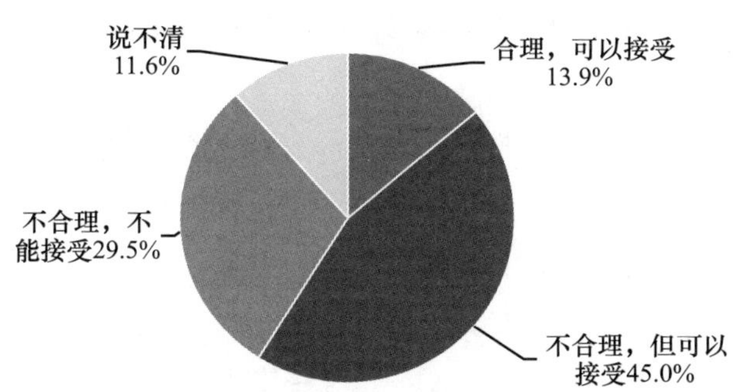

D21 如果国外报道与主流媒体宣传内容不一致，您倾向于相信

	频数	有效百分比	累积百分比
主流媒体	2275	40.3%	40.3%
国外报道	355	6.3%	46.6%
谁都不相信，自己判断	1437	25.5%	72.1%
说不清	1576	27.9%	100.0%
总计	5643	100.0%	

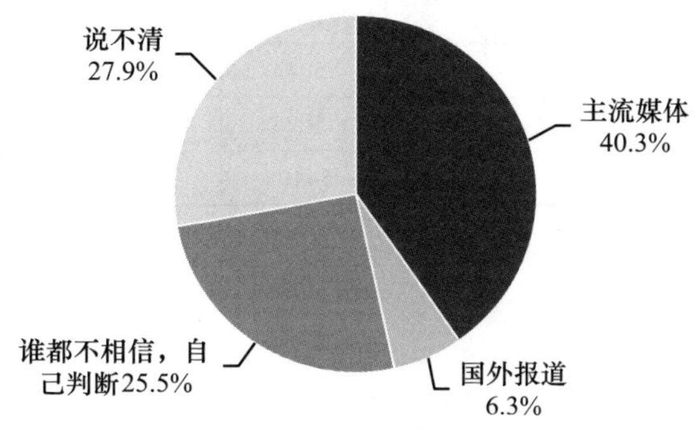

D22 您认为当前我国社会道德生活中最重要的元素是

	频数	有效百分比	累积百分比
意识形态中所提倡的社会主义道德	973	18.1%	18.1%
中国传统道德	3507	65.1%	83.1%
西方文化影响而形成的道德	223	4.1%	87.3%
市场经济中形成的道德	599	11.1%	98.4%
其他	88	1.6%	100.0%
总计	5390	100.0%	

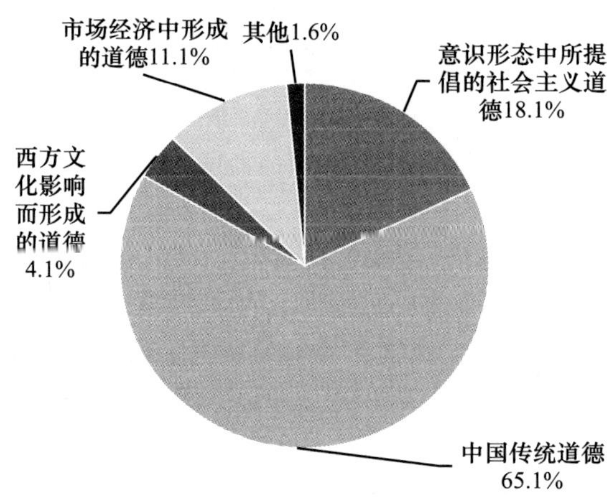

D23 假设您的上司或老板是外国人，如果他侮辱了中国，但抗争会产生不利于自己的后果，您会选择

	频数	有效百分比	累积百分比
当面抗议	3156	57.9%	57.9%
保持沉默	1080	19.8%	77.7%
暗地里报复	147	2.7%	80.4%
以屈求伸，背后骂几句就行了	504	9.2%	89.7%
无所谓	562	10.3%	100.0%
总计	5449	100.0%	

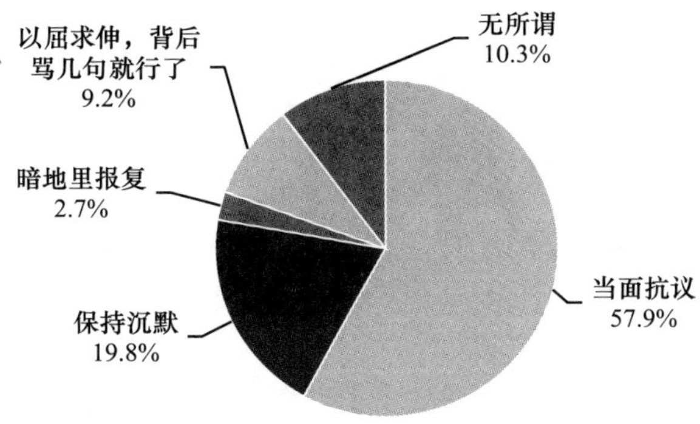

D24 您认为哪一种伦理关系对社会秩序和个人生活最具根本性意义

	频数	有效百分比	累积百分比
家庭伦理关系或血缘关系	3553	64.4%	64.4%
个人与社会的关系	1063	19.3%	83.7%
职业伦理关系	165	3.0%	86.7%
个人与国家民族的关系	438	7.9%	94.6%
个人与自然的关系	99	1.8%	96.4%
个人与他自身的关系	158	2.9%	99.3%
其他	39	0.7%	100.0%
总计	5515	100.0%	

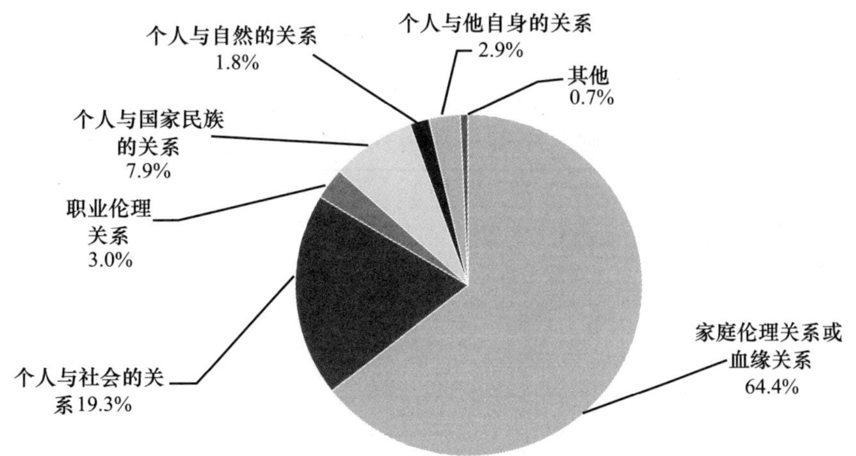

第二章　2013年中国伦理道德发展数据库交互分析表

中国伦理道德评价的户口差异

D1 by A18

您对当前我国社会的道德状况的总体满意程度是 * 户口 Crosstabulation

	农业户口	非农业户口	总计
非常满意	2.6%	1.4%	2.1%
比较满意	40.7%	25.1%	33.7%
一般	39.0%	44.5%	41.5%
比较不满意	15.2%	23.5%	19.0%
非常不满意	2.4%	5.5%	3.8%
总计	100.0%	100.0%	100.0%
列总计	3086	2544	5630

Chi-square test：sig = 0.000 < 0.05，所以不同户口类型的居民对当前我国社会道德的总体评价有显著差异。

D2 by A18

您对当前我国社会的人际关系的总体满意程度是 * 户口 Crosstabulation

	农业户口	非农业户口	总计
非常满意	2.9%	1.5%	2.3%
比较满意	42.3%	26.5%	35.1%
一般	41.6%	49.2%	45.0%
比较不满意	12.1%	19.5%	15.5%
非常不满意	1.2%	3.2%	2.1%
总计	100.0%	100.0%	100.0%
列总计	3084	2533	5617

Chi-square test：sig = 0.000 < 0.05，所以不同户口类型的居民对当前我国人际关系的总体评价有显著差异。

D3 by A18

您认为当前我国社会个人道德素质的主要问题是 ＊ 户口 Crosstabulation

	农业户口	非农业户口	总计
道德上无知	13.1%	11.4%	12.3%
有道德知识，但不见诸行动	68.0%	65.1%	66.7%
既道德上无知，也不见道德行动	14.2%	20.8%	17.2%
其他	4.7%	2.7%	3.7%
总计	100.0%	100.0%	100.0%
列总计	2876	2487	5363

Chi-square test：sig = 0.000 < 0.05，所以不同户口类型的居民对“当前我国社会个人道德素质的主要问题”的回答有显著差异。

D4 by A18

下列哪个因素最可能影响人际关系紧张 ＊ 户口 Crosstabulation

	农业户口	非农业户口	总计
社会资源缺乏，引发恶性竞争	9.6%	8.1%	8.9%
过度宣扬竞争意识	4.6%	5.7%	5.1%
社会财富分配不公，贫富差距过大	45.1%	44.1%	44.6%
个人主义盛行	8.7%	9.2%	8.9%
缺乏爱心	6.8%	6.3%	6.6%
缺乏宽容	6.0%	5.9%	5.9%
缺乏相互理解和沟通的意识和能力	10.6%	11.0%	10.8%
制度安排不公正，机会不平等	5.4%	7.1%	6.2%
一切诉诸利益或法律，人际关系缺乏伦理调节的机制和能力	1.4%	1.6%	1.5%
其他	1.9%	1.1%	1.5%
总计	100.0%	100.0%	100.0%
列总计	2898	2506	5404

Chi-square test：sig = 0.023 < 0.05，所以不同户口类型的居民对“当前我国人际关系紧张的主要原因”的回答有显著差异。

D5 by A18

当前有些人身心不和谐，如忧郁、精神分裂、自杀等，您认为造成这种情况的最主要原因 ＊ 户口 Crosstabulation

	农业户口	非农业户口	总计
欲望过多过大，不能知足常乐	18.0%	15.1%	16.7%

续表

	农业户口	非农业户口	总计
社会保障体系不健全，对自己和未来没有把握	12.2%	12.9%	12.5%
竞争激烈，工作压力过大，身心疲惫	31.9%	33.6%	32.7%
人与人之间缺乏信任感，人际关系紧张	10.9%	11.9%	11.3%
有烦恼很难找到人倾诉和排解	6.3%	5.0%	5.7%
个人的文化底蕴和文化积累不够，缺乏自我理解和自我调节能力	9.0%	8.9%	9.0%
现代人缺乏安顿自己、化解内心矛盾的能力	3.1%	4.0%	3.5%
缺乏道德公正，没有道德的人总是占便宜	2.8%	3.0%	2.9%
缺乏理想和信念支持，精神没有寄托和归宿	2.8%	3.9%	3.3%
其他	3.0%	1.6%	2.4%
总计	100.0%	100.0%	100.0%
列总计	2887	2496	5383

Chi-square test：sig = 0.000 < 0.05，所以不同户口类型的居民在对“当前有些人身心不和谐，如忧郁、精神分裂、自杀等，造成这种情况的最主要原因”的回答上有显著差异。

D7a by A18

文明城市创建效果 ＊ 户口 Crosstabulation

	农业户口	非农业户口	总计
没听说过该活动	29.9%	7.5%	19.8%
完全没有效果	2.1%	4.7%	3.2%
有较少的效果	12.9%	17.8%	15.1%
一般	31.5%	34.7%	33.0%
有较多的效果	18.7%	27.0%	22.4%
有非常多的效果	4.9%	8.3%	6.4%
总计	100.0%	100.0%	100.0%
列总计	3090	2541	5631

Chi-square test：sig = 0.000 < 0.05，所以不同户口类型的居民在对创建文明城市的效果的回答上有显著差异。

D7b by A18

学雷锋活动效果 ＊ 户口 Crosstabulation

	农业户口	非农业户口	总计
没听说过该活动	14.4%	4.5%	9.9%

续表

	农业户口	非农业户口	总计
完全没有效果	3. 9%	6. 9%	5. 3%
有较少的效果	17. 6%	23. 2%	20. 1%
一般	32. 7%	36. 3%	34. 3%
有较多的效果	25. 2%	22. 6%	24. 0%
有非常多的效果	6. 2%	6. 5%	6. 3%
总计	100. 0%	100. 0%	100. 0%
列总计	3094	2538	5632

Chi-square test：sig = 0. 000 < 0. 05，所以不同户口类型的居民在对学雷锋活动效果的回答上有显著差异。

D7c by A18

典型人物的宣传效果 ＊ 户口 Crosstabulation

	农业户口	非农业户口	总计
没听说过该活动	20. 3%	5. 9%	13. 8%
完全没有效果	2. 2%	5. 2%	3. 5%
有较少的效果	15. 1%	19. 0%	16. 8%
一般	27. 5%	32. 4%	29. 7%
有较多的效果	27. 1%	28. 0%	27. 5%
有非常多的效果	7. 7%	9. 6%	8. 5%
总计	100. 0%	100. 0%	100. 0%
列总计	3092	2542	5634

Chi-square test：sig = 0. 000 < 0. 05，所以不同户口类型的居民在对典型人物宣传效果的回答上有显著差异。

D7d by A18

志愿服务的倡导和推广效果 ＊ 户口 Crosstabulation

	农业户口	非农业户口	总计
没听说过该活动	32. 3%	10. 2%	22. 3%
完全没有效果	2. 3%	3. 9%	3. 0%
有较少的效果	13. 3%	18. 0%	15. 4%
一般	27. 5%	31. 8%	29. 5%
有较多的效果	19. 5%	28. 0%	23. 3%
有非常多的效果	5. 2%	8. 0%	6. 4%

续表

	农业户口	非农业户口	总计
总计	100.0%	100.0%	100.0%
列总计	3087	2538	5625

Chi-square test：sig = 0.000 < 0.05，所以不同户口类型的居民在对志愿服务活动倡导和推广效果的回答上有显著差异。

D7e by A18

反腐倡廉的举措效果 * 户口 Crosstabulation

	农业户口	非农业户口	总计
没听说过该活动	20.5%	6.7%	14.3%
完全没有效果	9.3%	13.2%	11.0%
有较少的效果	25.9%	29.1%	27.3%
一般	24.5%	27.0%	25.6%
有较多的效果	15.3%	18.0%	16.5%
有非常多的效果	4.6%	6.0%	5.2%
总计	100.0%	100.0%	100.0%
列总计	3090	2536	5626

Chi-square test：sig = 0.000 < 0.05，所以不同户口类型的居民在对反腐倡廉举措的效果的回答上有显著差异。

D7f by A18

《公民道德建设实施纲要》的推进效果 * 户口 Crosstabulation

	农业户口	非农业户口	总计
没听说过该活动	49.1%	23.6%	37.6%
完全没有效果	3.2%	6.4%	4.6%
有较少的效果	12.5%	18.1%	15.0%
一般	22.5%	32.4%	26.9%
有较多的效果	10.2%	15.9%	12.8%
有非常多的效果	2.5%	3.7%	3.0%
总计	100.0%	100.0%	100.0%
列总计	3086	2537	5623

Chi-square test：sig = 0.000 < 0.05，所以不同户口类型的居民在对《公民道德建设实施纲要》推进效果回答上有显著差异。

D8a by A18

坑蒙拐骗现象的严重程度 * 户口 Crosstabulation

	农业户口	非农业户口	总计
非常不严重	1.6%	0.6%	1.2%
比较不严重	20.3%	12.1%	16.6%
一般	29.0%	28.4%	28.8%
比较严重	38.9%	44.7%	41.5%
非常严重	10.2%	14.2%	12.0%
总计	100.0%	100.0%	100.0%
列总计	3101	2543	5644

Chi-square test：sig = 0.000 < 0.05，所以不同户口类型的居民在对坑蒙拐骗现象的严重程度的回答上有显著差异。

D8b by A18

人际关系冷漠、见危不救现象的严重程度 * 户口 Crosstabulation

	农业户口	非农业户口	总计
非常不严重	2.1%	0.9%	1.6%
比较不严重	22.4%	12.4%	17.9%
一般	36.7%	31.9%	34.6%
比较严重	34.0%	44.7%	38.9%
非常严重	4.8%	10.1%	7.2%
总计	100.0%	100.0%	100.0%
列总计	3090	2539	5629

Chi-square test：sig = 0.000 < 0.05，所以不同户口类型的居民在对人际关系冷漠、见危不救现象严重程度的回答上有显著差异。

D8c by A18

诚信缺乏，社会信用低现象的严重程度 * 户口 Crosstabulation

	农业户口	非农业户口	总计
非常不严重	1.1%	0.5%	0.8%
比较不严重	17.5%	9.8%	14.1%
一般	36.7%	30.8%	34.1%
比较严重	39.8%	47.2%	43.2%
非常严重	4.8%	11.6%	7.9%

续表

	农业户口	非农业户口	总计
总计	100.0%	100.0%	100.0%
列总计	3074	2541	5615

Chi-square test：sig＝0.000＜0.05，所以不同户口类型的居民在对诚信缺乏，社会信用低现象严重程度的回答上有显著差异。

D8d by A18

公共场所缺乏公德，如大声喧哗，不排队，随地吐痰等现象的严重程度 ＊ 户口 Crosstabulation

	农业户口	非农业户口	总计
非常不严重	1.3%	1.2%	1.3%
比较不严重	17.6%	13.8%	15.9%
一般	35.1%	30.3%	32.9%
比较严重	36.8%	41.1%	38.7%
非常严重	9.2%	13.6%	11.2%
总计	100.0%	100.0%	100.0%
列总计	3071	2540	5611

Chi-square test：sig＝0.000＜0.05，所以不同户口类型的居民在对公共场所缺少公德现象严重程度的回答上有显著差异。

D8e by A18

自私自利，损人利己，物欲横流现象的严重程度 ＊ 户口 Crosstabulation

	农业户口	非农业户口	总计
非常不严重	1.4%	0.6%	1.0%
比较不严重	17.5%	11.7%	14.9%
一般	39.1%	35.4%	37.4%
比较严重	35.8%	42.0%	38.6%
非常严重	6.3%	10.3%	8.1%
总计	100.0%	100.0%	100.0%
列总计	3072	2539	5611

Chi-square test：sig＝0.000＜0.05，所以不同户口类型的居民在对自私自利，损人利己，物欲横流现象严重程度的回答上有显著差异。

D8f by A18

缺乏公正心和正义感现象的严重程度 * 户口 Crosstabulation

	农业户口	非农业户口	总计
非常不严重	1.2%	0.7%	1.0%
比较不严重	21.0%	13.4%	17.6%
一般	42.6%	39.0%	41.0%
比较严重	30.6%	38.6%	34.2%
非常严重	4.6%	8.2%	6.2%
总计	100.0%	100.0%	100.0%
列总计	3056	2536	5592

Chi-square test：sig = 0.000 < 0.05，所以不同户口类型的居民在对缺乏公正心与正义感现象严重程度的回答上有显著差异。

D8g by A18

缺乏羞耻感现象的严重程度 * 户口 Crosstabulation

	农业户口	非农业户口	总计
非常不严重	2.0%	1.0%	1.6%
比较不严重	24.1%	17.9%	21.3%
一般	44.5%	42.4%	43.5%
比较严重	25.1%	30.0%	27.3%
非常严重	4.3%	8.7%	6.3%
总计	100.0%	100.0%	100.0%
列总计	3050	2527	5577

Chi-square test：sig = 0.000 < 0.05，所以不同户口类型的居民在对缺乏羞耻感现象严重程度的回答上有显著差异。

D8h by A18

干部贪污受贿，以权谋利现象的严重程度 * 户口 Crosstabulation

	农业户口	非农业户口	总计
非常不严重	0.8%	0.9%	0.8%
比较不严重	7.8%	5.5%	6.8%
一般	20.8%	18.5%	19.7%
比较严重	43.4%	44.9%	44.1%
非常严重	27.2%	30.2%	28.5%

续表

	农业户口	非农业户口	总计
总计	100.0%	100.0%	100.0%
列总计	3049	2526	5575

Chi-square test: sig = 0.000 < 0.05，所以不同户口类型的居民在对干部贪污受贿，以权谋利现象严重程度的回答上有显著差异。

D8i by A18

生活奢侈，铺张浪费现象的严重程度 * 户口 Crosstabulation

	农业户口	非农业户口	总计
非常不严重	2.1%	0.8%	1.5%
比较不严重	16.4%	12.0%	14.4%
一般	35.2%	33.5%	34.4%
比较严重	36.2%	40.0%	37.9%
非常严重	10.0%	13.8%	11.7%
总计	100.0%	100.0%	100.0%
列总计	3079	2533	5612

Chi-square test: sig = 0.000 < 0.05，所以不同户口类型的居民在对生活奢侈，铺张浪费现象严重程度的回答上有显著差异。

D8j by A18

奉行功利主义现象的严重程度 * 户口 Crosstabulation

	农业户口	非农业户口	总计
非常不严重	1.5%	1.1%	1.3%
比较不严重	17.8%	11.8%	15.1%
一般	45.0%	41.1%	43.2%
比较严重	29.8%	37.0%	33.0%
非常严重	5.9%	9.0%	7.3%
总计	100.0%	100.0%	100.0%
列总计	3034	2524	5558

Chi-square test: sig = 0.000 < 0.05，所以不同户口类型的居民在对奉行功利主义现象的严重程度的回答上有显著差异。

D8k by A18

企业损害社会利益，如污染环境，以虚假广告误导公众等现象的严重程度 * 户口 Crosstabulation

	农业户口	非农业户口	总计
非常不严重	1.6%	0.7%	1.2%
比较不严重	13.2%	9.2%	11.4%
一般	40.8%	31.2%	36.4%
比较严重	35.0%	43.3%	38.8%
非常严重	9.4%	15.6%	12.2%
总计	100.0%	100.0%	100.0%
列总计	3017	2531	5548

Chi-square test：sig = 0.000 < 0.05，所以不同户口类型的居民在对企业损害社会利益现象严重程度的回答上有显著差异。

D8l by A18

娱乐界以丑闻、绯闻炒作，污染社会风气现象的严重程度 * 户口 Crosstabulation

	农业户口	非农业户口	总计
非常不严重	1.6%	1.0%	1.4%
比较不严重	16.5%	11.2%	14.0%
一般	51.2%	40.8%	46.4%
比较严重	23.9%	34.0%	28.6%
非常严重	6.7%	13.0%	9.6%
总计	100.0%	100.0%	100.0%
列总计	2890	2483	5373

Chi-square test：sig = 0.000 < 0.05，所以不同户口类型的居民在对娱乐界丑闻、绯闻炒作，污染社会风气现象严重程度的回答上有显著差异。

D8m by A18

媒体缺乏社会责任，炒作新闻现象的严重程度 * 户口 Crosstabulation

	农业户口	非农业户口	总计
非常不严重	1.8%	1.5%	1.6%
比较不严重	18.0%	12.0%	15.2%
一般	51.5%	42.1%	47.2%

续表

	农业户口	非农业户口	总计
比较严重	23.3%	33.3%	28.0%
非常严重	5.4%	11.1%	8.0%
总计	100.0%	100.0%	100.0%
列总计	2908	2501	5409

Chi-square test：sig = 0.000 < 0.05，所以不同户口类型的居民在对媒体缺乏社会责任现象严重程度的回答上有显著差异。

D8n by A18

社会财富分配不公，贫富悬殊过大现象的严重程度 * 户口 Crosstabulation

	农业户口	非农业户口	总计
非常不严重	0.7%	0.6%	0.7%
比较不严重	6.5%	5.4%	6.0%
一般	22.9%	20.4%	21.8%
比较严重	48.1%	45.5%	46.9%
非常严重	21.8%	28.1%	24.7%
总计	100.0%	100.0%	100.0%
列总计	3063	2531	5594

Chi-square test：sig = 0.007 < 0.05，所以不同户口类型的居民在对社会财富分配不公现象严重程度的回答上有显著差异。

D8o by A18

教师不尽职现象的严重程度 * 户口 Crosstabulation

	农业户口	非农业户口	总计
非常不严重	7.3%	5.2%	6.4%
比较不严重	34.9%	24.2%	30.1%
一般	34.5%	38.1%	36.1%
比较严重	19.5%	24.7%	21.9%
非常严重	3.7%	7.7%	5.5%
总计	100.0%	100.0%	100.0%
列总计	3072	2527	5599

Chi-square test：sig = 0.000 < 0.05，所以不同户口类型的居民在对教师不尽责现象严重程度的回答上有显著差异。

D8p by A18

医生不守职业道德现象的严重程度 ＊ 户口 Crosstabulation

	农业户口	非农业户口	总计
非常不严重	5.8%	3.5%	4.7%
比较不严重	30.6%	21.0%	26.3%
一般	34.2%	36.0%	35.0%
比较严重	22.9%	29.2%	25.7%
非常严重	6.6%	10.3%	8.3%
总计	100.0%	100.0%	100.0%
列总计	3086	2538	5624

Chi-square test：sig = 0.000 < 0.05，所以不同户口类型的居民在对医生缺少职业道德现象严重程度的回答上有显著差异。

D8q by A18

偷盗现象的严重程度 ＊ 户口 Crosstabulation

	农业户口	非农业户口	总计
非常不严重	4.6%	1.7%	3.3%
比较不严重	25.5%	16.8%	21.6%
一般	32.9%	35.1%	33.9%
比较严重	28.7%	33.5%	30.9%
非常严重	8.3%	12.9%	10.4%
总计	100.0%	100.0%	100.0%
列总计	3104	2544	5648

Chi-square test：sig = 0.000 < 0.05，所以不同户口类型的居民在对偷盗现象严重程度的回答上有显著差异。

D8r by A18

公众人物用知名度攫取财富现象的严重程度 ＊ 户口 Crosstabulation

	农业户口	非农业户口	总计
非常不严重	1.2%	1.5%	1.3%
比较不严重	18.5%	12.6%	15.8%
一般	57.9%	50.5%	54.5%
比较严重	19.5%	28.6%	23.7%
非常严重	3.0%	6.9%	4.8%

续表

	农业户口	非农业户口	总计
总计	100.0%	100.0%	100.0%
列总计	2902	2493	5395

Chi-square test：sig = 0.000 < 0.05，所以不同户口类型的居民在对公众人物利用知名度攫取财富现象严重程度的回答上有显著差异。

D8s by A18

不爱国现象的严重程度 * 户口 Crosstabulation

	农业户口	非农业户口	总计
非常不严重	12.6%	11.0%	11.8%
比较不严重	42.4%	36.7%	39.8%
一般	34.5%	37.5%	35.9%
比较严重	8.5%	11.2%	9.7%
非常严重	1.9%	3.7%	2.7%
总计	100.0%	100.0%	100.0%
列总计	3051	2528	5579

Chi-square test：sig = 0.000 < 0.05，所以不同户口类型的居民在对不爱国现象的严重程度的回答上有显著差异。

D8t by A18

两性关系过度开放导致婚姻不稳定现象的严重程度 * 户口 Crosstabulation

	农业户口	非农业户口	总计
非常不严重	2.3%	1.6%	2.0%
比较不严重	21.1%	16.9%	19.2%
一般	47.5%	40.6%	44.3%
比较严重	23.3%	32.1%	27.3%
非常严重	5.8%	8.9%	7.2%
总计	100.0%	100.0%	100.0%
列总计	2988	2518	5506

Chi-square test：sig = 0.000 < 0.05，所以不同户口类型的居民在对两性关系过于开放导致婚姻不稳定现象严重程度的回答上有显著差异。

D8u by A18

年轻人缺乏责任感，不孝敬父母现象的严重程度 * 户口 Crosstabulation

	农业户口	非农业户口	总计
非常不严重	3.7%	2.4%	3.1%
比较不严重	31.7%	22.6%	27.6%
一般	34.9%	39.7%	37.1%
比较严重	24.9%	28.7%	26.6%
非常严重	4.8%	6.6%	5.6%
总计	100.0%	100.0%	100.0%
列总计	3097	2538	5635

Chi-square test：sig = 0.000 < 0.05，所以不同户口类型的居民在对年轻人缺乏责任感，不孝敬父母的现象严重程度的回答上有显著差异。

D8v by A18

父母和子女代沟问题严重，难以沟通现象的严重程度 * 户口 Crosstabulation

	农业户口	非农业户口	总计
非常不严重	3.1%	1.8%	2.5%
比较不严重	28.0%	20.9%	24.8%
一般	41.1%	43.4%	42.1%
比较严重	24.2%	29.1%	26.4%
非常严重	3.6%	4.9%	4.2%
总计	100.0%	100.0%	100.0%
列总计	3093	2537	5630

Chi-square test：sig = 0.000 < 0.05，所以不同户口类型的居民在对子女父母之间有代沟的现象严重程度的回答上有显著差异。

D8w by A18

老无所养，缺乏安全感现象的严重程度 * 户口 Crosstabulation

	农业户口	非农业户口	总计
非常不严重	4.0%	3.7%	3.8%
比较不严重	28.6%	20.3%	24.9%
一般	35.7%	37.9%	36.7%
比较严重	26.2%	30.7%	28.2%
非常严重	5.6%	7.4%	6.4%

续表

	农业户口	非农业户口	总计
总计	100.0%	100.0%	100.0%
列总计	3096	2541	5637

Chi-square test：sig = 0.000 < 0.05，所以不同户口类型的居民在对老无所养的现象严重程度的回答上有显著差异。

D9a by A18

在下列关系中，您认为哪些关系最重要？第一重要的是 * 户口 Crosstabulation

	农业户口	非农业户口	总计
父母与子女	63.1%	59.7%	61.6%
夫妻	25.7%	24.9%	25.3%
兄弟姐妹	0.9%	0.5%	0.7%
同事或同学	0.3%	0.7%	0.4%
上级与下级	0.6%	1.1%	0.8%
师生	0.3%	0.2%	0.2%
人与自然的关系	0.9%	1.5%	1.2%
个人与社会	2.5%	4.2%	3.3%
个人与国家	3.1%	3.8%	3.4%
个人与工作单位	0.5%	0.6%	0.5%
通过网络建立的关系	0.1%	0.2%	0.1%
朋友	0.7%	0.8%	0.7%
个人与自身的关系	1.2%	1.9%	1.5%
其他	0.2%		0.1%
总计	100.0%	100.0%	100.0%
列总计	3079	2539	5618

Chi-square test：sig = 0.000 < 0.05，所以不同户口类型的居民在对最重要的关系的回答上有显著差异。

D9b by A18

在下列关系中，您认为哪些关系最重要？第二重要的是 * 户口 Crosstabulation

	农业户口	非农业户口	总计
父母与子女	27.4%	26.3%	26.9%

续表

	农业户口	非农业户口	总计
夫妻	48. 3%	45. 1%	46. 8%
兄弟姐妹	9. 6%	6. 1%	8. 0%
同事或同学	0. 9%	1. 5%	1. 2%
上级与下级	0. 7%	2. 1%	1. 3%
师生	0. 8%	0. 9%	0. 9%
人与自然的关系	1. 3%	2. 1%	1. 7%
个人与社会	4. 2%	5. 4%	4. 8%
个人与国家	2. 2%	3. 4%	2. 8%
个人与工作单位	0. 8%	2. 4%	1. 5%
通过网络建立的关系	0. 1%	0. 3%	0. 2%
朋友	2. 6%	3. 0%	2. 8%
个人与自身的关系	1. 0%	1. 3%	1. 2%
其他	0. 1%		0. 1%
总计	100. 0%	100. 0%	100. 0%
列总计	3063	2534	5597

Chi-square test：sig = 0. 000 < 0. 05，所以不同户口类型的居民在对第二重要的关系的回答上有显著差异。

D9c by A18

在下列关系中，您认为哪些关系最重要？第三重要的是 * 户口 Crosstabulation

	农业户口	非农业户口	总计
父母与子女	4. 6%	5. 1%	4. 9%
夫妻	9. 7%	7. 9%	8. 9%
兄弟姐妹	50. 7%	34. 8%	43. 5%
同事或同学	2. 4%	5. 9%	4. 0%
上级与下级	1. 5%	4. 1%	2. 7%
师生	1. 5%	1. 6%	1. 5%
人与自然的关系	2. 2%	3. 3%	2. 7%
个人与社会	7. 0%	10. 3%	8. 5%
个人与国家	4. 9%	5. 0%	4. 9%
个人与工作单位	2. 3%	5. 3%	3. 7%
通过网络建立的关系	0. 2%	0. 3%	0. 2%

续表

	农业户口	非农业户口	总计
朋友	9.7%	11.7%	10.6%
个人与自身的关系	2.9%	4.5%	3.6%
其他	0.3%	0.2%	0.3%
总计	100.0%	100.0%	100.0%
列总计	3037	2524	5561

Chi-square test：sig = 0.000 < 0.05，所以不同户口类型的居民在对第三重要关系的回答上有显著差异。

D10 by A18

现在社会上有些人不守道德反而占了便宜，您会不会为了得到好处而效仿 * 户口 Crosstabulation

	农业户口	非农业户口	总计
从来不这么做	73.1%	73.1%	73.1%
通常不这么做，关键时刻会这么做	12.6%	14.7%	13.6%
经常这么做	1.1%	1.6%	1.3%
说不清	13.2%	10.6%	12.0%
总计	100.0%	100.0%	100.0%
列总计	3069	2510	5579

Chi-square test：sig = 0.002 < 0.05，所以不同户口类型的居民在对“现在社会上有些人不守道德反而占了便宜，您会不会为了得到好处而效仿”的回答上有显著差异。

D11a by A18

如果您与下列人员发生重大利益冲突，您首先会选择哪种途径来解决？家庭成员之间 * 户口 Crosstabulation

	农业户口	非农业户口	总计
诉诸法律，打官司	0.5%	0.7%	0.6%
直接找对方沟通但得理让人，适可而止	53.8%	58.1%	55.7%
通过第三方从中调解，尽量不伤和气	9.5%	8.1%	8.9%
能忍则忍	36.2%	33.1%	34.8%
总计	100.0%	100.0%	100.0%
列总计	3014	2447	5461

Chi-square test：sig = 0.004 < 0.05，所以不同户口类型的居民在对家人之间纠纷解决途径的选择上有显著差异。

D11b by A18

如果您与下列人员发生重大利益冲突，您首先会选择哪种途径来解决？朋友之间 ＊ 户口 Crosstabulation

	农业户口	非农业户口	总计
诉诸法律，打官司	1.0%	1.4%	1.2%
直接找对方沟通但得理让人，适可而止	48.9%	54.5%	51.5%
通过第三方从中调解，尽量不伤和气	24.5%	23.8%	24.2%
能忍则忍	25.5%	20.2%	23.1%
总计	100.0%	100.0%	100.0%
列总计	2990	2472	5462

Chi-square test：sig = 0.000 < 0.05，所以不同户口类型的居民在对朋友之间纠纷解决途径的选择上有显著差异。

D11c by A18

如果您与下列人员发生重大利益冲突，您首先会选择哪种途径来解决？同事之间 ＊ 户口 Crosstabulation

	农业户口	非农业户口	总计
诉诸法律，打官司	2.8%	2.6%	2.7%
直接找对方沟通但得理让人，适可而止	46.9%	48.2%	47.5%
通过第三方从中调解，尽量不伤和气	30.3%	29.2%	29.7%
能忍则忍	20.1%	20.0%	20.1%
总计	100.0%	100.0%	100.0%
列总计	2145	2246	4391

Chi-square test：sig = 0.000 < 0.05，所以不同户口类型的居民在对同事之间纠纷解决途径的选择上有显著差异。

D11d by A18

如果您与下列人员发生重大利益冲突，您首先会选择哪种途径来解决？商业伙伴之间 ＊ 户口 Crosstabulation

	农业户口	非农业户口	总计
诉诸法律，打官司	31.8%	37.8%	34.8%
直接找对方沟通但得理让人，适可而止	31.8%	27.9%	29.8%
通过第三方从中调解，尽量不伤和气	26.3%	24.8%	25.6%
能忍则忍	10.1%	9.5%	9.8%

续表

	农业户口	非农业户口	总计
总计	100. 0%	100. 0%	100. 0%
列总计	1721	1711	3432

Chi-square test：sig = 0. 000 < 0. 05，所以不同户口类型的居民在对商业伙伴之间纠纷解决途径的选择上有显著差异。

D12 by A18

一些政府机关和大中小学，利用权力让本单位的职工子女在很好的学校读书，或降分录取。您认为这种行为道德吗 ＊ 户口 Crosstabulation

	农业户口	非农业户口	总计
为本单位人员谋福利，符合道德	3. 6%	3. 8%	3. 7%
以权谋私，不道德	62. 5%	59. 5%	61. 1%
是对社会公众的欺骗，严重不道德	19. 5%	20. 1%	19. 8%
符合本单位员工利益和内部伦理，但严重侵蚀社会道德	5. 2%	9. 3%	7. 1%
无所谓道德不道德	9. 2%	7. 3%	8. 3%
总计	100. 0%	100. 0%	100. 0%
列总计	3055	2539	5594

Chi-square test：sig = 0. 000 < 0. 05，所以不同户口类型的居民在对一些政府机关和大中小学，利用权力让本单位的职工子女在很好的学校读书，或降分录取的看法上有显著差异。

D13 by A18

如果您所在的单位有一项举措可以提高集体福利并使您个人得到利益，但会造成环境污染或社会公害，您会举报吗？ ＊ 户口 Crosstabulation

	农业户口	非农业户口	总计
会	57. 0%	55. 5%	56. 3%
不会	43. 0%	44. 5%	43. 7%
总计	100. 0%	100. 0%	100. 0%
列总计	2997	2517	5514

Chi-square test：sig = 0. 325 > 0. 05 ，所以不同户口的被访者在如果您所在的单位有一项举措可以提高集体福利并使您个人得到利益，但会造成环境污染或社会公害，是否会举报的回答上无显著差异。

D14 by A18

您认为对当前我国伦理关系和道德风尚造成最大负面影响的因素是 * 户口 Crosstabulation

	农业户口	非农业户口	总计
传统文化的崩坏	39.1%	31.6%	35.6%
外来文化的冲击	22.0%	24.2%	23.0%
市场经济导致的个人主义	28.1%	32.8%	30.3%
计算机网络技术的发展	7.1%	9.0%	8.0%
其他	3.6%	2.4%	3.0%
总计	100.0%	100.0%	100.0%
列总计	2802	2465	5267

Chi-square test: sig = 0.000 < 0.05，所以不同户口的被访者在对当前我国伦理关系和道德风尚造成最大负面影响的因素是什么的回答上有显著差异。

D15 by A18

从网络中获得的信息（文字、图片、视频等）对您的思想行为影响如何 * 户口 Crosstabulation

	农业户口	非农业户口	总计
影响很大	5.2%	9.2%	7.0%
有一些影响	17.2%	30.7%	23.3%
影响不大	14.0%	22.7%	17.9%
完全没有影响	3.8%	4.5%	4.1%
不适用，因为不上网	59.8%	32.8%	47.6%
总计	100.0%	100.0%	100.0%
列总计	3065	2534	5599

Chi-square test: sig = 0.000 < 0.05，所以不同户口的被访者在从网络中获得的信息（文字、图片、视频等）对您的思想行为影响如何的回答上有显著差异。

D16 by A18

您认为在自己的成长中得到道德训练的最重要场所或机构是 * 户口 Crosstabulation

	农业户口	非农业户口	总计
家庭	56.3%	43.9%	50.7%
学校	15.4%	20.6%	17.8%

续表

	农业户口	非农业户口	总计
社会	22.9%	28.1%	25.2%
国家或政府	2.9%	4.3%	3.5%
媒体	1.4%	2.2%	1.7%
其他	1.2%	0.9%	1.1%
总计	100.0%	100.0%	100.0%
列总计	3069	2539	5608

Chi-square test：sig = 0.000 < 0.05，所以不同户口的被访者对“您认为在自己的成长中得到道德训练的最重要场所或机构是什么”的回答有显著差异。

D17a by A18

您对政府官员的伦理道德状况的满意度如何 * 户口 Crosstabulation

	农业户口	非农业户口	总计
非常不满意	13.1%	15.8%	14.3%
比较不满意	34.0%	35.2%	34.5%
一般	34.3%	37.4%	35.7%
比较满意	17.5%	10.9%	14.6%
非常满意	1.0%	0.6%	0.9%
总计	100.0%	100.0%	100.0%
列总计	3073	2533	5606

Chi-square test：sig = 0.000 < 0.05，所以不同户口的被访者在对政府官员的伦理道德状况的满意度上有显著差异。

D17b by A18

您对企业家的伦理道德状况的满意度如何 * 户口 Crosstabulation

	农业户口	非农业户口	总计
非常不满意	2.6%	4.7%	3.5%
比较不满意	17.7%	22.0%	19.7%
一般	58.0%	56.3%	57.2%
比较满意	21.0%	16.1%	18.8%
非常满意	0.7%	0.9%	0.8%
总计	100.0%	100.0%	100.0%
列总计	3033	2512	5545

Chi-square test：sig = 0.000 < 0.05，所以不同户口的被访者在对企业家的伦理道德状况的满意度上有显著差异。

D17c by A18

您对演艺娱乐界明星的伦理道德状况的满意度如何 ＊ 户口 Crosstabulation

	农业户口	非农业户口	总计
非常不满意	3.0%	7.7%	5.2%
比较不满意	16.7%	24.8%	20.4%
一般	64.5%	57.7%	61.4%
比较满意	15.3%	9.4%	12.6%
非常满意	0.5%	0.3%	0.4%
总计	100.0%	100.0%	100.0%
列总计	2937	2475	5412

Chi-square test：sig = 0.000 < 0.05，所以不同户口的被访者在对演艺娱乐界明星的伦理道德状况的满意度上有显著差异。

D17d by A18

您对教师的伦理道德状况的满意度如何 ＊ 户口 Crosstabulation

	农业户口	非农业户口	总计
非常不满意	2.0%	3.7%	2.8%
比较不满意	8.3%	12.2%	10.1%
一般	28.1%	35.6%	31.5%
比较满意	54.8%	43.7%	49.8%
非常满意	6.7%	4.9%	5.9%
总计	100.0%	100.0%	100.0%
列总计	3082	2536	5618

Chi-square test：sig = 0.000 < 0.05，所以不同户口的被访者在对教师的伦理道德状况的满意度上有显著差异。

D17e by A18

您对青少年群体的伦理道德状况的满意度如何 ＊ 户口 Crosstabulation

	农业户口	非农业户口	总计
非常不满意	1.4%	2.4%	1.9%
比较不满意	11.2%	12.8%	11.9%
一般	45.0%	48.5%	46.6%
比较满意	39.1%	34.3%	37.0%
非常满意	3.3%	2.0%	2.7%

续表

	农业户口	非农业户口	总计
总计	100. 0%	100. 0%	100. 0%
列总计	3086	2533	5619

Chi-square test：sig = 0. 000 < 0. 05，所以不同户口的被访者在对青少年群体的伦理道德状况的满意度上有显著差异。

D17f by A18

您对农民群体的伦理道德状况的满意度如何 ＊ 户口 Crosstabulation

	农业户口	非农业户口	总计
非常不满意	0. 4%	0. 9%	0. 7%
比较不满意	2. 4%	6. 1%	4. 1%
一般	31. 6%	47. 4%	38. 7%
比较满意	52. 2%	39. 5%	46. 5%
非常满意	13. 3%	6. 0%	10. 1%
总计	100. 0%	100. 0%	100. 0%
列总计	3094	2532	5626

Chi-square test：sig = 0. 000 < 0. 05，所以不同户口的被访者在对农民群体的伦理道德状况的满意度上有显著差异。

D17g by A18

您对商人群体的伦理道德状况的满意度如何 ＊ 户口 Crosstabulation

	农业户口	非农业户口	总计
非常不满意	3. 7%	6. 2%	4. 8%
比较不满意	22. 8%	29. 6%	25. 9%
一般	53. 7%	51. 3%	52. 6%
比较满意	19. 2%	12. 2%	16. 0%
非常满意	0. 7%	0. 6%	0. 6%
总计	100. 0%	100. 0%	100. 0%
列总计	3056	2530	5586

Chi-square test：sig = 0. 000 < 0. 05，所以不同户口的被访者在对商人群体的伦理道德状况的满意度上有显著差异。

D17h by A18

您对工人群体的伦理道德状况的满意度如何 * 户口 Crosstabulation

	农业户口	非农业户口	总计
非常不满意	0.3%	0.3%	0.3%
比较不满意	3.9%	4.8%	4.3%
一般	46.8%	50.0%	48.2%
比较满意	44.7%	41.4%	43.2%
非常满意	4.3%	3.6%	4.0%
总计	100.0%	100.0%	100.0%
列总计	3048	2524	5572

Chi-square test：sig = 0.000 < 0.05，所以不同户口的被访者在对工人群体的伦理道德状况的满意度上有显著差异。

D17i by A18

您对专家学者群体的伦理道德状况的满意度如何 * 户口 Crosstabulation

	农业户口	非农业户口	总计
非常不满意	1.0%	1.7%	1.3%
比较不满意	6.2%	11.4%	8.6%
一般	44.4%	45.7%	45.0%
比较满意	42.1%	36.4%	39.5%
非常满意	6.3%	4.7%	5.6%
总计	100.0%	100.0%	100.0%
列总计	2997	2508	5505

Chi-square test：sig = 0.000 < 0.05，所以不同户口的被访者在对专家学者群体的伦理道德状况的满意度上有显著差异。

D17j by A18

您对医生群体的伦理道德状况的满意度如何 * 户口 Crosstabulation

	农业户口	非农业户口	总计
非常不满意	3.4%	6.1%	4.6%
比较不满意	14.2%	18.9%	16.3%
一般	34.4%	42.6%	38.1%
比较满意	43.7%	30.1%	37.6%
非常满意	4.4%	2.3%	3.4%

续表

	农业户口	非农业户口	总计
总计	100.0%	100.0%	100.0%
列总计	3073	2529	5602

Chi-square test：sig = 0.000 < 0.05，所以不同户口的被访者在对医生群体的伦理道德状况的满意度上有显著差异。

D18 by A18

您觉得当前我国政府官员道德问题最严重的是 * 户口 Crosstabulation

	农业户口	非农业户口	总计
贪污	48.6%	36.6%	43.1%
以权谋私	21.9%	28.2%	24.8%
受贿	7.1%	8.9%	7.9%
生活作风腐败	8.0%	9.4%	8.6%
官僚主义	2.6%	3.8%	3.1%
平庸，不作为	3.7%	4.2%	3.9%
政绩工程，折腾百姓	3.5%	5.2%	4.3%
铺张浪费	1.9%	1.3%	1.6%
拉帮结派	0.8%	0.8%	0.8%
其他	1.9%	1.7%	1.8%
总计	100.0%	100.0%	100.0%
列总计	3011	2530	5541

Chi-square test：sig = 0.000 < 0.05，所以不同户口的被访者对当前我国政府官员道德问题最严重的表现是什么的回答有显著差异。

D19a by A18

您的思想行为受什么人的影响最大？第一位的是 * 户口 Crosstabulation

	农业户口	非农业户口	总计
政府官员	6.4%	10.3%	8.2%
企业家	1.9%	2.7%	2.3%
演艺明星、体育明星	0.9%	0.5%	0.7%
教师	10.2%	11.5%	10.8%
知识精英	1.8%	3.2%	2.5%
自由职业者	0.6%	0.7%	0.6%

续表

	农业户口	非农业户口	总计
农民	4.4%	1.3%	3.0%
工人	0.9%	1.6%	1.2%
先哲先贤	2.2%	4.2%	3.1%
父母	70.6%	64.1%	67.7%
总计	100.0%	100.0%	100.0%
列总计	3034	2516	5550

Chi-square test：sig = 0.000 < 0.05，所以不同户口的被访者在思想行为受什么人的影响最大？第一位的回答上有显著差异。

D19b by A18

您的思想行为受什么人的影响最大？第二位的是 ＊ 户口 Crosstabulation

	农业户口	非农业户口	总计
政府官员	5.0%	5.2%	5.1%
企业家	3.3%	5.4%	4.3%
演艺明星、体育明星	1.1%	1.5%	1.3%
教师	39.3%	42.9%	41.0%
知识精英	4.1%	7.5%	5.7%
自由职业者	1.7%	1.6%	1.7%
农民	20.8%	4.6%	13.4%
工人	3.2%	5.5%	4.3%
先哲先贤	6.2%	10.9%	8.3%
父母	15.2%	14.8%	15.0%
总计	100.0%	100.0%	100.0%
列总计	2930	2467	5397

Chi-square test：sig = 0.000 < 0.05，所以不同户口的被访者在“您的思想行为受什么人的影响最大？第二位”的回答上有显著差异。

D19c by A18

您的思想行为受什么人的影响最大？第三位的是 ＊ 户口 Crosstabulation

	农业户口	非农业户口	总计
政府官员	13.1%	11.0%	12.1%
企业家	4.3%	5.4%	4.8%

续表

	农业户口	非农业户口	总计
演艺明星、体育明星	2.4%	2.9%	2.6%
教师	15.2%	17.0%	16.0%
知识精英	12.1%	20.1%	15.8%
自由职业者	4.4%	4.2%	4.3%
农民	21.7%	5.6%	14.3%
工人	9.6%	9.5%	9.5%
先哲先贤	10.9%	16.2%	13.3%
父母	6.3%	8.1%	7.2%
总计	100.0%	100.0%	100.0%
列总计	2825	2414	5239

Chi-square test：sig = 0.000 < 0.05，所以不同户口的被访者在思想行为受什么人的影响最大？第三位的回答上有显著差异。

D20 by A18

您认为目前我国社会成员之间的收入差距如何 * 户口 Crosstabulation

	农业户口	非农业户口	总计
合理，可以接受	16.4%	10.8%	13.9%
不合理，但可以接受	42.3%	48.3%	45.0%
不合理，不能接受	27.3%	32.2%	29.5%
说不清	14.0%	8.7%	11.6%
总计	100.0%	100.0%	100.0%
列总计	3113	2547	5660

Chi-square test：sig = 0.000 < 0.05，所以不同户口的被访者在目前我国社会成员之间的收入差距如何的回答上有显著差异。

D21 by A18

如果国外报道与主流媒体宣传内容不一致，您倾向于相信 * 户口 Crosstabulation

	农业户口	非农业户口	总计
主流媒体	40.7%	39.8%	40.3%
国外报道	4.0%	9.1%	6.3%
谁都不相信，自己判断	20.5%	31.5%	25.5%

续表

	农业户口	非农业户口	总计
说不清	34.7%	19.6%	27.9%
总计	100.0%	100.0%	100.0%
列总计	3103	2540	5643

Chi-square test：sig = 0.000 < 0.05，所以不同户口的被访者在如果国外报道与主流媒体宣传内容不一致，您倾向于相信何者上有显著差异。

D22 by A18

您认为当前我国社会道德生活中最重要的元素是 ＊ 户口 Crosstabulation

	农业户口	非农业户口	总计
意识形态中所提倡的社会主义道德	18.6%	17.4%	18.1%
中国传统道德	66.5%	63.4%	65.1%
西方文化影响而形成的道德	3.4%	5.0%	4.1%
市场经济中形成的道德	9.3%	13.2%	11.1%
其他	2.2%	1.0%	1.6%
总计	100.0%	100.0%	100.0%
列总计	2895	2495	5390

Chi-square test：sig = 0.000 < 0.05，所以不同户口的被访者在当前我国社会道德生活中最重要的元素是什么的回答上有显著差异。

D23 by A18

假设您的上司或老板是外国人，如果他侮辱了中国，但抗争会产生不利于自己的后果，您会选择？ ＊ 户口 Crosstabulation

	农业户口	非农业户口	总计
当面抗议	58.1%	57.8%	57.9%
保持沉默	19.6%	20.1%	19.8%
暗地里报复	2.0%	3.5%	2.7%
以屈求伸，背后骂几句就行了	9.1%	9.4%	9.2%
无所谓	11.3%	9.2%	10.3%
总计	100.0%	100.0%	100.0%
列总计	2949	2500	5449

Chi-square test：sig = 0.001 < 0.05，所以不同户口的被访者在假设您的上司或老板是外国人，如果他侮辱了中国，但抗争会产生不利于自己的后果，您会选择怎么做上有显著差异。

D24 by A18

您认为哪一种伦理关系对社会秩序和个人生活最具根本性意义 ＊ 户口 Crosstabulation

	农业户口	非农业户口	总计
家庭伦理关系或血缘关系	69.8%	58.0%	64.4%
个人与社会的关系	16.8%	22.2%	19.3%
职业伦理关系	2.3%	3.8%	3.0%
个人与国家民族的关系	6.6%	9.5%	7.9%
个人与自然的关系	1.5%	2.1%	1.8%
个人与他自身的关系	2.3%	3.5%	2.9%
其他	0.7%	0.8%	0.7%
总计	100.0%	100.0%	100.0%
列总计	2987	2528	5515

Chi-square test：sig = 0.000 < 0.05，所以不同户口的被访者在认为哪一种伦理关系对社会秩序和个人生活最具根本性意义上有显著差异。

中国伦理道德评价的年龄差异

D1 by A3

您对当前我国社会的道德状况的总体满意程度是 ＊ 年龄 Crosstabulation

	30 岁以下	30—39 岁	40—49 岁	50—59 岁	60 岁及以上	总计
非常满意	1. 5%	1. 8%	1. 7%	2. 4%	3. 4%	2. 3%
比较满意	24. 9%	30. 4%	36. 7%	37. 2%	41. 0%	35. 1%
一般	56. 9%	49. 5%	43. 6%	42. 8%	38. 3%	45. 0%
比较不满意	14. 5%	15. 9%	16. 4%	15. 4%	14. 9%	15. 5%
非常不满意	2. 2%	2. 3%	1. 5%	2. 1%	2. 3%	2. 1%
总计	100. 0%	100. 0%	100. 0%	100. 0%	100. 0%	100. 0%
列总计	819	981	1228	1081	1508	5617

Chi-square test：sig = 0. 000 < 0. 05，所以不同年龄的居民在对当前我国社会道德的总体评价上有显著差异。

D2 by A3

您对当前我国社会的人际关系的总体满意程度是 ＊ 年龄 Crosstabulation

	30 岁以下	30—39 岁	40—49 岁	50—59 岁	60 岁及以上	总计
非常满意	1. 5%	1. 8%	1. 7%	2. 4%	3. 4%	2. 3%
比较满意	24. 9%	30. 4%	36. 7%	37. 2%	41. 0%	35. 1%
一般	56. 9%	49. 5%	43. 6%	42. 8%	38. 3%	45. 0%
比较不满意	14. 5%	15. 9%	16. 4%	15. 4%	14. 9%	15. 5%
非常不满意	2. 2%	2. 3%	1. 5%	2. 1%	2. 3%	2. 1%
总计	100. 0%	100. 0%	100. 0%	100. 0%	100. 0%	100. 0%
列总计	819	981	1228	1081	1508	5617

Chi-square test：sig = 0. 000 < 0. 05，所以不同年龄的居民在对当前我国社会人际关系的总体满意程度上有显著差异。

D3 by A3

您认为当前中国社会个人道德素质的主要问题是 ＊ 年龄 Crosstabulation

	30 岁以下	30—39 岁	40—49 岁	50—59 岁	60 岁及以上	总计
道德上无知	7. 7%	12. 0%	12. 6%	14. 1%	13. 6%	12. 3%
有道德知识，但不见诸行动	73. 7%	66. 8%	69. 4%	62. 2%	63. 5%	66. 7%

续表

	30岁以下	30—39岁	40—49岁	50—59岁	60岁及以上	总计
既道德上无知，也不见道德行动	16.5%	18.8%	15.6%	19.3%	16.5%	17.2%
其他	2.1%	2.3%	2.3%	4.4%	6.5%	3.7%
总计	100.0%	100.0%	100.0%	100.0%	100.0%	100.0%
列总计	814	955	1178	1037	1379	5363

Chi-square test：sig=0.052>0.05，所以不同年龄的居民对于当前我国社会个人道德的主要问题的回答上差异不显著。

D4 by A3

下列哪个因素最可能影响人际关系紧张 ＊ 年龄 Crosstabulation

	30岁以下	30—39岁	40—49岁	50—59岁	60岁及以上	总计
社会资源缺乏，引发恶性竞争	10.3%	8.5%	8.4%	9.2%	8.7%	8.9%
过度宣扬竞争意识	4.4%	5.8%	5.6%	5.2%	4.5%	5.1%
社会财富分配不公，贫富差距过大	38.9%	42.8%	45.4%	46.2%	47.3%	44.6%
个人主义盛行	11.3%	9.6%	8.0%	8.0%	8.5%	8.9%
缺乏爱心	5.8%	6.5%	6.3%	5.7%	8.0%	6.6%
缺乏宽容	6.3%	5.8%	5.4%	6.0%	6.3%	5.9%
缺乏相互理解和沟通的意识和能力	14.3%	12.0%	11.8%	8.8%	8.5%	10.8%
制度安排不公正，机会不平等	6.2%	7.1%	6.7%	6.8%	4.6%	6.2%
一切诉诸利益或法律，人际关系缺乏伦理调节的机制和能力	2.2%	1.1%	1.3%	2.0%	1.0%	1.5%
其他	0.4%	0.6%	1.1%	2.2%	2.7%	1.5%
总计	100.0%	100.0%	100.0%	100.0%	100.0%	100.0%
列总计	813	964	1194	1042	1391	5404

Chi-square test：sig=0.957>0.05，所以不同年龄的居民在对人际关系紧张的影响因素的回答上差异不显著。

D5 by A3

当前有些人身心不和谐，如忧郁、精神分裂、自杀等，您认为造成这种情况的最主要原因 ＊ 年龄 Crosstabulation

	30岁以下	30—39岁	40—49岁	50—59岁	60岁及以上	总计
欲望过多过大，不能知足常乐	14.5%	17.4%	14.7%	16.7%	19.1%	16.7%

续表

	30 岁以下	30—39 岁	40—49 岁	50—59 岁	60 岁及以上	总计
社会保障体系不健全，对自己和未来没有把握	10.8%	13.5%	11.9%	13.3%	12.9%	12.5%
竞争激烈，工作压力过大，身心疲惫	33.1%	33.6%	37.1%	31.9%	28.7%	32.7%
人与人之间缺乏信任感，人际关系紧张	12.8%	10.1%	10.5%	11.7%	11.7%	11.3%
有烦恼很难找到人倾诉和排解	5.3%	5.0%	6.3%	5.3%	6.3%	5.7%
个人的文化底蕴和文化积累不够，缺乏自我理解和自我调节能力	11.6%	10.0%	8.4%	8.0%	7.9%	9.0%
现代人缺乏安顿自己、化解内心矛盾的能力	4.1%	3.6%	3.0%	3.6%	3.5%	3.5%
缺乏道德公正，没有道德的人总是占便宜	2.3%	2.5%	2.9%	3.3%	3.1%	2.9%
缺乏理想和信念支持，精神没有寄托和归宿	4.9%	3.1%	3.2%	3.5%	2.5%	3.3%
其他	0.6%	1.1%	1.9%	2.9%	4.3%	2.4%
总计	100.0%	100.0%	100.0%	100.0%	100.0%	100.0%
列总计	813	959	1188	1039	1384	5383

Chi-square test：sig = 0.872 > 0.05，所以不同年龄的居民在对当前我国社会有些人身心不和谐的原因的回答上的差异不显著。

D7a by A3

文明城市创建效果 * 年龄 Crosstabulation

	30 岁以下	30—39 岁	40—49 岁	50—59 岁	60 岁及以上	总计
没听说过该活动	6.9%	14.6%	18.5%	21.7%	29.7%	19.8%
完全没有效果	4.8%	2.4%	3.2%	3.8%	2.6%	3.2%
有较少的效果	19.0%	14.3%	17.3%	15.2%	11.7%	15.1%
一般	39.2%	37.6%	31.8%	31.2%	28.8%	33.0%
有较多的效果	24.2%	23.8%	22.0%	22.2%	21.1%	22.4%
有非常多的效果	5.8%	7.2%	7.2%	6.0%	6.0%	6.4%
总计	100.0%	100.0%	100.0%	100.0%	100.0%	100.0%
列总计	821	984	1225	1091	1510	5631

Chi-square test：sig = 0.000 < 0.05，所以不同年龄的居民在对当前文明城市创建的效果的回答上有显著差异。

D7b by A3

学雷锋活动效果 ＊ 年龄 Crosstabulation

	30 岁以下	30—39 岁	40—49 岁	50—59 岁	60 岁及以上	总计
没听说过该活动	6.5%	7.8%	8.3%	10.5%	14.1%	9.9%
完全没有效果	6.8%	5.1%	4.6%	6.5%	4.2%	5.3%
有较少的效果	22.2%	21.7%	22.4%	19.3%	16.7%	20.1%
一般	38.6%	37.0%	32.5%	33.4%	32.4%	34.3%
有较多的效果	21.7%	22.7%	26.7%	23.7%	24.3%	24.0%
有非常多的效果	4.3%	5.7%	5.5%	6.5%	8.3%	6.3%
总计	100.0%	100.0%	100.0%	100.0%	100.0%	100.0%
列总计	821	983	1226	1091	1511	5632

Chi-square test：sig = 0.000 < 0.05，所以不同年龄的居民在对当前我国学雷锋活动的效果的回答有显著差异。

D7c by A3

典型人物的宣传效果 ＊ 年龄 Crosstabulation

	30 岁以下	30—39 岁	40—49 岁	50—59 岁	60 岁及以上	总计
没听说过该活动	6.1%	10.0%	12.1%	14.7%	21.3%	13.8%
完全没有效果	3.9%	3.6%	3.7%	4.9%	2.3%	3.5%
有较少的效果	18.3%	17.6%	19.7%	16.9%	13.2%	16.8%
一般	33.7%	31.4%	27.4%	28.8%	29.0%	29.7%
有较多的效果	28.9%	28.6%	28.7%	26.4%	26.0%	27.5%
有非常多的效果	9.1%	8.9%	8.4%	8.2%	8.3%	8.5%
总计	100.0%	100.0%	100.0%	100.0%	100.0%	100.0%
列总计	821	984	1227	1092	1510	5634

Chi-square test：sig = 0.000 < 0.05，所以不同年龄的居民在对当前宣传典型人物效果的回答上有显著差异。

D7d by A3

志愿服务的倡导和推广效果 ＊ 年龄 Crosstabulation

	30 岁以下	30—39 岁	40—49 岁	50—59 岁	60 岁及以上	总计
没听说过该活动	9.3%	17.3%	20.6%	24.4%	32.6%	22.3%
完全没有效果	4.0%	2.5%	2.9%	4.0%	2.2%	3.0%
有较少的效果	17.4%	16.7%	17.0%	14.7%	12.8%	15.4%

续表

	30 岁以下	30—39 岁	40—49 岁	50—59 岁	60 岁及以上	总计
一般	34. 1%	30. 3%	29. 7%	27. 7%	27. 5%	29. 5%
有较多的效果	28. 5%	26. 0%	23. 3%	22. 6%	19. 3%	23. 3%
有非常多的效果	6. 7%	7. 1%	6. 4%	6. 6%	5. 6%	6. 4%
总计	100. 0%	100. 0%	100. 0%	100. 0%	100. 0%	100. 0%
列总计	818	982	1226	1088	1511	5625

Chi-square test：sig = 0. 000 < 0. 05，所以不同年龄的居民在对志愿服务的倡导和推广的效果的回答上有显著差异。

D7e by A3

反腐倡廉的举措效果 ＊ 年龄 Crosstabulation

	30 岁以下	30—39 岁	40—49 岁	50—59 岁	60 岁及以上	总计
没听说过该活动	8. 5%	10. 7%	13. 0%	13. 3%	21. 4%	14. 3%
完全没有效果	12. 8%	11. 2%	10. 4%	12. 8%	9. 1%	11. 0%
有较少的效果	27. 7%	29. 0%	28. 8%	28. 3%	24. 2%	27. 3%
一般	29. 5%	26. 4%	24. 0%	24. 4%	25. 1%	25. 6%
有较多的效果	17. 0%	16. 6%	17. 6%	16. 7%	15. 3%	16. 5%
有非常多的效果	4. 5%	6. 1%	6. 2%	4. 4%	4. 8%	5. 2%
总计	100. 0%	100. 0%	100. 0%	100. 0%	100. 0%	100. 0%
列总计	820	981	1225	1088	1512	5626

Chi-square test：sig = 0. 000 < 0. 05，所以不同年龄的居民在对当前反腐倡廉举措效果的回答上有显著差异。

D7f by A3

《公民道德建设实施纲要》的推进效果 ＊ 年龄 Crosstabulation

	30 岁以下	30—39 岁	40—49 岁	50—59 岁	60 岁及以上	总计
没听说过该活动	24. 1%	32. 7%	38. 6%	37. 9%	47. 0%	37. 6%
完全没有效果	5. 1%	4. 8%	5. 7%	6. 1%	2. 4%	4. 6%
有较少的效果	19. 6%	15. 9%	14. 8%	14. 3%	12. 7%	15. 0%
一般	34. 7%	27. 4%	25. 8%	25. 5%	24. 3%	26. 9%
有较多的效果	12. 8%	14. 9%	12. 3%	12. 9%	11. 7%	12. 8%
有非常多的效果	3. 7%	4. 4%	2. 7%	3. 3%	1. 9%	3. 0%
总计	100. 0%	100. 0%	100. 0%	100. 0%	100. 0%	100. 0%

续表

	30 岁以下	30—39 岁	40—49 岁	50—59 岁	60 岁及以上	总计
列总计	821	982	1223	1090	1507	5623

Chi-square test：sig = 0. 000 < 0. 05，所以不同年龄的居民在对当前我国《公民道德建设实施纲要》的推进效果的回答上有显著差异。

D8a by A3

坑蒙拐骗现象的严重程度 * 年龄 Crosstabulation

	30 岁以下	30—39 岁	40—49 岁	50—59 岁	60 岁及以上	总计
非常不严重	0. 4%	1. 1%	1. 4%	0. 6%	1. 8%	1. 2%
比较不严重	12. 5%	14. 1%	16. 0%	17. 1%	20. 5%	16. 6%
一般	29. 5%	25. 5%	28. 6%	29. 2%	30. 3%	28. 8%
比较严重	44. 5%	44. 5%	41. 4%	40. 8%	38. 6%	41. 5%
非常严重	13. 2%	14. 7%	12. 6%	12. 3%	8. 8%	12. 0%
总计	100. 0%	100. 0%	100. 0%	100. 0%	100. 0%	100. 0%
列总计	821	984	1234	1089	1516	5644

Chi-square test：sig = 0. 000 < 0. 05，所以不同年龄的居民在对当前坑蒙拐骗现象的严重程度的回答上有显著差异。

D8b by A3

人际关系冷漠、见危不救现象的严重程度 * 年龄 Crosstabulation

	30 岁以下	30—39 岁	40—49 岁	50—59 岁	60 岁及以上	总计
非常不严重	0. 9%	1. 5%	1. 4%	1. 4%	2. 3%	1. 6%
比较不严重	10. 4%	14. 3%	19. 4%	19. 0%	22. 2%	17. 9%
一般	34. 1%	32. 7%	33. 3%	36. 1%	35. 9%	34. 6%
比较严重	45. 2%	42. 0%	39. 3%	37. 1%	34. 3%	38. 9%
非常严重	9. 5%	9. 5%	6. 7%	6. 4%	5. 3%	7. 2%
总计	100. 0%	100. 0%	100. 0%	100. 0%	100. 0%	100. 0%
列总计	819	984	1229	1086	1511	5629

Chi-square test：sig = 0. 000 < 0. 05，所以不同年龄的居民在对人际关系冷漠、见危不救现象的严重程度的回答上有显著差异。

D8c by A3

诚信缺乏，社会信用低现象的严重程度 * 年龄 Crosstabulation

	30 岁以下	30—39 岁	40—49 岁	50—59 岁	60 岁及以上	总计
非常不严重	0.9%	0.7%	0.8%	0.5%	1.2%	0.8%
比较不严重	9.8%	11.5%	14.0%	14.8%	17.5%	14.1%
一般	33.0%	34.5%	33.8%	31.7%	36.2%	34.1%
比较严重	47.2%	43.8%	43.9%	44.5%	38.9%	43.2%
非常严重	9.1%	9.5%	7.4%	8.5%	6.2%	7.9%
总计	100.0%	100.0%	100.0%	100.0%	100.0%	100.0%
列总计	820	981	1229	1085	1500	5615

Chi-square test：sig = 0.000 < 0.05，所以不同年龄的居民在对当前我国诚信缺乏，社会信用低现象的严重程度的回答上有显著差异。

D8d by A3

公共场所缺乏公德，如大声喧哗，不排队，随地吐痰等现象的严重程度 * 年龄 Crosstabulation

	30 岁以下	30—39 岁	40—49 岁	50—59 岁	60 岁及以上	总计
非常不严重	1.6%	0.8%	1.2%	1.2%	1.5%	1.3%
比较不严重	11.0%	15.9%	16.7%	15.7%	18.0%	15.9%
一般	25.9%	30.7%	31.8%	35.0%	37.7%	32.9%
比较严重	45.7%	39.9%	40.2%	37.0%	34.2%	38.7%
非常严重	15.9%	12.7%	10.0%	11.1%	8.6%	11.2%
总计	100.0%	100.0%	100.0%	100.0%	100.0%	100.0%
列总计	820	982	1225	1087	1497	5611

Chi-square test：sig = 0.000 < 0.05，所以不同年龄的居民在对公共场所缺乏公德现象严重程度的回答上有显著差异。

D8e by A3

自私自利，损人利己，物欲横流现象的严重程度 * 年龄 Crosstabulation

	30 岁以下	30—39 岁	40—49 岁	50—59 岁	60 岁及以上	总计
非常不严重	1.1%	1.0%	0.6%	1.1%	1.2%	1.0%
比较不严重	10.0%	13.4%	14.8%	15.6%	18.2%	14.9%
一般	37.7%	35.9%	38.1%	34.7%	39.6%	37.4%
比较严重	40.8%	41.6%	39.6%	38.5%	34.7%	38.6%

续表

	30 岁以下	30—39 岁	40—49 岁	50—59 岁	60 岁及以上	总计
非常严重	10.4%	8.1%	6.9%	10.0%	6.3%	8.1%
总计	100.0%	100.0%	100.0%	100.0%	100.0%	100.0%
列总计	819	977	1226	1085	1504	5611

Chi-square test：sig = 0.000 < 0.05，所以不同年龄的居民在对当前自私自利，损人利己，物欲横流现象严重程度的回答上有显著差异。

D8f by A3

缺乏公正心和正义感现象的严重程度 ＊ 年龄 Crosstabulation

	30 岁以下	30—39 岁	40—49 岁	50—59 岁	60 岁及以上	总计
非常不严重	0.9%	0.9%	0.9%	0.8%	1.4%	1.0%
比较不严重	12.8%	16.9%	17.1%	16.7%	21.6%	17.6%
一般	41.9%	39.6%	41.7%	40.1%	41.5%	41.0%
比较严重	36.8%	36.0%	33.6%	36.2%	30.6%	34.2%
非常严重	7.7%	6.5%	6.6%	6.2%	5.0%	6.2%
总计	100.0%	100.0%	100.0%	100.0%	100.0%	100.0%
列总计	821	980	1222	1081	1488	5592

Chi-square test：sig = 0.000 < 0.05，所以不同年龄的居民在缺乏公正心和正义感现象严重程度的回答上有显著差异。

D8g by A3

缺乏羞耻感现象的严重程度 ＊ 年龄 Crosstabulation

	30 岁以下	30—39 岁	40—49 岁	50—59 岁	60 岁及以上	总计
非常不严重	1.7%	1.6%	1.4%	1.1%	1.9%	1.6%
比较不严重	17.6%	19.8%	21.0%	22.1%	24.1%	21.3%
一般	44.7%	43.4%	45.3%	41.2%	43.2%	43.5%
比较严重	27.9%	27.7%	25.5%	29.6%	26.6%	27.3%
非常严重	8.1%	7.5%	6.8%	5.9%	4.2%	6.3%
总计	100.0%	100.0%	100.0%	100.0%	100.0%	100.0%
列总计	818	978	1216	1077	1488	5577

Chi-square test：sig = 0.000 < 0.05，所以不同年龄的居民在对当前缺乏羞耻感现象严重程度的回答上有显著差异。

D8h by A3

干部贪污受贿，以权谋私现象的严重程度 ＊ 年龄 Crosstabulation

	30 岁以下	30—39 岁	40—49 岁	50—59 岁	60 岁及以上	总计
非常不严重	0.9%	0.8%	0.6%	0.6%	1.1%	0.8%
比较不严重	4.4%	6.6%	7.0%	6.8%	8.1%	6.8%
一般	17.2%	17.6%	19.0%	19.0%	23.8%	19.7%
比较严重	46.9%	42.9%	42.5%	43.9%	44.7%	44.1%
非常严重	30.6%	32.1%	31.0%	29.7%	22.2%	28.5%
总计	100.0%	100.0%	100.0%	100.0%	100.0%	100.0%
列总计	816	976	1217	1081	1485	5575

Chi-square test：sig = 0.000 < 0.05，所以不同年龄的居民在对干部贪污受贿，以权谋私现象严重程度的回答上有显著差异。

D8i by A3

生活奢侈，铺张浪费现象的严重程度 ＊ 年龄 Crosstabulation

	30 岁以下	30—39 岁	40—49 岁	50—59 岁	60 岁及以上	总计
非常不严重	1.1%	1.2%	1.4%	1.2%	2.3%	1.5%
比较不严重	10.4%	14.0%	14.3%	16.0%	15.8%	14.4%
一般	35.2%	31.8%	35.8%	31.5%	36.8%	34.4%
比较严重	40.1%	39.6%	36.9%	39.0%	35.8%	37.9%
非常严重	13.3%	13.5%	11.7%	12.3%	9.3%	11.7%
总计	100.0%	100.0%	100.0%	100.0%	100.0%	100.0%
列总计	821	981	1226	1088	1496	5612

Chi-square test：sig = 0.000 < 0.05，所以不同年龄的居民在对生活奢侈，铺张浪费现象严重程度的回答上有显著差异。

D8j by A3

奉行功利主义，互相算计现象的严重程度 ＊ 年龄 Crosstabulation

	30 岁以下	30—39 岁	40—49 岁	50—59 岁	60 岁及以上	总计
非常不严重	1.3%	0.8%	1.5%	0.9%	1.8%	1.3%
比较不严重	11.3%	14.3%	15.0%	14.3%	18.4%	15.1%
一般	41.7%	41.8%	43.5%	41.2%	46.3%	43.2%
比较严重	35.3%	35.0%	33.6%	35.7%	28.1%	33.0%
非常严重	10.4%	8.1%	6.5%	7.9%	5.4%	7.3%

续表

	30岁以下	30—39岁	40—49岁	50—59岁	60岁及以上	总计
总计	100.0%	100.0%	100.0%	100.0%	100.0%	100.0%
列总计	816	977	1217	1074	1474	5558

Chi-square test：sig = 0.000 < 0.05，所以不同年龄的居民在对奉行功利主义，相互算计现象严重程度的回答上有显著差异。

D8k by A3

企业损害社会利益，如污染环境，以虚假广告误导公众等现象的严重程度 ＊ 年龄 Crosstabulation

	30岁以下	30—39岁	40—49岁	50—59岁	60岁及以上	总计
非常不严重	1.0%	1.0%	0.8%	1.0%	1.8%	1.2%
比较不严重	7.0%	10.4%	11.9%	11.7%	13.9%	11.4%
一般	28.8%	31.2%	37.8%	36.2%	43.0%	36.4%
比较严重	44.9%	42.7%	39.0%	37.9%	33.3%	38.8%
非常严重	18.3%	14.0%	10.4%	13.2%	7.9%	12.2%
总计	100.0%	100.0%	100.0%	100.0%	100.0%	100.0%
列总计	819	971	1216	1080	1462	5548

Chi-square test：sig = 0.000 < 0.05，所以不同年龄的居民在企业损害社会利益现象严重程度的回答上有显著差异。

D8l by A3

娱乐界以丑闻、绯闻炒作，污染社会风气现象的严重程度 ＊ 年龄 Crosstabulation

	30岁以下	30—39岁	40—49岁	50—59岁	60岁及以上	总计
非常不严重	1.1%	0.7%	1.3%	1.1%	2.3%	1.4%
比较不严重	10.3%	12.8%	15.5%	14.3%	15.6%	14.0%
一般	36.2%	41.5%	46.7%	49.1%	53.5%	46.4%
比较严重	37.0%	33.4%	27.5%	26.3%	22.8%	28.6%
非常严重	15.4%	11.5%	9.0%	9.2%	5.8%	9.6%
总计	100.0%	100.0%	100.0%	100.0%	100.0%	100.0%
列总计	816	958	1184	1040	1375	5373

Chi-square test：sig = 0.000 < 0.05，所以不同年龄的居民在对娱乐界以丑闻、绯闻炒作，污染社会风气现象严重程度的回答上有显著差异。

D8m by A3

媒体缺乏社会责任，炒作新闻现象的严重程度 * 年龄 Crosstabulation

	30 岁以下	30—39 岁	40—49 岁	50—59 岁	60 岁及以上	总计
非常不严重	0.7%	1.7%	1.4%	1.1%	2.7%	1.6%
比较不严重	11.9%	14.8%	15.3%	16.4%	16.4%	15.2%
一般	37.6%	44.2%	48.7%	47.3%	53.6%	47.2%
比较严重	36.2%	30.4%	28.1%	27.1%	22.0%	28.0%
非常严重	13.5%	9.0%	6.6%	8.1%	5.3%	8.0%
总计	100.0%	100.0%	100.0%	100.0%	100.0%	100.0%
列总计	814	962	1186	1051	1396	5409

Chi-square test：sig = 0.000 < 0.05，所以不同年龄的居民在对当前媒体缺乏社会责任，炒作新闻现象严重程度的回答上有显著差异。

D8n by A3

社会财富分配不公，贫富悬殊过大现象的严重程度 * 年龄 Crosstabulation

	30 岁以下	30—39 岁	40—49 岁	50—59 岁	60 岁及以上	总计
非常不严重	0.4%	0.3%	1.0%	0.5%	0.9%	0.7%
比较不严重	5.6%	6.5%	5.7%	5.9%	6.2%	6.0%
一般	23.6%	20.9%	22.0%	19.6%	22.7%	21.8%
比较严重	44.1%	48.2%	45.2%	46.4%	49.4%	46.9%
非常严重	26.3%	24.1%	26.1%	27.6%	20.7%	24.7%
总计	100.0%	100.0%	100.0%	100.0%	100.0%	100.0%
列总计	817	980	1221	1085	1491	5594

Chi-square test：sig = 0.637 > 0.05，所以不同年龄的居民在对当前我国社会分配不公，贫富悬殊过大现象严重程度的回答差异不显著。

D8o by A3

教师不尽职现象的严重程度 * 年龄 Crosstabulation

	30 岁以下	30—39 岁	40—49 岁	50—59 岁	60 岁及以上	总计
非常不严重	5.4%	4.6%	6.2%	5.7%	8.7%	6.4%
比较不严重	25.8%	28.4%	32.3%	30.1%	31.7%	30.1%
一般	41.3%	35.3%	34.4%	35.8%	35.5%	36.1%
比较严重	22.0%	26.0%	21.2%	21.6%	19.9%	21.9%
非常严重	5.6%	5.7%	5.8%	6.7%	4.2%	5.5%

续表

	30 岁以下	30—39 岁	40—49 岁	50—59 岁	60 岁及以上	总计
总计	100. 0%	100. 0%	100. 0%	100. 0%	100. 0%	100. 0%
列总计	819	981	1225	1083	1491	5599

Chi-square test：sig = 0. 000 < 0. 05，所以不同年龄的居民在对教师不尽职现象严重程度的回答上有显著差异。

D8p by A3

医生不守职业道德现象的严重程度 ＊ 年龄 Crosstabulation

	30 岁以下	30—39 岁	40—49 岁	50—59 岁	60 岁及以上	总计
非常不严重	3. 9%	3. 5%	4. 4%	3. 7%	7. 0%	4. 7%
比较不严重	20. 4%	23. 4%	29. 0%	26. 8%	28. 7%	26. 3%
一般	38. 2%	35. 9%	33. 2%	35. 3%	33. 9%	35. 0%
比较严重	26. 3%	28. 2%	25. 9%	25. 1%	24. 1%	25. 7%
非常严重	11. 2%	9. 0%	7. 6%	9. 1%	6. 2%	8. 3%
总计	100. 0%	100. 0%	100. 0%	100. 0%	100. 0%	100. 0%
列总计	819	981	1229	1087	1508	5624

Chi-square test：sig = 0. 000 < 0. 05，所以不同年龄的居民在对医生不守职业道德现象严重程度的回答上有显著差异。

D8q by A3

偷盗现象的严重程度 ＊ 年龄 Crosstabulation

	30 岁以下	30—39 岁	40—49 岁	50—59 岁	60 岁及以上	总计
非常不严重	1. 3%	3. 0%	3. 2%	3. 8%	4. 3%	3. 3%
比较不严重	15. 3%	19. 3%	22. 5%	21. 9%	25. 4%	21. 6%
一般	33. 9%	34. 1%	34. 4%	33. 8%	33. 4%	33. 9%
比较严重	35. 0%	32. 3%	29. 9%	29. 8%	29. 3%	30. 9%
非常严重	14. 5%	11. 3%	10. 1%	10. 7%	7. 6%	10. 4%
总计	100. 0%	100. 0%	100. 0%	100. 0%	100. 0%	100. 0%
列总计	821	985	1232	1091	1519	5648

Chi-square test：sig = 0. 000 < 0. 05，所以不同年龄的居民在对偷窃现象严重程度的回答上有显著差异。

D8r by A3

公众人物用知名度攫取财富现象的严重程度 ＊ 年龄 Crosstabulation

	30 岁以下	30—39 岁	40—49 岁	50—59 岁	60 岁及以上	总计
非常不严重	0.9%	0.8%	1.6%	1.2%	1.8%	1.3%
比较不严重	14.0%	14.8%	16.2%	14.4%	18.1%	15.8%
一般	49.4%	51.4%	54.0%	55.7%	59.0%	54.5%
比较严重	29.4%	27.8%	23.5%	23.9%	17.5%	23.7%
非常严重	6.3%	5.2%	4.7%	4.8%	3.6%	4.8%
总计	100.0%	100.0%	100.0%	100.0%	100.0%	100.0%
列总计	812	960	1180	1049	1394	5395

Chi-square test：sig = 0.000 < 0.05，所以不同年龄的居民在对公众人物用知名度攫取财富现象严重程度的回答上有显著差异。

D8s by A3

不爱国现象的严重程度 ＊ 年龄 Crosstabulation

	30 岁以下	30—39 岁	40—49 岁	50—59 岁	60 岁及以上	总计
非常不严重	8.9%	11.4%	11.3%	11.9%	14.1%	11.8%
比较不严重	34.8%	37.8%	41.1%	40.2%	42.6%	39.8%
一般	41.2%	36.3%	35.9%	35.9%	32.6%	35.9%
比较严重	11.2%	10.8%	9.0%	9.7%	8.8%	9.7%
非常严重	3.9%	3.7%	2.7%	2.3%	1.8%	2.7%
总计	100.0%	100.0%	100.0%	100.0%	100.0%	100.0%
列总计	816	977	1216	1078	1492	5579

Chi-square test：sig = 0.000 < 0.05，所以不同年龄的居民在对不爱国现象严重程度回答上有显著差异。

D8t by A3

两性关系过度开放导致婚姻不稳定现象的严重程度 ＊ 年龄 Crosstabulation

	30 岁以下	30—39 岁	40—49 岁	50—59 岁	60 岁及以上	总计
非常不严重	1.6%	1.5%	2.2%	2.1%	2.3%	2.0%
比较不严重	16.3%	17.7%	20.4%	19.1%	20.8%	19.2%
一般	42.9%	41.8%	43.3%	44.7%	47.3%	44.3%
比较严重	31.0%	30.4%	27.2%	28.0%	22.8%	27.3%
非常严重	8.2%	8.5%	7.0%	6.1%	6.7%	7.2%
总计	100.0%	100.0%	100.0%	100.0%	100.0%	100.0%

续表

	30岁以下	30—39岁	40—49岁	50—59岁	60岁及以上	总计
列总计	816	975	1208	1066	1441	5506

Chi-square test：sig = 0.002 < 0.05，所以不同年龄的居民在对两性关系过度开放导致婚姻不稳定现象严重程度回答上有显著差异。

D8u by A3

年轻人缺乏责任感，不孝敬父母现象的严重程度 * 年龄 Crosstabulation

	30岁以下	30—39岁	40—49岁	50—59岁	60岁及以上	总计
非常不严重	1.6%	3.5%	2.8%	3.3%	3.9%	3.1%
比较不严重	24.6%	24.5%	28.3%	29.8%	29.2%	27.6%
一般	41.1%	38.8%	35.6%	36.5%	35.4%	37.1%
比较严重	26.6%	27.1%	28.0%	25.4%	25.9%	26.6%
非常严重	6.1%	6.1%	5.3%	5.0%	5.7%	5.6%
总计	100.0%	100.0%	100.0%	100.0%	100.0%	100.0%
列总计	820	981	1227	1089	1518	5635

Chi-square test：sig = 0.001 < 0.05，所以不同年龄的居民在对年轻人缺乏责任感，不孝敬父母现象严重程度的回答上有显著差异。

D8v by A3

父母和子女代沟问题严重，难以沟通现象的严重程度 * 年龄 Crosstabulation

	30岁以下	30—39岁	40—49岁	50—59岁	60岁及以上	总计
非常不严重	2.2%	2.8%	2.5%	1.9%	2.9%	2.5%
比较不严重	19.2%	23.6%	26.2%	27.2%	25.6%	24.8%
一般	44.9%	41.7%	40.3%	42.8%	41.8%	42.1%
比较严重	27.4%	27.6%	27.2%	25.1%	25.4%	26.4%
非常严重	6.2%	4.3%	3.7%	2.9%	4.2%	4.2%
总计	100.0%	100.0%	100.0%	100.0%	100.0%	100.0%
列总计	821	981	1228	1090	1510	5630

Chi-square test：sig = 0.001 < 0.05，所以不同年龄的居民在对父母子女代沟问题严重，难以沟通现象的严重程度的回答上有显著差异。

D8w by A3

老无所养，缺乏安全感现象的严重程度 ＊ 年龄 Crosstabulation

	30 岁以下	30—39 岁	40—49 岁	50—59 岁	60 岁及以上	总计
非常不严重	2.3%	3.1%	3.6%	3.6%	5.6%	3.8%
比较不严重	20.2%	22.4%	26.2%	25.6%	27.3%	24.9%
一般	40.8%	39.2%	36.7%	35.9%	33.4%	36.7%
比较严重	29.1%	28.4%	28.0%	29.4%	26.7%	28.2%
非常严重	7.6%	6.8%	5.5%	5.5%	6.9%	6.4%
总计	100.0%	100.0%	100.0%	100.0%	100.0%	100.0%
列总计	817	981	1230	1090	1519	5637

Chi-square test：sig = 0.000 < 0.05，所以不同年龄的居民在对老无所养，缺乏安全感现象严重程度的回答上有显著差异。

D9a by A3

在下列关系中，您认为哪些关系最重要？第一重要 ＊ 年龄 Crosstabulation

	30 岁以下	30—39 岁	40—49 岁	50—59 岁	60 岁及以上	总计
父母与子女	68.2%	59.8%	62.6%	58.2%	60.6%	61.6%
夫妻	17.8%	28.1%	26.6%	26.9%	25.4%	25.3%
兄弟姐妹	1.2%	0.4%	0.8%	0.7%	0.6%	0.7%
同事或同学	0.6%	0.5%	0.3%	0.6%	0.3%	0.4%
上级与下级	0.9%	0.4%	0.6%	1.5%	0.9%	0.8%
师生	0.1%	0.1%	0.3%	0.3%	0.3%	0.2%
人与自然的关系	2.0%	1.9%	1.2%	0.8%	0.5%	1.2%
个人与社会	2.8%	3.4%	3.2%	3.6%	3.2%	3.3%
个人与国家	1.7%	2.3%	2.0%	4.2%	5.6%	3.4%
个人与工作单位	0.7%	0.7%	0.6%	0.3%	0.5%	0.5%
通过网络建立的关系	0.2%	0.2%	0.1%	0.2%	0.1%	0.1%
朋友	1.1%	0.5%	0.5%	0.9%	0.8%	0.7%
个人与自身的关系	2.6%	1.6%	0.9%	1.8%	1.1%	1.5%
其他	0.1%		0.3%		0.1%	0.1%
总计	100.0%	100.0%	100.0%	100.0%	100.0%	100.0%
列总计	820	980	1224	1085	1509	5618

Chi-square test：sig = 0.101 > 0.05，所以不同年龄的居民对第一重要关系的回答上差异不显著。

D9b by A3

在下列关系中，您认为哪些关系最重要？第二重要 ＊ 年龄 Crosstabulation

	30 岁以下	30—39 岁	40—49 岁	50—59 岁	60 岁及以上	总计
父母与子女	20.8%	28.2%	27.1%	28.7%	27.9%	26.9%
夫妻	42.3%	47.4%	48.9%	47.3%	46.9%	46.8%
兄弟姐妹	11.5%	5.8%	8.1%	6.5%	8.5%	8.0%
同事或同学	2.8%	1.2%	1.3%	0.6%	0.7%	1.2%
上级与下级	1.8%	1.3%	1.2%	1.8%	0.9%	1.3%
师生	1.7%	0.7%	0.5%	0.7%	0.9%	0.9%
人与自然的关系	2.2%	1.7%	1.4%	1.9%	1.4%	1.7%
个人与社会	6.2%	4.9%	4.4%	4.5%	4.3%	4.8%
个人与国家	2.8%	2.4%	1.6%	2.6%	4.0%	2.8%
个人与工作单位	1.7%	2.2%	1.6%	1.5%	0.9%	1.5%
通过网络建立的关系	0.2%		0.3%	0.3%	0.1%	0.2%
朋友	4.8%	3.4%	2.5%	2.2%	1.9%	2.8%
个人与自身的关系	1.1%	0.6%	1.1%	1.4%	1.5%	1.2%
其他			0.1%		0.1%	0.1%
总计	100.0%	100.0%	100.0%	100.0%	100.0%	100.0%
列总计	818	980	1217	1083	1499	5597

Chi-square test：sig = 0.000 < 0.05，所以不同年龄的居民在对第二重要关系的回答上有显著差异。

D9c by A3

在下列关系中，您认为哪些关系最重要？第三重要 ＊ 年龄 Crosstabulation

	30 岁以下	30—39 岁	40—49 岁	50—59 岁	60 岁及以上	总计
父母与子女	4.4%	4.3%	4.6%	5.6%	5.2%	4.9%
夫妻	9.4%	8.4%	8.3%	7.9%	10.2%	8.9%
兄弟姐妹	31.9%	39.9%	46.7%	46.7%	47.4%	43.5%
同事或同学	7.9%	5.1%	3.2%	3.8%	1.8%	4.0%
上级与下级	3.2%	3.7%	2.5%	2.3%	2.2%	2.7%
师生	1.8%	1.4%	1.6%	1.2%	1.6%	1.5%
人与自然的关系	3.7%	3.1%	3.3%	2.2%	1.8%	2.7%
个人与社会	9.2%	10.8%	8.4%	6.8%	8.0%	8.5%
个人与国家	3.4%	3.3%	4.8%	4.6%	7.1%	4.9%
个人与工作单位	5.1%	4.2%	2.9%	4.5%	2.5%	3.7%

续表

	30 岁以下	30—39 岁	40—49 岁	50—59 岁	60 岁及以上	总计
通过网络建立的关系	0.4%	0.2%	0.3%	0.2%	0.1%	0.2%
朋友	13.8%	12.5%	9.8%	10.2%	8.7%	10.6%
个人与自身的关系	5.3%	3.2%	3.6%	3.6%	3.1%	3.6%
其他	0.5%		0.2%	0.5%	0.2%	0.3%
总计	100.0%	100.0%	100.0%	100.0%	100.0%	100.0%
列总计	818	979	1208	1078	1478	5561

Chi-square test：sig = 0.000 < 0.05，所以不同年龄的居民在对第三重要关系的回答上有显著差异。

D10 by A3

现在社会上有些人不守道德反而占了便宜，您会不会为了得到好处而效仿 * 年龄 Crosstabulation

	30 岁以下	30—39 岁	40—49 岁	50—59 岁	60 岁及以上	总计
从来不这么做	68.4%	72.3%	72.3%	70.8%	78.3%	73.1%
通常不这么做，关键时刻会这么做	18.6%	15.7%	15.2%	14.4%	7.7%	13.6%
经常这么做	1.6%	1.6%	1.2%	1.5%	1.0%	1.3%
说不清	11.4%	10.4%	11.2%	13.3%	13.0%	12.0%
总计	100.0%	100.0%	100.0%	100.0%	100.0%	100.0%
列总计	808	977	1210	1077	1507	5579

Chi-square test：sig = 0.522 > 0.05，所以不同年龄的居民是否会效仿不守道德但获利行为的回答差异不显著。

D11a by A3

如果您与下列人员发生重大利益冲突，您首先会选择哪种途径来解决？家庭成员之间 * 年龄 Crosstabulation

	30 岁以下	30—39 岁	40—49 岁	50—59 岁	60 岁及以上	总计
诉诸法律，打官司	0.8%	0.4%	0.5%	0.8%	0.6%	0.6%
直接找对方沟通但得理让人，适可而止	60.0%	57.3%	55.8%	53.4%	54.1%	55.7%
通过第三方从中调解，尽量不伤和气	8.6%	8.0%	8.8%	9.4%	9.3%	8.9%
能忍则忍	30.6%	34.3%	34.9%	36.5%	36.0%	34.8%
总计	100.0%	100.0%	100.0%	100.0%	100.0%	100.0%

续表

	30 岁以下	30—39 岁	40—49 岁	50—59 岁	60 岁及以上	总计
列总计	788	960	1205	1055	1453	5461

Chi-square test：sig = 0.000 < 0.05，所以不同年龄的居民在与家庭成员冲突解决途径的选择上有显著差异。

D11b by A3

如果您与下列人员发生重大利益冲突，您首先会选择哪种途径来解决？朋友之间 ＊ 年龄 Crosstabulation

	30 岁以下	30—39 岁	40—49 岁	50—59 岁	60 岁及以上	总计
诉诸法律，打官司	1.4%	0.6%	1.6%	1.5%	1.0%	1.2%
直接找对方沟通但得理让人，适可而止	54.5%	51.0%	51.5%	51.5%	50.0%	51.5%
通过第三方从中调解，尽量不伤和气	25.7%	26.7%	24.3%	22.3%	23.0%	24.2%
能忍则忍	18.4%	21.7%	22.6%	24.7%	26.0%	23.1%
总计	100.0%	100.0%	100.0%	100.0%	100.0%	100.0%
列总计	808	968	1206	1056	1424	5462

Chi-square test：sig = 0.000 < 0.05，所以不同年龄的居民在与朋友之间冲突解决途径的选择上有显著差异。

D11c by A3

如果您与下列人员发生重大利益冲突，您首先会选择哪种途径来解决？同事之间 ＊ 年龄 Crosstabulation

	30 岁以下	30—39 岁	40—49 岁	50—59 岁	60 岁及以上	总计
诉诸法律，打官司	2.7%	2.0%	3.1%	2.8%	2.7%	2.7%
直接找对方沟通但得理让人，适可而止	49.0%	47.0%	46.2%	46.2%	49.4%	47.5%
通过第三方从中调解，尽量不伤和气	29.8%	32.3%	29.7%	28.1%	28.8%	29.7%
能忍则忍	18.5%	18.7%	21.1%	22.9%	19.1%	20.1%
总计	100.0%	100.0%	100.0%	100.0%	100.0%	100.0%
列总计	731	854	1011	816	979	4391

Chi-square test：sig = 0.000 < 0.05，所以不同年龄的居民在与同事之间冲突解决途径的选择上有显著差异。

D11d by A3

如果您与下列人员发生重大利益冲突，您首先会选择哪种途径来解决？商业伙伴之间 ＊ 年龄 Crosstabulation

	30 岁以下	30—39 岁	40—49 岁	50—59 岁	60 岁及以上	总计
诉诸法律，打官司	37.6%	35.8%	34.1%	33.7%	33.1%	34.8%
直接找对方沟通但得理让人，适可而止	28.5%	29.8%	29.4%	31.7%	29.9%	29.8%
通过第三方从中调解，尽量不伤和气	27.2%	25.8%	25.3%	24.1%	25.4%	25.6%
能忍则忍	6.8%	8.6%	11.2%	10.4%	11.5%	9.8%
总计	100.0%	100.0%	100.0%	100.0%	100.0%	100.0%
列总计	615	687	797	605	728	3432

Chi-square test：sig = 0.000 < 0.05，所以不同年龄的居民在与商业伙伴之间冲突解决途径的选择上有显著差异。

D12 by A3

一些政府机关和大中小学，利用权力让本单位的职工子女在很好的学校读书，或降分，您认为这种行为道德吗？ ＊ 年龄 Crosstabulation

	30 岁以下	30—39 岁	40—49 岁	50—59 岁	60 岁及以上	总计
为本单位人员谋福利，符合道德	3.7%	3.8%	3.7%	3.4%	3.9%	3.7%
以权谋私，不道德	60.5%	60.6%	64.9%	59.7%	59.8%	61.1%
是对社会公众的欺骗，严重不道德	19.4%	22.8%	18.8%	21.7%	17.3%	19.8%
符合本单位员工利益和内部伦理，但严重侵蚀社会道德	9.5%	5.8%	7.1%	6.9%	6.7%	7.1%
无所谓道德不道德	7.0%	7.0%	5.5%	8.3%	12.4%	8.3%
总计	100.0%	100.0%	100.0%	100.0%	100.0%	100.0%
列总计	820	979	1223	1086	1486	5594

Chi-square test：sig = 0.003 < 0.05，所以不同年龄的居民在对一些政府机关和大中小学，利用权力让本单位的职工子女在很好的学校读书，或降分的看法上有显著差异。

D13 by A3

如果您所在的单位有一项举措可以提高集体福利并使您个人得到利益，但会造成环境污染或社会公害，您会举报吗？ ＊ 年龄 Crosstabulation

	30 岁以下	30—39 岁	40—49 岁	50—59 岁	60 岁及以上	总计
会	57.7%	58.3%	57.4%	52.4%	56.1%	56.3%

续表

	30岁以下	30—39岁	40—49岁	50—59岁	60岁及以上	总计
不会	42.3%	41.7%	42.6%	47.6%	43.9%	43.7%
总计	100.0%	100.0%	100.0%	100.0%	100.0%	100.0%
列总计	811	971	1202	1073	1457	5514

Chi-square test：sig = 0.049 < 0.05，所以不同年龄的居民在“如果您所在的单位有一项举措可以提高集体福利并使您个人得到利益，但会造成环境污染或社会公害，您会举报吗”的回答上有显著差异。

D14 by A3

您认为对当前我国伦理关系和道德风尚造成最大负面影响的因素是 * 年龄 Crosstabulation

	30岁以下	30—39岁	40—49岁	50—59岁	60岁及以上	总计
传统文化的崩坏	28.0%	29.3%	33.8%	37.1%	45.1%	35.6%
外来文化的冲击	26.6%	23.9%	23.1%	23.1%	20.2%	23.0%
市场经济导致的个人主义	32.6%	34.9%	32.2%	30.0%	24.4%	30.3%
计算机网络技术的发展	11.3%	9.5%	8.3%	6.9%	5.7%	8.0%
其他	1.5%	2.4%	2.7%	3.0%	4.7%	3.0%
总计	100.0%	100.0%	100.0%	100.0%	100.0%	100.0%
列总计	807	939	1161	1006	1354	5267

Chi-square test：sig = 0.000 < 0.05，所以不同年龄的居民在对当前我国伦理关系和道德风尚造成最大负面影响的因素是什么的回答上有显著差异。

D15 by A3

从网络中获得的信息（文字、图片、视频等）对您的思想行为影响如何 * 年龄 Crosstabulation

	30岁以下	30—39岁	40—49岁	50—59岁	60岁及以上	总计
影响很大	17.9%	10.2%	5.8%	3.7%	2.4%	7.0%
有一些影响	47.0%	34.4%	24.5%	14.9%	8.2%	23.3%
影响不大	24.2%	26.1%	20.0%	16.5%	8.6%	17.9%
完全没有影响	4.9%	4.3%	4.6%	3.9%	3.3%	4.1%
不适用，因为不上网	6.0%	25.1%	45.2%	61.1%	77.4%	47.6%
总计	100.0%	100.0%	100.0%	100.0%	100.0%	100.0%
列总计	821	981	1217	1082	1498	5599

Chi-square test：sig = 0.000 < 0.05，所以不同年龄的居民在“从网络中获得的信息（文字、图片、视频等）对您的思想行为影响如何”的回答上有显著差异。

D16 by A3

您认为在自己的成长中得到道德训练的最重要场所或机构是 * 年龄 Crosstabulation

	30 岁以下	30—39 岁	40—49 岁	50—59 岁	60 岁及以上	总计
家庭	40.5%	47.4%	50.7%	51.9%	57.4%	50.7%
学校	29.2%	20.4%	17.8%	14.3%	12.5%	17.8%
社会	26.2%	27.8%	27.8%	26.2%	20.2%	25.2%
国家或政府	2.2%	1.7%	1.9%	4.1%	6.3%	3.5%
媒体	1.5%	2.0%	1.5%	2.0%	1.7%	1.7%
其他	0.5%	0.6%	0.4%	1.4%	1.9%	1.1%
总计	100.0%	100.0%	100.0%	100.0%	100.0%	100.0%
列总计	818	980	1222	1086	1502	5608

Chi-square test：sig = 0.000 < 0.05，所以不同年龄的居民在“您认为在自己的成长中得到道德训练的最重要场所或机构是什么”的回答上有显著差异。

D17a by A3

您对下列群体的伦理道德状况的满意度如何？政府官员 * 年龄 Crosstabulation

	30 岁以下	30—39 岁	40—49 岁	50—59 岁	60 岁及以上	总计
非常不满意	16.3%	14.9%	14.5%	13.7%	13.2%	14.3%
比较不满意	37.4%	34.2%	35.5%	34.8%	32.2%	34.5%
一般	37.9%	38.7%	35.4%	34.3%	33.8%	35.7%
比较满意	7.9%	11.9%	14.4%	16.3%	18.7%	14.6%
非常满意	0.4%	0.3%	0.2%	0.8%	2.0%	0.9%
总计	100.0%	100.0%	100.0%	100.0%	100.0%	100.0%
列总计	820	980	1227	1083	1496	5606

Chi-square test：sig = 0.000 < 0.05，所以不同年龄的居民在对政府官员群体的伦理道德状况的满意度上有显著差异。

D17b by A3

您对下列群体的伦理道德状况的满意度如何？企业家 * 年龄 Crosstabulation

	30 岁以下	30—39 岁	40—49 岁	50—59 岁	60 岁及以上	总计
非常不满意	3.5%	3.0%	3.5%	3.5%	3.9%	3.5%
比较不满意	19.9%	18.9%	21.0%	19.9%	18.7%	19.7%

续表

	30岁以下	30—39岁	40—49岁	50—59岁	60岁及以上	总计
一般	60.4%	58.8%	55.3%	54.6%	58.0%	57.2%
比较满意	15.8%	18.7%	19.1%	21.0%	18.5%	18.8%
非常满意	0.4%	0.7%	1.0%	0.9%	0.9%	0.8%
总计	100.0%	100.0%	100.0%	100.0%	100.0%	100.0%
列总计	818	975	1217	1073	1462	5545

Chi-square test：sig = 0.075 > 0.05，所以不同年龄的居民在对企业家群体的伦理道德状况的满意度上无显著差异。

D17c by A3

您对下列群体的伦理道德状况的满意度如何？演艺娱乐界明星 * 年龄 Crosstabulation

	30岁以下	30—39岁	40—49岁	50—59岁	60岁及以上	总计
非常不满意	6.0%	5.6%	5.4%	4.8%	4.4%	5.2%
比较不满意	22.7%	23.9%	21.1%	20.0%	16.5%	20.4%
一般	59.1%	57.5%	59.8%	61.7%	66.5%	61.4%
比较满意	12.0%	12.4%	13.0%	13.2%	12.3%	12.6%
非常满意	0.2%	0.6%	0.6%	0.2%	0.4%	0.4%
总计	100.0%	100.0%	100.0%	100.0%	100.0%	100.0%
列总计	816	962	1193	1043	1398	5412

Chi-square test：sig = 0.000 < 0.05，所以不同年龄的居民在对演艺娱乐界明星群体的伦理道德状况的满意度上有显著差异。

D17d by A3

您对下列群体的伦理道德状况的满意度如何？教师 * 年龄 Crosstabulation

	30岁以下	30—39岁	40—49岁	50—59岁	60岁及以上	总计
非常不满意	3.7%	3.3%	2.6%	2.7%	2.3%	2.8%
比较不满意	8.9%	11.3%	10.0%	10.4%	9.7%	10.1%
一般	37.1%	33.9%	30.0%	30.3%	28.9%	31.5%
比较满意	45.4%	45.9%	52.1%	51.4%	51.7%	49.8%
非常满意	5.0%	5.7%	5.3%	5.2%	7.4%	5.9%
总计	100.0%	100.0%	100.0%	100.0%	100.0%	100.0%
列总计	820	983	1227	1089	1499	5618

Chi-square test：sig = 0.000 < 0.05，所以不同年龄的居民在对教师群体的伦理道德状况的满意度上有显著差异。

D17e by A3

您对下列群体的伦理道德状况的满意度如何？青少年 ＊ 年龄 Crosstabulation

	30 岁以下	30—39 岁	40—49 岁	50—59 岁	60 岁及以上	总计
非常不满意	2.0%	2.3%	1.8%	1.8%	1.5%	1.9%
比较不满意	12.3%	11.6%	13.5%	11.2%	11.3%	11.9%
一般	51.0%	51.1%	43.5%	45.1%	44.7%	46.6%
比较满意	32.8%	32.5%	38.0%	39.4%	39.6%	37.0%
非常满意	2.0%	2.5%	3.2%	2.6%	2.9%	2.7%
总计	100.0%	100.0%	100.0%	100.0%	100.0%	100.0%
列总计	820	983	1229	1085	1502	5619

Chi-square test：sig = 0.000 < 0.05，所以不同年龄的居民在对青少年群体的伦理道德状况的满意度上有显著差异。

D17f by A3

您对下列群体的伦理道德状况的满意度如何？农民 ＊ 年龄 Crosstabulation

	30 岁以下	30—39 岁	40—49 岁	50—59 岁	60 岁及以上	总计
非常不满意	0.9%	0.8%	0.2%	0.7%	0.7%	0.7%
比较不满意	4.6%	4.2%	5.0%	4.3%	2.9%	4.1%
一般	45.1%	42.9%	39.6%	37.7%	32.4%	38.7%
比较满意	40.9%	44.5%	45.0%	46.4%	52.2%	46.5%
非常满意	8.5%	7.6%	10.2%	10.9%	11.8%	10.1%
总计	100.0%	100.0%	100.0%	100.0%	100.0%	100.0%
列总计	820	983	1229	1087	1507	5626

Chi-square test：sig = 0.000 < 0.05，所以不同年龄的居民在对农民群体的伦理道德状况的满意度上有显著差异。

D17g by A3

您对下列群体的伦理道德状况的满意度如何？商人 ＊ 年龄 Crosstabulation

	30 岁以下	30—39 岁	40—49 岁	50—59 岁	60 岁及以上	总计
非常不满意	4.3%	4.8%	4.7%	4.9%	5.2%	4.8%
比较不满意	25.5%	26.7%	26.4%	26.9%	24.4%	25.9%
一般	56.7%	52.2%	52.4%	50.3%	52.6%	52.6%
比较满意	13.3%	15.9%	15.8%	17.0%	17.0%	16.0%

续表

	30 岁以下	30—39 岁	40—49 岁	50—59 岁	60 岁及以上	总计
非常满意	0.2%	0.4%	0.7%	0.8%	0.8%	0.6%
总计	100.0%	100.0%	100.0%	100.0%	100.0%	100.0%
列总计	817	979	1222	1081	1487	5586

Chi-square test：sig = 0.149 > 0.05，所以不同年龄的居民在对商人群体的伦理道德状况的满意度上无显著差异。

D17h by A3

您对下列群体的伦理道德状况的满意度如何？工人 * 年龄 Crosstabulation

	30 岁以下	30—39 岁	40—49 岁	50—59 岁	60 岁及以上	总计
非常不满意	0.2%	0.3%	0.2%	0.2%	0.4%	0.3%
比较不满意	3.7%	5.0%	4.2%	4.8%	3.9%	4.3%
一般	57.1%	50.2%	48.4%	45.2%	44.1%	48.2%
比较满意	36.0%	40.9%	42.9%	45.1%	47.6%	43.2%
非常满意	3.1%	3.7%	4.3%	4.7%	4.0%	4.0%
总计	100.0%	100.0%	100.0%	100.0%	100.0%	100.0%
列总计	815	979	1222	1075	1481	5572

Chi-square test：sig = 0.000 < 0.05，所以不同年龄的居民在对工人群体的伦理道德状况的满意度上有显著差异。

D17i by A3

您对下列群体的伦理道德状况的满意度如何？专家学者 * 年龄 Crosstabulation

	30 岁以下	30—39 岁	40—49 岁	50—59 岁	60 岁及以上	总计
非常不满意	2.3%	1.9%	0.8%	1.4%	0.7%	1.3%
比较不满意	10.9%	9.2%	9.4%	7.8%	6.8%	8.6%
一般	47.6%	43.8%	45.1%	45.3%	44.0%	45.0%
比较满意	34.1%	39.8%	39.4%	40.1%	42.1%	39.5%
非常满意	5.0%	5.3%	5.3%	5.4%	6.4%	5.6%
总计	100.0%	100.0%	100.0%	100.0%	100.0%	100.0%
列总计	815	972	1205	1065	1448	5505

Chi-square test：sig = 0.000 < 0.05，所以不同年龄的居民在对专家学者群体的伦理道德状况的满意度上有显著差异。

D17j by A3

您对下列群体的伦理道德状况的满意度如何？医生 ＊ 年龄 Crosstabulation

	30 岁以下	30—39 岁	40—49 岁	50—59 岁	60 岁及以上	总计
非常不满意	6.4%	4.7%	4.2%	4.6%	3.9%	4.6%
比较不满意	16.2%	17.6%	17.6%	17.5%	13.8%	16.3%
一般	44.1%	41.1%	37.9%	38.0%	33.0%	38.1%
比较满意	31.3%	33.9%	37.1%	36.4%	44.6%	37.6%
非常满意	2.1%	2.8%	3.2%	3.5%	4.7%	3.4%
总计	100.0%	100.0%	100.0%	100.0%	100.0%	100.0%
列总计	817	979	1224	1083	1499	5602

Chi-square test：sig = 0.000 < 0.05，所以不同年龄的居民在对医生群体的伦理道德状况的满意度上有显著差异。

D18 by A3

您觉得当前我国政府官员道德问题最严重的是 ＊ 年龄 Crosstabulation

	30 岁以下	30—39 岁	40—49 岁	50—59 岁	60 岁及以上	总计
贪污	41.1%	43.2%	42.9%	41.7%	45.3%	43.1%
以权谋私	26.5%	25.4%	24.4%	27.9%	21.5%	24.8%
受贿	8.3%	8.0%	8.3%	7.7%	7.4%	7.9%
生活作风腐败	7.5%	9.7%	9.1%	7.9%	8.7%	8.6%
官僚主义	3.6%	3.1%	3.0%	2.9%	3.3%	3.1%
平庸，不作为	3.9%	3.5%	3.1%	3.5%	5.2%	3.9%
政绩工程，折腾百姓	5.9%	4.0%	5.4%	3.8%	3.0%	4.3%
铺张浪费	1.2%	1.9%	1.7%	1.6%	1.7%	1.6%
拉帮结派	0.5%	0.4%	0.9%	0.8%	1.0%	0.8%
其他	1.5%	0.8%	1.2%	2.1%	2.9%	1.8%
总计	100.0%	100.0%	100.0%	100.0%	100.0%	100.0%
列总计	815	972	1209	1076	1469	5541

Chi-square test：sig = 0.000 < 0.05，所以不同年龄的居民在认为当前我国政府官员最严重的道德问题是什么上有显著差异。

D19a by A3

您的思想行为受什么人的影响最大？第一位的是 * 年龄 Crosstabulation

	30 岁以下	30—39 岁	40—49 岁	50—59 岁	60 岁及以上	总计
政府官员	6.4%	9.1%	7.2%	8.8%	8.9%	8.2%
企业家	3.8%	2.6%	2.5%	1.8%	1.3%	2.3%
演艺明星、体育明星	1.2%	1.1%	0.8%	0.3%	0.3%	0.7%
教师	14.4%	11.4%	10.5%	8.5%	10.3%	10.8%
知识精英	3.7%	3.9%	2.5%	2.0%	1.2%	2.5%
自由职业者	0.7%	1.4%	0.6%	0.6%	0.2%	0.6%
农民	1.1%	2.5%	2.1%	3.1%	5.2%	3.0%
工人	0.5%	0.8%	1.2%	1.5%	1.6%	1.2%
先哲先贤	2.6%	2.8%	3.1%	3.3%	3.6%	3.1%
父母	65.6%	64.3%	69.5%	70.3%	67.6%	67.7%
总计	100.0%	100.0%	100.0%	100.0%	100.0%	100.0%
列总计	818	973	1218	1074	1467	5550

Chi-square test：sig = 0.000 < 0.05，所以不同年龄的居民在“您的思想行为受什么人的影响最大？第一位”的回答上有显著差异。

D19b by A3

您的思想行为受什么人的影响最大？第二位的是 * 年龄 Crosstabulation

	30 岁以下	30—39 岁	40—49 岁	50—59 岁	60 岁及以上	总计
政府官员	3.6%	4.8%	4.4%	6.3%	6.0%	5.1%
企业家	4.9%	6.9%	4.1%	4.6%	2.0%	4.3%
演艺明星、体育明星	2.0%	1.6%	1.6%	1.0%	0.8%	1.3%
教师	52.0%	42.4%	42.3%	40.2%	33.0%	41.0%
知识精英	6.6%	6.8%	5.7%	5.7%	4.4%	5.7%
自由职业者	2.5%	2.8%	2.0%	0.9%	0.7%	1.7%
农民	4.1%	9.5%	13.1%	15.0%	20.6%	13.4%
工人	2.0%	3.2%	3.8%	5.7%	5.6%	4.3%
先哲先贤	6.5%	7.7%	9.0%	8.3%	9.3%	8.3%
父母	16.0%	14.4%	14.0%	12.4%	17.6%	15.0%
总计	100.0%	100.0%	100.0%	100.0%	100.0%	100.0%
列总计	814	960	1187	1035	1401	5397

Chi-square test：sig = 0.000 < 0.05，所以不同年龄的居民在“您的思想行为受什么人的影响最大？第二位”的回答上有显著差异。

D19c by A3

您的思想行为受什么人的影响最大？第三位的是 ＊ 年龄 Crosstabulation

	30 岁以下	30—39 岁	40—49 岁	50—59 岁	60 岁及以上	总计
政府官员	8.9%	10.2%	12.5%	12.6%	14.6%	12.1%
企业家	6.8%	6.4%	5.1%	4.1%	2.9%	4.8%
演艺明星、体育明星	6.5%	3.5%	1.4%	2.1%	1.2%	2.6%
教师	10.5%	15.9%	17.0%	16.7%	17.9%	16.0%
知识精英	22.7%	17.5%	16.0%	13.6%	12.0%	15.8%
自由职业者	7.2%	5.4%	4.6%	3.1%	2.5%	4.3%
农民	8.7%	12.5%	15.5%	16.5%	16.2%	14.3%
工人	4.5%	7.6%	10.4%	11.1%	12.0%	9.5%
先哲先贤	16.4%	13.1%	11.8%	12.0%	14.0%	13.3%
父母	7.8%	7.8%	5.7%	8.3%	6.7%	7.2%
总计	100.0%	100.0%	100.0%	100.0%	100.0%	100.0%
列总计	797	937	1145	1009	1351	5239

Chi-square test：sig = 0.000 < 0.05，所以不同年龄的居民在“您的思想行为受什么人的影响最大？第三位”的回答上有显著差异。

D20 by A3

您认为目前我国社会成员之间的收入差距如何 ＊ 年龄 Crosstabulation

	30 岁以下	30—39 岁	40—49 岁	50—59 岁	60 岁及以上	总计
合理，可以接受	13.9%	14.8%	13.8%	13.5%	13.6%	13.9%
不合理，但可以接受	53.7%	48.3%	48.0%	41.4%	38.5%	45.0%
不合理，不能接受	25.4%	27.4%	28.9%	34.3%	30.1%	29.5%
说不清	7.1%	9.6%	9.3%	10.8%	17.8%	11.6%
总计	100.0%	100.0%	100.0%	100.0%	100.0%	100.0%
列总计	820	983	1234	1095	1528	5660

Chi-square test：sig = 0.000 < 0.05，所以不同年龄的居民在“认为目前我国社会成员之间的收入差距如何”上有显著差异。

D21 by A3

如果国外报道与主流媒体宣传内容不一致，您倾向于相信 ＊ 年龄 Crosstabulation

	30 岁以下	30—39 岁	40—49 岁	50—59 岁	60 岁及以上	总计
主流媒体	35.6%	40.8%	42.0%	42.6%	39.6%	40.3%
国外报道	11.0%	8.0%	7.4%	3.8%	3.5%	6.3%
谁都不相信，自己判断	37.0%	29.7%	24.9%	23.9%	18.1%	25.5%
说不清	16.5%	21.5%	25.7%	29.7%	38.8%	27.9%
总计	100.0%	100.0%	100.0%	100.0%	100.0%	100.0%
列总计	820	984	1230	1092	1517	5643

Chi-square test：sig = 0.000 < 0.05，所以不同年龄的居民在“如果国外报道与主流媒体宣传内容不一致，您倾向于相信何者”上有显著差异。

D22 by A3

您认为当前我国社会道德生活中最重要的元素是 ＊ 年龄 Crosstabulation

	30 岁以下	30—39 岁	40—49 岁	50—59 岁	60 岁及以上	总计
意识形态中所提倡的社会主义道德	22.7%	15.5%	16.6%	18.0%	18.4%	18.1%
中国传统道德	55.4%	65.3%	64.9%	67.0%	69.2%	65.1%
西方文化影响而形成的道德	5.7%	4.5%	4.6%	4.0%	2.7%	4.1%
市场经济中形成的道德	15.6%	13.6%	12.4%	9.1%	7.2%	11.1%
其他	0.6%	1.0%	1.4%	2.0%	2.5%	1.6%
总计	100.0%	100.0%	100.0%	100.0%	100.0%	100.0%
列总计	814	954	1184	1036	1402	5390

Chi-square test：sig = 0.000 < 0.05，所以不同年龄的居民在“认为当前我国社会道德生活中最重要的元素是什么”上有显著差异。

D23 by A3

假设您的上司或老板是外国人，如果他侮辱了中国，但抗争会产生不利于自己的后果，您会选择 ＊ 年龄 Crosstabulation

	30 岁以下	30—39 岁	40—49 岁	50—59 岁	60 岁及以上	总计
当面抗议	57.8%	57.1%	60.2%	56.0%	58.1%	57.9%
保持沉默	21.0%	21.8%	18.9%	19.2%	19.0%	19.8%
暗地里报复	3.4%	3.4%	2.8%	2.9%	1.5%	2.7%
以屈求伸，背后骂几句就行了	9.7%	8.3%	9.9%	10.0%	8.6%	9.2%

续表

	30 岁以下	30—39 岁	40—49 岁	50—59 岁	60 岁及以上	总计
无所谓	8.0%	9.4%	8.3%	11.9%	12.8%	10.3%
总计	100.0%	100.0%	100.0%	100.0%	100.0%	100.0%
列总计	813	967	1192	1052	1425	5449

Chi-square test：sig = 0.001 < 0.05，所以不同年龄的居民在“假设您的上司或老板是外国人，如果他侮辱了中国，但抗争会产生不利于自己的后果，您会选择怎么做”上有显著差异。

D24 by A3

您认为哪一种伦理关系对社会秩序和个人生活最具根本性意义 * 年龄 Crosstabulation

	30 岁以下	30—39 岁	40—49 岁	50—59 岁	60 岁及以上	总计
家庭伦理关系或血缘关系	56.4%	60.4%	65.7%	67.3%	68.4%	64.4%
个人与社会的关系	26.4%	21.9%	19.1%	17.5%	15.0%	19.3%
职业伦理关系	3.2%	3.4%	3.8%	2.5%	2.3%	3.0%
个人与国家民族的关系	6.7%	7.4%	6.7%	7.1%	10.6%	7.9%
个人与自然的关系	2.3%	2.9%	1.7%	1.5%	1.0%	1.8%
个人与他自身的关系	4.0%	3.5%	2.5%	3.2%	1.9%	2.9%
其他	0.9%	0.5%	0.5%	0.8%	0.8%	0.7%
总计	100.0%	100.0%	100.0%	100.0%	100.0%	100.0%
列总计	817	964	1210	1066	1458	5515

Chi-square test：sig = 0.000 < 0.05，所以不同年龄的居民在认为哪一种伦理关系对社会秩序和个人生活最具根本性意义上有显著差异。

中国伦理道德评价的收入差异

D1 by A8

您对当前我国社会的道德状况的总体满意程度是 * 收入 Crosstabulation

	无收入	1—1999 元	2000—3999 元	4000 元及以上	总计
非常满意	2.0%	2.9%	1.1%	1.3%	2.1%
比较满意	30.6%	39.5%	29.8%	26.8%	33.7%
一般	44.7%	37.4%	44.1%	45.9%	41.5%
比较不满意	17.9%	17.1%	21.5%	21.1%	19.0%
非常不满意	4.8%	3.1%	3.5%	4.9%	3.8%
总计	100.0%	100.0%	100.0%	100.0%	100.0%
列总计	602	2586	1166	1276	5630

Chi-square test：sig = 0.957 > 0.05，所以不同收入水平的居民在对当前我国社会道德的总体满意程度的回答上没有显著差异。

D2 by A8

您对当前我国社会的人际关系的总体满意程度是 * 收入 Crosstabulation

	无收入	1—1999 元	2000—3999 元	4000 元及以上	总计
非常满意	1.8%	3.1%	1.1%	2.0%	2.3%
比较满意	32.9%	41.3%	32.2%	26.3%	35.1%
一般	50.4%	40.1%	45.3%	52.2%	45.0%
比较不满意	12.0%	13.8%	19.2%	16.9%	15.5%
非常不满意	2.8%	1.7%	2.1%	2.5%	2.1%
总计	100.0%	100.0%	100.0%	100.0%	100.0%
列总计	599	2579	1163	1276	5617

Chi-square test：sig = 0.374 > 0.05，所以不同收入水平的居民在当前我国社会的人际关系的总体满意程度的回答上没有显著差异。

D3 by A8

您认为当前中国社会个人道德素质的主要问题是 * 收入 Crosstabulation

	无收入	1—1999 元	2000—3999 元	4000 元及以上	总计
道德上无知	13.6%	12.9%	11.7%	11.1%	12.3%
有道德知识，但不见诸行动	65.4%	67.5%	67.1%	65.3%	66.7%
既道德上无知，也不见道德行动	15.7%	14.8%	19.4%	20.7%	17.2%

续表

	无收入	1—1999 元	2000—3999 元	4000 元及以上	总计
其他	5. 3%	4. 7%	1. 8%	2. 9%	3. 7%
总计	100. 0%	100. 0%	100. 0%	100. 0%	100. 0%
列总计	566	2426	1141	1230	5363

Chi-square test：sig = 0. 461 > 0. 05，所以不同收入水平的居民在当前中国社会个人道德素质的主要问题的回答上没有显著差异。

D4 by A8

下列哪个因素最可能影响人际关系紧张 * 收入 Crosstabulation

	无收入	1—1999 元	2000—3999 元	4000 元及以上	总计
社会资源缺乏，引发恶性竞争	9. 0%	9. 6%	7. 6%	8. 9%	8. 9%
过度宣扬竞争意识	3. 7%	4. 0%	6. 5%	6. 5%	5. 1%
社会财富分配不公，贫富差距过大	44. 3%	46. 4%	46. 5%	39. 5%	44. 6%
个人主义盛行	10. 6%	8. 3%	8. 2%	10. 1%	8. 9%
缺乏爱心	10. 1%	5. 9%	6. 1%	6. 8%	6. 6%
缺乏宽容	3. 0%	6. 1%	5. 5%	7. 3%	5. 9%
缺乏相互理解和沟通的意识和能力	12. 9%	10. 6%	9. 6%	11. 2%	10. 8%
制度安排不公正，机会不平等	4. 6%	5. 6%	7. 0%	7. 3%	6. 2%
一切诉诸利益或法律，人际关系缺乏伦理调节的机制和能力	0. 7%	1. 4%	1. 9%	1. 5%	1. 5%
其他	1. 2%	2. 0%	1. 2%	1. 0%	1. 5%
总计	100. 0%	100. 0%	100. 0%	100. 0%	100. 0%
列总计	567	2445	1151	1241	5404

Chi-square test：sig = 0. 212 > 0. 05，所以不同收入水平的居民在哪个因素最可能影响人际关系紧张的回答上没有显著差异。

D5 by A8

当前有些人身心不和谐，如忧郁、精神分裂、自杀等，您认为造成这种情况的最主要原因 * 收入 Crosstabulation

	无收入	1—1999 元	2000—3999 元	4000 元及以上	总计
欲望过多过大，不能知足常乐	18. 1%	16. 8%	16. 4%	15. 9%	16. 7%

续表

	无收入	1—1999 元	2000—3999 元	4000 元及以上	总计
社会保障体系不健全，对自己和未来没有把握	11.5%	12.4%	10.6%	15.1%	12.5%
竞争激烈，工作压力过大，身心疲惫	30.9%	32.6%	36.7%	30.0%	32.7%
人与人之间缺乏信任感，人际关系紧张	13.3%	10.5%	10.6%	12.7%	11.3%
有烦恼很难找到人倾诉和排解	5.5%	5.9%	5.4%	5.7%	5.7%
个人的文化底蕴和文化积累不够，缺乏自我理解和自我调节能力	10.1%	9.0%	9.7%	7.8%	9.0%
现代人缺乏安顿自己、化解内心矛盾的能力	2.3%	3.5%	3.2%	4.3%	3.5%
缺乏道德公正，没有道德的人总是占便宜	2.7%	3.3%	2.2%	2.8%	2.9%
缺乏理想和信念支持，精神没有寄托和归宿	2.8%	2.7%	3.8%	4.4%	3.3%
其他	2.7%	3.3%	1.5%	1.1%	2.4%
总计	100.0%	100.0%	100.0%	100.0%	100.0%
列总计	563	2429	1156	1235	5383

Chi-square test：sig = 0.541 > 0.05，所以不同收入水平的居民在“当前有些人身心不和谐，如忧郁，精神分裂，自杀等，您认为造成这种情况的最主要原因”的回答上没有显著差异。

D7a by A8

文明城市创建效果 * 收入 Crosstabulation

	无收入	1—1999 元	2000—3999 元	4000 元及以上	总计
没听说过该活动	24.0%	27.4%	8.4%	12.8%	19.8%
完全没有效果	4.7%	2.8%	3.3%	3.4%	3.2%
有较少的效果	17.8%	13.7%	17.2%	14.9%	15.1%
一般	35.8%	29.6%	33.1%	38.3%	33.0%
有较多的效果	14.2%	20.9%	29.6%	23.0%	22.4%
有非常多的效果	3.5%	5.7%	8.3%	7.6%	6.4%
总计	100.0%	100.0%	100.0%	100.0%	100.0%
列总计	600	2588	1165	1278	5631

Chi-square test：sig = 0.883 > 0.05，所以不同收入水平的居民在“文明城市创建效果”的回答上没有显著差异。

D7b by A8

学雷锋活动效果＊ 收入 Crosstabulation

	无收入	1—1999 元	2000—3999 元	4000 元及以上	总计
没听说过该活动	10. 3%	13. 7%	5. 6%	6. 2%	9. 9%
完全没有效果	4. 5%	4. 6%	6. 0%	6. 3%	5. 3%
有较少的效果	23. 0%	18. 3%	22. 3%	20. 5%	20. 1%
一般	35. 8%	31. 6%	33. 8%	39. 7%	34. 3%
有较多的效果	22. 5%	25. 0%	25. 9%	21. 1%	24. 0%
有非常多的效果	4. 0%	6. 9%	6. 4%	6. 2%	6. 3%
总计	100. 0%	100. 0%	100. 0%	100. 0%	100. 0%
列总计	601	2589	1162	1280	5632

Chi-square test：sig = 0. 365 > 0. 05，所以不同收入水平的居民在“学雷锋活动效果”的回答上没有显著差异。

D7c by A8

典型人物的宣传效果＊ 收入 Crosstabulation

	无收入	1—1999 元	2000—3999 元	4000 元及以上	总计
没听说过该活动	17. 3%	19. 2%	6. 5%	8. 1%	13. 8%
完全没有效果	2. 8%	2. 7%	4. 4%	4. 8%	3. 5%
有较少的效果	16. 5%	16. 3%	19. 0%	16. 3%	16. 8%
一般	34. 5%	26. 7%	29. 4%	34. 0%	29. 7%
有较多的效果	23. 3%	26. 8%	31. 2%	27. 6%	27. 5%
有非常多的效果	5. 5%	8. 5%	9. 5%	9. 2%	8. 5%
总计	100. 0%	100. 0%	100. 0%	100. 0%	100. 0%
列总计	600	2590	1165	1279	5634

Chi-square test：sig = 0. 013 < 0. 05，所以不同收入水平的居民在“典型人物的宣传效果”的回答上有显著差异。

D7d by A8

志愿服务的倡导和推广效果＊ 收入 Crosstabulation

	无收入	1—1999 元	2000—3999 元	4000 元及以上	总计
没听说过该活动	27. 9%	31. 0%	11. 1%	12. 5%	22. 3%
完全没有效果	2. 8%	2. 8%	2. 7%	3. 8%	3. 0%
有较少的效果	13. 0%	14. 4%	19. 1%	15. 3%	15. 4%
一般	33. 1%	26. 1%	29. 4%	34. 5%	29. 5%

续表

	无收入	1—1999 元	2000—3999 元	4000 元及以上	总计
有较多的效果	18.2%	20.5%	29.4%	25.9%	23.3%
有非常多的效果	4.8%	5.1%	8.3%	8.1%	6.4%
总计	100.0%	100.0%	100.0%	100.0%	100.0%
列总计	598	2589	1162	1276	5625

Chi-square test：sig = 0.650 > 0.05，所以不同收入水平的居民在"志愿服务的倡导和推广效果"的回答上没有显著差异。

D7e by A8

反腐倡廉的举措效果 * 收入 Crosstabulation

	无收入	1—1999 元	2000—3999 元	4000 元及以上	总计
没听说过该活动	17.6%	19.2%	7.8%	8.8%	14.3%
完全没有效果	11.4%	10.3%	13.0%	10.4%	11.0%
有较少的效果	28.0%	26.5%	30.4%	25.9%	27.3%
一般	28.5%	24.7%	21.5%	29.9%	25.6%
有较多的效果	11.7%	15.1%	20.4%	18.0%	16.5%
有非常多的效果	2.8%	4.2%	6.9%	7.0%	5.2%
总计	100.0%	100.0%	100.0%	100.0%	100.0%
列总计	597	2584	1165	1280	5626

Chi-square test：sig = 0.079 > 0.05，所以不同收入水平的居民在"反腐倡廉的举措效果"的回答上没有显著差异。

D7f by A8

《公民道德建设实施纲要》的推进效果 * 收入 Crosstabulation

	无收入	1—1999 元	2000—3999 元	4000 元及以上	总计
没听说过该活动	43.2%	47.6%	25.8%	25.4%	37.6%
完全没有效果	4.8%	3.9%	5.8%	5.0%	4.6%
有较少的效果	15.5%	13.2%	18.1%	15.8%	15.0%
一般	27.5%	22.5%	29.1%	33.6%	26.9%
有较多的效果	7.7%	10.9%	16.9%	15.3%	12.8%
有非常多的效果	1.3%	2.1%	4.2%	4.8%	3.0%
总计	100.0%	100.0%	100.0%	100.0%	100.0%
列总计	600	2582	1163	1278	5623

Chi-square test：sig = 0.442 > 0.05，所以不同收入水平的居民在"《公民道德建设实施纲要》的推进效果"的回答上没有显著差异。

D8a by A8

坑蒙拐骗现象的严重程度 * 收入 Crosstabulation

	无收入	1—1999 元	2000—3999 元	4000 元及以上	总计
非常不严重	2.0%	1.4%	0.8%	0.6%	1.2%
比较不严重	15.3%	21.2%	12.7%	11.3%	16.6%
一般	29.1%	27.1%	27.5%	33.2%	28.8%
比较严重	42.8%	39.3%	45.0%	42.3%	41.5%
非常严重	10.8%	11.0%	14.1%	12.6%	12.0%
总计	100.0%	100.0%	100.0%	100.0%	100.0%
列总计	601	2596	1165	1282	5644

Chi-square test：sig = 0.358 > 0.05，所以不同收入水平的居民在“坑蒙拐骗现象的严重程度”的回答上没有显著差异。

D8b by A8

人际关系冷漠、见危不救现象的严重程度 * 收入 Crosstabulation

	无收入	1—1999 元	2000—3999 元	4000 元及以上	总计
非常不严重	1.5%	2.2%	1.1%	0.8%	1.6%
比较不严重	15.3%	22.5%	13.9%	13.2%	17.9%
一般	37.8%	34.9%	33.6%	33.2%	34.6%
比较严重	37.0%	34.7%	42.3%	45.1%	38.9%
非常严重	8.3%	5.7%	9.1%	7.7%	7.2%
总计	100.0%	100.0%	100.0%	100.0%	100.0%
列总计	600	2588	1162	1279	5629

Chi-square test：sig = 0.142 > 0.05，所以不同收入水平的居民在“人际关系冷漠、见危不救现象的严重程度”的回答上没有显著差异。

D8c by A8

诚信缺乏，社会信用低的现象的严重程度 * 收入 Crosstabulation

	无收入	1—1999 元	2000—3999 元	4000 元及以上	总计
非常不严重	0.8%	1.0%	0.8%	0.5%	0.8%
比较不严重	15.3%	17.5%	11.4%	8.9%	14.1%
一般	34.2%	35.5%	30.2%	34.5%	34.1%
比较严重	41.9%	40.1%	47.5%	46.0%	43.2%
非常严重	7.7%	5.9%	10.1%	10.0%	7.9%

续表

	无收入	1—1999 元	2000—3999 元	4000 元及以上	总计
总计	100.0%	100.0%	100.0%	100.0%	100.0%
列总计	596	2580	1165	1274	5615

Chi-square test：sig = 0.409 > 0.05，所以不同收入水平的居民在“诚信缺乏，社会信用低现象的严重程度”的回答上没有显著差异。

D8d by A8

公共场所缺乏公德，如大声喧哗，不排队，随地吐痰等现象的严重程度 * 收入 Crosstabulation

	无收入	1—1999 元	2000—3999 元	4000 元及以上	总计
非常不严重	0.7%	1.2%	1.4%	1.6%	1.3%
比较不严重	12.8%	17.9%	16.2%	13.0%	15.9%
一般	35.6%	34.8%	30.6%	29.9%	32.9%
比较严重	38.3%	36.4%	39.4%	43.0%	38.7%
非常严重	12.5%	9.7%	12.4%	12.4%	11.2%
总计	100.0%	100.0%	100.0%	100.0%	100.0%
列总计	592	2572	1166	1281	5611

Chi-square test：sig = 0.312 > 0.05，所以不同收入水平的居民在“公共场所缺乏公德，如大声喧哗，不排队，随地吐痰等现象的严重程度”的回答上没有显著差异。

D8e by A8

自私自利，损人利己，物欲横流现象的严重程度 * 收入 Crosstabulation

	无收入	1—1999 元	2000—3999 元	4000 元及以上	总计
非常不严重	1.0%	1.1%	0.9%	0.9%	1.0%
比较不严重	13.6%	16.9%	14.4%	12.1%	14.9%
一般	41.2%	37.2%	36.1%	37.2%	37.4%
比较严重	35.6%	37.9%	40.2%	39.8%	38.6%
非常严重	8.6%	6.8%	8.4%	10.0%	8.1%
总计	100.0%	100.0%	100.0%	100.0%	100.0%
列总计	590	2580	1163	1278	5611

Chi-square test：sig = 0.496 > 0.05，所以不同收入水平的居民在“自私自利，损人利己，物欲横流现象的严重程度”的回答上没有显著差异。

D8f by A8

缺乏公正心和正义感现象的严重程度 * 收入 Crosstabulation

	无收入	1—1999 元	2000—3999 元	4000 元及以上	总计
非常不严重	1. 2%	0. 9%	1. 2%	0. 9%	1. 0%
比较不严重	17. 3%	20. 7%	16. 1%	12. 7%	17. 6%
一般	45. 9%	40. 3%	38. 7%	42. 1%	41. 0%
比较严重	28. 5%	33. 4%	35. 8%	37. 0%	34. 2%
非常严重	7. 1%	4. 6%	8. 2%	7. 3%	6. 2%
总计	100. 0%	100. 0%	100. 0%	100. 0%	100. 0%
列总计	590	2563	1165	1274	5592

Chi-square test：sig = 0. 662 > 0. 05，所以不同收入水平的居民在“缺乏公正心和正义感现象的严重程度”的回答上没有显著差异。

D8g by A8

缺乏羞耻感现象的严重程度 * 收入 Crosstabulation

	无收入	1—1999 元	2000—3999 元	4000 元及以上	总计
非常不严重	2. 2%	1. 5%	1. 5%	1. 4%	1. 6%
比较不严重	18. 6%	24. 1%	21. 2%	17. 2%	21. 3%
一般	46. 2%	42. 5%	42. 2%	45. 7%	43. 5%
比较严重	27. 1%	26. 9%	27. 0%	28. 5%	27. 3%
非常严重	6. 0%	5. 0%	8. 1%	7. 2%	6. 3%
总计	100. 0%	100. 0%	100. 0%	100. 0%	100. 0%
列总计	587	2558	1162	1270	5577

Chi-square test：sig = 0. 196 > 0. 05，所以不同收入水平的居民在“缺乏羞耻感现象的严重程度”的回答上没有显著差异。

D8h by A8

干部贪污受贿，以权谋私现象的严重程度 * 收入 Crosstabulation

	无收入	1—1999 元	2000—3999 元	4000 元及以上	总计
非常不严重	1. 0%	0. 7%	0. 8%	0. 9%	0. 8%
比较不严重	6. 3%	6. 7%	6. 8%	7. 3%	6. 8%
一般	21. 0%	21. 3%	15. 8%	19. 7%	19. 7%
比较严重	46. 8%	44. 1%	44. 1%	42. 8%	44. 1%
非常严重	24. 9%	27. 2%	32. 5%	29. 2%	28. 5%

续表

	无收入	1—1999 元	2000—3999 元	4000 元及以上	总计
总计	100.0%	100.0%	100.0%	100.0%	100.0%
列总计	587	2556	1160	1272	5575

Chi-square test: sig = 0.023 < 0.05，所以不同收入水平的居民在“干部贪污受贿，以权谋私现象的严重程度”的回答上有显著差异。

D8i by A8

生活奢侈，铺张浪费现象的严重程度 * 收入 Crosstabulation

	无收入	1—1999 元	2000—3999 元	4000 元及以上	总计
非常不严重	2.0%	1.8%	0.9%	1.3%	1.5%
比较不严重	11.1%	17.0%	13.8%	11.2%	14.4%
一般	37.6%	33.8%	31.7%	36.7%	34.4%
比较严重	38.6%	36.7%	39.6%	38.6%	37.9%
非常严重	10.6%	10.7%	14.0%	12.1%	11.7%
总计	100.0%	100.0%	100.0%	100.0%	100.0%
列总计	593	2578	1164	1277	5612

Chi-square test: sig = 0.045 < 0.05，所以不同收入水平的居民在“生活奢侈，铺张浪费现象的严重程度”的回答上有显著差异。

D8j by A8

奉行功利主义，互相算计现象的严重程度 * 收入 Crosstabulation

	无收入	1—1999 元	2000—3999 元	4000 元及以上	总计
非常不严重	0.9%	1.7%	1.1%	1.0%	1.3%
比较不严重	11.1%	17.4%	15.5%	12.0%	15.1%
一般	50.2%	43.5%	38.9%	43.4%	43.2%
比较严重	28.8%	31.6%	35.7%	35.3%	33.0%
非常严重	9.0%	5.9%	8.7%	8.3%	7.3%
总计	100.0%	100.0%	100.0%	100.0%	100.0%
列总计	586	2539	1161	1272	5558

Chi-square test: sig = 0.035 < 0.05，所以不同收入水平的居民在“奉行功利主义，互相算计现象的严重程度”的回答上有显著差异。

D8k by A8

企业损害社会利益，如污染环境，以虚假广告误导公众等现象的严重程度 * 收入 Crosstabulation

	无收入	1—1999 元	2000—3999 元	4000 元及以上	总计
非常不严重	1.4%	1.5%	0.9%	0.8%	1.2%
比较不严重	9.2%	12.6%	9.9%	11.2%	11.4%
一般	37.3%	40.1%	31.8%	32.9%	36.4%
比较严重	41.5%	35.7%	42.9%	40.1%	38.8%
非常严重	10.6%	10.1%	14.6%	15.0%	12.2%
总计	100.0%	100.0%	100.0%	100.0%	100.0%
列总计	585	2532	1159	1272	5548

Chi-square test：sig = 0.028 < 0.05，所以不同收入水平的居民在“企业损害社会利益，如污染环境，以虚假广告误导公众现象的严重程度”的回答上有显著差异。

D8l by A8

娱乐界以丑闻、绯闻炒作，污染社会风气现象的严重程度 * 收入 Crosstabulation

	无收入	1—1999 元	2000—3999 元	4000 元及以上	总计
非常不严重	1.6%	1.5%	1.0%	1.3%	1.4%
比较不严重	11.8%	16.0%	13.8%	11.5%	14.0%
一般	48.5%	51.5%	40.6%	40.9%	46.4%
比较严重	28.0%	25.2%	32.1%	32.2%	28.6%
非常严重	10.2%	5.9%	12.4%	14.1%	9.6%
总计	100.0%	100.0%	100.0%	100.0%	100.0%
列总计	561	2423	1149	1240	5373

Chi-square test：sig = 0.000 < 0.05，所以不同收入水平的居民在“娱乐界以丑闻、绯闻炒作，污染社会风气现象的严重程度”的回答上有显著差异。

D8m by A8

媒体缺乏社会责任，炒作新闻现象的严重程度 * 收入 Crosstabulation

	无收入	1—1999 元	2000—3999 元	4000 元及以上	总计
非常不严重	2.3%	1.8%	1.6%	1.2%	1.6%
比较不严重	14.0%	17.9%	13.6%	11.7%	15.2%
一般	48.7%	52.1%	41.6%	42.0%	47.2%
比较严重	27.5%	22.9%	32.3%	34.0%	28.0%

续表

	无收入	1—1999 元	2000—3999 元	4000 元及以上	总计
非常严重	7.5%	5.3%	10.9%	11.0%	8.0%
总计	100.0%	100.0%	100.0%	100.0%	100.0%
列总计	571	2450	1151	1237	5409

Chi-square test：sig = 0.003 < 0.05，所以不同收入水平居民在“媒体缺乏社会责任，炒作新闻现象的严重程度”的回答上有显著差异。

D8n by A8

社会财富分配不公，贫富悬殊过大现象的严重程度 * 收入 Crosstabulation

	无收入	1—1999 元	2000—3999 元	4000 元及以上	总计
非常不严重	1.0%	0.6%	0.5%	0.7%	0.7%
比较不严重	4.8%	6.1%	6.1%	6.3%	6.0%
一般	25.1%	20.7%	18.7%	25.2%	21.8%
比较严重	47.4%	48.6%	45.4%	44.7%	46.9%
非常严重	21.7%	24.0%	29.3%	23.1%	24.7%
总计	100.0%	100.0%	100.0%	100.0%	100.0%
列总计	589	2569	1165	1271	5594

Chi-square test：sig = 0.003 < 0.05，所以不同收入水平居民在“社会财富分配不公，贫富悬殊过大现象的严重程度”的回答上有显著差异。

D8o by A8

教师不尽职现象的严重程度 * 收入 Crosstabulation

	无收入	1—1999 元	2000—3999 元	4000 元及以上	总计
非常不严重	5.6%	7.7%	4.8%	5.5%	6.4%
比较不严重	31.8%	32.5%	28.7%	25.7%	30.1%
一般	38.4%	35.5%	32.9%	39.3%	36.1%
比较严重	20.1%	19.6%	25.6%	23.8%	21.9%
非常严重	4.1%	4.6%	7.9%	5.8%	5.5%
总计	100.0%	100.0%	100.0%	100.0%	100.0%
列总计	591	2567	1160	1281	5599

Chi-square test：sig = 0.405 > 0.05，所以不同收入水平居民在“教师不尽职现象的严重程度”的回答上没有显著差异。

D8p by A8

医生不守职业道德现象的严重程度 * 收入 Crosstabulation

	无收入	1—1999 元	2000—3999 元	4000 元及以上	总计
非常不严重	3.9%	6.2%	2.8%	3.9%	4.7%
比较不严重	26.0%	29.5%	24.8%	21.2%	26.3%
一般	37.8%	33.6%	32.3%	39.0%	35.0%
比较严重	24.8%	23.4%	30.0%	27.0%	25.7%
非常严重	7.6%	7.3%	10.1%	9.0%	8.3%
总计	100.0%	100.0%	100.0%	100.0%	100.0%
列总计	596	2585	1163	1280	5624

Chi-square test：sig = 0.806 > 0.05，所以不同收入水平居民在“医生不守职业道德现象的严重程度”的回答上没有显著差异。

D8q by A8

偷盗现象的严重程度 * 收入 Crosstabulation

	无收入	1—1999 元	2000—3999 元	4000 元及以上	总计
非常不严重	3.3%	4.5%	2.8%	1.3%	3.3%
比较不严重	18.8%	27.0%	18.4%	14.8%	21.6%
一般	40.2%	31.8%	32.8%	36.3%	33.9%
比较严重	26.8%	28.5%	33.1%	35.5%	30.9%
非常严重	10.8%	8.3%	12.9%	12.1%	10.4%
总计	100.0%	100.0%	100.0%	100.0%	100.0%
列总计	600	2598	1165	1285	5648

Chi-square test：sig = 0.662 > 0.05，所以不同收入水平的居民在“偷盗现象的严重程度”的回答上没有显著差异。

D8r by A8

公众人物用知名度攫取财富现象的严重程度 * 收入 Crosstabulation

	无收入	1—1999 元	2000—3999 元	4000 元及以上	总计
非常不严重	2.0%	1.3%	1.2%	1.2%	1.3%
比较不严重	11.9%	18.7%	15.0%	12.4%	15.8%
一般	62.0%	56.8%	48.3%	52.1%	54.5%
比较严重	19.3%	19.9%	29.5%	27.8%	23.7%
非常严重	4.8%	3.3%	6.0%	6.5%	4.8%
总计	100.0%	100.0%	100.0%	100.0%	100.0%

续表

	无收入	1—1999 元	2000—3999 元	4000 元及以上	总计
列总计	561	2445	1150	1239	5395

Chi-square test：sig = 0. 012 < 0. 05，所以不同收入水平居民在“公众人物用知名度攫取财富现象的严重程度”的回答上有显著差异。

D8s by A8

不爱国现象的严重程度 * 收入 Crosstabulation

	无收入	1—1999 元	2000—3999 元	4000 元及以上	总计
非常不严重	11. 1%	13. 7%	11. 4%	8. 9%	11. 8%
比较不严重	39. 0%	43. 1%	38. 9%	34. 5%	39. 8%
一般	39. 9%	32. 9%	34. 2%	41. 6%	35. 9%
比较严重	7. 2%	8. 1%	11. 3%	12. 7%	9. 7%
非常严重	2. 7%	2. 2%	4. 3%	2. 4%	2. 7%
总计	100. 0%	100. 0%	100. 0%	100. 0%	100. 0%
列总计	584	2557	1162	1276	5579

Chi-square test：sig = 0. 850 > 0. 05，所以不同收入水平的居民在“不爱国现象的严重程度”的回答上没有显著差异。

D8t by A8

两性关系过度开放导致婚姻不稳现象的严重程度 * 收入 Crosstabulation

	无收入	1—1999 元	2000—3999 元	4000 元及以上	总计
非常不严重	2. 3%	2. 4%	1. 6%	1. 4%	2. 0%
比较不严重	18. 8%	21. 3%	17. 2%	16. 8%	19. 2%
一般	50. 4%	45. 4%	39. 4%	43. 9%	44. 3%
比较严重	22. 3%	24. 8%	32. 3%	30. 3%	27. 3%
非常严重	6. 3%	6. 1%	9. 6%	7. 6%	7. 2%
总计	100. 0%	100. 0%	100. 0%	100. 0%	100. 0%
列总计	575	2516	1156	1259	5506

Chi-square test：sig = 0. 840 > 0. 05，所以不同收入水平的居民在“两性关系过度开放导致婚姻不稳定现象的严重程度”的回答上没有显著差异。

D8u by A8

年轻人缺乏责任感，不孝敬父母现象的严重程度 * 收入 Crosstabulation

	无收入	1—1999 元	2000—3999 元	4000 元及以上	总计
非常不严重	3. 0%	3. 8%	2. 1%	2. 8%	3. 1%

续表

	无收入	1—1999 元	2000—3999 元	4000 元及以上	总计
比较不严重	26.7%	31.0%	27.1%	21.7%	27.6%
一般	39.1%	34.4%	36.2%	42.4%	37.1%
比较严重	27.2%	25.3%	27.7%	28.0%	26.6%
非常严重	4.0%	5.6%	7.0%	5.1%	5.6%
总计	100.0%	100.0%	100.0%	100.0%	100.0%
列总计	599	2589	1163	1284	5635

Chi-square test：sig = 0.051 > 0.05，所以不同收入水平的居民在“年轻人缺乏责任感，不孝敬父母现象的严重程度”的回答上没有显著差异。

D8v by A8

父母和子女代沟问题严重，难以沟通现象的严重程度 * 收入 Crosstabulation

	无收入	1—1999 元	2000—3999 元	4000 元及以上	总计
非常不严重	2.5%	3.1%	2.2%	1.6%	2.5%
比较不严重	25.1%	26.9%	24.5%	20.6%	24.8%
一般	43.0%	42.0%	40.5%	43.4%	42.1%
比较严重	25.6%	24.5%	27.4%	29.8%	26.4%
非常严重	3.8%	3.6%	5.3%	4.5%	4.2%
总计	100.0%	100.0%	100.0%	100.0%	100.0%
列总计	598	2590	1163	1279	5630

Chi-square test：sig = 0.115 > 0.05，所以不同收入水平的居民在“父母和子女代沟问题严重，难以沟通现象的严重程度”的回答上没有显著差异。

D8w by A8

老无所养，缺乏安全感现象的严重程度 * 收入 Crosstabulation

	无收入	1—1999 元	2000—3999 元	4000 元及以上	总计
非常不严重	4.2%	4.6%	3.4%	2.5%	3.8%
比较不严重	24.8%	27.4%	24.4%	20.2%	24.9%
一般	38.4%	35.5%	34.9%	40.0%	36.7%
比较严重	27.1%	26.4%	30.3%	30.5%	28.2%
非常严重	5.6%	6.1%	7.0%	6.9%	6.4%
总计	100.0%	100.0%	100.0%	100.0%	100.0%
列总计	602	2594	1162	1279	5637

Chi-square test：sig = 0.520 > 0.05，所以不同收入水平的居民在“老无所养，缺乏安全感现象的严重程度”的回答上没有显著差异。

D9a by A8

在下列关系中，您认为哪些关系最重要？第一重要的是 * 收入 Crosstabulation

	无收入	1—1999 元	2000—3999 元	4000 元及以上	总计
父母与子女	59.9%	63.6%	58.3%	61.1%	61.6%
夫妻	29.2%	25.2%	26.7%	22.5%	25.3%
兄弟姐妹	0.7%	0.6%	0.7%	1.1%	0.7%
同事或同学	0.3%	0.2%	0.4%	0.9%	0.4%
上级与下级	0.5%	0.6%	2.0%	0.5%	0.8%
师生	0.2%	0.1%	0.3%	0.5%	0.2%
人与自然的关系	1.2%	0.9%	0.9%	2.0%	1.2%
个人与社会	2.7%	2.4%	4.0%	4.7%	3.3%
个人与国家	3.2%	3.7%	3.4%	3.0%	3.4%
个人与工作单位	0.5%	0.3%	0.9%	0.8%	0.5%
通过网络建立的关系	0.2%	0.1%	0.3%	0.2%	0.1%
朋友	0.3%	0.7%	1.0%	0.9%	0.7%
个人与自身的关系	1.2%	1.6%	1.1%	1.8%	1.5%
其他	0.2%	0.1%		0.2%	0.1%
总计	100.0%	100.0%	100.0%	100.0%	100.0%
列总计	603	2574	1163	1278	5618

Chi-square test：sig = 0.297 > 0.05，所以不同收入水平的居民在“哪些关系最重要？第一重要”的回答上没有显著差异。

D9b by A8

在下列关系中，您认为哪些关系最重要？第二重要的是 * 收入 Crosstabulation

	无收入	1—1999 元	2000—3999 元	4000 元及以上	总计
父母与子女	31.9%	26.9%	27.0%	24.4%	26.9%
夫妻	45.9%	49.4%	42.9%	45.7%	46.8%
兄弟姐妹	8.0%	8.8%	6.0%	8.1%	8.0%
同事或同学	1.8%	0.9%	1.4%	1.5%	1.2%
上级与下级	0.7%	0.8%	2.4%	1.7%	1.3%
师生	0.7%	0.7%	1.1%	0.9%	0.9%
人与自然的关系	0.8%	1.1%	3.3%	1.7%	1.7%
个人与社会	4.7%	3.9%	5.4%	5.8%	4.8%
个人与国家	2.7%	2.3%	2.9%	3.5%	2.8%

续表

	无收入	1—1999 元	2000—3999 元	4000 元及以上	总计
个人与工作单位	0.3%	1.2%	2.7%	1.6%	1.5%
通过网络建立的关系	0.2%		0.4%	0.4%	0.2%
朋友	1.8%	2.8%	2.8%	3.1%	2.8%
个人与自身的关系	0.5%	1.0%	1.6%	1.4%	1.2%
其他		0.1%			0.1%
总计	100.0%	100.0%	100.0%	100.0%	100.0%
列总计	601	2564	1160	1272	5597

Chi-square test：sig =0.477 >0.05，所以不同收入水平的居民在“哪些关系最重要？第二重要”的回答上没有显著差异。

D9c by A8

在下列关系中，您认为哪些关系最重要？第三重要的是 * 收入 Crosstabulation

	无收入	1—1999 元	2000—3999 元	4000 元及以上	总计
父母与子女	3.4%	5.0%	4.6%	5.5%	4.9%
夫妻	9.6%	9.0%	8.1%	9.0%	8.9%
兄弟姐妹	47.0%	50.0%	36.8%	35.0%	43.5%
同事或同学	3.5%	2.9%	4.9%	5.5%	4.0%
上级与下级	1.5%	1.8%	5.1%	2.8%	2.7%
师生	1.2%	1.4%	1.5%	2.0%	1.5%
人与自然的关系	3.0%	1.9%	2.2%	4.6%	2.7%
个人与社会	7.6%	7.3%	9.9%	10.1%	8.5%
个人与国家	4.0%	5.0%	5.1%	4.9%	4.9%
个人与工作单位	3.0%	2.4%	5.8%	4.4%	3.7%
通过网络建立的关系		0.1%	0.4%	0.5%	0.2%
朋友	12.6%	9.6%	10.8%	11.7%	10.6%
个人与自身的关系	3.4%	3.1%	4.7%	3.9%	3.6%
其他	0.2%	0.4%	0.1%	0.1%	0.3%
总计	100.0%	100.0%	100.0%	100.0%	100.0%
列总计	594	2545	1158	1264	5561

Chi-square test：sig =0.111 >0.05，所以不同收入水平的居民在“哪些关系最重要？第三重要”的回答上没有显著差异。

D10 by A8

现在社会上有些人不守道德反而占了便宜，您会不会为了得到好处而效仿 * 收入 Crosstabulation

	无收入	1—1999 元	2000—3999 元	4000 元及以上	总计
从来不这么做	72.9%	75.4%	76.2%	65.5%	73.1%
通常不这么做，关键时刻会这么做	12.4%	11.2%	13.5%	19.1%	13.6%
经常这么做	1.2%	0.6%	1.0%	3.2%	1.3%
说不清	13.5%	12.7%	9.3%	12.2%	12.0%
总计	100.0%	100.0%	100.0%	100.0%	100.0%
列总计	598	2576	1149	1256	5579

Chi-square test：sig = 0.215 > 0.05，所以不同收入水平的居民在"现在社会上有些人不守道德反而占了便宜，您会不会为了得到好处而效仿"的回答上没有显著差异。

D11a by A8

如果您与下列人员发生重大利益冲突，您首先会选择哪种途径来解决？家庭成员之间 * 收入 Crosstabulation

	无收入	1—1999 元	2000—3999 元	4000 元及以上	总计
诉诸法律，打官司	0.5%	0.5%	0.7%	0.7%	0.6%
直接找对方沟通但得理让人，适可而止	51.2%	53.8%	60.9%	57.2%	55.7%
通过第三方从中调解，尽量不伤和气	10.0%	9.3%	6.2%	9.8%	8.9%
能忍则忍	38.2%	36.4%	32.1%	32.3%	34.8%
总计	100.0%	100.0%	100.0%	100.0%	100.0%
列总计	578	2538	1121	1224	5461

Chi-square test：sig = 0.426 > 0.05，所以不同收入水平的居民在"与家庭成员发生重大利益冲突您首先会选择哪种途径来解决"的回答上没有显著差异。

D11b by A8

如果您与下列人员发生重大利益冲突，您首先会选择哪种途径来解决？朋友之间 * 收入 Crosstabulation

	无收入	1—1999 元	2000—3999 元	4000 元及以上	总计
诉诸法律，打官司	0.3%	1.2%	1.4%	1.4%	1.2%

续表

	无收入	1—1999 元	2000—3999 元	4000 元及以上	总计
直接找对方沟通但得理让人，适可而止	46.3%	50.2%	53.6%	54.5%	51.5%
通过第三方从中调解，尽量不伤和气	28.7%	23.0%	24.8%	23.9%	24.2%
能忍则忍	24.7%	25.5%	20.2%	20.2%	23.1%
总计	100.0%	100.0%	100.0%	100.0%	100.0%
列总计	579	2509	1137	1237	5462

Chi-square test：sig = 0.656 > 0.05，所以不同收入水平的居民在“与朋友发生重大利益冲突，您首先会选择哪种途径来解决”的回答上没有显著差异。

D11c by A8

如果您与下列人员发生重大利益冲突，您首先会选择哪种途径来解决？同事之间 * 收入 Crosstabulation

	无收入	1—1999 元	2000—3999 元	4000 元及以上	总计
诉诸法律，打官司	1.7%	2.9%	3.3%	2.1%	2.7%
直接找对方沟通但得理让人，适可而止	45.4%	46.8%	49.7%	47.5%	47.5%
通过第三方从中调解，尽量不伤和气	31.8%	29.5%	28.6%	30.3%	29.7%
能忍则忍	21.1%	20.8%	18.4%	20.1%	20.1%
总计	100.0%	100.0%	100.0%	100.0%	100.0%
列总计	412	1876	1038	1065	4391

Chi-square test：sig = 0.353 > 0.05，所以不同收入水平的居民在“与同事发生重大利益冲突，您首先会选择哪种途径来解决”的回答上没有显著差异。

D11d by A8

如果您与下列人员发生重大利益冲突，您首先会选择哪种途径来解决？商业伙伴之间 * 收入 Crosstabulation

	无收入	1—1999 元	2000—3999 元	4000 元及以上	总计
诉诸法律，打官司	36.7%	32.4%	38.4%	34.6%	34.8%
直接找对方沟通但得理让人，适可而止	29.2%	33.1%	27.7%	26.8%	29.8%

续表

	无收入	1—1999 元	2000—3999 元	4000 元及以上	总计
通过第三方从中调解，尽量不伤和气	22.3%	24.5%	25.7%	28.3%	25.6%
能忍则忍	11.7%	10.0%	8.3%	10.2%	9.8%
总计	100.0%	100.0%	100.0%	100.0%	100.0%
列总计	332	1403	799	898	3432

Chi-square test：sig = 0.478 > 0.05，所以不同收入水平的居民在“与商业伙伴发生重大利益冲突，您首先会选择哪种途径来解决”的回答上没有显著差异。

D12 by A8

一些政府机关和大中小学，利用权力让本单位的职工子女在很好的学校读书，或降分录取，您认为这种行为道德吗？ * 收入 Crosstabulation

	无收入	1—1999 元	2000—3999 元	4000 元及以上	总计
为本单位人员谋福利，符合道德	4.6%	3.7%	3.8%	3.3%	3.7%
以权谋私，不道德	61.9%	61.3%	60.8%	60.7%	61.1%
是对社会公众的欺骗，严重不道德	18.2%	19.3%	20.5%	20.6%	19.8%
符合本单位员工利益和内部伦理，但严重侵蚀社会道德	4.7%	6.0%	9.0%	8.6%	7.1%
无所谓道德不道德	10.6%	9.7%	5.8%	6.8%	8.3%
总计	100.0%	100.0%	100.0%	100.0%	100.0%
列总计	593	2564	1164	1273	5594

Chi-square test：sig = 0.462 > 0.05，所以不同收入水平的居民在对于“一些政府机关和大中小学，利用权力让本单位的职工子女在很好的学校读书，或降分的现象是否道德”的回答上没有显著差异。

D13 by A8

如果您所在的单位有一项举措可以提高集体福利并使您个人得到利益，但会造成环境污染或社会公害，您会举报吗 * 收入 Crosstabulation

	无收入	1—1999 元	2000—3999 元	4000 元及以上	总计
会	52.6%	56.7%	60.2%	53.6%	56.3%
不会	47.4%	43.3%	39.8%	46.4%	43.7%
总计	100.0%	100.0%	100.0%	100.0%	100.0%
列总计	580	2513	1158	1263	5514

Chi-square test：sig = 0.664 > 0.05，所以不同收入水平的居民在“您所在的单位有一项举措可以提高集体福利并使您个人得到利益，但会造成环境污染或社会公害，您会举报吗”的回答上没有显著差异。

D14 by A8

您认为对当前我国伦理关系和道德风尚造成最大负面影响的因素是 * 收入 Crosstabulation

	无收入	1—1999 元	2000—3999 元	4000 元及以上	总计
传统文化的崩坏	39.7%	41.1%	31.0%	27.4%	35.6%
外来文化的冲击	21.5%	21.6%	25.7%	23.9%	23.0%
市场经济导致的个人主义	28.0%	27.9%	32.0%	34.6%	30.3%
计算机网络技术的发展	7.9%	6.2%	8.8%	10.9%	8.0%
其他	2.9%	3.2%	2.4%	3.2%	3.0%
总计	100.0%	100.0%	100.0%	100.0%	100.0%
列总计	557	2370	1131	1209	5267

Chi-square test：sig = 0.945 > 0.05，所以不同收入水平的居民在“对当前我国伦理关系和道德风尚造成最大负面影响的因素”的回答上没有显著差异。

D15 by A8

从网络中获得的信息（文字、图片、视频等）对您的思想行为影响如何 * 收入 Crosstabulation

	无收入	1—1999 元	2000—3999 元	4000 元及以上	总计
影响很大	10.7%	4.4%	7.1%	10.6%	7.0%
有一些影响	18.1%	14.3%	30.4%	37.3%	23.3%
影响不大	19.6%	12.9%	23.4%	22.5%	17.9%
完全没有影响	3.3%	3.2%	5.4%	5.0%	4.1%
不适用，因为不上网	48.3%	65.2%	33.7%	24.5%	47.6%
总计	100.0%	100.0%	100.0%	100.0%	100.0%
列总计	598	2566	1160	1275	5599

Chi-square test：sig = 0.307 > 0.05，所以不同收入水平的居民在“从网络中获得的信息（文字、图片、视频等）对您的思想行为影响”的回答上没有显著差异。

D16 by A8

您认为在自己的成长中得到道德训练的最重要场所或机构是 * 收入 Crosstabulation

	无收入	1—1999 元	2000—3999 元	4000 元及以上	总计
家庭	58.3%	57.6%	40.8%	42.2%	50.7%
学校	19.1%	14.7%	20.5%	20.9%	17.8%

续表

	无收入	1—1999 元	2000—3999 元	4000 元及以上	总计
社会	17.6%	21.9%	31.8%	29.4%	25.2%
国家或政府	2.5%	3.1%	3.9%	4.4%	3.5%
媒体	1.0%	1.3%	2.2%	2.4%	1.7%
其他	1.5%	1.3%	0.7%	0.7%	1.1%
总计	100.0%	100.0%	100.0%	100.0%	100.0%
列总计	597	2572	1165	1274	5608

Chi-square test：sig = 0.000 < 0.05，所以不同收入水平的居民在“成长中得到道德训练的最重要场所或机构”的回答上有显著差异。

D17a by A8

您对下列群体的伦理道德状况的满意度如何？政府官员 * 收入 Crosstabulation

	无收入	1—1999 元	2000—3999 元	4000 元及以上	总计
非常不满意	13.4%	13.4%	15.4%	15.7%	14.3%
比较不满意	33.3%	34.8%	35.1%	34.1%	34.5%
一般	38.2%	33.8%	36.0%	38.2%	35.7%
比较满意	14.3%	17.0%	12.8%	11.4%	14.6%
非常满意	0.8%	1.1%	0.8%	0.5%	0.9%
总计	100.0%	100.0%	100.0%	100.0%	100.0%
列总计	595	2569	1164	1278	5606

Chi-square test：sig = 0.951 > 0.05，所以不同收入水平的居民在对政府官员的伦理道德状况的满意度的回答上没有显著差异。

D17b by A8

您对下列群体的伦理道德状况的满意度如何？企业家 * 收入 Crosstabulation

	无收入	1—1999 元	2000—3999 元	4000 元及以上	总计
非常不满意	4.6%	2.8%	3.8%	4.3%	3.5%
比较不满意	21.1%	18.7%	20.2%	20.5%	19.7%
一般	60.4%	57.7%	54.6%	57.2%	57.2%
比较满意	13.0%	20.1%	20.5%	17.2%	18.8%
非常满意	0.9%	0.8%	0.9%	0.8%	0.8%
总计	100.0%	100.0%	100.0%	100.0%	100.0%
列总计	584	2537	1159	1265	5545

Chi-square test：sig = 0.027 < 0.05，所以不同收入水平的居民在对企业家的伦理道德状况的满意度的回答上有显著差异。

D17c by A8

您对下列群体的伦理道德状况的满意度如何？演艺娱乐界明星 * 收入 Crosstabulation

	无收入	1—1999 元	2000—3999 元	4000 元及以上	总计
非常不满意	4.3%	3.3%	7.1%	7.5%	5.2%
比较不满意	18.1%	17.3%	25.3%	23.3%	20.4%
一般	66.9%	63.9%	56.2%	58.7%	61.4%
比较满意	9.8%	15.2%	11.1%	10.1%	12.6%
非常满意	0.9%	0.4%	0.3%	0.3%	0.4%
总计	100.0%	100.0%	100.0%	100.0%	100.0%
列总计	562	2460	1144	1246	5412

Chi-square test：sig = 0.000 < 0.05，所以不同收入水平的居民在对演艺娱乐界明星的伦理道德状况的满意度的回答上有显著差异。

D17d by A8

您对下列群体的伦理道德状况的满意度如何？教师 * 收入 Crosstabulation

	无收入	1—1999 元	2000—3999 元	4000 元及以上	总计
非常不满意	2.2%	2.3%	4.5%	2.5%	2.8%
比较不满意	8.9%	9.4%	11.8%	10.5%	10.1%
一般	37.5%	28.4%	29.6%	36.6%	31.5%
比较满意	46.7%	52.8%	48.7%	46.3%	49.8%
非常满意	4.7%	7.2%	5.4%	4.2%	5.9%
总计	100.0%	100.0%	100.0%	100.0%	100.0%
列总计	597	2576	1165	1280	5618

Chi-square test：sig = 0.097 > 0.05，所以不同收入水平的居民在对教师的伦理道德状况的满意度的回答上没有显著差异。

D17e by A8

您对下列群体的伦理道德状况的满意度如何？青少年 * 收入 Crosstabulation

	无收入	1—1999 元	2000—3999 元	4000 元及以上	总计
非常不满意	1.3%	1.7%	2.0%	2.2%	1.9%
比较不满意	10.6%	11.9%	11.9%	12.7%	11.9%
一般	51.1%	44.0%	46.4%	49.7%	46.6%
比较满意	34.0%	39.3%	37.2%	33.4%	37.0%

续表

	无收入	1—1999 元	2000—3999 元	4000 元及以上	总计
非常满意	3.0%	3.1%	2.5%	2.0%	2.7%
总计	100.0%	100.0%	100.0%	100.0%	100.0%
列总计	597	2580	1163	1279	5619

Chi-square test：sig = 0.125 > 0.05，所以不同收入水平的居民在对青少年的伦理道德状况的满意度的回答上没有显著差异。

D17f by A8

您对下列群体的伦理道德状况的满意度如何？农民 * 收入 Crosstabulation

	无收入	1—1999 元	2000—3999 元	4000 元及以上	总计
非常不满意	0.3%	0.3%	1.1%	1.0%	0.7%
比较不满意	3.2%	2.9%	5.7%	5.5%	4.1%
一般	40.1%	32.4%	43.8%	46.2%	38.7%
比较满意	43.6%	52.1%	41.3%	41.1%	46.5%
非常满意	12.7%	12.3%	8.1%	6.2%	10.1%
总计	100.0%	100.0%	100.0%	100.0%	100.0%
列总计	598	2584	1162	1282	5626

Chi-square test：sig = 0.091 > 0.05，所以不同收入水平的居民在对农民的伦理道德状况的满意度的回答上没有显著差异。

D17g by A8

您对下列群体的伦理道德状况的满意度如何？商人 * 收入 Crosstabulation

	无收入	1—1999 元	2000—3999 元	4000 元及以上	总计
非常不满意	4.6%	4.2%	5.7%	5.3%	4.8%
比较不满意	26.1%	25.1%	28.4%	25.1%	25.9%
一般	55.1%	52.5%	50.2%	54.0%	52.6%
比较满意	13.2%	17.6%	15.1%	14.9%	16.0%
非常满意	1.0%	0.6%	0.6%	0.6%	0.6%
总计	100.0%	100.0%	100.0%	100.0%	100.0%
列总计	590	2559	1165	1272	5586

Chi-square test：sig = 0.006 < 0.05，所以不同收入水平的居民在对商人的伦理道德状况的满意度的回答上有显著差异。

D17h by A8

您对下列群体的伦理道德状况的满意度如何？工人 * 收入 Crosstabulation

	无收入	1—1999 元	2000—3999 元	4000 元及以上	总计
非常不满意		0. 4%	0. 1%	0. 3%	0. 3%
比较不满意	4. 6%	3. 5%	3. 7%	6. 3%	4. 3%
一般	54. 1%	45. 9%	45. 4%	52. 6%	48. 2%
比较满意	37. 2%	45. 5%	47. 1%	37. 9%	43. 2%
非常满意	4. 1%	4. 6%	3. 7%	2. 9%	4. 0%
总计	100. 0%	100. 0%	100. 0%	100. 0%	100. 0%
列总计	591	2551	1160	1270	5572

Chi-square test：sig = 0. 601 > 0. 05，所以不同收入水平的居民在对工人的伦理道德状况的满意度的回答上没有显著差异。

D17i by A8

您对下列群体的伦理道德状况的满意度如何？专家学者 * 收入 Crosstabulation

	无收入	1—1999 元	2000—3999 元	4000 元及以上	总计
非常不满意	1. 6%	1. 0%	1. 5%	1. 7%	1. 3%
比较不满意	6. 7%	7. 4%	7. 5%	13. 0%	8. 6%
一般	51. 3%	42. 9%	43. 3%	47. 7%	45. 0%
比较满意	34. 9%	42. 4%	42. 4%	33. 3%	39. 5%
非常满意	5. 5%	6. 3%	5. 4%	4. 4%	5. 6%
总计	100. 0%	100. 0%	100. 0%	100. 0%	100. 0%
列总计	579	2514	1154	1258	5505

Chi-square test：sig = 0. 303 > 0. 05，所以不同收入水平的居民在对专家学者的伦理道德状况的满意度的回答上没有显著差异。

D17j by A8

您对下列群体的伦理道德状况的满意度如何？医生 * 收入 Crosstabulation

	无收入	1—1999 元	2000—3999 元	4000 元及以上	总计
非常不满意	5. 5%	4. 3%	5. 8%	3. 7%	4. 6%
比较不满意	15. 6%	14. 1%	19. 3%	18. 4%	16. 3%
一般	40. 8%	34. 7%	37. 6%	44. 1%	38. 1%
比较满意	35. 6%	42. 5%	34. 6%	31. 3%	37. 6%
非常满意	2. 5%	4. 4%	2. 7%	2. 5%	3. 4%
总计	100. 0%	100. 0%	100. 0%	100. 0%	100. 0%

续表

	无收入	1—1999 元	2000—3999 元	4000 元及以上	总计
列总计	596	2570	1163	1273	5602

Chi-square test: sig = 0. 749 > 0. 05，所以不同收入水平的居民在对医生的伦理道德状况的满意度的回答上没有显著差异。

D18 by A8

您觉得当前我国政府官员道德问题最严重的是 * 收入 Crosstabulation

	无收入	1—1999 元	2000—3999 元	4000 元及以上	总计
贪污	49. 0%	46. 8%	38. 3%	37. 4%	43. 1%
以权谋私	22. 0%	23. 4%	28. 6%	25. 4%	24. 8%
受贿	8. 4%	6. 7%	8. 7%	9. 4%	7. 9%
生活作风腐败	6. 5%	8. 5%	9. 1%	9. 4%	8. 6%
官僚主义	2. 2%	2. 5%	2. 9%	5. 1%	3. 1%
平庸，不作为	2. 9%	3. 5%	4. 4%	4. 8%	3. 9%
政绩工程，折腾百姓	4. 6%	4. 0%	3. 9%	5. 1%	4. 3%
铺张浪费	1. 5%	1. 8%	1. 5%	1. 6%	1. 6%
拉帮结派	0. 5%	0. 7%	1. 4%	0. 5%	0. 8%
其他	2. 4%	2. 2%	1. 2%	1. 3%	1. 8%
总计	100. 0%	100. 0%	100. 0%	100. 0%	100. 0%
列总计	586	2529	1159	1267	5541

Chi-square test: sig = 0. 212 > 0. 05，所以不同收入水平的居民在当前我国政府官员道德最严重问题的回答上没有显著差异。

D19a by A8

您的思想行为受什么人的影响最大？第一位的是 * 收入 Crosstabulation

	无收入	1—1999 元	2000—3999 元	4000 元及以上	总计
政府官员	4. 1%	6. 6%	11. 6%	10. 2%	8. 2%
企业家	1. 9%	0. 9%	4. 1%	3. 4%	2. 3%
演艺明星、体育明星	0. 9%	0. 4%	0. 9%	0. 9%	0. 7%
教师	11. 1%	10. 3%	12. 4%	10. 1%	10. 8%
知识精英	1. 2%	1. 9%	3. 1%	3. 5%	2. 5%
自由职业者	0. 9%	0. 6%	0. 6%	0. 7%	0. 6%
农民	3. 4%	3. 6%	1. 1%	3. 4%	3. 0%

续表

	无收入	1—1999 元	2000—3999 元	4000 元及以上	总计
工人	0.9%	1.0%	1.9%	1.1%	1.2%
先哲先贤	3.4%	2.6%	3.4%	3.9%	3.1%
父母	72.4%	72.0%	61.0%	62.8%	67.7%
总计	100.0%	100.0%	100.0%	100.0%	100.0%
列总计	587	2539	1158	1266	5550

Chi-square test：sig = 0.837 > 0.05，所以不同收入水平的居民在“您的思想行为受什么人的影响最大？第一位”的回答上没有显著差异。

D19b by A8

您的思想行为受什么人的影响最大？第二位的是 * 收入 Crosstabulation

	无收入	1—1999 元	2000—3999 元	4000 元及以上	总计
政府官员	4.7%	5.1%	5.5%	5.0%	5.1%
企业家	2.3%	2.5%	6.6%	6.5%	4.3%
演艺明星、体育明星	1.4%	0.8%	1.4%	2.3%	1.3%
教师	42.0%	40.3%	40.2%	42.6%	41.0%
知识精英	6.5%	4.4%	6.9%	6.8%	5.7%
自由职业者	1.9%	1.7%	1.1%	2.1%	1.7%
农民	14.9%	18.8%	6.9%	8.0%	13.4%
工人	4.4%	4.6%	4.2%	3.6%	4.3%
先哲先贤	7.2%	7.1%	10.6%	9.3%	8.3%
父母	14.9%	14.8%	16.6%	13.8%	15.0%
总计	100.0%	100.0%	100.0%	100.0%	100.0%
列总计	572	2447	1140	1238	5397

Chi-square test：sig = 0.378 > 0.05，所以不同收入水平的居民在“您的思想行为受什么人的影响最大？第二位”的回答上没有显著差异。

D19c by A8

您的思想行为受什么人的影响最大？第三位的是 * 收入 Crosstabulation

	无收入	1—1999 元	2000—3999 元	4000 元及以上	总计
政府官员	8.9%	14.2%	10.7%	10.8%	12.1%
企业家	4.6%	3.7%	6.0%	6.0%	4.8%
演艺明星、体育明星	3.1%	2.4%	2.6%	2.9%	2.6%

续表

	无收入	1—1999 元	2000—3999 元	4000 元及以上	总计
教师	14.8%	15.4%	17.9%	16.0%	16.0%
知识精英	17.0%	11.5%	19.4%	20.2%	15.8%
自由职业者	4.7%	3.7%	4.1%	5.5%	4.3%
农民	18.4%	19.7%	6.8%	8.9%	14.3%
工人	8.4%	11.1%	10.0%	6.7%	9.5%
先哲先贤	13.1%	11.8%	16.2%	13.9%	13.3%
父母	6.9%	6.5%	6.3%	9.2%	7.2%
总计	100.0%	100.0%	100.0%	100.0%	100.0%
列总计	548	2354	1120	1217	5239

Chi-square test：sig = 0.199 > 0.05，所以不同收入水平的居民在“您的思想行为受什么人的影响最大？第三位”的回答上没有显著差异。

D20 by A8

您认为目前我国社会成员之间的收入差距如何 * 收入 Crosstabulation

	无收入	1—1999 元	2000—3999 元	4000 元及以上	总计
合理，可以接受	12.8%	15.6%	11.5%	13.0%	13.9%
不合理，但可以接受	39.6%	41.2%	51.4%	49.6%	45.0%
不合理，不能接受	34.2%	30.6%	28.8%	25.8%	29.5%
说不清	13.4%	12.7%	8.2%	11.7%	11.6%
总计	100.0%	100.0%	100.0%	100.0%	100.0%
列总计	603	2607	1165	1285	5660

Chi-square test：sig = 0.064 > 0.05，所以不同收入水平的居民在目前我国社会成员之间的收入差距的回答上没有显著差异。

D21 by A8

如果国外报道与主流媒体宣传内容不一致，您倾向于相信 * 收入 Crosstabulation

	无收入	1—1999 元	2000—3999 元	4000 元及以上	总计
主流媒体	37.7%	42.5%	43.7%	33.9%	40.3%
国外报道	5.5%	3.2%	7.1%	12.1%	6.3%
谁都不相信，自己判断	21.4%	20.9%	30.6%	32.0%	25.5%
说不清	35.4%	33.3%	18.6%	22.0%	27.9%
总计	100.0%	100.0%	100.0%	100.0%	100.0%

续表

	无收入	1—1999 元	2000—3999 元	4000 元及以上	总计
列总计	602	2597	1165	1279	5643

Chi-square test：sig = 0. 001 < 0. 05，所以不同收入水平的居民在对“国外报道与主流媒体宣传内容不一致，您倾向于相信”的回答上有显著差异。

D22 by A8

您认为当前我国社会道德生活中最重要的元素是 * 收入 Crosstabulation

	无收入	1—1999 元	2000—3999 元	4000 元及以上	总计
意识形态中所提倡的社会主义道德	17. 0%	19. 0%	17. 4%	17. 3%	18. 1%
中国传统道德	65. 7%	68. 4%	64. 3%	58. 8%	65. 1%
西方文化影响而形成的道德	3. 2%	3. 3%	4. 3%	6. 1%	4. 1%
市场经济中形成的道德	11. 5%	7. 4%	13. 3%	16. 2%	11. 1%
其他	2. 7%	1. 8%	0. 7%	1. 6%	1. 6%
总计	100. 0%	100. 0%	100. 0%	100. 0%	100. 0%
列总计	566	2437	1152	1235	5390

Chi-square test：sig = 0. 598 > 0. 05，所以不同收入水平的居民在当前我国社会道德生活中最重要的元素的回答上没有显著差异。

D23 by A8

假设您的上司或老板是外国人，如果他侮辱了中国，但抗争会产生不利于自己的后果，您会怎么做 * 收入 Crosstabulation

	无收入	1—1999 元	2000—3999 元	4000 元及以上	总计
当面抗议	52. 8%	58. 7%	60. 0%	56. 8%	57. 9%
保持沉默	22. 0%	18. 6%	20. 5%	20. 7%	19. 8%
暗地里报复	2. 4%	1. 7%	3. 6%	3. 9%	2. 7%
以屈求伸，背后骂几句就行了	9. 4%	9. 2%	8. 3%	10. 1%	9. 2%
无所谓	13. 3%	11. 7%	7. 7%	8. 5%	10. 3%
总计	100. 0%	100. 0%	100. 0%	100. 0%	100. 0%
列总计	572	2477	1148	1252	5449

Chi-square test：sig = 0. 305 > 0. 05，所以不同收入水平的居民在“假设您的上司或老板是外国人，如果他侮辱了中国，但抗争会产生不利于自己的后果，您会怎么做”的回答上没有显著差异。

D24 by A8

您认为哪一种伦理关系对社会秩序和个人生活最具根本性意义 * 收入 Crosstabulation

	无收入	1—1999 元	2000—3999 元	4000 元及以上	总计
家庭伦理关系或血缘关系	70.6%	71.3%	56.4%	55.1%	64.4%
个人与社会的关系	17.1%	15.8%	23.2%	23.6%	19.3%
职业伦理关系	1.2%	2.2%	3.8%	4.7%	3.0%
个人与国家民族的关系	6.5%	6.8%	9.8%	9.2%	7.9%
个人与自然的关系	1.9%	0.8%	2.4%	3.1%	1.8%
个人与他自身的关系	1.9%	2.3%	3.5%	3.8%	2.9%
其他	0.9%	0.8%	0.8%	0.5%	0.7%
总计	100.0%	100.0%	100.0%	100.0%	100.0%
列总计	585	2509	1157	1264	5515

Chi-square test：sig = 0.688 > 0.05，所以不同收入水平的居民在认为哪一种伦理关系对社会秩序和个人生活最具根本性意义的回答上没有显著差异。

中国伦理道德评价的教育差异

D1 by A7

您对当前我国社会的道德状况的总体满意程度是 * 是否受过高等教育 Crosstabulation

	否	是	总计
非常满意	2.2%	1.3%	2.1%
比较满意	35.8%	22.9%	33.6%
一般	41.2%	43.4%	41.5%
比较不满意	17.5%	26.6%	19.0%
非常不满意	3.4%	5.8%	3.8%
总计	100.0%	100.0%	100.0%
列总计	4699	927	5626

Chi-square test：sig = 0.000 < 0.05，所以受过高等教育和没有受过高等教育的居民在“您对当前我国社会道德状况的满意程度”的回答上有显著差异。

D2 by A7

您对当前我国社会的人际关系的总体满意程度是 * 是否受过高等教育 Crosstabulation

	否	是	总计
非常满意	2.4%	1.6%	2.3%
比较满意	37.6%	22.9%	35.2%
一般	43.8%	51.3%	45.0%
比较不满意	14.5%	20.2%	15.4%
非常不满意	1.7%	4.0%	2.1%
总计	100.0%	100.0%	100.0%
列总计	4687	926	5613

Chi-square test：sig = 0.000 < 0.05，所以受过高等教育和没有受过高等教育的居民在“您对当前我国社会的人际关系满意程度”的回答上有显著差异。

D3 by A7

您认为当前中国社会个人道德素质的主要问题是 * 是否受过高等教育 Crosstabulation

	否	是	总计
道德上无知	12.8%	9.8%	12.3%
有道德知识，但不见诸行动	66.5%	67.7%	66.7%
既道德上无知，也不见道德行动	16.5%	21.1%	17.3%
其他	4.2%	1.3%	3.7%
总计	100.0%	100.0%	100.0%
列总计	4436	924	5360

Chi-square test：sig = 0.075 > 0.05，所以受过高等教育和没有受过高等教育的居民在“当前我国社会个人道德素质主要问题”的回答上差异不显著。

D4 by A7

您认为下列哪个因素最可能影响人际关系紧张 * 是否受过高等教育 Crosstabulation

	否	是	总计
社会资源缺乏，引发恶性竞争	9.3%	7.4%	8.9%
过度宣扬竞争意识	5.0%	5.8%	5.1%
社会财富分配不公，贫富差距过大	45.5%	40.3%	44.6%
个人主义盛行	8.3%	12.0%	8.9%
缺乏爱心	6.9%	5.1%	6.6%
缺乏宽容	5.9%	6.3%	5.9%
缺乏相互理解和沟通的意识和能力	10.2%	13.8%	10.8%
制度安排不公正，机会不平等	5.9%	7.7%	6.2%
一切诉诸利益或法律，人际关系缺乏伦理调节的机制和能力	1.5%	1.1%	1.4%
其他	1.7%	0.5%	1.5%
总计	100.0%	100.0%	100.0%
列总计	4475	925	5400

Chi-square test：sig = 0.000 < 0.05，所以受过高等教育和没有受过高等教育的居民在“最可能影响人际关系紧张的因素”的回答上有显著差异。

D5 by A7

您认为当前中国社会个人道德素质的主要问题是＊是否受过高等教育 Crosstabulation

	否	是	总计
社会资源缺乏，引发恶性竞争	9.3%	7.4%	8.9%
过度宣扬竞争意识	5.0%	5.8%	5.1%
社会财富分配不公，贫富差距过大	45.5%	40.3%	44.6%
个人主义盛行	8.3%	12.0%	8.9%
缺乏爱心	6.9%	5.1%	6.6%
缺乏宽容	5.9%	6.3%	5.9%
缺乏相互理解和沟通的意识和能力	10.2%	13.8%	10.8%
制度安排不公正，机会不平等	5.9%	7.7%	6.2%
一切诉诸利益或法律，人际关系缺乏伦理调节的机制和能力	1.5%	1.1%	1.4%
其他	1.7%	0.5%	1.5%
总计	100.0%	100.0%	100.0%
列总计	4475	925	5400

Chi-square test：sig = 0.016 < 0.05，所以受过高等教育和没有受过高等教育的居民在“当前我国社会个人道德素质的主要问题”的回答上有显著差异。

D7a by A7

文明城市创建效果＊是否受过高等教育 Crosstabulation

	否	是	总计
没听说过该活动	23.1%	2.6%	19.8%
完全没有效果	2.9%	4.9%	3.3%
有较少的效果	14.4%	19.1%	15.1%
一般	32.4%	35.9%	33.0%
有较多的效果	21.3%	28.1%	22.4%
有非常多的效果	5.8%	9.5%	6.4%
总计	100.0%	100.0%	100.0%
列总计	4701	926	5627

Chi-square test：sig = 0.000 < 0.05，所以受过高等教育和没有受过高等教育的居民在“文明城市创建的效果”的回答上有显著差异。

D7b by A7

学雷锋活动效果＊ 是否受过高等教育 Crosstabulation

	否	是	总计
没听说过该活动	11.5%	2.2%	9.9%
完全没有效果	5.0%	6.6%	5.2%
有较少的效果	19.3%	24.2%	20.1%
一般	33.3%	39.5%	34.4%
有较多的效果	24.5%	21.7%	24.0%
有非常多的效果	6.4%	5.8%	6.3%
总计	100.0%	100.0%	100.0%
列总计	4702	926	5628

Chi-square test：sig = 0.000 < 0.05，所以受过高等教育和没有受过高等教育的居民在“学雷锋活动的效果”回答上有显著差异。

D7c by A7

典型人物的宣传效果＊ 是否受过高等教育 Crosstabulation

	否	是	总计
没听说过该活动	16.2%	1.9%	13.8%
完全没有效果	3.3%	5.1%	3.6%
有较少的效果	16.6%	18.3%	16.8%
一般	28.6%	35.6%	29.8%
有较多的效果	27.4%	28.2%	27.5%
有非常多的效果	8.1%	10.9%	8.5%
总计	100.0%	100.0%	100.0%
列总计	4704	926	5630

Chi-square test：sig = 0.000 < 0.05，所以受过高等教育和没有受过高等教育的居民在“典型人物宣传的效果”回答上有显著差异。

D7d by A7

志愿服务的倡导和推广效果＊ 是否受过高等教育 Crosstabulation

	否	是	总计
没听说过该活动	26.1%	3.4%	22.3%
完全没有效果	2.9%	3.8%	3.0%
有较少的效果	15.1%	17.2%	15.4%

续表

	否	是	总计
一般	29.0%	31.8%	29.5%
有较多的效果	21.3%	33.5%	23.3%
有非常多的效果	5.6%	10.4%	6.4%
总计	100.0%	100.0%	100.0%
列总计	4696	925	5621

Chi-square test：sig = 0.000 < 0.05，所以受过高等教育和没有受过高等教育的居民在“志愿服务的倡导和推广效果”回答上有显著差异。

D7e by A7

反腐倡廉的举措效果 * 是否受过高等教育 Crosstabulation

	否	是	总计
没听说过该活动	16.5%	2.7%	14.3%
完全没有效果	10.7%	12.5%	11.0%
有较少的效果	27.3%	27.7%	27.3%
一般	25.1%	28.4%	25.6%
有较多的效果	15.6%	21.2%	16.5%
有非常多的效果	4.8%	7.5%	5.2%
总计	100.0%	100.0%	100.0%
列总计	4697	925	5622

Chi-square test：sig = 0.000 < 0.05，所以受过高等教育和没有受过高等教育的居民在“反腐倡廉的举措效果”的回答上有显著差异。

D7f by A7

《公民道德建设实施纲要》的推进效果 * 是否受过高等教育 Crosstabulation

	否	是	总计
没听说过该活动	42.3%	13.5%	37.6%
完全没有效果	4.2%	6.8%	4.6%
有较少的效果	14.0%	20.4%	15.1%
一般	25.2%	35.7%	26.9%
有较多的效果	11.7%	18.5%	12.8%
有非常多的效果	2.6%	5.1%	3.0%
总计	100.0%	100.0%	100.0%

续表

	否	是	总计
列总计	4693	926	5619

Chi-square test：sig = 0.000 < 0.05，所以受过高等教育和没有受过高等教育的居民在“《公民道德建设实施纲要》的推进效果”的回答上有显著差异。

D8a by A7

坑蒙拐骗现象的严重程度 * 是否受过高等教育 Crosstabulation

	否	是	总计
非常不严重	1.2%	0.8%	1.2%
比较不严重	17.7%	10.8%	16.6%
一般	28.6%	29.1%	28.7%
比较严重	40.8%	45.3%	41.5%
非常严重	11.6%	14.0%	12.0%
总计	100.0%	100.0%	100.0%
列总计	4714	927	5641

Chi-square test：sig = 0.000 < 0.05，所以受过高等教育和没有受过高等教育的居民在“坑蒙拐骗现象严重程度”回答上有显著差异。

D8b by A7

人际关系冷漠、见危不救现象的严重程度 * 是否受过高等教育 Crosstabulation

	否	是	总计
非常不严重	1.8%	0.4%	1.6%
比较不严重	19.4%	10.2%	17.8%
一般	35.5%	29.8%	34.5%
比较严重	37.0%	48.4%	38.9%
非常严重	6.4%	11.2%	7.2%
总计	100.0%	100.0%	100.0%
列总计	4699	926	5625

Chi-square test：sig = 0.000 < 0.05，所以受过高等教育和没有受过高等教育的居民在“人际关系冷漠、见危不救现象的严重程度”的回答上有显著差异。

D8c by A7

诚信缺乏，社会信用低的现象的严重程度 * 是否受过高等教育 Crosstabulation

	否	是	总计
非常不严重	0.9%	0.5%	0.8%
比较不严重	15.1%	8.7%	14.1%
一般	34.5%	31.6%	34.0%
比较严重	42.6%	46.2%	43.2%
非常严重	6.9%	13.0%	7.9%
总计	100.0%	100.0%	100.0%
列总计	4687	924	5611

Chi-square test：sig = 0.000 < 0.05，所以受过高等教育和没有受过高等教育的居民在“诚信缺乏，社会信用低的现象的严重程度”的回答上有显著差异。

D8d by A7

公共场所缺乏公德，如大声喧哗，不排队，随地吐痰等现象的严重程度 * 是否受过高等教育 Crosstabulation

	否	是	总计
非常不严重	1.3%	1.3%	1.3%
比较不严重	16.4%	13.2%	15.9%
一般	33.6%	29.2%	32.9%
比较严重	38.1%	42.1%	38.7%
非常严重	10.6%	14.2%	11.2%
总计	100.0%	100.0%	100.0%
列总计	4681	927	5608

Chi-square test：sig = 0.000 < 0.05，所以受过高等教育和没有受过高等教育的居民在“公共场所缺乏公德，如大声喧哗，不排队，随地吐痰等现象的严重程度”的回答上有显著差异。

D8e by A7

自私自利，损人利己，物欲横流现象的严重程度 * 是否受过高等教育 Crosstabulation

	否	是	总计
非常不严重	1.1%	0.5%	1.0%
比较不严重	16.0%	9.3%	14.9%
一般	37.0%	39.6%	37.4%

续表

	否	是	总计
比较严重	38.3%	40.3%	38.6%
非常严重	7.6%	10.3%	8.1%
总计	100.0%	100.0%	100.0%
列总计	4681	926	5607

Chi-square test：sig = 0.000 < 0.05，所以受过高等教育和没有受过高等教育的居民在“自私自利，损人利己，物欲横流现象的严重程度”的回答上有显著差异。

D8f by A7

缺乏公正心和正义感现象的严重程度 * 是否受过高等教育 Crosstabulation

	否	是	总计
非常不严重	1.1%	0.8%	1.0%
比较不严重	18.7%	11.8%	17.6%
一般	41.2%	39.8%	41.0%
比较严重	33.4%	38.0%	34.2%
非常严重	5.6%	9.7%	6.2%
总计	100.0%	100.0%	100.0%
列总计	4661	927	5588

Chi-square test：sig = 0.000 < 0.05，所以受过高等教育和没有受过高等教育的居民在“缺乏公正心和正义感现象的严重程度”的回答上有显著差异。

D8g by A7

缺乏羞耻感现象的严重程度 * 是否受过高等教育 Crosstabulation

	否	是	总计
非常不严重	1.7%	1.1%	1.6%
比较不严重	22.1%	17.5%	21.3%
一般	43.4%	44.0%	43.5%
比较严重	27.0%	28.8%	27.3%
非常严重	5.8%	8.6%	6.3%
总计	100.0%	100.0%	100.0%
列总计	4647	926	5573

Chi-square test：sig = 0.000 < 0.05，所以受过高等教育和没有受过高等教育的居民在“缺乏羞耻感现象的严重程度”的回答上有显著差异。

D8h by A7

干部贪污受贿，以权谋私现象的严重程度＊是否受过高等教育 Crosstabulation

	否	是	总计
非常不严重	0.9%	0.6%	0.8%
比较不严重	6.9%	6.3%	6.8%
一般	20.2%	17.5%	19.7%
比较严重	43.7%	46.1%	44.1%
非常严重	28.4%	29.5%	28.6%
总计	100.0%	100.0%	100.0%
列总计	4646	926	5572

Chi-square test：sig = 0.047 < 0.05，所以受过高等教育和没有受过高等教育的居民在“干部贪污受贿，以权谋私现象的严重程度”的回答上有显著差异。

D8i by A7

生活奢侈，铺张浪费现象的严重程度＊是否受过高等教育 Crosstabulation

	否	是	总计
非常不严重	1.6%	1.0%	1.5%
比较不严重	15.1%	10.8%	14.4%
一般	34.3%	35.0%	34.4%
比较严重	37.4%	40.8%	37.9%
非常严重	11.6%	12.4%	11.7%
总计	100.0%	100.0%	100.0%
列总计	4683	926	5609

Chi-square test：sig = 0.000 < 0.05，所以受过高等教育和没有受过高等教育的居民在“生活奢侈，铺张浪费现象的严重程度”的回答上有显著差异。

D8j by A7

奉行功利主义，互相算计现象的严重程度＊是否受过高等教育 Crosstabulation

	否	是	总计
非常不严重	1.4%	0.9%	1.3%
比较不严重	15.8%	11.4%	15.1%
一般	43.4%	42.5%	43.2%
比较严重	32.7%	34.9%	33.0%
非常严重	6.8%	10.3%	7.3%

续表

	否	是	总计
总计	100.0%	100.0%	100.0%
列总计	4629	926	5555

Chi-square test：sig = 0.000 < 0.05，所以受过高等教育和没有受过高等教育的居民在“奉行功利主义，相互算计现象的严重程度”的回答上有显著差异。

D8k by A7

企业损害社会利益，如污染环境，以虚假广告误导公众等现象的严重程度 * 是否受过高等教育 Crosstabulation

	否	是	总计
非常不严重	1.2%	1.0%	1.2%
比较不严重	12.1%	7.9%	11.4%
一般	38.5%	26.0%	36.4%
比较严重	37.4%	45.8%	38.8%
非常严重	10.8%	19.3%	12.2%
总计	100.0%	100.0%	100.0%
列总计	4618	927	5545

Chi-square test：sig = 0.000 < 0.05，所以受过高等教育和没有受过高等教育的居民在“企业损害社会利益，如污染环境，以虚假广告误导公众等现象的严重程度”的回答上有显著差异。

D8l by A7

娱乐界以丑闻、绯闻炒作，污染社会风气现象的严重程度 * 是否受过高等教育 Crosstabulation

	否	是	总计
非常不严重	1.5%	0.7%	1.4%
比较不严重	15.4%	7.3%	14.0%
一般	48.6%	35.9%	46.4%
比较严重	26.3%	39.3%	28.5%
非常严重	8.2%	16.8%	9.6%
总计	100.0%	100.0%	100.0%
列总计	4450	920	5370

Chi-square test：sig = 0.000 < 0.05，所以受过高等教育和没有受过高等教育的居民在“娱乐界以丑闻、绯闻炒作，污染社会风气现象的严重程度”的回答上有显著差异。

D8m by A7

媒体缺乏社会责任，炒作新闻现象的严重程度＊是否受过高等教育 Crosstabulation

	否	是	总计
非常不严重	1.7%	1.2%	1.6%
比较不严重	16.4%	9.4%	15.2%
一般	49.3%	36.8%	47.2%
比较严重	25.9%	38.2%	28.0%
非常严重	6.7%	14.5%	8.0%
总计	100.0%	100.0%	100.0%
列总计	4481	925	5406

Chi-square test：sig = 0.000 < 0.05，所以不同教育水平居民在“媒体缺乏社会责任，炒作新闻现象的严重程度”的回答上有显著差异。

D8n by A7

社会财富分配不公，贫富悬殊过大现象的严重程度＊是否受过高等教育 Crosstabulation

	否	是	总计
非常不严重	0.7%	0.4%	0.7%
比较不严重	6.1%	5.3%	6.0%
一般	22.2%	19.9%	21.8%
比较严重	46.8%	47.5%	46.9%
非常严重	24.2%	26.8%	24.7%
总计	100.0%	100.0%	100.0%
列总计	4667	924	5591

Chi-square test：sig = 0.040 < 0.05，所以受过高等教育和没有受过高等教育的居民在“社会财富分配不公，贫富悬殊过大现象的严重程度”的回答上有显著差异。

D8o by A7

教师不尽职现象的严重程度＊是否受过高等教育 Crosstabulation

	否	是	总计
非常不严重	6.7%	4.5%	6.4%
比较不严重	30.9%	25.8%	30.1%
一般	35.7%	38.4%	36.1%

续表

	否	是	总计
比较严重	21.3%	24.6%	21.9%
非常严重	5.3%	6.6%	5.5%
总计	100.0%	100.0%	100.0%
列总计	4670	925	5595

Chi-square test：sig = 0.000 < 0.05，所以受过高等教育和没有受过高等教育的居民在“教师不尽职现象的严重程度”的回答上有显著差异。

D8p by A7

医生不守职业道德现象的严重程度 * 是否受过高等教育 Crosstabulation

	否	是	总计
非常不严重	5.1%	2.9%	4.7%
比较不严重	27.1%	21.9%	26.2%
一般	34.4%	38.0%	35.0%
比较严重	25.4%	27.8%	25.7%
非常严重	8.1%	9.4%	8.3%
总计	100.0%	100.0%	100.0%
列总计	4694	926	5620

Chi-square test：sig = 0.000 < 0.05，所以受过高等教育和没有受过高等教育的居民在“医生不守职业道德现象的严重程度”的回答上有显著差异。

D8q by A7

偷盗现象的严重程度 * 是否受过高等教育 Crosstabulation

	否	是	总计
非常不严重	3.7%	1.4%	3.3%
比较不严重	22.6%	16.4%	21.6%
一般	33.5%	36.1%	33.9%
比较严重	30.5%	32.6%	30.9%
非常严重	9.7%	13.5%	10.4%
总计	100.0%	100.0%	100.0%
列总计	4718	926	5644

Chi-square test：sig = 0.000 < 0.05，所以受过高等教育和没有受过高等教育的居民在“偷盗现象的严重程度”的回答上有显著差异。

D8r by A7

公众人物用知名度攫取财富现象的严重程度 * 是否受过高等教育 Crosstabulation

	否	是	总计
非常不严重	12. 4%	8. 9%	11. 8%
比较不严重	40. 4%	36. 9%	39. 8%
一般	35. 3%	38. 7%	35. 9%
比较严重	9. 5%	11. 0%	9. 7%
非常严重	2. 4%	4. 4%	2. 7%
总计	100. 0%	100. 0%	100. 0%
列总计	4651	924	5575

Chi-square test：sig = 0. 000 < 0. 05，所以是否受过高等教育的居民在“公众人物用知名度攫取财富现象的严重程度”的回答上有显著差异。

D8s by A7

不爱国现象的严重程度 * 是否受过高等教育 Crosstabulation

	否	是	总计
非常不严重	12. 4%	8. 9%	11. 8%
比较不严重	40. 4%	36. 9%	39. 8%
一般	35. 3%	38. 7%	35. 9%
比较严重	9. 5%	11. 0%	9. 7%
非常严重	2. 4%	4. 4%	2. 7%
总计	100. 0%	100. 0%	100. 0%
列总计	4651	924	5575

Chi-square test：sig = 0. 000 < 0. 05，所以受过高等教育和没有受过高等教育的居民在“不爱国现象的严重程度”的回答上有显著差异。

D8t by A7

两性关系过度开放导致婚姻不稳定现象的严重程度 * 是否受过高等教育 Crosstabulation

	否	是	总计
非常不严重	2. 1%	1. 2%	2. 0%
比较不严重	19. 6%	17. 1%	19. 2%
一般	44. 7%	42. 1%	44. 3%

续表

	否	是	总计
比较严重	26.4%	31.9%	27.3%
非常严重	7.1%	7.7%	7.2%
总计	100.0%	100.0%	100.0%
列总计	4580	923	5503

Chi-square test：sig = 0.000 < 0.05，所以受过高等教育和没有受过高等教育的居民在“两性关系过度开放导致婚姻不稳定现象的严重程度”的回答上有显著差异。

D8u by A7

年轻人缺乏责任感，不孝敬父母现象的严重程度 * 是否受过高等教育 Crosstabulation

	否	是	总计
非常不严重	2.1%	1.2%	2.0%
比较不严重	19.6%	17.1%	19.2%
一般	44.7%	42.1%	44.3%
比较严重	26.4%	31.9%	27.3%
非常严重	7.1%	7.7%	7.2%
总计	100.0%	100.0%	100.0%
列总计	4580	923	5503

Chi-square test：sig = 0.001 < 0.05，所以受过高等教育和没有受过高等教育的居民在“年轻人缺乏责任感，不孝敬父母现象的严重程度”回答上有显著差异。

D8v by A7

老无所养，缺乏安全感现象的严重程度 * 是否受过高等教育 Crosstabulation

	否	是	总计
传统文化的崩坏	37.3%	27.5%	35.6%
外来文化的冲击	22.5%	25.5%	23.0%
市场经济导致的个人主义	29.2%	35.7%	30.3%
计算机网络技术的发展	7.7%	9.4%	8.0%
其他	3.3%	1.8%	3.0%

续表

	否	是	总计
总计	100.0%	100.0%	100.0%
列总计	4343	921	5264

Chi-square test：sig = 0.000 < 0.05，所以受过高等教育和没有受过高等教育的居民在“老无所养，缺乏安全感现象的严重程度”的回答上有显著差异。

D8w by A7

父母和子女代沟问题严重，难以沟通 * 是否受过高等教育 Crosstabulation

	否	是	总计
非常不严重	2.7%	1.4%	2.5%
比较不严重	26.0%	18.7%	24.8%
一般	41.1%	47.4%	42.1%
比较严重	26.0%	28.3%	26.4%
非常严重	4.2%	4.2%	4.2%
总计	100.0%	100.0%	100.0%
列总计	4701	925	5626

Chi-square test：sig = 0.000 < 0.05，所以受过高等教育和没有受过高等教育的居民在“父母和子女代沟问题严重，难以沟通”的回答上有显著差异。

D9a by A7

在下列关系中，您认为哪些关系最重要？第一重要的是 * 是否受过高等教育 Crosstabulation

	否	是	总计
父母与子女	62.2%	58.3%	61.6%
夫妻	25.5%	24.5%	25.3%
兄弟姐妹	0.8%	0.5%	0.7%
同事或同学	0.4%	0.9%	0.4%
上级与下级	0.8%	1.1%	0.8%
师生	0.3%	0.1%	0.2%
人与自然的关系	0.9%	2.7%	1.2%

续表

	否	是	总计
个人与社会	3.1%	3.9%	3.3%
个人与国家	3.3%	3.8%	3.4%
个人与工作单位	0.5%	0.6%	0.5%
通过网络建立的关系	0.1%	0.3%	0.1%
朋友	0.7%	0.8%	0.7%
个人与自身的关系	1.3%	2.4%	1.5%
其他	0.1%	0.1%	0.1%
总计	100.0%	100.0%	100.0%
列总计	4688	926	5614

Chi-square test：sig = 0.000 < 0.05，所以受过高等教育和没有受过高等教育的居民在“最重要的关系”的回答上有显著差异。

D9b by A7

在下列关系中，您认为哪些关系最重要？第二重要的是 * 是否受过高等教育 Crosstabulation

	否	是	总计
父母与子女	27.1%	25.9%	26.9%
夫妻	47.9%	41.7%	46.8%
兄弟姐妹	8.4%	5.8%	8.0%
同事或同学	1.0%	2.1%	1.2%
上级与下级	1.2%	1.9%	1.3%
师生	0.7%	1.4%	0.8%
人与自然的关系	1.4%	3.0%	1.7%
个人与社会	4.3%	7.0%	4.8%
个人与国家	2.7%	3.2%	2.8%
个人与工作单位	1.2%	3.1%	1.5%
通过网络建立的关系	0.2%	0.3%	0.2%
朋友	2.7%	3.5%	2.8%
个人与自身的关系	1.2%	1.0%	1.2%

续表

	否	是	总计
其他	0.1%		0.1%
总计	100.0%	100.0%	100.0%
列总计	4667	926	5593

Chi-square test：sig = 0.000 < 0.05，所以受过高等教育和没有受过高等教育的居民在“第二重要的关系”的回答上有显著差异。

D9c by A7

在下列关系中，您认为哪些关系最重要？第三重要的是 * 是否受过高等教育 Crosstabulation

	否	是	总计
父母与子女	4.6%	6.2%	4.9%
夫妻	9.2%	7.3%	8.9%
兄弟姐妹	47.0%	26.1%	43.5%
同事或同学	3.1%	8.4%	4.0%
上级与下级	2.0%	5.9%	2.7%
师生	1.6%	1.3%	1.5%
人与自然的关系	2.5%	3.9%	2.7%
个人与社会	7.9%	11.7%	8.5%
个人与国家	5.0%	4.5%	4.9%
个人与工作单位	3.2%	6.2%	3.7%
通过网络建立的关系	0.2%	0.4%	0.2%
朋友	10.2%	12.7%	10.6%
个人与自身的关系	3.3%	5.1%	3.6%
其他	0.3%	0.2%	0.3%
总计	100.0%	100.0%	100.0%
列总计	4631	926	5557

Chi-square test：sig = 0.000 < 0.05，所以是否受过高等教育的居民在“第三重要的关系”的回答上有显著差异。

D10 by A7

现在社会上有些人不守道德反而占了便宜，您会不会为了得到好处而效仿 * 是否受过高等教育 Crosstabulation

	否	是	总计
从来不这么做	73.6%	70.8%	73.1%
通常不这么做，关键时刻会这么做	12.9%	17.3%	13.6%
经常这么做	1.2%	1.9%	1.3%
说不清	12.4%	10.1%	12.0%
列总计	100.0%	100.0%	100.0%
总计	4663	913	5576

Chi-square test：sig = 0.210 > 0.05，所以受过高等教育和没有受过高等教育的居民是否会效仿不守道德但获利行为的回答差异不显著。

D11a by A7

如果您与下列人员发生重大利益冲突，您首先会选择哪种途径来解决？家庭成员 * 是否受过高等教育 Crosstabulation

	否	是	总计
诉诸法律，打官司	0.7%	0.3%	0.6%
直接找对方沟通但得理让人，适可而止	55.0%	59.4%	55.7%
通过第三方从中调解，尽量不伤和气	9.3%	7.0%	8.9%
能忍则忍	35.1%	33.3%	34.8%
总计	100.0%	100.0%	100.0%
列总计	4566	892	5458

Chi-square test：sig = 0.252 > 0.05，所以受过高等教育和没有受过高等教育的居民与家庭成员冲突解决途径选择上差异不显著。

D11b by A7

如果您与下列人员发生重大利益冲突，您首先会选择哪种途径来解决？朋友之间 * 是否受过高等教育 Crosstabulation

	否	是	总计
诉诸法律，打官司	1.2%	1.2%	1.2%
直接找对方沟通但得理让人，适可而止	50.4%	56.7%	51.4%
通过第三方从中调解，尽量不伤和气	24.1%	25.1%	24.2%

续表

	否	是	总计
能忍则忍	24.4%	17.0%	23.1%
总计	100.0%	100.0%	100.0%
列总计	4553	906	5459

Chi-square test：sig = 0.000 < 0.05，所以受过高等教育和没有受过高等教育的居民在与朋友之间冲突解决途径的选择上有显著差异。

D11c by A7

如果您与下列人员发生重大利益冲突，您首先会选择哪种途径来解决？同事之间 * 是否受过高等教育 Crosstabulation

	否	是	总计
诉诸法律，打官司	2.8%	2.3%	2.7%
直接找对方沟通但得理让人，适可而止	46.7%	50.9%	47.5%
通过第三方从中调解，尽量不伤和气	30.0%	28.4%	29.7%
能忍则忍	20.5%	18.4%	20.1%
总计	100.0%	100.0%	100.0%
列总计	3515	873	4388

Chi-square test：sig = 0.000 < 0.05，所以受过高等教育和没有受过高等教育的居民在与同事之间冲突解决途径的选择上有显著差异。

D11d by A7

如果您与下列人员发生重大利益冲突，您首先会选择哪种途径来解决？商业伙伴之间 * 是否受过高等教育 Crosstabulation

	否	是	总计
诉诸法律，打官司	33.8%	38.5%	34.8%
直接找对方沟通但得理让人，适可而止	30.2%	28.3%	29.8%
通过第三方从中调解，尽量不伤和气	25.4%	26.0%	25.5%
能忍则忍	10.5%	7.2%	9.8%
总计	100.0%	100.0%	100.0%
列总计	2733	696	3429

Chi-square test：sig = 0.000 < 0.05，所以受过高等教育和没有受过高等教育的居民在与商业伙伴之间冲突解决途径的选择上有显著差异。

D12 by A7

一些政府机关和大中小学，利用权力让本单位的职工子女在很好的学校读书，或降分，您认为这种行为道德吗？ * 是否受过高等教育 Crosstabulation

	否	是	总计
为本单位人员谋福利，符合道德	3.6%	4.3%	3.7%
以权谋私，不道德	61.7%	58.5%	61.2%
是对社会公众的欺骗，严重不道德	19.8%	19.3%	19.7%
符合本单位员工利益和内部伦理，但严重侵蚀社会道德	6.2%	11.5%	7.1%
无所谓道德不道德	8.7%	6.4%	8.3%
总计	100.0%	100.0%	100.0%
列总计	4664	927	5591

Chi-square test：sig = 0.498 > 0.05，所以受过高等教育和没有受过高等教育的居民在“一些政府机关和大中小学，利用权力让本单位的职工子女在很好的学校读书，或降分，您认为这种行为道德吗”上的看法差异不显著。

D13 by A7

如果您所在的单位有 项举措可以提高集体福利并使您个人得到利益，但会造成环境污染或社会公害，您会举报吗？ * 是否受过高等教育 Crosstabulation

	否	是	总计
会	56.6%	55.0%	56.3%
不会	43.4%	45.0%	43.7%
总计	100.0%	100.0%	100.0%
列总计	4590	921	5511

Chi-square test：sig = 0.393 > 0.05，所以受过高等教育和没有受过高等教育的居民在“如果您所在的单位有一项举措可以提高集体福利并使您个人得到利益，但会造成环境污染或社会公害，您会举报吗”上无显著差异。

D14 by A7

您认为对当前我国伦理关系和道德风尚造成最大负面影响的因素是： * 是否受过高等教育 Crosstabulation

	否	是	总计
传统文化的崩坏	37.3%	27.5%	35.6%
外来文化的冲击	22.5%	25.5%	23.0%
市场经济导致的个人主义	29.2%	35.7%	30.3%
计算机网络技术的发展	7.7%	9.4%	8.0%

续表

	否	是	总计
其他	3.3%	1.8%	3.0%
总计	100.0%	100.0%	100.0%
列总计	4343	921	5264

Chi-square test：sig = 0.393 > 0.05，所以受过高等教育和没有受过高等教育的居民在“您认为对当前我国伦理关系和道德风尚造成最大负面影响的因素是”的回答上无显著差异。

D15 by A7

从网络中获得的信息（文字、图片、视频等）对您的思想行为影响如何 * 是否受过高等教育 Crosstabulation

	否	是	总计
传统文化的崩坏	37.3%	27.5%	35.6%
外来文化的冲击	22.5%	25.5%	23.0%
市场经济导致的个人主义	29.2%	35.7%	30.3%
计算机网络技术的发展	7.7%	9.4%	8.0%
其他	3.3%	1.8%	3.0%
总计	100.0%	100.0%	100.0%
列总计	4343	921	5264

Chi-square test：sig = 0.000 < 0.05，所以受过高等教育和没有受过高等教育的居民在“从网络中获得的信息（文字、图片、视频等）对您的思想行为影响如何”的回答上有显著差异。

D16 by A7

您认为在自己的成长中得到道德训练的最重要场所或机构是 * 是否受过高等教育 Crosstabulation

	否	是	总计
影响很大	5.1%	16.5%	7.0%
有一些影响	19.0%	44.9%	23.3%
影响不大	16.1%	27.2%	17.9%
完全没有影响	4.0%	4.4%	4.1%
不适用，因为不上网	55.7%	6.9%	47.6%
总计	100.0%	100.0%	100.0%
列总计	4670	926	5596

Chi-square test：sig = 0.000 < 0.05，所以受过高等教育和没有受过高等教育的居民对“在自己的成长中得到道德训练的最重要场所或机构是什么”的回答上有显著差异。

D17a by A7

您对下列群体的伦理道德状况的满意度如何？政府官员 * 是否受过高等教育 Crosstabulation

	否	是	总计
家庭	53.1%	38.2%	50.7%
学校	15.9%	27.5%	17.8%
社会	24.9%	26.8%	25.2%
国家或政府	3.4%	4.4%	3.5%
媒体	1.6%	2.5%	1.7%
其他	1.1%	0.6%	1.1%
总计	100.0%	100.0%	100.0%
列总计	4679	925	5604

Chi-square test：sig = 0.000 < 0.05，所以受过高等教育和没有受过高等教育的居民在对政府官员群体的伦理道德状况的满意度上有显著差异。

D17b by A7

您对下列群体的伦理道德状况的满意度如何？企业家 * 是否受过高等教育 Crosstabulation

	否	是	总计
非常不满意	13.8%	17.0%	14.3%
比较不满意	34.7%	33.7%	34.5%
一般	35.0%	39.1%	35.7%
比较满意	15.5%	9.8%	14.6%
非常满意	0.9%	0.4%	0.9%
总计	100.0%	100.0%	100.0%
列总计	4677	926	5603

Chi-square test：sig = 0.038 < 0.05，所以受过高等教育和没有受过高等教育的居民在对企业家群体的伦理道德状况的满意度上有显著差异。

D17c by A7

您对下列群体的伦理道德状况的满意度如何？演艺娱乐界明星 * 是否受过高等教育 Crosstabulation

	否	是	总计
非常不满意	3.2%	5.1%	3.5%

续表

	否	是	总计
比较不满意	19.6%	19.8%	19.6%
一般	57.0%	58.5%	57.2%
比较满意	19.4%	15.4%	18.8%
非常满意	0.7%	1.2%	0.8%
总计	100.0%	100.0%	100.0%
列总计	4616	926	5542

Chi-square test：sig = 0.000 < 0.05，所以受过高等教育和没有受过高等教育的居民在对演艺娱乐界明星群体的伦理道德状况的满意度上有显著差异。

D17d by A7

您对下列群体的伦理道德状况的满意度如何？教师 * 是否受过高等教育 Crosstabulation

	否	是	总计
非常不满意	2.8%	2.6%	2.8%
比较不满意	9.9%	10.9%	10.1%
一般	30.1%	38.6%	31.5%
比较满意	50.8%	44.4%	49.8%
非常满意	6.4%	3.5%	5.9%
总计	100.0%	100.0%	100.0%
列总计	4687	927	5614

Chi-square test：sig = 0.000 < 0.05，所以受过高等教育和没有受过高等教育的居民在对教师群体的伦理道德状况的满意度上有显著差异。

D17e by A7

您对下列群体的伦理道德状况的满意度如何？青少年 * 是否受过高等教育 Crosstabulation

	否	是	总计
非常不满意	1.8%	1.9%	1.9%
比较不满意	11.9%	12.2%	11.9%
一般	46.3%	47.7%	46.5%
比较满意	37.2%	36.0%	37.0%
非常满意	2.8%	2.2%	2.7%

续表

	否	是	总计
总计	100.0%	100.0%	100.0%
列总计	4688	927	5615

Chi-square test：sig = 0.597 > 0.05，所以受过高等教育和没有受过高等教育的居民在对青少年群体的伦理道德状况的满意度上无显著差异。

D17f by A7

您对下列群体的伦理道德状况的满意度如何？农民 * 是否受过高等教育 Crosstabulation

	否	是	总计
非常不满意	0.6%	1.0%	0.7%
比较不满意	3.5%	7.2%	4.1%
一般	36.6%	49.5%	38.7%
比较满意	48.5%	36.4%	46.5%
非常满意	10.9%	5.9%	10.0%
总计	100.0%	100.0%	100.0%
列总计	4695	927	5622

Chi-square test：sig = 0.000 < 0.05，所以受过高等教育和没有受过高等教育的居民在对农民群体的伦理道德状况的满意度上有显著差异。

D17g by A7

您对下列群体的伦理道德状况的满意度如何？商人 * 是否受过高等教育 Crosstabulation

	否	是	总计
非常不满意	4.8%	4.8%	4.8%
比较不满意	25.0%	30.3%	25.9%
一般	52.6%	52.6%	52.6%
比较满意	16.9%	11.7%	16.0%
非常满意	0.6%	0.6%	0.6%
总计	100.0%	100.0%	100.0%
列总计	4657	925	5582

Chi-square test：sig = 0.000 < 0.05，所以受过高等教育和没有受过高等教育的居民在对商人群体的伦理道德状况的满意度上有显著差异。

D17h by A7

您对下列群体的伦理道德状况的满意度如何？工人 * 是否受过高等教育 Crosstabulation

	否	是	总计
非常不满意	0.2%	0.5%	0.3%
比较不满意	4.1%	5.2%	4.3%
一般	47.1%	54.0%	48.2%
比较满意	44.3%	37.7%	43.2%
非常满意	4.3%	2.6%	4.0%
总计	100.0%	100.0%	100.0%
列总计	4645	923	5568

Chi-square test：sig = 0.000 < 0.05，所以受过高等教育和没有受过高等教育的居民在对工人群体的伦理道德状况的满意度上有显著差异。

D17i by A7

您对下列群体的伦理道德状况的满意度如何？专家学者 * 是否受过高等教育 Crosstabulation

	否	是	总计
非常不满意	1.1%	2.5%	1.3%
比较不满意	7.6%	13.5%	8.6%
一般	45.2%	43.9%	45.0%
比较满意	40.4%	35.4%	39.5%
非常满意	5.8%	4.7%	5.6%
总计	100.0%	100.0%	100.0%
列总计	4578	924	5502

Chi-square test：sig = 0.000 < 0.05，所以受过高等教育和没有受过高等教育的居民在对专家学者群体的伦理道德状况的满意度上有显著差异。

D17j by A7

您对下列群体的伦理道德状况的满意度如何？医生 * 是否受过高等教育 Crosstabulation

	否	是	总计
非常不满意	4.6%	4.6%	4.6%
比较不满意	15.8%	18.9%	16.3%

续表

	否	是	总计
一般	36.7%	45.2%	38.1%
比较满意	39.2%	29.1%	37.5%
非常满意	3.7%	2.2%	3.4%
总计	100.0%	100.0%	100.0%
列总计	4673	925	5598

Chi-square test：sig = 0.000 < 0.05，所以受过高等教育和没有受过高等教育的居民在对医生群体的伦理道德状况的满意度上有显著差异。

D18 by A7

您觉得当前我国政府官员道德问题最严重的是 * 是否受过高等教育 Crosstabulation

	否	是	总计
贪污	45.3%	32.2%	43.1%
以权谋私	23.6%	30.8%	24.8%
受贿	7.8%	8.3%	7.9%
生活作风腐败	8.6%	8.9%	8.6%
官僚主义	2.9%	4.1%	3.1%
平庸，不作为	3.6%	5.6%	3.9%
政绩工程，折腾百姓	3.8%	6.9%	4.3%
铺张浪费	1.7%	1.5%	1.6%
拉帮结派	0.8%	0.4%	0.7%
其他	1.9%	1.3%	1.8%
总计	100.0%	100.0%	100.0%
列总计	4611	926	5537

Chi-square test：sig = 0.000 < 0.05，所以受过高等教育和没有受过高等教育的居民在当前我国政府官员道德问题最严重的是什么的回答上有显著差异。

D19a by A7

您的思想行为受什么人的影响最大？第一位的是 * 是否受过高等教育 Crosstabulation

	否	是	总计
政府官员	7.6%	10.9%	8.2%
企业家	1.9%	3.8%	2.3%
演艺明星、体育明星	0.6%	1.1%	0.7%

续表

	否	是	总计
教师	10.4%	12.9%	10.8%
知识精英	1.9%	5.0%	2.5%
自由职业者	0.7%	0.2%	0.6%
农民	3.5%	0.7%	3.0%
工人	1.3%	0.8%	1.2%
先哲先贤	2.7%	5.3%	3.1%
父母	69.3%	59.4%	67.6%
总计	100.0%	100.0%	100.0%
列总计	4623	923	5546

Chi-square test：sig = 0.000 < 0.05，所以受过高等教育和没有受过高等教育的居民在“您的思想行为受什么人的影响最大？第一位的是”的回答上有显著差异。

D19b by A7

您的思想行为受什么人的影响最大？第二位的是 * 是否受过高等教育 Crosstabulation

	否	是	总计
政府官员	5.4%	3.6%	5.1%
企业家	4.1%	5.2%	4.3%
演艺明星、体育明星	1.2%	2.0%	1.3%
教师	39.8%	46.4%	40.9%
知识精英	4.7%	10.5%	5.7%
自由职业者	1.8%	1.1%	1.7%
农民	15.9%	1.1%	13.4%
工人	4.8%	1.9%	4.3%
先哲先贤	7.5%	12.3%	8.3%
父母	14.8%	16.0%	15.0%
总计	100.0%	100.0%	100.0%
列总计	4476	918	5394

Chi-square test：sig = 0.000 < 0.05，所以受过高等教育和没有受过高等教育的居民在“您的思想行为受什么人的影响最大？第二位的是”的回答上有显著差异。

D19c by A7

您的思想行为受什么人的影响最大？第三位的是 * 是否受过高等教育 Crosstabulation

	否	是	总计
政府官员	12.9%	8.3%	12.1%
企业家	4.6%	5.8%	4.8%
演艺明星、体育明星	2.5%	3.3%	2.6%
教师	16.2%	15.4%	16.0%
知识精英	13.3%	27.5%	15.8%
自由职业者	4.5%	3.4%	4.3%
农民	16.4%	4.1%	14.3%
工人	11.0%	2.8%	9.5%
先哲先贤	12.1%	19.1%	13.3%
父母	6.5%	10.3%	7.2%
总计	100.0%	100.0%	100.0%
列总计	4327	909	5236

Chi-square test：sig = 0.000 < 0.05，所以受过高等教育和没有受过高等教育的居民在“您的思想行为受什么人的影响最大？第三位的是”的回答上有显著差异。

D20 by A7

您认为目前我国社会成员之间的收入差距如何 * 是否受过高等教育 Crosstabulation

	否	是	总计
合理，可以接受	14.5%	10.2%	13.8%
不合理，但可以接受	42.8%	56.4%	45.0%
不合理，不能接受	30.1%	26.6%	29.5%
说不清	12.6%	6.7%	11.6%
总计	100.0%	100.0%	100.0%
列总计	4729	927	5656

Chi-square test：sig = 0.000 < 0.05，所以受过高等教育和没有受过高等教育的居民在“您认为目前我国社会成员之间的收入差距如何”上有显著差异。

D21 by A7

如果国外报道与主流媒体宣传内容不一致，您倾向于相信＊是否受过高等教育 Crosstabulation

	否	是	总计
主流媒体	41.3%	35.3%	40.3%
国外报道	5.0%	13.1%	6.3%
谁都不相信，自己判断	22.4%	41.2%	25.5%
说不清	31.4%	10.5%	27.9%
总计	100.0%	100.0%	100.0%
列总计	4712	927	5639

Chi-square test：sig = 0.000 < 0.05，所以受过高等教育和没有受过高等教育的居民在“如果国外报道与主流媒体宣传内容不一致，您倾向于相信”的回答上有显著差异。

D22 by A7

您认为当前我国社会道德生活中最重要的元素是＊是否受过高等教育 Crosstabulation

	否	是	总计
意识形态中所提倡的社会主义道德	17.9%	18.7%	18.0%
中国传统道德	66.6%	57.4%	65.1%
西方文化影响而形成的道德	3.9%	5.3%	4.1%
市场经济中形成的道德	9.7%	17.8%	11.1%
其他	1.8%	0.8%	1.6%
总计	100.0%	100.0%	100.0%
列总计	4463	923	5386

Chi-square test：sig = 0.000 < 0.05，所以受过高等教育和没有受过高等教育的居民在“您认为当前我国社会道德生活中最重要的元素是”的回答上有显著差异。

D23 by A7

假设您的上司或老板是外国人，如果他侮辱了中国，但抗争会产生不利于自己的后果，您会选择：＊是否受过高等教育 Crosstabulation

	否	是	总计
当面抗议	57.4%	60.7%	58.0%
保持沉默	19.6%	20.9%	19.8%
暗地里报复	2.4%	4.4%	2.7%

续表

	否	是	总计
以屈求伸，背后骂几句就行了	9.6%	7.3%	9.2%
无所谓	11.0%	6.7%	10.3%
总计	100.0%	100.0%	100.0%
列总计	4529	917	5446

Chi-square test：sig = 0.000 < 0.05，所以受过高等教育和没有受过高等教育的居民在“假设您的上司或老板是外国人，如果他侮辱了中国，但抗争会产生不利于自己的后果，您会选择”的回答上有显著差异。

D24 by A7

您认为哪一种伦理关系对社会秩序和个人生活最具根本性意义 * 是否受过高等教育 Crosstabulation

	否	是	总计
家庭伦理关系或血缘关系	67.4%	49.8%	64.4%
个人与社会的关系	17.4%	28.4%	19.3%
职业伦理关系	2.7%	4.6%	3.0%
个人与国家民族的关系	7.4%	10.6%	7.9%
个人与自然的关系	1.7%	2.5%	1.8%
个人与他自身的关系	2.7%	3.8%	2.8%
其他	0.8%	0.2%	0.7%
总计	100.0%	100.0%	100.0%
列总计	4587	925	5512

Chi-square test：sig = 0.000 < 0.05，所以受过高等教育和没有受过高等教育的居民在“您认为哪一种伦理关系对社会秩序和个人生活最具根本性意义”的回答上有显著差异。

中国伦理道德评价的体制差异

D1 by 体制

您对当前我国社会的道德状况的总体满意程度是 * 体制 Crosstabulation

	体制内	体制外	总计
非常满意	1.4%	1.3%	1.3%
比较满意	25.9%	28.5%	28.1%
一般	42.7%	45.5%	45.1%
比较不满意	25.1%	20.8%	21.5%
非常不满意	5.0%	4.0%	4.1%
总计	100.0%	100.0%	100.0%
列总计	363	1910	2273

Chi-square test：sig = 0.330 > 0.05，所以体制内和体制外的居民在"您对当前我国社会道德状况的总体满意程度是"的回答上没有显著差异。

D2 by 体制

您对当前我国社会的人际关系的总体满意程度是 * 体制 Crosstabulation

	体制内	体制外	总计
非常满意	1.7%	1.1%	1.2%
比较满意	25.7%	29.2%	28.7%
一般	48.3%	50.6%	50.2%
比较不满意	22.1%	16.8%	17.6%
非常不满意	2.2%	2.3%	2.2%
总计	100.0%	100.0%	100.0%
列总计	362	1905	2267

Chi-square test：sig = 0.122 > 0.05，所以体制内和体制外的居民在"您对我国社会的人际关系的总体满意程度是"的回答上没有显著差异。

D3 by 体制

您认为当前中国社会个人道德素质的主要问题是 * 体制 Crosstabulation

	体制内	体制外	总计
道德上无知	9.9%	12.0%	11.7%
有道德知识，但不见诸行动	70.1%	69.3%	69.4%
既道德上无知，也不见道德行动	19.4%	17.6%	17.9%
其他	0.6%	1.1%	1.0%

续表

	体制内	体制外	总计
总计	100.0%	100.0%	100.0%
列总计	355	1857	2212

Chi-square test：sig = 0.465 > 0.05，所以体制内和体制外的居民在“当前中国社会个人道德素质的主要问题是”的回答上没有显著差异。

D4 by 体制

下列哪个因素最可能影响人际关系紧张 * 体制 Crosstabulation

	体制内	体制外	总计
社会资源缺乏，引发恶性竞争	8.4%	8.9%	8.8%
过度宣扬竞争意识	4.2%	6.3%	6.0%
社会财富分配不公，贫富差距过大	46.6%	43.5%	44.0%
个人主义盛行	12.0%	8.6%	9.1%
缺乏爱心	4.7%	6.0%	5.8%
缺乏宽容	3.9%	6.1%	5.8%
缺乏相互理解和沟通的意识和能力	12.8%	11.1%	11.4%
制度安排不公正，机会不平等	5.3%	7.5%	7.2%
一切诉诸利益或法律，人际关系缺乏伦理调节的机制和能力	1.4%	1.7%	1.7%
其他	0.6%	0.3%	0.3%
总计	100.0%	100.0%	100.0%
列总计	358	1872	2230

Chi-square test：sig = 0.119 > 0.05，所以体制内和体制外的居民在“下列哪个因素最可能影响人际关系紧张”的回答上没有显著差异。

D5 by 体制

当前有些人身心不和谐，如忧郁、精神分裂、自杀等，您认为造成这种情况的最主要原因 * 体制 Crosstabulation

	体制内	体制外	总计
欲望过多过大，不能知足常乐	15.4%	15.5%	15.5%
社会保障体系不健全，对自己和未来没有把握	11.2%	13.0%	12.7%
竞争激烈，工作压力过大，身心疲惫	33.7%	36.6%	36.2%
人与人之间缺乏信任感，人际关系紧张	11.5%	10.7%	10.9%
有烦恼很难找到人倾诉和排解	5.3%	5.1%	5.2%
个人的文化底蕴和文化积累不够，缺乏自我理解和自我调节能力	10.1%	8.5%	8.7%
现代人缺乏安顿自己、化解内心矛盾的能力	5.9%	3.2%	3.6%

续表

	体制内	体制外	总计
缺乏道德公正，没有道德的人总是占便宜	2.5%	2.7%	2.7%
缺乏理想和信念支持，精神没有寄托和归宿	3.9%	4.2%	4.1%
其他	0.3%	0.4%	0.4%
总计	100.0%	100.0%	100.0%
列总计	356	1865	2221

Chi-square test：sig = 0.436 > 0.05，所以体制内和体制外的居民在“当前有些人身心不和谐，如忧郁、精神分裂、自杀等，您认为造成这种情况的最主要原因”的回答上没有显著差异。

D7a by 体制

文明城市创建效果 * 体制 Crosstabulation

	体制内	体制外	总计
完全没有效果	3.3%	2.8%	2.9%
有较少的效果	21.2%	16.3%	17.1%
一般	33.9%	37.4%	36.8%
有较多的效果	31.1%	24.9%	25.9%
有非常多的效果	6.6%	7.7%	7.5%
没听说过该活动	3.9%	10.9%	9.8%
总计	100.0%	100.0%	100.0%
列总计	363	1908	2271

Chi-square test：sig = 0.000 < 0.05，所以体制内和体制外的居民在“文明城市创建效果”的回答上有显著差异。

D7b by 体制

学雷锋活动效果 * 体制 Crosstabulation

	体制内	体制外	总计
完全没有效果	4.7%	5.2%	5.1%
有较少的效果	29.2%	21.8%	23.0%
一般	36.6%	37.5%	37.4%
有较多的效果	23.7%	24.3%	24.2%
有非常多的效果	4.7%	5.2%	5.1%
没听说过该活动	1.1%	5.9%	5.1%
总计	100.0%	100.0%	100.0%
列总计	363	1909	2272

Chi-square test：sig = 0.001 < 0.05，所以体制内和体制外的居民在“学雷锋活动效果”的回答上有显著差异。

D7c by 体制

典型人物的宣传效果 * 体制 Crosstabulation

	体制内	体制外	总计
完全没有效果	5.0%	4.2%	4.4%
有较少的效果	19.6%	18.8%	19.0%
一般	34.2%	31.4%	31.9%
有较多的效果	30.3%	29.6%	29.7%
有非常多的效果	9.1%	8.6%	8.7%
没听说过该活动	1.9%	7.2%	6.4%
总计	100.0%	100.0%	100.0%
列总计	363	1910	2273

Chi-square test：sig = 0.012 < 0.05，所以体制内和体制外的居民在“典型人物的宣传效果”的回答上有显著差异。

D7d by 体制

志愿服务的倡导和推广效果 * 体制 Crosstabulation

	体制内	体制外	总计
完全没有效果	3.0%	3.1%	3.1%
有较少的效果	18.8%	18.1%	18.2%
一般	31.3%	31.4%	31.4%
有较多的效果	33.5%	26.9%	28.0%
有非常多的效果	6.4%	7.5%	7.3%
没听说过该活动	6.9%	13.0%	12.0%
总计	100.0%	100.0%	100.0%
列总计	361	1906	2267

Chi-square test：sig = 0.012 < 0.05，所以体制内和体制外的居民在“志愿服务的倡导和推广效果”的回答上有显著差异。

D7e by 体制

反腐倡廉的举措效果 * 体制 Crosstabulation

	体制内	体制外	总计
完全没有效果	10.5%	12.9%	12.5%
有较少的效果	26.6%	28.9%	28.5%
一般	28.0%	26.1%	26.4%

续表

	体制内	体制外	总计
有较多的效果	26.3%	18.3%	19.6%
有非常多的效果	5.8%	5.7%	5.7%
没听说过该活动	2.8%	8.2%	7.3%
总计	100.0%	100.0%	100.0%
列总计	361	1906	2267

Chi-square test：sig = 0.000 < 0.05，所以体制内和体制外的居民在“反腐倡廉的举措效果”的回答上有显著差异。

D7f by 体制

《公民道德建设实施纲要》的推进效果 * 体制 Crosstabulation

	体制内	体制外	总计
完全没有效果	4.4%	5.7%	5.5%
有较少的效果	19.6%	17.5%	17.8%
一般	33.1%	30.3%	30.8%
有较多的效果	21.5%	14.5%	15.6%
有非常多的效果	4.1%	3.6%	3.7%
没听说过该活动	17.4%	28.5%	26.7%
总计	100.0%	100.0%	100.0%
列总计	363	1905	2268

Chi-square test：sig = 0.000 < 0.05，所以体制内和体制外的居民在“《公民道德建设实施纲要》的推进效果”的回答上有显著差异。

D8a by 体制

坑蒙拐骗现象的严重程度 * 体制 Crosstabulation

	体制内	体制外	总计
非常不严重	1.1%	0.4%	0.5%
比较不严重	12.1%	13.7%	13.5%
一般	30.9%	30.0%	30.1%
比较严重	44.1%	43.0%	43.1%
非常严重	11.8%	12.9%	12.8%
总计	100.0%	100.0%	100.0%
列总计	363	1911	2274

Chi-square test：sig = 0.446 > 0.05，所以体制内和体制外的居民在“坑蒙拐骗现象的严重程度”的回答上没有显著差异。

D8b by 体制

人际关系冷漠、见危不救现象的严重程度 * 体制 Crosstabulation

	体制内	体制外	总计
非常不严重	0.8%	1.1%	1.1%
比较不严重	13.2%	13.2%	13.2%
一般	31.1%	33.8%	33.3%
比较严重	48.2%	43.0%	43.9%
非常严重	6.6%	8.9%	8.5%
总计	100.0%	100.0%	100.0%
列总计	363	1905	2268

Chi-square test：sig = 0.339 > 0.05，所以体制内和体制外的居民在“人际关系冷漠、见危不救现象的严重程度”的回答上没有显著差异。

D8c by 体制

诚信缺乏，社会信用低的现象的严重程度 * 体制 Crosstabulation

	体制内	体制外	总计
非常不严重	0.8%	0.6%	0.6%
比较不严重	8.3%	10.3%	10.0%
一般	34.0%	32.2%	32.5%
比较严重	48.6%	46.7%	47.0%
非常严重	8.3%	10.2%	9.9%
总计	100.0%	100.0%	100.0%
列总计	362	1906	2268

Chi-square test：sig = 0.522 > 0.05，所以体制内和体制外的居民在“诚信缺乏，社会信用低的现象的严重程度”的回答上没有显著差异。

D8d by 体制

公共场所缺乏公德，如大声喧哗，不排队，随地吐痰等现象的严重程度 * 体制 Crosstabulation

	体制内	体制外	总计
非常不严重	0.3%	1.5%	1.3%
比较不严重	12.7%	15.3%	14.9%
一般	30.6%	30.4%	30.4%
比较严重	43.3%	40.6%	41.0%

续表

	体制内	体制外	总计
非常严重	13.2%	12.2%	12.4%
总计	100.0%	100.0%	100.0%
列总计	363	1909	2272

Chi-square test：sig = 0.228 > 0.05，所以体制内和体制外的居民在“公共场所缺乏公德，如大声喧哗，不排队，随地吐痰等现象的严重程度”的回答上没有显著差异。

D8e by 体制

自私自利，损人利己，物欲横流现象的严重程度 * 体制 Crosstabulation

	体制内	体制外	总计
非常不严重	0.6%	0.7%	0.7%
比较不严重	11.6%	12.7%	12.5%
一般	35.0%	37.4%	37.0%
比较严重	43.0%	40.4%	40.8%
非常严重	9.9%	8.8%	8.9%
总计	100.0%	100.0%	100.0%
列总计	363	1906	2269

Chi-square test：sig = 0.756 > 0.05，所以体制内和体制外的居民在“自私自利，损人利己，物欲横流现象的严重程度”的回答上没有显著差异。

D8f by 体制

缺乏公正心和正义感现象的严重程度 * 体制 Crosstabulation

	体制内	体制外	总计
非常不严重	1.1%	0.5%	0.6%
比较不严重	13.8%	14.5%	14.4%
一般	39.1%	41.2%	40.9%
比较严重	38.6%	36.8%	37.1%
非常严重	7.4%	6.9%	7.0%
总计	100.0%	100.0%	100.0%
列总计	363	1906	2269

Chi-square test：sig = 0.654 > 0.05，所以体制内和体制外的居民在“缺乏公正心和正义感现象的严重程度”的回答上没有显著差异。

D8g by 体制

缺乏羞耻感现象的严重程度 * 体制 Crosstabulation

	体制内	体制外	总计
非常不严重	1.4%	1.1%	1.1%
比较不严重	18.2%	19.5%	19.3%
一般	40.6%	45.2%	44.5%
比较严重	31.5%	26.8%	27.6%
非常严重	8.3%	7.4%	7.5%
总计	100.0%	100.0%	100.0%
列总计	362	1901	2263

Chi-square test：sig = 0.325 > 0.05，所以体制内和体制外的居民在“缺乏羞耻感现象的严重程度”的回答上没有显著差异。

D8h by 体制

干部贪污受贿，以权谋私现象的严重程度 * 体制 Crosstabulation

	体制内	体制外	总计
非常不严重	0.8%	0.5%	0.6%
比较不严重	6.6%	6.1%	6.2%
一般	19.3%	17.3%	17.6%
比较严重	47.2%	43.8%	44.3%
非常严重	26.0%	32.3%	31.3%
总计	100.0%	100.0%	100.0%
列总计	362	1900	2262

Chi-square test：sig = 0.200 > 0.05，所以体制内和体制外的居民在“干部贪污受贿，以权谋私现象的严重程度”的回答上没有显著差异。

D8i by 体制

生活奢侈，铺张浪费现象的严重程度 * 体制 Crosstabulation

	体制内	体制外	总计
非常不严重	1.4%	0.6%	0.7%
比较不严重	13.5%	12.8%	13.0%
一般	35.0%	34.1%	34.2%
比较严重	39.1%	38.6%	38.7%
非常严重	11.0%	13.8%	13.4%

续表

	体制内	体制外	总计
总计	100. 0%	100. 0%	100. 0%
列总计	363	1907	2270

Chi-square test：sig = 0. 368 > 0. 05，所以体制内和体制外的居民在“生活奢侈，铺张浪费现象的严重程度”的回答上没有显著差异。

D8i by 体制

奉行功利主义，互相算计现象的严重程度＊ 体制 Crosstabulation

	体制内	体制外	总计
非常不严重	1. 1%	0. 5%	0. 6%
比较不严重	13. 6%	12. 0%	12. 3%
一般	38. 7%	42. 5%	41. 9%
比较严重	38. 4%	37. 0%	37. 2%
非常严重	8. 1%	7. 9%	7. 9%
总计	100. 0%	100. 0%	100. 0%
列总计	359	1895	2254

Chi-square test：sig = 0. 472 > 0. 05，所以体制内和体制外的居民在“奉行功利主义，互相算计现象的严重程度”的回答上，没有显著差异。

D8k by 体制

企业损害社会利益，如污染环境，以虚假广告误导公众等现象的严重程度＊体制 Crosstabulation

	体制内	体制外	总计
非常不严重	0. 3%	0. 7%	0. 7%
比较不严重	8. 3%	9. 8%	9. 5%
一般	30. 9%	31. 6%	31. 5%
比较严重	45. 2%	42. 8%	43. 2%
非常严重	15. 4%	15. 0%	15. 1%
总计	100. 0%	100. 0%	100. 0%
列总计	363	1902	2265

Chi-square test：sig = 0. 703 > 0. 05，所以体制内和体制外的居民在“企业损害社会利益，如污染环境，以虚假广告误导公众现象的严重程度”的回答上没有显著差异。

D8l by 体制

娱乐界以丑闻，绯闻炒作，污染社会风气现象的严重程度＊ 体制 Crosstabulation

	体制内	体制外	总计
非常不严重	0.8%	1.1%	1.0%
比较不严重	9.9%	12.3%	11.9%
一般	41.2%	41.7%	41.6%
比较严重	35.0%	32.3%	32.7%
非常严重	13.0%	12.7%	12.7%
总计	100.0%	100.0%	100.0%
列总计	354	1879	2233

Chi-square test：sig = 0.681 > 0.05，所以体制内和体制外的居民在“娱乐界以丑闻，绯闻炒作，污染社会风气现象的严重程度”的回答上没有显著差异。

D8m by 体制

媒体缺乏社会责任，炒作新闻现象的严重程度＊ 体制 Crosstabulation

	体制内	体制外	总计
非常不严重	2.0%	0.8%	1.0%
比较不严重	10.7%	13.5%	13.0%
一般	39.3%	44.9%	44.0%
比较严重	35.4%	31.2%	31.9%
非常严重	12.6%	9.6%	10.1%
总计	100.0%	100.0%	100.0%
列总计	356	1886	2242

Chi-square test：sig = 0.018 < 0.05，所以体制内和体制外的居民在“媒体缺乏社会责任，炒作新闻现象的严重程度”的回答上有显著差异。

D8n by 体制

社会财富分配不公，贫富悬殊过大现象的严重程度＊ 体制 Crosstabulation

	体制内	体制外	总计
非常不严重	0.6%	0.4%	0.4%
比较不严重	4.4%	6.5%	6.2%
一般	19.7%	22.0%	21.6%
比较严重	47.9%	44.7%	45.2%
非常严重	27.4%	26.4%	26.5%

续表

	体制内	体制外	总计
总计	100. 0%	100. 0%	100. 0%
列总计	361	1903	2264

Chi-square test：sig = 0. 425 > 0. 05，所以体制内和体制外的居民在“社会财富分配不公，贫富悬殊过大现象的严重程度”的回答上没有显著差异。

D8o by 体制

教师不尽职现象的严重程度 * 体制 Crosstabulation

	体制内	体制外	总计
非常不严重	6. 9%	5. 4%	5. 6%
比较不严重	30. 7%	26. 6%	27. 2%
一般	35. 2%	37. 4%	37. 1%
比较严重	21. 9%	24. 2%	23. 8%
非常严重	5. 3%	6. 4%	6. 2%
总计	100. 0%	100. 0%	100. 0%
列总计	361	1904	2265

Chi-square test：sig = 0. 285 > 0. 05，所以体制内和体制外的居民在“教师不尽职现象的严重程度”的回答上没有显著差异。

D8p by 体制

医生不守职业道德现象的严重程度 * 体制 Crosstabulation

	体制内	体制外	总计
非常不严重	3. 9%	3. 6%	3. 7%
比较不严重	26. 0%	21. 7%	22. 3%
一般	37. 8%	36. 0%	36. 3%
比较严重	24. 0%	29. 1%	28. 3%
非常严重	8. 3%	9. 6%	9. 4%
总计	100. 0%	100. 0%	100. 0%
列总计	362	1907	2269

Chi-square test：sig = 0. 186 > 0. 05，所以体制内和体制外的居民在“医生不守职业道德现象的严重程度”的回答上没有显著差异。

D8q by 体制

偷盗现象的严重程度 * 体制 Crosstabulation

	体制内	体制外	总计
非常不严重	1.7%	1.9%	1.9%
比较不严重	17.1%	17.8%	17.7%
一般	35.0%	36.5%	36.3%
比较严重	33.3%	32.3%	32.5%
非常严重	12.9%	11.4%	11.7%
总计	100.0%	100.0%	100.0%
列总计	363	1911	2274

Chi-square test：sig = 0.886 > 0.05，所以体制内和体制外的居民在“偷盗现象的严重程度”的回答上没有显著差异。

D8r by 体制

公众人物用知名度攫取财富现象的严重程度 * 体制 Crosstabulation

	体制内	体制外	总计
非常不严重	1.1%	1.3%	1.3%
比较不严重	12.6%	14.2%	13.9%
一般	49.7%	51.3%	51.1%
比较严重	28.9%	27.3%	27.6%
非常严重	7.6%	5.9%	6.2%
总计	100.0%	100.0%	100.0%
列总计	356	1879	2235

Chi-square test：sig = 0.664 > 0.05，所以体制内和体制外的居民在“公众人物用知名度攫取财富现象的严重程度”的回答上没有显著差异。

D8s by 体制

不爱国现象的严重程度 * 体制 Crosstabulation

	体制内	体制外	总计
非常不严重	11.9%	10.3%	10.5%
比较不严重	37.4%	38.2%	38.1%
一般	36.0%	37.4%	37.1%
比较严重	12.5%	10.2%	10.6%
非常严重	2.2%	3.9%	3.6%
总计	100.0%	100.0%	100.0%

续表

	体制内	体制外	总计
列总计	361	1906	2267

Chi-square test：sig = 0. 316 > 0. 05，所以体制内和体制外的居民在“不爱国现象的严重程度”的回答上没有显著差异。

D8t by 体制

两性关系过度开放导致婚姻不稳定现象的严重程度 * 体制 Crosstabulation

	体制内	体制外	总计
非常不严重	1. 7%	1. 7%	1. 7%
比较不严重	18. 9%	16. 2%	16. 6%
一般	40. 6%	42. 9%	42. 5%
比较严重	31. 9%	30. 6%	30. 8%
非常严重	6. 9%	8. 6%	8. 3%
总计	100. 0%	100. 0%	100. 0%
列总计	360	1894	2254

Chi-square test：sig = 0. 565 > 0. 05，所以体制内和体制外的居民在“两性关系过度开放导致婚姻不稳定现象的严重程度”的回答上没有显著差异。

D8u by 体制

年轻人缺乏责任感，不孝敬父母现象的严重程度 * 体制 Crosstabulation

	体制内	体制外	总计
非常不严重	1. 9%	2. 4%	2. 3%
比较不严重	21. 8%	24. 7%	24. 2%
一般	42. 5%	38. 4%	39. 1%
比较严重	27. 9%	28. 1%	28. 1%
非常严重	5. 8%	6. 4%	6. 3%
总计	100. 0%	100. 0%	100. 0%
列总计	362	1908	2270

Chi-square test：sig = 0. 597 > 0. 05，所以体制内和体制外的居民在“年轻人缺乏责任感，不孝敬父母现象的严重程度”的回答上没有显著差异。

D8v by 体制

父母和子女代沟问题严重，难以沟通现象的严重程度 * 体制 Crosstabulation

	体制内	体制外	总计
非常不严重	0.8%	2.3%	2.0%
比较不严重	23.2%	22.1%	22.3%
一般	42.5%	43.7%	43.5%
比较严重	29.8%	27.0%	27.4%
非常严重	3.6%	5.0%	4.8%
总计	100.0%	100.0%	100.0%
列总计	362	1909	2271

Chi-square test：sig = 0.245 > 0.05，所以体制内和体制外的居民在“父母和子女代沟问题严重，难以沟通现象的严重程度”的回答上没有显著差异。

D8w by 体制

老无所养，缺乏安全感现象的严重程度 * 体制 Crosstabulation

	体制内	体制外	总计
非常不严重	2.8%	2.9%	2.9%
比较不严重	24.0%	21.1%	21.5%
一般	38.7%	39.2%	39.1%
比较严重	27.6%	29.7%	29.4%
非常严重	6.9%	7.1%	7.1%
总计	100.0%	100.0%	100.0%
列总计	362	1908	2270

Chi-square test：sig = 0.779 > 0.05，所以体制内和体制外的居民在“老无所养，缺乏安全感现象的严重程度”的回答上没有显著差异。

D9a by 体制

在下列关系中，您认为哪些关系最重要？第一重要的是 * 体制 Crosstabulation

	体制内	体制外	总计
父母与子女	59.4%	60.6%	60.4%
夫妻	26.0%	25.9%	25.9%
兄弟姐妹		0.7%	0.6%
同事或同学	0.6%	0.6%	0.6%
上级与下级	2.2%	0.7%	0.9%

续表

	体制内	体制外	总计
师生		0.4%	0.4%
人与自然的关系	2.8%	1.5%	1.7%
个人与社会	3.3%	4.0%	3.9%
个人与国家	3.0%	2.0%	2.2%
个人与工作单位	0.6%	0.7%	0.7%
通过网络建立的关系		0.3%	0.2%
朋友	0.8%	0.8%	0.8%
个人与自身的关系	1.4%	1.7%	1.7%
其他		0.1%	0.1%
总计	100.0%	100.0%	100.0%
列总计	362	1907	2269

Chi-square test：sig = 0.141 > 0.05，所以体制内和体制外的居民在“哪些关系最重要？第一重要的是”的回答上没有显著差异。

D9b by 体制

在下列关系中，您认为哪些关系最重要？第二重要的是 * 体制 Crosstabulation

	体制内	体制外	总计
父母与子女	26.6%	26.1%	26.2%
夫妻	44.6%	45.0%	45.0%
兄弟姐妹	4.7%	7.6%	7.1%
同事或同学	1.1%	1.6%	1.5%
上级与下级	2.2%	1.9%	2.0%
师生	0.8%	0.7%	0.8%
人与自然的关系	3.3%	2.0%	2.2%
个人与社会	3.6%	5.1%	4.9%
个人与国家	4.2%	2.7%	2.9%
个人与工作单位	4.4%	1.9%	2.3%
通过网络建立的关系	0.6%	0.2%	0.2%
朋友	3.0%	3.6%	3.5%
个人与自身的关系	0.8%	1.4%	1.3%
其他		0.1%	
总计	100.0%	100.0%	100.0%
列总计	361	1903	2264

Chi-square test：sig = 0.059 > 0.05，所以体制内和体制外的居民在“哪些关系最重要？第二重要的是”的回答上没有显著差异。

D9c by 体制

在下列关系中，您认为哪些关系最重要？第三重要的是＊ 体制 Crosstabulation

	体制内	体制外	总计
父母与子女	5.0%	5.3%	5.2%
夫妻	7.8%	8.5%	8.4%
兄弟姐妹	36.3%	37.2%	37.1%
同事或同学	8.9%	5.0%	5.6%
上级与下级	4.2%	3.7%	3.8%
师生	1.7%	1.3%	1.3%
人与自然的关系	2.2%	3.3%	3.1%
个人与社会	11.9%	9.5%	9.9%
个人与国家	3.9%	4.4%	4.3%
个人与工作单位	6.4%	4.8%	5.1%
通过网络建立的关系	0.6%	0.2%	0.3%
朋友	7.5%	12.1%	11.3%
个人与自身的关系	3.9%	4.4%	4.3%
其他		0.2%	0.2%
总计	100.0%	100.0%	100.0%
列总计	361	1898	2259

Chi-square test：sig＝0.068＞0.05，所以体制内和体制外的居民在“哪些关系最重要？第三重要的是”的回答上没有显著差异。

D10 by 体制

现在社会上有些人不守道德反而占了便宜，您会不会为了得到好处而效仿＊体制 Crosstabulation

	体制内	体制外	总计
从来不这么做	74.6%	69.4%	70.2%
通常不这么做，关键时刻会这么做	14.2%	16.6%	16.2%
经常这么做	0.8%	1.8%	1.7%
说不清	10.3%	12.2%	11.9%
总计	100.0%	100.0%	100.0%
列总计	358	1883	2241

Chi-square test：sig＝0.192＞0.05，所以体制内和体制外的居民在“现在社会上有些人不守道德反而占了便宜，您会不会为了得到好处而效仿”的回答上没有显著差异。

D11a by 体制

如果您与下列人员发生重大利益冲突，您首先会选择哪种途径来解决？家庭成员之间 * 体制 Crosstabulation

	体制内	体制外	总计
诉诸法律，打官司	0.8%	0.5%	0.5%
直接找对方沟通但得理让人，适可而止	60.3%	56.7%	57.3%
通过第三方从中调解，尽量不伤和气	6.6%	8.2%	7.9%
能忍则忍	29.8%	31.6%	31.3%
不适用	2.5%	3.0%	2.9%
总计	100.0%	100.0%	100.0%
列总计	363	1909	2272

Chi-square test: sig = 0.550 > 0.05，所以体制内和体制外的居民在“与家庭成员发生重大利益冲突，您首先会选择哪种途径来解决”的回答上没有显著差异。

D11b by 体制

如果您与下列人员发生重大利益冲突，您首先会选择哪种途径来解决？朋友之间 * 体制 Crosstabulation

	体制内	体制外	总计
诉诸法律，打官司	0.8%	1.3%	1.2%
直接找对方沟通但得理让人，适可而止	55.9%	52.5%	53.1%
通过第三方从中调解，尽量不伤和气	24.2%	24.2%	24.2%
能忍则忍	16.0%	19.7%	19.1%
不适用	3.0%	2.4%	2.5%
总计	100.0%	100.0%	100.0%
列总计	363	1908	2271

Chi-square test: sig = 0.417 > 0.05，所以体制内和体制外的居民在“与朋友发生重大利益冲突，您首先会选择哪种途径来解决”的回答上没有显著差异。

D11c by 体制

如果您与下列人员发生重大利益冲突，您首先会选择哪种途径来解决？同事之间 * 体制 Crosstabulation

	体制内	体制外	总计
诉诸法律，打官司	2.8%	2.4%	2.5%

续表

	体制内	体制外	总计
直接找对方沟通但得理让人，适可而止	47.8%	42.9%	43.7%
通过第三方从中调解，尽量不伤和气	27.3%	27.6%	27.5%
能忍则忍	18.0%	18.1%	18.1%
不适用	4.1%	9.0%	8.2%
总计	100.0%	100.0%	100.0%
列总计	362	1908	2270

Chi-square test：sig = 0.031 < 0.05，所以体制内和体制外的居民在“与同事发生重大利益冲突，您首先会选择哪种途径来解决”的回答上有显著差异。

D11d by 体制

如果您与下列人员发生重大利益冲突，您首先会选择哪种途径来解决？商业伙伴之间 * 体制 Crosstabulation

	体制内	体制外	总计
诉诸法律，打官司	25.3%	26.6%	26.4%
直接找对方沟通但得理让人，适可而止	17.9%	22.0%	21.3%
通过第三方从中调解，尽量不伤和气	16.5%	19.6%	19.1%
能忍则忍	3.9%	7.1%	6.6%
不适用	36.4%	24.8%	26.6%
总计	100.0%	100.0%	100.0%
列总计	363	1905	2268

Chi-square test：sig = 0.000 < 0.05，所以体制内和体制外的居民在“与商业伙伴发生重大利益冲突，您首先会选择哪种途径来解决”的回答上有显著差异。

D12 by 体制

一些政府机关和大中小学，利用权力让本单位的职工子女在很好的学校读书，或降分，您认为这种行为道德吗 * 体制 Crosstabulation

	体制内	体制外	总计
为本单位人员谋福利，符合道德	4.4%	3.1%	3.4%
以权谋私，不道德	59.5%	61.9%	61.5%
是对社会公众的欺骗，严重不道德	19.8%	21.8%	21.5%
符合本单位员工利益和内部伦理，但严重侵蚀社会道德	10.7%	7.3%	7.8%
无所谓道德不道德	5.5%	5.9%	5.8%

续表

	体制内	体制外	总计
总计	100.0%	100.0%	100.0%
列总计	363	1905	2268

Chi-square test：sig = 0.139 > 0.05，所以体制内和体制外的居民在“一些政府机关和大中小学，利用权力让本单位的职工子女在很好的学校读书，或降分，您认为这种行为道德吗”的回答上没有显著差异。

D13 by 体制

如果您所在的单位有一项举措可以提高集体福利并使您个人得到利益，但会造成环境污染或社会公害，您会举报吗 * 体制 Crosstabulation

	体制内	体制外	总计
会	51.7%	56.7%	55.9%
不会	48.3%	43.3%	44.1%
总计	100.0%	100.0%	100.0%
列总计	360	1883	2243

Chi-square test：sig = 0.077 > 0.05，所以体制内和体制外的居民在“如果您所在的单位有一项举措可以提高集体福利并使您个人得到利益，但会造成环境污染或社会公害，您会举报吗”的回答上没有显著差异。

D14 by 体制

您认为对当前我国伦理关系和道德风尚造成最大负面影响的因素是 * 体制 Crosstabulation

	体制内	体制外	总计
传统文化的崩坏	29.0%	30.0%	29.9%
外来文化的冲击	24.7%	24.7%	24.7%
市场经济导致的个人主义	35.6%	34.8%	34.9%
计算机网络技术的发展	10.6%	9.8%	9.9%
其他		0.7%	0.6%
总计	100.0%	100.0%	100.0%
列总计	348	1824	2172

Chi-square test：sig = 0.581 > 0.05，所以体制内和体制外的居民在“您认为对当前我国伦理关系和道德风尚造成最大负面影响的因素是”的回答上没有显著差异。

D15 by 体制

从网络中获得的信息（文字、图片、视频等）对您的思想行为影响如何 * 体制 Crosstabulation

	体制内	体制外	总计
影响很大	8.6%	9.9%	9.7%
有一些影响	42.5%	33.6%	35.1%
影响不大	29.8%	24.3%	25.1%
完全没有影响	3.3%	5.2%	4.9%
不适用，因为不上网	15.7%	27.0%	25.2%
总计	100.0%	100.0%	100.0%
列总计	362	1905	2267

Chi-square test：sig = 0.000 < 0.05，所以体制内和体制外的居民在“从网络中获得的信息（文字、图片、视频等）对您的思想行为影响如何”的回答上有显著差异。

D16 by 体制

您认为在自己的成长中得到道德训练的最重要场所或机构是 * 体制 Crosstabulation

	体制内	体制外	总计
家庭	42.3%	44.0%	43.7%
学校	24.3%	19.3%	20.1%
社会	27.1%	32.2%	31.3%
国家或政府	4.1%	2.6%	2.9%
媒体	1.7%	1.6%	1.6%
其他	0.6%	0.3%	0.4%
总计	100.0%	100.0%	100.0%
列总计	362	1903	2265

Chi-square test：sig = 0.092 > 0.05，所以体制内和体制外的居民在“您认为在自己的成长中得到道德训练的最重要场所或机构是”的回答上没有显著差异。

D17a by 体制

您对下列群体的伦理道德状况的满意度如何？政府官员 * 体制 Crosstabulation

	体制内	体制外	总计
非常不满意	11.4%	16.2%	15.4%
比较不满意	36.6%	36.3%	36.4%
一般	37.4%	37.3%	37.3%

续表

	体制内	体制外	总计
比较满意	13.9%	9.7%	10.3%
非常满意	0.8%	0.5%	0.6%
总计	100.0%	100.0%	100.0%
列总计	361	1904	2265

Chi-square test：sig = 0.037 < 0.05，所以体制内和体制外的居民在对政府官员的伦理道德状况的满意度的回答上有显著差异。

D17b by 体制

您对下列群体的伦理道德状况的满意度如何？企业家 * 体制 Crosstabulation

	体制内	体制外	总计
非常不满意	3.9%	3.5%	3.5%
比较不满意	21.4%	20.7%	20.8%
一般	57.2%	57.3%	57.3%
比较满意	16.9%	17.7%	17.6%
非常满意	0.6%	0.8%	0.8%
总计	100.0%	100.0%	100.0%
列总计	360	1900	2260

Chi-square test：sig = 0.969 > 0.05，所以体制内和体制外的居民在对企业家的伦理道德状况的满意度的回答上没有显著差异。

D17c by 体制

您对下列群体的伦理道德状况的满意度如何？演艺娱乐界明星 * 体制 Crosstabulation

	体制内	体制外	总计
非常不满意	9.8%	6.3%	6.9%
比较不满意	25.1%	23.3%	23.6%
一般	54.2%	58.7%	58.0%
比较满意	10.1%	11.3%	11.1%
非常满意	0.8%	0.4%	0.5%
总计	100.0%	100.0%	100.0%
列总计	358	1874	2232

Chi-square test：sig = 0.084 > 0.05，所以体制内和体制外的居民在对演艺娱乐界明星的伦理道德状况的满意度的回答上没有显著差异。

D17d by 体制

您对下列群体的伦理道德状况的满意度如何？教师＊体制 Crosstabulation

	体制内	体制外	总计
非常不满意	1.7%	3.9%	3.5%
比较不满意	9.7%	11.0%	10.8%
一般	32.6%	33.2%	33.1%
比较满意	50.3%	47.5%	47.9%
非常满意	5.8%	4.4%	4.6%
总计	100.0%	100.0%	100.0%
列总计	362	1905	2267

Chi-square test：sig＝0.153＞0.05，所以体制内和体制外的居民在对教师的伦理道德状况的满意度的回答上没有显著差异。

D17e by 体制

您对下列群体的伦理道德状况的满意度如何？青少年＊体制 Crosstabulation

	体制内	体制外	总计
非常不满意	1.7%	2.3%	2.2%
比较不满意	12.4%	12.1%	12.2%
一般	46.7%	49.0%	48.7%
比较满意	35.9%	34.5%	34.7%
非常满意	3.3%	2.1%	2.3%
总计	100.0%	100.0%	100.0%
列总计	362	1907	2269

Chi-square test：sig＝0.556＞0.05，所以体制内和体制外的居民在对青少年的伦理道德状况的满意度的回答上没有显著差异。

D17f by 体制

您对下列群体的伦理道德状况的满意度如何？农民＊体制 Crosstabulation

	体制内	体制外	总计
非常不满意	0.6%	0.6%	0.6%
比较不满意	5.5%	5.7%	5.7%
一般	45.3%	43.9%	44.1%
比较满意	41.7%	42.0%	41.9%
非常满意	6.9%	7.8%	7.6%

续表

	体制内	体制外	总计
总计	100.0%	100.0%	100.0%
列总计	362	1906	2268

Chi-square test：sig = 0.975 > 0.05，所以体制内和体制外的居民在对农民的伦理道德状况的满意度的回答上没有显著差异。

D17g by 体制

您对下列群体的伦理道德状况的满意度如何？商人 * 体制 Crosstabulation

	体制内	体制外	总计
非常不满意	4.4%	5.4%	5.2%
比较不满意	30.5%	26.4%	27.0%
一般	49.0%	53.1%	52.4%
比较满意	15.2%	14.6%	14.7%
非常满意	0.8%	0.6%	0.6%
总计	100.0%	100.0%	100.0%
列总计	361	1900	2261

Chi-square test：sig = 0.445 > 0.05，所以体制内和体制外的居民在对商人的伦理道德状况的满意度的回答上没有显著差异。

D17h by 体制

您对下列群体的伦理道德状况的满意度如何？工人 * 体制 Crosstabulation

	体制内	体制外	总计
非常不满意	0.6%	0.3%	0.3%
比较不满意	4.2%	4.6%	4.6%
一般	45.7%	50.6%	49.8%
比较满意	47.6%	40.7%	41.8%
非常满意	1.9%	3.8%	3.5%
总计	100.0%	100.0%	100.0%
列总计	361	1897	2258

Chi-square test：sig = 0.063 > 0.05，所以体制内和体制外的居民在对工人的伦理道德状况的满意度的回答上没有显著差异。

D17i by 体制

您对下列群体的伦理道德状况的满意度如何？专家学者＊ 体制 Crosstabulation

	体制内	体制外	总计
非常不满意	0.8%	1.6%	1.5%
比较不满意	10.8%	9.9%	10.0%
一般	42.3%	45.9%	45.3%
比较满意	41.4%	37.8%	38.4%
非常满意	4.7%	4.8%	4.8%
总计	100.0%	100.0%	100.0%
列总计	362	1888	2250

Chi-square test：sig = 0.502 > 0.05，所以体制内和体制外的居民在对专家学者的伦理道德状况的满意度的回答上没有显著差异。

D17j by 体制

您对下列群体的伦理道德状况的满意度如何？医生＊ 体制 Crosstabulation

	体制内	体制外	总计
非常不满意	3.3%	6.2%	5.7%
比较不满意	15.5%	19.1%	18.6%
一般	44.3%	41.8%	42.2%
比较满意	33.5%	30.7%	31.2%
非常满意	3.3%	2.2%	2.3%
总计	100.0%	100.0%	100.0%
列总计	361	1896	2257

Chi-square test：sig = 0.052 > 0.05，所以体制内和体制外的居民在对医生的伦理道德状况的满意度的回答上没有显著差异。

D18 by 体制

您觉得当前我国政府官员道德问题最严重的是＊ 体制 Crosstabulation

	体制内	体制外	总计
贪污	31.1%	39.6%	38.3%
以权谋私	29.1%	27.2%	27.5%
受贿	9.0%	8.7%	8.8%
生活作风腐败	8.4%	9.4%	9.2%
官僚主义	4.8%	3.5%	3.7%

续表

	体制内	体制外	总计
平庸，不作为	6.2%	3.4%	3.9%
政绩工程，折腾百姓	8.4%	4.7%	5.2%
铺张浪费	0.8%	1.7%	1.6%
拉帮结派	1.4%	0.8%	0.9%
其他	0.8%	0.9%	0.9%
总计	100.0%	100.0%	100.0%
列总计	357	1892	2249

Chi-square test：sig = 0.004 < 0.05，所以体制内和体制外的居民在当前我国政府官员道德最严重问题的回答上有显著差异。

D19a by 体制

您的思想行为受什么人的影响最大？第一位的是 * 体制 Crosstabulation

	体制内	体制外	总计
政府官员	9.7%	8.6%	8.8%
企业家	1.7%	3.4%	3.1%
演艺明星、体育明星	0.3%	1.0%	0.9%
教师	10.2%	10.7%	10.7%
知识精英	6.6%	3.4%	3.9%
自由职业者	0.6%	0.9%	0.8%
农民	1.4%	1.8%	1.8%
工人	0.6%	1.3%	1.1%
先哲先贤	5.8%	2.8%	3.3%
父母	63.3%	66.1%	65.6%
总计	100.0%	100.0%	100.0%
列总计	362	1899	2261

Chi-square test：sig = 0.004 < 0.05，所以体制内和体制外的居民在"您的思想行为受什么人的影响最大？第一位的是"的回答上有显著差异。

D19b by 体制

您的思想行为受什么人的影响最大？第二位的是 * 体制 Crosstabulation

	体制内	体制外	总计
政府官员	4.2%	4.6%	4.5%

续表

	体制内	体制外	总计
企业家	2.8%	6.7%	6.1%
演艺明星、体育明星	0.8%	1.7%	1.5%
教师	49.2%	42.0%	43.2%
知识精英	10.1%	6.6%	7.1%
自由职业者	1.1%	2.6%	2.4%
农民	3.1%	7.9%	7.1%
工人	3.1%	4.7%	4.4%
先哲先贤	12.1%	9.5%	9.9%
父母	13.5%	13.7%	13.7%
总计	100.0%	100.0%	100.0%
列总计	356	1860	2216

Chi-square test: sig = 0.000 < 0.05，所以体制内和体制外的居民在“您的思想行为受什么人的影响最大？第二位的是”的回答上有显著差异。

D19c by 体制

您的思想行为受什么人的影响最大？第三位的是 * 体制 Crosstabulation

	体制内	体制外	总计
政府官员	12.0%	9.6%	10.0%
企业家	3.2%	7.2%	6.5%
演艺明星、体育明星	2.6%	3.6%	3.5%
教师	13.8%	17.0%	16.5%
知识精英	26.4%	17.3%	18.8%
自由职业者	2.9%	5.2%	4.8%
农民	6.6%	10.0%	9.4%
工人	4.3%	9.3%	8.5%
先哲先贤	16.9%	13.9%	14.4%
父母	11.5%	6.8%	7.6%
总计	100.0%	100.0%	100.0%
列总计	349	1816	2165

Chi-square test: sig = 0.000 < 0.05，所以体制内和体制外的居民在“您的思想行为受什么人的影响最大？第三位的是”的回答上有显著差异。

D20 by 体制

您认为目前我国社会成员之间的收入差距如何 * 体制 Crosstabulation

	体制内	体制外	总计
合理，可以接受	14.9%	12.7%	13.1%
不合理，但可以接受	51.5%	50.8%	50.9%
不合理，不能接受	24.5%	28.3%	27.7%
说不清	9.1%	8.2%	8.4%
总计	100.0%	100.0%	100.0%
列总计	363	1909	2272

Chi-square test：sig = 0.400 > 0.05，所以体制内和体制外的居民在“您认为目前我国社会成员之间的收入差距如何”的回答上没有显著差异。

D21 by 体制

如果国外报道与主流媒体宣传内容不一致，您倾向于相信 * 体制 Crosstabulation

	体制内	体制外	总计
主流媒体	39.2%	39.4%	39.4%
国外报道	8.0%	9.1%	8.9%
谁都不相信，自己判断	37.3%	31.5%	32.4%
说不清	15.5%	20.0%	19.3%
总计	100.0%	100.0%	100.0%
列总计	362	1907	2269

Chi-square test：sig = 0.080 > 0.05，所以体制内和体制外的居民在对“如果国外报道与主流媒体宣传内容不一致，您倾向于相信”的回答上没有显著差异。

D22 by 体制

您认为当前我国社会道德生活中最重要的元素是 * 体制 Crosstabulation

	体制内	体制外	总计
意识形态中所提倡的社会主义道德	22.4%	16.8%	17.7%
中国传统道德	58.8%	62.9%	62.2%
西方文化影响而形成的道德	3.1%	5.7%	5.3%
市场经济中形成的道德	15.7%	14.6%	14.8%
其他		0.1%	
总计	100.0%	100.0%	100.0%

续表

	体制内	体制外	总计
列总计	357	1846	2203

Chi-square test: sig = 0. 034 < 0. 05，所以体制内和体制外的居民在“您认为当前我国社会道德生活中最重要的元素是”的回答上有显著差异。

D23 by 体制

假设您的上司或老板是外国人，如果他侮辱了中国，但抗争会产生不利于自己的后果，您会怎么做 * 体制 Crosstabulation

	体制内	体制外	总计
当面抗议	64. 0%	58. 1%	59. 0%
保持沉默	18. 8%	20. 6%	20. 3%
暗地里报复	3. 4%	3. 4%	3. 4%
以屈求伸，背后骂几句就行了	6. 7%	9. 0%	8. 7%
无所谓	7. 0%	8. 9%	8. 6%
总计	100. 0%	100. 0%	100. 0%
列总计	356	1879	2235

Chi-square test: sig = 0. 250 > 0. 05，所以体制内和体制外的居民在“假设您的上司或老板是外国人，如果他侮辱了中国，但抗争会产生不利于自己的后果，您会怎么做”的回答上没有显著差异。

D24 by 体制

您认为哪一种伦理关系对社会秩序和个人生活最具根本性意义 * 体制 Crosstabulation

	体制内	体制外	总计
家庭伦理关系或血缘关系	56. 7%	59. 8%	59. 3%
个人与社会的关系	23. 7%	23. 2%	23. 3%
职业伦理关系	5. 6%	4. 0%	4. 2%
个人与国家民族的关系	7. 8%	7. 0%	7. 1%
个人与自然的关系	2. 8%	2. 2%	2. 3%
个人与他自身的关系	3. 1%	3. 7%	3. 6%
其他	0. 3%	0. 2%	0. 2%
总计	100. 0%	100. 0%	100. 0%
列总计	358	1884	2242

Chi-square test: sig = 0. 720 > 0. 05，所以体制内和体制外的居民在“您认为哪一种伦理关系对社会秩序和个人生活最具根本性意义”的回答上没有显著差异。

中国伦理道德评价的职业差异

D1 by A59

您对当前我国社会的道德状况的总体满意程度是 * 职业 Crosstabulation

	高级白领	低级白领	工人/小生意者	农民	无业失业	总计
满意	28.3%	24.0%	31.6%	46.2%	31.9%	35.7%
一般	43.3%	46.2%	45.2%	37.3%	41.6%	41.5%
不满意	28.5%	29.8%	23.2%	16.4%	26.5%	22.8%
总计	100.0%	100.0%	100.0%	100.0%	100.0%	100.0%
列总计	453	446	1327	1899	1505	5630

Chi-square test：sig = 0.000 < 0.05，所以不同职业的居民在“您对当前我国社会道德的总体满意程度是”的回答上有显著差异。

D2 by A59

您对当前我国社会的人际关系的总体满意程度是 * 职业 Crosstabulation

	高级白领	低级白领	工人/小生意者	农民	无业失业	总计
满意	27.8%	24.7%	32.1%	47.6%	35.9%	37.4%
一般	50.1%	53.4%	49.3%	39.7%	43.9%	45.0%
不满意	22.1%	22.0%	18.6%	12.7%	20.1%	17.6%
总计	100.0%	100.0%	100.0%	100.0%	100.0%	100.0%
列总计	453	446	1321	1903	1494	5617

Chi-square test：sig = 0.000 < 0.05，所以不同职业的居民在“您对当前我国社会的人际关系的总体满意程度是”的回答上有显著差异。

D3 by A59

您认为当前中国社会个人道德素质的主要问题是 * 职业 Crosstabulation

	高级白领	低级白领	工人/小生意者	农民	无业失业	总计
道德上无知	10.5%	12.0%	11.8%	13.3%	12.1%	12.3%
有道德知识，但不见诸行动	71.5%	65.3%	69.2%	65.7%	64.5%	66.7%
既道德上无知，也不见道德行动	16.5%	21.8%	16.9%	15.1%	19.0%	17.2%
其他	1.6%	0.9%	2.0%	5.9%	4.3%	3.7%
总计	100.0%	100.0%	100.0%	100.0%	100.0%	100.0%
列总计	449	441	1293	1739	1441	5363

Chi-square test：sig = 0.016 < 0.05，所以不同职业的居民在“您认为当前中国社会个人道德素质的主要问题是”的回答上有显著差异。

D4 by A59

下列哪个因素最可能影响人际关系紧张＊ 职业 Crosstabulation

	高级白领	低级白领	工人/小生意者	农民	无业失业	总计
社会资源缺乏，引发恶性竞争	7. 3%	8. 8%	9. 1%	8. 5%	9. 8%	8. 9%
过度宣扬竞争意识	7. 1%	6. 7%	5. 5%	4. 2%	4. 8%	5. 1%
社会财富分配不公，贫富差距过大	43. 9%	41. 1%	44. 9%	45. 0%	45. 1%	44. 6%
个人主义盛行	9. 1%	9. 4%	8. 8%	8. 9%	8. 9%	8. 9%
缺乏爱心	4. 9%	5. 4%	6. 1%	7. 7%	6. 5%	6. 6%
缺乏宽容	5. 1%	5. 6%	6. 0%	6. 6%	5. 5%	5. 9%
缺乏相互理解和沟通的意识和能力	14. 6%	11. 9%	9. 9%	10. 7%	10. 2%	10. 8%
制度安排不公正，机会不平等	6. 2%	9. 2%	6. 8%	4. 9%	6. 1%	6. 2%
一切诉诸利益或法律，人际关系缺乏伦理调节的机制和能力	0. 7%	1. 8%	1. 8%	1. 3%	1. 5%	1. 5%
其他	1. 1%		1. 2%	2. 2%	1. 7%	1. 5%
总计	100. 0%	100. 0%	100. 0%	100. 0%	100. 0%	100. 0%
列总计	451	445	1301	1759	1448	5404

Chi-square test：sig = 0. 460 > 0. 05，所以不同职业的居民在“下列哪个因素最可能使人际关系紧张”的回答上没有显著差异。

D5 by A59

当前有些人身心不和谐，如忧郁、精神分裂、自杀等，您认为造成这种情况的最主要原因是＊ 职业 Crosstabulation

	高级白领	低级白领	工人/小生意者	农民	无业失业	总计
欲望过多过大，不能知足常乐	15. 9%	11. 5%	16. 6%	18. 9%	15. 9%	16. 7%
社会保障体系不健全，对自己和未来没有把握	11. 9%	15. 3%	12. 0%	13. 5%	11. 1%	12. 5%
竞争激烈，工作压力过大，身心疲惫	34. 7%	33. 8%	36. 9%	27. 7%	34. 0%	32. 7%
人与人之间缺乏信任感，人际关系紧张	10. 3%	12. 4%	10. 1%	11. 8%	11. 8%	11. 3%
有烦恼很难找到人倾诉和排解	5. 1%	5. 6%	4. 9%	6. 7%	5. 5%	5. 7%

续表

	高级白领	低级白领	工人/小生意者	农民	无业失业	总计
个人的文化底蕴和文化积累不够，缺乏自我理解和自我调节能力	9.6%	9.0%	8.1%	9.0%	9.5%	9.0%
现代人缺乏安顿自己、化解内心矛盾的能力	5.6%	3.6%	2.9%	3.4%	3.5%	3.5%
缺乏道德公正，没有道德的人总是占便宜	1.3%	2.5%	3.2%	3.3%	2.6%	2.9%
缺乏理想和信念支持，精神没有寄托和归宿	4.5%	5.9%	3.5%	2.6%	3.0%	3.3%
其他	1.1%	0.5%	1.7%	3.1%	3.1%	2.4%
总计	100.0%	100.0%	100.0%	100.0%	100.0%	100.0%
列总计	447	444	1302	1743	1447	5383

Chi-square test：sig = 0.531 > 0.05，所以不同职业的居民在“当前有些人身心不和谐，如忧郁、精神分裂、自杀等，您认为造成这种情况的最主要原因是”的回答上没有显著差异。

D7a by A59

文明城市创建的效果 * 职业 Crosstabulation

	高级白领	低级白领	工人/小生意者	农民	无业失业	总计
没效果	20.3%	21.7%	19.5%	14.2%	21.0%	18.4%
一般	38.6%	36.8%	35.4%	30.5%	31.1%	33.0%
有效果	36.6%	37.7%	31.6%	20.4%	32.3%	28.9%
没听说过	4.4%	3.8%	13.4%	34.9%	15.6%	19.8%
总计	100.0%	100.0%	100.0%	100.0%	100.0%	100.0%
列总计	453	446	1325	1904	1503	5631

Chi-square test：sig = 0.000 < 0.05，所以不同职业的居民在“文明城市创建的效果”的回答上有显著差异。

D7b by A59

学雷锋活动效果 * 职业 Crosstabulation

	高级白领	低级白领	工人/小生意者	农民	无业失业	总计
没效果	31.1%	29.7%	26.8%	19.3%	28.8%	25.4%
一般	41.1%	38.0%	35.0%	33.3%	32.0%	34.3%
有效果	25.6%	29.2%	31.6%	31.0%	30.2%	30.3%
没听说过	2.2%	3.1%	6.7%	16.4%	9.0%	9.9%

续表

	高级白领	低级白领	工人/小生意者	农民	无业失业	总计
总计	100.0%	100.0%	100.0%	100.0%	100.0%	100.0%
列总计	453	445	1327	1906	1501	5632

Chi-square test：sig = 0.000 < 0.05，所以不同职业的居民在“学雷锋活动效果”的回答上有显著差异。

D7c by A59

典型人物的宣传效果 * 职业 Crosstabulation

	高级白领	低级白领	工人/小生意者	农民	无业失业	总计
没效果	23.2%	24.0%	23.3%	15.2%	22.5%	20.4%
一般	34.0%	35.7%	29.2%	28.6%	28.6%	29.7%
有效果	39.7%	37.4%	39.0%	32.4%	36.5%	36.0%
没听说过	3.1%	2.9%	8.4%	23.9%	12.4%	13.8%
总计	100.0%	100.0%	100.0%	100.0%	100.0%	100.0%
列总计	453	446	1327	1903	1505	5634

Chi-square test：sig = 0.000 < 0.05，所以不同职业的居民在“典型人物的宣传效果”的回答上有显著差异。

D7d by A59

志愿服务的倡导和推广效果 * 职业 Crosstabulation

	高级白领	低级白领	工人/小生意者	农民	无业失业	总计
没效果	20.8%	20.0%	22.0%	14.4%	19.3%	18.5%
一般	35.3%	30.8%	30.4%	27.6%	28.8%	29.5%
有效果	38.1%	43.1%	31.7%	22.0%	31.3%	29.7%
没听说过	5.8%	6.1%	15.9%	36.0%	20.6%	22.3%
总计	100.0%	100.0%	100.0%	100.0%	100.0%	100.0%
列总计	451	445	1324	1902	1503	5625

Chi-square test：sig = 0.000 < 0.05，所以不同职业的居民在“志愿服务的倡导和推广效果”的回答上有显著差异。

D7e by A59

反腐倡廉的举措的效果 * 职业 Crosstabulation

	高级白领	低级白领	工人/小生意者	农民	无业失业	总计
没效果	38.9%	38.4%	42.4%	33.5%	40.8%	38.4%

续表

	高级白领	低级白领	工人/小生意者	农民	无业失业	总计
一般	30.2%	29.4%	24.1%	24.9%	25.3%	25.6%
有效果	28.3%	28.1%	23.6%	18.1%	20.9%	21.8%
没听说过	2.6%	4.0%	9.9%	23.5%	12.9%	14.3%
总计	100.0%	100.0%	100.0%	100.0%	100.0%	100.0%
列总计	453	445	1322	1906	1500	5626

Chi-square test：sig = 0.000 < 0.05，所以不同职业的居民在“反腐倡廉的举措的效果”的回答上有显著差异。

D7f by A59

《公民道德建设实施纲要》的推进效果 * 职业 Crosstabulation

	高级白领	低级白领	工人/小生意者	农民	无业失业	总计
没效果	26.0%	26.1%	21.5%	15.0%	20.2%	19.7%
一般	35.1%	34.4%	28.0%	22.3%	27.1%	26.9%
有效果	21.6%	22.7%	17.8%	10.7%	16.7%	15.8%
没听说过	17.2%	16.9%	32.7%	51.9%	36.0%	37.6%
总计	100.0%	100.0%	100.0%	100.0%	100.0%	100.0%
列总计	453	445	1323	1903	1499	5623

Chi-square test：sig = 0.000 < 0.05，所以不同职业的居民在“《公民道德建设实施纲要》的推进效果”的回答上有显著差异。

D8a by A59

坑蒙拐骗现象的严重程度 * 职业 Crosstabulation

	高级白领	低级白领	工人/小生意者	农民	无业失业	总计
不严重	14.3%	10.1%	15.1%	22.8%	16.9%	17.7%
一般	29.4%	33.2%	29.0%	31.3%	23.8%	28.8%
严重	56.3%	56.7%	55.9%	45.8%	59.4%	53.5%
总计	100.0%	100.0%	100.0%	100.0%	100.0%	100.0%
列总计	453	446	1328	1911	1506	5644

Chi-square test：sig = 0.033 < 0.05，所以不同职业的居民在“坑蒙拐骗现象的严重程度”的回答上有显著差异。

D8b by A59

人际关系冷漠、见危不救现象的严重程度 * 职业 Crosstabulation

	高级白领	低级白领	工人/小生意者	农民	无业失业	总计
不严重	17.3%	10.8%	14.5%	25.3%	19.6%	19.4%

续表

	高级白领	低级白领	工人/小生意者	农民	无业失业	总计
一般	33.6%	30.9%	33.8%	37.3%	33.1%	34.6%
严重	49.1%	58.3%	51.7%	37.4%	47.3%	46.0%
总计	100.0%	100.0%	100.0%	100.0%	100.0%	100.0%
列总计	452	446	1323	1905	1503	5629

Chi-square test：sig = 0.000 < 0.05，所以不同职业的居民在“人际关系冷漠、见危不救现象的严重程度”的回答上有显著差异。

D8c by A59

诚信缺乏，社会信用低的现象的严重程度 * 职业 Crosstabulation

	高级白领	低级白领	工人/小生意者	农民	无业失业	总计
不严重	9.7%	7.6%	12.0%	18.9%	16.0%	14.9%
一般	33.8%	32.1%	32.5%	38.4%	30.7%	34.1%
严重	56.4%	60.2%	55.5%	42.7%	53.3%	51.1%
总计	100.0%	100.0%	100.0%	100.0%	100.0%	100.0%
列总计	452	445	1324	1890	1504	5615

Chi-square test：sig = 0.000 < 0.05，所以不同职业的居民在“诚信缺乏，社会信用低的现象的严重程度”的回答上有显著差异。

D8d by A59

公共场所缺乏公德，如大声喧哗，不排队，随地吐痰等现象的严重程度 * 职业 Crosstabulation

	高级白领	低级白领	工人/小生意者	农民	无业失业	总计
不严重	16.4%	15.1%	16.2%	18.4%	17.4%	17.2%
一般	29.0%	29.4%	31.8%	36.0%	32.2%	32.9%
严重	54.6%	55.5%	52.0%	45.6%	50.4%	49.9%
总计	100.0%	100.0%	100.0%	100.0%	100.0%	100.0%
列总计	452	445	1328	1885	1501	5611

Chi-square test：sig = 0.007 < 0.05，所以不同职业的居民在“公共场所缺乏公德，如大声喧哗，不排队，随地吐痰等现象的严重程度”的回答上有显著差异。

D8e by A59

自私自利、损人利己、物欲横流现象的严重程度 * 职业 Crosstabulation

	高级白领	低级白领	工人/小生意者	农民	无业失业	总计
不严重	14.8%	12.4%	12.9%	19.4%	15.5%	15.9%
一般	39.8%	39.6%	35.2%	39.9%	34.9%	37.4%
严重	45.4%	48.1%	51.9%	40.7%	49.6%	46.7%
总计	100.0%	100.0%	100.0%	100.0%	100.0%	100.0%
列总计	452	445	1325	1891	1498	5611

Chi-square test：sig = 0.123 > 0.05，所以不同职业的居民在“自私自利、损人利己、物欲横流现象的严重程度”的回答上没有显著差异。

D8f by A59

缺乏公正心和正义感现象的严重程度 * 职业 Crosstabulation

	高级白领	低级白领	工人/小生意者	农民	无业失业	总计
不严重	16.3%	12.6%	15.3%	22.1%	19.5%	18.6%
一般	41.3%	43.0%	40.0%	43.6%	37.9%	41.0%
严重	42.4%	44.4%	44.7%	34.2%	42.7%	40.4%
总计	100.0%	100.0%	100.0%	100.0%	100.0%	100.0%
列总计	453	446	1323	1875	1495	5592

Chi-square test：sig = 0.001 < 0.05，所以不同职业的居民在“缺乏公正心和正义感现象的严重程度”的回答上有显著差异。

D8g by A59

缺乏羞耻感现象的严重程度 * 职业 Crosstabulation

	高级白领	低级白领	工人/小生意者	农民	无业失业	总计
不严重	20.4%	19.5%	20.8%	25.1%	23.7%	22.9%
一般	44.5%	43.7%	45.0%	44.3%	40.9%	43.5%
严重	35.2%	36.8%	34.2%	30.6%	35.4%	33.6%
总计	100.0%	100.0%	100.0%	100.0%	100.0%	100.0%
列总计	452	446	1318	1868	1493	5577

Chi-square test：sig = 0.039 < 0.05，所以不同职业的居民在“缺乏羞耻感现象的严重程度”的回答上有显著差异。

D8h by A59

干部贪污受贿，以权谋私现象的严重程度＊ 职业 Crosstabulation

	高级白领	低级白领	工人/小生意者	农民	无业失业	总计
不严重	7.3%	6.3%	6.8%	9.5%	6.6%	7.6%
一般	18.3%	21.6%	16.4%	22.5%	19.2%	19.7%
严重	74.4%	72.1%	76.9%	68.1%	74.2%	72.6%
总计	100.0%	100.0%	100.0%	100.0%	100.0%	100.0%
列总计	453	444	1318	1873	1487	5575

Chi-square test：sig = 0.248 > 0.05，所以不同职业的居民在“干部贪污受贿，以权谋私现象的严重程度”的回答上没有显著差异。

D8i by A59

生活奢侈，铺张浪费现象的严重程度＊ 职业 Crosstabulation

	高级白领	低级白领	工人/小生意者	农民	无业失业	总计
不严重	14.6%	14.4%	13.2%	18.7%	15.6%	15.9%
一般	36.6%	33.3%	33.6%	35.3%	33.8%	34.4%
严重	48.8%	52.3%	53.2%	46.0%	50.6%	49.6%
总计	100.0%	100.0%	100.0%	100.0%	100.0%	100.0%
列总计	453	444	1326	1891	1498	5612

Chi-square test：sig = 0.102 > 0.05，所以不同职业的居民在“生活奢侈，铺张浪费现象的严重程度”的回答上没有显著差异。

D8j by A59

奉行功利主义，互相算计现象的严重程度＊ 职业 Crosstabulation

	高级白领	低级白领	工人/小生意者	农民	无业失业	总计
不严重	14.6%	9.5%	13.5%	20.2%	16.8%	16.4%
一般	39.7%	44.1%	41.8%	46.3%	41.4%	43.2%
严重	45.7%	46.4%	44.7%	33.5%	41.8%	40.4%
总计	100.0%	100.0%	100.0%	100.0%	100.0%	100.0%
列总计	451	442	1314	1867	1484	5558

Chi-square test：sig = 0.000 < 0.05，所以不同职业的居民在“奉行功利主义，互相算计现象的严重程度”的回答上有显著差异。

D8k by A59

企业损害社会利益，如污染环境，以虚假广告误导公众等现象的严重程度＊职业 Crosstabulation

	高级白领	低级白领	工人/小生意者	农民	无业失业	总计
不严重	12.0%	10.7%	14.1%	18.0%	15.8%	15.4%
一般	36.0%	40.0%	43.6%	53.3%	45.7%	46.4%
严重	52.0%	49.3%	42.3%	28.6%	38.5%	38.2%
总计	100.0%	100.0%	100.0%	100.0%	100.0%	100.0%
列总计	450	440	1296	1753	1434	5373

Chi-square test：sig = 0.000 < 0.05，所以不同职业的居民在“企业损害社会利益，如污染环境，以虚假广告误导公众等现象的严重程度”的回答上有显著差异。

D8l by A59

娱乐界以丑闻，绯闻炒作，污染社会风气现象的严重程度＊职业 Crosstabulation

	高级白领	低级白领	工人/小生意者	农民	无业失业	总计
不严重	15.5%	12.2%	14.2%	19.0%	18.3%	16.8%
一般	39.7%	38.4%	47.1%	52.7%	45.7%	47.2%
严重	44.8%	49.4%	38.7%	28.3%	36.0%	36.0%
总计	100.0%	100.0%	100.0%	100.0%	100.0%	100.0%
列总计	451	443	1302	1756	1457	5409

Chi-square test：sig = 0.000 < 0.05，所以不同职业的居民在“娱乐界以丑闻，绯闻炒作，污染社会风气现象的严重程度”的回答上有显著差异。

D8m by A59

媒体缺乏社会责任，炒作新闻现象的严重程度＊职业 Crosstabulation

	高级白领	低级白领	工人/小生意者	农民	无业失业	总计
不严重	34.6%	30.3%	33.4%	43.9%	32.0%	36.5%
一般	33.0%	38.9%	37.3%	35.2%	36.5%	36.1%
严重	32.4%	30.8%	29.3%	20.9%	31.5%	27.4%
总计	100.0%	100.0%	100.0%	100.0%	100.0%	100.0%
列总计	451	445	1322	1889	1492	5599

Chi-square test：sig = 0.000 < 0.05，所以不同职业的居民在“媒体缺乏社会责任，炒作新闻现象的严重程度”的回答上有显著差异。

D8n by A59

教师不尽职现象的严重程度 * 职业 Crosstabulation

	高级白领	低级白领	工人/小生意者	农民	无业失业	总计
不严重	34.6%	30.3%	33.4%	43.9%	32.0%	36.5%
一般	33.0%	38.9%	37.3%	35.2%	36.5%	36.1%
严重	32.4%	30.8%	29.3%	20.9%	31.5%	27.4%
总计	100.0%	100.0%	100.0%	100.0%	100.0%	100.0%
列总计	451	445	1322	1889	1492	5599

Chi-square test：sig = 0.104 > 0.05，所以不同职业的居民在“教师不尽职现象的严重程度”的回答上没有显著差异。

D8o by A59

医生不守职业道德现象的严重程度 * 职业 Crosstabulation

	高级白领	低级白领	工人/小生意者	农民	无业失业	总计
不严重	26.3%	24.7%	26.6%	38.1%	29.2%	31.0%
一般	34.5%	39.9%	35.6%	35.1%	33.0%	35.0%
严重	39.2%	35.4%	37.8%	26.8%	37.9%	34.0%
总计	100.0%	100.0%	100.0%	100.0%	100.0%	100.0%
列总计	452	446	1324	1903	1499	5624

Chi-square test：sig = 0.000 < 0.05，所以不同职业的居民在“医生不守职业道德现象的严重程度”的回答上有显著差异。

D8p by A59

偷盗现象的严重程度 * 职业 Crosstabulation

	高级白领	低级白领	工人/小生意者	农民	无业失业	总计
不严重	22.3%	15.5%	20.5%	31.1%	24.3%	24.9%
一般	33.8%	35.0%	37.3%	32.9%	31.9%	33.9%
严重	43.9%	49.6%	42.2%	36.0%	43.8%	41.2%
总计	100.0%	100.0%	100.0%	100.0%	100.0%	100.0%
列总计	453	446	1328	1913	1508	5648

Chi-square test：sig = 0.000 < 0.05，所以不同职业的居民在“偷盗现象的严重程度”的回答上有显著差异。

D8q by A59

公众人物用知名度攫取财富现象的严重程度 * 职业 Crosstabulation

	高级白领	低级白领	工人/小生意者	农民	无业失业	总计
不严重	14.4%	14.8%	15.5%	19.6%	17.0%	17.1%

续表

	高级白领	低级白领	工人/小生意者	农民	无业失业	总计
一般	50.0%	45.9%	52.8%	61.0%	51.9%	54.5%
严重	35.6%	39.3%	31.7%	19.4%	31.0%	28.5%
总计	100.0%	100.0%	100.0%	100.0%	100.0%	100.0%
列总计	450	440	1299	1763	1443	5395

Chi-square test：sig = 0.000 < 0.05，所以不同职业的居民在“公众人物用知名度攫取财富现象的严重程度”的回答上有显著差异。

D8r by A59

不爱国现象的严重程度 * 职业 Crosstabulation

	高级白领	低级白领	工人/小生意者	农民	无业失业	总计
不严重	47.3%	46.0%	50.6%	54.2%	52.4%	51.7%
一般	36.1%	40.1%	35.6%	37.2%	33.1%	35.9%
严重	16.6%	13.9%	13.8%	8.5%	14.5%	12.5%
总计	100.0%	100.0%	100.0%	100.0%	100.0%	100.0%
列总计	452	446	1322	1872	1487	5579

Chi-square test：sig = 0.002 < 0.05，所以不同职业的居民在“不爱国现象的严重程度”的回答上有显著差异。

D8s by A59

两性关系过度开放导致婚姻不稳定现象的严重程度 * 职业 Crosstabulation

	高级白领	低级白领	工人/小生意者	农民	无业失业	总计
不严重	18.9%	17.8%	18.7%	24.2%	21.4%	21.2%
一般	41.8%	41.0%	42.8%	50.3%	40.1%	44.3%
严重	39.3%	41.2%	38.5%	25.6%	38.6%	34.5%
总计	100.0%	100.0%	100.0%	100.0%	100.0%	100.0%
列总计	450	444	1313	1826	1473	5506

Chi-square test：sig = 0.001 < 0.05，所以不同职业的居民在“两性关系过度开放导致婚姻不稳定现象的严重程度”的回答上有显著差异。

D8t by A59

年轻人缺乏责任感，不孝敬父母现象的严重程度 * 职业 Crosstabulation

	高级白领	低级白领	工人/小生意者	农民	无业失业	总计
不严重	24.1%	26.2%	27.8%	34.9%	31.3%	30.8%

续表

	高级白领	低级白领	工人/小生意者	农民	无业失业	总计
一般	40.3%	40.6%	37.9%	37.0%	34.5%	37.1%
严重	35.6%	33.2%	34.3%	28.1%	34.2%	32.2%
总计	100.0%	100.0%	100.0%	100.0%	100.0%	100.0%
列总计	452	446	1325	1909	1503	5635

Chi-square test：sig = 0.001 < 0.05，所以不同职业的居民在“年轻人缺乏责任感，不孝敬父母现象的严重程度”的回答上有显著差异。

D8u by A59

老无所养，缺乏安全感现象的严重程度 * 职业 Crosstabulation

	高级白领	低级白领	工人/小生意者	农民	无业失业	总计
不严重	23.9%	24.5%	25.1%	32.5%	29.7%	28.7%
一般	38.3%	35.5%	40.4%	36.5%	33.5%	36.7%
严重	37.8%	40.0%	34.5%	30.9%	36.9%	34.6%
总计	100.0%	100.0%	100.0%	100.0%	100.0%	100.0%
列总计	452	445	1326	1911	1503	5637

Chi-square test：sig = 0.002 < 0.05，所以不同职业的居民在“老无所养，缺乏安全感现象的严重程度”的回答上有显著差异。

D9a by A59

在下列关系中，您认为哪些关系最重要？第一重要的是 * 职业 Crosstabulation

	高级白领	低级白领	工人/小生意者	农民	无业失业	总计
父母与子女	58.4%	61.6%	60.9%	64.2%	59.7%	61.6%
夫妻	26.3%	24.5%	26.2%	24.5%	25.5%	25.3%
兄弟姐妹		0.2%	0.9%	1.1%	0.5%	0.7%
同事或同学	0.2%	1.1%	0.5%	0.3%	0.5%	0.4%
上级与下级	0.7%	1.8%	0.8%	0.5%	1.1%	0.8%
师生	0.4%	0.2%	0.4%	0.2%	0.1%	0.2%
人与自然的关系	2.7%	1.8%	1.2%	0.6%	1.2%	1.2%
个人与社会	4.6%	3.4%	3.8%	2.7%	2.9%	3.3%
个人与国家	2.4%	1.8%	2.0%	3.3%	5.5%	3.4%
个人与工作单位	0.7%	1.6%	0.5%	0.4%	0.5%	0.5%
通过网络建立的关系	0.2%		0.3%	0.1%	0.1%	0.1%

续表

	高级白领	低级白领	工人/小生意者	农民	无业失业	总计
朋友	0.9%	0.9%	0.7%	0.9%	0.5%	0.7%
个人与自身的关系	2.4%	0.9%	1.7%	1.1%	1.7%	1.5%
其他		0.2%	0.1%	0.1%	0.1%	0.1%
总计	100.0%	100.0%	100.0%	100.0%	100.0%	100.0%
列总计	452	445	1325	1896	1500	5618

Chi-square test：sig = 0.765 > 0.05，所以不同职业的居民在“哪些关系最重要？第一重要”的回答上没有显著差异。

D9b by A59

在下列关系中，您认为哪些关系最重要？第二重要的是 * 职业 Crosstabulation

	高级白领	低级白领	工人/小生意者	农民	无业失业	总计
父母与子女	26.8%	24.5%	26.6%	26.5%	28.4%	26.9%
夫妻	45.0%	45.8%	44.7%	49.4%	46.3%	46.8%
兄弟姐妹	5.1%	7.0%	7.7%	9.7%	7.2%	8.0%
同事或同学	1.1%	2.0%	1.5%	1.1%	0.9%	1.2%
上级与下级	1.8%	2.9%	1.8%	0.6%	1.3%	1.3%
师生	0.9%	1.6%	0.5%	0.8%	1.0%	0.9%
人与自然的关系	2.7%	1.8%	2.3%	1.0%	1.7%	1.7%
个人与社会	4.0%	4.3%	5.2%	4.1%	5.6%	4.8%
个人与国家	4.2%	2.5%	2.5%	2.5%	2.9%	2.8%
个人与工作单位	4.2%	1.6%	2.0%	0.6%	1.3%	1.5%
通过网络建立的关系		0.7%	0.2%	0.1%	0.3%	0.2%
朋友	2.9%	4.5%	3.6%	2.5%	1.9%	2.8%
个人与自身的关系	1.3%	0.9%	1.4%	1.0%	1.1%	1.2%
其他			0.1%	0.1%	0.1%	0.1%
总计	100.0%	100.0%	100.0%	100.00%	100.00%	100.00%
列总计	451	445	1321	1886	1494	5597

Chi-square test：sig = 0.000 < 0.05，所以不同职业的居民在“哪些关系最重要？第二重要”的回答上有显著差异。

D9c by A59

在下列关系中，您认为哪些关系最重要？第三重要的是 * 职业 Crosstabulation

	高级白领	低级白领	工人/小生意者	农民	无业失业	总计
父母与子女	5.8%	5.4%	4.9%	4.5%	4.9%	4.9%

续表

	高级白领	低级白领	工人/小生意者	农民	无业失业	总计
夫妻	7.5%	7.4%	8.9%	9.8%	8.7%	8.9%
兄弟姐妹	32.6%	30.3%	40.6%	52.2%	42.4%	43.5%
同事或同学	6.2%	8.5%	4.5%	2.3%	3.6%	4.0%
上级与下级	5.8%	4.9%	2.8%	0.9%	3.2%	2.7%
师生	1.6%	0.9%	1.4%	1.6%	1.7%	1.5%
人与自然的关系	3.1%	2.9%	3.3%	2.4%	2.4%	2.7%
个人与社会	10.6%	11.2%	9.2%	6.3%	9.2%	8.5%
个人与国家	4.0%	3.4%	4.7%	5.2%	5.5%	4.9%
个人与工作单位	6.9%	6.5%	4.1%	1.8%	3.8%	3.7%
通过网络建立的关系	0.7%	0.2%	0.2%	0.2%	0.3%	0.2%
朋友	10.4%	13.0%	11.2%	9.7%	10.7%	10.6%
个人与自身的关系	4.4%	5.2%	4.0%	2.9%	3.4%	3.6%
其他	0.4%		0.2%	0.3%	0.3%	0.3%
总计	100.0%	100.0%	100.0%	100.0%	100.0%	100.0%
列总计	451	445	1317	1865	1483	5561

Chi-square test：sig = 0.000 < 0.05，所以不同职业的居民在“哪些关系最重要？第三重要”的回答上有显著差异。

D10 by A59

现在社会上有些人不守道德反而占了便宜，您会不会为了得到好处而效仿 * 职业 Crosstabulation

	高级白领	低级白领	工人/小生意者	农民	无业失业	总计
从来不这么做	72.9%	68.9%	70.1%	72.4%	77.9%	73.1%
通常不这么做，关键时刻会这么做	16.3%	19.0%	15.4%	12.7%	10.7%	13.6%
经常这么做	2.5%	1.6%	1.3%	1.2%	1.2%	1.3%
说不清	8.3%	10.4%	13.2%	13.8%	10.2%	12.0%
总计	100.0%	100.0%	100.0%	100.0%	100.0%	100.0%
列总计	447	441	1306	1896	1489	5579

Chi-square test：sig = 0.823 > 0.05，所以不同职业的居民在“现在社会上有些人不守道德反而占了便宜，您会不会为了得到好处而效仿”的回答上没有显著差异。

D11a by A59

如果您与下列人员发生重大利益冲突，您首先会选择哪种途径来解决？家庭成员之间＊职业 Crosstabulation

	高级白领	低级白领	工人/小生意者	农民	无业失业	总计
诉诸法律，打官司		0.4%	0.8%	0.5%	0.8%	0.6%
直接找对方沟通但得理让人，适可而止	57.4%	53.4%	58.6%	49.5%	54.5%	53.9%
通过第三方从中调解，尽量不伤和气	7.5%	8.3%	7.6%	8.8%	9.6%	8.6%
能忍则忍	32.7%	33.9%	30.2%	37.8%	31.6%	33.6%
不适用	2.4%	4.0%	2.9%	3.6%	3.4%	3.3%
总计	100.0%	100.0%	100.0%	100.0%	100.0%	100.0%
列总计	453	446	1326	1915	1508	5648

Chi-square test：$sig = 0.148 > 0.05$，所以不同职业的居民在"与家庭成员发生重大利益冲突，您首先会选择哪种途径来解决"的回答上没有显著差异。

D11b by A59

如果您与下列人员发生重大利益冲突，您首先会选择哪种途径来解决？朋友之间＊职业 Crosstabulation

	高级白领	低级白领	工人/小生意者	农民	无业失业	总计
诉诸法律，打官司	0.2%	1.3%	1.5%	1.0%	1.3%	1.2%
直接找对方沟通但得理让人，适可而止	55.8%	51.3%	52.7%	46.0%	49.8%	49.8%
通过第三方从中调解，尽量不伤和气	23.4%	26.2%	23.6%	21.6%	24.7%	23.4%
能忍则忍	18.5%	18.4%	19.5%	26.8%	21.5%	22.4%
不适用	2.0%	2.7%	2.6%	4.5%	2.7%	3.3%
总计	100.0%	100.0%	100.0%	100.0%	100.0%	100.0%
列总计	453	446	1325	1915	1507	5646

Chi-square test：$sig = 0.001 < 0.05$，所以不同职业的居民在"与朋友发生重大利益冲突，您首先会选择哪种途径来解决"的回答上有显著差异。

D11c by A59

如果您与下列人员发生重大利益冲突，您首先会选择哪种途径来解决？同事之间＊职业 Crosstabulation

	高级白领	低级白领	工人/小生意者	农民	无业失业	总计
诉诸法律，打官司	2.4%	2.5%	2.3%	1.8%	2.0%	2.1%
直接找对方沟通但得理让人，适可而止	46.0%	43.5%	42.9%	27.7%	39.0%	37.0%
通过第三方从中调解，尽量不伤和气	26.5%	29.4%	27.4%	17.7%	23.4%	23.1%
能忍则忍	18.6%	20.9%	17.1%	12.3%	16.2%	15.6%
不适用	6.4%	3.8%	10.3%	40.5%	19.4%	22.1%
总计	100.0%	100.0%	100.0%	100.0%	100.0%	100.0%
列总计	452	446	1325	1910	1507	5640

Chi-square test：sig = 0.000 < 0.05，所以不同职业的居民在"与同事发生重大利益冲突，您首先会选择哪种途径来解决"的回答上有显著差异。

D11d by A59

如果您与下列人员发生重大利益冲突，您首先会选择哪种途径来解决？商业伙伴之间＊职业 Crosstabulation

	高级白领	低级白领	工人/小生意者	农民	无业失业	总计
诉诸法律，打官司	29.6%	28.3%	24.3%	15.5%	21.2%	21.2%
直接找对方沟通但得理让人，适可而止	22.5%	19.8%	21.3%	15.3%	17.3%	18.2%
通过第三方从中调解，尽量不伤和气	19.9%	20.9%	18.2%	13.2%	13.4%	15.6%
能忍则忍	6.8%	6.3%	6.5%	5.4%	5.9%	6.0%
不适用	21.2%	24.7%	29.7%	50.6%	42.2%	39.1%
总计	100.0%	100.0%	100.0%	100.0%	100.0%	100.0%
列总计	453	445	1323	1907	1503	5631

Chi-square test：sig = 0.000 < 0.05，所以不同职业的居民在"与商业伙伴发生重大利益冲突，您首先会选择哪种途径来解决"的回答上有显著差异。

D12 by A59

一些政府机关和大中小学，利用权力让本单位的职工子女在很好的学校读书，或降分，您认为这种行为道德吗？ * 职业 Crosstabulation

	高级白领	低级白领	工人/小生意者	农民	无业失业	总计
为本单位人员谋福利，符合道德	3.8%	3.4%	3.3%	3.9%	3.9%	3.7%
以权谋私，不道德	57.2%	62.3%	62.9%	62.4%	58.8%	61.1%
是对社会公众的欺骗，严重不道德	20.5%	20.2%	21.9%	16.5%	21.5%	19.8%
符合本单位员工利益和内部伦理，但严重侵蚀社会道德	13.0%	8.3%	6.0%	6.0%	7.3%	7.1%
无所谓道德不道德	5.5%	5.8%	5.9%	11.2%	8.6%	8.3%
总计	100.0%	100.0%	100.0%	100.0%	100.0%	100.0%
列总计	453	446	1322	1876	1497	5594

Chi-square test：sig = 0.041 < 0.05，所以不同职业的居民在“一些政府机关和大中小学，利用权力让本单位的职工子女在很好的学校读书，或降分，您认为这种行为道德吗”的回答上有显著差异。

D13 by A59

如果您所在的单位有一项举措可以提高集体福利并使您个人得到利益，但会造成环境污染或社会公害，您会举报吗 * 职业 Crosstabulation

	高级白领	低级白领	工人/小生意者	农民	无业失业	总计
会	57.9%	54.2%	55.8%	54.3%	59.3%	56.3%
不会	42.1%	45.8%	44.2%	45.7%	40.7%	43.7%
总计	100.0%	100.0%	100.0%	100.0%	100.0%	100.0%
列总计	451	439	1308	1833	1483	5514

Chi-square test：sig = 0.000 < 0.05，所以不同职业的居民在“如果您所在的单位有一项举措可以提高集体福利并使您个人得到利益，但会造成环境污染或社会公害，您会举报吗”的回答上有显著差异。

D14 by A59

您认为对当前我国伦理关系和道德风尚造成最大负面影响的因素是 * 职业 Crosstabulation

	高级白领	低级白领	工人/小生意者	农民	无业失业	总计
传统文化的崩坏	26.5%	28.8%	30.8%	43.5%	35.5%	35.6%
外来文化的冲击	22.5%	21.8%	25.6%	20.6%	24.2%	23.0%
市场经济导致的个人主义	38.2%	38.5%	31.2%	26.7%	28.9%	30.3%

续表

	高级白领	低级白领	工人/小生意者	农民	无业失业	总计
计算机网络技术的发展	11.7%	9.3%	9.5%	5.7%	7.9%	8.0%
其他	1.1%	1.6%	3.0%	3.5%	3.5%	3.0%
总计	100.0%	100.0%	100.0%	100.0%	100.0%	100.0%
列总计	445	441	1279	1692	1410	5267

Chi-square test: sig = 0.000 < 0.05，所以不同职业的居民在“您认为对当前我国伦理关系和道德风尚造成最大负面影响的因素是”的回答上有显著差异。

D15 by A59

从网络中获得的信息（文字、图片、视频等）对您的思想行为影响如何 * 职业 Crosstabulation

	高级白领	低级白领	工人/小生意者	农民	无业失业	总计
有影响	84.4%	84.1%	60.3%	29.6%	39.7%	48.3%
没影响	3.6%	5.6%	5.0%	3.7%	3.6%	4.1%
不适用，因为不上网	12.0%	10.3%	34.7%	66.8%	56.7%	47.6%
总计	100.0%	100.0%	100.0%	100.0%	100.0%	100.0%
列总计	450	446	1324	1881	1498	5599

Chi-square test: sig = 0.000 < 0.05，所以不同职业的居民在“从网络中获得的信息（文字、图片、视频等）对您的思想行为影响如何”的回答上有显著差异。

D16 by A59

您认为在自己的成长中得到道德训练的最重要场所或机构是 * 职业 Crosstabulation

	高级白领	低级白领	工人/小生意者	农民	无业失业	总计
家庭	40.4%	37.0%	46.6%	61.2%	48.2%	50.7%
学校	21.5%	22.9%	18.7%	15.7%	17.0%	17.8%
社会	31.0%	33.6%	30.6%	17.8%	25.5%	25.2%
国家或政府	3.5%	4.0%	2.5%	2.6%	5.5%	3.5%
媒体	3.1%	1.8%	1.1%	1.5%	2.1%	1.7%
其他	0.4%	0.7%	0.5%	1.1%	1.8%	1.1%
总计	100.0%	100.0%	100.0%	100.0%	100.0%	100.0%
列总计	451	446	1325	1883	1503	5608

Chi-square test: sig = 0.000 < 0.05，所以不同职业的居民在“您认为在自己的成长中得到道德训练的最重要场所或机构是”的回答上有显著差异。

D17a by A59

您对下列群体的伦理道德状况的满意度如何？政府官员 * 职业 Crosstabulation

	高级白领	低级白领	工人/小生意者	农民	无业失业	总计
不满意	48.6%	49.7%	53.3%	45.7%	48.8%	48.9%
一般	38.6%	39.6%	36.1%	34.2%	35.3%	35.7%
满意	12.8%	10.8%	10.6%	20.1%	15.9%	15.4%
总计	100.0%	100.0%	100.0%	100.0%	100.0%	100.0%
列总计	453	445	1320	1890	1498	5606

Chi-square test：sig = 0.000 < 0.05，所以不同职业的居民在对政府官员的伦理道德状况的满意度的回答上有显著差异。

D17b by A59

您对下列群体的伦理道德状况的满意度如何？企业家 * 职业 Crosstabulation

	高级白领	低级白领	工人/小生意者	农民	无业失业	总计
不满意	18.3%	27.0%	25.4%	20.3%	25.3%	23.2%
一般	61.1%	56.8%	56.1%	59.6%	54.2%	57.2%
满意	20.5%	16.2%	18.5%	20.1%	20.5%	19.6%
总计	100.0%	100.0%	100.0%	100.0%	100.0%	100.0%
列总计	453	444	1316	1855	1477	5545

Chi-square test：sig = 0.000 < 0.05，所以不同职业的居民在对企业家的伦理道德状况的满意度的回答上有显著差异。

D17c by A59

您对下列群体的伦理道德状况的满意度如何？演艺娱乐界明星 * 职业 Crosstabulation

	高级白领	低级白领	工人/小生意者	农民	无业失业	总计
不满意	32.4%	35.1%	28.7%	18.6%	26.5%	25.6%
一般	57.0%	55.8%	58.3%	65.7%	61.9%	61.4%
满意	10.5%	9.1%	13.0%	15.8%	11.6%	13.0%
总计	100.0%	100.0%	100.0%	100.0%	100.0%	100.0%
列总计	447	441	1297	1788	1439	5412

Chi-square test：sig = 0.000 < 0.05，所以不同职业的居民在对演艺娱乐界明星的伦理道德状况的满意度的回答上有显著差异。

D17d by A59

您对下列群体的伦理道德状况的满意度如何？教师 * 职业 Crosstabulation

	高级白领	低级白领	工人/小生意者	农民	无业失业	总计
不满意	14.3%	15.5%	14.0%	9.4%	15.0%	12.9%
一般	32.7%	36.8%	31.9%	27.6%	34.0%	31.5%
满意	53.0%	47.8%	54.0%	63.0%	51.0%	55.7%
总计	100.0%	100.0%	100.0%	100.0%	100.0%	100.0%
列总计	453	446	1321	1893	1505	5618

Chi-square test：sig = 0.000 < 0.05，所以不同职业的居民在对教师的伦理道德状况的满意度的回答上有显著差异。

D17e by A59

您对下列群体的伦理道德状况的满意度如何？青少年 * 职业 Crosstabulation

	高级白领	低级白领	工人/小生意者	农民	无业失业	总计
不满意	15.9%	16.0%	13.2%	12.4%	14.8%	13.8%
一般	47.0%	45.3%	49.8%	44.2%	46.9%	46.6%
满意	37.1%	38.7%	37.0%	43.4%	38.3%	39.7%
总计	100.0%	100.0%	100.0%	100.0%	100.0%	100.0%
列总计	453	444	1325	1897	1500	5619

Chi-square test：sig = 0.003 < 0.05，所以不同职业的居民在对青少年的伦理道德状况的满意度的回答上有显著差异。

D17f by A59

您对下列群体的伦理道德状况的满意度如何？农民 * 职业 Crosstabulation

	高级白领	低级白领	工人/小生意者	农民	无业失业	总计
不满意	8.8%	9.2%	4.5%	2.6%	5.1%	4.7%
一般	44.4%	47.9%	42.5%	31.1%	40.6%	38.7%
满意	46.8%	42.9%	53.0%	66.3%	54.3%	56.5%
总计	100.0%	100.0%	100.0%	100.0%	100.0%	100.0%
列总计	453	445	1323	1903	1502	5626

Chi-square test：sig = 0.000 < 0.05，所以不同职业的居民在对农民的伦理道德状况的满意度的回答上有显著差异。

D17g by A59

您对下列群体的伦理道德状况的满意度如何？商人＊ 职业 Crosstabulation

	高级白领	低级白领	工人/小生意者	农民	无业失业	总计
不满意	30.5%	33.7%	31.9%	25.1%	35.8%	30.7%
一般	56.0%	51.9%	51.6%	55.4%	49.3%	52.6%
满意	13.5%	14.4%	16.6%	19.5%	14.9%	16.7%
总计	100.0%	100.0%	100.0%	100.0%	100.0%	100.0%
列总计	452	445	1317	1875	1497	5586

Chi-square test：sig = 0.000 < 0.05，所以不同职业的居民在对商人的伦理道德状况的满意度的回答上有显著差异。

D17h by A59

您对下列群体的伦理道德状况的满意度如何？工人＊ 职业 Crosstabulation

	高级白领	低级白领	工人/小生意者	农民	无业失业	总计
不满意	5.6%	5.4%	4.3%	4.6%	4.3%	4.6%
一般	48.9%	49.4%	50.0%	48.1%	46.2%	48.2%
满意	45.6%	45.2%	45.7%	47.2%	49.5%	47.2%
总计	100.0%	100.0%	100.0%	100.0%	100.0%	100.0%
列总计	450	445	1316	1872	1489	5572

Chi-square test：sig = 0.063 > 0.05，所以不同职业的居民在对工人的伦理道德状况的满意度的回答上没有显著差异。

D17i by A59

您对下列群体的伦理道德状况的满意度如何？专家学者＊ 职业 Crosstabulation

	高级白领	低级白领	工人/小生意者	农民	无业失业	总计
不满意	13.6%	14.7%	10.0%	7.4%	10.3%	9.9%
一般	46.2%	43.8%	44.7%	45.6%	44.4%	45.0%
满意	40.2%	41.5%	45.3%	46.9%	45.3%	45.1%
总计	100.0%	100.0%	100.0%	100.0%	100.0%	100.0%
列总计	450	443	1310	1832	1470	5505

Chi-square test：sig = 0.499 > 0.05，所以不同职业的居民在对专家学者的伦理道德状况的满意度的回答上没有显著差异。

D17j by A59

您对下列群体的伦理道德状况的满意度如何？医生 * 职业 Crosstabulation

	高级白领	低级白领	工人/小生意者	农民	无业失业	总计
不满意	18.0%	26.1%	25.7%	15.6%	22.8%	20.9%
一般	48.8%	43.7%	39.1%	34.2%	37.2%	38.1%
满意	33.3%	30.2%	35.2%	50.2%	39.9%	41.0%
总计	100.0%	100.0%	100.0%	100.0%	100.0%	100.0%
列总计	451	444	1315	1895	1497	5602

Chi-square test：sig = 0.000 < 0.05，所以不同职业的居民在对医生的伦理道德状况的满意度的回答上有显著差异。

D18 by A59

您觉得当前我国政府官员道德问题最严重的是 * 职业 Crosstabulation

	高级白领	低级白领	工人/小生意者	农民	无业失业	总计
贪污	30.1%	33.9%	41.6%	48.7%	44.2%	43.1%
以权谋私	29.2%	28.7%	26.6%	20.8%	25.7%	24.8%
受贿	9.1%	9.9%	8.0%	8.1%	6.6%	7.9%
生活作风腐败	10.0%	8.3%	9.5%	7.6%	8.8%	8.6%
官僚主义	3.5%	5.6%	3.3%	2.8%	2.6%	3.1%
平庸，不作为	4.9%	4.5%	3.4%	4.2%	3.7%	3.9%
政绩工程，折腾百姓	8.0%	5.6%	4.2%	3.7%	3.6%	4.3%
铺张浪费	1.8%	1.3%	1.5%	1.7%	1.7%	1.6%
拉帮结派	1.8%	0.7%	0.8%	0.4%	0.9%	0.8%
其他	1.8%	1.6%	1.1%	2.0%	2.2%	1.8%
总计	100.0%	100.0%	100.0%	100.0%	100.0%	100.0%
列总计	452	446	1314	1854	1475	5541

Chi-square test：sig = 0.000 < 0.05，所以不同职业的居民在当前我国政府官员道德最严重问题的回答上有显著差异。

D19a by A59

您的思想行为受什么人的影响最大？第一位的是 * 职业 Crosstabulation

	高级白领	低级白领	工人/小生意者	农民	无业失业	总计
政府官员	11.6%	10.8%	7.4%	5.4%	10.6%	8.2%
企业家	3.3%	2.2%	3.3%	1.2%	2.3%	2.3%

续表

	高级白领	低级白领	工人/小生意者	农民	无业失业	总计
演艺明星、体育明星	0.4%	0.7%	1.1%	0.5%	0.6%	0.7%
教师	10.0%	9.2%	11.4%	10.2%	11.8%	10.8%
知识精英	5.1%	4.5%	3.3%	1.0%	2.0%	2.5%
自由职业者	0.4%	0.9%	1.0%	0.2%	0.9%	0.6%
农民	1.3%	1.3%	2.0%	5.4%	1.9%	3.0%
工人	0.4%	0.9%	1.6%	0.6%	1.9%	1.2%
先哲先贤	6.2%	3.6%	2.3%	2.4%	3.7%	3.1%
父母	61.1%	65.9%	66.6%	73.1%	64.2%	67.7%
总计	100.0%	100.0%	100.0%	100.0%	100.0%	100.0%
列总计	450	446	1318	1867	1469	5550

Chi-square test：sig = 0.000 < 0.05，所以不同职业的居民在“您的思想行为受什么人的影响最大？第一位的是”的回答上有显著差异。

D19b by A59

您的思想行为受什么人的影响最大？第二位的是 * 职业 Crosstabulation

	高级白领	低级白领	工人/小生意者	农民	无业失业	总计
政府官员	3.8%	5.5%	4.6%	5.4%	5.6%	5.1%
企业家	9.2%	5.2%	5.3%	2.1%	4.3%	4.3%
演艺明星、体育明星	1.4%	1.6%	1.6%	1.2%	1.2%	1.3%
教师	43.7%	48.7%	40.9%	37.7%	41.8%	41.0%
知识精英	10.4%	8.4%	5.7%	3.6%	5.9%	5.7%
自由职业者	2.5%	1.8%	2.6%	1.0%	1.4%	1.7%
农民	2.0%	2.3%	10.6%	24.1%	9.4%	13.4%
工人	2.7%	2.7%	5.5%	3.1%	5.6%	4.3%
先哲先贤	11.3%	11.2%	9.0%	6.2%	8.6%	8.3%
父母	13.1%	12.5%	14.2%	15.6%	16.2%	15.0%
总计	100.0%	100.0%	100.0%	100.0%	100.0%	100.0%
列总计	444	439	1288	1794	1432	5397

Chi-square test：sig = 0.000 < 0.05，所以不同职业的居民在“您的思想行为受什么人的影响最大？第二位的是”的回答上有显著差异。

D19c by A59

您的思想行为受什么人的影响最大？第三位的是 * 职业 Crosstabulation

	高级白领	低级白领	工人/小生意者	农民	无业失业	总计
政府官员	9.7%	9.7%	10.4%	14.4%	12.3%	12.1%
企业家	5.3%	7.1%	6.7%	3.6%	3.7%	4.8%
演艺明星、体育明星	4.2%	2.8%	3.5%	2.0%	2.1%	2.6%
教师	15.5%	15.0%	17.2%	15.3%	16.3%	16.0%
知识精英	23.7%	24.2%	15.3%	11.9%	16.0%	15.8%
自由职业者	5.1%	3.2%	5.3%	4.0%	3.9%	4.3%
农民	7.7%	4.8%	11.4%	21.7%	12.7%	14.3%
工人	4.9%	5.1%	10.9%	8.8%	12.2%	9.5%
先哲先贤	14.4%	19.6%	12.5%	12.0%	13.5%	13.3%
父母	9.5%	8.5%	6.9%	6.2%	7.4%	7.2%
总计	100.0%	100.0%	100.0%	100.0%	100.0%	100.0%
列总计	431	434	1253	1731	1390	5239

Chi-square test：sig = 0.000 < 0.05，所以不同职业的居民在“您的思想行为受什么人的影响最大？第三位的是”的回答上有显著差异。

D20 by A59

您认为目前我国社会成员之间的收入差距如何 * 职业 Crosstabulation

	高级白领	低级白领	工人/小生意者	农民	无业失业	总计
合理，可以接受	14.6%	13.0%	12.8%	15.6%	12.6%	13.9%
不合理，但可以接受	53.0%	57.0%	48.3%	39.8%	42.9%	45.0%
不合理，不能接受	23.6%	24.7%	30.2%	27.7%	34.4%	29.5%
说不清	8.8%	5.4%	8.7%	16.8%	10.1%	11.6%
总计	100.0%	100.0%	100.0%	100.0%	100.0%	100.0%
列总计	453	446	1326	1925	1510	5660

Chi-square test：sig = 0.000 < 0.05，所以不同职业的居民在“您认为目前我国社会成员之间的收入差距如何”的回答上有显著差异。

D21 by A59

如果国外报道与主流媒体宣传内容不一致，您倾向于相信 * 职业 Crosstabulation

	高级白领	低级白领	工人/小生意者	农民	无业失业	总计
主流媒体	36.1%	38.2%	41.1%	39.5%	42.6%	40.3%

续表

	高级白领	低级白领	工人/小生意者	农民	无业失业	总计
国外报道	13.1%	10.1%	6.9%	3.9%	5.7%	6.3%
谁都不相信，自己判断	37.4%	40.9%	28.5%	17.5%	24.8%	25.5%
说不清	13.5%	10.8%	23.5%	39.1%	27.0%	27.9%
总计	100.0%	100.0%	100.0%	100.0%	100.0%	100.0%
列总计	452	445	1325	1917	1504	5643

Chi-square test：sig = 0.000 < 0.05，所以不同职业的居民在“如果国外报道与主流媒体宣传内容不一致，您倾向于相信”的回答上有显著差异。

D22 by A59

您认为当前我国社会道德生活中最重要的元素是 * 职业 Crosstabulation

	高级白领	低级白领	工人/小生意者	农民	无业失业	总计
意识形态中所提倡的社会主义道德	19.6%	16.7%	17.3%	18.5%	18.1%	18.1%
中国传统道德	58.6%	58.6%	63.1%	67.1%	68.4%	65.1%
西方文化影响而形成的道德	2.4%	5.4%	6.1%	3.8%	2.9%	4.1%
市场经济中形成的道德	18.5%	18.3%	12.2%	8.2%	9.1%	11.1%
其他	0.9%	0.9%	1.2%	2.4%	1.5%	1.6%
总计	100.0%	100.0%	100.0%	100.0%	100.0%	100.0%
列总计	449	442	1290	1765	1444	5390

Chi-square test：sig = 0.000 < 0.05，所以不同职业的居民在“您认为当前我国社会道德生活中最重要的元素是”的回答上有显著差异。

D23 by A59

假设您的上司或老板是外国人，如果他侮辱了中国，但抗争会产生不利于自己的后果，您会怎么做 * 职业 Crosstabulation

	高级白领	低级白领	工人/小生意者	农民	无业失业	总计
当面抗议	66.8%	54.5%	58.0%	55.6%	58.9%	57.9%
保持沉默	16.0%	24.5%	20.2%	19.9%	19.1%	19.8%
暗地里报复	4.2%	3.9%	2.9%	1.8%	2.8%	2.7%
以屈求伸，背后骂几句就行了	7.6%	10.0%	8.7%	9.4%	9.8%	9.2%
无所谓	5.3%	7.0%	10.1%	13.3%	9.3%	10.3%
总计	100.0%	100.0%	100.0%	100.0%	100.0%	100.0%

续表

	高级白领	低级白领	工人/小生意者	农民	无业失业	总计
列总计	449	440	1299	1793	1468	5449

Chi-square test：sig = 0. 000 < 0. 05，所以不同职业的居民在“假设您的上司或老板是外国人，如果他侮辱了中国，但抗争会产生不利于自己的后果，您会怎么做”的回答上有显著差异。

D24 by A59

您认为哪一种伦理关系对社会秩序和个人生活最具根本性意义 * 职业 Crosstabulation

	高级白领	低级白领	工人/小生意者	农民	无业失业	总计
家庭伦理关系或血缘关系	52. 1%	52. 4%	63. 4%	72. 5%	62. 7%	64. 4%
个人与社会的关系	27. 2%	28. 0%	20. 7%	14. 8%	18. 5%	19. 3%
职业伦理关系	4. 9%	6. 3%	3. 4%	1. 6%	2. 8%	3. 0%
个人与国家民族的关系	9. 6%	6. 5%	6. 4%	7. 1%	10. 3%	7. 9%
个人与自然的关系	1. 3%	3. 4%	2. 1%	1. 1%	2. 1%	1. 8%
个人与他自身的关系	4. 2%	3. 2%	3. 4%	2. 2%	2. 7%	2. 9%
其他	0. 7%	0. 2%	0. 6%	0. 8%	0. 9%	0. 7%
总计	100. 0%	100. 0%	100. 0%	100. 0%	100. 0%	100. 0%
列总计	449	443	1311	1834	1478	5515

Chi-square test：sig = 0. 000 < 0. 05，所以不同职业的居民在“您认为哪一种伦理关系对社会秩序和个人生活最具根本性意义”的回答上有显著差异。

中国伦理道德评价的宗教差异

D1 by A5

您对当前我国社会的道德状况的总体满意程度是 * 宗教信仰 Crosstabulation

	否	是	总计
非常满意	2. 0%	2. 1%	2. 1%
比较满意	35. 5%	33. 4%	33. 7%
一般	38. 4%	41. 9%	41. 5%
比较不满意	20. 0%	18. 9%	19. 0%
非常不满意	4. 0%	3. 7%	3. 8%
总计	100. 0%	100. 0%	100. 0%
列总计	645	4984	5629

Chi-square test：sig = 0. 957 > 0. 05，所以信仰宗教和不信仰宗教的居民“您对当前我国社会的道德状况的总体满意程度是”的回答上没有显著差异。

D2 by A5

您对当前我国社会的人际关系的总体满意程度是 * 宗教信仰 Crosstabulation

	否	是	总计
非常满意	3. 6%	2. 1%	2. 3%
比较满意	36. 3%	35. 0%	35. 1%
一般	42. 9%	45. 3%	45. 0%
比较不满意	15. 4%	15. 4%	15. 4%
非常不满意	1. 9%	2. 1%	2. 1%
总计	100. 0%	100. 0%	100. 0%
列总计	644	4972	5616

Chi-square test：sig = 0. 374 > 0. 05，所以信仰宗教和不信仰宗教的居民在对“您对当前我国社会的人际关系的总体满意程度是”的回答上没有显著差异。

D3 by A5

您认为当前中国社会个人道德素质的主要问题是 * 宗教信仰 Crosstabulation

	否	是	总计
道德上无知	13. 7%	12. 1%	12. 3%

续表

	否	是	总计
有道德知识，但不见诸行动	67. 9%	66. 6%	66. 7%
既道德上无知，也不见道德行动	15. 0%	17. 5%	17. 3%
其他	3. 3%	3. 8%	3. 7%
总计	100. 0%	100. 0%	100. 0%
列总计	605	4757	5362

Chi-square test：sig = 0. 461 > 0. 05，所以信仰宗教和不信仰宗教的居民在“您认为当前中国社会个人道德素质的主要问题是”的回答上没有显著差异。

D4 by A5

下列哪个因素最可能影响人际关系紧张 * 宗教信仰 Crosstabulation

	否	是	总计
社会资源缺乏，引发恶性竞争	7. 9%	9. 1%	8. 9%
过度宣扬竞争意识	6. 1%	5. 0%	5. 1%
社会财富分配不公，贫富差距过大	43. 8%	44. 7%	44. 6%
个人主义盛行	7. 7%	9. 1%	8. 9%
缺乏爱心	8. 7%	6. 3%	6. 6%
缺乏宽容	5. 8%	6. 0%	5. 9%
缺乏相互理解和沟通的意识和能力	12. 4%	10. 6%	10. 8%
制度安排不公正，机会不平等	5. 2%	6. 3%	6. 2%
一切诉诸利益或法律，人际关系缺乏伦理调节的机制和能力	1. 3%	1. 5%	1. 5%
其他	1. 1%	1. 6%	1. 5%
总计	100. 0%	100. 0%	100. 0%
列总计	621	4782	5403

Chi-square test：sig = 0. 212 > 0. 05，所以信仰宗教和不信仰宗教的居民在“下列哪个因素最可能影响人际关系紧张”的回答上没有显著差异。

D5 by A5

当前有些人身心不和谐，如忧郁、精神分裂、自杀等，您认为造成这种情况的最主要原因 * 宗教信仰 Crosstabulation

	否	是	总计
欲望过多过大，不能知足常乐	17. 6%	16. 5%	16. 7%

续表

	否	是	总计
社会保障体系不健全，对自己和未来没有把握	11.3%	12.7%	12.5%
竞争激烈，工作压力过大，身心疲惫	30.2%	33.0%	32.7%
人与人之间缺乏信任感，人际关系紧张	11.3%	11.3%	11.3%
有烦恼很难找到人倾诉和排解	7.8%	5.5%	5.7%
个人的文化底蕴和文化积累不够，缺乏自我理解和自我调节能力	10.0%	8.8%	9.0%
现代人缺乏安顿自己、化解内心矛盾的能力	3.9%	3.5%	3.5%
缺乏道德公正，没有道德的人总是占便宜	1.9%	3.0%	2.9%
缺乏理想和信念支持，精神没有寄托和归宿	3.4%	3.3%	3.3%
其他	2.6%	2.3%	2.4%
总计	100.0%	100.0%	100.0%
列总计	619	4763	5382

Chi-square test：sig = 0.541 > 0.05，所以信仰宗教和不信仰宗教的居民在“当前有些人身心不和谐，如忧郁、精神分裂、自杀等，您认为造成这种情况的最主要原因”的回答上没有显著差异。

D7a by A5

文明城市创建的效果 * 宗教信仰 Crosstabulation

	否	是	总计
没听说过该活动	20.0%	19.8%	19.8%
完全没有效果	3.4%	3.2%	3.2%
有较少的效果	16.6%	14.9%	15.1%
一般	30.7%	33.3%	33.0%
有较多的效果	23.3%	22.3%	22.5%
有非常多的效果	6.0%	6.5%	6.4%
总计	100.0%	100.0%	100.0%

Chi-square test：sig = 0.883 > 0.05，所以信仰宗教和不信仰宗教的居民在“文明城市创建的效果”的回答上没有显著差异。

D7b by A5

学雷锋活动的效果＊ 宗教信仰 Crosstabulation

	否	是	总计
没听说过该活动	9.7%	10.0%	9.9%
完全没有效果	4.8%	5.3%	5.3%
有较少的效果	21.0%	20.0%	20.1%
一般	30.2%	34.9%	34.3%
有较多的效果	27.7%	23.6%	24.0%
有非常多的效果	6.6%	6.3%	6.3%
总计	100.0%	100.0%	100.0%
列总计	649	4982	5631

Chi-square test：sig＝0.365＞0.05，所以信仰宗教和不信仰宗教的居民在“学雷锋活动的效果”的回答上没有显著差异。

D7c by A5

典型人物的宣传的效果＊ 宗教信仰 Crosstabulation

	否	是	总计
没听说过该活动	14.8%	13.7%	13.8%
完全没有效果	2.6%	3.7%	3.6%
有较少的效果	16.6%	16.9%	16.8%
一般	24.2%	30.5%	29.7%
有较多的效果	31.7%	27.0%	27.5%
有非常多的效果	10.2%	8.3%	8.5%
总计	100.0%	100.0%	100.0%
列总计	650	4983	5633

Chi-square test：sig＝0.013＜0.05，所以信仰宗教和不信仰宗教的居民在“典型人物的宣传的效果”的回答上有显著差异。

D7d by A5

志愿服务的倡导和推广的效果＊ 宗教信仰 Crosstabulation

	否	是	总计
没听说过该活动	23.1%	22.2%	22.3%

续表

	否	是	总计
完全没有效果	2. 9%	3. 0%	3. 0%
有较少的效果	17. 6%	15. 2%	15. 4%
一般	24. 7%	30. 1%	29. 5%
有较多的效果	23. 1%	23. 4%	23. 3%
有非常多的效果	8. 6%	6. 1%	6. 4%
总计	100. 0%	100. 0%	100. 0%
列总计	649	4975	5624

Chi-square test：sig = 0. 650 > 0. 05，所以信仰宗教和不信仰宗教的居民在“志愿服务的倡导和推广的效果”的回答上没有显著差异。

D7e by A5

反腐倡廉的举措的效果 * 宗教信仰 Crosstabulation

	否	是	总计
没听说过该活动	16. 5%	14. 0%	14. 3%
完全没有效果	9. 7%	11. 2%	11. 0%
有较少的效果	27. 6%	27. 3%	27. 3%
一般	23. 0%	26. 0%	25. 6%
有较多的效果	17. 3%	16. 4%	16. 5%
有非常多的效果	6. 0%	5. 1%	5. 2%
总计	100. 0%	100. 0%	100. 0%
列总计	649	4976	5625

Chi-square test：sig = 0. 079 > 0. 05，所以信仰宗教和不信仰宗教的居民在“反腐倡廉的举措的效果”的回答上没有显著差异。

D7f by A5

《公民道德建设实施纲要》的推进效果 * 宗教信仰 Crosstabulation

	否	是	总计
没听说过该活动	36. 4%	37. 7%	37. 5%
完全没有效果	3. 9%	4. 7%	4. 6%
有较少的效果	14. 7%	15. 1%	15. 0%

续表

	否	是	总计
一般	24.8%	27.2%	26.9%
有较多的效果	16.5%	12.3%	12.8%
有非常多的效果	3.7%	3.0%	3.0%
总计	100.0%	100.0%	100.0%
列总计	648	4974	5622

Chi-square test：sig = 0.442 > 0.05，所以信仰宗教和不信仰宗教的居民在“《公民道德建设实施纲要》的推进效果”的回答上没有显著差异。

D8a by A5

坑蒙拐骗现象的严重程度 * 宗教信仰 Crosstabulation

	否	是	总计
非常不严重	1.2%	1.1%	1.2%
比较不严重	18.5%	16.3%	16.6%
一般	27.3%	28.9%	28.7%
比较严重	41.2%	41.6%	41.5%
非常严重	11.7%	12.0%	12.0%
总计	100.0%	100.0%	100.0%
列总计	648	4995	5643

Chi-square test：sig = 0.358 > 0.05，所以信仰宗教和不信仰宗教的居民在“坑蒙拐骗现象的严重程度”的回答上没有显著差异。

D8b by A5

人际关系冷漠、见危不救现象的严重程度 * 宗教信仰 Crosstabulation

	否	是	总计
非常不严重	1.5%	1.6%	1.6%
比较不严重	21.5%	17.4%	17.9%
一般	31.5%	35.0%	34.6%
比较严重	39.6%	38.7%	38.8%

续表

	否	是	总计
非常严重	5.9%	7.3%	7.2%
总计	100.0%	100.0%	100.0%
列总计	647	4981	5628

Chi-square test：sig = 0.142 > 0.05，所以信仰宗教和不信仰宗教的居民在“人际关系冷漠、见危不救现象的严重程度”的回答上没有显著差异。

D8c by A5

诚信缺乏，社会信用低现象的严重程度 * 宗教信仰 Crosstabulation

	否	是	总计
非常不严重	0.5%	0.9%	0.8%
比较不严重	16.0%	13.8%	14.1%
一般	33.2%	34.2%	34.0%
比较严重	44.2%	43.0%	43.2%
非常严重	6.2%	8.1%	7.9%
总计	100.0%	100.0%	100.0%
列总计	645	4969	5614

Chi-square test：sig = 0.409 > 0.05，所以信仰宗教和不信仰宗教的居民在“诚信缺乏，社会信用低现象的严重程度”的回答上没有显著差异。

D8d by A5

公共场所缺乏公德，如大声喧哗，不排队，随地吐痰等现象的严重程度 * 宗教信仰 Crosstabulation

	否	是	总计
非常不严重	1.4%	1.2%	1.3%
比较不严重	16.6%	15.8%	15.9%
一般	28.4%	33.5%	32.9%
比较严重	36.8%	39.0%	38.7%
非常严重	16.8%	10.5%	11.2%
总计	100.0%	100.0%	100.0%
列总计	644	4966	5610

Chi-square test：sig = 0.312 > 0.05，所以信仰宗教和不信仰宗教的居民在“公共场所缺乏公德，如大声喧哗，不排队，随地吐痰等现象的严重程度”的回答上没有显著差异。

D8e by A5

自私自利，损人利己，物欲横流现象的严重程度 * 宗教信仰 Crosstabulation

	否	是	总计
非常不严重	1.2%	1.0%	1.0%
比较不严重	18.0%	14.5%	14.9%
一般	32.5%	38.1%	37.4%
比较严重	40.4%	38.4%	38.6%
非常严重	7.8%	8.1%	8.1%
总计	100.0%	100.0%	100.0%
列总计	643	4967	5610

Chi-square test：sig = 0.496 > 0.05，所以信仰宗教和不信仰宗教的居民在“自私自利，损人利己，物欲横流现象的严重程度”的回答上没有显著差异。

D8f by A5

缺乏公正心和正义感现象的严重程度 * 宗教信仰 Crosstabulation

	否	是	总计
非常不严重	1.4%	1.0%	1.0%
比较不严重	19.6%	17.3%	17.5%
一般	37.5%	41.5%	41.0%
比较严重	36.4%	33.9%	34.2%
非常严重	5.1%	6.4%	6.2%
总计	100.0%	100.0%	100.0%
列总计	643	4948	5591

Chi-square test：sig = 0.662 > 0.05，所以信仰宗教和不信仰宗教的居民在“缺乏公正心和正义感现象的严重程度”的回答上没有显著差异。

D8g by A5

缺乏羞耻感现象的严重程度 * 宗教信仰 Crosstabulation

	否	是	总计
非常不严重	1.9%	1.5%	1.6%
比较不严重	24.4%	20.9%	21.3%
一般	40.4%	43.9%	43.5%
比较严重	27.6%	27.3%	27.3%
非常严重	5.7%	6.3%	6.3%

续表

	否	是	总计
总计	100.0%	100.0%	100.0%
列总计	644	4932	5576

Chi-square test：sig = 0.196 > 0.05，所以信仰宗教和不信仰宗教的居民在“缺乏羞耻感现象的严重程度”的回答上没有显著差异。

D8h by A5

干部贪污受贿，以权谋私现象的严重程度 * 宗教信仰 Crosstabulation

	否	是	总计
非常不严重	0.9%	0.8%	0.8%
比较不严重	8.3%	6.6%	6.8%
一般	21.8%	19.5%	19.8%
比较严重	40.3%	44.6%	44.1%
非常严重	28.7%	28.5%	28.5%
总计	100.0%	100.0%	100.0%
列总计	642	4932	5574

Chi-square test：sig = 0.023 < 0.05，所以信仰宗教和不信仰宗教的居民在“干部贪污受贿，以权谋私现象的严重程度”的回答上有显著差异。

D8i by A5

生活奢侈，铺张浪费现象的严重程度 * 宗教信仰 Crosstabulation

	否	是	总计
非常不严重	1.9%	1.5%	1.5%
比较不严重	17.9%	14.0%	14.4%
一般	32.3%	34.7%	34.4%
比较严重	38.4%	37.9%	37.9%
非常严重	9.6%	12.0%	11.7%
总计	100.0%	100.0%	100.0%
列总计	644	4967	5611

Chi-square test：sig = 0.045 < 0.05，所以信仰宗教和不信仰宗教的居民在“生活奢侈，铺张浪费现象的严重程度”的回答上有显著差异。

D8j by A5

奉行功利主义，互相算计现象的严重程度＊宗教信仰 Crosstabulation

	否	是	总计
非常不严重	1.1%	1.3%	1.3%
比较不严重	20.6%	14.4%	15.1%
一般	38.3%	43.8%	43.2%
比较严重	34.5%	32.8%	33.0%
非常严重	5.5%	7.6%	7.3%
总计	100.0%	100.0%	100.0%
列总计	637	4920	5557

Chi-square test：sig＝0.035＜0.05，所以信仰宗教和不信仰宗教的居民在“奉行功利主义，互相算计现象的严重程度”的回答上有显著差异。

D8k by A5

企业损害社会利益，如污染环境，以虚假广告误导公众等现象的严重程度＊宗教信仰 Crosstabulation

	否	是	总计
非常不严重	1.7%	1.1%	1.2%
比较不严重	14.5%	11.0%	11.4%
一般	34.8%	36.6%	36.4%
比较严重	37.6%	39.0%	38.8%
非常严重	11.4%	12.3%	12.2%
总计	100.0%	100.0%	100.0%
列总计	641	4906	5547

Chi-square test：sig＝0.028＜0.05，所以信仰宗教和不信仰宗教的居民在“企业损害社会利益，如污染环境，以虚假广告误导公众现象的严重程度”的回答上有显著差异。

D8l by A5

娱乐界以丑闻，绯闻炒作，污染社会风气现象的严重程度＊宗教信仰 Crosstabulation

	否	是	总计
非常不严重	2.3%	1.2%	1.4%
比较不严重	19.3%	13.4%	14.0%
一般	43.7%	46.7%	46.4%

续表

	否	是	总计
比较严重	28.2%	28.6%	28.6%
非常严重	6.5%	10.1%	9.6%
总计	100.0%	100.0%	100.0%
列总计	616	4756	5372

Chi-square test：sig = 0.000 < 0.05，所以信仰宗教和不信仰宗教的居民在“娱乐界以丑闻，绯闻炒作，污染社会风气现象的严重程度”的回答上有显著差异。

D8m by A5

媒体缺乏社会责任，炒作新闻现象的严重程度 * 宗教信仰 Crosstabulation

	否	是	总计
非常不严重	2.4%	1.5%	1.6%
比较不严重	20.1%	14.5%	15.2%
一般	43.6%	47.7%	47.2%
比较严重	27.3%	28.0%	28.0%
非常严重	6.6%	8.2%	8.0%
总计	100.0%	100.0%	100.0%
列总计	622	4786	5408

Chi-square test：sig = 0.003 < 0.05，所以信仰宗教和不信仰宗教的居民在“媒体缺乏社会责任，炒作新闻现象的严重程度”的回答上有显著差异。

D8n by A5

社会财富分配不公，贫富悬殊过大现象的严重程度 * 宗教信仰 Crosstabulation

	否	是	总计
非常不严重	1.1%	0.6%	0.7%
比较不严重	8.9%	5.6%	6.0%
一般	21.7%	21.8%	21.8%
比较严重	44.7%	47.2%	46.9%
非常严重	23.6%	24.8%	24.6%
总计	100.0%	100.0%	100.0%
列总计	644	4949	5593

Chi-square test：sig = 0.003 < 0.05，所以信仰宗教和不信仰宗教的居民在“社会财富分配不公，贫富悬殊过大现象的严重程度”的回答上有显著差异。

D8o by A5

教师不尽职现象的严重程度 * 宗教信仰 Crosstabulation

	否	是	总计
非常不严重	5.4%	6.5%	6.3%
比较不严重	33.7%	29.6%	30.1%
一般	33.2%	36.5%	36.2%
比较严重	23.1%	21.7%	21.9%
非常严重	4.5%	5.7%	5.5%
总计	100.0%	100.0%	100.0%
列总计	644	4954	5598

Chi-square test：sig = 0.405 > 0.05，所以信仰宗教和不信仰宗教的居民在“教师不尽职现象的严重程度”的回答上没有显著差异。

D8p by A5

医生不守职业道德的现象的严重程度回答 * 宗教信仰 Crosstabulation

	否	是	总计
非常不严重	4.8%	4.7%	4.7%
比较不严重	28.4%	26.0%	26.3%
一般	31.4%	35.5%	35.0%
比较严重	29.1%	25.3%	25.7%
非常严重	6.3%	8.5%	8.3%
总计	100.0%	100.0%	100.0%
列总计	649	4974	5623

Chi-square test：sig = 0.806 > 0.05，所以信仰宗教和不信仰宗教的居民在“医生不守职业道德现象的严重程度”的回答上没有显著差异。

D8q by A5

偷盗现象的严重程度 * 宗教信仰 Crosstabulation

	否	是	总计
非常不严重	3.1%	3.3%	3.3%
比较不严重	25.2%	21.1%	21.6%
一般	28.3%	34.6%	33.9%
比较严重	33.4%	30.5%	30.8%
非常严重	10.0%	10.4%	10.4%

续表

	否	是	总计
总计	100.0%	100.0%	100.0%
列总计	650	4997	5647

Chi-square test：sig = 0.662 > 0.05，所以信仰宗教和不信仰宗教的居民在“偷盗现象的严重程度”的回答上没有显著差异。

D8r by A5

公众人物用知名度攫取财富现象的严重程度 * 宗教信仰 Crosstabulation

	否	是	总计
非常不严重	1.9%	1.3%	1.3%
比较不严重	22.5%	14.9%	15.8%
一般	46.2%	55.5%	54.4%
比较严重	26.2%	23.4%	23.7%
非常严重	3.2%	5.0%	4.8%
总计	100.0%	100.0%	100.0%
列总计	619	4775	5394

Chi-square test：sig = 0.012 < 0.05，所以信仰宗教和不信仰宗教的居民在“公众人物用知名度攫取财富现象的严重程度”的回答上有显著差异。

D8s by A5

不爱国现象的严重程度 * 宗教信仰 Crosstabulation

	否	是	总计
非常不严重	17.8%	11.1%	11.8%
比较不严重	38.2%	40.1%	39.8%
一般	32.0%	36.4%	35.9%
比较严重	9.6%	9.8%	9.7%
非常严重	2.5%	2.8%	2.7%
总计	100.0%	100.0%	100.0%
列总计	647	4931	5578

Chi-square test：sig = 0.650 > 0.05，所以信仰宗教和不信仰宗教的居民在“不爱国现象的严重程度”的回答上没有显著差异。

D8t by A5

两性关系过度开放导致婚姻不稳定现象的严重程度 * 宗教信仰 Crosstabulation

	否	是	总计
非常不严重	2.5%	1.9%	2.0%
比较不严重	22.8%	18.7%	19.2%
一般	35.4%	45.5%	44.3%
比较严重	29.7%	27.0%	27.3%
非常严重	9.5%	6.9%	7.2%
总计	100.0%	100.0%	100.0%
列总计	632	4873	5505

Chi-square test：sig = 0.840 > 0.05，所以信仰宗教和不信仰宗教的居民在“两性关系过度开放导致婚姻不稳定现象的严重程度”的回答上没有显著差异。

D8u by A5

年轻人缺乏责任感，不孝敬父母现象的严重程度 * 宗教信仰 Crosstabulation

	否	是	总计
非常不严重	4.5%	2.9%	3.1%
比较不严重	28.4%	27.5%	27.6%
一般	31.0%	37.9%	37.1%
比较严重	31.1%	26.0%	26.6%
非常严重	5.1%	5.7%	5.6%
总计	100.0%	100.0%	100.0%
列总计	649	4985	5634

Chi-square test：sig = 0.051 > 0.05，所以信仰宗教和不信仰宗教的居民在“年轻人缺乏责任感，不孝敬父母现象的严重程度”的回答上没有显著差异。

D8v by A5

父母和子女代沟问题严重，难以沟通现象的严重程度 * 宗教信仰 Crosstabulation

	否	是	总计
非常不严重	3.1%	2.4%	2.5%
比较不严重	28.4%	24.3%	24.8%
一般	38.6%	42.6%	42.1%
比较严重	25.5%	26.6%	26.4%
非常严重	4.5%	4.1%	4.2%

续表

	否	是	总计
总计	100.0%	100.0%	100.0%
列总计	648	4981	5629

Chi-square test：sig = 0.115 > 0.05，所以信仰宗教和不信仰宗教的居民在“父母和子女代沟问题严重，难以沟通现象的严重程度”的回答上没有显著差异。

D8w by A5

老无所养，缺乏安全感现象的严重程度 * 宗教信仰 Crosstabulation

	否	是	总计
非常不严重	4.5%	3.8%	3.9%
比较不严重	28.4%	24.4%	24.9%
一般	30.1%	37.5%	36.7%
比较严重	31.8%	27.7%	28.2%
非常严重	5.1%	6.6%	6.4%
总计	100.0%	100.0%	100.0%
列总计	647	4989	5636

Chi-square test：sig = 0.520 > 0.05，所以信仰宗教和不信仰宗教的居民在“老无所养，缺乏安全感现象的严重程度”的回答上没有显著差异。

D9a by A5

在下列关系中，您认为哪些关系最重要？第一重要的是 * 宗教信仰 Crosstabulation

	否	是	总计
父母与子女	63.6%	61.3%	61.6%
夫妻	22.3%	25.7%	25.3%
兄弟姐妹	0.3%	0.8%	0.7%
同事或同学	0.2%	0.5%	0.4%
上级与下级	0.8%	0.8%	0.8%
师生		0.3%	0.2%
人与自然的关系	2.2%	1.0%	1.2%
个人与社会	3.2%	3.3%	3.3%
个人与国家	3.5%	3.4%	3.4%
个人与工作单位	0.6%	0.5%	0.5%
通过网络建立的关系	0.2%	0.1%	0.1%

续表

	否	是	总计
朋友	1.1%	0.7%	0.7%
个人与自身的关系	1.7%	1.5%	1.5%
其他	0.3%	0.1%	0.1%
总计	100.0%	100.0%	100.0%
列总计	649	4968	5617

Chi-square test：sig = 0.297 > 0.05，所以信仰宗教和不信仰宗教的居民在“哪些关系最重要？第一重要”的回答上没有显著差异。

D9b by A5

在下列关系中，您认为哪些关系最重要？第二重要的是 * 宗教信仰 Crosstabulation

	否	是	总计
父母与子女	24.9%	27.1%	26.9%
夫妻	50.7%	46.3%	46.8%
兄弟姐妹	7.7%	8.0%	8.0%
同事或同学	1.2%	1.2%	1.2%
上级与下级	0.9%	1.4%	1.3%
师生	0.9%	0.8%	0.9%
人与自然的关系	1.2%	1.7%	1.7%
个人与社会	4.3%	4.8%	4.8%
个人与国家	2.8%	2.7%	2.8%
个人与工作单位	1.2%	1.5%	1.5%
通过网络建立的关系	0.3%	0.2%	0.2%
朋友	2.5%	2.8%	2.8%
个人与自身的关系	1.1%	1.2%	1.2%
其他	0.2%		0.1%
总计	100.0%	100.0%	100.0%
列总计	647	4949	5596

Chi-square test：sig = 0.477 > 0.05，所以信仰宗教和不信仰宗教的居民在“哪些关系最重要？第二重要”的回答上没有显著差异。

D9c by A5

在下列关系中，您认为哪些关系最重要？第三重要的是 * 宗教信仰 Crosstabulation

	否	是	总计
父母与子女	4.5%	4.9%	4.9%

续表

	否	是	总计
夫妻	8.5%	9.0%	8.9%
兄弟姐妹	48.1%	42.9%	43.5%
同事或同学	3.6%	4.0%	4.0%
上级与下级	2.3%	2.7%	2.7%
师生	1.7%	1.5%	1.5%
人与自然的关系	2.5%	2.7%	2.7%
个人与社会	7.5%	8.6%	8.5%
个人与国家	4.8%	4.9%	4.9%
个人与工作单位	2.3%	3.8%	3.7%
通过网络建立的关系	0.2%	0.2%	0.2%
朋友	10.9%	10.6%	10.6%
个人与自身的关系	2.8%	3.7%	3.6%
其他	0.3%	0.2%	0.3%
总计	100.0%	100.0%	100.0%
列总计	644	4916	5560

Chi-square test：sig = 0.111 > 0.05，所以信仰宗教和不信仰宗教的居民在“哪些关系最重要？第三重要”的回答上没有显著差异。

D10 by A5

现在社会上有些人不守道德反而占了便宜，您会不会为了得到好处而效仿 * 宗教信仰 Crosstabulation

	否	是	总计
从来不这么做	72.8%	73.1%	73.1%
通常不这么做，关键时刻会这么做	15.1%	13.4%	13.6%
经常这么做	2.0%	1.3%	1.3%
说不清	10.1%	12.2%	12.0%
总计	100.0%	100.0%	100.0%
列总计	643	4935	5578

Chi-square test：sig = 0.215 > 0.05，所以信仰宗教和不信仰宗教的居民在“现在社会上有些人不守道德反而占了便宜，您会不会为了得到好处而效仿”的回答上没有显著差异。

D11a by A5

如果您与下列人员发生重大利益冲突，您首先会选择哪种途径来解决？家庭成员之间 * 宗教信仰 Crosstabulation

	否	是	总计
诉诸法律，打官司	0.3%	0.6%	0.6%
直接找对方沟通但得理让人，适可而止	53.4%	56.0%	55.7%
通过第三方从中调解，尽量不伤和气	9.5%	8.8%	8.9%
能忍则忍	36.9%	34.5%	34.8%
总计	100.0%	100.0%	100.0%
列总计	624	4836	5460

Chi-square test：sig = 0.426 > 0.05，所以信仰宗教和不信仰宗教的居民在“与家庭成员发生重大利益冲突，您首先会选择哪种途径来解决”的回答上没有显著差异。

D11b by A5

如果您与下列人员发生重大利益冲突，您首先会选择哪种途径来解决？朋友之间 * 宗教信仰 Crosstabulation

	否	是	总计
诉诸法律，打官司	1.1%	1.2%	1.2%
直接找对方沟通但得理让人，适可而止	51.4%	51.5%	51.5%
通过第三方从中调解，尽量不伤和气	25.9%	24.0%	24.2%
能忍则忍	21.5%	23.3%	23.1%
总计	100.0%	100.0%	100.0%
列总计	622	4839	5461

Chi-square test：sig = 0.656 > 0.05，所以信仰宗教和不信仰宗教的居民在“与朋友发生重大利益冲突，您首先会选择哪种途径来解决”的回答上没有显著差异。

D11c by A5

如果您与下列人员发生重大利益冲突，您首先会选择哪种途径来解决？同事之间 * 宗教信仰 Crosstabulation

	否	是	总计
诉诸法律，打官司	2.8%	2.6%	2.7%
直接找对方沟通但得理让人，适可而止	45.6%	47.8%	47.5%
通过第三方从中调解，尽量不伤和气	33.1%	29.3%	29.7%
能忍则忍	18.5%	20.3%	20.1%

续表

	否	是	总计
总计	100.0%	100.0%	100.0%
列总计	496	3894	4390

Chi-square test：sig = 0.353 > 0.05，所以信仰宗教和不信仰宗教的居民在“与同事发生重大利益冲突，您首先会选择哪种途径来解决”的回答上没有显著差异。

D11d by A5

如果您与下列人员发生重大利益冲突，您首先会选择哪种途径来解决？商业伙伴之间 * 宗教信仰 Crosstabulation

	否	是	总计
诉诸法律，打官司	31.7%	35.2%	34.8%
直接找对方沟通但得理让人，适可而止	30.0%	29.8%	29.8%
通过第三方从中调解，尽量不伤和气	28.0%	25.2%	25.6%
能忍则忍	10.3%	9.8%	9.8%
总计	100.0%	100.0%	100.0%
列总计	407	3024	3431

Chi-square test：sig = 0.478 > 0.05，所以信仰宗教和不信仰宗教的居民在“与商业伙伴发生重大利益冲突，您首先会选择哪种途径来解决”的回答上没有显著差异。

D12 by A5

一些政府机关和大中小学，利用权力让本单位的职工子女在很好的学校读书，或降分，您认为这种行为道德吗 * 宗教信仰 Crosstabulation

	否	是	总计
为本单位人员谋福利，符合道德	3.6%	3.7%	3.7%
以权谋私，不道德	60.8%	61.2%	61.1%
是对社会公众的欺骗，严重不道德	21.8%	19.5%	19.8%
符合本单位员工利益和内部伦理，但严重侵蚀社会道德	6.9%	7.1%	7.1%
无所谓道德不道德	6.9%	8.5%	8.3%
总计	100.0%	100.0%	100.0%
列总计	641	4953	5594

Chi-square test：sig = 0.462 > 0.05，所以信仰宗教和不信仰宗教的居民在“一些政府机关和大中小学，利用权力让本单位的职工子女在很好的学校读书，或降分，您认为这种行为道德吗”的回答上没有显著差异。

D13 by A5

如果您所在的单位有一项举措可以提高集体福利并使您个人得到利益，但会造成环境污染或社会公害，您会举报吗＊ 宗教信仰 Crosstabulation

	否	是	总计
会	57.1%	56.2%	56.3%
不会	42.9%	43.8%	43.7%
总计	100.0%	100.0%	100.0%
列总计	634	4880	5514

Chi-square test：sig = 0.664 > 0.05，所以信仰宗教和不信仰宗教的居民在“如果您所在的单位有一项举措可以提高集体福利并使您个人得到利益，但会造成环境污染或社会公害，您会举报吗”的回答上没有显著差异。

D14 by A5

您认为对当前我国伦理关系和道德风尚造成最大负面影响的因素是＊ 宗教信仰 Crosstabulation

	否	是	总计
传统文化的崩坏	36.0%	35.6%	35.6%
外来文化的冲击	22.4%	23.1%	23.0%
市场经济导致的个人主义	29.7%	30.4%	30.3%
计算机网络技术的发展	8.8%	7.9%	8.0%
其他	3.0%	3.0%	3.0%
总计	100.0%	100.0%	100.0%
列总计	602	4665	5267

Chi-square test：sig = 0.945 > 0.05，所以信仰宗教和不信仰宗教的居民在“您认为对当前我国伦理关系和道德风尚造成最大负面影响的因素是”的回答上没有显著差异。

D15 by A5

从网络中获得的信息（文字、图片、视频等）对您的思想行为影响如何＊ 宗教信仰 Crosstabulation

	否	是	总计
影响很大	6.2%	7.1%	7.0%
有一些影响	21.7%	23.5%	23.3%
影响不大	16.6%	18.1%	17.9%
完全没有影响	3.9%	4.1%	4.1%
不适用，因为不上网	51.6%	47.1%	47.6%

续表

	否	是	总计
总计	100.0%	100.0%	100.0%
列总计	645	4954	5599

Chi-square test：sig = 0.307 > 0.05，所以信仰宗教和不信仰宗教的居民在“从网络中获得的信息（文字、图片、视频等）对您的思想行为影响如何”的回答上没有显著差异。

D16 by A5

您认为在自己的成长中得到道德训练的最重要场所或机构是 * 宗教信仰 Crosstabulation

	否	是	总计
家庭	53.3%	50.3%	50.7%
学校	17.2%	17.9%	17.8%
社会	21.6%	25.7%	25.2%
国家或政府	3.3%	3.6%	3.5%
媒体	2.0%	1.7%	1.7%
其他	2.6%	0.8%	1.1%
总计	100.0%	100.0%	100.0%
列总计	644	4964	5608

Chi-square test：sig = 0.000 < 0.05，所以信仰宗教和不信仰宗教的居民在“您认为在自己的成长中得到道德训练的最重要场所或机构是”的回答上有显著差异。

D17a by A5

您对下列群体的伦理道德状况的满意度如何？政府官员 * 宗教信仰 Crosstabulation

	否	是	总计
非常不满意	14.4%	14.3%	14.3%
比较不满意	33.6%	34.7%	34.5%
一般	36.1%	35.7%	35.7%
比较满意	14.9%	14.5%	14.6%
非常满意	1.1%	0.8%	0.9%
总计	100.0%	100.0%	100.0%
列总计	646	4960	5606

Chi-square test：sig = 0.951 > 0.05，所以信仰宗教和不信仰宗教的居民在“对政府官员的伦理道德状况的满意度”的回答上没有显著差异。

D17b by A5

您对下列群体的伦理道德状况的满意度如何？企业家＊宗教信仰 Crosstabulation

	否	是	总计
非常不满意	3.1%	3.6%	3.5%
比较不满意	18.2%	19.9%	19.7%
一般	54.3%	57.6%	57.2%
比较满意	23.3%	18.2%	18.8%
非常满意	1.1%	0.8%	0.8%
总计	100.0%	100.0%	100.0%
列总计	639	4906	5545

Chi-square test：sig = 0.027 < 0.05，所以信仰宗教和不信仰宗教的居民在“对企业家的伦理道德状况的满意度”的回答上有显著差异。

D17c by A5

您对下列群体的伦理道德状况的满意度如何？演艺娱乐界明星＊宗教信仰 Crosstabulation

	否	是	总计
非常不满意	3.9%	5.3%	5.2%
比较不满意	23.4%	20.1%	20.4%
一般	55.3%	62.2%	61.4%
比较满意	17.3%	12.0%	12.6%
非常满意	0.2%	0.5%	0.4%
总计	100.0%	100.0%	100.0%
列总计	620	4792	5412

Chi-square test：sig = 0.000 < 0.05，所以信仰宗教和不信仰宗教的居民在“对演艺娱乐界明星的伦理道德状况的满意度”的回答上有显著差异。

D17d by A5

您对下列群体的伦理道德状况的满意度如何？教师＊宗教信仰 Crosstabulation

	否	是	总计
非常不满意	2.5%	2.8%	2.8%
比较不满意	11.8%	9.8%	10.1%
一般	29.5%	31.7%	31.5%
比较满意	48.5%	50.0%	49.8%

续表

	否	是	总计
非常满意	7.7%	5.6%	5.9%
总计	100.0%	100.0%	100.0%
列总计	650	4968	5618

Chi-square test：sig = 0.097 > 0.05，所以信仰宗教和不信仰宗教的居民在“对教师的伦理道德状况的满意度”的回答上没有显著差异。

D17e by A5

您对下列群体的伦理道德状况的满意度如何？青少年 * 宗教信仰 Crosstabulation

	否	是	总计
非常不满意	2.3%	1.8%	1.9%
比较不满意	13.5%	11.7%	11.9%
一般	41.8%	47.2%	46.6%
比较满意	39.4%	36.6%	37.0%
非常满意	2.9%	2.7%	2.7%
总计	100.0%	100.0%	100.0%
列总计	650	4969	5619

Chi-square test：sig = 0.125 > 0.05，所以信仰宗教和不信仰宗教的居民在“对青少年的伦理道德状况的满意度”的回答上没有显著差异。

D17f by A5

您对下列群体的伦理道德状况的满意度如何？农民 * 宗教信仰 Crosstabulation

	否	是	总计
非常不满意	1.2%	0.6%	0.7%
比较不满意	4.5%	4.0%	4.1%
一般	37.1%	38.9%	38.7%
比较满意	45.0%	46.7%	46.5%
非常满意	12.2%	9.8%	10.1%
总计	100.0%	100.0%	100.0%
列总计	649	4977	5626

Chi-square test：sig = 0.091 > 0.05，所以信仰宗教和不信仰宗教的居民在“对农民的伦理道德状况的满意度”的回答上没有显著差异。

D17g by A5

您对下列群体的伦理道德状况的满意度如何？商人 * 宗教信仰 Crosstabulation

	否	是	总计
非常不满意	4.8%	4.8%	4.8%
比较不满意	24.8%	26.0%	25.9%
一般	50.0%	53.0%	52.6%
比较满意	18.9%	15.7%	16.0%
非常满意	1.5%	0.5%	0.6%
总计	100.0%	100.0%	100.0%
列总计	646	4939	5585

Chi-square test：sig = 0.006 < 0.05，所以信仰宗教和不信仰宗教的居民在“对商人的伦理道德状况的满意度”的回答上有显著差异。

D17h by A5

您对下列群体的伦理道德状况的满意度如何？工人 * 宗教信仰 Crosstabulation

	否	是	总计
非常不满意	0.5%	0.3%	0.3%
比较不满意	4.7%	4.3%	4.3%
一般	46.0%	48.5%	48.2%
比较满意	44.2%	43.1%	43.2%
非常满意	4.7%	3.9%	4.0%
总计	100.0%	100.0%	100.0%
列总计	643	4928	5571

Chi-square test：sig = 0.601 > 0.05，所以信仰宗教和不信仰宗教的居民在“对工人的伦理道德状况的满意度”的回答上没有显著差异。

D17i by A5

您对下列群体的伦理道德状况的满意度如何？专家学者 * 宗教信仰 Crosstabulation

	否	是	总计
非常不满意	1.6%	1.3%	1.3%
比较不满意	8.5%	8.6%	8.6%
一般	42.2%	45.3%	45.0%
比较满意	40.6%	39.4%	39.6%
非常满意	7.1%	5.4%	5.6%

续表

	否	是	总计
总计	100. 0%	100. 0%	100. 0%
列总计	633	4871	5504

Chi-square test：sig = 0. 303 > 0. 05，所以信仰宗教和不信仰宗教的居民在“对专家学者的伦理道德状况的满意度”的回答上没有显著差异。

D17j by A5

您对下列群体的伦理道德状况的满意度如何？医生 * 宗教信仰 Crosstabulation

	否	是	总计
非常不满意	4. 6%	4. 6%	4. 6%
比较不满意	17. 5%	16. 2%	16. 3%
一般	35. 8%	38. 4%	38. 1%
比较满意	38. 4%	37. 5%	37. 6%
非常满意	3. 7%	3. 4%	3. 4%
总计	100. 0%	100. 0%	100. 0%
列总计	646	4955	5601

Chi-square test：sig = 0. 749 > 0. 05，所以信仰宗教和不信仰宗教的居民在“对医生的伦理道德状况的满意度”的回答上没有显著差异。

D18 by A5

您觉得当前我国政府官员道德问题最严重的是 * 宗教信仰 Crosstabulation

	否	是	总计
贪污	43. 3%	43. 1%	43. 1%
以权谋私	22. 3%	25. 1%	24. 8%
受贿	10. 0%	7. 6%	7. 9%
生活作风腐败	8. 2%	8. 7%	8. 6%
官僚主义	4. 1%	3. 0%	3. 1%
平庸，不作为	3. 1%	4. 0%	3. 9%
政绩工程，折腾百姓	4. 4%	4. 3%	4. 3%
铺张浪费	1. 4%	1. 7%	1. 6%
拉帮结派	1. 3%	0. 7%	0. 8%
其他	1. 9%	1. 8%	1. 8%
总计	100. 0%	100. 0%	100. 0%

续表

	否	是	总计
列总计	637	4903	5540

Chi-square test: sig = 0. 212 > 0. 05，所以信仰宗教和不信仰宗教的居民在“您认为当前我国政府官员道德问题最严重的是”的回答上没有显著差异。

D19a by A5

您的思想行为受什么人的影响最大？第一位的是 * 宗教信仰 Crosstabulation

	否	是	总计
政府官员	7. 8%	8. 2%	8. 2%
企业家	1. 4%	2. 4%	2. 3%
演艺明星、体育明星	0. 8%	0. 7%	0. 7%
教师	10. 5%	10. 8%	10. 8%
知识精英	3. 0%	2. 4%	2. 5%
自由职业者	0. 5%	0. 7%	0. 6%
农民	2. 5%	3. 1%	3. 0%
工人	0. 9%	1. 2%	1. 2%
先哲先贤	3. 1%	3. 1%	3. 1%
父母	69. 4%	67. 4%	67. 7%
总计	100. 0%	100. 0%	100. 0%
列总计	637	4912	5549

Chi-square test: sig = 0. 837 > 0. 05，所以信仰宗教和不信仰宗教的居民在“您的思想行为受什么人的影响最大？第一位的是”的回答上没有显著差异。

D19b by A5

您的思想行为受什么人的影响最大？第二位的是 * 宗教信仰 Crosstabulation

	否	是	总计
政府官员	6. 5%	4. 9%	5. 1%
企业家	4. 4%	4. 3%	4. 3%
演艺明星、体育明星	1. 3%	1. 3%	1. 3%
教师	41. 6%	40. 9%	41. 0%
知识精英	4. 9%	5. 8%	5. 7%
自由职业者	1. 5%	1. 7%	1. 7%
农民	14. 4%	13. 3%	13. 4%

续表

	否	是	总计
工人	5.4%	4.1%	4.3%
先哲先贤	6.7%	8.5%	8.3%
父母	13.4%	15.2%	15.0%
总计	100.0%	100.0%	100.0%
列总计	613	4784	5397

Chi-square test：sig = 0.378 > 0.05，所以信仰宗教和不信仰宗教的居民在“您的思想行为受什么人的影响最大？第二位的是”的回答上没有显著差异。

D19c by A5
您的思想行为受什么人的影响最大？第三位的是 * 宗教信仰 Crosstabulation

	否	是	总计
政府官员	12.9%	12.0%	12.1%
企业家	4.9%	4.8%	4.8%
演艺明星、体育明星	1.9%	2.7%	2.6%
教师	14.9%	16.2%	16.0%
知识精英	16.6%	15.7%	15.8%
自由职业者	2.4%	4.6%	4.3%
农民	16.6%	14.0%	14.3%
工人	10.5%	9.4%	9.5%
先哲先贤	12.7%	13.4%	13.3%
父母	6.5%	7.2%	7.2%
总计	100.0%	100.0%	100.0%
列总计	589	4650	5239

Chi-square test：sig = 0.199 > 0.05，所以信仰宗教和不信仰宗教的居民在“您的思想行为受什么人的影响最大？第三位的是”的回答上没有显著差异。

D20 by A5
您认为目前我国社会成员之间的收入差距如何 * 宗教信仰 Crosstabulation

	否	是	总计
合理，可以接受	14.0%	13.9%	13.9%
不合理，但可以接受	46.5%	44.8%	45.0%
不合理，不能接受	25.7%	30.0%	29.5%

续表

	否	是	总计
说不清	13.8%	11.3%	11.6%
总计	100.0%	100.0%	100.0%
列总计	651	5008	5659

Chi-square test：sig = 0.064 > 0.05，所以信仰宗教和不信仰宗教的居民在“您认为目前我国社会成员之间的收入差距如何”的回答上没有显著差异。

D21 by A5

如果国外报道与主流媒体宣传内容不一致，您倾向于相信 * 宗教信仰 Crosstabulation

	否	是	总计
主流媒体	47.0%	39.5%	40.3%
国外报道	7.1%	6.2%	6.3%
谁都不相信，自己判断	21.9%	25.9%	25.5%
说不清	24.0%	28.4%	27.9%
总计	100.0%	100.0%	100.0%
列总计	647	4995	5642

Chi-square test：sig = 0.001 < 0.05，所以信仰宗教和不信仰宗教的居民在“如果国外报道与主流媒体宣传内容不一致，您倾向于相信”的回答上有显著差异。

D22 by A5

您认为当前我国社会道德生活中最重要的元素是 * 宗教信仰 Crosstabulation

	否	是	总计
意识形态中所提倡的社会主义道德	19.2%	17.9%	18.1%
中国传统道德	65.5%	65.0%	65.1%
西方文化影响而形成的道德	4.2%	4.1%	4.1%
市场经济中形成的道德	9.3%	11.4%	11.1%
其他	1.8%	1.6%	1.6%
总计	100.0%	100.0%	100.0%
列总计	615	4774	5389

Chi-square test：sig = 0.598 > 0.05，所以信仰宗教和不信仰宗教的居民在“您认为当前我国社会道德生活中最重要的元素是”的回答上没有显著差异。

D23 by A5

假设您的上司或老板是外国人，如果他侮辱了中国，但抗争会产生不利于自己的后果，您会怎么做 * 宗教信仰 Crosstabulation

	否	是	总计
当面抗议	55.8%	58.2%	57.9%
保持沉默	22.6%	19.5%	19.8%
暗地里报复	2.4%	2.7%	2.7%
以屈求伸，背后骂几句就行了	10.0%	9.1%	9.2%
无所谓	9.2%	10.5%	10.3%
总计	100.0%	100.0%	100.0%
列总计	629	4819	5448

Chi-square test：sig = 0.305 > 0.05，所以信仰宗教和不信仰宗教的居民在“假设您的上司或老板是外国人，如果他侮辱了中国，但抗争会产生不利于自己的后果，您会怎么做”的回答上没有显著差异。

D24 by A5

您认为哪一种伦理关系对社会秩序和个人生活最具根本性意义 * 宗教信仰 Crosstabulation

	否	是	总计
家庭伦理关系或血缘关系	63.7%	64.5%	64.4%
个人与社会的关系	17.9%	19.5%	19.3%
职业伦理关系	3.5%	2.9%	3.0%
个人与国家民族的关系	9.1%	7.8%	7.9%
个人与自然的关系	2.4%	1.7%	1.8%
个人与他自身的关系	2.7%	2.9%	2.9%
其他	0.8%	0.7%	0.7%
总计	100.0%	100.0%	100.0%
列总计	637	4877	5514

Chi-square test：sig = 0.688 > 0.05，所以信仰宗教和不信仰宗教的居民在“您认为哪一种伦理关系对社会秩序和个人生活最具根本性意义”的回答上没有显著差异。

中国伦理道德评价的民族差异

D1 by A4

您对当前我国社会的道德状况的总体满意程度是 * 民族 Crosstabulation

	汉族	少数民族	总计
非常满意	1.9%	4.3%	2.1%
比较满意	32.9%	41.5%	33.7%
一般	42.3%	32.7%	41.5%
比较不满意	19.0%	18.2%	19.0%
非常不满意	3.8%	3.3%	3.8%
总计	100.0%	100.0%	100.0%
列总计	5136	489	5625

Chi-square test：sig = 0.001 < 0.05，所以不同民族的居民在“您对当前我国社会道德的总体满意程度是”的回答上有显著差异。

D2 by A4

您对当前我国社会的人际关系的总体满意程度是 * 民族 Crosstabulation

	汉族	少数民族	总计
非常满意	2.0%	5.1%	2.3%
比较满意	34.1%	45.9%	35.1%
一般	46.0%	35.0%	45.0%
比较不满意	15.8%	12.1%	15.4%
非常不满意	2.1%	1.9%	2.1%
总计	100.0%	100.0%	100.0%
列总计	5126	486	5612

Chi-square test：sig = 0.000 < 0.05，所以不同民族的居民在“您对我国社会的人际关系的总体满意程度是”的回答上有显著差异。

D3 by A4

您认为当前中国社会个人道德素质的主要问题是＊ 民族 Crosstabulation

	汉族	少数民族	总计
道德上无知	12.5%	10.7%	12.3%
有道德知识，但不见诸行动	66.4%	70.3%	66.7%
既道德上无知，也不见道德行动	17.6%	13.6%	17.2%
其他	3.6%	5.4%	3.7%
总计	100.0%	100.0%	100.0%
列总计	4918	441	5359

Chi-square test：sig = 0.630 > 0.05，所以不同民族的居民在“您认为当前中国社会个人道德素质的主要问题是”的回答上没有显著差异。

D4 by A4

下列哪个因素最可能影响人际关系紧张＊ 民族 Crosstabulation

	汉族	少数民族	总计
社会资源缺乏，引发恶性竞争	8.8%	10.4%	8.9%
过度宣扬竞争意识	5.2%	3.8%	5.1%
社会财富分配不公，贫富差距过大	44.5%	45.7%	44.6%
个人主义盛行	9.1%	7.4%	8.9%
缺乏爱心	6.6%	6.1%	6.6%
缺乏宽容	5.9%	6.5%	5.9%
缺乏相互理解和沟通的意识和能力	10.8%	11.3%	10.8%
制度安排不公正，机会不平等	6.3%	5.0%	6.2%
一切诉诸利益或法律，人际关系缺乏伦理调节的机制和能力	1.5%	0.9%	1.5%
其他	1.4%	2.9%	1.5%
总计	100.0%	100.0%	100.0%
列总计	4956	444	5400

Chi-square test：sig = 0.998 > 0.05，所以不同民族的居民在“下列哪个因素最可能影响人际关系紧张”的回答上没有显著差异。

D5 by A4

当前有些人身心不和谐，如忧郁、精神分裂、自杀等，您认为造成这种情况的最主要原因 * 民族 Crosstabulation

	汉族	少数民族	总计
欲望过多过大，不能知足常乐	16.6%	17.8%	16.7%
社会保障体系不健全，对自己和未来没有把握	12.7%	10.2%	12.5%
竞争激烈，工作压力过大，身心疲惫	32.9%	31.0%	32.7%
人与人之间缺乏信任感，人际关系紧张	11.3%	11.1%	11.3%
有烦恼很难找到人倾诉和排解	5.5%	7.6%	5.7%
个人的文化底蕴和文化积累不够，缺乏自我理解和自我调节能力	8.9%	9.5%	9.0%
现代人缺乏安顿自己、化解内心矛盾的能力	3.4%	4.4%	3.5%
缺乏道德公正，没有道德的人总是占便宜	3.0%	1.6%	2.9%
缺乏理想和信念支持，精神没有寄托和归宿	3.4%	2.3%	3.3%
其他	2.2%	4.4%	2.4%
总计	100.0%	100.0%	100.0%
列总计	4947	432	5379

Chi-square test：sig = 0.309 > 0.05，所以不同民族的居民在“当前有些人身心不和谐，如忧郁，精神分裂，自杀等，您认为造成这种情况的最主要原因”的回答上没有显著差异。

D7a by A4

文明城市创建效果 * 民族 Crosstabulation

	汉族	少数民族	总计
没听说过该活动	9.5%	14.3%	9.9%
完全没有效果	5.3%	4.3%	5.2%
有较少的效果	20.2%	19.4%	20.1%
一般	34.9%	28.2%	34.4%
有较多的效果	23.9%	26.0%	24.0%
有非常多的效果	6.2%	7.8%	6.3%
总计	100.0%	100.0%	100.0%
列总计	5138	489	5627

Chi-square test：sig = 0.883 > 0.05，所以不同民族的居民在“文明城市创建效果”的回答上没有显著差异。

D7b by A4

学雷锋活动效果 * 民族 Crosstabulation

	汉族	少数民族	总计
没听说过该活动	12.9%	22.9%	13.8%
完全没有效果	3.7%	1.8%	3.6%
有较少的效果	17.2%	12.7%	16.8%
一般	30.3%	23.7%	29.7%
有较多的效果	27.3%	29.4%	27.5%
有非常多的效果	8.5%	9.4%	8.5%
总计	100.0%	100.0%	100.0%
列总计	5140	489	5629

Chi-square test：sig = 0.001 < 0.05，所以不同民族的居民在“学雷锋活动效果”的回答上有显著差异。

D7c by A4

典型人物的宣传效果 * 民族 Crosstabulation

	汉族	少数民族	总计
没听说过该活动	21.5%	30.8%	22.3%
完全没有效果	3.0%	3.1%	3.0%
有较少的效果	15.5%	14.9%	15.4%
一般	30.0%	23.3%	29.4%
有较多的效果	23.6%	20.8%	23.3%
有非常多的效果	6.4%	7.1%	6.4%
总计	100.0%	100.0%	100.0%
列总计	5130	490	5620

Chi-square test：sig = 0.000 < 0.05，所以不同民族的居民在“典型人物的宣传效果”的回答上有显著差异。

D7d by A4

志愿服务的倡导和推广效果 * 民族 Crosstabulation

	汉族	少数民族	总计
没听说过该活动	13.5%	22.8%	14.3%

续表

	汉族	少数民族	总计
完全没有效果	11.2%	8.6%	11.0%
有较少的效果	27.5%	25.1%	27.3%
一般	25.9%	22.4%	25.6%
有较多的效果	16.7%	15.2%	16.5%
有非常多的效果	5.2%	5.8%	5.2%
总计	100.0%	100.0%	100.0%
列总计	5135	486	5621

Chi-square test：sig = 0.000 < 0.05，所以不同民族的居民在“志愿服务的倡导和推广效果”的回答上有显著差异。

D7e by A4

反腐倡廉的举措效果 * 民族 Crosstabulation

	汉族	少数民族	总计
没听说过该活动	36.5%	48.2%	37.6%
完全没有效果	4.8%	2.9%	4.6%
有较少的效果	15.3%	12.0%	15.0%
一般	27.7%	19.4%	26.9%
有较多的效果	12.6%	14.2%	12.8%
有非常多的效果	3.0%	3.3%	3.0%
总计	100.0%	100.0%	100.0%
列总计	5133	485	5618

Chi-square test：sig = 0.000 < 0.05，所以不同民族的居民在“反腐倡廉的举措效果”的回答上有显著差异。

D7f by A4

《公民道德建设实施纲要》的推进效果 * 民族 Crosstabulation

	汉族	少数民族	总计
非常不严重	1.1%	1.8%	1.2%
比较不严重	16.4%	18.7%	16.6%
一般	29.3%	23.1%	28.8%

续表

	汉族	少数民族	总计
比较严重	41.3%	44.2%	41.5%
非常严重	12.0%	12.2%	12.0%
总计	100.0%	100.0%	100.0%
列总计	5146	493	5639

Chi-square test：sig = 0.000 < 0.05，所以不同民族的居民在“《公民道德建设实施纲要》的推进效果”的回答上有显著差异。

D8a by A4

坑蒙拐骗现象的严重程度 * 民族 Crosstabulation

	汉族	少数民族	总计
非常不严重	1.1%	1.8%	1.2%
比较不严重	16.4%	18.7%	16.6%
一般	29.3%	23.1%	28.8%
比较严重	41.3%	44.2%	41.5%
非常严重	12.0%	12.2%	12.0%
总计	100.0%	100.0%	100.0%
列总计	5146	493	5639

Chi-square test：sig = 0.957 > 0.05，所以不同民族的居民在“坑蒙拐骗现象的严重程度”的回答上没有显著差异。

D8b by A4

人际关系冷漠现象的严重程度 * 民族 Crosstabulation

	汉族	少数民族	总计
非常不严重	1.4%	2.9%	1.6%
比较不严重	17.2%	25.2%	17.9%
一般	35.1%	28.9%	34.6%
比较严重	38.9%	38.5%	38.9%
非常严重	7.4%	4.5%	7.1%
总计	100.0%	100.0%	100.0%

续表

	汉族	少数民族	总计
列总计	5136	488	5624

Chi-square test：sig = 0.000 < 0.05，所以不同民族的居民在“人际关系冷漠现象的严重程度”的回答上有显著差异。

D8c by A4

诚信缺乏，社会信用低的现象的严重程度 * 民族 Crosstabulation

	汉族	少数民族	总计
非常不严重	0.8%	1.0%	0.8%
比较不严重	13.6%	18.9%	14.0%
一般	34.0%	34.2%	34.0%
比较严重	43.2%	42.6%	43.2%
非常严重	8.3%	3.3%	7.9%
总计	100.0%	100.0%	100.0%
列总计	5122	488	5610

Chi-square test：sig = 0.001 < 0.05，所以不同民族的居民在“诚信缺乏，社会信用低现象的严重程度”的回答上有显著差异。

D8d by A4

公共场所缺乏公德，如大声喧哗，不排队，随地吐痰等现象的严重程度 * 民族 Crosstabulation

	汉族	少数民族	总计
非常不严重	1.3%	1.2%	1.3%
比较不严重	15.7%	18.1%	15.9%
一般	33.3%	29.7%	32.9%
比较严重	39.1%	34.0%	38.7%
非常严重	10.6%	16.9%	11.2%
总计	100.0%	100.0%	100.0%
列总计	5121	485	5606

Chi-square test：sig = 0.724 >0.05，所以不同民族的居民在“公共场所缺乏公德，如大声喧哗，不排队，随地吐痰等现象的严重程度”的回答上没有显著差异。

D8e by A4

自私自利，损人利己，物欲横流现象的严重程度 * 民族 Crosstabulation

	汉族	少数民族	总计
非常不严重	1.0%	1.4%	1.0%
比较不严重	14.4%	20.4%	14.9%
一般	37.7%	34.4%	37.5%
比较严重	38.9%	35.7%	38.6%
非常严重	8.1%	8.0%	8.1%
总计	100.0%	100.0%	100.0%
列总计	5121	485	5606

Chi-square test：sig = 0.005 < 0.05，所以不同民族的居民在“自私自利，损人利己，物欲横流现象的严重程度”的回答上有显著差异。

D8f by A4

缺乏公正心和正义感现象的严重程度 * 民族 Crosstabulation

	汉族	少数民族	总计
非常不严重	0.9%	1.9%	1.0%
比较不严重	16.6%	27.1%	17.5%
一般	41.5%	35.6%	41.0%
比较严重	34.6%	30.0%	34.2%
非常严重	6.3%	5.4%	6.2%
总计	100.0%	100.0%	100.0%
列总计	5104	483	5587

Chi-square test：sig = 0.001 < 0.05，所以不同民族的居民在“缺乏公正心和正义感现象的严重程度”的回答上有显著差异。

D8g by A4

缺乏羞耻感现象的严重程度 * 民族 Crosstabulation

	汉族	少数民族	总计
非常不严重	1.4%	3.1%	1.6%
比较不严重	20.5%	29.6%	21.3%
一般	44.3%	35.2%	43.6%
比较严重	27.3%	27.7%	27.3%
非常严重	6.4%	4.4%	6.2%

续表

	汉族	少数民族	总计
总计	100.0%	100.0%	100.0%
列总计	5092	480	5572

Chi-square test：sig = 0.001 < 0.05，所以不同民族的居民在“缺乏羞耻感现象的严重程度”的回答上有显著差异。

D8h by A4

干部贪污受贿，以权谋私现象的严重程度 * 民族 Crosstabulation

	汉族	少数民族	总计
非常不严重	0.8%	1.3%	0.8%
比较不严重	6.5%	9.7%	6.8%
一般	19.5%	22.0%	19.7%
比较严重	44.5%	38.8%	44.1%
非常严重	28.6%	28.2%	28.6%
总计	100.0%	100.0%	100.0%
列总计	5098	472	5570

Chi-square test：sig = 0.001 < 0.05，所以不同民族的居民在“干部贪污受贿，以权谋私现象的严重程度”的回答上有显著差异。

D8i by A4

生活奢侈，铺张浪费现象的严重程度 * 民族 Crosstabulation

	汉族	少数民族	总计
非常不严重	1.4%	2.9%	1.5%
比较不严重	13.5%	23.3%	14.4%
一般	34.4%	34.9%	34.4%
比较严重	38.5%	32.2%	37.9%
非常严重	12.2%	6.6%	11.7%
总计	100.0%	100.0%	100.0%
列总计	5123	484	5607

Chi-square test：sig = 0.000 < 0.05，所以不同民族的居民在“生活奢侈，铺张浪费现象的严重程度”的回答上有显著差异。

D8j by A4

奉行功利主义，互相算计现象的严重程度＊ 民族 Crosstabulation

	汉族	少数民族	总计
非常不严重	1.2%	2.3%	1.3%
比较不严重	14.5%	21.4%	15.1%
一般	43.6%	38.6%	43.2%
比较严重	33.0%	33.3%	33.0%
非常严重	7.6%	4.4%	7.3%
总计	100.0%	100.0%	100.0%
列总计	5076	477	5553

Chi-square test：sig = 0.002 < 0.05，所以不同民族的居民在“奉行功利主义，互相算计现象的严重程度”的回答上有显著差异。

D8k by A4

企业损害社会利益，如污染环境，以虚假广告误导公众等现象的严重程度＊民族 Crosstabulation

	汉族	少数民族	总计
非常不严重	1.0%	2.8%	1.2%
比较不严重	11.2%	13.3%	11.4%
一般	36.3%	36.8%	36.4%
比较严重	39.0%	36.4%	38.8%
非常严重	12.4%	10.7%	12.2%
总计	100.0%	100.0%	100.0%
列总计	5084	459	5543

Chi-square test：sig = 0.016 < 0.05，所以不同民族的居民在“企业损害社会利益，如污染环境，以虚假广告误导公众现象的严重程度”的回答上有显著差异。

D8l by A4

娱乐界以丑闻，绯闻炒作，污染社会风气现象的严重程度＊ 民族 Crosstabulation

	汉族	少数民族	总计
非常不严重	1.3%	2.3%	1.4%
比较不严重	13.5%	20.3%	14.0%
一般	46.8%	42.2%	46.4%
比较严重	28.8%	26.0%	28.6%

续表

	汉族	少数民族	总计
非常严重	9.7%	9.3%	9.6%
总计	100.0%	100.0%	100.0%
列总计	4925	443	5368

Chi-square test：sig = 0.000 < 0.05，所以不同民族的居民在“娱乐界以丑闻，绯闻炒作，污染社会风气现象的严重程度”的回答上有显著差异。

D8m by A4

媒体缺乏社会责任，炒作新闻现象的严重程度 * 民族 Crosstabulation

	汉族	少数民族	总计
非常不严重	1.5%	3.0%	1.6%
比较不严重	14.4%	23.6%	15.2%
一般	48.0%	38.3%	47.2%
比较严重	28.1%	26.0%	28.0%
非常严重	8.0%	8.5%	8.0%
总计	100.0%	100.0%	100.0%
列总计	4968	436	5404

Chi-square test：sig = 0.001 < 0.05，所以不同民族的居民在“媒体缺乏社会责任，炒作新闻现象的严重程度”的回答上有显著差异。

D8n by A4

社会财富分配不公，贫富悬殊过大现象的严重程度 * 民族 Crosstabulation

	汉族	少数民族	总计
非常不严重	0.6%	1.3%	0.7%
比较不严重	5.7%	9.2%	6.0%
一般	22.3%	15.9%	21.8%
比较严重	46.8%	48.5%	46.9%
非常严重	24.6%	25.1%	24.6%
总计	100.0%	100.0%	100.0%
列总计	5111	478	5589

Chi-square test：sig = 0.505 > 0.05，所以不同民族的居民在“社会财富分配不公，贫富悬殊过大现象的严重程度”的回答上没有显著差异。

D8o by A4

教师不尽职现象的严重程度＊ 民族 Crosstabulation

	汉族	少数民族	总计
非常不严重	6.2%	7.8%	6.3%
比较不严重	29.5%	36.6%	30.1%
一般	36.6%	32.1%	36.2%
比较严重	22.2%	18.9%	21.9%
非常严重	5.6%	4.5%	5.5%
总计	100.0%	100.0%	100.0%
列总计	5108	486	5594

Chi-square test：sig = 0.001 < 0.05，所以不同民族的居民在“教师不尽职现象的严重程度”的回答上有显著差异。

D8p by A4

医生不守职业道德现象的严重程度＊ 民族 Crosstabulation

	汉族	少数民族	总计
非常不严重	4.5%	6.9%	4.7%
比较不严重	25.4%	34.8%	26.3%
一般	35.6%	28.9%	35.0%
比较严重	26.0%	22.6%	25.7%
非常严重	8.4%	6.7%	8.3%
总计	100.0%	100.0%	100.0%
列总计	5128	491	5619

Chi-square test：sig = 0.000 < 0.05，所以不同民族的居民在“医生不守职业道德现象的严重程度”的回答上有显著差异。

D8q by A4

偷盗现象的严重程度＊ 民族 Crosstabulation

	汉族	少数民族	总计
非常不严重	3.1%	5.5%	3.3%
比较不严重	21.0%	27.8%	21.6%
一般	34.5%	28.4%	33.9%
比较严重	31.0%	29.0%	30.8%
非常严重	10.5%	9.3%	10.4%
总计	100.0%	100.0%	100.0%

续表

	汉族	少数民族	总计
列总计	5150	493	5643

Chi-square test：sig = 0. 001 < 0. 05，所以不同民族的居民在“偷盗现象的严重程度”的回答上有显著差异。

D8r by A4

公众人物用知名度攫取财富现象的严重程度＊ 民族 Crosstabulation

	汉族	少数民族	总计
非常不严重	1. 1%	3. 9%	1. 3%
比较不严重	15. 4%	19. 5%	15. 8%
一般	54. 9%	49. 0%	54. 4%
比较严重	23. 7%	24. 1%	23. 7%
非常严重	4. 9%	3. 4%	4. 8%
总计	100. 0%	100. 0%	100. 0%
列总计	4955	435	5390

Chi-square test：sig = 0. 018 < 0. 05，所以不同民族的居民在“公众人物用知名度攫取财富现象的严重程度”的回答上有显著差异。

D8s by A4

不爱国现象的严重程度＊ 民族 Crosstabulation

	汉族	少数民族	总计
非常不严重	11. 1%	20. 1%	11. 8%
比较不严重	39. 7%	41. 4%	39. 9%
一般	36. 6%	28. 0%	35. 8%
比较严重	9. 8%	8. 8%	9. 7%
非常严重	2. 8%	1. 7%	2. 7%
总计	100. 0%	100. 0%	100. 0%
列总计	5096	478	5574

Chi-square test：sig = 0. 000 < 0. 05，所以不同民族的居民在“不爱国现象的严重程度”的回答上有显著差异。

D8t by A4

两性关系过度开放导致婚姻不稳定现象的严重程度＊ 民族 Crosstabulation

	汉族	少数民族	总计
非常不严重	1. 8%	4. 3%	2. 0%

续表

	汉族	少数民族	总计
比较不严重	19.0%	21.5%	19.2%
一般	45.1%	35.4%	44.3%
比较严重	27.0%	31.1%	27.3%
非常严重	7.1%	7.7%	7.2%
总计	100.0%	100.0%	100.0%
列总计	5035	466	5501

Chi-square test：sig = 0.934 > 0.05，所以不同民族的居民在“两性关系过度开放导致婚姻不稳定现象的严重程度”的回答上没有显著差异。

D8u by A4

年轻人缺乏责任感，不孝敬父母现象的严重程度 * 民族 Crosstabulation

	汉族	少数民族	总计
非常不严重	2.7%	7.9%	3.1%
比较不严重	27.4%	30.1%	27.7%
一般	37.8%	29.3%	37.1%
比较严重	26.3%	28.9%	26.5%
非常严重	5.8%	3.9%	5.6%
总计	100.0%	100.0%	100.0%
列总计	5138	492	5630

Chi-square test：sig = 0.052 > 0.05，所以不同民族的居民在“年轻人缺乏责任感，不孝敬父母现象的严重程度”的回答上没有显著差异。

D8v by A4

父母和子女代沟问题严重，难以沟通现象的严重程度 * 民族 Crosstabulation

	汉族	少数民族	总计
非常不严重	2.2%	6.2%	2.5%
比较不严重	24.3%	29.9%	24.8%
一般	43.0%	33.0%	42.1%
比较严重	26.3%	27.2%	26.4%
非常严重	4.2%	3.7%	4.1%
总计	100.0%	100.0%	100.0%
列总计	5140	485	5625

Chi-square test：sig = 0.052 > 0.05，所以不同民族的居民在“父母和子女代沟问题严重，难以沟通现象的严重程度”的回答上没有显著差异。

D8w by A4

老无所养，缺乏安全感现象的严重程度 * 民族 Crosstabulation

	汉族	少数民族	总计
非常不严重	3.4%	9.0%	3.9%
比较不严重	24.5%	28.6%	24.9%
一般	37.6%	27.1%	36.7%
比较严重	28.0%	30.4%	28.2%
非常严重	6.6%	4.9%	6.4%
总计	100.0%	100.0%	100.0%
列总计	5142	490	5632

Chi-square test：sig = 0.018 < 0.05，所以不同民族的居民在“老无所养，缺乏安全感现象的严重程度”的回答上有显著差异。

D9a by A4

在下列关系中，您认为哪些关系最重要？第一重要的是 * 民族 Crosstabulation

	汉族	少数民族	总计
父母与子女	60.9%	67.9%	61.5%
夫妻	25.7%	21.6%	25.3%
兄弟姐妹	0.7%	0.6%	0.7%
同事或同学	0.5%	0.2%	0.4%
上级与下级	0.8%	1.0%	0.8%
师生	0.3%		0.2%
人与自然的关系	1.1%	1.6%	1.2%
个人与社会	3.4%	2.1%	3.3%
个人与国家	3.5%	2.5%	3.4%
个人与工作单位	0.6%		0.5%
通过网络建立的关系	0.2%		0.1%
朋友	0.7%	1.0%	0.7%
个人与自身的关系	1.6%	0.8%	1.5%
其他	0.1%	0.6%	0.1%
总计	100.0%	100.0%	100.0%
列总计	5127	486	5613

Chi-square test：sig = 0.047 < 0.05，所以不同民族的居民在“哪些关系最重要？第一重要的是”的回答上有显著差异。

D9b by A4

在下列关系中，您认为哪些关系最重要？第二重要的是 * 民族 Crosstabulation

	汉族	少数民族	总计
父母与子女	27.3%	22.5%	26.9%
夫妻	46.7%	48.0%	46.8%
兄弟姐妹	7.7%	11.6%	8.0%
同事或同学	1.2%	1.2%	1.2%
上级与下级	1.3%	1.9%	1.3%
师生	0.8%	1.0%	0.9%
人与自然的关系	1.7%	1.2%	1.7%
个人与社会	4.7%	5.2%	4.8%
个人与国家	2.7%	2.9%	2.8%
个人与工作单位	1.6%	0.2%	1.5%
通过网络建立的关系	0.2%		0.2%
朋友	2.7%	3.5%	2.8%
个人与自身的关系	1.2%	0.4%	1.2%
其他		0.2%	0.1%
总计	100.0%	100.0%	100.0%
列总计	5111	481	5592

Chi-square test：sig = 0.926 > 0.05，所以不同民族的居民在“哪些关系最重要？第二重要的是”的回答上没有显著差异。

D9c by A4

在下列关系中，您认为哪些关系最重要？第三重要的是 * 民族 Crosstabulation

	汉族	少数民族	总计
父母与子女	4.9%	4.4%	4.9%
夫妻	8.9%	9.4%	8.9%
兄弟姐妹	43.2%	47.2%	43.5%
同事或同学	4.0%	4.0%	4.0%
上级与下级	2.7%	2.3%	2.7%
师生	1.5%	1.9%	1.5%
人与自然的关系	2.7%	3.1%	2.7%
个人与社会	8.6%	7.7%	8.5%
个人与国家	4.9%	4.8%	4.9%

续表

	汉族	少数民族	总计
个人与工作单位	3.9%	1.5%	3.7%
通过网络建立的关系	0.3%		0.2%
朋友	10.7%	10.2%	10.7%
个人与自身的关系	3.7%	2.7%	3.6%
其他	0.2%	0.8%	0.3%
总计	100.0%	100.0%	100.0%
列总计	5077	479	5556

Chi-square test：sig = 0.111 > 0.05，所以不同民族的居民在“哪些关系最重要？第三重要的是”的回答上没有显著差异。

D10 by A4

现在社会上有些人不守道德反而占了便宜，您会不会为了得到好处而效仿 * 民族 Crosstabulation

	汉族	少数民族	总计
从来不这么做	72.4%	80.6%	73.1%
通常不这么做，关键时刻会这么做	13.9%	10.1%	13.6%
经常这么做	1.4%	1.0%	1.3%
说不清	12.3%	8.2%	12.0%
总计	100.0%	100.0%	100.0%
列总计	5090	485	5575

Chi-square test：sig = 0.002 < 0.05，所以不同民族的居民在“现在社会上有些人不守道德反而占了便宜，您会不会为了得到好处而效仿”的回答上有显著差异。

D11a by A4

如果您与下列人员发生重大利益冲突，您首先会选择哪种途径来解决？家庭成员之间 * 民族 Crosstabulation

	汉族	少数民族	总计
诉诸法律，打官司	0.7%		0.6%
直接找对方沟通但得理让人，适可而止	55.7%	56.2%	55.7%
通过第三方从中调解，尽量不伤和气	8.9%	8.8%	8.9%
能忍则忍	34.7%	35.0%	34.8%
总计	100.0%	100.0%	100.0%

续表

	汉族	少数民族	总计
列总计	4979	477	5456

Chi-square test：sig = 0. 772 > 0. 05，所以不同民族的居民在“与家庭成员发生重大利益冲突，您首先会选择哪种途径来解决”的回答上没有显著差异。

D11b by A4

如果您与下列人员发生重大利益冲突，您首先会选择哪种途径来解决？朋友之间 * 民族 Crosstabulation

	汉族	少数民族	总计
诉诸法律，打官司	1. 3%	0. 6%	1. 2%
直接找对方沟通但得理让人，适可而止	51. 3%	53. 2%	51. 5%
通过第三方从中调解，尽量不伤和气	24. 3%	22. 8%	24. 2%
能忍则忍	23. 1%	23. 4%	23. 1%
总计	100. 0%	100. 0%	100. 0%
列总计	4983	474	5457

Chi-square test：sig = 0. 686 > 0. 05，所以不同民族的居民在“与朋友发生重大利益冲突，您首先会选择哪种途径来解决”的回答上没有显著差异。

D11c by A4

如果您与下列人员发生重大利益冲突，您首先会选择哪种途径来解决？同事之间 * 民族 Crosstabulation

	汉族	少数民族	总计
诉诸法律，打官司	2. 7%	2. 6%	2. 7%
直接找对方沟通但得理让人，适可而止	47. 4%	48. 9%	47. 5%
通过第三方从中调解，尽量不伤和气	29. 6%	31. 3%	29. 7%
能忍则忍	20. 3%	17. 3%	20. 1%
总计	100. 0%	100. 0%	100. 0%
列总计	4079	307	4386

Chi-square test：sig = 0. 000 < 0. 05，所以不同民族的居民在“与同事发生重大利益冲突，您首先会选择哪种途径来解决”的回答上有显著差异。

D11d by A4

如果您与下列人员发生重大利益冲突，您首先会选择哪种途径来解决？商业伙伴之间 * 民族 Crosstabulation

	汉族	少数民族	总计
诉诸法律，打官司	35.1%	31.7%	34.8%
直接找对方沟通但得理让人，适可而止	29.7%	31.7%	29.8%
通过第三方从中调解，尽量不伤和气	25.5%	26.2%	25.6%
能忍则忍	9.7%	10.4%	9.8%
总计	100.0%	100.0%	100.0%
列总计	3206	221	3427

Chi-square test：sig = 0.000 < 0.05，所以不同民族的居民在“与商业伙伴发生重大利益冲突，您首先会选择哪种途径来解决”的回答上有显著差异。

D12 by A4

一些政府机关和大中小学，利用权力让本单位的职工子女在很好的学校读书，或降分，您认为这种行为道德吗？ * 民族 Crosstabulation

	汉族	少数民族	总计
为本单位人员谋福利，符合道德	3.8%	3.1%	3.7%
以权谋私，不道德	60.6%	66.7%	61.1%
是对社会公众的欺骗，严重不道德	20.0%	17.1%	19.7%
符合本单位员工利益和内部伦理，但严重侵蚀社会道德	7.1%	6.6%	7.1%
无所谓道德不道德	8.5%	6.4%	8.4%
总计	100.0%	100.0%	100.0%
列总计	5106	484	5590

Chi-square test：sig = 0.039 < 0.05，所以不同民族的居民在“一些政府机关和大中小学，利用权力让本单位的职工子女在很好的学校读书，或降分，您认为这种行为道德吗？”的回答上有显著差异。

D13 by A4

如果您所在的单位有一项举措可以提高集体福利并使您个人得到利益，但会造成环境污染或社会公害，您会举报吗 * 民族 Crosstabulation

	汉族	少数民族	总计
会	55.3%	66.3%	56.3%
不会	44.7%	33.7%	43.7%
总计	100.0%	100.0%	100.0%

续表

	汉族	少数民族	总计
列总计	5032	478	5510

Chi-square test：sig = 0. 000 < 0. 05，所以不同民族的居民在“如果您所在的单位有一项举措可以提高集体福利并使您个人得到利益，但会造成环境污染或社会公害，您会举报吗”的回答上有显著差异。

D14 by A4

您认为对当前我国伦理关系和道德风尚造成最大负面影响的因素是 * 民族 Crosstabulation

	汉族	少数民族	总计
传统文化的崩坏	35. 4%	38. 4%	35. 6%
外来文化的冲击	23. 1%	22. 0%	23. 0%
市场经济导致的个人主义	30. 5%	27. 4%	30. 3%
计算机网络技术的发展	8. 0%	8. 6%	8. 0%
其他	3. 0%	3. 6%	3. 0%
总计	100. 0%	100. 0%	100. 0%
列总计	4845	419	5264

Chi-square test：sig = 0. 538 > 0. 05，所以不同民族的居民在“您认为对当前我国伦理关系和道德风尚造成最大负面影响的因素是”的回答上没有显著差异。

D15 by A4

从网络中获得的信息（文字、图片、视频等）对您的思想行为影响如何 * 民族 Crosstabulation

	汉族	少数民族	总计
影响很大	7. 2%	4. 7%	7. 0%
有一些影响	23. 9%	17. 0%	23. 3%
影响不大	18. 2%	15. 4%	17. 9%
完全没有影响	4. 0%	4. 7%	4. 1%
不适用，因为不上网	46. 6%	58. 1%	47. 6%
总计	100. 0%	100. 0%	100. 0%
列总计	5108	487	5595

Chi-square test：sig = 0. 000 < 0. 05，所以不同民族的居民在“从网络中获得的信息（文字、图片、视频等）对您的思想行为影响如何”的回答上有显著差异。

D16 by A4

您认为在自己的成长中得到道德训练的最重要场所或机构是 * 民族 Crosstabulation

	汉族	少数民族	总计
家庭	50.7%	50.7%	50.7%
学校	17.9%	16.8%	17.8%
社会	25.1%	26.8%	25.2%
国家或政府	3.5%	3.1%	3.5%
媒体	1.8%	1.0%	1.7%
其他	1.0%	1.5%	1.1%
总计	100.0%	100.0%	100.0%
列总计	5127	477	5604

Chi-square test: sig = 0.656 > 0.05，所以不同民族的居民在“您认为在自己的成长中得到道德训练的最重要场所或机构是”的回答上没有显著差异。

D17a by A4

您对下列群体的伦理道德状况的满意度如何？政府官员 * 民族 Crosstabulation

	汉族	少数民族	总计
非常不满意	14.5%	12.7%	14.4%
比较不满意	35.5%	24.4%	34.5%
一般	35.6%	37.2%	35.7%
比较满意	13.6%	23.8%	14.5%
非常满意	0.8%	1.8%	0.9%
总计	100.0%	100.0%	100.0%
列总计	5115	487	5602

Chi-square test: sig = 0.000 < 0.05，所以不同民族的居民在“对政府官员的伦理道德状况的满意度”的回答上有显著差异。

D17b by A4

您对下列群体的伦理道德状况的满意度如何？企业家 * 民族 Crosstabulation

	汉族	少数民族	总计
非常不满意	3.6%	2.8%	3.5%
比较不满意	20.0%	15.8%	19.7%
一般	57.7%	52.5%	57.3%
比较满意	18.0%	27.2%	18.7%

续表

	汉族	少数民族	总计
非常满意	0.7%	1.7%	0.8%
总计	100.0%	100.0%	100.0%
列总计	5074	467	5541

Chi-square test：sig = 0.000 < 0.05，所以不同民族的居民在“对企业家的伦理道德状况的满意度”的回答上有显著差异。

D17c by A4

您对下列群体的伦理道德状况的满意度如何？演艺娱乐界明星 * 民族 Crosstabulation

	汉族	少数民族	总计
非常不满意	5.4%	2.4%	5.2%
比较不满意	20.6%	18.8%	20.4%
一般	62.0%	54.6%	61.4%
比较满意	11.6%	23.5%	12.6%
非常满意	0.4%	0.7%	0.4%
总计	100.0%	100.0%	100.0%
列总计	4956	452	5408

Chi-square test：sig = 0.000 < 0.05，所以不同民族的居民在“对演艺娱乐界明星的伦理道德状况的满意度”的回答上有显著差异。

D17d by A4

您对下列群体的伦理道德状况的满意度如何？教师 * 民族 Crosstabulation

	汉族	少数民族	总计
非常不满意	2.9%	1.8%	2.8%
比较不满意	10.3%	7.5%	10.1%
一般	32.2%	24.4%	31.5%
比较满意	49.3%	55.1%	49.8%
非常满意	5.4%	11.2%	5.9%
总计	100.0%	100.0%	100.0%
列总计	5122	492	5614

Chi-square test：sig = 0.000 < 0.05，所以不同民族的居民在“对教师的伦理道德状况的满意度”的回答上有显著差异。

D17e by A4

您对下列群体的伦理道德状况的满意度如何？青少年＊ 民族 Crosstabulation

	汉族	少数民族	总计
非常不满意	1.9%	1.4%	1.8%
比较不满意	11.8%	13.2%	12.0%
一般	47.1%	41.1%	46.6%
比较满意	36.6%	40.9%	37.0%
非常满意	2.6%	3.4%	2.7%
总计	100.0%	100.0%	100.0%
列总计	5121	494	5615

Chi-square test：sig = 0.086 > 0.05，所以不同民族的居民在“对青少年的伦理道德状况的满意度”的回答上没有显著差异。

D17f by A4

您对下列群体的伦理道德状况的满意度如何？农民＊ 民族 Crosstabulation

	汉族	少数民族	总计
非常不满意	0.7%	0.6%	0.7%
比较不满意	4.3%	1.8%	4.1%
一般	39.3%	32.3%	38.7%
比较满意	45.8%	53.3%	46.5%
非常满意	9.9%	11.9%	10.1%
总计	100.0%	100.0%	100.0%
列总计	5127	495	5622

Chi-square test：sig = 0.001 < 0.05，所以不同民族的居民在“对农民的伦理道德状况的满意度”的回答上有显著差异。

D17g by A4

您对下列群体的伦理道德状况的满意度如何？商人＊ 民族 Crosstabulation

	汉族	少数民族	总计
非常不满意	4.9%	3.9%	4.8%
比较不满意	26.0%	24.8%	25.9%
一般	53.4%	44.5%	52.6%
比较满意	15.1%	25.8%	16.0%
非常满意	0.6%	1.0%	0.6%

续表

	汉族	少数民族	总计
总计	100.0%	100.0%	100.0%
列总计	5093	488	5581

Chi-square test：sig = 0.000 < 0.05，所以不同民族的居民在“对商人的伦理道德状况的满意度”的回答上有显著差异。

D17h by A4

您对下列群体的伦理道德状况的满意度如何？工人 * 民族 Crosstabulation

	汉族	少数民族	总计
非常不满意	0.3%	0.4%	0.3%
比较不满意	4.4%	3.1%	4.3%
一般	48.7%	42.9%	48.2%
比较满意	42.7%	48.8%	43.2%
非常满意	3.9%	4.8%	4.0%
总计	100.0%	100.0%	100.0%
列总计	5085	482	5567

Chi-square test：sig = 0.047 < 0.05，所以不同民族的居民在“对工人的伦理道德状况的满意度”的回答上有显著差异。

D17i by A4

您对下列群体的伦理道德状况的满意度如何？专家学者 * 民族 Crosstabulation

	汉族	少数民族	总计
非常不满意	1.3%	1.1%	1.3%
比较不满意	8.8%	6.1%	8.6%
一般	45.5%	39.7%	45.0%
比较满意	39.1%	44.9%	39.5%
非常满意	5.3%	8.3%	5.6%
总计	100.0%	100.0%	100.0%
列总计	5041	459	5500

Chi-square test：sig = 0.002 < 0.05，所以不同民族的居民在“对专家学者的伦理道德状况的满意度”的回答上有显著差异。

D17j by A4

您对下列群体的伦理道德状况的满意度如何？医生 * 民族 Crosstabulation

	汉族	少数民族	总计
非常不满意	4.7%	3.7%	4.6%
比较不满意	16.9%	11.0%	16.3%
一般	38.7%	31.6%	38.1%
比较满意	36.6%	47.8%	37.5%
非常满意	3.2%	5.9%	3.4%
总计	100.0%	100.0%	100.0%
列总计	5107	490	5597

Chi-square test：sig = 0.000 < 0.05，所以不同民族的居民在“对医生的伦理道德状况的满意度”的回答上有显著差异。

D18 by A4

您觉得当前我国政府官员道德问题最严重的是 * 民族 Crosstabulation

	汉族	少数民族	总计
贪污	42.8%	47.3%	43.1%
以权谋私	25.0%	22.5%	24.8%
受贿	8.0%	7.3%	7.9%
生活作风腐败	8.8%	7.1%	8.6%
官僚主义	3.2%	2.1%	3.1%
平庸，不作为	4.0%	2.6%	3.9%
政绩工程，折腾百姓	4.2%	4.9%	4.3%
铺张浪费	1.6%	1.9%	1.6%
拉帮结派	0.7%	1.3%	0.8%
其他	1.7%	3.0%	1.8%
总计	100.0%	100.0%	100.0%
列总计	5069	467	5536

Chi-square test：sig = 0.075 > 0.05，所以不同民族的居民在“当前我国政府官员道德最严重问题”的回答上没有显著差异。

D19a by A4

您的思想行为受什么人的影响最大？第一位的是 * 民族 Crosstabulation

	汉族	少数民族	总计
政府官员	8.0%	10.3%	8.2%

续表

	汉族	少数民族	总计
企业家	2.2%	2.5%	2.3%
演艺明星、体育明星	0.7%	0.6%	0.7%
教师	10.9%	9.9%	10.8%
知识精英	2.5%	1.9%	2.4%
自由职业者	0.7%	0.6%	0.6%
农民	3.0%	3.4%	3.0%
工人	1.2%	1.1%	1.2%
先哲先贤	3.3%	1.9%	3.1%
父母	67.7%	67.7%	67.7%
总计	100.0%	100.0%	100.0%
列总计	5071	474	5545

Chi-square test：sig = 0.643 > 0.05，所以不同民族的居民在“您的思想行为受什么人的影响最大？第一位的是”的回答上没有显著差异。

D19b by A4

您的思想行为受什么人的影响最大？第二位的是 * 民族 Crosstabulation

	汉族	少数民族	总计
政府官员	5.2%	4.8%	5.1%
企业家	4.2%	4.8%	4.3%
演艺明星、体育明星	1.3%	1.1%	1.3%
教师	41.1%	40.3%	41.0%
知识精英	5.8%	4.8%	5.7%
自由职业者	1.6%	2.2%	1.7%
农民	13.1%	16.0%	13.4%
工人	4.4%	2.8%	4.3%
先哲先贤	8.4%	7.8%	8.3%
父母	14.9%	15.6%	15.0%
总计	100.0%	100.0%	100.0%
列总计	4931	462	5393

Chi-square test：sig = 0.567 > 0.05，所以不同民族的居民在“您的思想行为受什么人的影响最大？第二位的是”的回答上没有显著差异。

D19c by A4

您的思想行为受什么人的影响最大？第三位的是 * 民族 Crosstabulation

	汉族	少数民族	总计
政府官员	12.0%	12.6%	12.1%
企业家	5.0%	2.7%	4.8%
演艺明星、体育明星	2.7%	2.1%	2.6%
教师	15.8%	18.0%	16.0%
知识精英	15.8%	15.3%	15.8%
自由职业者	4.3%	4.1%	4.3%
农民	13.6%	21.5%	14.3%
工人	9.7%	7.3%	9.5%
先哲先贤	13.6%	10.5%	13.4%
父母	7.3%	5.9%	7.1%
总计	100.0%	100.0%	100.0%
列总计	4797	438	5235

Chi-square test：sig = 0.000 < 0.05，所以不同民族的居民在“您的思想行为受什么人的影响最大？第三位的是”的回答上有显著差异。

D20 by A4

您认为目前我国社会成员之间的收入差距如何 * 民族 Crosstabulation

	汉族	少数民族	总计
合理，可以接受	13.5%	17.7%	13.9%
不合理，但可以接受	45.4%	41.0%	45.0%
不合理，不能接受	29.7%	27.4%	29.5%
说不清	11.4%	13.9%	11.6%
总计	100.0%	100.0%	100.0%
列总计	5158	497	5655

Chi-square test：sig = 0.011 < 0.05，所以不同民族的居民在“您认为目前我国社会成员之间的收入差距如何”的回答上有显著差异。

D21 by A4

如果国外报道与主流媒体宣传内容不一致，您倾向于相信 * 民族 Crosstabulation

	汉族	少数民族	总计
主流媒体	39.6%	48.3%	40.4%

续表

	汉族	少数民族	总计
国外报道	6.7%	2.4%	6.3%
谁都不相信，自己判断	25.9%	21.3%	25.5%
说不清	27.9%	28.0%	27.9%
总计	100.0%	100.0%	100.0%
列总计	5141	497	5638

Chi-square test：sig = 0.000 < 0.05，所以不同民族的居民在“如果国外报道与主流媒体宣传内容不一致，您倾向于相信”的回答上有显著差异。

D22 by A4

您认为当前我国社会道德生活中最重要的元素是 * 民族 Crosstabulation

	汉族	少数民族	总计
意识形态中所提倡的社会主义道德	17.8%	21.5%	18.1%
中国传统道德	64.9%	67.5%	65.1%
西方文化影响而形成的道德	4.3%	2.0%	4.1%
市场经济中形成的道德	11.5%	7.2%	11.1%
其他	1.6%	1.8%	1.6%
总计	100.0%	100.0%	100.0%
列总计	4940	446	5386

Chi-square test：sig = 0.003 < 0.05，所以不同民族的居民在“您认为当前我国社会道德生活中最重要的元素是”的回答上有显著差异。

D23 by A4

假设您的上司或老板是外国人，如果他侮辱了中国，但抗争会产生不利于自己的后果，您会怎么做 * 民族 Crosstabulation

	汉族	少数民族	总计
当面抗议	56.8%	69.8%	57.9%
保持沉默	20.2%	16.2%	19.8%
暗地里报复	2.9%	0.6%	2.7%
以屈求伸，背后骂几句就行了	9.5%	6.6%	9.2%
无所谓	10.7%	6.8%	10.3%
总计	100.0%	100.0%	100.0%
列总计	4974	470	5444

Chi-square test：sig = 0.000 < 0.05，所以不同民族的居民在“假设您的上司或老板是外国人，如果他侮辱了中国，但抗争会产生不利于自己的后果，您会怎么做”的回答上有显著差异。

D24 by A4

您认为哪一种伦理关系对社会秩序和个人生活最具根本性意义 * 民族 Crosstabulation

	汉族	少数民族	总计
家庭伦理关系或血缘关系	63.9%	70.1%	64.4%
个人与社会的关系	19.7%	15.3%	19.3%
职业伦理关系	3.1%	1.7%	3.0%
个人与国家民族的关系	7.8%	9.5%	7.9%
个人与自然的关系	1.7%	2.2%	1.8%
个人与他自身的关系	3.1%	0.4%	2.9%
其他	0.7%	0.9%	0.7%
总计	100.0%	100.0%	100.0%
列总计	5045	465	5510

Chi-square test: sig = 0.001 < 0.05，所以不同民族的居民在“您认为哪一种伦理关系对社会秩序和个人生活最具根本性意义”的回答上有显著差异。

下　篇

2013 年江苏省伦理道德发展数据库

第三章 2013年江苏省伦理道德发展数据库

A. 个人信息

A1 性别

变量	频数	有效百分比	累积百分比
男	594	46.4%	46.4%
女	687	53.6%	100.0%
总计	1281	100.0%	

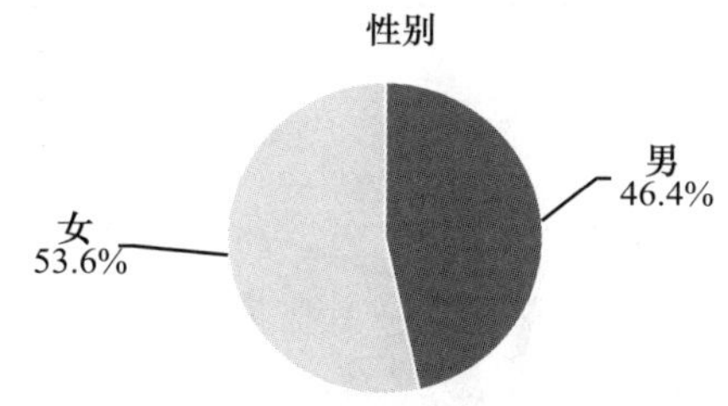

A2 年龄

变量	频数	有效百分比	累积百分比
30岁以下	188	14.8%	14.8%
30—39岁	183	14.4%	29.1%
40—49岁	271	21.3%	50.4%
50—59岁	308	24.2%	74.6%
60岁及以上	323	25.4%	100.0%
总计	1273	100.0%	

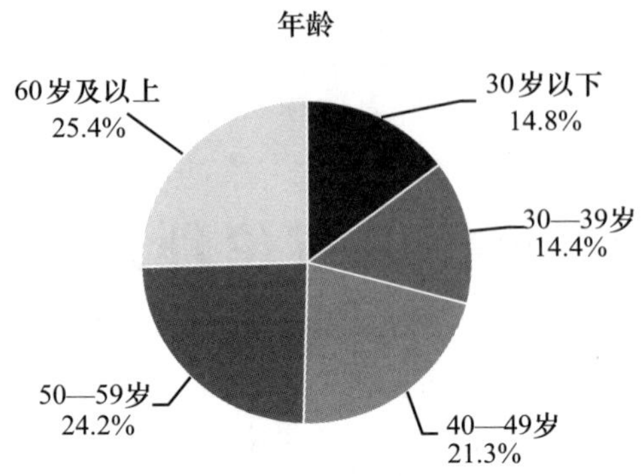

A3 婚姻状况

变量	频数	有效百分比	累积百分比
未婚	124	9.7%	9.7%
已婚	1106	86.4%	96.1%
离婚	16	1.3%	97.3%
丧偶	34	2.7%	100.0%
总计	1280	100.0%	

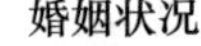

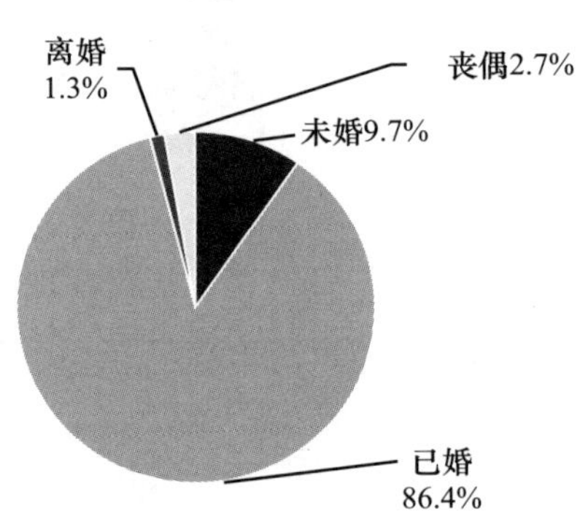

A4 民族

变量	频数	有效百分比	累积百分比
汉族	1267	99.2%	99.2%
少数民族	12	0.8%	100.0%
总计	1279	100.0%	

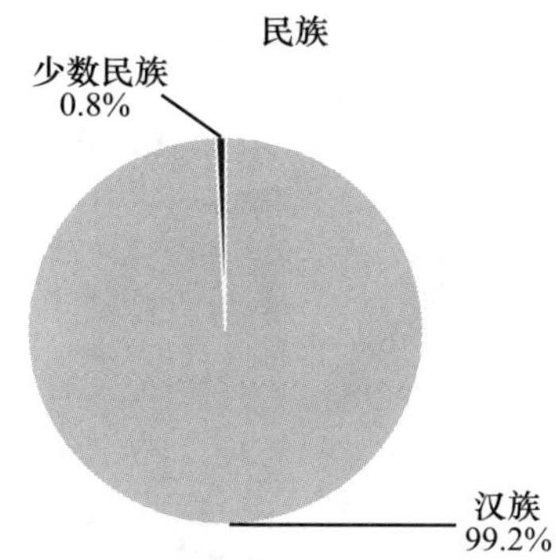

A5 宗教信仰

变量	频数	有效百分比	累积百分比
不信仰宗教	1152	92.7%	92.7%
信仰宗教	91	7.3%	100.0%
总计	1243	100.0%	100.0%

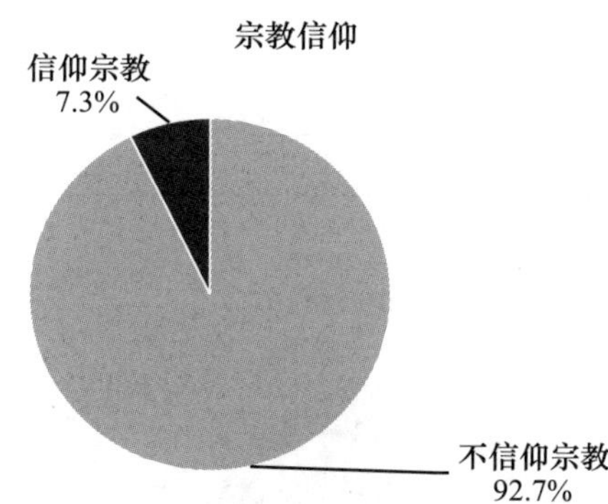

A6 最高教育程度

变量	频数	有效百分比	累积百分比
没上过学	129	10.1%	10.1%
小学	142	11.1%	21.2%
初中	399	31.2%	52.4%
高中、中专和职高	316	24.7%	77.0%
大专	167	13.0%	90.1%
本科	112	8.8%	98.8%
研究生及以上	15	1.2%	100.0%
总计	1280	100.0%	

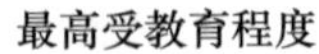

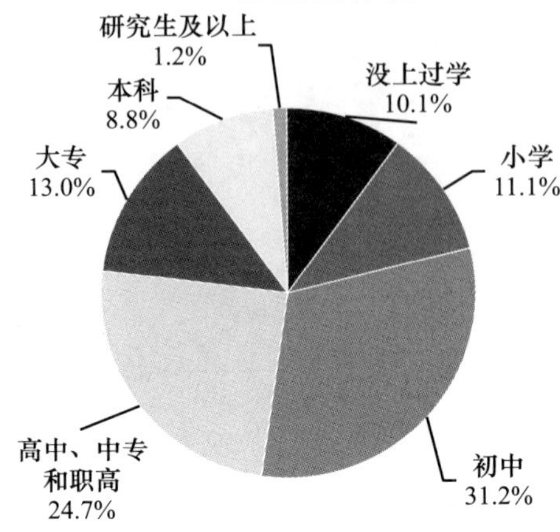

A7 政治面貌

变量	频数	有效百分比	累积百分比
共产党员	172	13.4%	13.4%
民主党派	2	0.2%	13.6%
共青团员	103	8.1%	21.7%
群众	1002	78.3%	100.0%
总计	1279	100.0%	

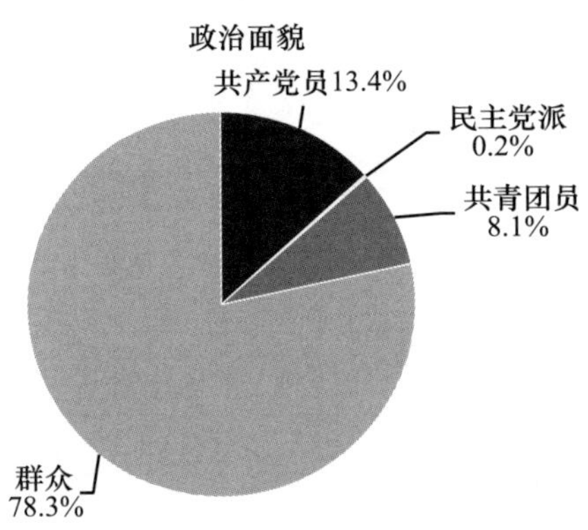

A8 户口登记状况

变量	频数	有效百分比	累积百分比
农业户口	548	43.0%	43.0%
非农业户口	727	57.0%	100.0%
总计	1275	100.0%	

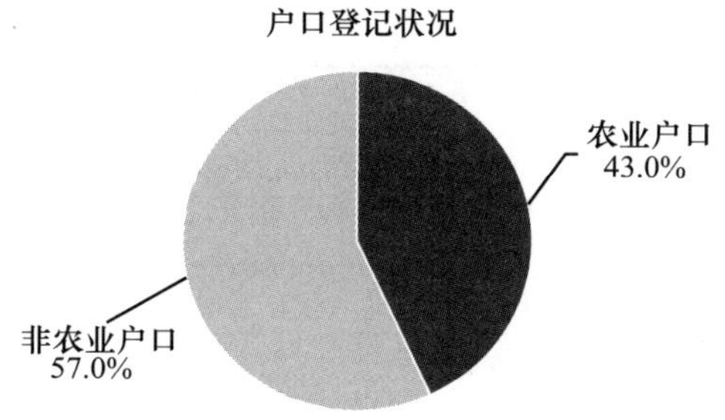

A9 户口所在地

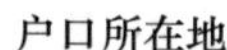

变量	频数	有效百分比	累积百分比
本区/县	1177	92.3%	92.3%
本地级市其他区县	49	3.8%	96.1%
本省其他县市	24	1.9%	98.0%
外省	25	2.0%	100.0%
总计	1275	100.0%	

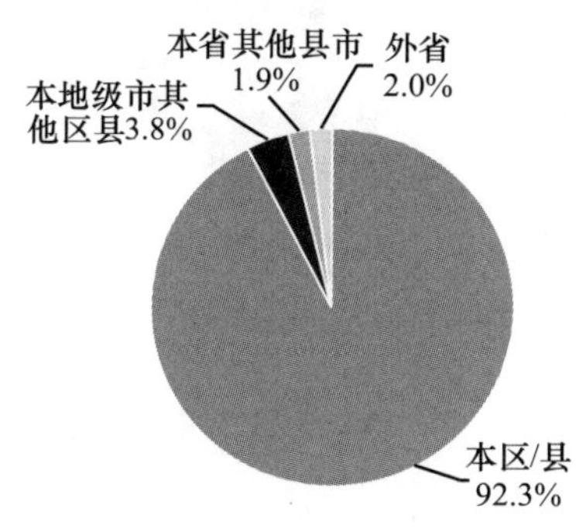

A11 目前工作单位或公司的单位类型

变量	频数	有效百分比	累积百分比
党政机关	25	2.0%	2.0%
事业单位	122	9.8%	11.8%
国有企业	210	16.9%	28.7%
私营企业	211	17.0%	45.7%
外商独资或中外合资企业	30	2.4%	48.1%
民间团体	18	1.4%	49.5%
自雇/个体户	183	14.7%	64.2%

续表

变量	频数	有效百分比	累积百分比
军队	3	0.2%	64.5%
其他	442	35.5%	100.0%
总计	1244	100.0%	

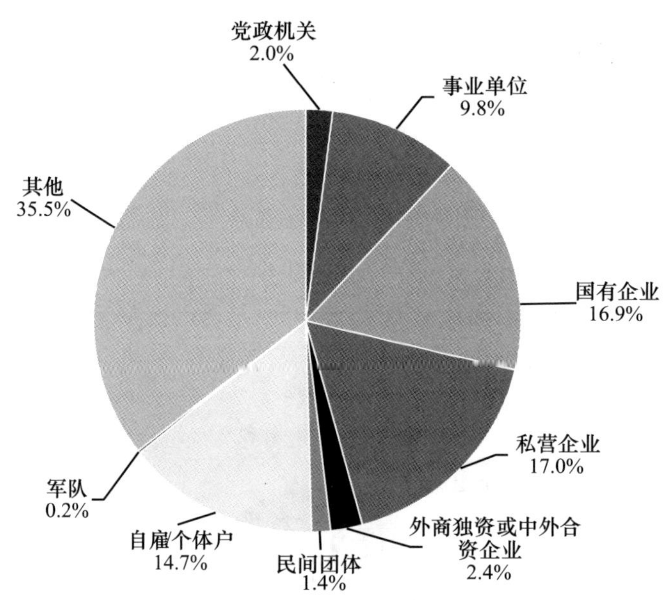

B. 认知与判断

B1a 下列公共行为是否关乎道德

	随地吐痰	插队	公交地铁上大声打电话	餐馆里说话声音很大	在公共场所的椅子上躺着睡觉
有关	90.8%	91.6%	84.2%	81.6%	85.8%
无关	9.2%	8.4%	15.8%	18.4%	14.2%
总计	100.0%	100.0%	100.0%	100.0%	100.0%

下列公共行为是否关乎道德

100.0%
90.0%
80.0%
70.0%
60.0%
50.0%
40.0%
30.0%
20.0%
10.0%
0.0%
90.8%
9.2%
91.6%
8.4%
84.2%
15.8%
81.6%
18.4%
85.8%
14.2%
随地吐痰
插队
公交地铁上大声打电话
餐馆里说话声音很大
在公共场所的椅子上躺着睡觉

注：条形图中，数据标签从左到右依次为有关、无关的数据。

B1b 您本人是否做出过这些行为

	本人有过随地吐痰	本人有过插队	本人在公交或地铁上大声打电话	本人有过餐馆里大声说话	本人在公共场所的椅子上躺着睡觉
经常做	8.9%	6.9%	1.3%	2.1%	1.5%
偶尔做	25.8%	12.1%	17.3%	18.5%	5.6%
从来不做	65.2%	81.0%	81.4%	79.4%	92.9%
总计	100.0%	100.0%	100.0%	100.0%	100.0%

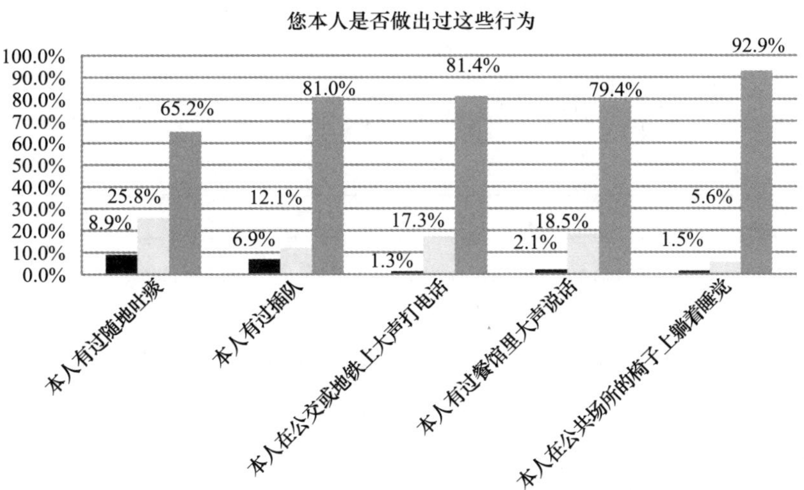

注：条形图中，数据标签从左到右依次为经常做、偶尔做、从来不做的数据。

B2 您觉得大多数人都是可以相信的吗？如果 1 分代表“大多数人都可以相信”，5 分代表“对其他人都应该小心防备”，您会选几分

变量	频数	有效百分比	累积百分比
大多数人都可以相信（1 分）	275	21.6%	21.6%
一部分人可以相信（2 分）	216	17.0%	38.5%
一般（3 分）	353	27.7%	66.2%
大多数人都不可信（4 分）	230	18.1%	84.3%
对其他人都应小心防备（5 分）	200	15.7%	100.0%
总计	1274	100.0%	

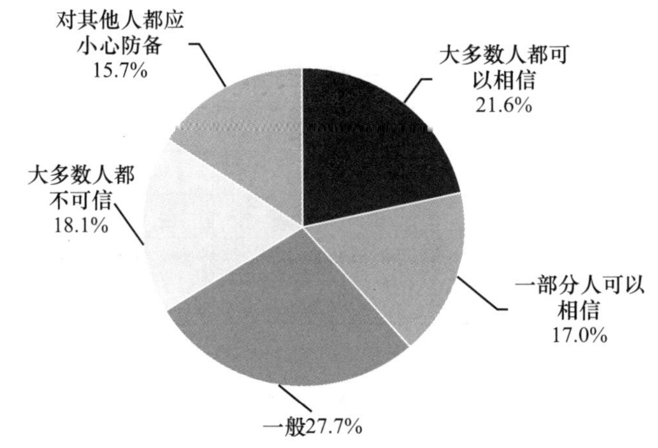

B3 您住的社区或村庄有玩耍的孩子在破坏花木或公共物品，您是否会阻止他们

变量	频数	有效百分比	累积百分比
不会	190	14.9%	14.9%
会	1082	85.1%	100.0%
总计	1272	100.0%	

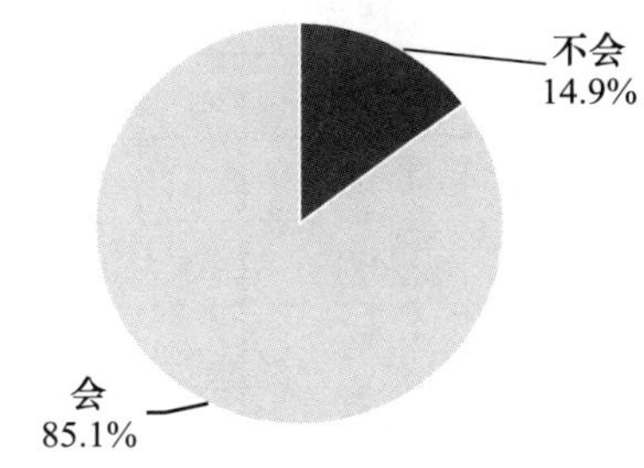

B4 对于有人因老年人跳广场舞扰乱了社区的安静环境而要求物管阻止跳舞的看法

变量	频数	有效百分比	累积百分比
在广场上跳舞是居民的自由，继续跳	269	21.3%	21.3%
跳舞如妨碍别人自由就应停止	204	16.2%	37.5%
即便构成干扰也应尽量容忍，免得伤了和气	193	15.3%	52.8%
当权利相互冲突时，应协商合理解决	563	44.6%	97.4%
其他	33	2.6%	100.0%
总计	1262	100.0%	

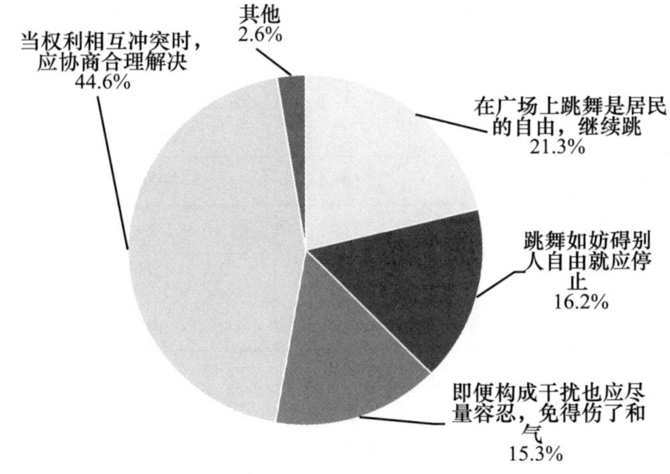

B5 急着开车出去办事，却发现自己的车被领导的车完全挡住了出路时的做法

变量	频数	有效百分比	累积百分比
去叫领导把车挪开	673	53.4%	53.4%
把挡路情况和车牌号拍下来，发到网络上曝光	30	2.4%	55.8%
能忍则忍，打车或坐公交去办事	475	37.7%	93.5%
其他	82	6.5%	100.0%
总计	1260	100.0%	

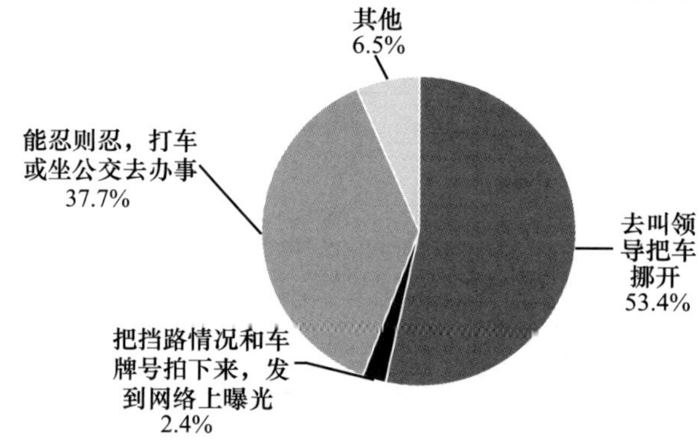

B6 过路人没有救助小悦悦的原因

变量	频数	有效百分比	累积百分比
没有看见	37	2.9%	2.9%
认为别人的事和自己无关	75	5.9%	8.8%
不想惹事上身，怕担责任	1066	83.9%	92.7%
别人没有救助的，自己也不想做第一个施救者	39	3.1%	95.8%
其他	54	4.2%	100.0%
总计	1271	100.0%	

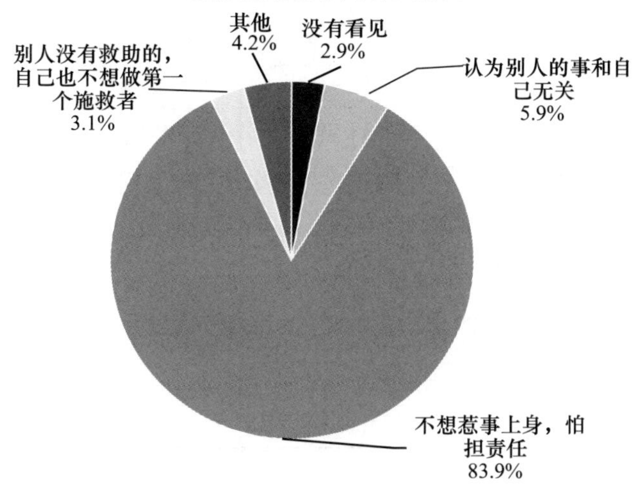

B7 下列说法中不同意的程度：

（1＝完全同意，2＝比较同意，3＝不太同意，4＝完全不同意）

	完全同意	比较同意	不太同意	完全不同意	平均值
道德完美的人才有资格批评政府	157	253	619	242	2.74
自己向政府机构提出建议会被有关部门采纳	101	425	534	187	2.65
上街碰到陌生人求助，最好置之不理	144	340	593	170	2.63
商人就应该在商言商，少过问政治	166	347	541	186	2.60
企业家挑政府毛病是自找麻烦	165	370	545	170	2.58
自己对于政府部门的建议/意见可以有办法让领导知道	142	476	475	161	2.52
自己对政府的决定没有任何影响	302	427	412	119	2.28
对官员的道德要求应该比一般民众高	752	352	113	50	1.57

下列说法不同意程度排序：

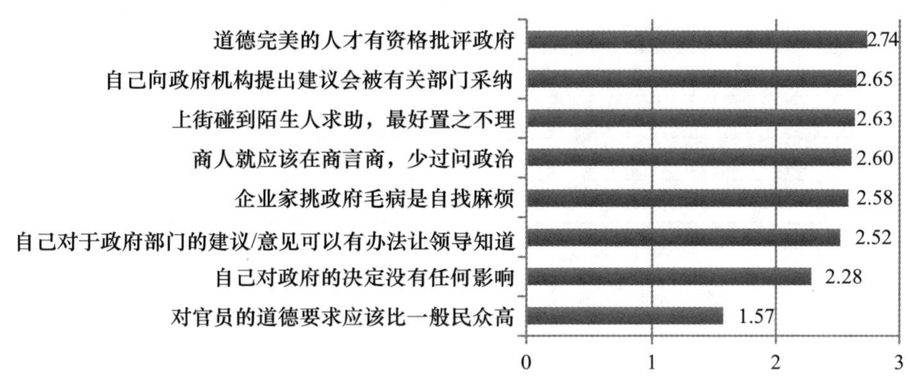

B7a 道德完美的人才有资格批评政府

		频数	百分比	有效百分比	累积百分比
有效	完全同意	157	12.3%	12.4%	12.4%
	比较同意	253	19.8%	19.9%	32.3%
	不太同意	619	48.3%	48.7%	81.0%
	完全不同意	242	18.9%	19.0%	100.0%
	总计	1271	99.2%	100.0%	
缺失		3	0.2%		
	9	7	0.5%		
	总计	10	0.8%		
总计		1281	100.0%		

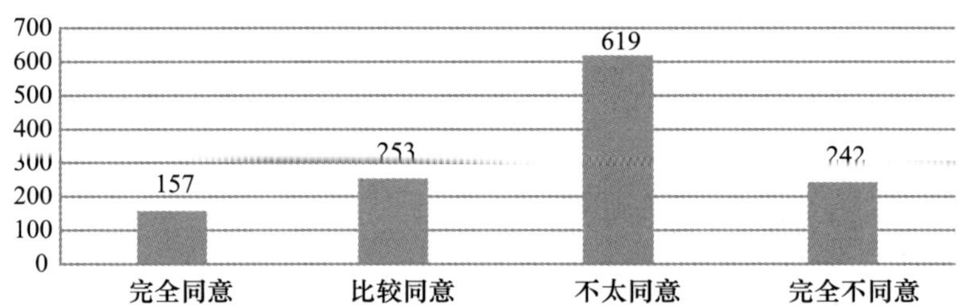

B7b 自己向政府机构提出建议会被有关部门采纳

		频数	百分比	有效百分比	累积百分比
有效	完全同意	101	7.9%	8.1%	8.1%
	比较同意	425	33.2%	34.1%	42.2%
	不太同意	534	41.7%	42.8%	85.0%
	完全不同意	187	14.6%	15.0%	100.0%
	总计	1247	97.3%	100.0%	
缺失		10	0.8%		
	9	24	1.9%		
	总计	34	2.7%		
总计		1281	100.0%		

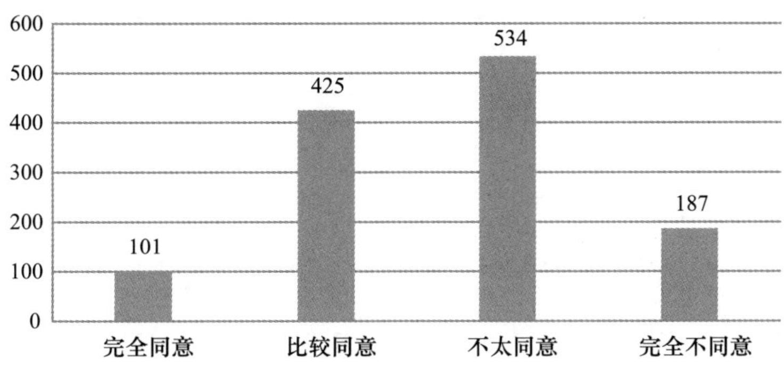

B7c 上街碰到陌生人求助，最好置之不理

		频数	百分比	有效百分比	累积百分比
有效	完全同意	144	11.2%	11.5%	11.5%
	比较同意	340	26.5%	27.3%	38.8%
	不太同意	593	46.3%	47.6%	86.4%
	完全不同意	170	13.3%	13.6%	100.0%
	总计	1247	97.3%	100.0%	
缺失		9	0.7%		
	9	25	2.0%		
	总计	34	2.7%		
总计		1281	100.0%		

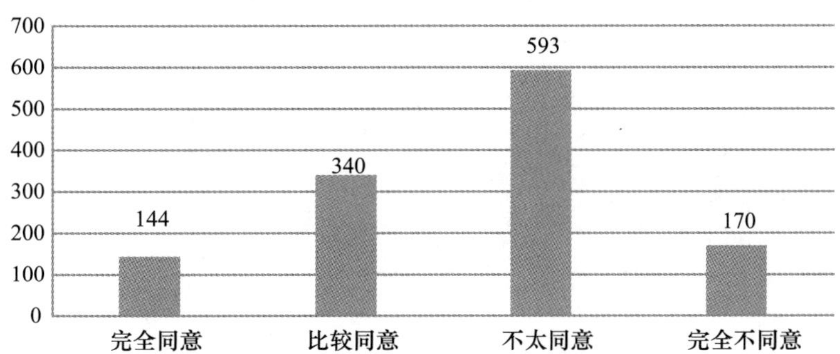

B7d 商人就应该在商言商，少过问政治

		频数	百分比	有效百分比	累积百分比
有效	完全同意	166	13.0%	13.4%	13.4%
	比较同意	347	27.1%	28.0%	41.4%
	不太同意	541	42.2%	43.6%	85.0%
	完全不同意	186	14.5%	15.0%	100.0%
	总计	1240	96.8%	100.0%	
缺失		6	0.5%		
	9	35	2.7%		
	总计	41	3.2%		
总计		1281	100.0%		

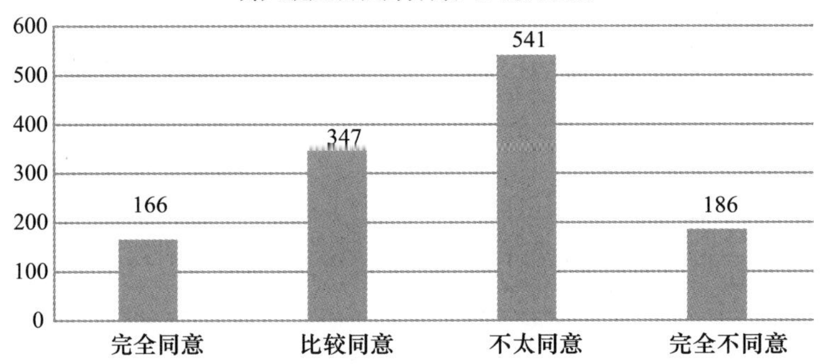

B7e 企业家挑政府毛病是自找麻烦

		频数	百分比	有效百分比	累积百分比
有效	完全同意	165	12.9%	13.2%	13.2%
	比较同意	370	28.9%	29.6%	42.8%
	不太同意	545	42.5%	43.6%	86.4%
	完全不同意	170	13.3%	13.6%	100.0%
	总计	1250	97.6%	100.0%	
缺失		2	0.2%		
	9	29	2.3%		
	总计	31	2.4%		
总计		1281	100.0%		

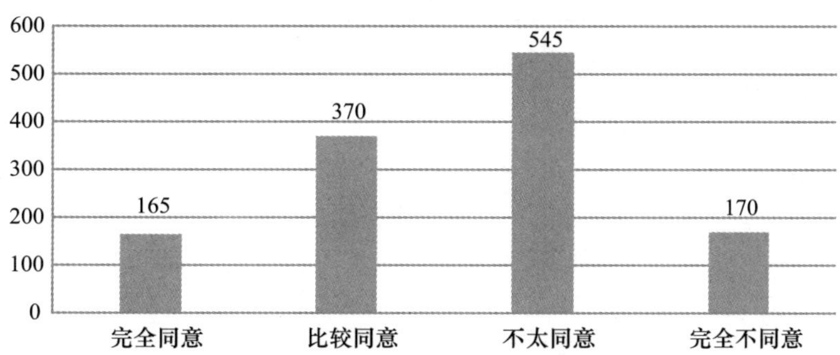

B7f 自己对于政府部门的建议/意见可以有办法让领导知道

		频数	百分比	有效百分比	累积百分比
有效	完全同意	142	11.1%	11.3%	11.3%
	比较同意	476	37.2%	38.0%	49.3%
	不太同意	475	37.1%	37.9%	87.2%
	完全不同意	161	12.6%	12.8%	100.0%
	总计	1254	97.9%	100.0%	
缺失		9	0.7%		
	9	18	1.4%		
	总计	27	2.1%		
总计		1281	100.0%		

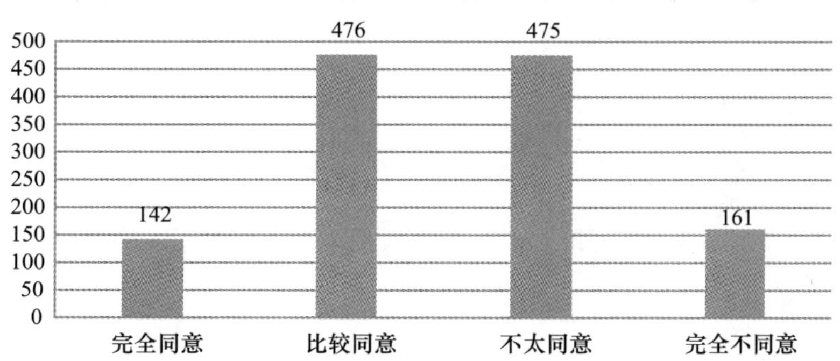

B7g 自己对政府的决定没有任何影响

		频数	百分比	有效百分比	累积百分比
有效	完全同意	302	23.6%	24.0%	24.0%
	比较同意	427	33.3%	33.9%	57.9%
	不太同意	412	32.2%	32.7%	90.6%
	完全不同意	119	9.3%	9.4%	100.0%
	总计	1260	98.4%	100.0%	
缺失		5	0.4%		
	9	16	1.2%		
	总计	21	1.6%		
总计		1281	100.0%		

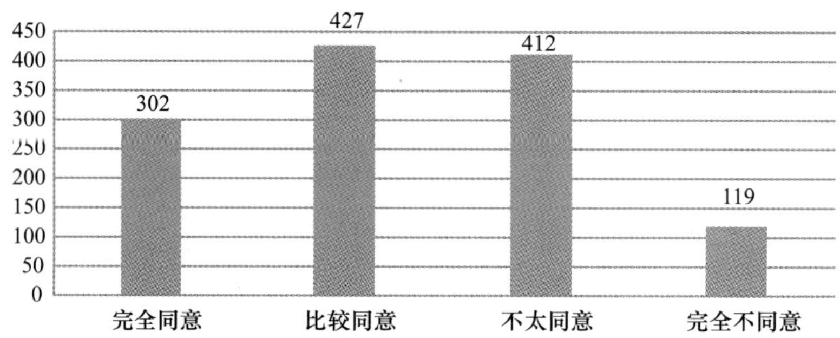

B7h 对官员的道德要求应该比一般民众高

		频数	百分比	有效百分比	累积百分比
有效	完全同意	752	58.7%	59.4%	59.4%
	比较同意	352	27.5%	27.8%	87.1%
	不太同意	113	8.8%	8.9%	96.1%
	完全不同意	50	3.9%	3.9%	100.0%
	总计	1267	98.9%	100.0%	
缺失		5	0.4%		
	9	9	0.7%		
	总计	14	1.1%		
总计		1281	100.0%		

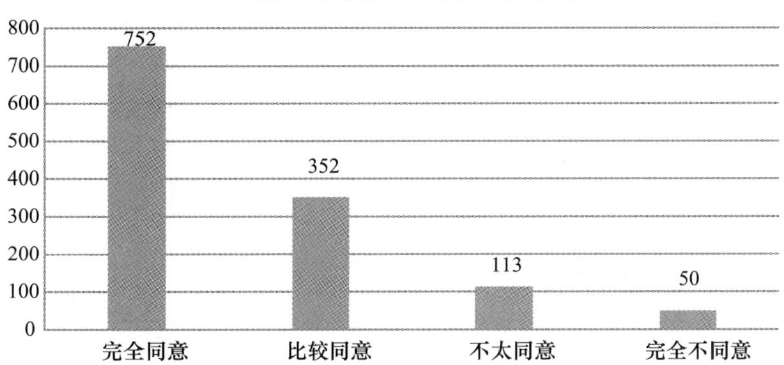

B8 对香港朱老太因诉讼导致港珠澳大桥工程停工，预算增加的看法

变量	频数	有效百分比	累积百分比
老太不应该因担心自己身体受影响而叫停一项耗资巨大的工程	267	21.2%	21.2%
老太的行为在道德上无可指责，真正该负责任的是香港环保部门	955	75.9%	97.1%
其他	36	2.9%	100.0%
总计	1258	100.0%	

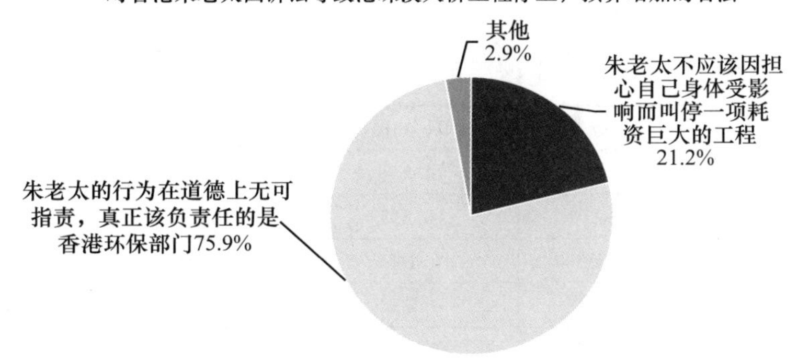

B9 下列说法同意程度：

（1 = 完全不同意，2 = 不太同意，3 = 比较同意，4 = 完全同意）

	完全不同意	不太同意	比较同意	完全同意	平均值
无论何种情况下都不应该采取暴力手段	41	65	211	954	3.63

续表

	完全不同意	不太同意	比较同意	完全同意	平均值
在受到不公平待遇时，应充分相信政府积极寻求相关部门帮助	57	175	468	566	3.22
其他社会成员在需要时，没有及时给予温暖帮助，是我们每个人都有责任	55	305	553	351	2.95
遭遇值得同情，但应该去报复那些给予他们不公待遇的人而不是伤及无辜	247	405	329	287	2.52

下列说法同意程度排序：

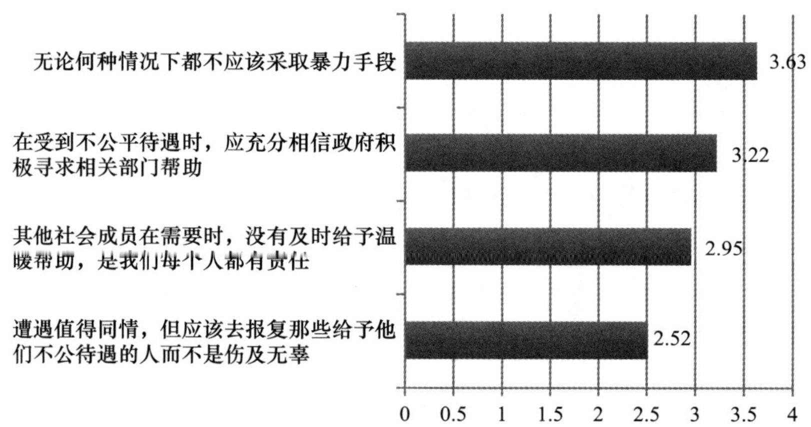

B9a 无论何种情况下都不应该采取暴力手段

		频数	百分比	有效百分比	累积百分比
有效	完全同意	954	74.5%	75.1%	75.1%
	比较同意	211	16.5%	16.6%	91.7%
	不太同意	65	5.1%	5.1%	96.8%
	完全不同意	41	3.2%	3.2%	100.0%
	总计	1271	99.2%	100.0%	
缺失		5	0.4%		
	9	5	0.4%		
	总计	10	0.8%		
总计		1281	10.0%		

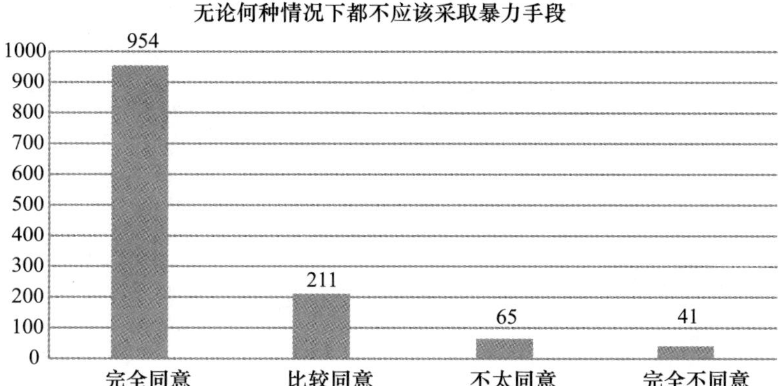

B9b 在受到不公平待遇时，应充分相信政府积极寻求相关部门帮助

		频数	百分比	有效百分比	累积百分比
有效	完全同意	566	44.2%	44.7%	44.7%
	比较同意	468	36.5%	37.0%	81.7%
	不太同意	175	13.7%	13.8%	95.5%
	完全不同意	57	4.4%	4.5%	100.0%
	总计	1266	98.8%	100.0%	
缺失		7	0.5%		
	9	8	0.6%		
	总计	15	1.2%		
总计		1281	100.0%		

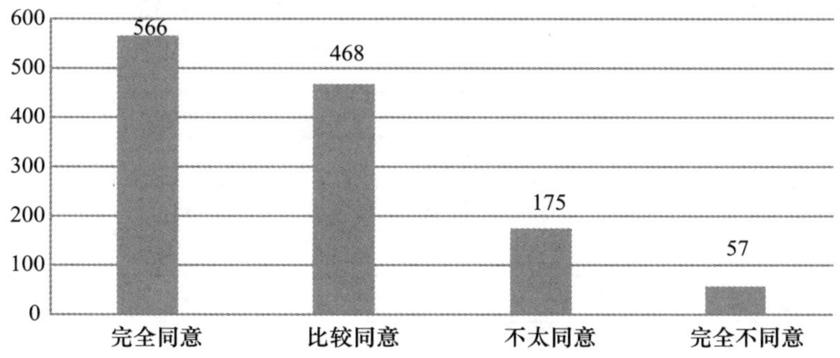

B9c 其他社会成员在需要时，没有及时给予温暖帮助，是我们每个人都有责任

		频数	百分比	有效百分比	累积百分比
有效	完全同意	287	22.4%	22.6%	22.6%
	比较同意	329	25.7%	25.9%	48.6%
	不太同意	405	31.6%	31.9%	80.5%
	完全不同意	247	19.3%	19.5%	100.0%
	总计	1268	99.0%	100.0%	
缺失		6	0.5%		
	9	7	0.5%		
	总计	13	1.0%		
总计		1281	100.0%		

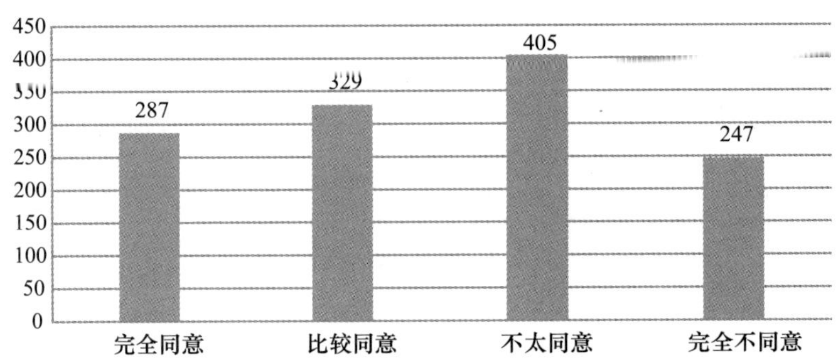

B9d 遭遇值得同情，但应该去报复那些给予他们不公待遇的人而不是伤及无辜

		频数	百分比	有效百分比	累积百分比
有效	完全同意	287	22.4%	22.6%	22.6%
	比较同意	329	25.7%	25.9%	48.6%
	不太同意	405	31.6%	31.9%	80.5%
	完全不同意	247	19.3%	19.5%	100.0%
	总计	1268	99.0%	100.0%	
缺失		6	0.5%		

续表

		频数	百分比	有效百分比	累积百分比
	9	7	0.5%		
	总计	13	1.0%		
总计		1281	100.0%		

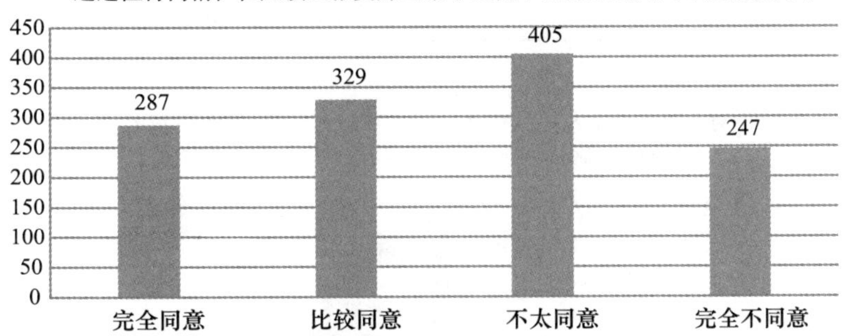

B10 是否会举报所在单位一项可使集体和个人得利但污染环境的举措

变量	频数	有效百分比	累积百分比
会	767	61.2%	61.2%
不会	487	38.8%	100.0%
总计	1254	100.0%	

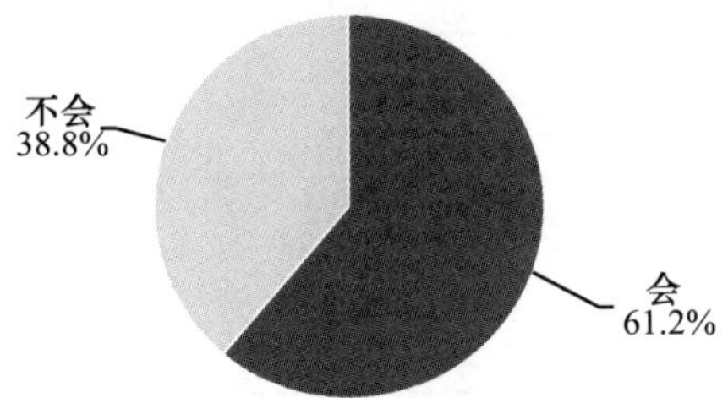

B11 对于酒店老板认为法官判案不公直接导致自己承受经济损失而偷拍法官集体嫖娼视频并发到网上这一做法的看法

变量	频数	有效百分比	累积百分比
老陈的行为侵犯他人隐私，不值得大力提倡	321	25.5%	25.5%
老陈的做法是没有办法的办法，目前能比较有效地解决问题	529	42.1%	67.6%
不应该私自行动，应相信政府	408	32.4%	100.0%
总计	1258	100.0%	

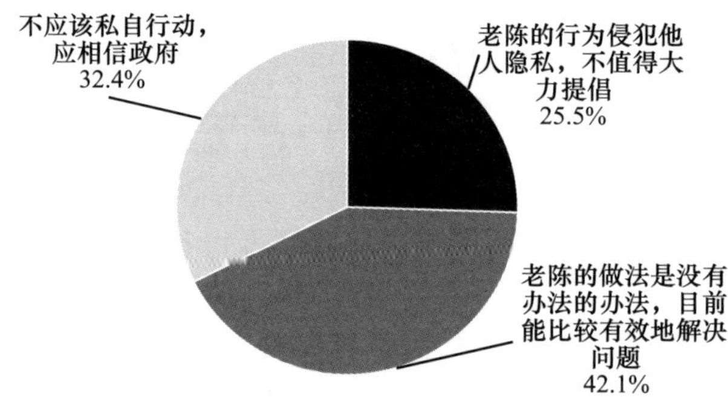

B12 假设您有个孩子，您会不会教他/她以下品质：

	会	不会	平均值
教孩子不计较、吃亏是福	1135	136	1.11
教孩子无论做什么都不应该伤害到别人	1219	55	1.04
教孩子助人为乐	1261	14	1.01
教孩子尊重别人	1274	2	1.00
教孩子诚实守信	1272	3	1.00
教孩子尊重长辈	1272	3	1.00
教孩子负责任	1274	1	1.00

假设您有个孩子，您会不会教他/她以下品质可能性排序：

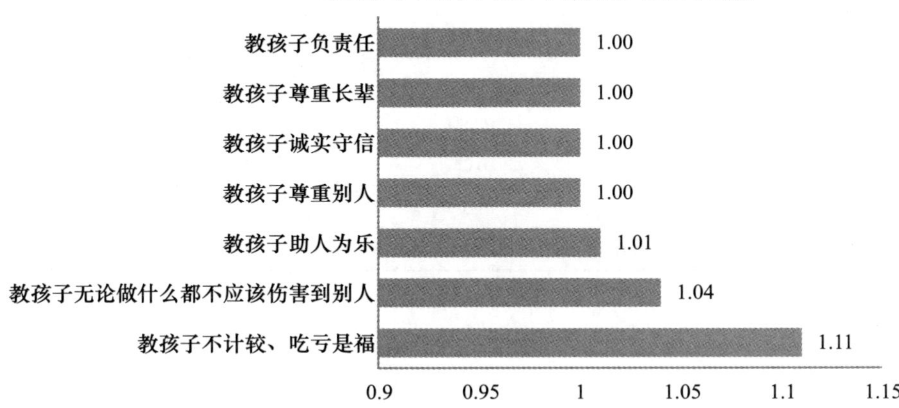

B12a 教孩子不计较、吃亏是福

		频数	百分比	有效百分比	累积百分比
有效	会	1135	88.6%	89.3%	89.3%
	不会	136	10.6%	10.7%	100.0%
	总计	1271	99.2%	100.0%	
缺失		7	0.5%		
	9	3	0.2%		
	总计	10	0.8%		
总计		1281	100.0%		

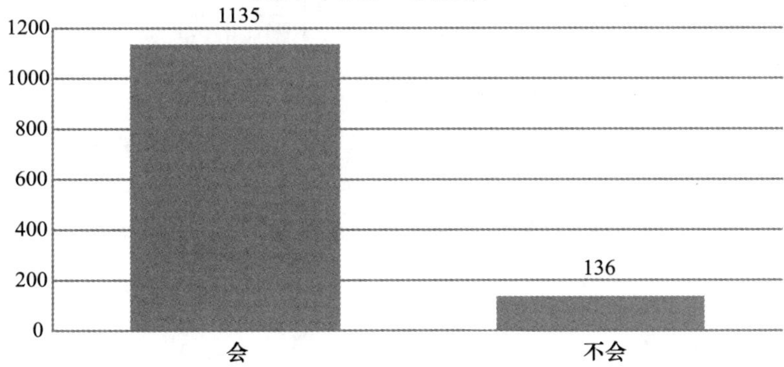

B12b 教孩子无论做什么都不应该伤害到别人

		频数	百分比	有效百分比	累积百分比
有效	会	1219	95.2%	95.7%	95.7%
	不会	55	4.3%	4.3%	100.0%
	总计	1274	99.5%	100.0%	
缺失		4	0.3%		
	9	3	0.2%		
	总计	7	0.5%		
总计		1281	100.0%		

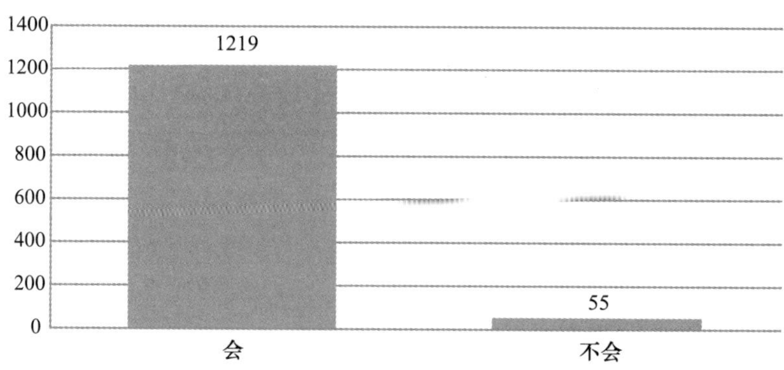

B12c 教孩子助人为乐

		频数	百分比	有效百分比	累积百分比
有效	会	1261	98.4%	98.9%	98.9%
	不会	14	1.1%	1.1%	100.0%
	总计	1275	99.5%	100.0%	
缺失		4	0.3%		
	9	2	0.2%		
	总计	6	0.5%		
总计		1281	100.0%		

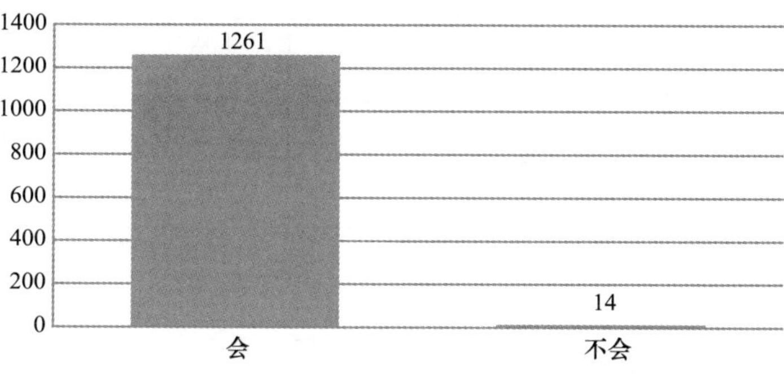

B12d 教孩子尊敬别人

		频数	百分比	有效百分比	累积百分比
有效	会	1274	99.5%	99.8%	99.8%
	不会	2	0.2%	0.2%	100.0%
	总计	1276	99.6%	100.0%	
缺失		4	0.3%		
	9	1	0.1%		
	总计	5	0.4%		
总计		1281	100.0%		

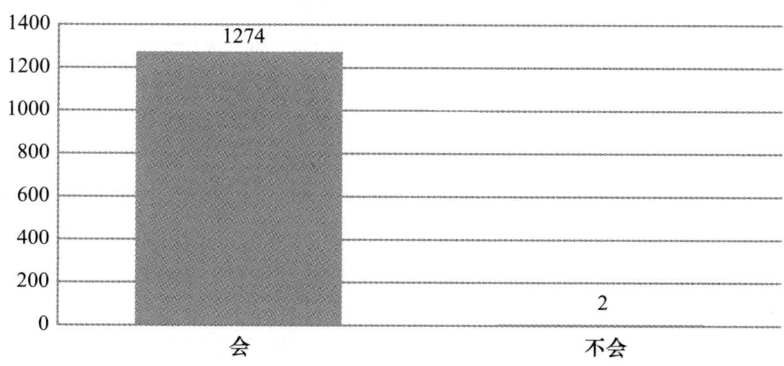

B12e 教孩子诚实守信

		频数	百分比	有效百分比	累积百分比
有效	会	1272	99.3%	99.8%	99.8%
	不会	3	0.2%	0.2%	100.0%
	总计	1275	99.5%	100.0%	

续表

		频数	百分比	有效百分比	累积百分比
缺失		4	0.3%		
	9	2	0.2%		
	总计	6	0.5%		
总计		1281	100.0%		

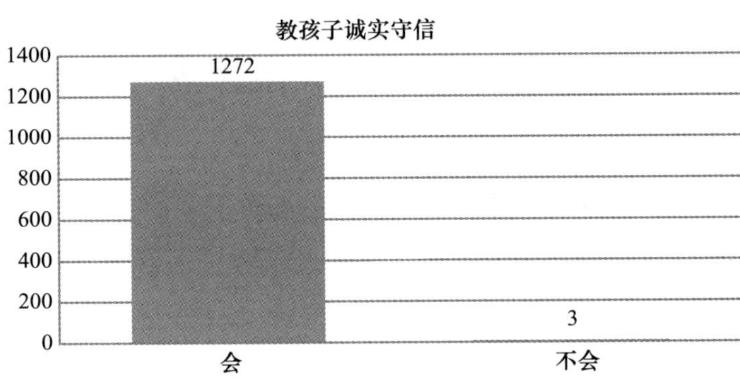

B12f 教孩子尊敬长辈

		频数	百分比	有效百分比	累积百分比
有效	会	1272	99.3%	99.8%	99.8%
	不会	3	0.2%	0.2%	100.0%
	总计	1275	99.5%	100.0%	
缺失		4	0.3%		
	9	2	0.2%		
	总计	6	0.5%		
总计		1281	100.0%		

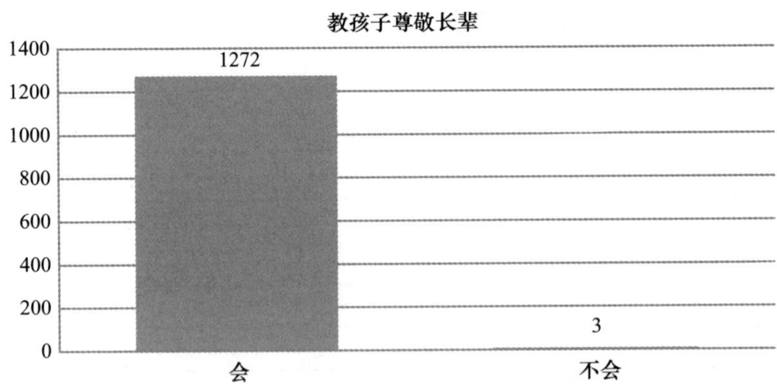

B12g 教孩子负责任

		频数	百分比	有效百分比	累积百分比
有效	会	1274	99.5%	99.9%	99.9%
	不会	1	0.1%	0.1%	100.0%
	总计	1275	99.5%	100.0%	
缺失		4	0.3%		
	9	2	0.2%		
	总计	6	0.5%		
总计		1281	100.0%		

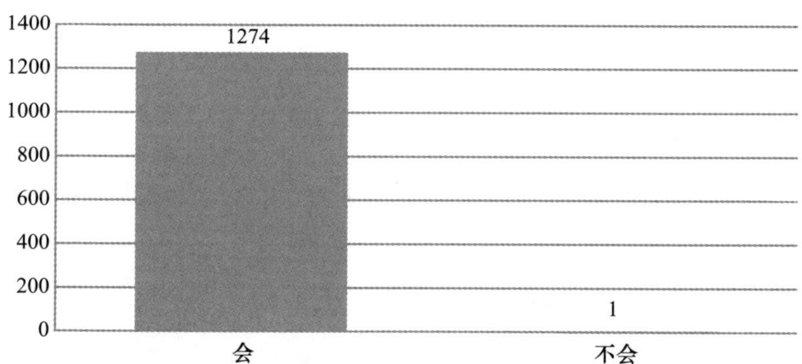

B13 政府机关及大中小学利用权力让本单位的职工子女在更好的学校读书或降分录取的行为是否道德

变量	频数	有效百分比	累积百分比
为本单位人员谋福利，符合道德	63	5.0%	5.0%
以权谋私，不道德	677	53.3%	58.3%
是对社会公众的欺骗，严重不道德	251	19.8%	78.1%
符合本单位员工利益和内部伦理，但严重侵蚀社会道德	185	14.6%	92.7%
无所谓道德不道德	93	7.3%	100.0%
总计	1269	100.0%	

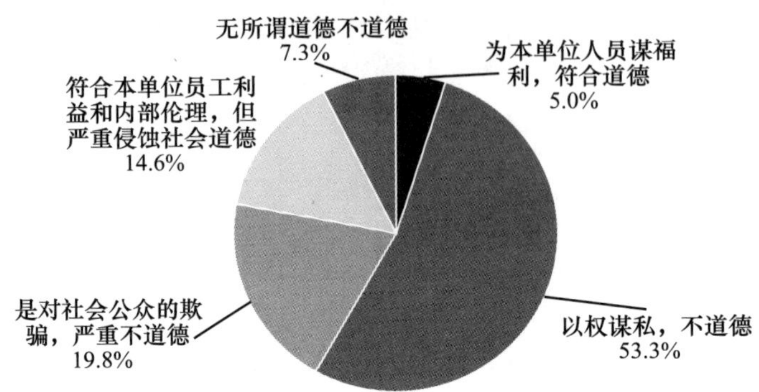

B14 目前我国社会成员收入差距

变量	频数	有效百分比	累积百分比
合理，可以接受	122	9.6%	9.6%
不合理，但可以接受	480	37.9%	47.5%
不合理，不能接受	498	39.3%	86.8%
说不清	168	13.2%	100.0%
总计	1268	100.0%	

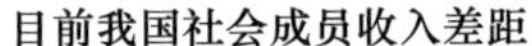

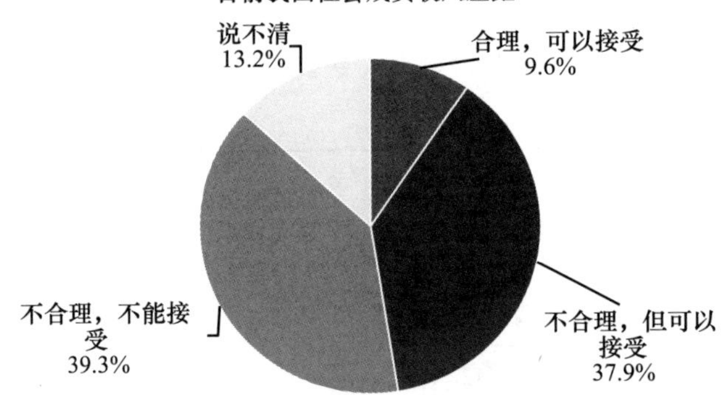

B15 您对下列人群的信任程度

（1 = 根本不信任，2 = 不太信任，3 = 比较信任，4 = 完全信任）

	完全信任	比较信任	不太信任	根本不信任	平均值
您的家人	1104	165	8		3.86
警察	323	713	184	51	3.03
住在您周围的人	177	871	212	12	2.95

续表

	完全信任	比较信任	不太信任	根本不信任	平均值
法官/法院	257	716	225	45	2. 95
医生	263	710	264	36	2. 94
政府	261	670	257	79	2. 88
国内广播电视报刊上的新闻	196	715	321	31	2. 85
村领导/所在城市领导	143	676	337	102	2. 68
外国人	33	379	529	213	2. 20
市场上的商人/买卖人	25	317	741	189	2. 14
外地人	14	316	678	242	2. 08

您对下列人群的信任程度排序：

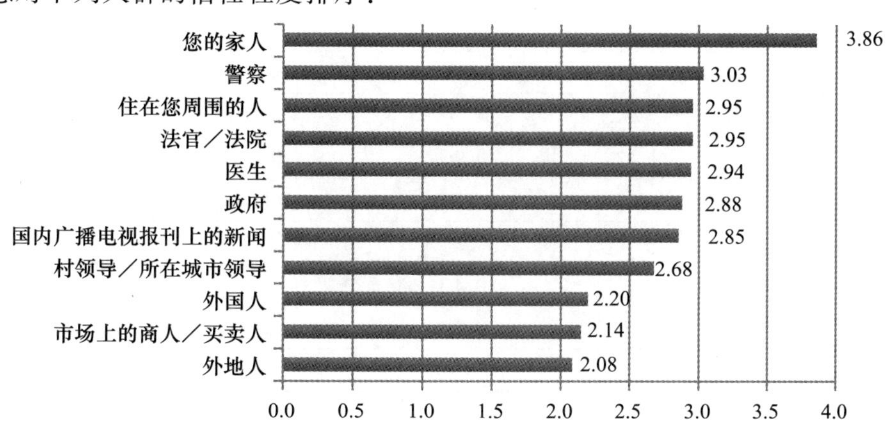

B15a 对家人的信任程度

		频数	百分比	有效百分比	累积百分比
有效	完全信任	1104	86. 2%	86. 5%	86. 5%
	比较信任	165	12. 9%	12. 9%	99. 4%
	不太信任	8	0. 6%	0. 6%	100. 0%
	根本不信任				100. 0%
	总计	1277	99. 7%	100. 0%	
缺失		3	0. 2%		
	9	1	0. 1%		
	总计	4	0. 3%		
总计		1281	100. 0%		

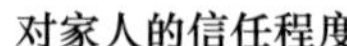

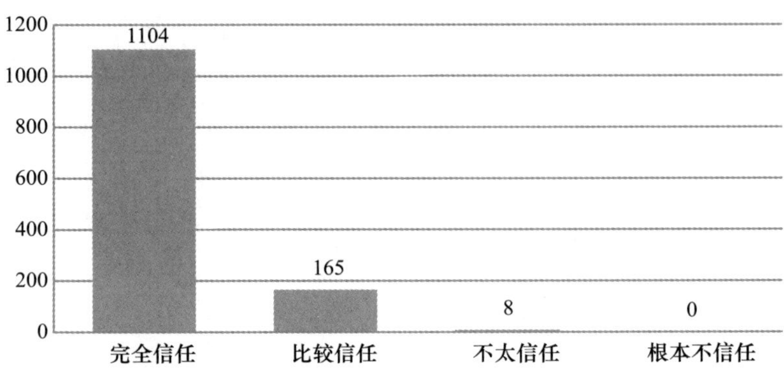

B15b 对住在您周围的人的信任程度

		频数	百分比	有效百分比	累积百分比
有效	完全信任	177	13.8%	13.9%	13.9%
	比较信任	871	68.0%	68.5%	82.4%
	不太信任	212	16.5%	16.7%	99.1%
	根本不信任	12	0.9%	0.9%	100.0%
	总计	1272	99.3%	100.0%	
缺失		4	0.3%		
	9	5	0.4%		
	总计	9	0.7%		
总计		1281	100.0%		

对住在您周围的人的信任程度

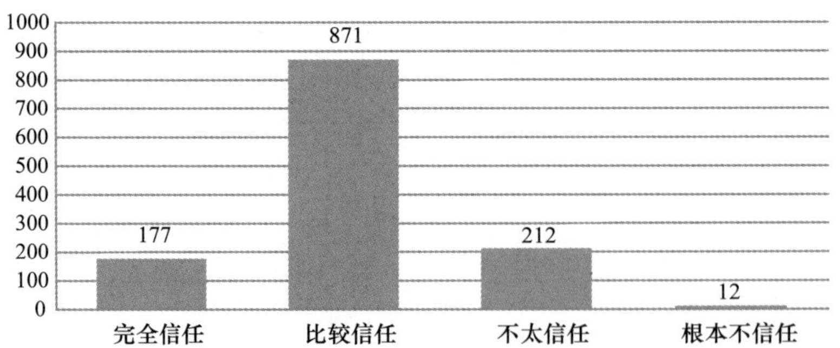

B15c 对市场上的商人/买卖人的信任程度

		频数	百分比	有效百分比	累积百分比
有效	完全信任	25	2.0%	2.0%	2.0%
	比较信任	317	24.7%	24.9%	26.9%
	不太信任	741	57.8%	58.3%	85.1%
	根本不信任	189	14.8%	14.9%	100.0%
	总计	1272	99.3%	100.0%	
缺失		5	0.4%		
	9	4	0.3%		
	总计	9	0.7%		
总计		1281	100.0%		

对市场上的商人/买卖人的信任程度

800
700
600
500
400
300
200
100
0
25
317
741
189
完全信任
比较信任
不太信任
根本不信任

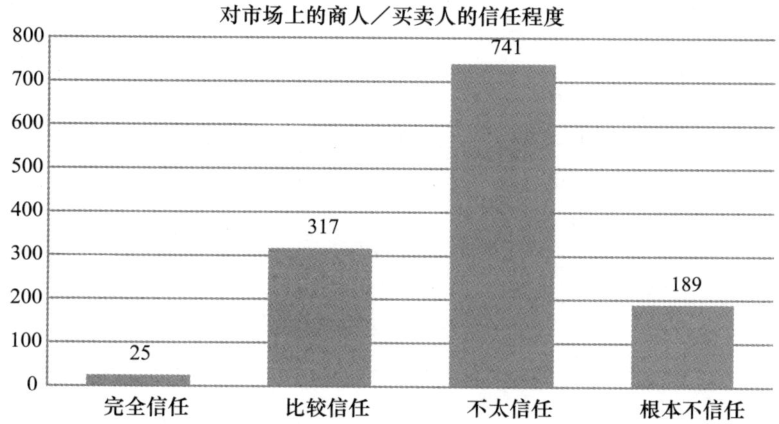

B15d 对外地人的信任程度

		频数	百分比	有效百分比	累积百分比
有效	完全信任	14	1.1%	1.1%	1.1%
	比较信任	316	24.7%	25.3%	26.4%
	不太信任	678	52.9%	54.2%	80.6%
	根本不信任	242	18.9%	19.4%	100.0%
	总计	1250	97.6%	100.0%	
缺失		11	0.9%		
	9	20	1.6%		
	总计	31	2.4%		
总计		1281	100.0%		

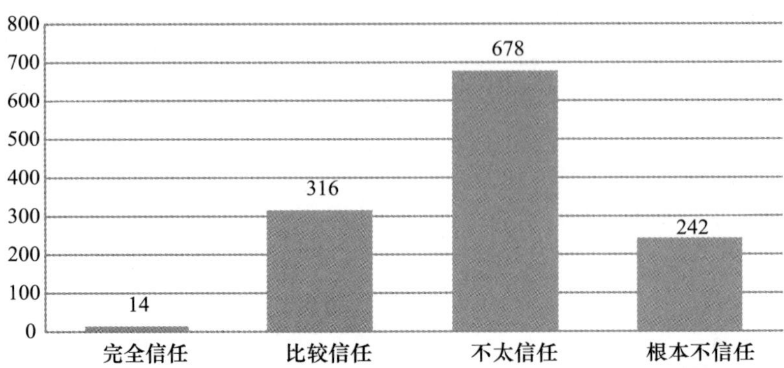

B15e 对村领导/所在城市领导的信任程度

		频数	百分比	有效百分比	累积百分比
有效	完全信任	143	11.2%	11.4%	11.4%
	比较信任	676	52.8%	53.7%	65.1%
	不太信任	337	26.3%	26.8%	91.9%
	根本不信任	102	8.0%	8.1%	100.0%
	总计	1258	98.2%	100.0%	
缺失		8	0.6%		
	9	15	1.2%		
	总计	23	1.8%		
总计		1281	100.0%		

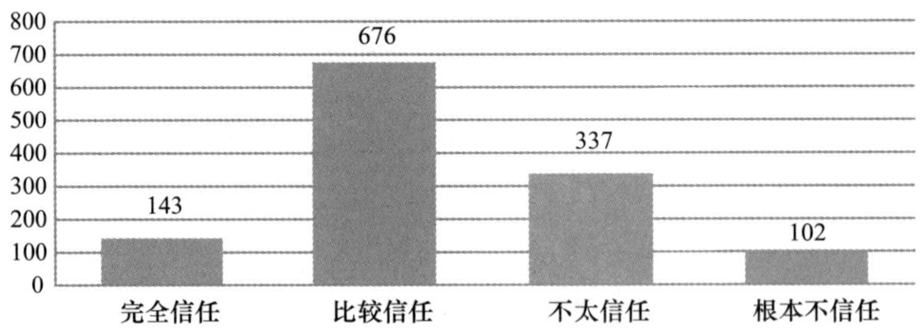

B15f 对政府的信任程度

		频数	百分比	有效百分比	累积百分比
有效	完全信任	261	20.4%	20.6%	20.6%
	比较信任	670	52.3%	52.9%	73.5%
	不太信任	257	20.1%	20.3%	93.8%
	根本不信任	79	6.2%	6.2%	100.0%
	总计	1267	98.9%	100.0%	
缺失		4	0.3%		
	9	10	0.8%		
	总计	14	1.1%		
总计		1281	100.0%		

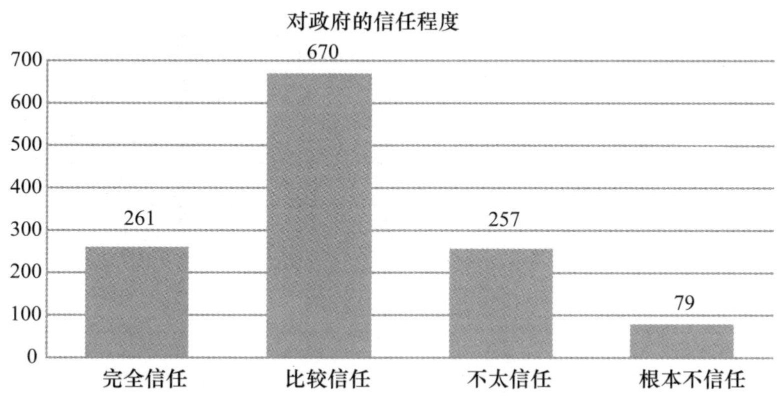

B15g 对警察的信任程度

		频数	百分比	有效百分比	累积百分比
有效	完全信任	323	25.2%	25.4%	25.4%
	比较信任	713	55.7%	56.1%	81.5%
	不太信任	184	14.4%	14.5%	96.0%
	根本不信任	51	4.0%	4.0%	100.0%
	总计	1271	99.2%	100.0%	
缺失		3	0.2%		
	9	7	0.5%		
	总计	10	0.8%		
总计		1281	100.0%		

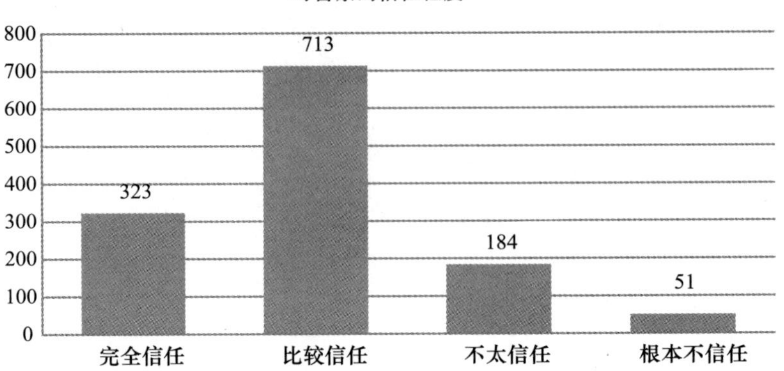

B15h 对医生的信任程度

		频数	百分比	有效百分比	累积百分比
有效	完全信任	263	20. 5%	20. 7%	20. 7%
	比较信任	710	55. 4%	55. 8%	76. 4%
	不太信任	264	20. 6%	20. 7%	97. 2%
	根本不信任	36	2. 8%	2. 8%	100. 0%
	总计	1273	99. 4%	100. 0%	
缺失		4	0. 3%		
	9	4	0. 3%		
	总计	8	0. 6%		
总计		1281	100. 0%		

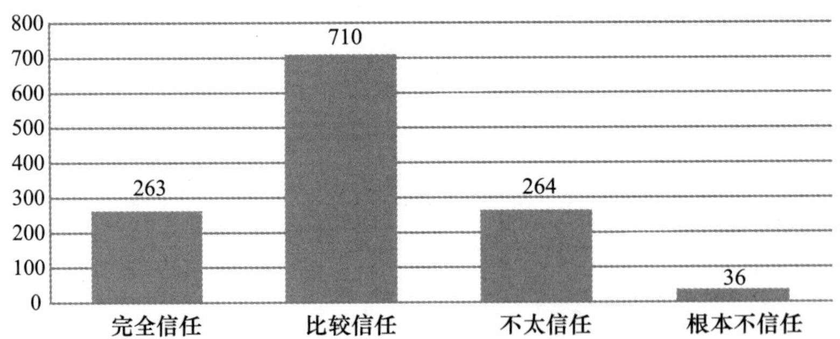

B15i 对国内广播电视报刊上的新闻的信任程度

		频数	百分比	有效百分比	累积百分比
有效	完全信任	196	15.3%	15.5%	15.5%
	比较信任	715	55.8%	56.6%	72.1%
	不太信任	321	25.1%	25.4%	97.5%
	根本不信任	31	2.4%	2.5%	100.0%
	总计	1263	98.6%	100.0%	
缺失		4	0.3%		
	9	14	1.1%		
	总计	18	1.4%		
总计		1281	100.0%		

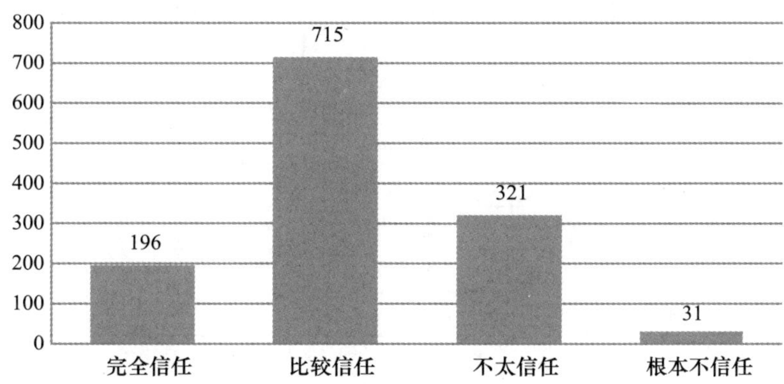

B15j 对法官/法院的信任程度

		频数	百分比	有效百分比	累积百分比
有效	完全信任	257	20.1%	20.7%	20.7%
	比较信任	716	55.9%	57.6%	78.3%
	不太信任	225	17.6%	18.1%	96.4%
	根本不信任	45	3.5%	3.6%	100.0%
	总计	1243	97.0%	100.0%	
缺失		6	0.5%		
	9	32	2.5%		
	总计	38	3.0%		
总计		1281	100.0%		

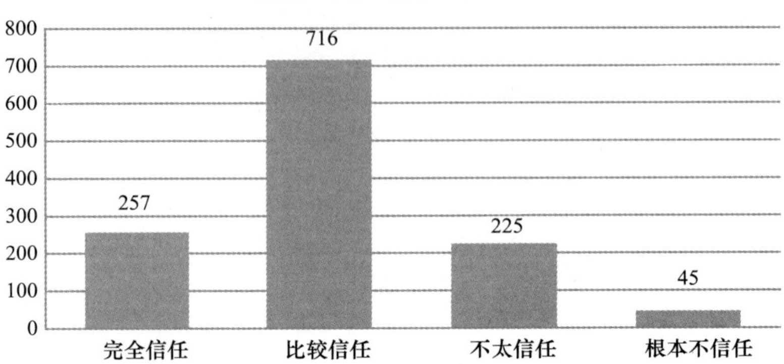

B15k 对外国人的信任程度

		频数	百分比	有效百分比	累积百分比
有效	完全信任	33	2.6%	2.9%	2.9%
	比较信任	379	29.6%	32.8%	35.7%
	不太信任	529	41.3%	45.8%	81.5%
	根本不信任	213	16.6%	18.5%	100.0%
	总计	1154	90.1%	100.0%	
缺失		20	1.6%		
	9	107	8.4%		
	总计	127	9.9%		
总计		1281	100.0%		

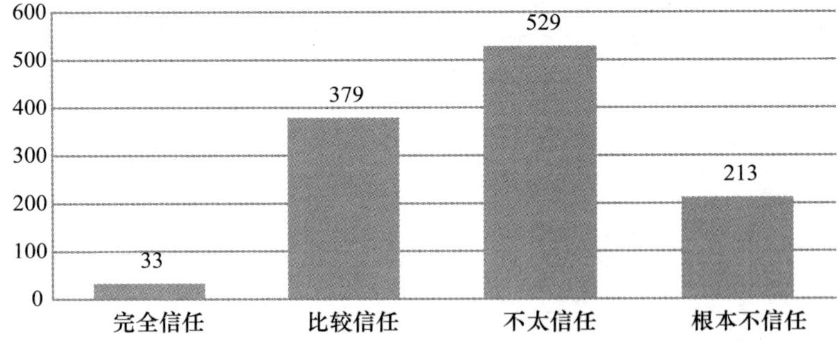

B16 与五年前相比生活水平的变化

变量	频数	有效百分比	累积百分比
上升很多	399	31. 2	31. 2
略有上升	637	49. 9	81. 1
没有变化	171	13. 4	94. 5
略有下降	51	4. 0	98. 5
下降很多	19	1. 5	100. 0
总计	1277	100. 0	

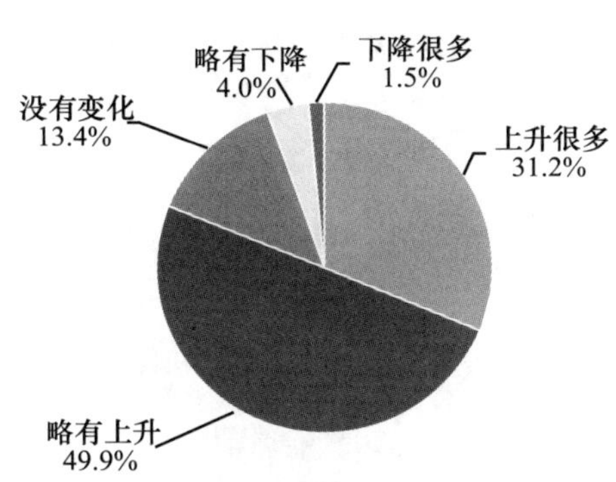

B17 在未来五年生活水平将要发生的变化

变量	频数	有效百分比	累积百分比
上升很多	345	27. 9%	27. 9%
略有上升	636	51. 4%	79. 2%
没有变化	198	16. 0%	95. 2%
略有下降	47	3. 8%	99. 0%
下降很多	12	1. 0%	100. 0%
总计	1238	100. 0%	

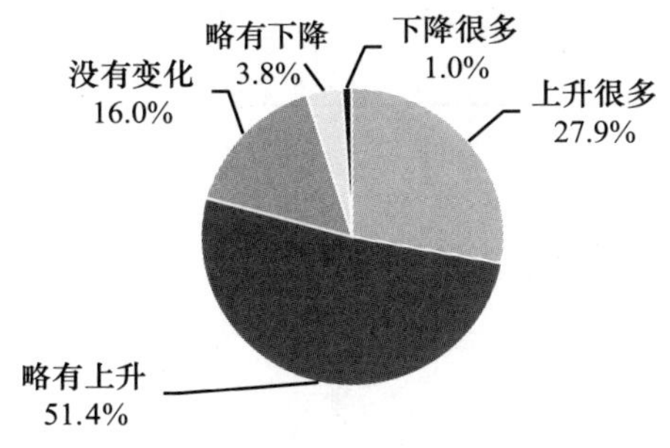

B18 您本人的社会经济地位在本地大约属于哪个层次

变量	频数	有效百分比	累积百分比
上	8	0.6%	0.6%
中上	100	7.9%	8.6%
中	643	51.2 %	59.7%
中下	359	28.5%	88.2%
下	149	11.8%	100.0%
总计	1259	100.0%	

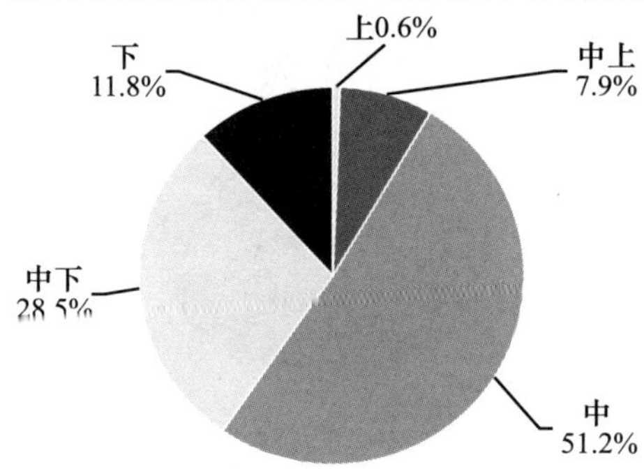

B19 最近半年下列行为发生情况：
(1 = 从不，2 = 很少，3 = 有时，4 = 经常，5 = 总是)

	数字	平均值
是否遵守法律法规	1276	4.76
是否遵守组织纪律	1263	4.74
是否遵守与工作相关的章程规则	1202	4.65
是否遵守政府部门的政策规定	1269	4.64
是否遵守交通规则	1276	4.59
是否购买冒牌或山寨产品	1274	1.85
是否侵占过他人利益	1279	1.18

最近半年发生下列行为频繁程度排序：

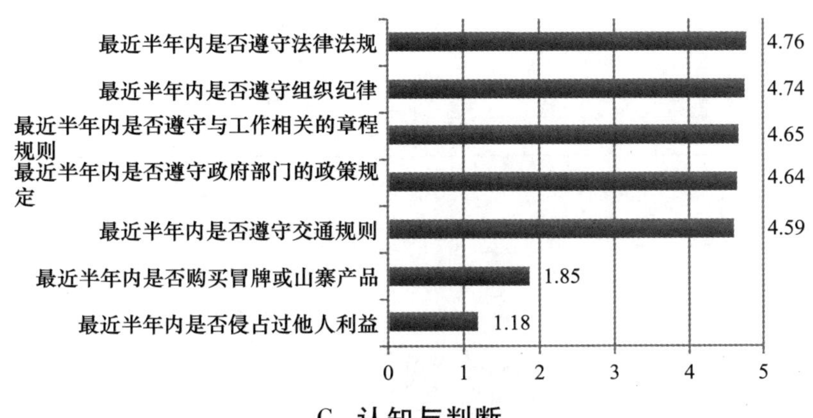

C. 认知与判断

C1 对当前我国社会道德状况的总体评价

变量	频数	有效百分比	累积百分比
非常满意	88	6.9%	6.9%
比较满意	755	59.2%	66.1%
比较不满意	338	26.5%	92.6%
非常不满意	94	7.4%	100.0%
总计	1275	100.0%	

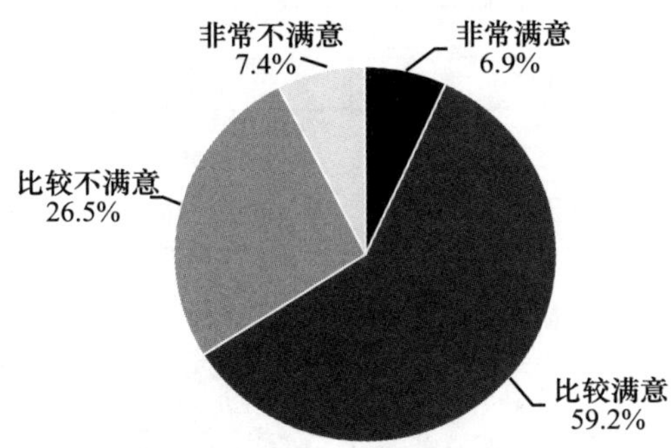

C2 我国目前人与人之间关系主要受什么影响

变量	频数	有效百分比	累积百分比
完全受利益影响	121	9.6%	9.6%

续表

变量	频数	有效百分比	累积百分比
主要受利益影响	820	65.4 %	75.0%
主要受情感影响	288	22.9%	97.9%
完全受情感影响	26	2.1%	100.0%
总计	1255	100.0%	

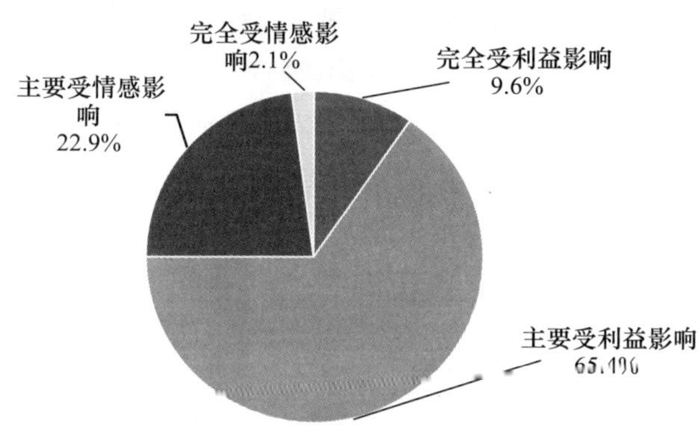

C3 对当前我国社会人与人关系的总体评价

变量	频数	有效百分比	累积百分比
非常满意	82	6.4%	6.4%
比较满意	803	63.1%	69.5%
比较不满意	318	25.0%	94.5%
非常不满意	70	5.5%	100.0%
总计	1273	100.0%	

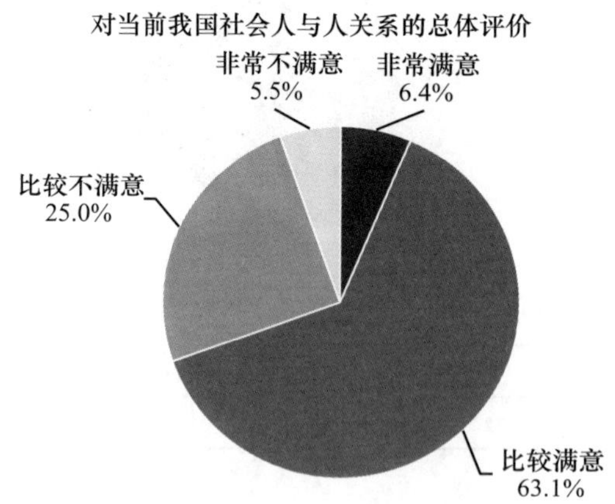

C4 平时如何为人处世

变量	频数	有效百分比	累积百分比
道德至上	79	6. 2%	6. 2%
遵循道德规范，凭良心办事	1060	83. 1%	89. 3%
不故意为恶，不随波逐流	96	7. 5%	96. 8%
有时身不由己做有违道德的事情	8	0. 6%	97. 4%
说不清/没想过	33	2. 6%	100. 0%
总计	1276	100. 0%	

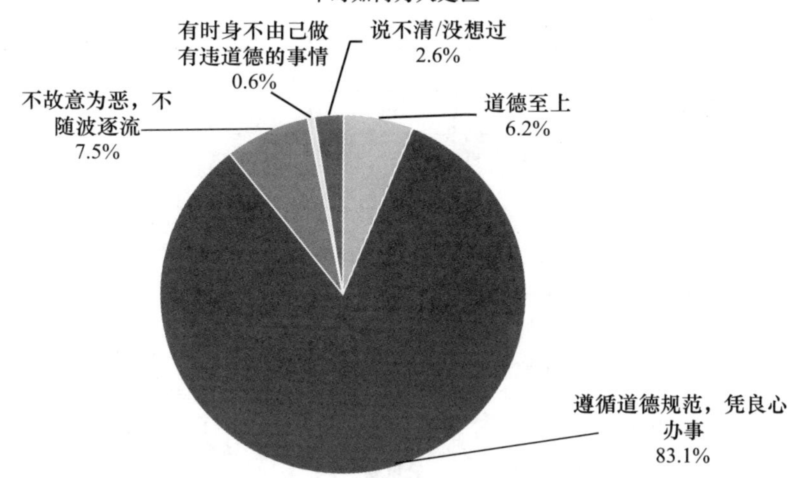

C5 对自己道德状况的评价

变量	频数	有效百分比	累积百分比
非常满意	413	32. 3%	32. 3%
比较满意	849	66. 4%	98. 7%
比较不满意	15	1. 2%	99. 9%
非常不满意	1	0. 1%	100. 0%
总计	1278	100. 0%	

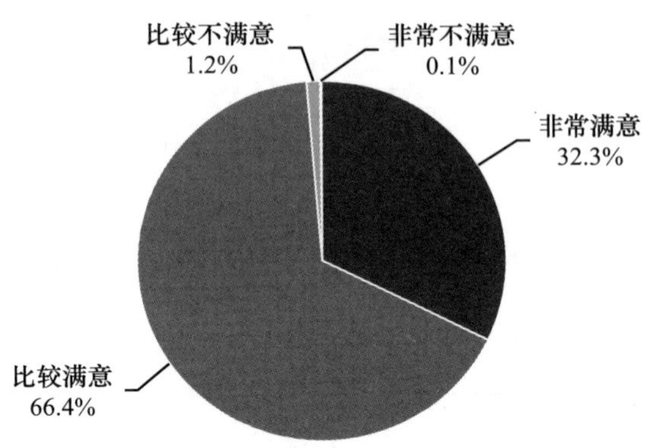

C6 家庭和国家对于个人存在的意义

变量	频数	百分比	累积百分比
家庭和国家只是工具，个人最重要	106	8.4%	8.4%
家庭和国家是个人安身立命的基地，比个人更重要	1049	83.0%	91.4%
其他	108	8.6%	100.0%
总计	1263	100.0%	

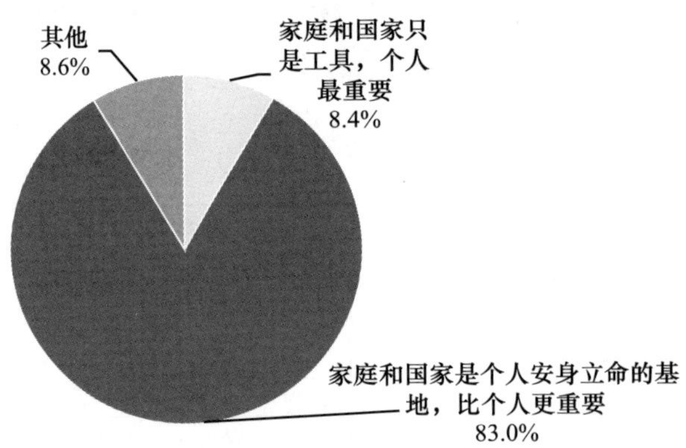

C7 下列说法不同意的程度：

（1 = 完全同意，2 = 比较同意，3 = 不太同意，4 = 完全不同意）

	完全同意	比较同意	不太同意	完全不同意	平均值
当前大多数人都是以集体利益为重	103	445	624	98	2.56
现在我国大多数人是见利忘义的	158	487	555	80	2.44

续表

	完全同意	比较同意	不太同意	完全不同意	平均值
现在社会守道德的人大都吃亏，不守道德规则的人占便宜	247	513	425	89	2.28
人们的生活水平越高，就越幸福	284	448	491	54	2.25
我们的社会中道德能够很好地约束人们的行为	182	664	371	51	2.23
当前大多数人奉行的是个人至上	249	596	370	62	2.19
现有的规范和习俗能够很好地调节人与人的关系	157	746	321	41	2.19
现在社会是一个物欲横流的社会	236	698	294	45	2.12
现在社会大多数人都有荣辱感	231	756	246	37	2.07
现在社会中好人有好报，恶人终归会受到惩罚	380	533	306	58	2.03
当前的社会是个金钱至上的社会	360	639	239	32	1.96
当前大多数人都是家庭利益至上	103	445	624	98	1.86

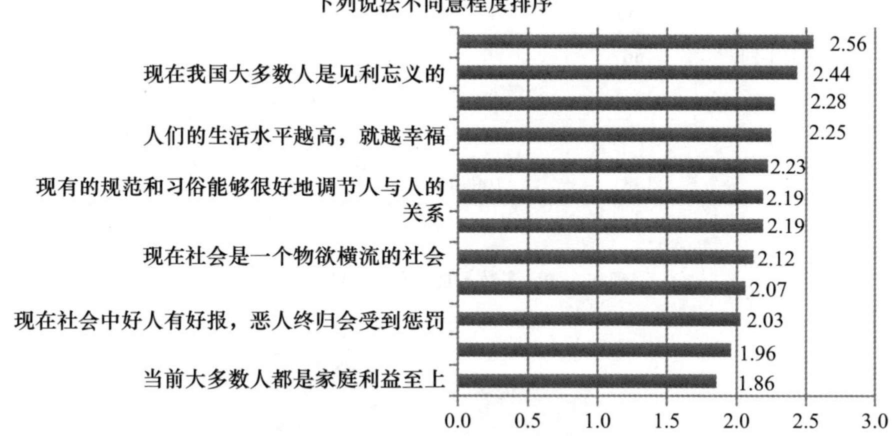

C7a 当前大多数人奉行个人至上

		频数	百分比	有效百分比	累积百分比
有效	完全同意	249	19.4%	19.5%	19.5%
	比较同意	596	46.5%	46.7%	66.2%
	不太同意	370	28.9%	29.0%	95.1%
	完全不同意	62	4.8%	4.9%	100.0%
	总计	1277	99.7%	100.0%	
缺失	9	4	0.3%		
总计		1281	100.0%		

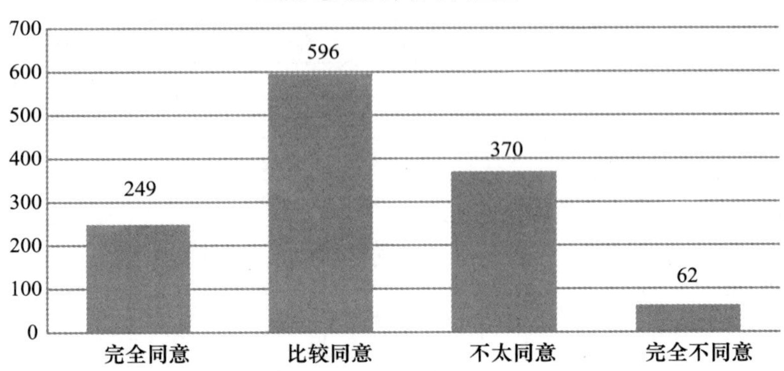

C7b 现在我国大多数人是见利忘义的

		频数	百分比	有效百分比	累积百分比
有效	完全同意	158	12.3%	12.3%	12.3%
	比较同意	487	38.0%	38.0%	50.4%
	不太同意	555	43.3%	43.4%	93.8%
	完全不同意	80	6.2%	6.3%	100.0%
	总计	1280	99.9%	100.0%	
缺失	9	1	0.1%		
总计		1281	100.0%		

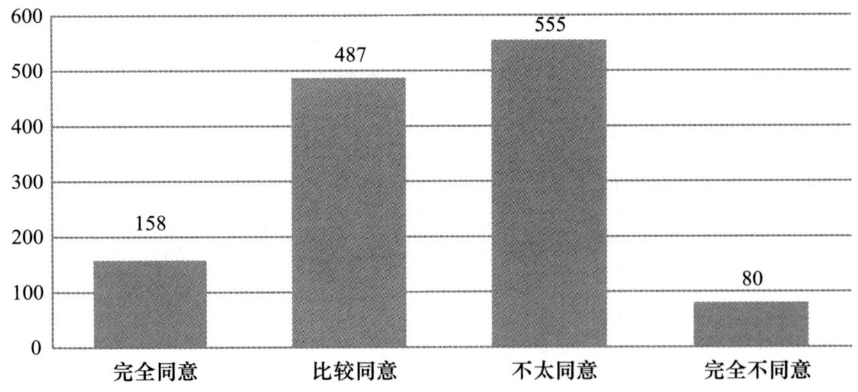

C7c 现在社会是一个物欲横流的社会

		频数	百分比	有效百分比	累积百分比
有效	完全同意	236	18.4%	18.5%	18.5%
	比较同意	698	54.5%	54.8%	73.4%
	不太同意	294	23.0%	23.1%	96.5%
	完全不同意	45	3.5%	3.5%	100.0%
	总计	1273	99.4%	100.0%	
缺失		5	0.4%		
	9	3	0.2%		
	总计	8	0.6%		
总计		1281	100.0%		

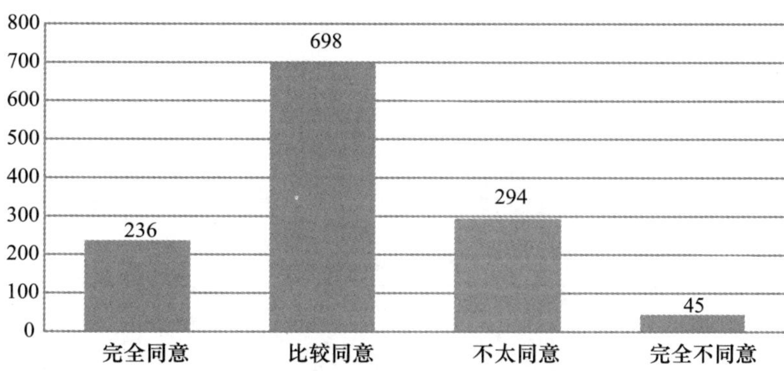

C7d 当前大多数人都以集体利益为重

		频数	百分比	有效百分比	累积百分比
有效	完全同意	103	8.0%	8.1%	8.1%
	比较同意	445	34.7%	35.0%	43.1%
	不太同意	624	48.7%	49.1%	92.3%
	完全不同意	98	7.7%	7.7%	100.0%
	总计	1270	99.1%	100.0%	
缺失		1	0.1%		
	9	10	0.8%		
	总计	11	0.9%		
总计		1281	100.0%		

当前大多数人都以集体利益为重

700
600
500
400
300
200
100
0
103
445
624
98
完全同意
比较同意
不太同意
完全不同意

C7e 当前大多数人都以家庭利益为重

		频数	百分比	有效百分比	累积百分比
有效	完全同意	365	28.5%	28.6%	28.6%
	比较同意	744	58.1%	58.3%	86.8%
	不太同意	147	11.5%	11.5%	98.4%
	完全不同意	21	1.6%	1.6%	100.0%
	总计	1277	99.7%	100.0%	
缺失		3	0.2%		
	9	1	0.1%		
	总计	4	0.3%		
总计		1281	100.0%		

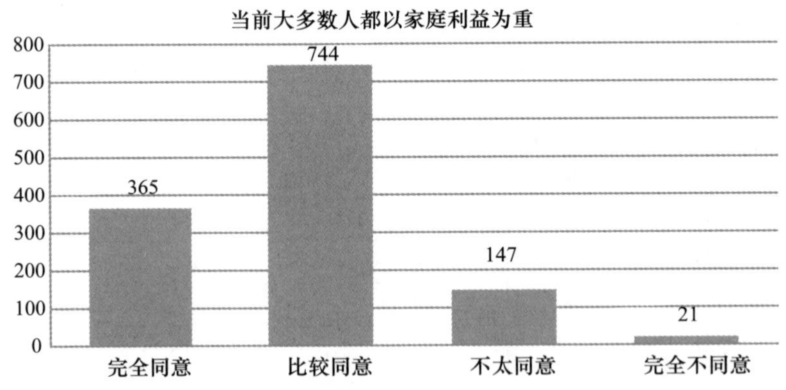

C7f 当前社会是个金钱至上的社会

		频数	百分比	有效百分比	累积百分比
有效	完全同意	360	28.1%	28.3%	28.3%
	比较同意	639	49.9%	50.3%	78.7%
	不太同意	239	18.7%	18.8%	97.5%
	完全不同意	32	2.5%	2.5%	100.0%
	总计	1270	99.1%	100.0%	
缺失		8	0.6%		
	9	3	0.2%		
	总计	11	0.9%		
总计		1281	100.0%		

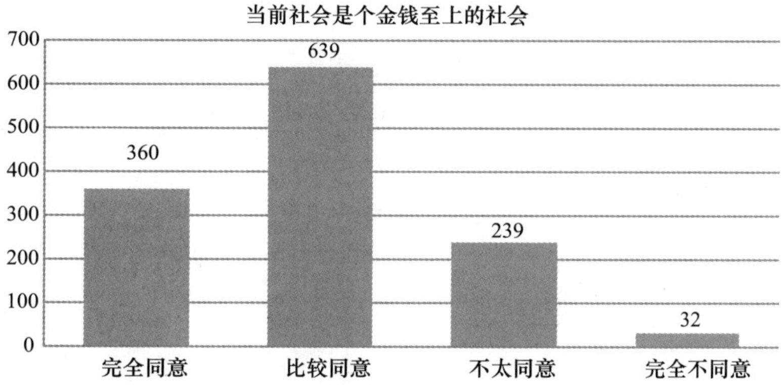

C7g 现在社会中好人有好报，恶人终归会受到惩罚

		频数	百分比	有效百分比	累积百分比
有效	完全同意	380	29.7%	29.8%	29.8%
	比较同意	533	41.6%	41.7%	71.5%
	不太同意	306	23.9%	24.0%	95.5%
	完全不同意	58	4.5%	4.5%	100.0%
	总计	1277	99.7%	100.0%	
缺失		1	0.1%		
	9	3	0.2%		
	总计	4	0.3%		
总计		1281	100.0%		

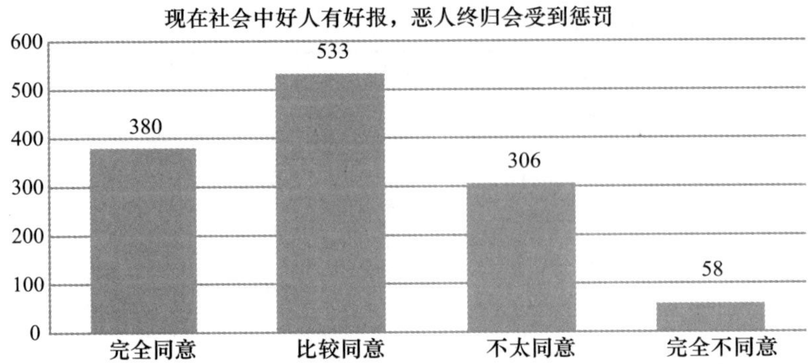

C8 个体德性与社会公正哪个更重要

变量	频数	有效百分比	累积百分比
个体德性最重要	136	10.8%	10.8%
社会公正最重要	452	35.9%	46.7%
二者应当统一，但二者矛盾时应先追求个体德性	190	15.1%	61.8%
二者应当统一，但二者矛盾时应先追求社会公正	480	38.2%	100.0%
总计	1258	100.0%	

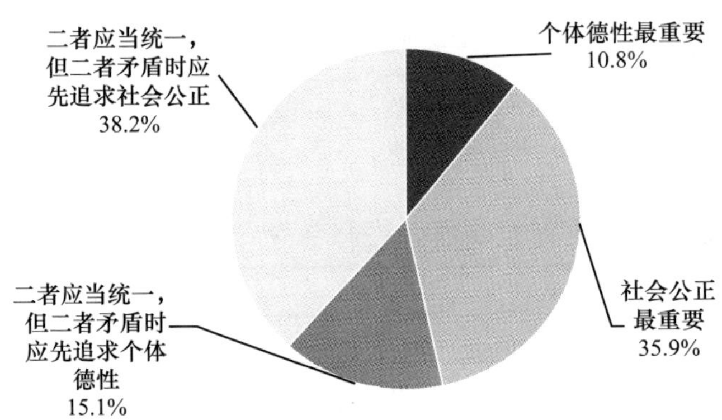

C9 个人守道德的原因

变量	频数	有效百分比	累积百分比
守道德有利于自身利益的实现	60	4.7%	4.7%
个人是社会的一分子，应当遵守道德	592	46.5%	51.3%
遵守道德是为了使我们的社会更美好	529	41.6%	92.8%
不遵守道德会被别人议论或谴责	76	6.0%	98.8%
其他	15	1.2%	100.0%

续表

变量	频数	有效百分比	累积百分比
总计	1272	100.0%	

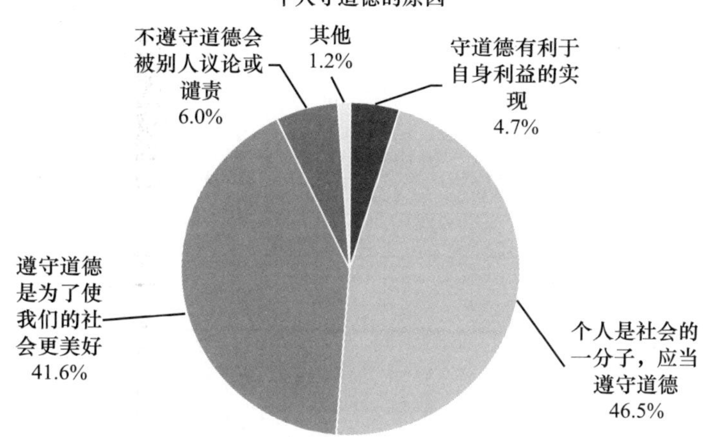

C10 关于职业劳动说法的认同程度排序：

	最认同		第二认同		第三认同		总得分
	频数	加权得分	频数	加权得分	频数	加权得分	
劳动是个人谋生的工具	704	2112	297	594	99	99	2805
劳动是为社会创造财富	326	978	528	1056	351	351	2385
劳动是天职	158	474	221	442	582	582	1498
劳动是兴趣的驱使，快乐的源泉	85	255	155	310	225	225	790

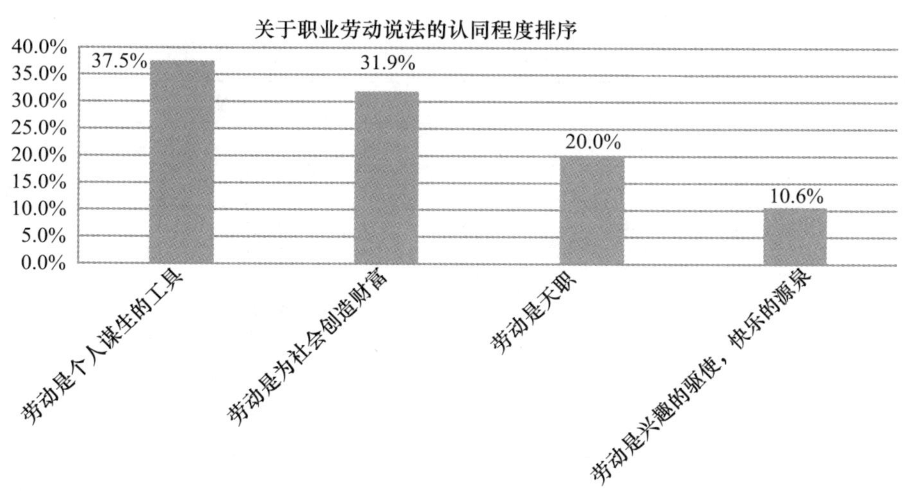

C11 下列说法认同程度：

（1＝完全不同意，2＝不太同意，3＝比较同意，4＝完全同意）

	完全不同意	不太同意	比较同意	完全同意	平均值
是否离婚应该从家庭整体（包括子女）角度考虑	64	104	577	515	3.22
企业老板剥削员工，利益关系不公正的说法	99	351	582	225	2.74
婚姻是社会的事，应当兼顾社会评价和社会后果	131	406	511	215	2.64
目前大多数人将职业当作谋生的手段，缺乏责任感和奉献精神	96	428	599	148	2.63
社会上老板和员工、上级和下级相互勾结，共同对社会不负责任这一说法	170	495	454	124	2.43
是否离婚主要考虑自己的感受和利益	305	575	301	82	2.13
婚姻应当是自由的，如果有更满意或更合适的人就与现在的配偶离婚	615	433	132	84	1.75

C11 下列说法认同程度排序：

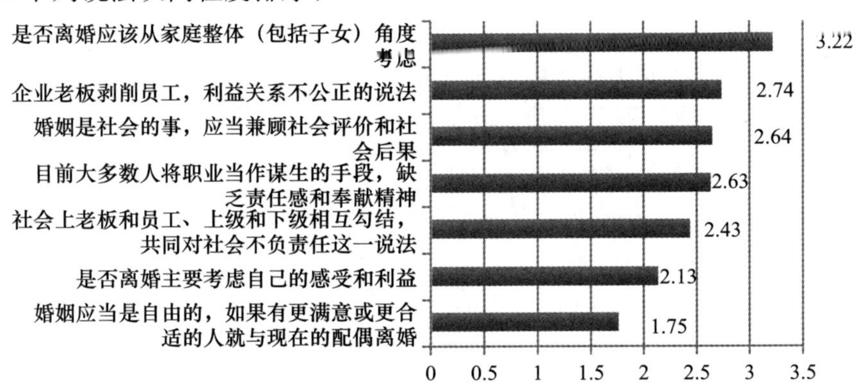

C11a 目前大多数人将职业当作谋生的手段，缺乏责任感和奉献精神

		频数	百分比	有效百分比	累积百分比
有效	完全不同意	96	7.5%	7.6%	7.6%
	不太同意	428	33.4%	33.7%	41.2%
	比较同意	599	46.8%	47.1%	88.4%
	完全同意	148	11.6%	11.6%	100.0%
	总计	1271	99.2%	100.0%	
缺失		2	0.2%		
	9	8	0.6%		
	总计	10	0.8%		

续表

		频数	百分比	有效百分比	累积百分比
总计		1281	100.0%		

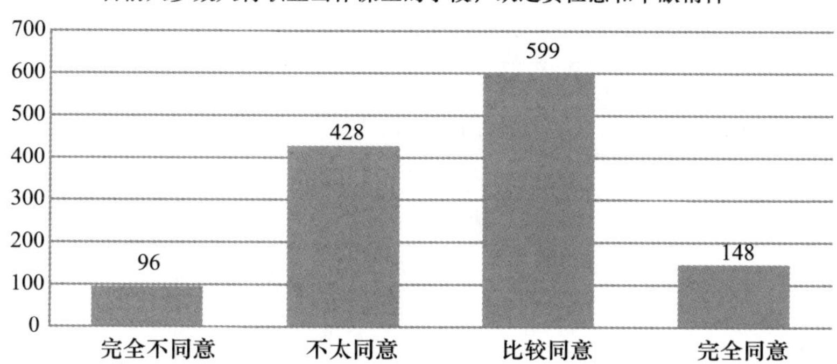

C11b 企业老板剥削员工，利益关系不公正

		频数	百分比	有效百分比	累积百分比
有效	完全不同意	99	7.7%	7.9%	7.9%
	不太同意	351	27.4%	27.9%	35.8%
	比较同意	582	45.4%	46.3%	82.1%
	完全同意	225	17.6%	17.9%	100.0%
	总计	1257	98.1%	100.0%	
缺失		5	0.4%		
	9	19	1.5%		
	总计	24	1.9%		
总计		1281	100.0%		

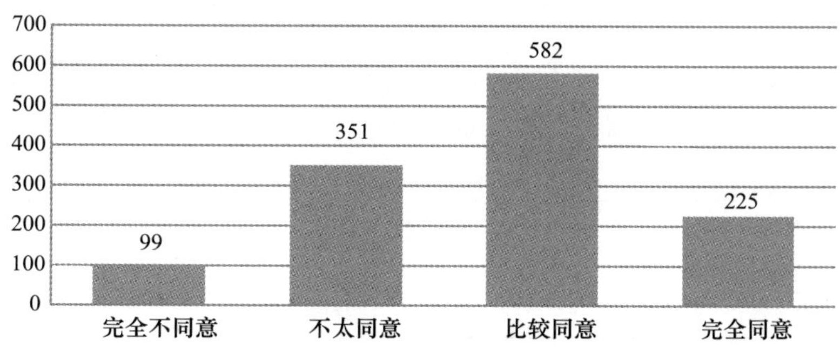

C11c 社会上老板和员工、上级和下级相互勾结，共同对社会不负责任

		频数	百分比	有效百分比	累积百分比
有效	完全不同意	170	13.3%	13.7%	13.7%
	不太同意	495	38.6%	39.8%	53.5%
	比较同意	454	35.4%	36.5%	90.0%
	完全同意	124	9.7%	10.0%	100.0%
	总计	1243	97.0%	100.0%	
缺失		9	0.7%		
	9	29	2.3%		
	总计	38	3%		
总计		1281	100.0%		

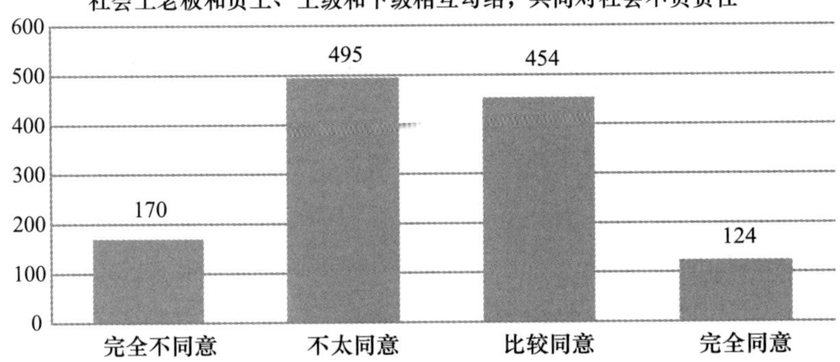

C11d 是否离婚主要考虑自己的感受和利益

		频数	百分比	有效百分比	累积百分比
有效	完全不同意	305	23.8%	24.1%	24.1%
	不太同意	575	44.9%	45.5%	69.7%
	比较同意	301	23.5%	23.8%	93.5%
	完全同意	82	6.4%	6.5%	100.0%
	总计	1263	98.6%	100.0%	
缺失		7	0.5%		
	9	11	0.9%		
	总计	18	1.4%		
总计		1281	100.0%		

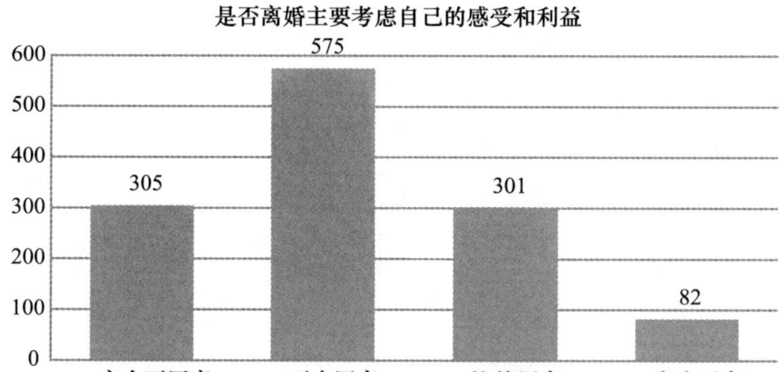

C11e 是否离婚应该从家庭整体考虑

		频数	百分比	有效百分比	累积百分比
有效	完全不同意	64	5.0%	5.1%	5.1%
	不太同意	104	8.1%	8.3%	13.3%
	比较同意	577	45.0%	45.8%	59.1%
	完全同意	515	40.2%	40.9%	100.0%
	总计	1260	98.4%	100.0%	
缺失		9	0.7%		
	9	12	0.9%		
	总计	21	1.6%		
总计		1281	100.0%		

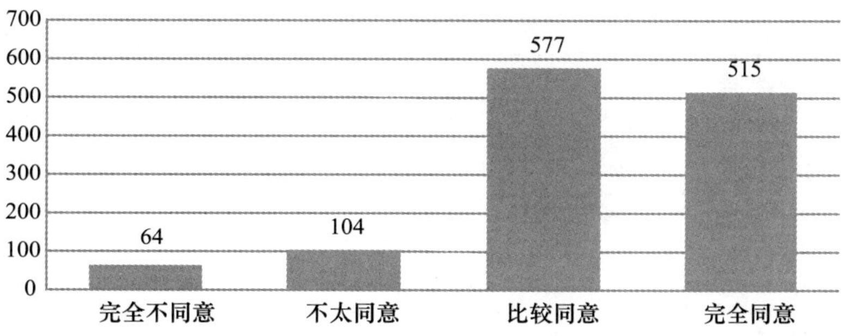

C11f 婚姻是社会的事，应该兼顾社会评价和后果

		频数	百分比	有效百分比	累积百分比
有效	完全不同意	131	10.2%	10.4%	10.4%
	不太同意	406	31.7%	32.1%	42.5%
	比较同意	511	39.9%	40.5%	83.0%
	完全同意	215	16.8%	17.0%	100.0%
	总计	1263	98.6%	100.0%	
缺失		6	0.5%		
	9	12	0.9%		
	总计	18	1.4%		
总计		1281	100.0%		

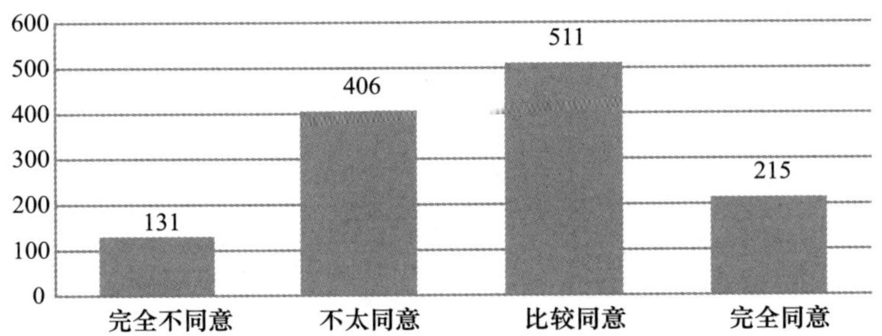

C11g 婚姻应当是自由的，如果有更满意的人就与现在的配偶离婚

		频数	百分比	有效百分比	累积百分比
有效	完全不同意	615	48.0%	48.7%	48.7%
	不太同意	433	33.8%	34.3%	82.9%
	比较同意	132	10.3%	10.4%	93.4%
	完全同意	84	6.6%	6.6%	100.0%
	总计	1264	98.7%	100.0%	
缺失		4	0.3%		
	9	13	1.0%		
	总计	17	1.3%		
总计		1281	100.0%		

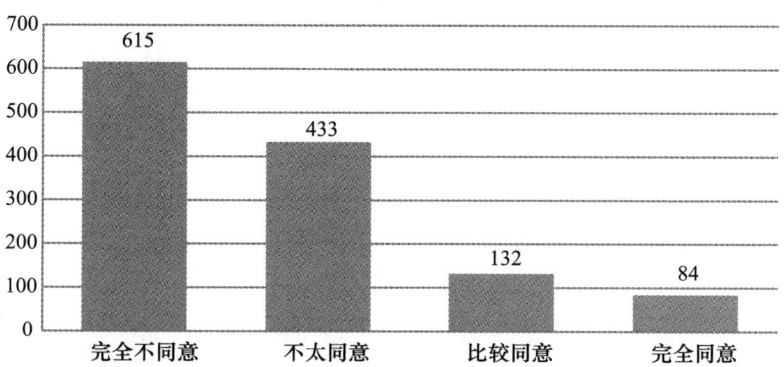

C12 造成生态环境问题最主要的原因

	频数	有效百分比	累积百分比
企业唯利是图，造成环境污染	441	35.0%	35.0%
政府缺乏生态意识，政策失当	428	34.0%	69.0%
个人缺乏环保意识	166	13.2%	82.1%
当代人自私自利，不顾未来和子孙利益	225	17.9%	100.0%
总计	1260	100.0%	

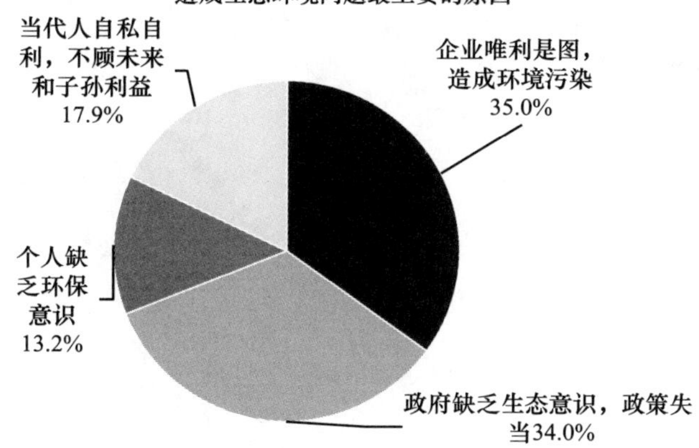

C13 造成人际关系紧张的原因（多选）

		频数	个案百分比
1	社会资源缺乏，引发恶性竞争	520	40.6%
2	相关部门过度宣扬竞争意识	260	20.3%

续表

		频数	个案百分比
3	社会财富分配不公，贫富差距过大	909	71.0%
4	个人主义盛行	486	37.9%
5	缺乏爱心	578	45.1%
6	缺乏宽容	672	52.5%
7	缺乏相互理解和沟通的意识和能力	684	53.4%
8	制度安排不公正，机会不平等	650	50.7%
9	一切诉诸利益或法律，人际关系缺乏伦理调节的机制和能力	302	23.6%

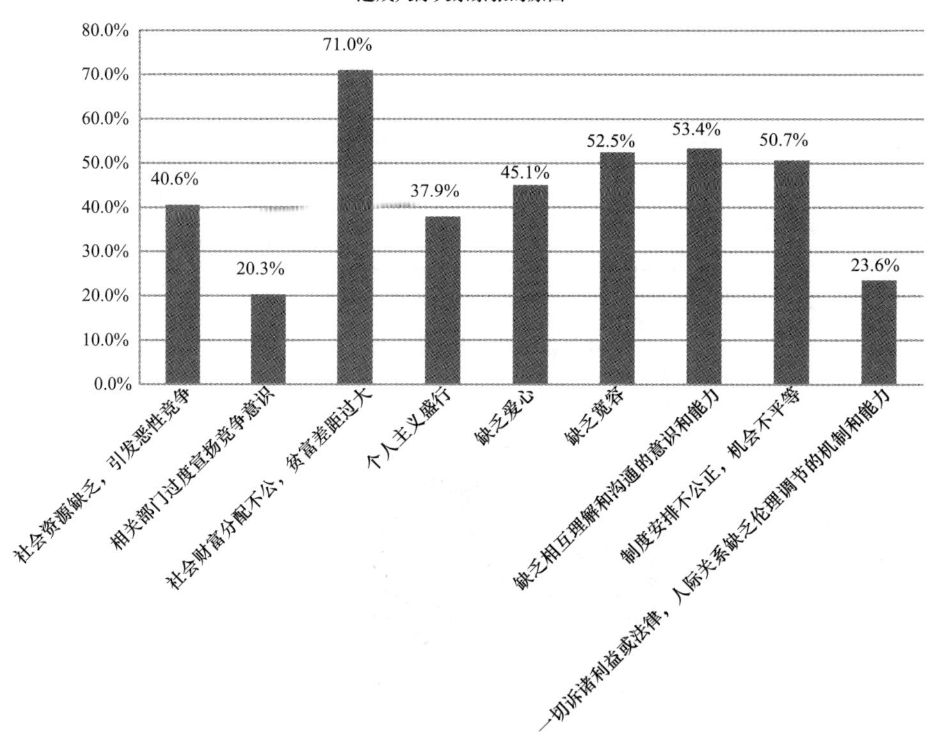

C14 造成人身心不和谐的主要原因（多选）

	变量	频数	个案百分比
1	欲望过多过大，不能知足常乐	672	52.5%
2	社会保障体系不健全，对自己和未来没有把握	502	39.2%
3	竞争激烈，工作压力过大，身心疲惫	908	70.9%

续表

	变量	频数	个案百分比
4	人与人之间缺乏信任感，人际关系紧张	536	41.8%
5	有烦恼很难找到人倾诉和排解	542	42.3%
6	个人的文化底蕴和文化积累不够，缺乏自我理解和自我调节能力	475	37.1%
7	现代人缺乏安顿自己、化解内心矛盾的能力	451	35.2%
8	缺乏道德公正，没有道德的人总是占便宜	287	22.4%
9	缺乏理想和信念支持，精神没有寄托和归宿	422	32.9%
10	生活压力大	876	68.4%

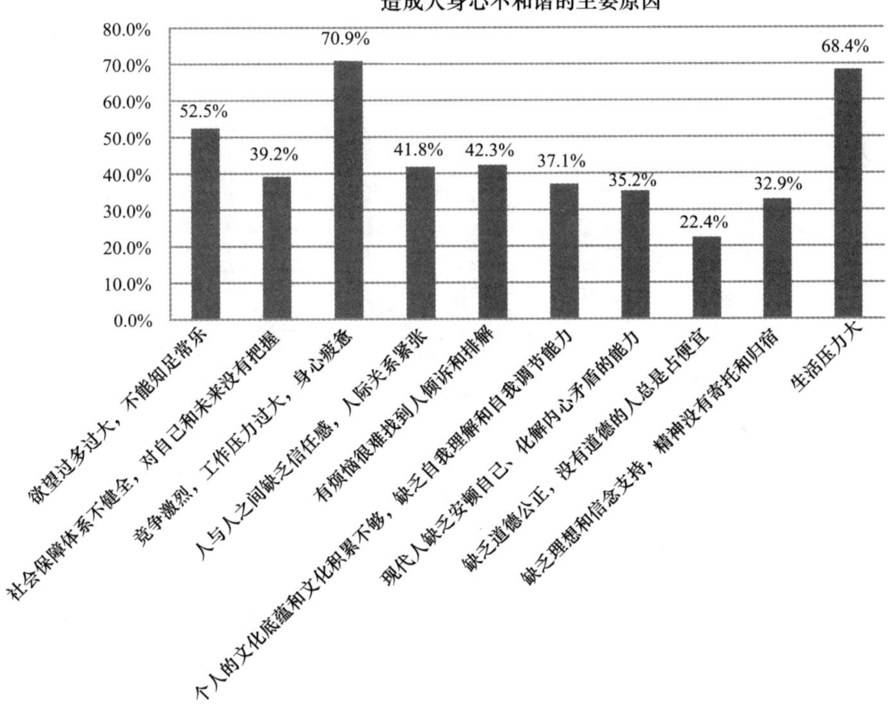

C15 您认为当今中国社会最基本的伦理冲突（排序）

	第一位		第二位		第三位		第四位		第五位		总得分
	频数	加权得分	频数	加权得分	频数	加权得分	频数	加权得分	频数	加权得分	
人与人之间的冲突	509	2545	295	1180	214	642	107	214	37	37	4618
个人与社会的冲突	146	730	364	1456	307	921	235	470	75	75	3652

续表

	第一位		第二位		第三位		第四位		第五位		总得分
	频数	加权得分	频数	加权得分	频数	加权得分	频数	加权得分	频数	加权得分	
个人与政府的冲突	184	920	190	760	254	762	254	508	250	250	3200
人自我内在的冲突	154	770	203	812	182	546	246	492	330	330	2950
人与自然的冲突	199	995	102	408	173	519	266	532	396	396	2850
其他	2	10	1	4	3	9	3	6	17	17	46

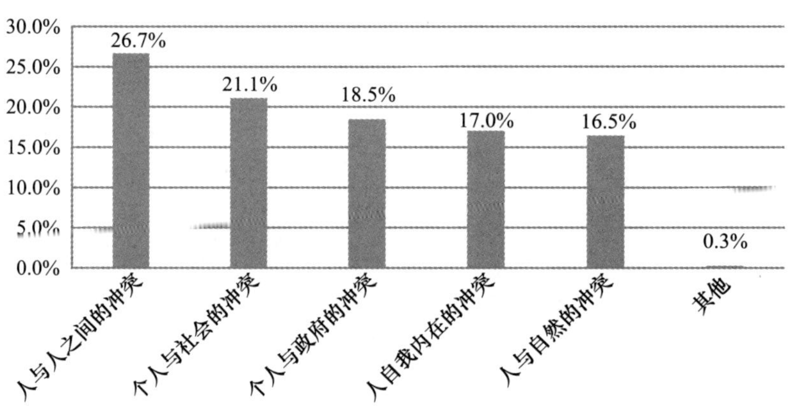

C16 目前中国社会两性之间的性开放日益发展，它对社会风尚的影响是

变量	频数	有效百分比	累积百分比
是社会进步的表现	131	10.3%	10.3%
从根本上污染了社会风气	397	31.2%	41.5%
个人选择，无所谓好坏	227	17.9%	59.4%
两性关系混乱必然导致道德沦丧	516	40.6%	100.0%
总计	1271	100.0%	

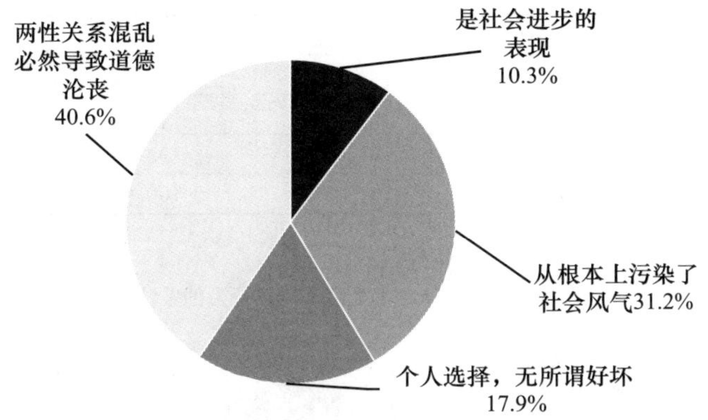

C17 当前中国社会个人道德素质的主要问题

变量	频数	有效百分比	累积百分比
道德上无知	169	13.4%	13.4%
有道德知识，但不见诸行动	928	73.7%	87.1%
既无知，也不行动	135	10.7%	97.9%
其他	27	2.1%	100.0%
总计	1259	100.0%	

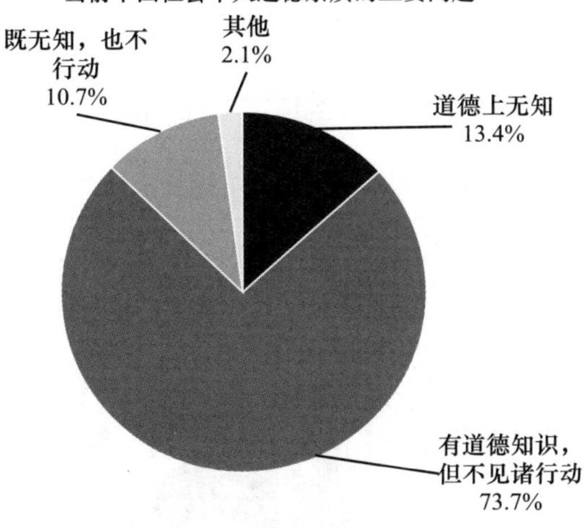

C18 对在网络上曝光别人隐私行为的看法

变量	频数	有效百分比	累积百分比
是违法行为，应该制止	348	27.6%	27.6%
是不道德行为，应该进行谴责	658	52.1%	79.7%

续表

变量	频数	有效百分比	累积百分比
是社会监督的合理途径	84	6.7%	86.4%
是网民的自由，别人不应该干涉	47	3.7%	90.1%
说不清	125	9.9%	100.0%
总计	1262	100.0%	

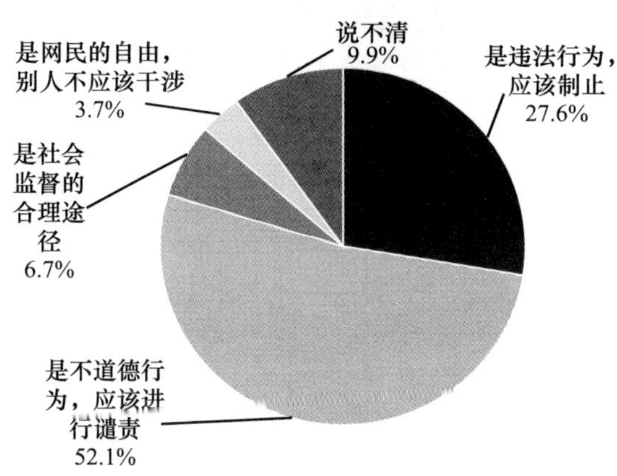

C19 对自己目前的生活状态是否满意

变量	频数	有效百分比	累积百分比
很满意	204	15.9%	15.9%
比较满意	846	66.1%	82.0 %
不太满意	213	16.6%	98.6%
很不满意	18	1.4%	100.0%
总计	1281	100.0%	

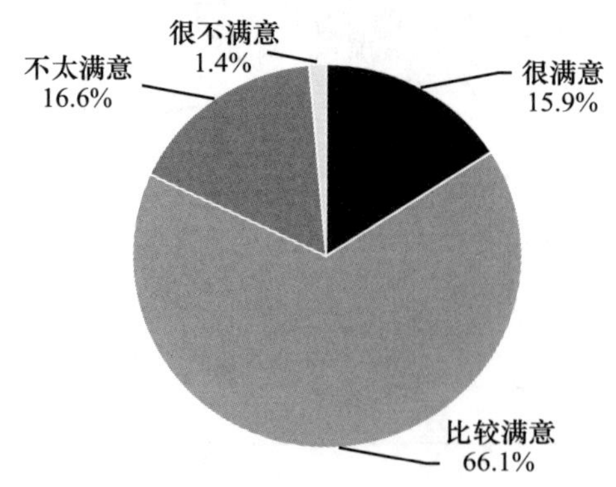

C20 政府推动或倡导下列活动的效果如何?

(0 = 没有听说过该活动，1 = 完全没效果，2 = 效果较差，3 = 效果较好，4 = 效果很好)

	完全没效果	效果较差	效果较好	效果很好	没听说过	平均值
志愿服务倡导和推广的效果	34	207	622	276	128	3.00
典型人物宣传（感动中国、中国好人、道德楷模等）的效果	76	228	602	254	103	2.89
文明城市创建的效果	67	287	609	185	121	2.79
《公民道德建设实施纲要》推进效果	54	202	380	140	488	2.78
学雷锋活动的效果	99	354	534	253	33	2.76
反腐倡廉举措的效果	130	328	470	221	115	2.68

下列活动效果从好到差排序：

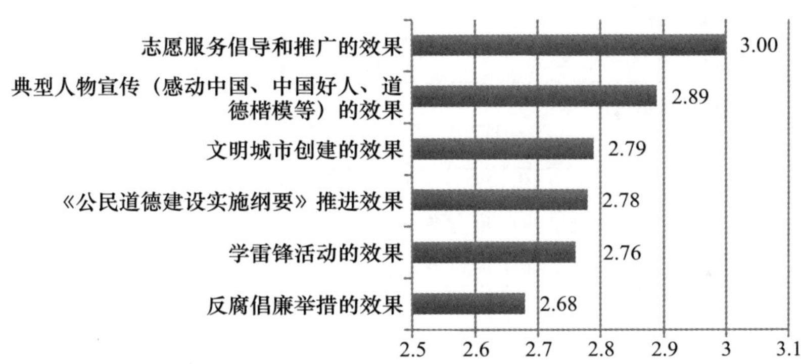

C20a 文明城市创建效果

		频数	百分比	有效百分比	累积百分比
有效	完全没效果	67	5.2%	5.3%	5.3%
	效果较差	287	22.4%	22.6%	27.9%
	效果较好	609	47.5%	48.0%	75.9%
	效果很好	185	14.4%	14.6%	90.5%
	没听说过该活动	121	9.4%	9.5%	100.0%
	总计	1269	99.1%	100.0%	
缺失		4	0.3%		
	9	8	0.6%		
	总计	12	0.9%		
总计		1281	100.0%		

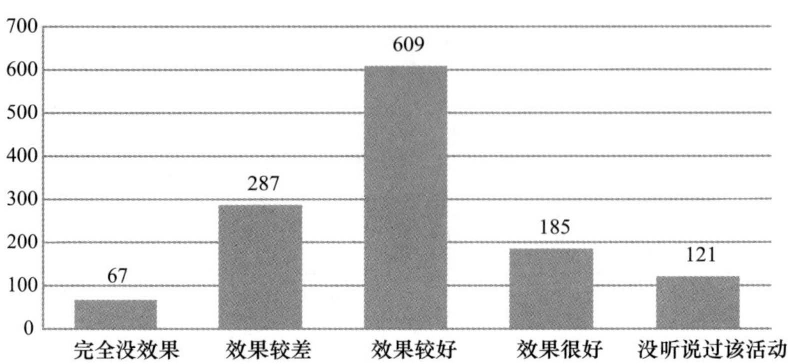

C20b 学雷锋活动效果

		频数	百分比	有效百分比	累积百分比
有效	完全没效果	99	7.7%	7.8%	7.8%
	效果较差	354	27.6%	27.8%	35.6%
	效果较好	534	41.7%	41.9%	77.5%
	效果很好	253	19.8%	19.9%	97.4%
	没听说过该活动	33	2.6%	2.6%	100.0%
	总计	1273	99.4%	100.0%	
缺失		2	0.2%		
	9	6	0.5%		
	总计	8	0.6%		
总计		1281	100.0%		

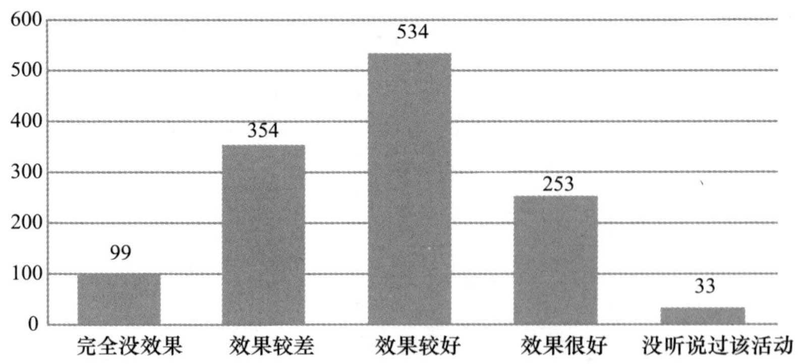

C20c 典型人物宣传效果

		频数	百分比	有效百分比	累积百分比
有效	完全没效果	76	5.9%	6.0%	6.0%
	效果较差	228	17.8%	18.1%	24.1%
	效果较好	602	47.0%	47.7%	71.7%
	效果很好	254	19.8%	20.1%	91.8%
	没听说过该活动	103	8.0%	8.2%	100.0%
	总计	1263	98.6%	100.0%	
缺失		9	0.7%		
	9	9	0.7%		
	总计	18	1.4%		
总计		1281	100.0%		

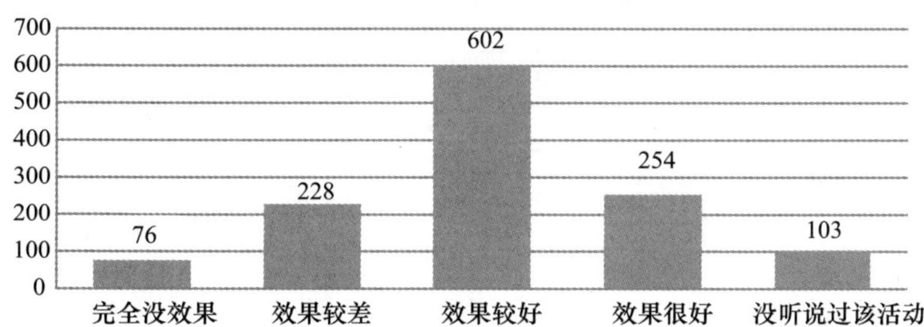

C20d 志愿服务提倡和推广效果

		频数	百分比	有效百分比	累积百分比
有效	完全没效果	34	2.7%	2.7%	2.7%
	效果较差	207	16.2%	16.3%	19.0%
	效果较好	622	48.6%	49.1%	68.1%
	效果很好	276	21.5%	21.8%	89.9%
	没听说过该活动	128	10.0%	10.1%	100.0%
	总计	1267	98.9%	100.0%	
缺失		6	0.5%		
	9	8	0.6%		
	总计	14	1.1%		
总计		1281	100.0%		

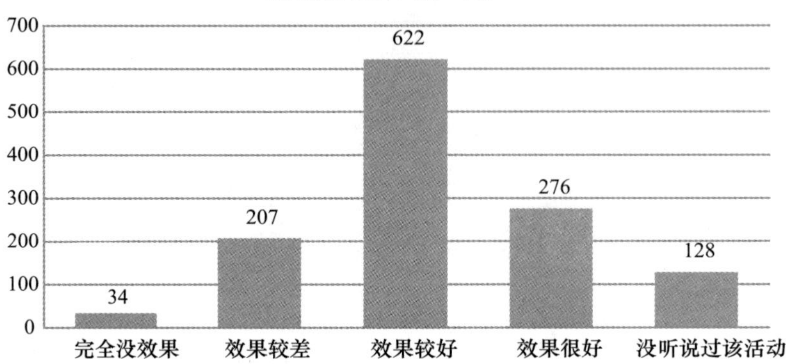

C20e 反腐倡廉举措效果

		频数	百分比	有效百分比	累积百分比
有效	完全没效果	130	10.1%	10.3%	10.3%
	效果较差	328	25.6%	25.9%	36.2%
	效果较好	470	36.7%	37.2%	73.4%
	效果很好	221	17.3%	17.5%	90.9%
	没听说过该活动	115	9.0%	9.1%	100.0%
	总计	1264	98.7%	100.0%	
缺失		3	0.2%		
	9	14	1.1%		
	总计	17	1.3%		
总计		1281	100.0%		

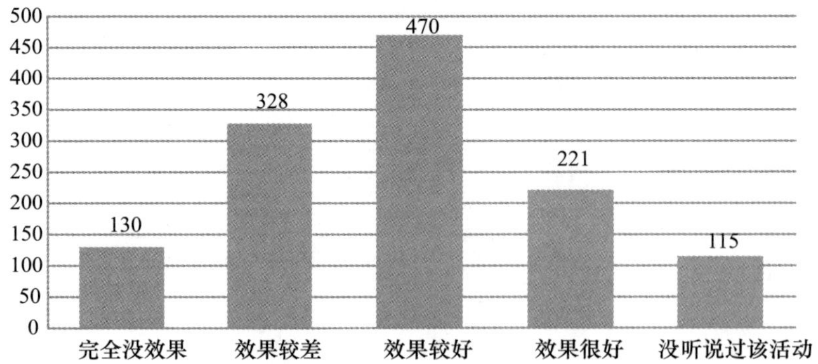

C20f《公民道德建设实施纲要》推进效果

		频数	百分比	有效百分比	累积百分比
有效	完全没效果	54	4.2%	4.3%	4.3%
	效果较差	202	15.8%	16.0%	20.3%
	效果较好	380	29.7%	30.1%	50.3%
	效果很好	140	10.9%	11.1%	61.4%
	没听说过该活动	488	38.1%	38.6%	100.0%
	总计	1264	98.7%	100.0%	
缺失		7	0.5%		
	9	10	0.8%		
	总计	17	1.3%		
总计		1281	100.0%		

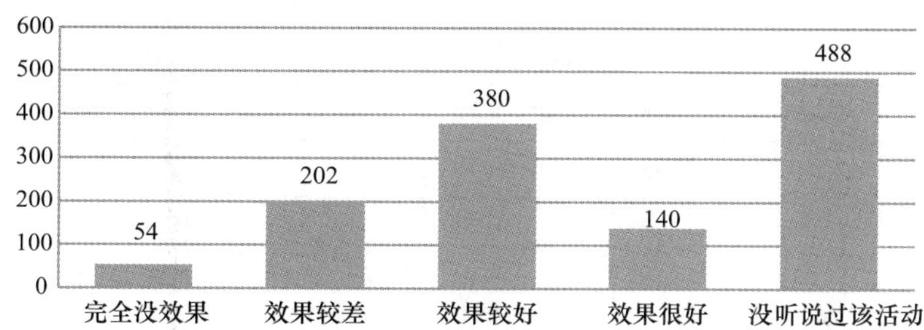

C21 判断某一行为是否符合伦理或道德的标准

变量	频数	有效百分比	累积百分比
传统	153	12.1%	12.1%
风俗习惯	76	6.0%	18.1%
大多数人认同的道德规范	416	33.0%	51.1%
当事人共同利益和意志	42	3.3%	54.4%
自己的良心	566	44.8%	99.3%
自己利益	9	0.7%	100.0%
总计	1262	100.0%	

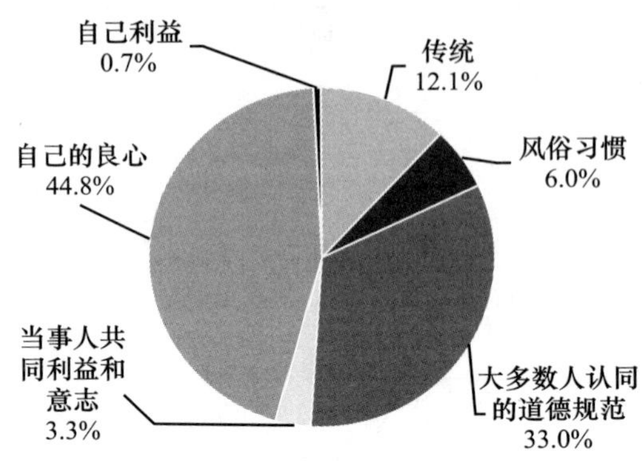

C22 下列关系中，根据重要程度进行排序

	第一重要		第二重要		第三重要		第四重要		第五重要		总得分
	频数	加权得分	频数	加权得分	频数	加权得分	频数	加权得分	频数	加权得分	
父母与子女	792	3960	336	1344	76	228	26	52	9	9	5593
夫妇	296	1480	651	2604	130	390	62	124	25	25	4623
兄弟姐妹	6	30	109	436	742	2226	118	236	62	62	2990
个人与国家	74	370	35	140	47	141	102	204	130	130	985
朋友	8	40	10	40	56	168	236	472	190	190	910
同事或同学	2	10	12	48	66	198	237	474	170	170	900
个人与社会	22	110	54	216	47	141	119	238	187	187	892
上级或下级	4	20	18	72	20	60	99	198	127	127	477
个人与自身的关系（身心和谐）	41	205	8	32	16	48	37	74	80	80	439
个人与工作单位	7	35	9	36	21	63	68	136	104	104	374
人与自然的关系	15	75	12	48	18	54	48	96	51	51	324
师生	1	5	6	24	11	33	56	112	57	57	231
通过网络建立的关系			1	4			2	4	2	2	10

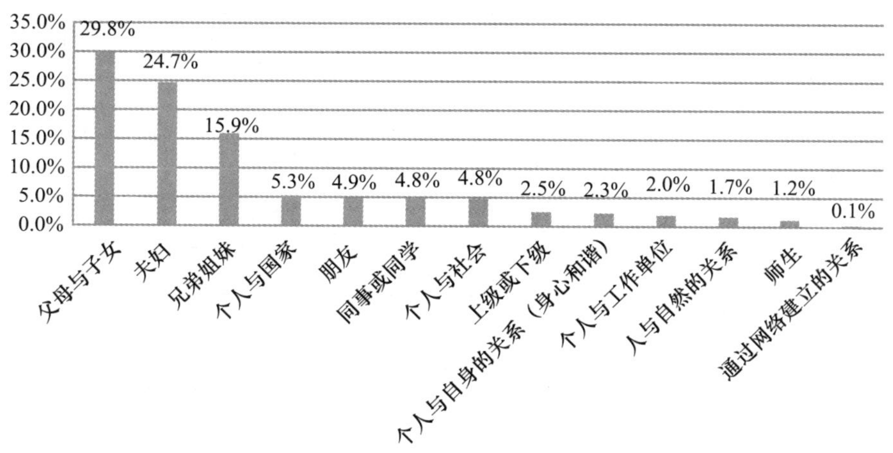

C23 对社会秩序最具根本意义的关系

变量	频数	有效百分比	累积百分比
家庭伦理关系或血缘关系	343	27.5%	27.5%
个人与社会的关系	463	37.2%	64.7%
职业伦理关系	36	2.9%	67.6%
个人与国家民族的关系	310	24.9%	92.5%
人与自然的关系	41	3.3%	95.7%
个人与他自身的关系	53	4.3%	100.0%
总计	1246	100.0%	

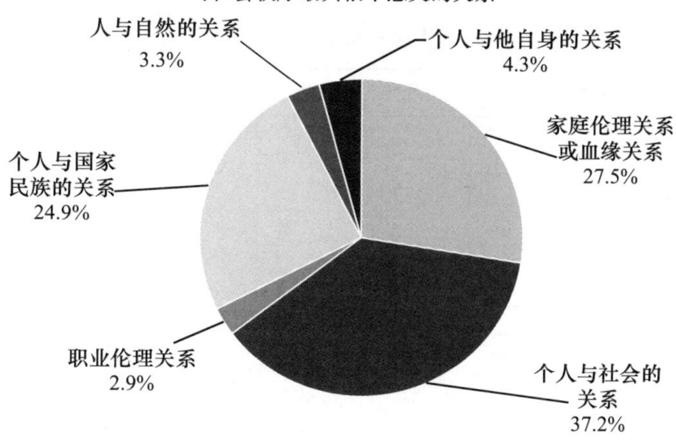

C24 对个人生活最具根本意义的关系

变量	频数	有效百分比	累积百分比
家庭伦理关系或血缘关系	847	67.5%	67.4%
个人与社会的关系	151	12.0%	79.5%
职业伦理关系	39	3.1%	82.6%
个人与国家民族的关系	108	8.6%	91.2%
人与自然的关系	27	2.1%	93.3%
个人与他自身的关系	84	6.7%	100.0%
总计	1256	100.0%	

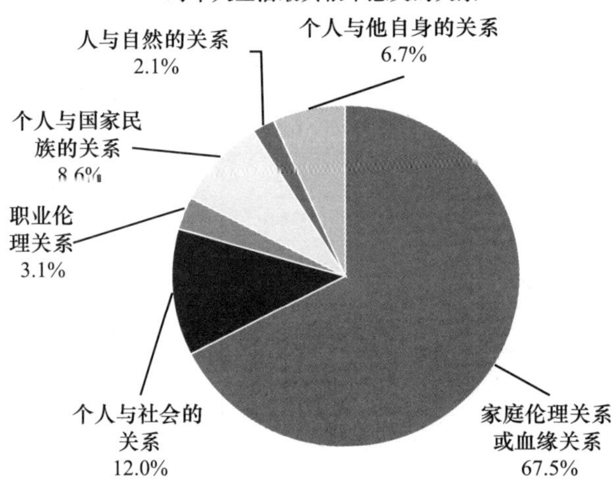

C25 是否会为了得到好处而效仿他人不道德

变量	频数	有效百分比	累积百分比
从来不这么做	975	76.1%	76.1%
通常不这么做，关键时刻会这么做	182	14.2%	90.3%
经常这么做	10	0.8%	91.1%
说不清	114	8.9%	100.0%
总计	1281	100.0%	

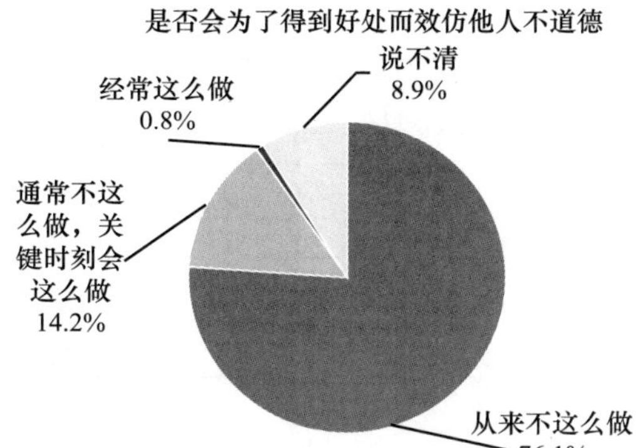

C26 社会上发生的事一般是通过什么渠道最先知道的（多选）

变量	频数	个案百分比
电视	923	72.1%
报纸	296	23.1%
电台广播	114	8.9%
微博/微信等网络社交媒体	166	13.0%
网络新闻	380	29.7%
和朋友亲友同事交谈	198	15.5%
单位传达	12	0.9%

社会上发生的事是通过什么渠道最先知道的

72.1% 23.1% 8.9% 13.0% 29.7% 15.5% 0.9%

电视 报纸 电台广播 微博/微信等网络社交媒体 网络新闻 和朋友亲友同事交谈 单位传达

C27 从网络中获得的信息对思想行为的影响

	频数	有效百分比	累积百分比
影响很大	56	4.4%	4.4%

续表

	频数	有效百分比	累积百分比
有一些影响	381	30.0%	34.4%
不太影响	230	18.1%	52.4%
完全没有影响	60	4.7%	57.2%
不适用，因为不上网	545	42.8%	100.0%
总计	1272	100.0%	

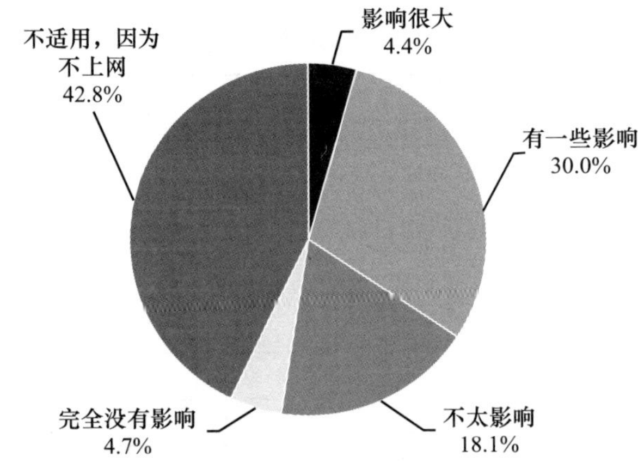

C28 下列状况的严重程度如何？
（1＝非常不严重，2＝比较不严重，3＝比较严重，4＝非常严重）

	非常不严重	比较不严重	比较严重	非常严重	平均值
干部贪污受贿，以权谋利的严重程度	27	217	526	485	3.17
社会财富分配不公，贫富悬殊过大的严重程度	20	205	587	455	3.17
企业损害社会利益的严重程度，如污染环境、以虚假广告误导公众等	33	280	658	290	2.96
坑蒙拐骗的严重程度	45	294	643	292	2.93
娱乐界以丑闻、绯闻炒作，污染社会风气的严重程度	29	366	565	209	2.82
很多人在公共场所缺乏公德如大声喧哗、不排队、随地吐痰的严重程度	30	411	620	211	2.80
生活奢侈，铺张浪费的严重程度	57	381	600	225	2.79
诚信缺乏社会信用度低的严重程度	39	369	685	172	2.78
两性关系过度开放导致婚姻不稳定的严重程度	64	376	592	230	2.78

续表

	非常不严重	比较不严重	比较严重	非常严重	平均值
人际关系冷漠，见危不救的严重程度	48	402	630	194	2. 76
自私自利，损人利己，物欲横流的严重程度	36	425	633	180	2. 75
公众人物用知名度攫取财富的严重程度	70	380	573	176	2. 71
媒体缺乏社会责任，炒作新闻的严重程度	41	433	551	159	2. 70
缺乏公正心和正义感的严重程度	62	462	608	136	2. 65
奉行功利主义，相互算计的严重程度	55	482	582	145	2. 65
缺乏羞耻感的严重程度	73	540	519	138	2. 57
年轻人缺乏责任感，不孝敬父母的严重程度	110	573	450	134	2. 48
医生不守职业道德的严重程度	148	590	377	151	2. 42
老无所养，缺乏安全感的严重程度	162	549	417	142	2. 42
父母和子女代沟问题严重，难以沟通的严重程度	109	637	447	81	2. 39
教师不尽职的严重程度	179	621	339	124	2. 32
父母过度干涉子女的工作和生活的严重程度	163	750	310	47	2. 19
不爱国的严重程度	414	546	199	99	1. 99

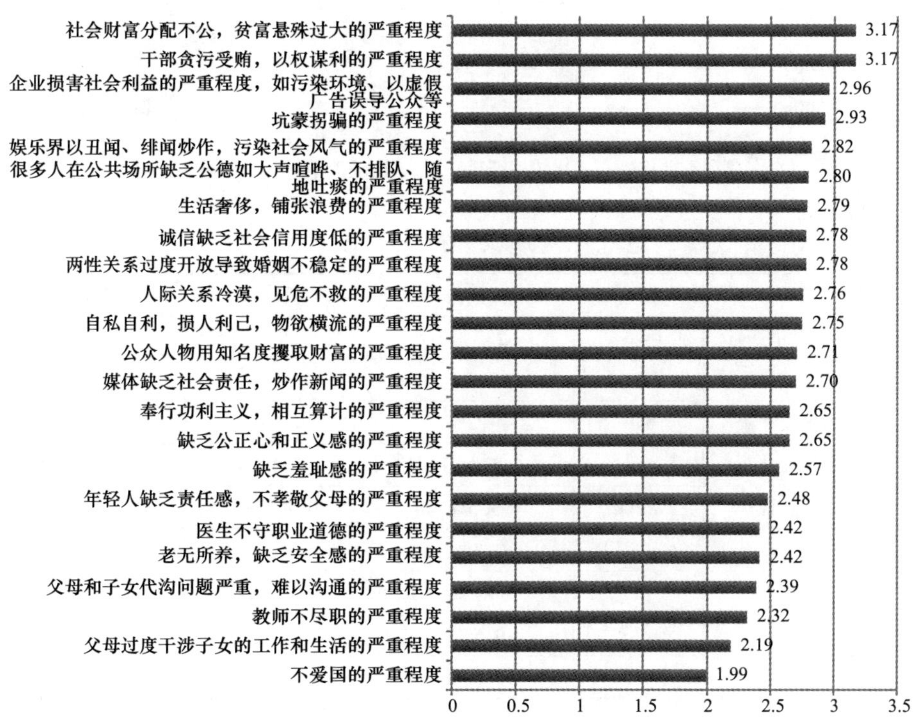

C28a 坑蒙拐骗现象的严重程度

		频数	百分比	有效百分比	累积百分比
有效	非常不严重	45	3.5%	3.5%	3.5%
	比较不严重	294	23.0%	23.1%	26.6%
	比较严重	643	50.2%	50.5%	77.1%
	非常严重	292	22.8%	22.9%	100.0%
	总计	1274	99.5%	100.0%	
缺失		3	0.2%		
	9	4	0.3%		
	总计	7	0.5%		
总计		1281	100.0%		

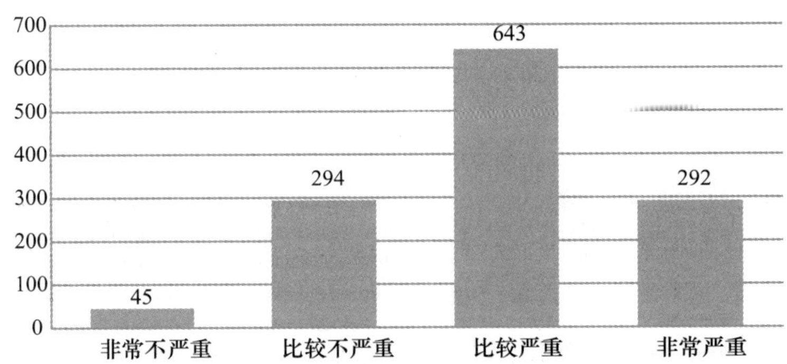

C28b 人际关系冷漠，见危不救现象的严重程度

		频数	百分比	有效百分比	累积百分比
有效	非常不严重	48	3.7%	3.8%	3.8%
	比较不严重	402	31.4%	31.6%	35.3%
	比较严重	630	49.2%	49.5%	84.8%
	非常严重	194	15.1%	15.2%	100.0%
	总计	1274	99.5%	100.0%	
缺失		2	0.2%		
	9	5	0.4%		
	总计	7	0.5%		
总计		1281	100.0%		

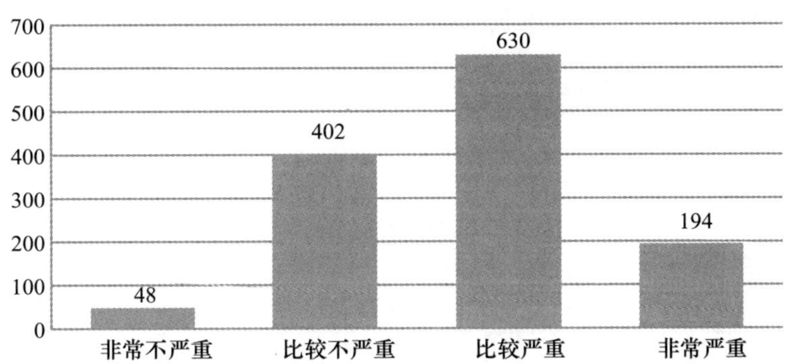

C28c 诚信缺乏社会信用度低的严重程度

		频数	百分比	有效百分比	累积百分比
有效	非常不严重	39	3.0%	3.1%	3.1%
	比较不严重	369	28.8%	29.2%	32.3%
	比较严重	685	53.5%	54.2%	86.4%
	非常严重	172	13.4%	13.6%	100.0%
	总计	1265	98.8%	100.0%	
缺失		10	0.8%		
	9	6	0.5%		
	总计	16	1.2%		
总计		1281	100.0%		

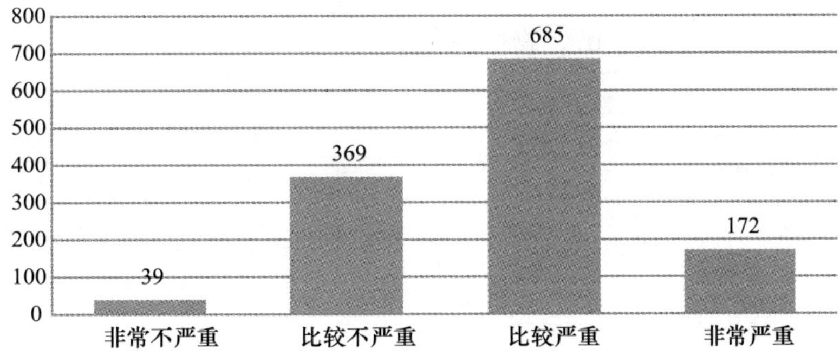

C28d 很多人在公共场所缺乏公德如大声喧哗、不排队、随地吐痰的现象的严重程度

		频数	百分比	有效百分比	累积百分比
有效	非常不严重	30	2.3%	2.4%	2.4%
	比较不严重	411	32.1%	32.3%	34.7%
	比较严重	620	48.4%	48.7%	83.4%
	非常严重	211	16.5%	16.6%	100.0%
	总计	1272	99.3%	100.0%	
缺失		4	0.3%		
	9	5	0.4%		
	总计	9	0.7%		
总计		1281	100.0%		

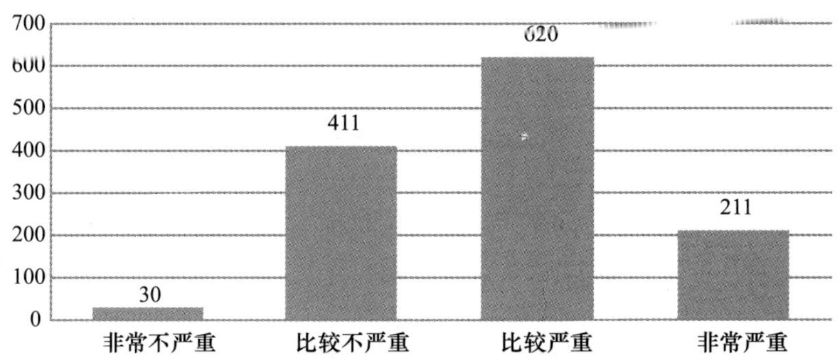

C28e 自私自利、损人利己、物欲横流的现象的严重程度

		频数	百分比	有效百分比	累积百分比
有效	非常不严重	36	2.8%	2.8%	2.8%
	比较不严重	425	33.2%	33.4%	36.2%
	比较严重	633	49.4%	49.7%	85.9%
	非常严重	180	14.1%	14.1%	100.0%
	总计	1274	99.5%	100.0%	
缺失		5	0.4%		
	9	2	0.2%		
	总计	7	0.5%		
总计		1281	100.0%		

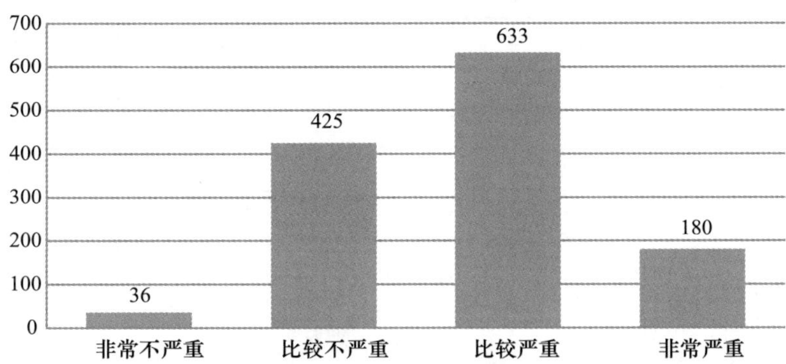

C28f 缺乏公正心和正义感现象的严重程度

		频数	百分比	有效百分比	累积百分比
有效	非常不严重	62	4.8%	4.9%	4.9%
	比较不严重	462	36.1%	36.4%	41.3%
	比较严重	608	47.5%	47.9%	89.3%
	非常严重	136	10.6%	10.7%	100.0%
	总计	1268	99.0%	100.0%	
缺失		7	0.5%		
	9	6	0.5%		
	总计	13	1.0%		
总计		1281	100.0%		

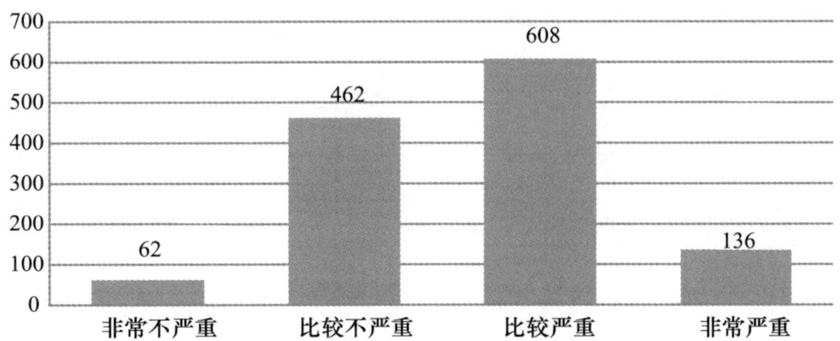

C28g 缺乏羞耻感现象的严重程度

		频数	百分比	有效百分比	累积百分比
有效	非常不严重	73	5.7%	5.7%	5.7%
	比较不严重	540	42.2%	42.5%	48.3%
	比较严重	519	40.5%	40.9%	89.1%
	非常严重	138	10.8%	10.9%	100.0%
	总计	1270	99.1%	100.0%	
缺失		6	0.5%		
	9	5	0.4%		
	总计	11	0.9%		
总计		1281	100.0%		

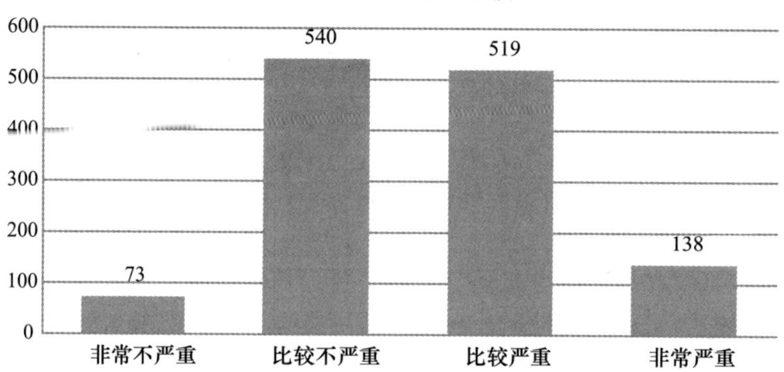

C28h 干部贪污受贿，以权谋利的现象的严重程度

		频数	百分比	有效百分比	累积百分比
有效	非常不严重	27	2.1%	2.2%	2.2%
	比较不严重	217	16.9%	17.3%	19.4%
	比较严重	526	41.1%	41.9%	61.4%
	非常严重	485	37.9%	38.6%	100.0%
	总计	1255	98.0%	100.0%	
缺失		3	0.2%		
	9	23	1.8%		
	总计	26	2.0%		
总计		1281	100.0%		

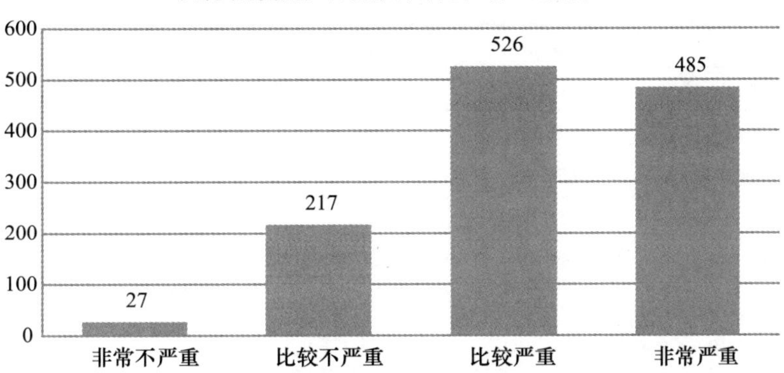

C28i 生活奢侈、铺张浪费的严重程度

		频数	百分比	有效百分比	累积百分比
有效	非常不严重	57	4.4%	4.5%	4.5%
	比较不严重	381	29.7%	30.2%	34.7%
	比较严重	600	46.8%	47.5%	82.2%
	非常严重	225	17.6%	17.8%	100.0%
	总计	1263	98.6%	100.0%	
缺失		10	0.8%		
	9	8	0.6%		
	总计	18	1.4%		
总计		1281	100.0%		

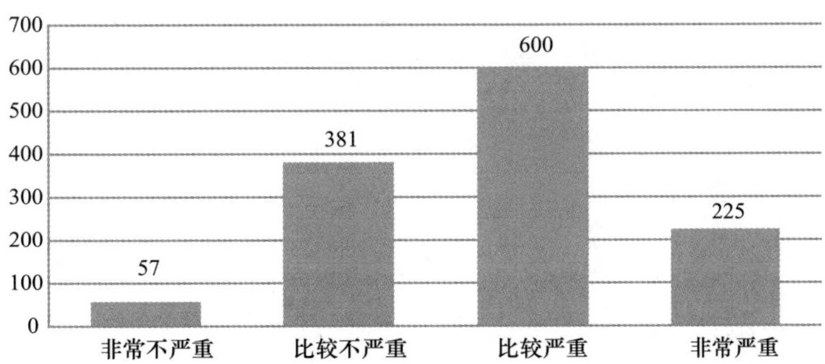

C28j 奉行功利主义，相互算计的现象的严重程度

		频数	百分比	有效百分比	累积百分比
有效	非常不严重	55	4.3%	4.4%	4.4%
	比较不严重	482	37.6%	38.1%	42.5%
	比较严重	582	45.4%	46.0%	88.5%
	非常严重	145	11.3%	11.5%	100.0%
	总计	1264	98.7%	100.0%	
缺失		9	0.7%		
	9	8	0.6%		
	总计	17	1.3%		
总计		1281	100.0%		

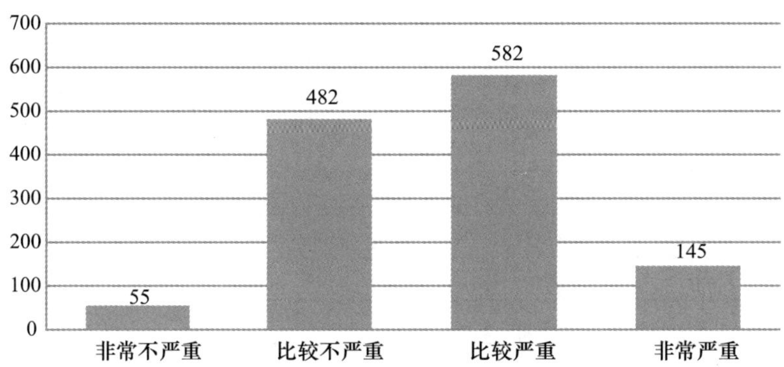

C28k 企业损害社会利益的严重程度，如污染环境、以虚假广告误导公众等

		频数	百分比	有效百分比	累积百分比
有效	非常不严重	33	2.6%	2.6%	2.6%
	比较不严重	280	21.9%	22.2%	24.8%
	比较严重	658	51.4%	52.2%	77.0%
	非常严重	290	22.6%	23.0%	100.0%
	总计	1261	98.4%	100.0%	
缺失		6	0.5%		
	9	14	1.1%		
	总计	20	1.6%		
总计		1281	100.0%		

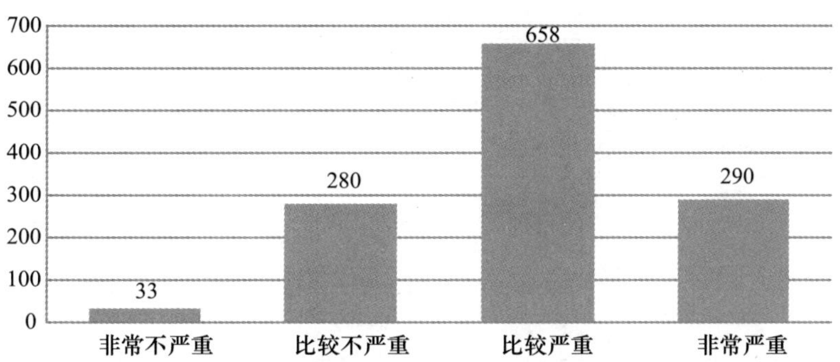

C281 娱乐界以丑闻、绯闻炒作、污染社会风气的严重程度

		频数	百分比	有效百分比	累积百分比
有效	非常不严重	29	2.3%	2.5%	2.5%
	比较不严重	366	28.6%	31.3%	33.8%
	比较严重	565	44.1%	48.3%	82.1%
	非常严重	209	16.3%	17.9%	100.0%
	总计	1169	91.3%	100.0%	
缺失		9	0.7%		
	9	103	8.0%		
	总计	112	8.7%		
总计		1281	100.0%		

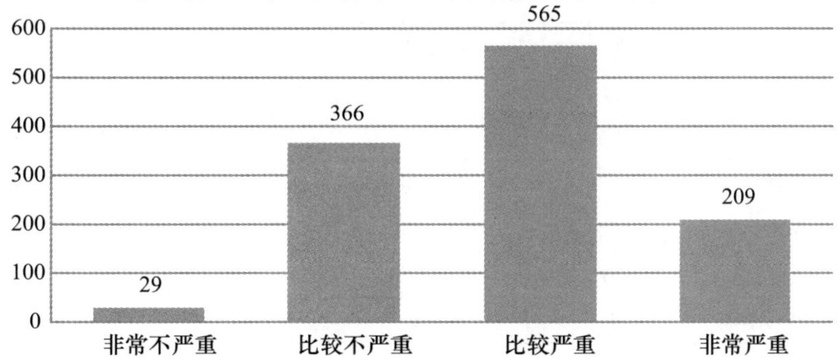

C28m 媒体缺乏社会责任，炒作新闻的严重程度

		频数	百分比	有效百分比	累积百分比
有效	非常不严重	41	3.2%	3.5%	3.5%
	比较不严重	433	33.8%	36.6%	40%
	比较严重	551	43.0%	46.5%	86.6%
	非常严重	159	12.4%	13.4%	100.0%
	总计	1184	92.4%	100.0%	
缺失		11	0.9%		
	9	86	6.7%		
	总计	97	7.6%		
总计		1281	100.0%		

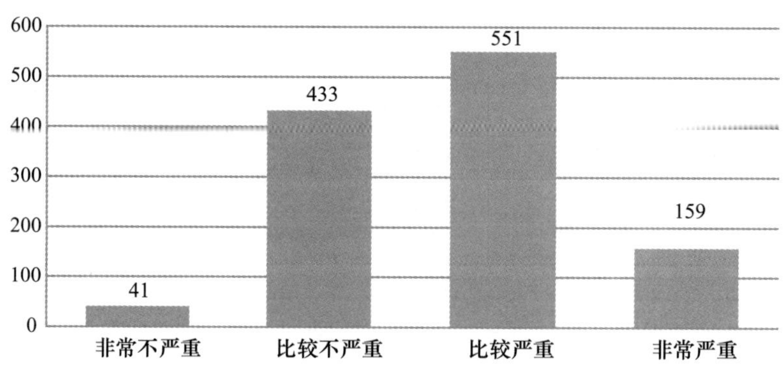

C28n 社会财富分配不公，贫富悬殊过大的严重程度

		频数	百分比	有效百分比	累积百分比
有效	非常不严重	20	1.6%	1.6%	1.6%
	比较不严重	205	16.0%	16.2%	17.8%
	比较严重	587	45.8%	46.3%	64.1%
	非常严重	455	35.5%	35.9%	100.0%
	总计	1267	98.9%	100.0%	
缺失		4	0.3%		
	9	10	0.8%		
	总计	14	1.1%		
总计		1281	100.0%		

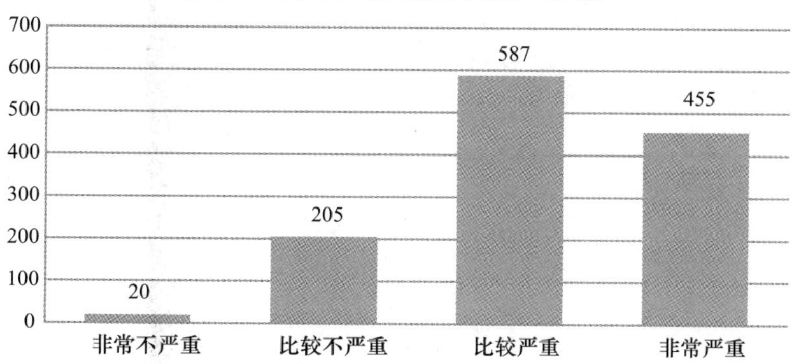

C28o 教师不尽职的严重程度

		频数	百分比	有效百分比	累积百分比
有效	非常不严重	179	14.0%	14.2%	14.2%
	比较不严重	621	48.5%	49.2%	63.3%
	比较严重	339	26.5%	26.8%	90.2%
	非常严重	124	9.7%	9.8%	100.0%
	总计	1263	98.6%	100.0%	
缺失		6	0.5%		
	9	12	0.9%		
	总计	18	1.4%		
总计		1281	100.0%		

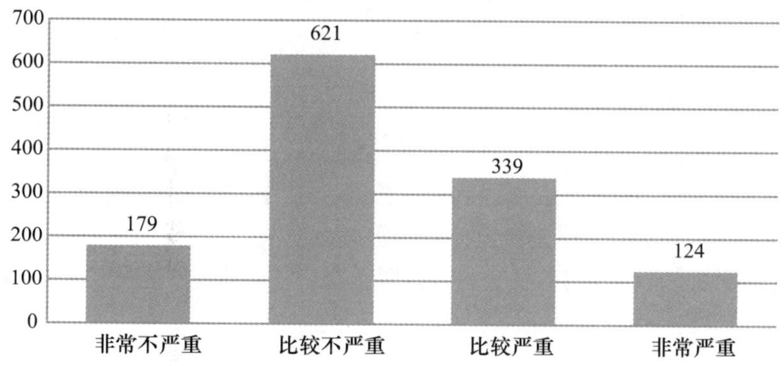

C28p 医生不守职业道德的严重程度

		频数	百分比	有效百分比	累积百分比
有效	非常不严重	148	11.6%	11.7%	11.7%
	比较不严重	590	46.1%	46.6%	58.3%
	比较严重	377	29.4%	29.8%	88.1%
	非常严重	151	11.8%	11.9%	100.0%
	总计	1266	98.8%	100.0%	
缺失		4	0.3%		
	9	11	0.9%		
	总计	15	1.2%		
总计		1281	100.0%		

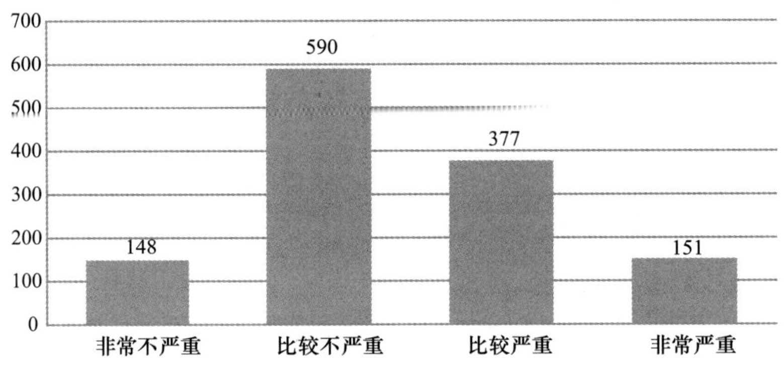

C28q 公众人物用知名度攫取财富的严重程度

		频数	百分比	有效百分比	累积百分比
有效	非常不严重	70	5.5%	5.8%	5.8%
	比较不严重	380	29.7%	31.7%	37.5%
	比较严重	573	44.7%	47.8%	85.3%
	非常严重	176	13.7%	14.7%	100.0%
	总计	1199	93.6%	100.0%	
缺失		11	0.9%		
	9	71	5.5%		
	总计	82	6.4%		
总计		1281	100.0%		

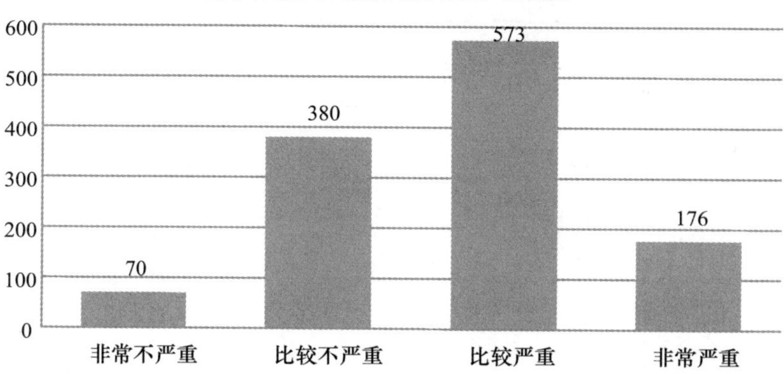

C28r 不爱国的严重程度

		频数	百分比	有效百分比	累积百分比
有效	非常不严重	414	32.3%	32.9%	32.9%
	比较不严重	546	42.6%	43.4%	76.3%
	比较严重	199	15.5%	15.8%	92.1%
	非常严重	99	7.7%	7.9%	100.0%
	总计	1258	98.2%	100.0%	
缺失		8	0.6%		
	9	15	1.2%		
	总计	23	1.8%		
总计		1281	100.0%		

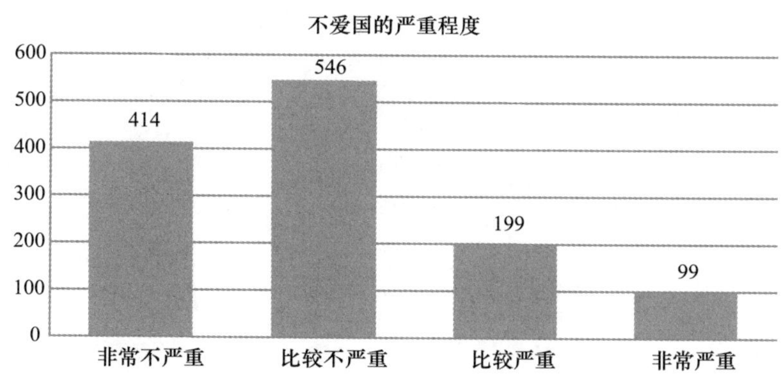

C28s 两性关系过度开放导致婚姻不稳定的严重程度

		频数	百分比	有效百分比	累积百分比
有效	非常不严重	64	5.0%	5.1%	5.1%
	比较不严重	376	29.4%	29.8%	34.9%
	比较严重	592	46.2%	46.9%	81.8%
	非常严重	230	18.0%	18.2%	100.0%
	总计	1262	98.5%	100.0%	
缺失		9	0.7%		
	9	10	0.8%		
	总计	19	1.5%		
总计		1281	100.0%		

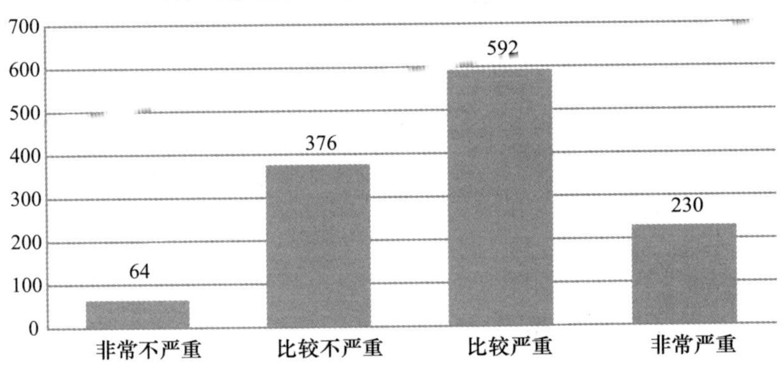

C28t 年轻人缺乏责任感，不孝敬父母的严重程度

		频数	百分比	有效百分比	累积百分比
有效	非常不严重	110	8.6%	8.7%	8.7%
	比较不严重	573	44.7%	45.2%	53.9%
	比较严重	450	35.1%	35.5%	89.4%
	非常严重	134	10.5%	10.6%	100.0%
	总计	1267	98.9%	100.0%	
缺失		7	0.5%		
	9	7	0.5%		
	总计	14	1.1%		
总计		1281	100.0%		

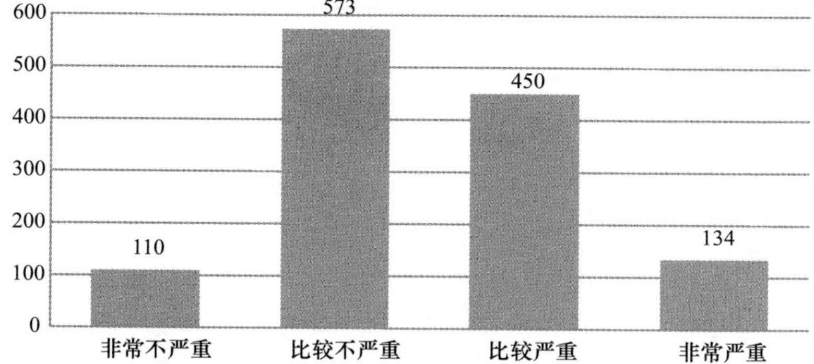

C28u 父母和子女代沟问题严重，难以沟通的严重程度

		频数	百分比	有效百分比	累积百分比
有效	非常不严重	109	8.5%	8.6%	8.6%
	比较不严重	637	49.7%	50.0%	58.6%
	比较严重	447	34.9%	35.1%	93.6%
	非常严重	81	6.3%	6.4%	100.0%
	总计	1274	99.5%	100.0%	
缺失		4	0.3%		
	9	3	0.2%		
	总计	7	0.5%		
总计		1281	100.0%		

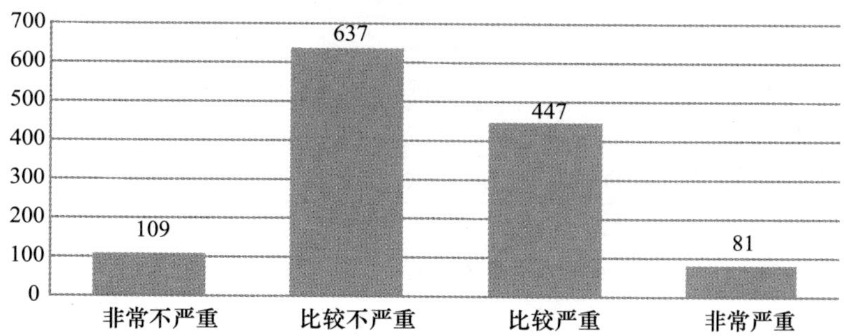

C28v 父母过度干涉子女的工作和生活的严重程度

		频数	百分比	有效百分比	累积百分比
有效	非常不严重	163	12.7%	12.8%	12.8%
	比较不严重	750	58.5%	59.1%	71.9%
	比较严重	310	24.2%	24.4%	96.3%
	非常严重	47	3.7%	3.7%	100.0%
	总计	1270	99.1%	100.0%	
缺失		4	0.3%		
	9	7	0.5%		
	总计	11	0.9%		
总计		1281	100.0%		

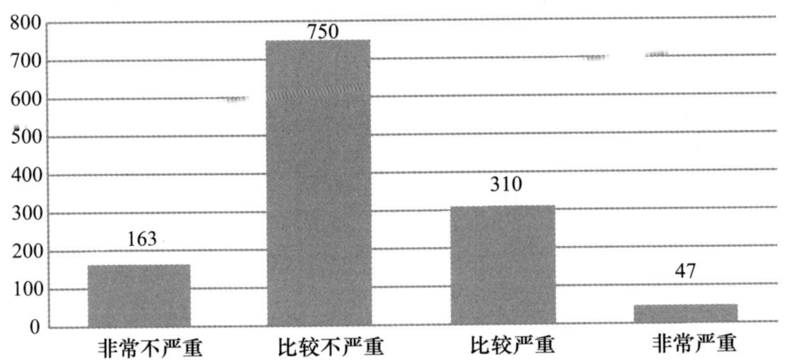

C28w 老无所养，缺乏安全感的严重程度

		频数	百分比	有效百分比	累积百分比
有效	非常不严重	162	12.6%	12.8%	12.8%
	比较不严重	549	42.9%	43.2%	56.0%
	比较严重	417	32.6%	32.8%	88.8%
	非常严重	142	11.1%	11.2%	100.0%
	总计	1270	99.1%	100.0%	
缺失		5	0.4%		
	9	6	0.5%		
	总计	11	0.9%		
总计		1281	100.0%		

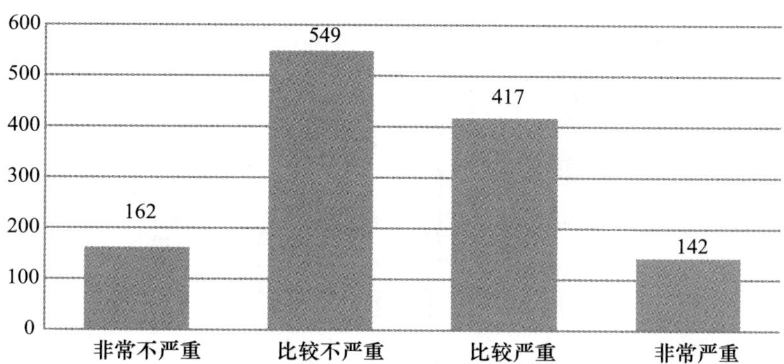

C29 对于个人而言，您认为家庭/社会/国家三者的重要程度如何？（排序）

	第一位		第二位		第三位		总得分
	频数	加权得分	频数	加权得分	频数	加权得分	
国家	652	1956	346	692	264	264	2912
家庭	580	1740	310	620	377	377	2737
社会	34	102	607	1214	621	621	1937

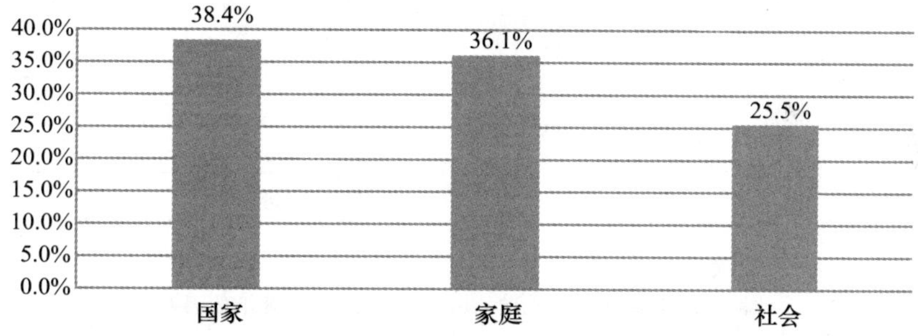

C30 如果与下列人员发生重大利益冲突，首先会选择哪种途径解决

	家庭成员之间	朋友之间	同事之间	商业伙伴之间
诉诸法律，打官司（%）	0. 6	2. 6	2. 2	50. 0
直接找对方沟通，但得理让人，适可而止（%）	58. 3	49. 8	46. 2	24. 6
通过第三方从中调解，尽量不伤和气（%）	9. 6	29. 1	27. 8	15. 9
能忍则忍（%）	31. 5	18. 5	23. 9	9. 5
总计	100. 0	100. 0	100. 0	100. 0

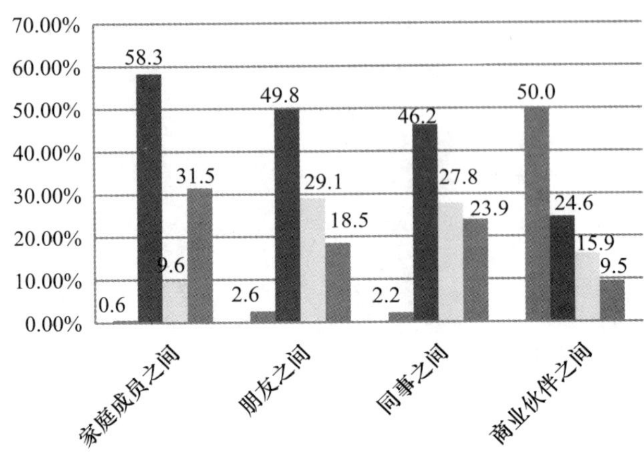

注：条形图中，数据标签从左到右依次为诉诸法律，打官司；直接找对方沟通，但得理让人，适可而止；通过第三方从中调解，尽量不伤和气；能忍则忍的数据。

C31 对当前我国伦理关系和道德风尚造成最大负面影响的因素

	频数	有效百分比	累积百分比
传统文化的崩坏	325	26.6%	26.6%
外来文化的冲击	162	13.3%	39.9%
市场经济导致的个人主义	534	43.7%	83.6%
计算机网络技术的发展	149	12.2%	95.8%
其他	51	4.2%	100.0%
总计	1221	100.0%	

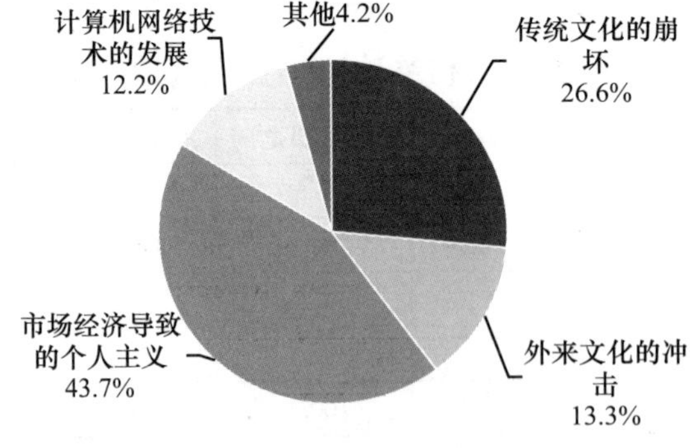

C32 您认为在自己的成长中得到道德训练的最重要场所或机构是

	频数	有效百分比	累积百分比
家庭	496	39.0%	39.0%
学校	335	26.4%	65.4%
社会（包括职业生活）	319	25.1%	90.5%
国家或政府	76	6.0%	96.5%
媒体	21	1.7%	98.1%
其他	24	1.9%	100.0%
总计	1271	100.0	

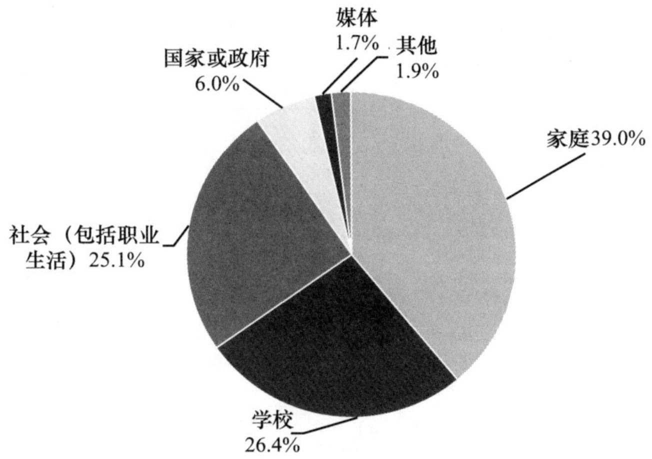

C33 下列群体的伦理道德状况满意度

（1 = 非常不满意，2 = 比较不满意，3 = 比较满意，4 = 非常满意）

	非常不满意	比较不满意	比较满意	非常满意	平均值
对农民的道德满意度	11	129	860	264	3.09
对工人的道德满意度	4	120	958	180	3.04
对教师的道德满意度	38	211	808	211	2.94
对专家学者的道德满意度	45	203	817	164	2.90
对青少年的道德满意度	25	300	813	126	2.82
对医生的道德满意度	71	302	752	151	2.77
对商人的道德满意度	92	494	623	55	2.51
对企业家的道德满意度	99	477	623	39	2.49
对演艺娱乐界的道德满意度	171	472	489	42	2.34
对政府官员的道德满意度	239	448	492	78	2.33

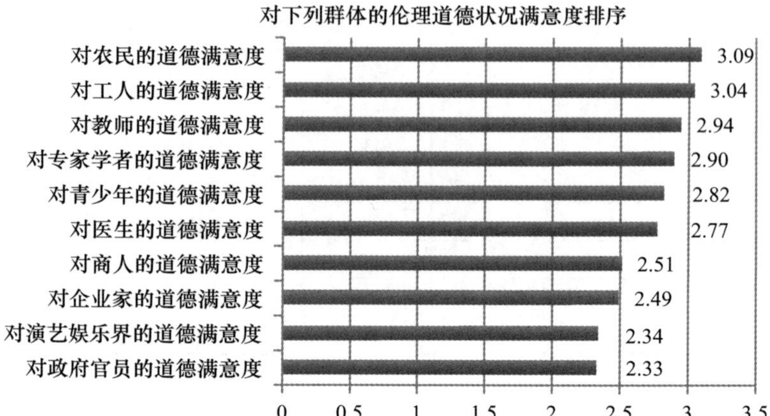

C33a 对政府官员的道德满意度

		频数	百分比	有效百分比	累积百分比
有效	非常不满意	239	18.7%	19%	19%
	比较不满意	448	35.0%	35.6%	54.7%
	比较满意	492	38.4%	39.1%	93.8%
	非常满意	78	6.1%	6.2%	100.0%
	总计	1257	98.1%	100.0%	
缺失		6	0.5%		
	9	18	1.4%		
	总计	24	1.9%		
总计		1281	100.0%		

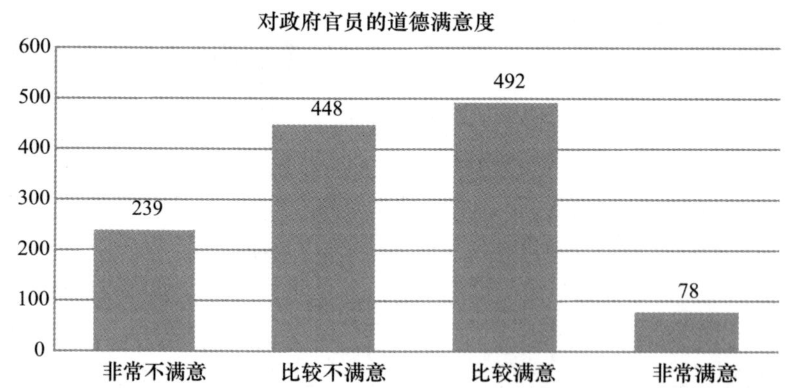

C33b 对企业家的道德满意度

		频数	百分比	有效百分比	累积百分比
有效	非常不满意	99	7.7%	8.0%	8.0%
	比较不满意	477	37.2%	38.5%	46.5%
	比较满意	623	48.6%	50.3%	96.8%
	非常满意	39	3.0%	3.2%	100.0%
	总计	1238	96.6%	100.0%	
缺失		8	0.6%		
	9	35	2.7%		
	总计	43	3.4%		
总计		1281	100.0%		

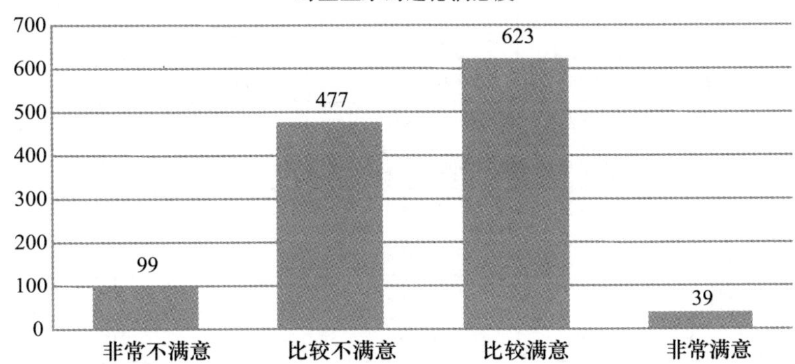

C33c 对演艺娱乐界的道德满意度

		频数	百分比	有效百分比	累积百分比
有效	非常不满意	171	13.3%	14.6%	14.6%
	比较不满意	472	36.8%	40.2%	54.8%
	比较满意	489	38.2%	41.7%	96.4%
	非常满意	42	3.3%	3.6%	100.0%
	总计	1174	91.6%	100.0%	
缺失		9	0.7%		
	9	98	7.7%		
	总计	107	8.4%		
总计		1281	100.0%		

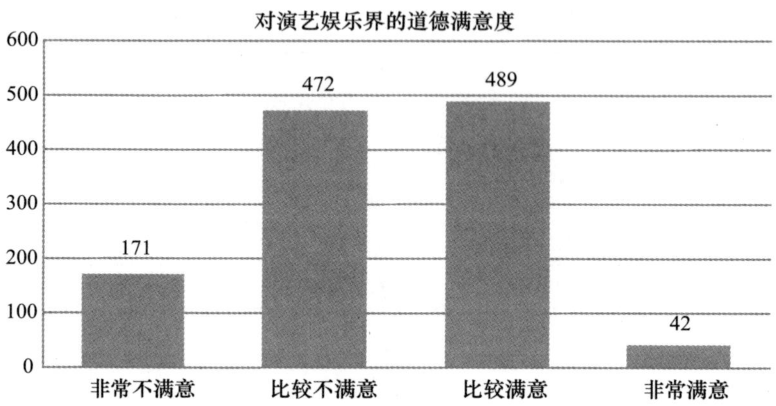

C33d 对教师的道德满意度

		频数	百分比	有效百分比	累积百分比
有效	非常不满意	38	3.0%	3.0%	3.0%
	比较不满意	211	16.5%	16.6%	19.6%
	比较满意	808	63.1%	63.7%	83.4%
	非常满意	211	16.5%	16.6%	100.0%
	总计	1268	99.0%	100.0%	
缺失		6	0.5%		
	9	7	0.5%		
	总计	13	1.0%		
总计		1281	100.0%		

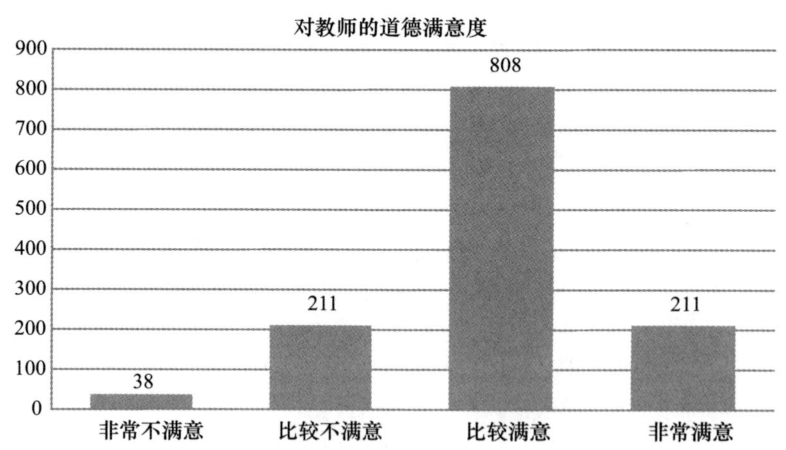

C33e 对青少年的道德满意度

		频数	百分比	有效百分比	累积百分比
有效	非常不满意	25	2.0%	2.0%	2.0%
	比较不满意	300	23.4%	23.7%	25.7%
	比较满意	813	63.5%	64.3%	90.0%
	非常满意	126	9.8%	10.0%	100.0%
	总计	1264	98.7%	100.0%	
缺失		10	0.8%		
	9	7	0.5%		
	总计	17	1.3%		
总计		1281	100.0%		

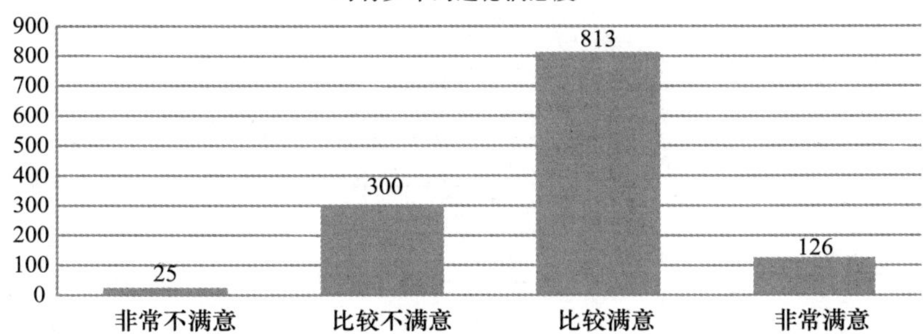

C33f 对农民的道德满意度

		频数	百分比	有效百分比	累积百分比
有效	非常不满意	11	0.9%	0.9%	0.9%
	比较不满意	129	10.1%	10.2%	11.1%
	比较满意	860	67.1%	68.0%	79.1%
	非常满意	264	20.6%	20.9%	100.0%
	总计	1264	98.7%	100.0%	
缺失		10	0.8%		
	9	7	0.5%		
	总计	17	1.3%		
总计		1281	100.0%		

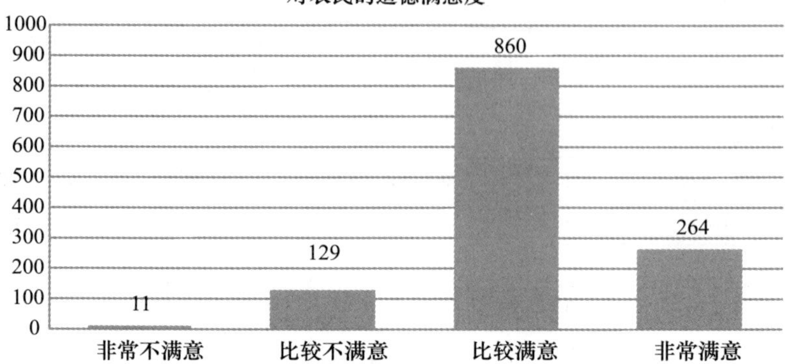

C33g 对商人的道德满意度

		频数	百分比	有效百分比	累积百分比
有效	非常不满意	92	7.2%	7.3%	7.3%
	比较不满意	494	38.6%	39.1%	46.4%
	比较满意	623	48.6%	49.3%	95.6%
	非常满意	55	4.3%	4.4%	100.0%
	总计	1264	98.7%	100.0%	
缺失		7	0.5%		
	9	10	0.8%		
	总计	17	1.3%		
总计		1281	100.0%		

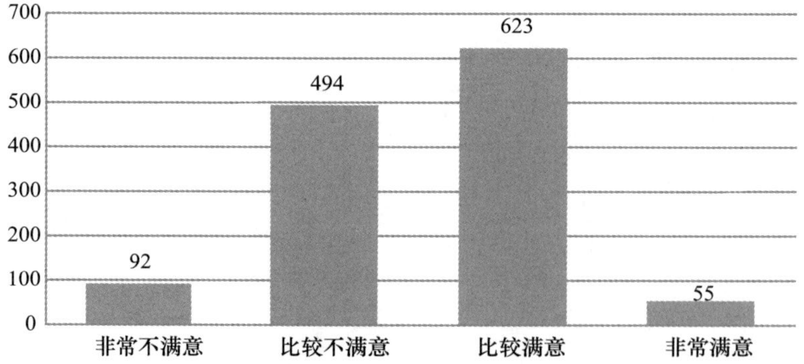

C33h 对工人的道德满意度

		频数	百分比	有效百分比	累积百分比
有效	非常不满意	4	0.3%	0.3%	0.3%
	比较不满意	120	9.4%	9.5%	9.8%
	比较满意	958	74.8%	75.9%	85.7%
	非常满意	180	14.1%	14.3%	100.0%
	总计	1262	98.5%	100.0%	
缺失		10	0.8%		
	9	9	0.7%		
	总计	19	1.5%		
总计		1281	100.0%		

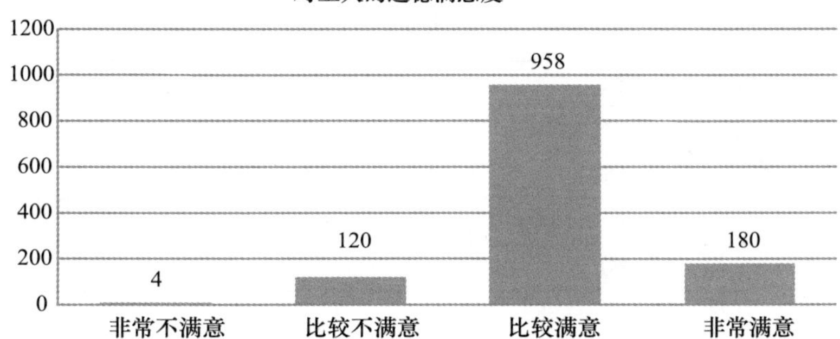

C33i 对专业学者的道德满意度

		频数	百分比	有效百分比	累积百分比
有效	非常不满意	45	3.5%	3.7%	3.7%
	比较不满意	203	15.8%	16.5%	20.2%
	比较满意	817	63.8%	66.5%	86.7%
	非常满意	164	12.8%	13.3%	100.0%
	总计	1229	95.9%	100.0%	
缺失		7	0.5%		
	9	45	3.5%		
	总计	52	4.1%		
总计		1281	100.0%		

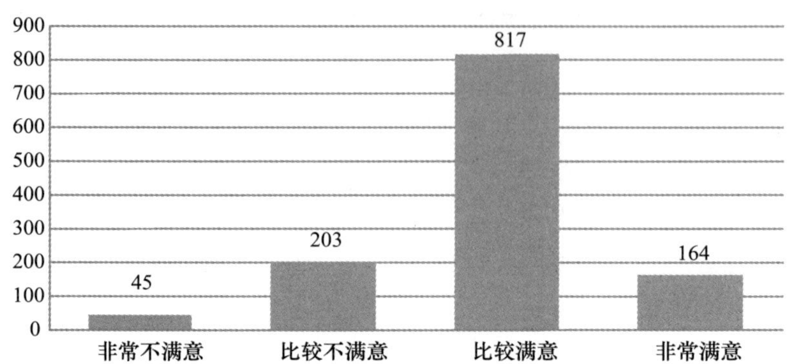

C33j 对医生的道德满意度

		频数	百分比	有效百分比	累积百分比
有效	非常不满意	71	5.5%	5.6%	5.6%
	比较不满意	302	23.6%	23.7%	29.2%
	比较满意	752	58.7%	58.9%	88.2%
	非常满意	151	11.8%	11.8%	100.0%
	总计	1276	99.6%	100.0%	
缺失		5	0.4%		
总计		1281	100.0%		

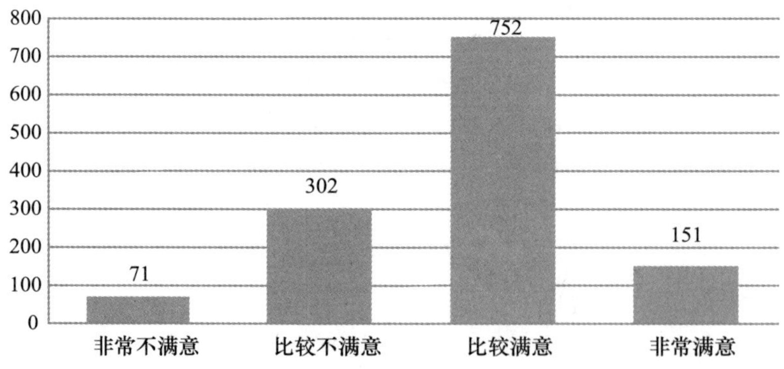

C34 哪种因素应对当今不良道德风尚负主要责任

变量	频数	有效百分比	累积百分比
官员腐败	525	41.9%	41.9%

续表

变量	频数	有效百分比	累积百分比
企业不讲诚信和损害社会利益	83	6.6%	48.6%
学校道德教育功能弱化	99	7.9%	56.5%
家庭伦理功能弱化	77	6.2%	62.6%
社会的不良影响	468	37.4%	100.0%
总计	1252	100.0%	

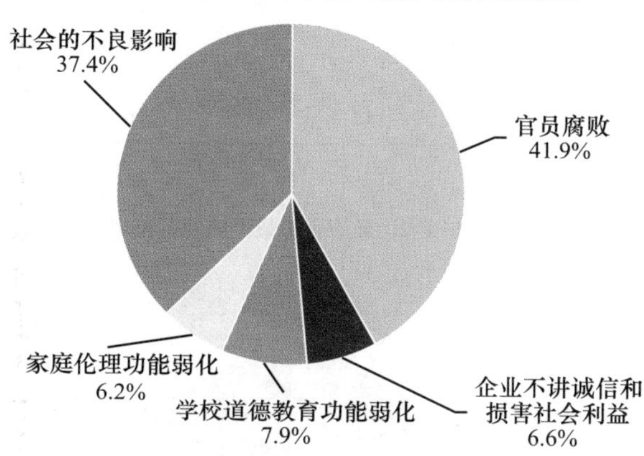

C35 政府在制定决策和政策时是否考虑到伦理道德方面的要求

变量	频数	有效百分比	累积百分比
是	712	57.3%	57.3%
否	530	42.7%	100.0%
总计	1242	100.0%	

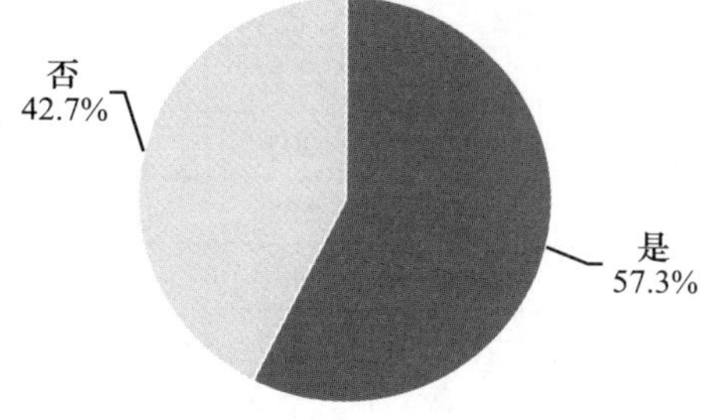

C36 当前我国政府官员最严重的道德问题

变量	频数	有效百分比	累积百分比
贪污	441	35.2%	35.2%
以权谋私	398	31.8%	67.0%
受贿	82	6.5%	73.5%
生活作风腐败	76	6.1%	79.6%
官僚主义	44	3.5%	83.1%
平庸、不作为	43	3.4%	86.5%
政绩工程，折腾百姓	75	6.0%	92.5%
铺张浪费	27	2.2%	94.7%
拉帮结派	30	2.4%	97.0%
其他	37	3.0%	100.0%
总计	1253	100.0%	

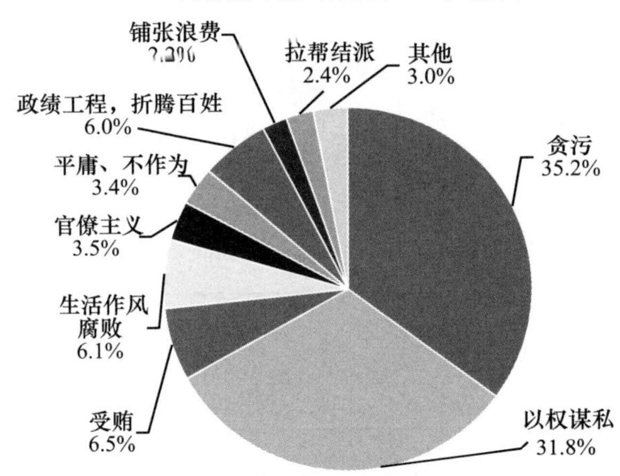

C37 您的思想行为受什么人影响最大（排序）

	第一位		第二位		第三位		总得分
	频数	加权得分	频数	加权得分	频数	加权得分	
父母	757	2271	205	410	94	94	2775
教师	143	429	505	1010	170	170	1609
政府官员	152	456	98	196	178	178	830
先哲先贤	81	243	92	184	155	155	582
知识精英	35	105	67	134	146	146	385

续表

	第一位		第二位		第三位		总得分
	频数	加权得分	频数	加权得分	频数	加权得分	
农民	14	42	66	132	125	125	299
企业家	24	72	56	112	45	45	229
工人	16	48	41	82	93	93	223
演艺明星、体育明星	5	15	21	42	58	58	115
自由撰稿人	2	6	4	8	22	22	36

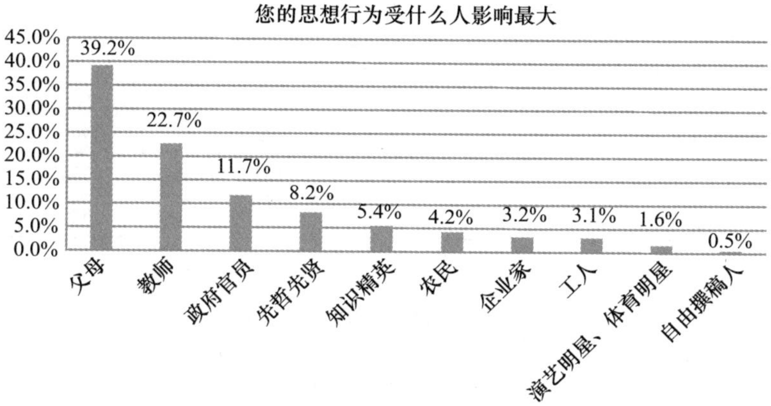

您的思想行为受什么人影响最大

C38 对形成我国当前各种新型伦理关系和道德观念，哪些因素最重要？（排序）

	第一位		第二位		第三位		总得分
	频数	加权得分	频数	加权得分	频数	加权得分	
网络和媒体	501	1503	216	432	143	143	2078
政府	393	1179	317	634	169	169	1982
大学及其文化	92	276	181	362	188	188	826
市场	105	315	208	416	251	251	982
企业	15	45	72	144	114	114	303
社会团体	92	276	165	330	250	250	856
其他	8	24	7	14	14	14	52

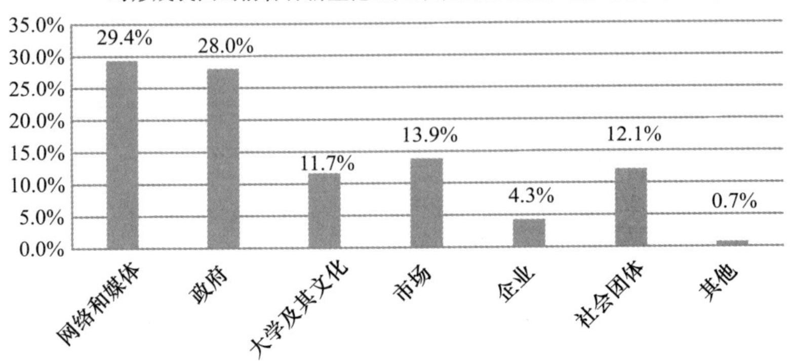

C39 请根据您的理解选择对下列陈述的评价

	变好了	没有变化	变差了	说不清	平均值
信息技术、网络技术的发展对伦理道德的影响	372	127	284	463	2.67
市场经济对我国伦理道德的影响	381	151	403	323	2.53
西方文化对我国伦理道德的影响	212	169	327	529	2.95

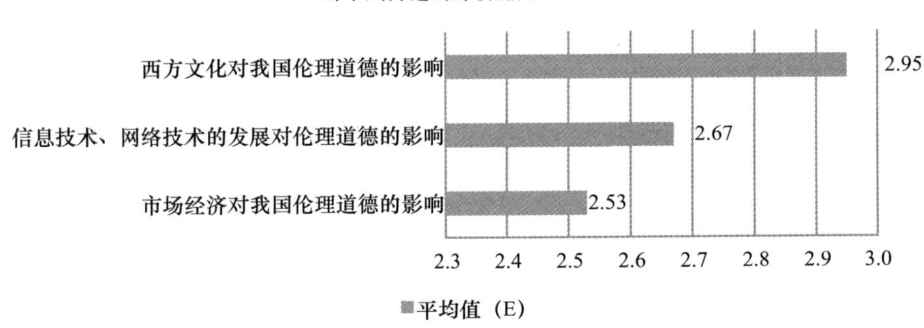

C39a 信息技术、网络技术的发展对伦理道德的影响

变量	频数	有效百分比	累积百分比
变好了	372	29.9%	29.9%
没有变化	127	10.2%	40.0%
变差了	284	22.8%	62.8%
说不清	463	37.2%	100.0%
总计	1246	100.0%	

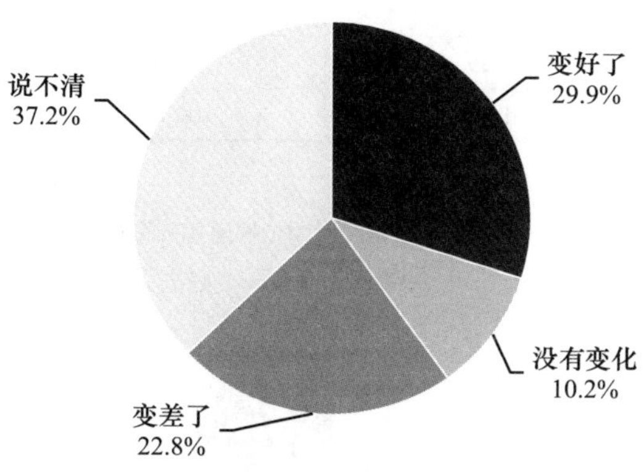

C39b 市场经济对我国伦理道德的影响

变量	频数	有效百分比	累积百分比
变好了	381	30. 3%	30. 3%
没有变化	151	12. 0%	42. 3%
变差了	403	32. 0%	74. 3%
说不清	323	25. 7%	100. 0%
总计	1258	100. 0%	

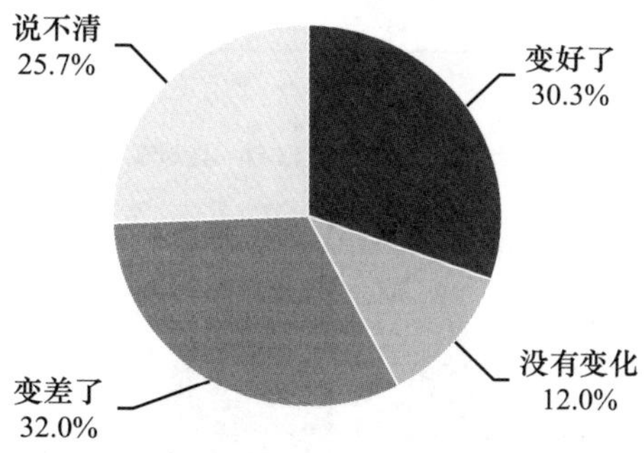

C39c 西方文化对我国伦理道德的影响

变量	频数	有效百分比	累积百分比
变好了	212	17. 1%	17. 1%
没有变化	169	13. 7%	30. 8%
变差了	327	26. 4%	57. 2%

续表

变量	频数	有效百分比	累积百分比
说不清	529	42.8%	100.0%
总计	1237	100.0%	

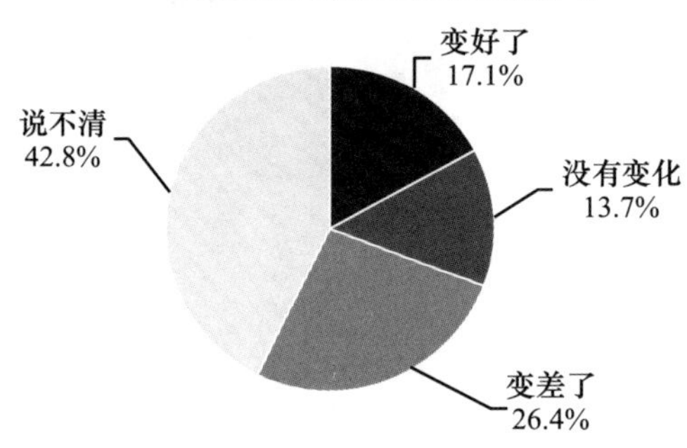

C40 若国外报道与主流媒体宣传内容不一致更倾向于相信哪方

变量	频数	有效百分比	累积百分比
主流媒体	693	54.8%	54.8%
国外报道	100	7.9%	62.7%
谁都不相信，自己判断	311	24.6%	87.3%
说不清	161	12.7%	100.0%
总计	1265	100.0%	

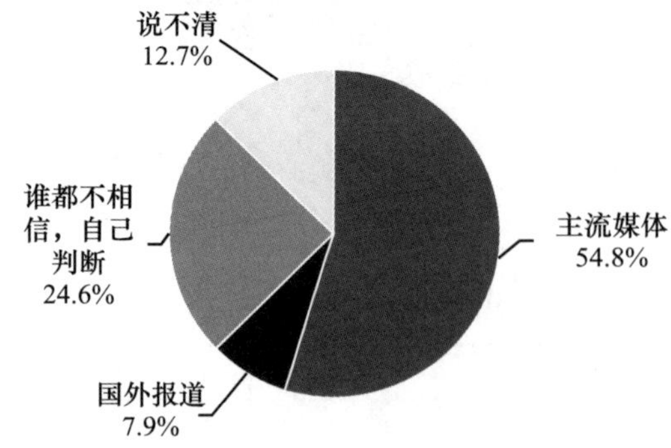

C41 结合自己的情况进行选择

	完全不符合	不太符合	比较符合	完全符合	均值
自己会经常关心比自己不幸的人	35	246	733	257	2.95
有时不会同情他人的难处	226	608	365	74	2.23
在紧急情况下，会感到忧虑和不安	68	227	761	207	2.88
在做决定前，会试着从每个人的立场去考虑问题	35	169	818	245	3.00
当看到有人被利用时，有点想要保护他们	35	218	788	230	2.95
当情绪剧烈波动时，往往会感到无依无靠，不知如何是好	105	422	584	157	2.63
有时会试图站在他人的角度，以更好地理解朋友	14	78	905	277	3.13
他人的不幸通常不会给自己带来很大的烦忧	97	527	533	108	2.52
在观看电视剧或电影之后，会感觉到自己仿佛成为其中的一个角色	222	416	445	170	2.45
处在紧张情绪的状况中，会惊慌害怕	123	429	580	134	2.57
当看到别人受到不公正待遇的时候，通常不会同情他们	320	680	228	42	1.99
相信任何问题都有两面性，会试图从两个方面加以考虑	15	90	844	320	3.16
当对某人很不耐烦的时候，通常会暂时站在他/她的位置上	72	367	699	130	2.70
当读一个有趣的故事或者看一部电影的时候，会想象如果这些事情发生在自己身上，会是怎样的感受	115	301	650	191	2.73
当看到有人发生意外而急需帮助的时候，自己紧张得几乎精神崩溃	220	523	433	95	2.32
在批评他人之前，会尝试想象一下如果自己处于那个位置会是什么感受	52	259	788	166	2.84

结合自己的情况进行选择：

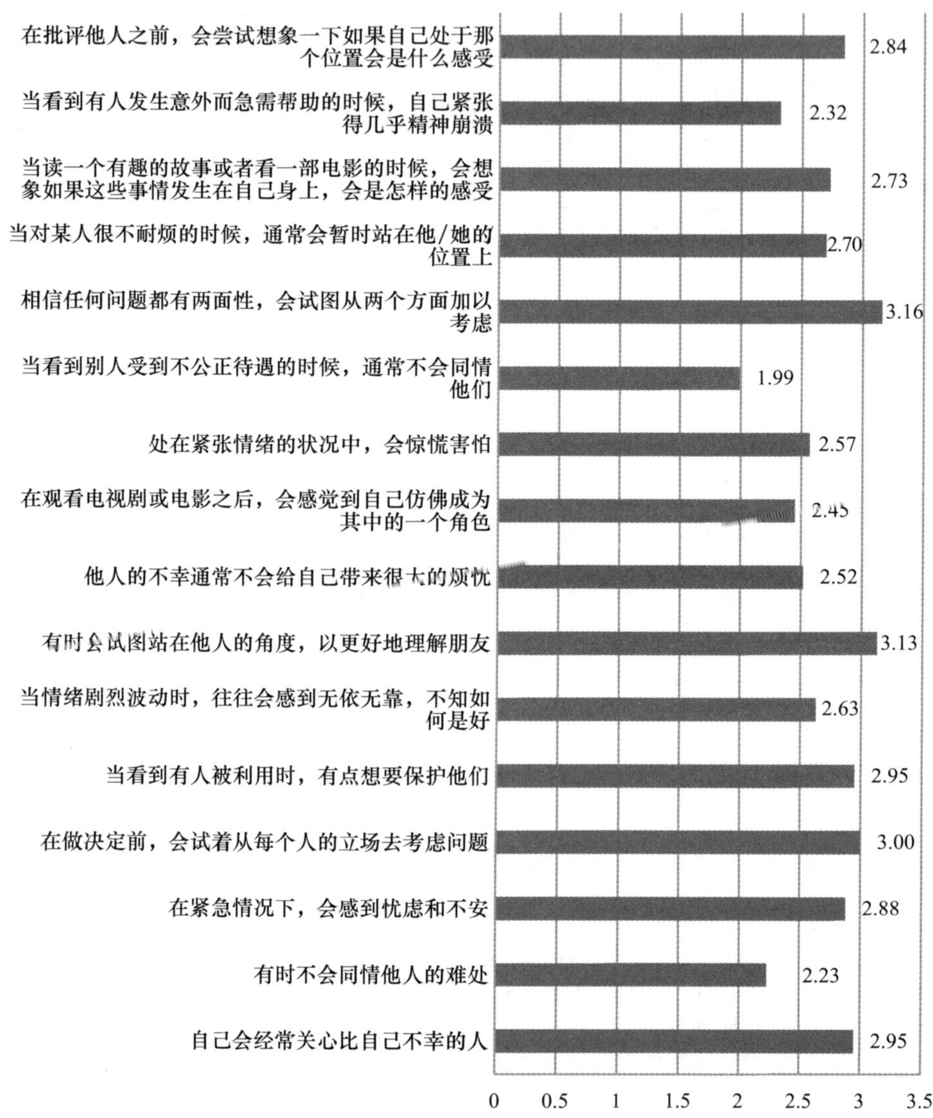

C41a 自己会经常关心比自己不幸的人

		频数	百分比	有效百分比	累积百分比
有效	完全不符合	35	2.7%	2.8%	2.8%
	不太符合	246	19.2%	19.4%	22.1%
	比较符合	733	57.2%	57.7%	79.8%
	完全符合	257	20.1%	20.2%	100.0%
	总计	1271	99.2%	100.0%	
缺失		9	0.7%		

续表

		频数	百分比	有效百分比	累积百分比
	9	1	0.1%		
	总计	10	0.8%		
总计		1281	100.0%		

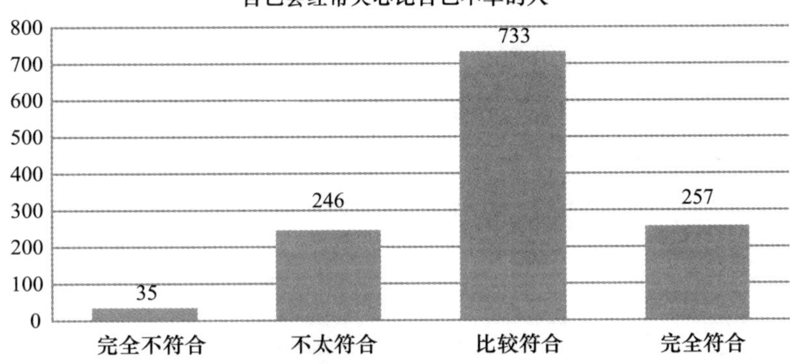

C41b 有时不会同情他人的难处

		频数	百分比	有效百分比	累积百分比
有效	完全不符合	226	17.6%	17.8%	17.8%
	不太符合	608	47.5%	47.8%	65.5%
	比较符合	365	28.5%	28.7%	94.2%
	完全符合	74	5.8%	5.8%	100.0%
	总计	1273	99.4%	100.0%	
缺失		6	0.5%		
	9	2	0.2%		
	总计	8	0.6%		
总计		1281	100.0%		

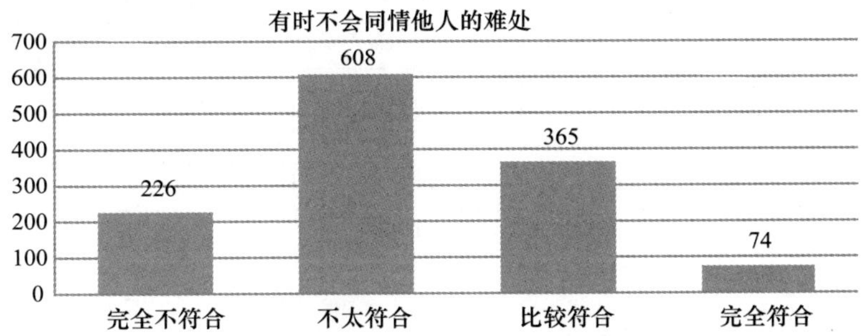

C41c 在紧急情况下，会感到忧虑和不安

		频数	百分比	有效百分比	累积百分比
有效	完全不符合	68	5.3%	5.4%	5.4%
	不太符合	227	17.7%	18.0%	23.4%
	比较符合	761	59.4%	60.3%	83.6%
	完全符合	207	16.2%	16.4%	100.0%
	总计	1263	98.6%	100.0%	
缺失		10	0.8%		
	9	8	0.6%		
	总计	18	1.4%		
总计		1281	100.0%		

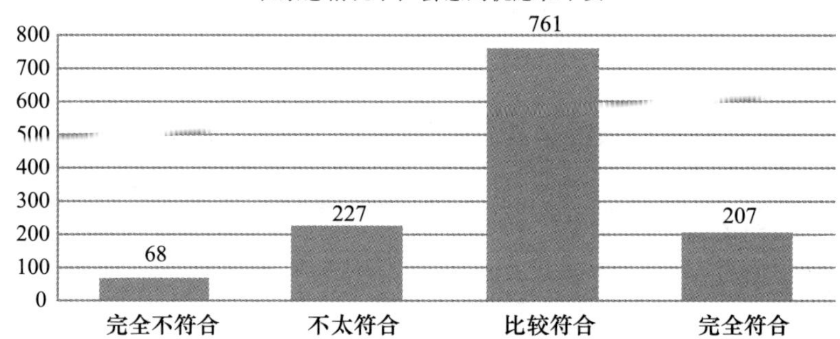

C41d 在做决定前，会试着从每个人的立场去考虑问题

		频数	百分比	有效百分比	累积百分比
有效	完全不符合	35	2.7%	2.8%	2.8%
	不太符合	169	13.2%	13.3%	16.1%
	比较符合	818	63.9%	64.6%	80.7%
	完全符合	245	19.1%	19.3%	100.0%
	总计	1267	98.9%	100.0%	
缺失		7	0.5%		
	9	7	0.5%		
	总计	14	1.1%		
总计		1281	100.0%		

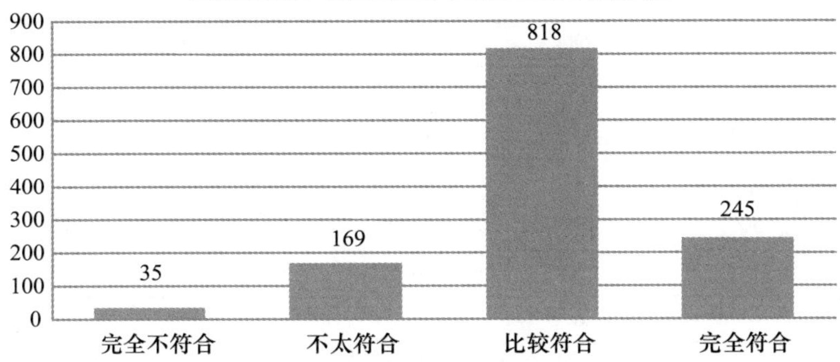

C41e 当看到有人被利用时，有点想要保护他们

		频数	百分比	有效百分比	累积百分比
有效	完全不符合	35	2.7%	2.8%	2.8%
	不太符合	218	17.0%	17.2%	19.9%
	比较符合	788	61.5%	62.0%	81.9%
	完全符合	230	18.0%	18.1%	100.0%
	总计	1271	99.2%	100.0%	
缺失		6	0.5%		
	9	4	0.3%		
	总计	10	0.8%		
总计		1281	100.0%		

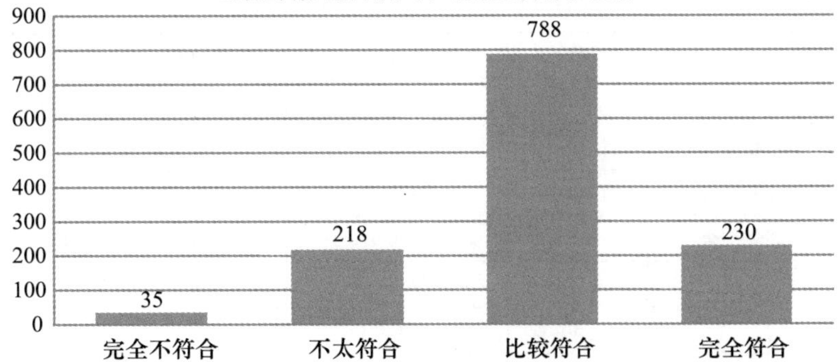

C41f 当情绪剧烈波动时，往往会感到无依无靠，不知如何是好

		频数	百分比	有效百分比	累积百分比
有效	完全不符合	105	8.2%	8.3%	8.3%
	不太符合	422	32.9%	33.3%	41.6%
	比较符合	584	45.6%	46.1%	87.6%
	完全符合	157	12.3%	12.4%	100.0%
	总计	1268	99.0%	100.0%	
缺失		6	0.5%		
	9	7	0.5%		
	总计	13	1.0%		
总计		1281	100.0%		

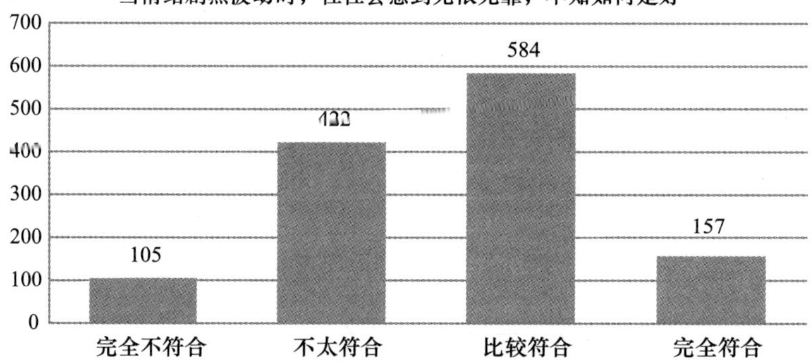

C41g 有时会试图站在他人的角度，以更好地理解朋友

		频数	百分比	有效百分比	累积百分比
有效	完全不符合	14	1.1%	1.1%	1.1%
	不太符合	78	6.1%	6.1%	7.2%
	比较符合	905	70.6%	71.0%	78.3%
	完全符合	277	21.6%	21.7%	100.0%
	总计	1274	99.5%	100.0%	
缺失		5	0.4%		
	9	2	0.2%		
	总计	7	0.5%		
总计		1281	100.0%		

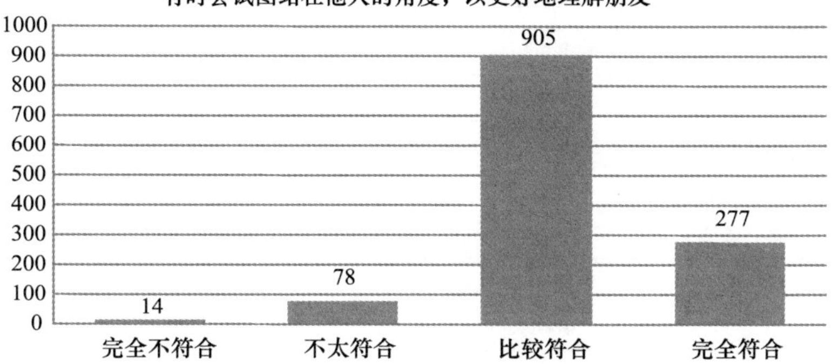

C41h 他人的不幸通常不会给自己带来很大的烦扰

		频数	百分比	有效百分比	累积百分比
有效	完全不符合	97	7.6%	7.7%	7.7%
	不太符合	527	41.1%	41.7%	49.3%
	比较符合	533	41.6%	42.1%	91.5%
	完全符合	108	8.4%	8.5%	100.0%
	总计	1265	98.8%	100.0%	
缺失		7	0.5%		
	9	9	0.7%		
	总计	16	1.2%		
总计		1281	100.0%		

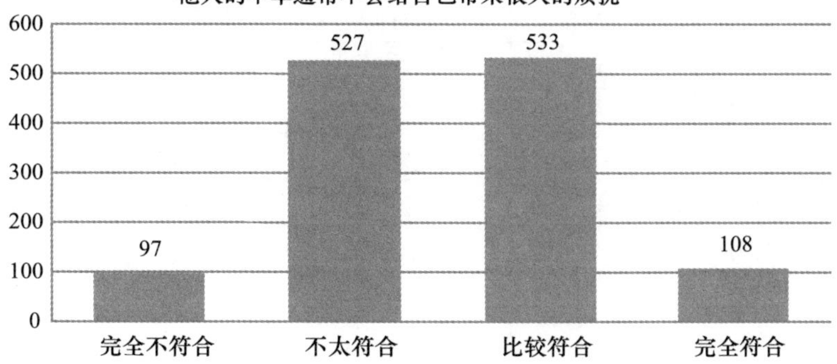

C41i 在观看电视剧或电影之后，会感到自己仿佛成为其中的一个角色

		频数	百分比	有效百分比	累积百分比
有效	完全不符合	222	17.3%	17.7%	17.7%
	不太符合	416	32.5%	33.2%	50.9%
	比较符合	445	34.7%	35.5%	86.4%
	完全符合	170	13.3%	13.6%	100.0%
	总计	1253	97.8%	100.0%	
缺失		10	0.8%		
	9	18	1.4%		
	总计	28	2.2%		
总计		1281	100.0%		

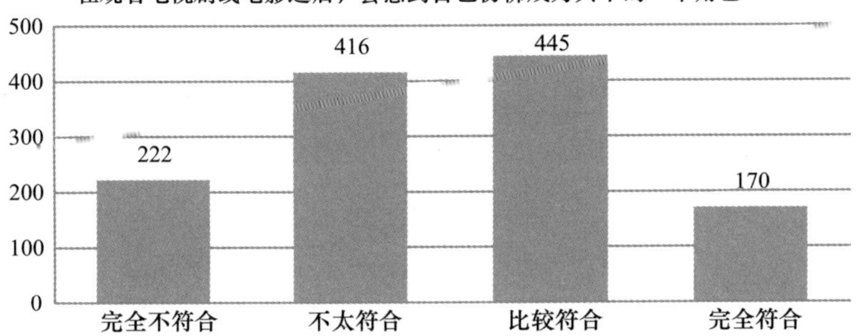

C41j 处在紧张情绪的状态中，会惊慌害怕

		频数	百分比	有效百分比	累积百分比
有效	完全不符合	123	9.6%	9.7%	9.7%
	不太符合	429	33.5%	33.9%	43.6%
	比较符合	580	45.3%	45.8%	89.4%
	完全符合	134	10.5%	10.6%	100.0%
	总计	1266	98.8%	100.0%	
缺失		12	0.9%		
	9	3	0.2%		
	总计	15	1.2%		
总计		1281	100.0%		

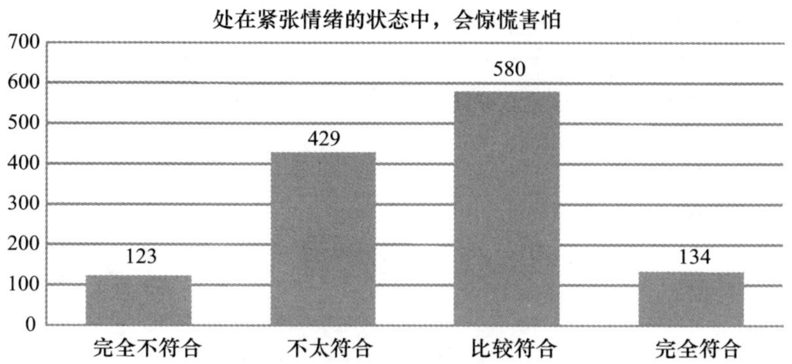

C41k 当看到别人受到不公正待遇的时候，通常不会同情他们

		频数	百分比	有效百分比	累积百分比
有效	完全不符合	320	25.0%	25.2%	25.2%
	不太符合	680	53.1%	53.5%	78.7%
	比较符合	228	17.8%	18.0%	96.7%
	完全符合	42	3.3%	3.3%	100.0%
	总计	1270	99.1%	100.0%	
缺失		9	0.7%		
	9	2	0.2%		
	总计	11	0.9%		
总计		1281	100.0%		

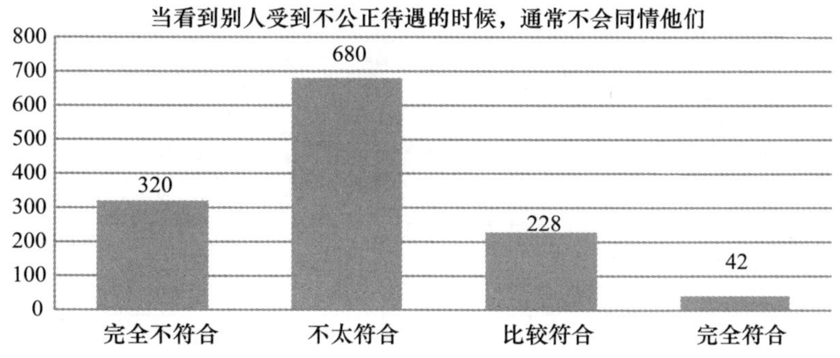

C41l 相信任何问题都有两面性，会试图从两个方面加以考虑

		频数	百分比	有效百分比	累积百分比
有效	完全不符合	15	1.2%	1.2%	1.2%
	不太符合	90	7.0%	7.1%	8.3%
	比较符合	844	65.9%	66.5%	74.8%
	完全符合	320	25.0%	25.2%	100.0%
	总计	1269	99.1%	100.0%	
缺失		9	0.7%		
	9	3	0.2%		
	总计	12	0.9%		
总计		1281	100.0%		

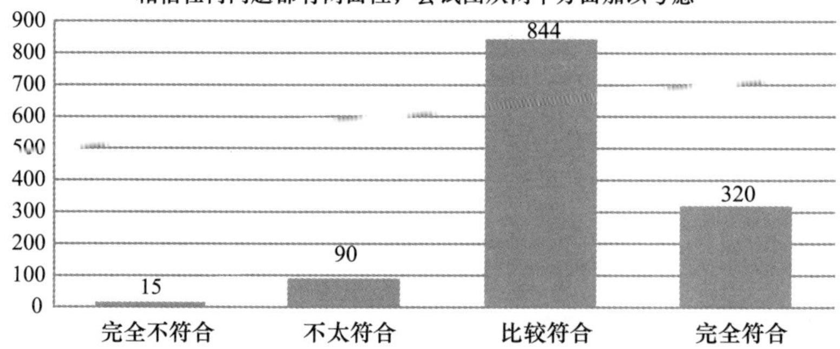

C41m 当对某人很不耐烦的时候，通常会暂时站在他/她的位置上

		频数	百分比	有效百分比	累积百分比
有效	完全不符合	72	5.6%	5.7%	5.7%
	不太符合	367	28.6%	28.9%	34.6%
	比较符合	699	54.6%	55.1%	89.7%
	完全符合	130	10.1%	10.3%	100.0%
	总计	1268	99.0%	100.0%	
缺失		7	0.5%		
	9	6	0.5%		
	总计	13	1.0%		
总计		1281	100.0%		

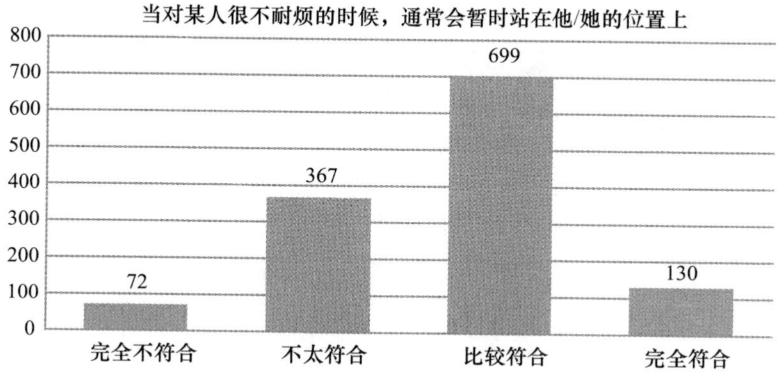

C41n 当读一个有趣的故事或者看一部电影的时候，会想象如果这些事情发生在自己身上，会是怎样的感受

		频数	百分比	有效百分比	累积百分比
有效	完全不符合	115	9.0%	9.1%	9.1%
	不太符合	301	23.5%	23.9%	33.1%
	比较符合	650	50.7%	51.7%	84.8%
	完全符合	191	14.9%	15.2%	100.0%
	总计	1257	98.1%	100.0%	
缺失		7	0.5%		
	9	17	1.3%		
	总计	24	1.9%		
总计		1281	100.0%		

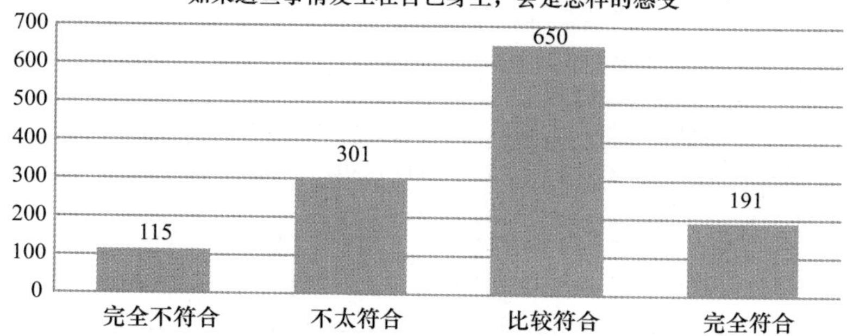

C41o 在批评他人之前，会尝试想象一下如果自己处于那个位置会是什么感受

		频数	百分比	有效百分比	累积百分比
有效	完全不符合	52	4.1%	4.1%	4.1%
	不太符合	259	20.2%	20.5%	24.6%
	比较符合	788	61.5%	62.3%	86.9%
	完全符合	166	13.0%	13.1%	100.0%
	总计	1265	98.8%	100.0%	
缺失		4	0.3%		
	9	3	0.2%		
	系统	9	0.7%		
	总计	16	1.2%		
总计		1281	100.0%		

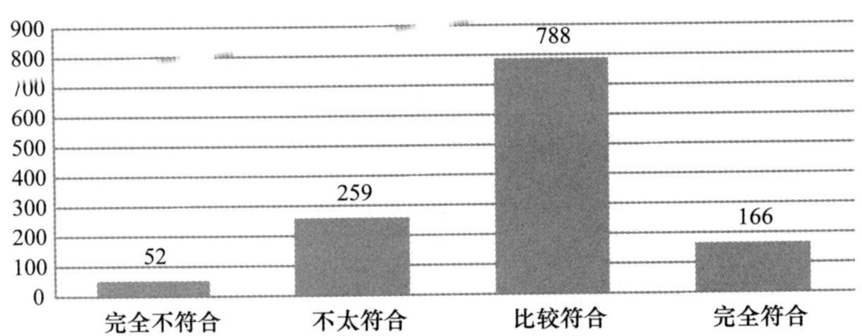

C42 解决当前我国的公民道德和社会风尚问题最关键的因素

变量	频数	有效百分比	累积百分比
加强法制	457	36.7%	36.7%
弘扬已有的优秀道德传统	263	21.1%	57.9%
建设新的伦理道德的核心价值	133	10.7%	68.6%
惩治官员腐败	211	17.0%	85.5%
解决分配不公问题	145	11.7%	97.2%
其他	35	2.8%	100.0%
总计	1244	100.0%	

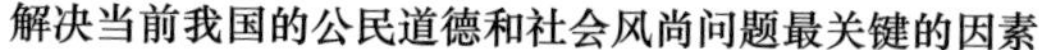

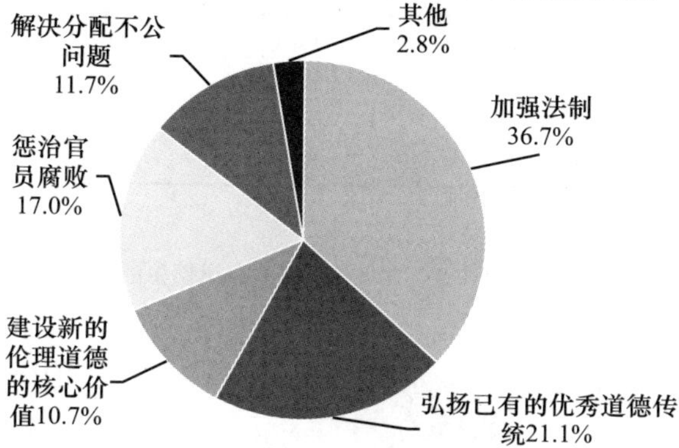

C43 当前我国社会道德生活中最重要的元素

变量	频数	有效百分比	累积百分比
意识形态中所提倡的社会主义道德	363	29.5%	29.5%
中国传统道德	575	46.8%	76.3%
西方文化影响而形成的道德	34	2.8%	79.1%
市场经济中形成的道德	243	19.8%	98.9%
其他	14	1.1%	100.0%
总计	1229	100.0%	

当前我国社会道德生活中最重要的元素

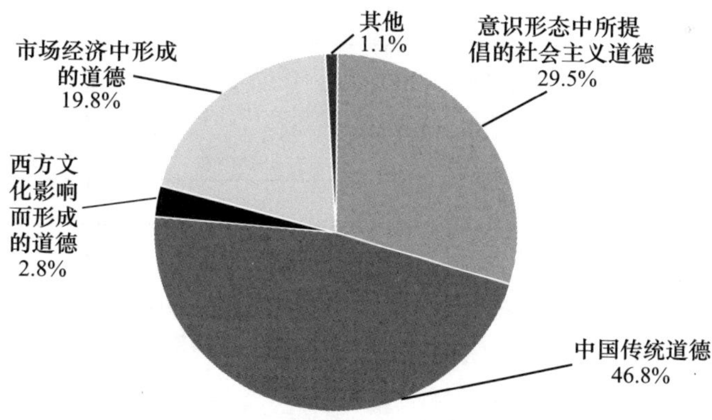

C44 您最向往或怀念的伦理关系和道德生活

变量	频数	有效百分比	累积百分比
传统社会的伦理和道德（如仁、义、礼、智、信）	472	37.8%	37.8%
战争年代为理想而献身的革命精神	169	13.5%	51.3%
新中国成立后到“文化大革命”前的大公无私的集体主义精神	240	19.2%	70.5%

续表

变量	频数	有效百分比	累积百分比
追求个人利益的市场经济下的道德	64	5.1%	75.7%
自由、平等、博爱的西方道德	304	24.3%	100.0%
总计	1249	100.0%	

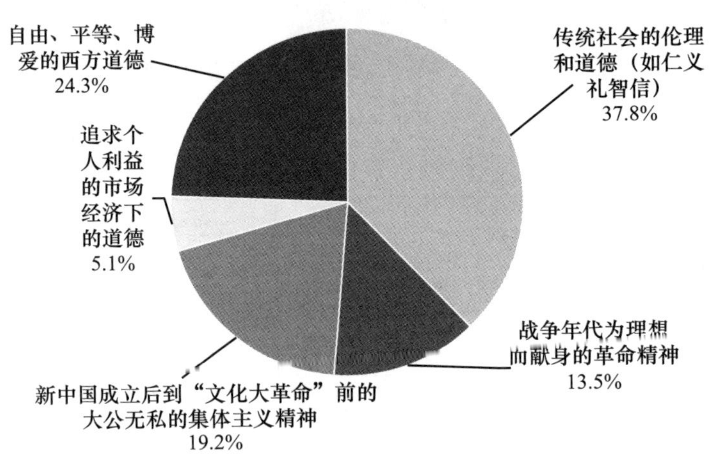

C45 假如上司或老板是外国人，他侮辱了中国，但抗争会产生不利于自己的后果时的选择

变量	频数	有效百分比	累积百分比
当面抗议	954	76.1%	76.1%
保持沉默	299	23.9%	100.0%
总计	1253	100.0%	

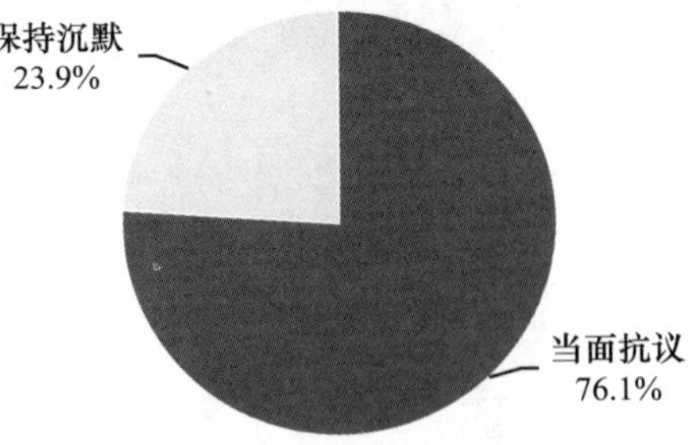

C46 您认为当今中国社会最重要和最需要的德性（排序题）

	第一位		第二位		第三位		第四位		第五位		总得分
	频数	加权得分	频数	加权得分	频数	加权得分	频数	加权得分	频数	加权得分	
爱（仁爱、博爱、友爱）	493	2465	106	424	62	186	46	92	59	59	3226
责任	177	885	195	780	175	525	152	304	92	92	2586
诚信	103	515	123	492	201	603	143	286	135	135	2031
正义或公正	152	760	128	512	124	372	102	204	88	88	1936
宽容	75	375	139	556	216	648	124	248	90	90	1917
义（道义、义务）	40	200	218	872	61	183	41	82	28	28	1365
善良	41	205	78	312	90	270	119	238	120	120	1145
正直	39	195	51	204	50	150	102	204	88	88	841
教养	25	125	41	164	53	159	83	166	84	84	698
孝悌	51	255	45	180	32	96	50	100	61	61	692
谦让	17	85	39	156	51	153	60	120	63	63	577
理智	8	40	26	104	40	120	46	92	65	65	421
敬业	3	15	14	56	14	42	41	82	81	81	276
勇敢	4	20	6	24	27	81	46	92	58	58	275
忠恕	8	40	13	52	12	36	17	34	14	14	176
节制	3	15	5	20	11	33	18	36	25	25	129
恭敬	3	15	9	36	7	21	16	32	18	18	122
气节	4	20	6	24	6	18	10	20	24	24	106
力行或知行合一	4	20	1	4	4	12	8	16	24	24	76
中庸	2	10	2	8	2	6	4	8	9	9	41

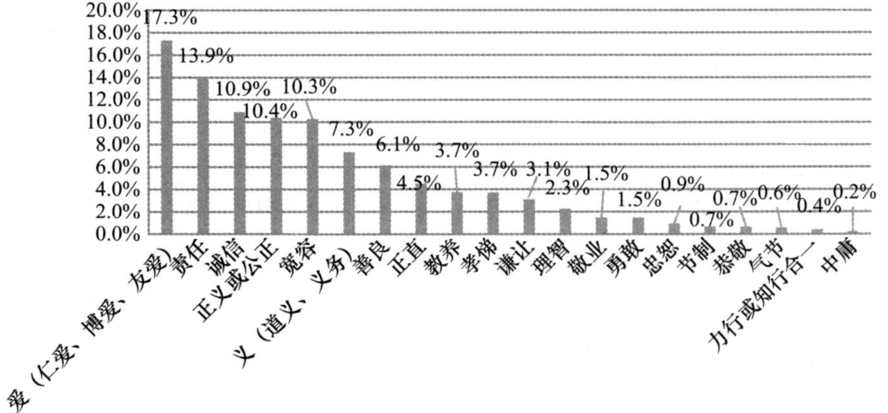

第四章　2013 年江苏省伦理道德发展数据库交互分析表

江苏省伦理道德评价的户口差异

C1 by A8

对我国社会道德状况的总体评价 ＊ A8 Crosstabulation

	农村	城镇	总计
满意	79.0%	56.6%	66.3%
不满意	21.0%	43.4%	33.7%
总计	100.0%	100.0%	100.0%
列总计	547	722	1269

Chi-square test：sig = 0.000 < 0.05，所以农村和城镇居民在“对我国社会道德状况的总体评价”上有显著差异。

C2 by A8

我国目前人与人之间的关系主要受什么影响 ＊ A8 Crosstabulation

	农村	城镇	总计
受利益影响	65.8%	81.6%	74.9%
受情感影响	34.2%	18.4%	25.1%
总计	100.0%	100.0%	100.0%
列总计	532	717	1249

Chi-square test：sig = 0.000 < 0.05，所以农村和城镇居民在对“我国目前人与人之间的关系主要受什么影响”的选择上有显著差异。

C3 by A8

对当前我国社会人与人之间的关系的总体评价 ＊ A8 Crosstabulation

	农村	城镇	总计
满意	78. 3%	62. 8%	69. 5%
不满意	21. 7%	37. 2%	30. 5%
总计	100. 0%	100. 0%	100. 0%
列总计	544	723	1267

Chi-square test：sig = 0. 000 < 0. 05，所以农村和城镇居民在“对当前我国社会人与人之间的关系的总体评价”上有显著差异。

C4 by A8

平时如何为人处世 ＊ A8 Crosstabulation

	农村	城镇	总计
道德至上	6. 4%	6. 1%	6. 2%
遵循道德规范，凭良心办事	84. 6%	81. 9%	83. 1%
不故意为恶，不随波逐流	5. 5%	9. 1%	7. 6%
有时身不由己做有违道德的事情	0. 9%	0. 4%	0. 6%
说不清/没想过	2. 6%	2. 5%	2. 5%
总计	100. 0%	100. 0%	100. 0%
列总计	547	723	1270

Chi-square test：sig = 0. 134 > 0. 05，所以农村和城镇居民在对“平时如何为人处世”的选择上没有显著差异。

C5 by A8

对自己道德状况的评价 ＊ A8 Crosstabulation

	农村	城镇	总计
满意	98. 7%	98. 8%	98. 7%
不满意	1. 3%	1. 2%	1. 3%
总计	100. 0%	100. 0%	100. 0%
列总计	547	725	1272

Chi-square test：sig = 0. 952 > 0. 05，所以农村和城镇居民在“对自己道德状况的评价”上没有显著差异。

C6 by A8

家庭和国家对于个人存在的意义 * A8 Crosstabulation

	农村	城镇	总计
家庭和国家只是工具，个人最重要	7.0%	9.3%	8.3%
家庭和国家是个人安身立命的基地，比个人更重要	83.7%	82.7%	83.1%
其他	9.2%	7.9%	8.5%
总计	100.0%	100.0%	100.0%
列总计	541	717	1258

Chi-square test：sig = 0.268 > 0.05，所以农村和城镇居民在对“家庭和国家对于个人存在的意义”的认知上没有显著差异。

C7a by A8

当前大多数人奉行的是个人至上 * A8 Crosstabulation

	农村	城镇	总计
同意	62.2%	69.4%	66.3%
不同意	37.8%	30.6%	33.7%
总计	100.0%	100.0%	100.0%
列总计	545	726	1271

Chi-square test：sig = 0.007 < 0.05，所以农村和城镇居民在对“当前大多数人奉行的是个人至上”的认同上有显著差异。

C7b by A8

现在我国大多数人是见利忘义的 * A8 Crosstabulation

	农村	城镇	总计
同意	50.3%	50.5%	50.4%
不同意	49.7%	49.5%	49.6%
总计	100.0%	100.0%	100.0%
列总计	547	727	1274

Chi-square test：sig = 0.942 > 0.05，所以农村和城镇居民在对“现在我国大多数人是见利忘义的”的认同上没有显著差异。

C7c by A8

现在社会是一个物欲横流的社会 ＊ A8 Crosstabulation

	农村	城镇	总计
同意	72.6%	73.9%	73.3%
不同意	27.4%	26.1%	26.7%
总计	100.0%	100.0%	100.0%
列总计	543	725	1268

Chi-square test：sig = 0.585 > 0.05，所以农村和城镇居民在对“现在社会是一个物欲横流的社会”的认同上没有显著差异。

C7d by A8

当前大多数人都是以集体利益为重 ＊ A8 Crosstabulation

	农村	城镇	总计
同意	48.5%	39.1%	43.1%
不同意	51.5%	60.9%	56.9%
总计	100.0%	100.0%	100.0%
列总计	538	726	1264

Chi-square test：sig = 0.001 < 0.05，所以农村和城镇居民在对“当前大多数人都是以集体利益为重”的认同上有显著差异。

C7e by A8

当前大多数人都是家庭利益至上 ＊ A8 Crosstabulation

	农村	城镇	总计
同意	88.2%	85.7%	86.8%
不同意	11.8%	14.3%	13.2%
总计	100.0%	100.0%	100.0%
列总计	544	727	1271

Chi-square test：sig = 0.186 > 0.05，所以农村和城镇居民在对“当前大多数人都是家庭利益至上”的认同上没有显著差异。

C7f by A8

当前的社会是个金钱至上的社会 ＊ A8 Crosstabulation

	农村	城镇	总计
同意	78.2%	79.0%	78.7%
不同意	21.8%	21.0%	21.3%
总计	100.0%	100.0%	100.0%
列总计	545	720	1265

Chi-square test：sig = 0.711 > 0.05，所以农村和城镇居民在对“当前的社会是个金钱至上的社会”的认同上没有显著差异。

C7g by A8

现在社会守道德的人大都吃亏，不守道德规则的人占便宜 ＊ A8 Crosstabulation

	农村	城镇	总计
同意	57.9%	61.0%	59.7%
不同意	42.1%	39.0%	40.3%
总计	100.0%	100.0%	100.0%
列总计	544	724	1268

Chi-square test：sig = 0.258 > 0.05，所以农村和城镇居民在对“现在社会守道德的人大都吃亏，不守道德规则的人占便宜”的认同上没有显著差异。

C7h by A8

现在社会中好人有好报，恶人终归会受到惩罚 ＊ A8 Crosstabulation

	农村	城镇	总计
同意	77.5%	66.9%	71.4%
不同意	22.5%	33.1%	28.6%
总计	100.0%	100.0%	100.0%
列总计	546	725	1271

Chi-square test：sig = 0.000 < 0.05，所以农村和城镇居民在对“现在社会中好人有好报，恶人终归会受到惩罚”的认同上有显著差异。

C7i by A8

人们的生活水平越高，就越幸福 ＊ A8 Crosstabulation

	农村	城镇	总计
同意	64. 8%	51. 4%	57. 1%
不同意	35. 2%	48. 6%	42. 9%
总计	100. 0%	100. 0%	100. 0%
列总计	545	726	1271

Chi-square test：sig = 0. 000 <0. 05，所以农村和城镇居民在对“人们的生活水平越高，就越幸福”的认同上有显著差异。

C7j by A8

我们的社会中道德能够很好地约束人们的行为 ＊ A8 Crosstabulation

	农村	城镇	总计
同意	74. 6%	60. 9%	66. 7%
不同意	25. 4%	39. 1%	33. 3%
总计	100. 0%	100. 0%	100. 0%
列总计	536	726	1262

Chi-square test：sig = 0. 000 <0. 05，所以农村和城镇居民在对“我们的社会中道德能够很好地约束人们的行为”的认同上有显著差异。

C7k by A8

现有的规范和习俗能够很好地调节人与人的关系 ＊ A8 Crosstabulation

	农村	城镇	总计
同意	80. 4%	64. 6%	71. 3%
不同意	19. 6%	35. 4%	28. 7%
总计	100. 0%	100. 0%	100. 0%
列总计	536	723	1259

Chi-square test：sig = 0. 000 <0. 05，所以农村和城镇居民在对“现有的规范和习俗能够很好地调节人与人的关系”的认同上有显著差异。

C7l by A8

现在社会大多数人都有荣辱感 ＊ A8 Crosstabulation

	农村	城镇	总计
同意	85. 4%	71. 8%	77. 6%

续表

	农村	城镇	总计
不同意	14.6%	28.2%	22.4%
总计	100.0%	100.0%	100.0%
列总计	540	724	1264

Chi-square test：sig = 0.000 < 0.05，所以农村和城镇居民在对“现在社会大多数人都有荣辱感”的评价上有显著差异。

C8 by A8

个体德性与社会公正哪个更重要 * A8 Crosstabulation

	农村	城镇	总计
个体德性最重要	11.2%	10.6%	10.9%
社会公正最重要	38.6%	34.0%	35.9%
二者应当统一，但二者矛盾时应先追求个体德性	14.0%	15.7%	15.0%
二者应当统一，但二者矛盾时应先追求社会公正	36.1%	39.7%	38.2%
总计	100.0%	100.0%	100.0%
列总计	534	718	1252

Chi-square test：sig = 0.319 > 0.05，所以农村和城镇居民在对“个体德性与社会公正哪个更重要”的选择上没有显著差异。

C9 by A8

个人守道德的原因 * A8 Crosstabulation

	农村	城镇	总计
守道德有利于自身利益的实现	6.1%	3.6%	4.7%
个人是社会的一分子，应当遵守道德	39.5%	51.9%	46.6%
遵守道德是为了使我们的社会更美好	45.6%	38.5%	41.5%
不遵守道德会被别人议论或谴责	6.3%	5.8%	6.0%
其他	2.6%	0.1%	1.2%
总计	100.0%	100.0%	100.0%
列总计	542	724	1266

Chi-square test：sig = 0.000 < 0.05，所以农村和城镇居民在对“个人守道德的原因”的选择上有显著差异。

C10a by A8

关于职业劳动说法中最认同的是 ＊ A8 Crosstabulation

	农村	城镇	总计
劳动是个人谋生的工具	54.7%	55.8%	55.3%
劳动是为社会创造财富	24.6%	26.4%	25.7%
劳动是天职	13.5%	11.7%	12.5%
劳动是兴趣的驱使，快乐的源泉	7.2%	6.1%	6.6%
总计	100.0%	100.0%	100.0%
列总计	541	726	1267

Chi-square test：sig = 0.593 > 0.05，所以农村和城镇居民在对“关于职业劳动说法中最认同的是”的选择上没有显著差异。

C10b by A8

关于职业劳动说法中第二认同的是 ＊ A8 Crosstabulation

	农村	城镇	总计
劳动是个人谋生的工具	27.2%	22.8%	24.7%
劳动是为社会创造财富	39.5%	47.5%	43.9%
劳动是天职	18.0%	18.7%	18.4%
劳动是兴趣的驱使，快乐的源泉	15.3%	11.1%	12.9%
总计	100.0%	100.0%	100.0%
列总计	529	668	1197

Chi-square test：sig = 0.013 < 0.05，所以农村和城镇居民在对“关于职业劳动说法中第二认同的是”的选择上有显著差异。

C10c by A8

关于职业劳动说法中第三认同的是 ＊ A8 Crosstabulation

	农村	城镇	总计
劳动是个人谋生的工具	9.8%	15.4%	12.9%
劳动是为社会创造财富	26.4%	20.5%	23.1%
劳动是天职	35.5%	37.9%	36.8%
劳动是兴趣的驱使，快乐的源泉	28.2%	26.2%	27.1%
总计	100.0%	100.0%	100.0%
列总计	518	644	1162

Chi-square test：sig = 0.007 < 0.05，所以农村和城镇居民在对“关于职业劳动说法中第三认同的是”的选择上有显著差异。

C11a by A8

目前大多数人将职业当作谋生的手段，缺乏责任感和奉献精神 * A8 Crosstabulation

	农村	城镇	总计
不同意	41. 6%	40. 6%	41. 0%
同意	58. 4%	59. 4%	59. 0%
总计	100. 0%	100. 0%	100. 0%
列总计	541	724	1265

Chi-square test：sig = 0. 725 > 0. 05，所以农村和城镇居民在对“目前大多数人将职业当作谋生的手段，缺乏责任感和奉献精神”的认同上没有显著差异。

C11b by A8

企业老板剥削员工，利益关系不公正 * A8 Crosstabulation

	农村	城镇	总计
不同意	41. 7%	31. 3%	35. 7%
同意	58. 3%	68. 7%	64. 3%
总计	100. 0%	100. 0%	100. 0%
列总计	533	718	1251

Chi-square test：sig = 0. 000 < 0. 05，所以农村和城镇居民在对“企业老板剥削员工，利益关系不公正”的认同上有显著差异。

C11c by A8

老板和员工、上级和下级相互勾结，共同对社会不负责任 * A8 Crosstabulation

	农村	城镇	总计
不同意	52. 7%	54. 0%	53. 4%
同意	47. 3%	46. 0%	46. 6%
总计	100. 0%	100. 0%	100. 0%
列总计	524	713	1237

Chi-square test：sig = 0. 644 > 0. 05，所以农村和城镇居民在对“老板和员工、上级和下级相互勾结，共同对社会不负责任”的认同上没有显著差异。

C11d by A8

是否离婚主要考虑自己的感受和利益 * A8 Crosstabulation

	农村	城镇	总计
不同意	77. 7%	63. 8%	69. 7%

续表

	农村	城镇	总计
同意	22.3%	36.3%	30.3%
总计	100.0%	100.0%	100.0%
列总计	537	720	1257

Chi-square test：sig = 0.000 < 0.05，所以农村和城镇居民在对“是否离婚主要考虑自己的感受和利益”的认同上有显著差异。

C11e by A8

是否离婚应该从家庭整体（包括子女）角度考虑 ＊ A8 Crosstabulation

	农村	城镇	总计
不同意	12.1%	14.2%	13.3%
同意	87.9%	85.8%	86.7%
总计	100.0%	100.0%	100.0%
列总计	536	718	1254

Chi-square test：sig = 0.284 > 0.05，所以农村和城镇居民在对“是否离婚应该从家庭整体（包括子女）角度考虑”的认同上没有显著差异。

C11f by A8

婚姻是社会的事，应当兼顾社会评价和社会后果　＊ A8 Crosstabulation

	农村	城镇	总计
不同意	39.4%	44.5%	42.3%
同意	60.6%	55.5%	57.7%
总计	100.0%	100.0%	100.0%
列总计	538	719	1257

Chi-square test：sig = 0.070 > 0.05，所以农村和城镇居民在对“婚姻是社会的事，应当兼顾社会评价和社会后果”的认同上没有显著差异。

C11g by A8

婚姻应当是自由的，如果有更满意或更合适的人就与现在的配偶离婚　＊ A8 Crosstabulation

	农村	城镇	总计
不同意	85.3%	81.1%	82.9%
同意	14.7%	18.9%	17.1%
总计	100.0%	100.0%	100.0%

续表

	农村	城镇	总计
列总计	538	720	1258

Chi-square test：sig = 0. 050 = 0. 05，所以农村和城镇居民在对“婚姻应当是自由的，如果有更满意或更合适的人就与现在的配偶离婚”的认同上没有显著差异。

C12 by A8

造成生态环境问题最主要原因 ＊ A8 Crosstabulation

	农村	城镇	总计
企业唯利是图，造成环境污染	33. 9%	35. 7%	34. 9%
政府缺乏生态意识，政策失当	29. 8%	37. 2%	34. 1%
个人缺乏环保意识	17. 3%	10. 1%	13. 2%
当代人自私自利，不顾未来和子孙利益	19. 0%	17. 0%	17. 9%
总计	100. 0%	100. 0%	100. 0%
列总计	531	723	1254

Chi-square test：sig = 0. 000 < 0. 05，所以农村和城镇居民在对“造成生态环境问题最主要原因”的选择上有显著差异。

C15a by A8

当今中国社会最基本的伦理冲突第一位的是 ＊ A8 Crosstabulation

	农村	城镇	总计
人与自然的冲突	13. 1%	19. 0%	16. 6%
人自我内在的冲突	12. 7%	13. 1%	13. 0%
人与人之间的冲突	50. 3%	37. 4%	42. 7%
个人与社会的冲突	11. 1%	13. 0%	12. 2%
个人与政府的冲突	12. 3%	17. 5%	15. 4%
其他	0. 4%		0. 2%
总计	100. 0%	100. 0%	100. 0%
列总计	487	701	1188

Chi-square test：sig = 0. 000 < 0. 05，所以农村和城镇居民在对“当今中国社会最基本的伦理冲突第一位的是”的选择上有显著差异。

C15b by A8

当今中国社会最基本的伦理冲突第二位的是 ＊ A8 Crosstabulation

	农村	城镇	总计
人与自然的冲突	13. 1%	19. 0%	16. 6%
人自我内在的冲突	12. 7%	13. 1%	13. 0%

续表

	农村	城镇	总计
人与人之间的冲突	50.3%	37.4%	42.7%
个人与社会的冲突	11.1%	13.0%	12.2%
个人与政府的冲突	12.3%	17.5%	15.4%
其他	0.4%		0.2%
总计	100.0%	100.0%	100.0%
列总计	487	701	1188

Chi-square test：sig = 0.126 > 0.05，所以农村和城镇居民在对“当今中国社会最基本的伦理冲突第二位的是”的选择上没有显著差异。

C15c by A8

当今中国社会最基本的伦理冲突第三位的是 ＊ A8 Crosstabulation

	农村	城镇	总计
人与自然的冲突	15.7%	15.1%	15.3%
人自我内在的冲突	17.0%	15.6%	16.1%
人与人之间的冲突	13.9%	22.2%	18.8%
个人与社会的冲突	28.9%	26.0%	27.2%
个人与政府的冲突	24.1%	21.0%	22.3%
其他	0.4%	0.1%	0.3%
总计	100.0%	100.0%	100.0%
列总计	460	668	1128

Chi-square test：sig = 0.022 < 0.05，所以农村和城镇居民在对“当今中国社会最基本的伦理冲突第三位的是”的选择上有显著差异。

C15d by A8

当今中国社会最基本的伦理冲突第四位的是 ＊ A8 Crosstabulation

	农村	城镇	总计
人与自然的冲突	25.5%	23.1%	24.1%
人自我内在的冲突	22.8%	21.4%	22.0%
人与人之间的冲突	8.4%	10.5%	9.7%
个人与社会的冲突	20.4%	21.5%	21.1%
个人与政府的冲突	22.4%	23.4%	23.0%
其他	0.4%	0.2%	0.3%
总计	100.0%	100.0%	100.0%
列总计	451	655	1106

Chi-square test：sig = 0.661 > 0.05，所以农村和城镇居民在对“当今中国社会最基本的伦理冲突第四位的是”的选择上没有显著差异。

C15e by A8

当今中国社会最基本的伦理冲突第五位的是 * A8 Crosstabulation

	农村	城镇	总计
人与自然的冲突	36.2%	35.4%	35.7%
人自我内在的冲突	26.9%	31.8%	29.8%
人与人之间的冲突	4.2%	2.8%	3.4%
个人与社会的冲突	7.8%	6.2%	6.8%
个人与政府的冲突	23.1%	22.5%	22.7%
其他	1.8%	1.4%	1.5%
总计	100.0%	100.0%	100.0%
列总计	450	650	1100

Chi-square test：sig = 0.385 > 0.05，所以农村和城镇居民在对“当今中国社会最基本的伦理冲突第五位的是”的选择上没有显著差异。

C16 by A8

目前中国社会两性之间的性开放日益发展，它对社会风尚的影响是 * A8 Crosstabulation

	农村	城镇	总计
是社会进步的表现	13.1%	8.3%	10.4%
从根本上污染了社会风气	32.2%	30.7%	31.3%
个人选择，无所谓好坏	15.9%	19.1%	17.7%
两性关系混乱必然导致道德沦丧	38.8%	42.0%	40.6%
总计	100.0%	100.0%	100.0%
列总计	541	724	1265

Chi-square test：sig = 0.021 < 0.05，所以农村和城镇居民在对“目前中国社会两性之间的性开放日益发展，它对社会风尚的影响是”的选择上有显著差异。

C17 by A8

当前中国社会个人道德素质的主要问题 * A8 Crosstabulation

	农村	城镇	总计
道德上无知	11.9%	14.7%	13.5%
有道德知识，但不见诸行动	76.4%	71.6%	73.7%
既无知，也不行动	9.6%	11.6%	10.8%

续表

	农村	城镇	总计
其他	2.1%	2.1%	2.1%
总计	100.0%	100.0%	100.0%
列总计	530	723	1253

Chi-square test：sig = 0.282 > 0.05，所以农村和城镇居民在对“当前中国社会个人道德素质的主要问题”的选择上没有显著差异。

C18 by A8

对在网络上曝光别人隐私行为的看法 ＊ A8 Crosstabulation

	农村	城镇	总计
是违法行为，应该制止	24.6%	30.0%	27.7%
是不道德行为，应该进行谴责	58.7%	47.5%	52.3%
是社会监督的合理途径	4.8%	8.1%	6.7%
是网民的自由，别人不应该干涉	3.4%	3.9%	3.7%
说不清	8.6%	10.6%	9.7%
总计	100.0%	100.0%	100.0%
列总计	537	720	1257

Chi-square test：sig = 0.002 < 0.05，所以农村和城镇居民对“在网络上曝光别人隐私行为的看法”的选择上有显著差异。

C19 by A8

对自己目前生活状态的满意度 ＊ A8 Crosstabulation

	农村	城镇	总计
满意	88.1%	77.4%	82.0%
不满意	11.9%	22.6%	18.0%
总计	100.0%	100.0%	100.0%
列总计	548	727	1275

Chi-square test：sig = 0.000 < 0.05，所以农村和城镇居民“对自己目前生活状态的满意度”的评价上有显著差异。

C20a by A8

文明城市创建的效果 ＊ A8 Crosstabulation

	农村	城镇	总计
完全没效果	3.9%	6.2%	5.2%

续表

	农村	城镇	总计
效果较差	13.9%	28.9%	22.5%
效果较好	46.2%	49.4%	48.1%
效果很好	18.6%	11.7%	14.6%
没听说过该活动	17.4%	3.7%	9.6%
总计	100.0%	100.0%	100.0%
列总计	539	724	1263

Chi-square test：sig = 0.000 < 0.05，所以农村和城镇居民在对“文明城市创建的效果”的评价上有显著差异。

C20b by A8

学雷锋活动的效果 * A8 Crosstabulation

	农村	城镇	总计
完全没效果	4.8%	9.9%	7.7%
效果较差	20.6%	33.1%	27.8%
效果较好	42.5%	41.6%	42.0%
效果很好	28.7%	13.4%	20.0%
没听说过该活动	3.3%	1.9%	2.5%
总计	100.0%	100.0%	100.0%
列总计	543	724	1267

Chi-square test：sig = 0.000 < 0.05，所以农村和城镇居民在对“学雷锋活动的效果”的评价上有显著差异。

C20c by A8

典型人物宣传（感动中国、中国好人、道德楷模等）的效果 * A8 Crosstabulation

	农村	城镇	总计
完全没效果	4.4%	7.1%	6.0%
效果较差	12.4%	22.2%	18.0%
效果较好	45.7%	49.4%	47.8%
效果很好	23.9%	17.3%	20.1%
没听说过该活动	13.5%	4.0%	8.1%
总计	100.0%	100.0%	100.0%

续表

	农村	城镇	总计
列总计	540	717	1257

Chi-square test：sig = 0. 000 < 0. 05，所以农村和城镇居民在对“典型人物宣传（感动中国、中国好人、道德楷模等）的效果”的评价上有显著差异。

C20d by A8

志愿服务倡导和推广的效果 ＊ A8 Crosstabulation

	农村	城镇	总计
完全没效果	2. 8%	2. 6%	2. 7%
效果较差	11. 7%	19. 4%	16. 1%
效果较好	42. 2%	54. 4%	49. 2%
效果很好	25. 2%	19. 4%	21. 9%
没听说过该活动	18. 1%	4. 2%	10. 2%
总计	100. 0%	100. 0%	100. 0%
列总计	540	721	1261

Chi-square test：sig = 0. 000 < 0. 05，所以农村和城镇居民在对“志愿服务倡导和推广的效果”的评价上有显著差异。

C20e by A8

反腐倡廉举措的效果 ＊ A8 Crosstabulation

	农村	城镇	总计
完全没效果	8. 7%	11. 5%	10. 3%
效果较差	23. 8%	27. 1%	25. 7%
效果较好	33. 5%	40. 1%	37. 3%
效果很好	19. 0%	16. 5%	17. 6%
没听说过该活动	15. 1%	4. 7%	9. 1%
总计	100. 0%	100. 0%	100. 0%
列总计	538	720	1258

Chi-square test：sig = 0. 000 < 0. 05，所以农村和城镇居民在对“反腐倡廉举措的效果”的评价上有显著差异。

C20f by A8

《公民道德建设实施纲要》的推进效果 ＊ A8 Crosstabulation

	农村	城镇	总计
完全没效果	2.4%	5.7%	4.3%
效果较差	11.3%	19.1%	15.7%
效果较好	25.0%	33.8%	30.0%
效果很好	11.7%	10.7%	11.1%
没听说过该活动	49.5%	30.7%	38.8%
总计	100.0%	100.0%	100.0%
列总计	539	719	1258

Chi-square test：sig = 0.000 < 0.05，所以农村和城镇居民在对“《公民道德建设实施纲要》的推进效果”的评价上有显著差异。

C21 by A8

判断某一行为是否符合伦理或道德的标准 ＊ A8 Crosstabulation

	农村	城镇	总计
传统	11.4%	12.7%	12.2%
风俗习惯	7.7%	4.8%	6.0%
大多数人认同的道德规范	26.4%	37.5%	32.8%
当事人共同利益和意志	3.2%	3.5%	3.3%
自己的良心	49.9%	41.3%	44.9%
自己利益	1.5%	0.1%	0.7%
总计	100.0%	100.0%	100.0%
列总计	535	722	1257

Chi-square test：sig = 0.000 < 0.05，所以农村和城镇居民在对“判断某一行为是否符合伦理或道德的标准”的选择上有显著差异。

C22a by A8

下列关系中排在第一位的关系 ＊ A8 Crosstabulation

	农村	城镇	总计
父母与子女	64.2%	61.0%	62.4%
夫妇	21.7%	24.6%	23.4%
兄弟姐妹	0.7%	0.3%	0.5%
同事或同学		0.3%	0.2%

续表

	农村	城镇	总计
上级或下级	0.4%	0.3%	0.3%
师生	0.2%		0.1%
个人与自然的关系	0.9%	1.4%	1.2%
个人与社会	2.8%	1.0%	1.7%
个人与国家	7.2%	4.8%	5.9%
个人与工作单位		1.0%	0.6%
朋友	0.4%	0.8%	0.6%
个人与自身的关系（身心和谐）	1.5%	4.6%	3.2%
总计	100.0%	100.0%	100.0%
列总计	539	723	1262

Chi-square test：sig = 0.001 < 0.05，所以农村和城镇居民对排在第一位的关系的选择有显著差异。

C22b by A8

下列关系中排在第二位的关系 ＊ A8 Crosstabulation

	农村	城镇	总计
父母与子女	26.9%	26.5%	26.7%
夫妇	48.4%	53.8%	51.5%
兄弟姐妹	10.1%	7.6%	8.7%
同事或同学	1.1%	0.8%	1.0%
上级或下级	0.7%	1.9%	1.4%
师生	0.7%	0.3%	0.5%
个人与自然的关系	0.9%	1.0%	1.0%
个人与社会	3.9%	4.6%	4.3%
个人与国家	4.5%	1.5%	2.8%
个人与工作单位	0.9%	0.6%	0.7%
通过网络建立的关系		0.1%	0.1%
朋友	0.9%	0.7%	0.8%
个人与自身的关系（身心和谐）	0.7%	0.6%	0.6%
总计	100.0%	100.0%	100.0%
列总计	535	720	1255

Chi-square test：sig = 0.062 > 0.05，所以农村和城镇居民对排在第二位的关系的选择没有显著差异。

C22c by A8

下列关系中排在第三位的关系 * A8 Crosstabulation

	农村	城镇	总计
父母与子女	5.5%	6.6%	6.1%
夫妇	13.0%	8.5%	10.5%
兄弟姐妹	60.9%	58.1%	59.3%
同事或同学	3.4%	6.7%	5.3%
上级或下级	1.1%	2.0%	1.6%
师生	1.3%	0.6%	0.9%
个人与自然的关系	1.3%	1.5%	1.4%
个人与社会	3.4%	3.8%	3.6%
个人与国家	4.3%	3.4%	3.8%
个人与工作单位	0.9%	2.2%	1.7%
朋友	4.0%	4.9%	4.5%
个人与自身的关系（身心和谐）	0.8%	1.7%	1.3%
总计	100.0%	100.0%	100.0%
列总计	530	714	1244

Chi-square test：sig = 0.017 < 0.05，所以农村和城镇居民对排在第三位的关系的选择有显著差异。

C22d by A8

下列关系中排在第四位的关系 * A8 Crosstabulation

	农村	城镇	总计
父母与子女	1.6%	2.6%	2.2%
夫妇	6.7%	4.0%	5.1%
兄弟姐妹	9.6%	9.8%	9.7%
同事或同学	17.3%	21.2%	19.5%
上级或下级	6.9%	9.2%	8.2%
师生	5.3%	4.2%	4.7%
个人与自然的关系	3.1%	4.6%	4.0%
个人与社会	9.8%	9.9%	9.9%
个人与国家	12.0%	5.8%	8.4%
个人与工作单位	3.9%	6.6%	5.5%

续表

	农村	城镇	总计
通过网络建立的关系		0.3%	0.2%
朋友	20.8%	18.7%	19.6%
个人与自身的关系（身心和谐）	2.9%	3.2%	3.1%
总计	100.0%	100.0%	100.0%
列总计	509	695	1204

Chi-square test：sig = 0.002 < 0.05，所以农村和城镇居民对排在第四位的关系的选择有显著差异。

C22e by A8

下列关系中排在第五位的关系 ＊ A8 Crosstabulation

	农村	城镇	总计
父母与子女	0.4%	1.0%	0.8%
夫妇	2.4%	1.9%	2.1%
兄弟姐妹	5.0%	5.4%	5.2%
同事或同学	13.0%	15.3%	14.3%
上级或下级	9.4%	11.6%	10.7%
师生	7.0%	3.2%	4.8%
个人与自然的关系	4.2%	4.4%	4.3%
个人与社会	19.6%	12.8%	15.6%
个人与国家	12.0%	10.2%	10.9%
个人与工作单位	5.4%	11.0%	8.7%
通过网络建立的关系	0.2%	0.1%	0.2%
朋友	16.0%	15.6%	15.7%
个人与自身的关系（身心和谐）	5.6%	7.6%	6.7%
总计	100.0%	100.0%	100.0%
列总计	501	688	1189

Chi-square test：sig = 0.000 < 0.05，所以农村和城镇居民对排在第五位的关系的选择有显著差异。

C23 by A8

对社会秩序最具根本性意义的关系 ＊ A8 Crosstabulation

	农村	城镇	总计
家庭伦理关系或血缘关系	28.6%	26.7%	27.5%

续表

	农村	城镇	总计
个人与社会的关系	36.5%	38.0%	37.3%
职业伦理关系	2.5%	3.1%	2.8%
个人与国家民族的关系	24.6%	25.3%	25.0%
个人与自然的关系	3.8%	2.9%	3.3%
个人与他自身的关系	4.0%	4.0%	4.0%
总计	100.0%	100.0%	100.0%
列总计	521	719	1240

Chi-square test：sig = 0.882 > 0.05，所以农村和城镇居民对“什么是对社会秩序最具根本性意义的关系”的看法上没有显著差异。

C24 by A8

对个人生活最具根本性意义的关系 ＊ A8 Crosstabulation

	农村	城镇	总计
家庭伦理关系或血缘关系	67.1%	67.7%	67.5%
个人与社会的关系	12.0%	12.1%	12.1%
职业伦理关系	3.8%	2.4%	3.0%
个人与国家民族的关系	8.5%	8.8%	8.6%
个人与自然的关系	1.3%	2.8%	2.2%
个人与他自身的关系	7.3%	6.3%	6.7%
总计	100.0%	100.0%	100.0%
列总计	532	719	1251

Chi-square test：sig = 0.344 > 0.05，所以农村和城镇居民对“什么是对个人生活最具根本性意义的关系”的看法上没有显著差异。

C25 by A8

是否会为了得到好处而仿效他人不守道德 ＊ A8 Crosstabulation

	农村	城镇	总计
从来不这么做	81.0%	72.9%	76.4%
通常不这么做，关键时刻会这么做	12.0%	15.7%	14.1%
经常这么做	0.5%	1.0%	0.8%
说不清	6.4%	10.5%	8.7%
总计	100.0%	100.0%	100.0%

续表

	农村	城镇	总计
列总计	548	727	1275

Chi-square test: sig = 0. 007 < 0. 05，所以农村和城镇居民在对“是否会为了得到好处而仿效他人不守道德”的评价上有显著差异。

C27 by A8

从网络中获得的信息对思想行为的影响 ＊ A8 Crosstabulation

	农村	城镇	总计
影响很大	3. 7%	5. 0%	4. 4%
有一些影响	23. 2%	34. 4%	29. 6%
不太影响	11. 3%	23. 3%	18. 2%
完全没有影响	5. 4%	4. 3%	4. 7%
不适用，因为不上网	56. 5%	33. 0%	43. 0%
总计	100. 0%	100. 0%	100. 0%
列总计	542	724	1266

Chi-square test: sig = 0. 000 < 0. 05，所以农村和城镇居民在对“从网络中获得的信息对思想行为的影响”的选择上有显著差异。

C28a by A8

坑蒙拐骗现象的严重程度 ＊ A8 Crosstabulation

	农村	城镇	总计
不严重	34. 6%	20. 7%	26. 7%
严重	65. 4%	79. 3%	73. 3%
总计	100. 0%	100. 0%	100. 0%
列总计	544	724	1268

Chi-square test: sig = 0. 000 < 0. 05，所以农村和城镇居民在对“坑蒙拐骗现象的严重程度”的评价上有显著差异。

C28b by A8

人际关系冷漠，见危不救的严重程度 ＊ A8 Crosstabulation

	农村	城镇	总计
不严重	43. 8%	29. 1%	35. 4%
严重	56. 2%	70. 9%	64. 6%

续表

	农村	城镇	总计
总计	100.0%	100.0%	100.0%
列总计	543	725	1268

Chi-square test：sig = 0.000 < 0.05，所以农村和城镇居民在对“人际关系冷漠，见危不救的严重程度”评价上有显著差异。

C28c by A8

诚信缺乏，社会信用度低的严重程度 * A8 Crosstabulation

	农村	城镇	总计
不严重	40.1%	26.5%	32.3%
严重	59.9%	73.5%	67.7%
总计	100.0%	100.0%	100.0%
列总计	539	721	1260

Chi-square test：sig = 0.000 < 0.05，所以农村和城镇居民在对“诚信缺乏，社会信用度低的严重程度”的评价上有显著差异。

C28d by A8

很多人在公共场所缺乏公德，如大声喧哗、不排队、随地吐痰等的严重程度 * A8 Crosstabulation

	农村	城镇	总计
不严重	44.9%	27.0%	34.7%
严重	55.1%	73.0%	65.3%
总计	100.0%	100.0%	100.0%
列总计	544	722	1266

Chi-square test：sig = 0.000 < 0.05，所以农村和城镇居民在对“很多人在公共场所缺乏公德，如大声喧哗、不排队、随地吐痰等的严重程度”的评价上有显著差异。

C28e by A8

自私自利，损人利己，物欲横流的严重程度 * A8 Crosstabulation

	农村	城镇	总计
不严重	41.8%	32.1%	36.3%
严重	58.2%	67.9%	63.7%

续表

	农村	城镇	总计
总计	100. 0%	100. 0%	100. 0%
列总计	545	723	1268

Chi-square test：sig = 0. 000 < 0. 05，所以农村和城镇居民在对“自私自利，损人利己，物欲横流的严重程度”的评价上有显著差异。

C28f by A8

缺乏公正心和正义感的严重程度 ＊ A8 Crosstabulation

	农村	城镇	总计
不严重	48. 1%	36. 3%	41. 4%
严重	51. 9%	63. 7%	58. 6%
总计	100. 0%	100. 0%	100. 0%
列总计	541	721	1262

Chi-square test：sig = 0. 000 < 0. 05，所以农村和城镇居民在对“缺乏公正心和正义感的严重程度”的评价上有显著差异。

C28gby A8

缺乏羞耻感的严重程度 ＊ A8 Crosstabulation

	农村	城镇	总计
不严重	57. 9%	41. 1%	48. 3%
严重	42. 1%	58. 9%	51. 7%
总计	100. 0%	100. 0%	100. 0%
列总计	542	722	1264

Chi-square test：sig = 0. 000 < 0. 05，所以农村和城镇居民在对“缺乏羞耻感的严重程度”的评价上有显著差异。

C28h by A8

干部贪污受贿，以权谋利的严重程度 ＊ A8 Crosstabulation

	农村	城镇	总计
不严重	28. 3%	12. 9%	19. 5%
严重	71. 7%	87. 1%	80. 5%

续表

	农村	城镇	总计
总计	100.0%	100.0%	100.0%
列总计	530	719	1249

Chi-square test：sig = 0.000 < 0.05，所以农村和城镇居民在对“干部贪污受贿，以权谋利的严重程度”的评价上有显著差异。

C28i by A8

生活奢侈，铺张浪费的严重程度 * A8 Crosstabulation

	农村	城镇	总计
不严重	42.9%	28.4%	34.6%
严重	57.1%	71.6%	65.4%
总计	100.0%	100.0%	100.0%
列总计	539	718	1257

Chi-square test：sig = 0.000 < 0.05，所以农村和城镇居民在对“生活奢侈，铺张浪费的严重程度”的评价上有显著差异。

C28j by A8

奉行功利主义，相互算计的严重程度 * A8 Crosstabulation

	农村	城镇	总计
不严重	49.8%	37.1%	42.5%
严重	50.2%	62.9%	57.5%
总计	100.0%	100.0%	100.0%
列总计	538	720	1258

Chi-square test：sig = 0.000 < 0.05，所以农村和城镇居民在对“奉行功利主义，相互算计的严重程度”的评价上有显著差异。

C28k by A8

企业损害社会利益，如污染环境、以虚假广告误导公众等的严重程度 * A8 Crosstabulation

	农村	城镇	总计
不严重	33.3%	18.6%	24.9%
严重	66.7%	81.4%	75.1%

续表

	农村	城镇	总计
总计	100. 0%	100. 0%	100. 0%
列总计	535	720	1255

Chi-square test：sig = 0. 000 < 0. 05，所以农村和城镇居民在对“企业损害社会利益，如污染环境、以虚假广告误导公众等的严重程度”的评价上有显著差异。

C28l by A8

娱乐界以丑闻、绯闻炒作，污染社会风气的严重程度 ＊ A8 Crosstabulation

	农村	城镇	总计
不严重	44. 9%	26. 5%	33. 9%
严重	55. 1%	73. 5%	66. 1%
总计	100. 0%	100. 0%	100. 0%
列总计	465	698	1163

Chi-square test：sig = 0. 000 < 0. 05，所以农村和城镇居民在对“娱乐界以丑闻、绯闻炒作，污染社会风气的严重程度”的评价上有显著差异。

C28m by A8

媒体缺乏社会责任，炒作新闻的严重程度 ＊ A8 Crosstabulation

	农村	城镇	总计
不严重	47. 2%	35. 2%	40. 1%
严重	52. 8%	64. 8%	59. 9%
总计	100. 0%	100. 0%	100. 0%
列总计	477	701	1178

Chi-square test：sig = 0. 000 < 0. 05，所以农村和城镇居民在对“媒体缺乏社会责任，炒作新闻的严重程度”的评价上有显著差异。

C28n by A8

社会财富分配不公，贫富悬殊过大的严重程度 ＊ A8 Crosstabulation

	农村	城镇	总计
不严重	23. 3%	13. 7%	17. 8%
严重	76. 7%	86. 3%	82. 2%

续表

	农村	城镇	总计
总计	100.0%	100.0%	100.0%
列总计	540	721	1261

Chi-square test：sig = 0.000 < 0.05，所以农村和城镇居民在对“社会财富分配不公，贫富悬殊过大的严重程度”的评价上有显著差异。

C28o by A8

教师不尽职的严重程度 ＊ A8 Crosstabulation

	农村	城镇	总计
不严重	70.4%	58.3%	63.5%
严重	29.6%	41.7%	36.5%
总计	100.0%	100.0%	100.0%
列总计	537	720	1257

Chi-square test：sig = 0.000 < 0.05，所以农村和城镇居民在对“教师不尽职的严重程度”的评价上有显著差异。

C28p by A8

医生不守职业道德的严重程度 ＊ A8 Crosstabulation

	农村	城镇	总计
不严重	66.3%	52.5%	58.4%
严重	33.7%	47.5%	41.6%
总计	100.0%	100.0%	100.0%
列总计	540	720	1260

Chi-square test：sig = 0.000 < 0.05，所以农村和城镇居民在对“医生不守职业道德的严重程度”的评价上有显著差异。

C28q by A8

公众人物用知名度攫取财富的严重程度 ＊ A8 Crosstabulation

	农村	城镇	总计
不严重	48.7%	30.0%	37.6%
严重	51.3%	70.0%	62.4%
总计	100.0%	100.0%	100.0%

续表

	农村	城镇	总计
列总计	487	706	1193

Chi-square test：sig =0. 000 <0. 05，所以农村和城镇居民在对“公众人物用知名度攫取财富的严重程度”的评价上有显著差异。

C28r by A8

不爱国的严重程度 ＊ A8 Crosstabulation

	农村	城镇	自己
不严重	79. 6%	74. 0%	76. 4%
严重	20. 4%	26. 0%	23. 6%
总计	100. 0%	100. 0%	100. 0%
列总计	543	709	1252

Chi-square test：sig =0. 023 <0. 05，所以农村和城镇居民在对“不爱国的严重程度”的评价上有显著差异。

C28s by A8

两性关系过度开放导致婚姻不稳定的严重程度 ＊ A8 Crosstabulation

	农村	城镇	总计
不严重	41. 9%	29. 6%	34. 9%
严重	58. 1%	70. 4%	65. 1%
总计	100. 0%	100. 0%	100. 0%
列总计	539	717	1256

Chi-square test：sig =0. 000 <0. 05，所以农村和城镇居民在对“两性关系过度开放导致婚姻不稳定的严重程度”的评价上有显著差异。

C28t by A8

年轻人缺乏责任感，不孝敬父母的严重程度 ＊ A8 Crosstabulation

	农村	城镇	总计
不严重	62. 0%	47. 7%	53. 8%
严重	38. 0%	52. 3%	46. 2%
总计	100. 0%	100. 0%	100. 0%
列总计	540	721	1261

Chi-square test：sig =0. 000 <0. 05，所以农村和城镇居民在对“年轻人缺乏责任感，不孝敬父母的严重程度”的评价上有显著差异。

C28u by A8

父母和子女代沟问题严重，难以沟通的严重程度 ＊ A8 Crosstabulation

	农村	城镇	总计
不严重	64.6%	54.1%	58.6%
严重	35.4%	45.9%	41.4%
总计	100.0%	100.0%	100.0%
列总计	545	723	1268

Chi-square test：sig = 0.000 < 0.05，所以农村和城镇居民在对“父母和子女代沟问题严重，难以沟通的严重程度”的评价上有显著差异。

C28v by A8

父母过度干涉子女的工作和生活的严重程度 ＊ A8 Crosstabulation

	农村	城镇	总计
不严重	76.1%	68.8%	71.9%
严重	23.9%	31.2%	28.1%
总计	100.0%	100.0%	100.0%
列总计	543	721	1264

Chi-square test：sig = 0.004 < 0.05，所以农村和城镇居民在对“父母过度干涉子女的工作和生活的严重程度”的评价上有显著差异。

C28w by A8

老无所养，缺乏安全感的严重程度 ＊ A8 Crosstabulation

	农村	城镇	总计
不严重	61.3%	51.9%	55.9%
严重	38.7%	48.1%	44.1%
总计	100.0%	100.0%	100.0%
列总计	543	721	1264

Chi-square test：sig = 0.001 < 0.05，所以农村和城镇居民在对“老无所养，缺乏安全感的严重程度”的评价上有显著差异。

C29a by A8

对于个人而言，家庭、社会和国家哪个排在第一位 ＊ A8 Crosstabulation

	农村	城镇	总计
国家	61.3%	44.5%	51.7%

续表

	农村	城镇	总计
社会	2.0%	3.2%	2.7%
家庭	36.6%	52.4%	45.6%
总计	100.0%	100.0%	100.0%
列总计	538	722	1260

Chi-square test：sig = 0.000 < 0.05，所以农村和城镇居民在对“对于个人而言，家庭、社会和国家哪个排在第一位”的选择上有显著差异。

C29b by A8

对于个人而言，家庭、社会和国家哪个排在第二位 * A8 Crosstabulation

	农村	城镇	总计
国家	22.7%	31.0%	27.4%
社会	44.5%	50.4%	47.9%
家庭	32.8%	18.6%	24.7%
总计	100.0%	100.0%	100.0%
列总计	537	720	1257

Chi-square test：sig = 0.000 < 0.05，所以农村和城镇居民在对“对于个人而言，家庭、社会和国家哪个排在第二位”的选择上有显著差异。

C29c by A8

对于个人而言，家庭、社会和国家哪个排在第三位 * A8 Crosstabulation

	农村	城镇	总计
国家	15.9%	24.3%	20.7%
社会	53.2%	46.5%	49.4%
家庭	31.0%	29.2%	29.9%
总计	100.0%	100.0%	100.0%
列总计	536	720	1256

Chi-square test：sig = 0.001 < 0.05，所以农村和城镇居民在对“对于个人而言，家庭、社会和国家哪个排在第三位”的选择上有显著差异。

C30a by A8

家庭成员之间发生冲突，您会首先选择哪种方式解决 * A8 Crosstabulation

	农村	城镇	总计
诉诸法律，打官司	0.7%	0.6%	0.6%
直接找对方沟通但得理让人，适可而止	55.3%	60.6%	58.3%
通过第三方（如社会机构，朋友等）从中调解，尽量不伤和气	8.6%	10.3%	9.6%
能忍则忍	35.3%	28.6%	31.5%
总计	100.0%	100.0%	100.0%
列总计	544	720	1264

Chi-square test：sig = 0.076 >0.05，所以农村和城镇居民在对“家庭成员之间发生冲突”的解决方法上没有显著差异。

C30b by A8

朋友之间发生冲突，您会首先选择哪种方式解决 * A8 Crosstabulation

	农村	城镇	总计
诉诸法律，打官司	2.8%	2.5%	2.6%
直接找对方沟通但得理让人，适可而止	47.4%	51.6%	49.8%
通过第三方（如社会机构，朋友等）从中调解，尽量不伤和气	30.3%	28.1%	29.0%
能忍则忍	19.5%	17.8%	18.5%
总计	100.0%	100.0%	100.0%
列总计	532	715	1247

Chi-square test：sig = 0.528 >0.05，所以农村和城镇居民在对“朋友之间发生冲突”的解决方法上没有显著差异。

C30c by A8

同事之间发生冲突，您会首先选择哪种方式解决 * A8 Crosstabulation

	农村	城镇	总计
诉诸法律，打官司	2.3%	2.1%	2.1%
直接找对方沟通但得理让人，适可而止	42.0%	49.0%	46.1%
通过第三方（如社会机构，朋友等）从中调解，尽量不伤和气	30.1%	26.1%	27.8%
能忍则忍	25.6%	22.7%	23.9%
总计	100.0%	100.0%	100.0%

续表

	农村	城镇	总计
列总计	512	706	1218

Chi-square test：sig = 0. 117 > 0. 05，所以农村和城镇居民在对“同事之间发生冲突”的解决方法上没有显著差异。

C30d by A8

商业伙伴之间发生冲突，您会首先选择哪种方式解决 * A8 Crosstabulation

	农村	城镇	总计
诉诸法律，打官司	44. 9%	53. 6%	50. 0%
直接找对方沟通但得理让人，适可而止	26. 5%	23. 3%	24. 6%
通过第三方（如社会机构，朋友等）从中调解，尽量不伤和气	13. 6%	17. 7%	16. 0%
能忍则忍	15. 0%	5. 4%	9. 4%
总计	100. 0%	100. 0%	100. 0%
列总计	499	688	1187

Chi-square test：sig = 0. 000 < 0. 05，所以农村和城镇居民在对“商业伙伴之间发生冲突”的解决方法上有显著差异。

C31 by A8

对当前我国伦理关系和道德风尚造成最大负面影响的因素 * A8 Crosstabulation

	农村	城镇	总计
传统文化的崩坏	24. 8%	28. 0%	26. 7%
外来文化的冲击	12. 6%	13. 9%	13. 3%
市场经济导致的个人主义	46. 1%	41. 9%	43. 6%
计算机网络技术的发展	11. 6%	12. 6%	12. 2%
其他	4. 9%	3. 7%	4. 2%
总计	100. 0%	100. 0%	100. 0%
列总计	508	707	1215

Chi-square test：sig = 0. 406 > 0. 05，所以农村和城镇居民在对“对当前我国伦理关系和道德风尚造成最大负面影响的因素”的选择上没有显著差异。

C32 by A8

成长中得到道德训练的最重要场所或机构 * A8 Crosstabulation

	农村	城镇	总计
家庭	38.3%	39.8%	39.1%
学校	24.8%	27.5%	26.3%
社会（包括职业生活）	27.7%	23.1%	25.1%
国家或政府	6.3%	5.7%	5.9%
媒体	1.3%	1.9%	1.7%
其他	1.7%	2.1%	1.9%
总计	100.0%	100.0%	100.0%
列总计	541	724	1265

Chi-square test：sig = 0.419 > 0.05，所以农村和城镇居民在对“成长中得到道德训练的最重要场所或机构”的选择上没有显著差异。

C33a by A8

对政府官员的伦理道德状况的满意程度 * A8 Crosstabulation

	农村	城镇	总计
不满意	44.0%	62.2%	54.4%
满意	56.0%	37.8%	45.6%
总计	100.0%	100.0%	100.0%
列总计	536	715	1251

Chi-square test：sig = 0.000 < 0.05，所以农村和城镇居民在“对政府官员的伦理道德状况的满意程度”的评价上有显著差异。

C33b by A8

对企业家的伦理道德状况的满意程度 * A8 Crosstabulation

	农村	城镇	总计
不满意	36.7%	53.5%	46.3%
满意	63.3%	46.5%	53.7%
总计	100.0%	100.0%	100.0%
列总计	526	706	1232

Chi-square test：sig = 0.000 < 0.05，所以农村和城镇居民在“对企业家的伦理道德状况的满意程度”的评价上有显著差异。

C33c by A8

对演艺娱乐界的伦理道德状况的满意程度 ＊ A8 Crosstabulation

	农村	城镇	总计
不满意	40. 4%	64. 2%	54. 6%
满意	59. 6%	35. 8%	45. 4%
总计	100. 0%	100. 0%	100. 0%
列总计	470	698	1168

Chi-square test：sig = 0. 000 < 0. 05，所以农村和城镇居民在“对演艺娱乐界的伦理道德状况的满意程度”的评价上有显著差异。

C33d by A8

对教师的伦理道德状况的满意程度 ＊ A8 Crosstabulation

	农村	城镇	总计
不满意	12. 9%	24. 3%	19. 4%
满意	87. 1%	75. 7%	80. 6%
总计	100. 0%	100. 0%	100. 0%
列总计	543	719	1262

Chi-square test：sig = 0. 000 < 0. 05，所以农村和城镇居民在“对教师的伦理道德状况的满意程度”的评价上有显著差异。

C33e by A8

对青少年的伦理道德状况的满意程度 ＊ A8 Crosstabulation

	农村	城镇	总计
不满意	22. 2%	28. 4%	25. 8%
满意	77. 8%	71. 6%	74. 2%
总计	100. 0%	100. 0%	100. 0%
列总计	544	714	1258

Chi-square test：sig = 0. 013 < 0. 05，所以农村和城镇居民在“对青少年的伦理道德状况的满意程度”的评价上有显著差异。

C33f by A8

对弱势群体的伦理道德状况的满意程度 ＊ A8 Crosstabulation

	农村	城镇	总计
不满意	21. 1%	23. 9%	22. 7%

续表

	农村	城镇	总计
满意	78.9%	76.1%	77.3%
总计	100.0%	100.0%	100.0%
列总计	532	702	1234

Chi-square test：sig = 0.232 > 0.05，所以农村和城镇居民在“对弱势群体的伦理道德状况的满意程度”的评价上没有显著差异。

C33g by A8

对自由职业者的伦理道德状况的满意程度 ＊ A8 Crosstabulation

	农村	城镇	总计
不满意	23.9%	27.1%	25.8%
满意	76.1%	72.9%	74.2%
总计	100.0%	100.0%	100.0%
列总计	514	704	1218

Chi-square test：sig = 0.207 > 0.05，所以农村和城镇居民在“对自由职业者的伦理道德状况的满意程度”的评价上没有显著差异。

C33h by A8

对农民的伦理道德状况的满意程度 ＊ A8 Crosstabulation

	农村	城镇	总计
不满意	6.4%	14.4%	11.0%
满意	93.6%	85.6%	89.0%
总计	100.0%	100.0%	100.0%
列总计	545	713	1258

Chi-square test：sig = 0.000 < 0.05，所以农村和城镇居民在“对农民的伦理道德状况的满意程度”的评价上有显著差异。

C33i by A8

对商人的伦理道德状况的满意程度 ＊ A8 Crosstabulation

	农村	城镇	总计
不满意	39.4%	51.4%	46.3%
满意	60.6%	48.6%	53.7%
总计	100.0%	100.0%	100.0%

续表

	农村	城镇	总计
列总计	540	718	1258

Chi-square test：sig = 0. 000 < 0. 05，所以农村和城镇居民在“对商人的伦理道德状况的满意程度”的评价上有显著差异。

C33j by A8

对工人的伦理道德状况的满意程度 ＊ A8 Crosstabulation

	农村	城镇	总计
不满意	7. 0%	11. 9%	9. 8%
满意	93. 0%	88. 1%	90. 2%
总计	100. 0%	100. 0%	100. 0%
列总计	542	714	1256

Chi-square test：sig = 0. 004 < 0. 05，所以农村和城镇居民在“对工人的伦理道德状况的满意程度”的评价上有显著差异。

C33k by A8

对专家学者的伦理道德状况的满意程度 ＊ A8 Crosstabulation

	农村	城镇	总计
不满意	13. 3%	24. 9%	20. 0%
满意	86. 7%	75. 1%	80. 0%
总计	100. 0%	100. 0%	100. 0%
列总计	512	711	1223

Chi-square test：sig = 0. 000 < 0. 05，所以农村和城镇居民在“对专家学者的伦理道德状况的满意程度”的评价上有显著差异。

C33l by A8

对医生的伦理道德状况的满意程度 ＊ A8 Crosstabulation

	农村	城镇	总计
不满意	21. 4%	34. 6%	28. 9%
满意	78. 6%	65. 4%	71. 1%
总计	100. 0%	100. 0%	100. 0%
列总计	547	723	1270

Chi-square test：sig = 0. 000 < 0. 05，所以农村和城镇居民在“对医生的伦理道德状况的满意程度”的评价上有显著差异。

C34 by A8

哪种因素应当对当今不良道德风尚负主要责任 * A8 Crosstabulation

	农村	城镇	总计
官员腐败	31.9%	48.8%	41.7%
企业不讲诚信和损害社会利益	8.1%	5.6%	6.7%
学校道德教育功能弱化	6.2%	9.2%	7.9%
家庭伦理功能弱化	8.5%	4.5%	6.2%
社会的不良影响	45.2%	31.9%	37.6%
总计	100.0%	100.0%	100.0%
列总计	529	717	1246

Chi-square test：sig = 0.000 < 0.05，所以农村和城镇居民在对“哪种因素应当对当今不良道德风尚负主要责任”的选择上有显著差异。

C35 by A8

政府在制定政策和决策时是否充分考虑到伦理道德方面的要求 * A8 Crosstabulation

	农村	城镇	总计
是	63.5%	52.8%	57.4%
否	36.5%	47.2%	42.6%
总计	100.0%	100.0%	100.0%
列总计	532	704	1236

Chi-square test：sig = 0.000 < 0.05，所以农村和城镇居民在对“政府在制定政策和决策时是否充分考虑到伦理道德方面的要求”的评价上有显著差异。

C36 by A8

当前我国政府官员道德问题最严重的是 * A8 Crosstabulation

	农村	城镇	总计
贪污	38.6%	32.7%	35.2%
以权谋私	26.5%	35.5%	31.7%
受贿	7.2%	6.1%	6.6%
生活作风腐败	7.0%	5.4%	6.1%
官僚主义	3.8%	3.3%	3.5%
平庸、不作为	2.7%	4.0%	3.4%

续表

	农村	城镇	总计
政绩工程，折腾百姓	4.7%	6.8%	5.9%
铺张浪费	3.4%	1.3%	2.2%
拉帮结派	3.8%	1.4%	2.4%
其他	2.3%	3.5%	3.0%
总计	100.0%	100.0%	100.0%
列总计	528	719	1247

Chi-square test：sig = 0.000 < 0.05，所以农村和城镇居民在对“当前我国政府官员道德问题最严重的”的选择上有显著差异。

C37a by A8

对您思想行为影响第一重要的人 ＊ A8 Crosstabulation

	农村	城镇	总计
政府官员	12.3%	12.4%	12.3%
企业家	2.3%	1.7%	2.0%
演艺明星、体育明星	0.2%	0.6%	0.4%
教师	12.7%	10.5%	11.4%
知识精英	1.8%	3.7%	2.9%
自由撰稿人	0.4%		0.2%
农民	2.3%	0.3%	1.1%
工人	1.2%	1.4%	1.3%
先哲先贤	6.1%	7.0%	6.6%
父母	60.7%	62.5%	61.7%
总计	100.0%	100.0%	100.0%
列总计	511	712	1223

Chi-square test：sig = 0.012 < 0.05，所以农村和城镇居民在对“对您思想行为影响第一重要的人”的选择上有显著差异。

C37b by A8

对您思想行为影响第二重要的人 ＊ A8 Crosstabulation

	农村	城镇	总计
政府官员	9.1%	8.1%	8.5%
企业家	4.4%	5.1%	4.8%

续表

	农村	城镇	总计
演艺明星、体育明星	1.5%	2.1%	1.8%
教师	42.1%	45.0%	43.8%
知识精英	3.9%	7.0%	5.7%
自由撰稿人		0.6%	0.3%
农民	10.4%	2.4%	5.7%
工人	3.3%	3.7%	3.6%
先哲先贤	6.6%	8.8%	7.9%
父母	18.7%	17.1%	17.8%
总计	100.0%	100.0%	100.0%
列总计	482	667	1149

Chi-square test：sig = 0.000 < 0.05，所以农村和城镇居民在对“对您思想行为影响第二重要的人”的选择上有显著差异。

C37c by A8

对您思想行为影响第三重要的人 ＊ A8 Crosstabulation

	农村	城镇	总计
政府官员	15.6%	17.1%	16.5%
企业家	4.6%	3.7%	4.1%
演艺明星、体育明星	4.8%	5.6%	5.3%
教师	14.8%	16.5%	15.7%
知识精英	10.0%	16.1%	13.5%
自由撰稿人	0.9%	2.9%	2.0%
农民	19.7%	5.5%	11.6%
工人	10.0%	7.6%	8.6%
先哲先贤	12.4%	15.5%	14.2%
父母	7.4%	9.5%	8.6%
总计	100.0%	100.0%	100.0%
列总计	461	620	1081

Chi-square test：sig = 0.000 < 0.05，所以农村和城镇居民在对“对您思想行为影响第三重要的人”的选择上有显著差异。

C38a by A8

对形成我国当前各种新型伦理关系和道德观念，第一重要的因素 * A8 Crosstabulation

	农村	城镇	总计
网络和媒体	37. 3%	44. 4%	41. 5%
政府	33. 8%	31. 9%	32. 7%
大学及其文化	8. 1%	7. 2%	7. 6%
市场	9. 0%	8. 6%	8. 8%
企业	1. 4%	1. 1%	1. 3%
社会团体	9. 2%	6. 5%	7. 6%
其他	1. 2%	0. 3%	0. 7%
总计	100. 0%	100. 0%	100. 0%
列总计	491	709	1200

Chi-square test：sig = 0. 086 > 0. 05，所以农村和城镇居民在对“对形成我国当前各种新型伦理关系和道德观念，第一重要的因素”的选择上没有显著差异。

C38b by A8

对形成我国当前各种新型伦理关系和道德观念，第二重要的因素 * A8 Crosstabulation

	农村	城镇	总计
网络和媒体	17. 5%	19. 1%	18. 4%
政府	26. 0%	27. 8%	27. 1%
大学及其文化	15. 4%	15. 7%	15. 6%
市场	17. 3%	18. 3%	17. 9%
企业	6. 3%	6. 1%	6. 2%
社会团体	16. 1%	12. 8%	14. 1%
其他	1. 3%	0. 1%	0. 6%
总计	100. 0%	100. 0%	100. 0%
列总计	473	687	1160

Chi-square test：sig = 0. 183 > 0. 05，所以农村和城镇居民在对“对形成我国当前各种新型伦理关系和道德观念，第二重要的因素”的选择上没有显著差异。

C38c by A8

对形成我国当前各种新型伦理关系和道德观念，第三重要的因素 * A8 Crosstabulation

	农村	城镇	总计
网络和媒体	13.6%	12.0%	12.6%
政府	14.7%	15.3%	15.0%
大学及其文化	16.4%	16.7%	16.6%
市场	22.3%	22.4%	22.4%
企业	9.8%	10.2%	10.1%
社会团体	21.2%	22.7%	22.1%
其他	2.0%	0.8%	1.2%
总计	100.0%	100.0%	100.0%
列总计	457	666	1123

Chi-square test: sig = 0.659 > 0.05，所以农村和城镇居民在对“对形成我国当前各种新型伦理关系和道德观念，第三重要的因素”的选择上没有显著差异。

C39a by A8

信息技术、网络技术的发展对伦理道德的影响 * A8 Crosstabulation

	农村	城镇	总计
变好了	35.1%	26.2%	29.9%
没有变化	8.2%	11.4%	10.1%
变差了	20.5%	24.5%	22.8%
说不清	36.2%	37.9%	37.2%
总计	100.0%	100.0%	100.0%
列总计	522	718	1240

Chi-square test: sig = 0.004 < 0.05，所以农村和城镇居民对“信息技术、网络技术的发展对伦理道德的影响”的看法上有显著差异。

C39b by A8

市场经济对我国伦理道德的影响 * A8 Crosstabulation

	农村	城镇	总计
变好了	39.9%	23.4%	30.4%
没有变化	12.2%	11.8%	12.0%
变差了	23.4%	38.4%	32.0%

续表

	农村	城镇	总计
说不清	24.5%	26.3%	25.6%
总计	100.0%	100.0%	100.0%
列总计	534	718	1252

Chi-square test: sig = 0.000 < 0.05，所以农村和城镇居民在对“市场经济对我国伦理道德的影响”的看法上有显著差异。

C39c by A8

西方文化对我国伦理道德的影响 * A8 Crosstabulation

	农村	城镇	总计
变好了	21.8%	13.8%	17.1%
没有变化	13.5%	13.8%	13.6%
变差了	18.5%	32.2%	26.4%
说不清	46.2%	40.3%	42.8%
总计	100.0%	100.0%	100.0%
列总计	519	712	1231

Chi-square test: sig = 0.000 < 0.05，所以农村和城镇居民在对“西方文化对我国伦理道德的影响”的评价上有显著差异。

C40 by A8

如果国外报道与主流媒体宣传内容不一致，更倾向于相信 * A8 Crosstabulation

	农村	城镇	总计
主流媒体	64.6%	47.8%	55.0%
国外报道	6.5%	9.1%	7.9%
谁都不相信，自己判断	15.9%	31.0%	24.5%
说不清	13.1%	12.1%	12.5%
总计	100.0%	100.0%	100.0%
列总计	542	717	1259

Chi-square test: sig = 0.000 < 0.05，所以农村和城镇居民在对“如果国外报道与主流媒体宣传内容不一致，更倾向于相信”的选择上有显著差异。

C41a by A8

会经常关心比我不幸的人 ＊ A8 Crosstabulation

	农村	城镇	总计
不符合	16.7%	26.0%	22.0%
符合	83.3%	74.0%	78.0%
总计	100.0%	100.0%	100.0%
列总计	546	719	1265

Chi-square test：sig = 0.000 < 0.05，所以农村和城镇居民在对“会经常关心比我不幸的人”的自我评价上有显著差异。

C41b by A8

有时不会同情他人的难处 ＊ A8 Crosstabulation

	农村	城镇	总计
不符合	62.3%	67.7%	65.4%
符合	37.7%	32.3%	34.6%
总计	100.0%	100.0%	100.0%
列总计	546	721	1267

Chi-square test：sig = 0.045 < 0.05，所以农村和城镇居民在对“有时不会同情他人的难处”的自我评价上有显著差异。

C41c by A8

在紧急情况下，我会感到忧虑和不安 ＊ A8 Crosstabulation

	农村	城镇	总计
不符合	20.2%	25.8%	23.4%
符合	79.8%	74.2%	76.6%
总计	100.0%	100.0%	100.0%
列总计	540	717	1257

Chi-square test：sig = 0.020 < 0.05，所以农村和城镇居民在对“在紧急情况下，我会感到忧虑和不安”的自我评价上有显著差异。

C41d by A8

在做决定前，我会试着从每个人的立场去考虑问题 ＊ A8 Crosstabulation

	农村	城镇	总计
不符合	14.8%	17.2%	16.2%
符合	85.2%	82.8%	83.8%

续表

	农村	城镇	总计
总计	100.0%	100.0%	100.0%
列总计	541	720	1261

Chi-square test：sig = 0.245 > 0.05，所以农村和城镇居民在对“在做决定前，我会试着从每个人的立场去考虑问题”的自我评价上没有显著差异。

C41e by A8

当我看到有人被利用时，我有点想要保护他们 * A8 Crosstabulation

	农村	城镇	总计
不符合	17.3%	21.7%	19.8%
符合	82.7%	78.3%	80.2%
总计	100.0%	100.0%	100.0%
列总计	542	723	1265

Chi-square test：sig = 0.054 > 0.05，所以农村和城镇居民在对“当我看到有人被利用时，我有点想要保护他们”的自我评价上没有显著差异。

C41f by A8

当我情绪剧烈波动时，我往往会感到无依无靠，不知如何是好 * A8 Crosstabulation

	农村	城镇	总计
不符合	34.2%	46.7%	41.4%
符合	65.8%	53.3%	58.6%
总计	100.0%	100.0%	100.0%
列总计	541	721	1262

Chi-square test：sig = 0.000 < 0.05，所以农村和城镇居民在对“当我情绪剧烈波动时，我往往会感到无依无靠，不知如何是好”的自我评价上有显著差异。

C41g by A8

我有时会试图站在他人的角度，以更好地理解我的朋友 * A8 Crosstabulation

	农村	城镇	总计
不符合	7.5%	6.9%	7.2%
符合	92.5%	93.1%	92.8%

续表

	农村	城镇	总计
总计	100.0%	100.0%	100.0%
列总计	545	723	1268

Chi-square test：sig = 0.678 > 0.05，所以农村和城镇居民在对“我有时会试图站在他人的角度，以更好地理解我的朋友”的自我评价上没有显著差异。

C41h by A8

他人的不幸通常不会给自己带来很大的烦扰 * A8 Crosstabulation

	农村	城镇	总计
不符合	7.5%	6.9%	7.2%
符合	92.5%	93.1%	92.8%
总计	100.0%	100.0%	100.0%
列总计	545	723	1268

Chi-square test：sig = 0.370 > 0.05，所以农村和城镇居民在对“他人的不幸通常不会给自己带来很大的烦扰”的自我评价上没有显著差异。

C41i by A8

在观看电视剧或电影之后，我会感觉到自己仿佛成为其中的一个角色 * A8 Crosstabulation

	农村	城镇	总计
不符合	47.4%	53.3%	50.8%
符合	52.6%	46.7%	49.2%
总计	100.0%	100.0%	100.0%
列总计	529	718	1247

Chi-square test：sig = 0.040 < 0.05，所以农村和城镇居民在对“在观看电视剧或电影之后，我会感觉到自己仿佛成为其中的一个角色”的自我评价上有显著差异。

C41j by A8

处在紧张情绪的状况中，我会惊慌害怕 * A8 Crosstabulation

	农村	城镇	总计
不符合	38.8%	47.3%	43.7%
符合	61.2%	52.7%	56.3%

续表

	农村	城镇	总计
总计	100.0%	100.0%	100.0%
列总计	544	716	1260

Chi-square test：sig = 0.002 < 0.05，所以农村和城镇居民在对“处在紧张情绪的状况中，我会惊慌害怕”的自我评价上有显著差异。

C41k by A8

当我看到别人受到不公正待遇的时候，我通常不会同情他们 * A8 Crosstabulation

	农村	城镇	总计
不符合	76.3%	80.6%	78.7%
符合	23.7%	19.4%	21.3%
总计	100.0%	100.0%	100.0%
列总计	544	720	1264

Chi-square test：sig = 0.066 > 0.05，所以农村和城镇居民在对“当我看到别人受到不公正待遇的时候，我通常不会同情他们”的自我评价上没有显著差异。

C41l by A8

我相信任何问题都有两面性，我会试图从两个方面加以考虑 * A8 Crosstabulation

	农村	城镇	总计
不符合	8.8%	7.8%	8.2%
符合	91.2%	92.2%	91.8%
总计	100.0%	100.0%	100.0%
列总计	544	719	1263

Chi-square test：sig = 0.508 > 0.05，所以农村和城镇居民在对“我相信任何问题都有两面性，我会试图从两个方面加以考虑”的自我评价上没有显著差异。

C41m by A8

当我对某人很不耐烦的时候，我通常会暂时站在他/她的位置上 * A8 Crosstabulation

	农村	城镇	总计
不符合	29.3%	38.4%	34.5%

续表

	农村	城镇	总计
符合	70.7%	61.6%	65.5%
总计	100.0%	100.0%	100.0%
列总计	540	722	1262

Chi-square test: sig = 0.001 < 0.05，所以农村和城镇居民在对“当我对某人很不耐烦的时候，我通常会暂时站在他/她的位置上”的自我评价上有显著差异。

C41n by A8

当我在读一个有趣的故事或者看一部电影的时候，会想象如果这些事情发生在自己身上，我会是怎样的感受 ＊ A8 Crosstabulation

	农村	城镇	总计
不符合	27.5%	37.4%	33.2%
符合	72.5%	62.6%	66.8%
总计	100.0%	100.0%	100.0%
列总计	531	720	1251

Chi-square test: sig = 0.000 < 0.05，所以农村和城镇居民在对“当我在读一个有趣的故事或者看一部电影的时候，会想象如果这些事情发生在自己身上，我会是怎样的感受”的自我评价上有显著差异。

C41o by A8

当我看到有人发生意外而急需帮助的时候，我紧张得几乎精神崩溃 ＊ A8 Crosstabulation

	农村	城镇	总计
不符合	46.8%	67.1%	58.3%
符合	53.2%	32.9%	41.7%
总计	100.0%	100.0%	100.0%
列总计	547	718	1265

Chi-square test: sig = 0.000 < 0.05，所以农村和城镇居民在对“当我看到有人发生意外而急需帮助的时候，我紧张得几乎精神崩溃”的自我评价上有显著差异。

C41p by A8

在批评他人之前，我会尝试想象一下如果我处于那个位置会是什么感受 ＊ A8 Crosstabulation

	农村	城镇	总计
不符合	23.7%	25.0%	24.5%
符合	76.3%	75.0%	75.5%
总计	100.0%	100.0%	100.0%
列总计	544	715	1259

Chi-square test：sig = 0.589 > 0.05，所以农村和城镇居民在对“在批评他人之前，我会尝试想象一下如果我处于那个位置会是什么感受”的自我评价上没有显著差异。

C42 by A8

解决当前我国的公民道德和社会风尚问题，最关键的是 ＊ A8 Crosstabulation

	农村	城镇	总计
加强法制	39.7%	34.7%	36.8%
弘扬已有的优秀道德传统	22.1%	20.6%	21.2%
建设新的伦理道德的核心价值	9.5%	11.6%	10.7%
惩治官员腐败	14.7%	18.3%	16.8%
解决分配不公问题	11.1%	11.9%	11.6%
其他	2.9%	2.8%	2.8%
总计	100.0%	100.0%	100.0%
列总计	524	714	1238

Chi-square test：sig = 0.290 > 0.05，所以农村和城镇居民在对“解决当前我国的公民道德和社会风尚问题，最关键的是”的选择上没有显著差异。

C43 by A8

当前我国社会道德生活中最重要的元素 ＊ A8 Crosstabulation

	农村	城镇	总计
意识形态中所提倡的社会主义道德	30.6%	28.9%	29.6%
中国传统道德	46.6%	47.0%	46.9%
西方文化影响而形成的道德	1.8%	3.5%	2.8%
市场经济中形成的道德	20.0%	19.3%	19.6%
其他	1.0%	1.3%	1.1%
总计	100.0%	100.0%	100.0%

续表

	农村	城镇	总计
列总计	504	719	1223

Chi-square test：sig = 0.467 > 0.05，所以农村和城镇居民在对“当前我国社会道德生活中最重要的元素”的选择上没有显著差异。

C44 by A8

最向往或怀念的伦理关系和道德生活 ＊ A8 Crosstabulation

	农村	城镇	总计
传统社会的伦理和道德（如仁、义、礼、智、信）	34.0%	40.4%	37.7%
战争年代为理想而献身的革命精神	16.1%	11.8%	13.6%
新中国成立后到“文化大革命”前的大公无私的集体主义精神	16.4%	21.4%	19.3%
追求个人利益的市场经济下的道德	7.5%	3.3%	5.1%
自由、平等、博爱的西方道德	26.0%	23.1%	24.3%
总计	100.0%	100.0%	100.0%
列总计	523	720	1243

Chi-square test：sig = 0.000 < 0.05，所以农村和城镇居民在对“最向往或怀念的伦理关系和道德生活”的选择上有显著差异。

C45 by A8

假设上司或老板是外国人，他侮辱了中国，但抗争会产生不利于自己的后果，您会选择 ＊ A8 Crosstabulation

	农村	城镇	总计
当面抗议	81.5%	72.2%	76.2%
保持沉默	18.5%	27.8%	23.8%
总计	100.0%	100.0%	100.0%
列总计	531	716	1247

Chi-square test：sig = 0.000 < 0.05，所以农村和城镇居民在对“假设上司或老板是外国人，他侮辱了中国，但抗争会产生不利于自己的后果，您会选择”的选择上有显著差异。

C46a by A8

当今中国社会最重要和最需要的排在第一位的德性 ＊ A8 Crosstabulation

	农村	城镇	总计
爱（仁爱、博爱、友爱）	33.7%	43.8%	39.5%

续表

	农村	城镇	总计
义（道义、义务）	2.1%	4.1%	3.2%
宽容	8.1%	4.5%	6.0%
责任	14.9%	13.7%	14.2%
正义或公正	12.2%	12.2%	12.2%
诚信	7.5%	8.7%	8.2%
忠恕	0.8%	0.6%	0.6%
理智	0.4%	0.8%	0.6%
节制	0.2%	0.3%	0.2%
谦让	1.3%	1.4%	1.4%
恭敬	0.4%	0.1%	0.2%
勇敢	0.2%	0.4%	0.3%
正直	4.3%	2.1%	3.0%
善良	4.3%	2.2%	3.1%
力行或知行合一	0.2%	0.4%	0.3%
教养	2.6%	1.4%	1.9%
孝悌	6.2%	2.5%	4.1%
气节	0.2%	0.4%	0.3%
中庸	0.2%	0.1%	0.2%
敬业	0.2%	0.3%	0.2%
总计	100.0%	100.0%	100.0%
列总计	531	715	1246

Chi-square test：sig = 0.001 < 0.05，所以农村和城镇居民在对“当今中国社会最重要和最需要的排在第一位的德性”的选择上有显著差异。

C46b by A8

当今中国社会最重要和最需要的排在第二位的德性 * A8 Crosstabulation

	农村	城镇	总计
爱（仁爱、博爱、友爱）	8.3%	8.7%	8.6%
义（道义、义务）	16.1%	18.6%	17.5%
宽容	10.0%	12.1%	11.2%
责任	12.5%	17.9%	15.6%
正义或公正	10.2%	10.4%	10.3%
诚信	10.6%	9.4%	9.9%

续表

	农村	城镇	总计
忠恕	0.6%	1.4%	1.0%
理智	2.3%	2.0%	2.1%
节制	0.4%	0.4%	0.4%
谦让	3.4%	3.0%	3.1%
恭敬	1.1%	0.4%	0.7%
勇敢	0.6%	0.3%	0.4%
正直	5.3%	3.1%	4.0%
善良	9.1%	4.2%	6.3%
力行或知行合一	0.2%		0.1%
教养	3.2%	3.4%	3.3%
孝悌	4.5%	3.0%	3.6%
气节	0.4%	0.4%	0.4%
中庸		0.3%	0.2%
敬业	1.1%	1.1%	1.1%
总计	100.0%	100.0%	100.0%
列总计	528	711	1239

Chi-square test：sig = 0.021 < 0.05，所以农村和城镇居民在对“当今中国社会最重要和最需要的排在第二位的德性”的选择上有显著差异。

C46c by A8
当今中国社会最重要和最需要的排在第三位的德性 * A8 Crosstabulation

	农村	城镇	总计
爱（仁爱、博爱、友爱）	4.4%	5.5%	5.0%
义（道义、义务）	4.9%	5.0%	5.0%
宽容	18.1%	17.0%	17.5%
责任	13.3%	14.7%	14.1%
正义或公正	9.1%	10.6%	10.0%
诚信	15.8%	16.7%	16.3%
忠恕	1.0%	1.0%	1.0%
理智	3.0%	3.4%	3.2%
节制	1.1%	0.7%	0.9%
谦让	4.4%	3.8%	4.1%
恭敬	0.6%	0.6%	0.6%

续表

	农村	城镇	总计
勇敢	2.1%	2.1%	2.1%
正直	3.2%	4.5%	4.0%
善良	9.9%	5.4%	7.3%
力行或知行合一		0.6%	0.3%
教养	4.4%	4.2%	4.3%
孝悌	3.2%	2.1%	2.6%
气节	0.2%	0.7%	0.5%
中庸	0.4%		0.2%
敬业	1.0%	1.3%	1.1%
总计	100.0%	100.0%	100.0%
列总计	526	706	1232

Chi-square test：sig = 0.288 > 0.05，所以农村和城镇居民在对“当今中国社会最重要和最需要的排在第三位的德性”的选择上没有显著差异。

C46d by A8

当今中国社会最重要和最需要的排在第四位的德性 * A8 Crosstabulation

	农村	城镇	总计
爱（仁爱、博爱、友爱）	3.3%	4.1%	3.8%
义（道义、义务）	3.5%	3.1%	3.3%
宽容	9.2%	10.8%	10.1%
责任	12.9%	12.0%	12.4%
正义或公正	6.7%	9.4%	8.3%
诚信	11.3%	12.0%	11.7%
忠恕	1.3%	1.4%	1.4%
理智	4.2%	3.3%	3.7%
节制	1.7%	1.3%	1.5%
谦让	4.6%	5.1%	4.9%
恭敬	1.3%	1.3%	1.3%
勇敢	4.8%	3.0%	3.8%
正直	7.9%	8.7%	8.3%
善良	10.7%	9.0%	9.7%
力行或知行合一	0.8%	0.6%	0.7%
教养	7.5%	6.1%	6.7%

续表

	农村	城镇	总计
孝悌	5.2%	3.1%	4.0%
气节		1.4%	0.8%
中庸	0.4%	0.3%	0.3%
敬业	2.7%	3.9%	3.4%
总计	100.0%	100.0%	100.0%
列总计	521	701	1222

Chi-square test：sig = 0.268 > 0.05，所以农村和城镇居民在对“当今中国社会最重要和最需要的排在第四位的德性”的选择上没有显著差异。

C46e by A8

当今中国社会最重要和最需要的排在第五位的德性 * A8 Crosstabulation

	农村	城镇	总计
爱（仁爱、博爱、友爱）	5.2%	4.4%	4.8%
义（道义、义务）	2.5%	2.1%	2.3%
宽容	7.3%	7.4%	7.4%
责任	8.3%	7.0%	7.5%
正义或公正	8.3%	6.3%	7.1%
诚信	9.8%	11.9%	11.0%
忠恕	0.8%	1.4%	1.1%
理智	5.0%	5.4%	5.2%
节制	2.3%	1.9%	2.0%
谦让	5.0%	5.3%	5.2%
恭敬	1.0%	1.9%	1.5%
勇敢	5.8%	4.0%	4.8%
正直	7.1%	7.3%	7.2%
善良	10.0%	9.7%	9.8%
力行或知行合一	2.1%	1.7%	1.9%
教养	7.1%	6.6%	6.8%
孝悌	5.6%	4.6%	5.0%
气节	1.0%	2.7%	2.0%
中庸	0.4%	1.0%	0.7%
敬业	5.8%	7.3%	6.6%
总计	100.0%	100.0%	100.0%

续表

	农村	城镇	总计
列总计	521	699	1220

Chi-square test：sig = 0. 565 > 0. 05，所以农村和城镇居民在对“当今中国社会最重要和最需要的排在第五位的德性”的选择上没有显著差异。

江苏省伦理道德评价的年龄差异

C1 by A2

对当前我国社会道德状况的总体评价 ＊ A2 Crosstabulation

	16—29 岁	30—39 岁	40—49 岁	50—59 岁	60—70 岁	总计
非常满意	2.1%	4.9%	3.7%	9.5%	10.3%	6.6%
比较满意	50.0%	52.7%	61.1%	64.6%	61.7%	59.2%
比较不满意	38.8%	30.2%	27.0%	20.0%	23.4%	26.7%
非常不满意	9.0%	12.1%	8.1%	5.9%	4.5%	7.4%
总计	100.0%	100.0%	100.0%	100.0%	100.0%	100.0%
列总计	188	182	270	305	290	1235

Chi-square test：sig = 0.000 < 0.05，所以不同年龄段的人在“对当前我国社会道德状况的总体评价”的选择上有显著差异。

C2 by A2

我国目前人与人之间关系主要受什么影响 ＊ A2 Crosstabulation

	16—29 岁	30—39 岁	40—49 岁	50—59 岁	60—70 岁	总计
完全受利益影响	13.4%	11.7%	8.7%	8.0%	8.5%	9.6%
主要受利益影响	71.5%	74.4%	69.3%	58.1%	60.6%	65.6%
主要受情感影响	14.5%	13.9%	18.9%	31.6%	27.8%	22.7%
完全受情感影响	0.5%		3.0%	2.3%	3.2%	2.1%
总计	100.0%	100.0%	100.0%	100.0%	100.0%	100.0%
列总计	186	180	264	301	284	1215

Chi-square test：sig = 0.000 < 0.05，所以不同年龄段的人在对“我国目前人与人之间关系主要受什么影响”的选择上有显著差异。

C3 by A2

对当前我国社会人与人关系的总体评价 ＊ A2 Crosstabulation

	16—29 岁	30—39 岁	40—49 岁	50—59 岁	60—70 岁	总计
非常满意	1.1%	5.5%	6.3%	8.5%	8.3%	6.4%
比较满意	64.7%	56.6%	59.9%	66.9%	64.1%	62.9%
比较不满意	29.9%	29.7%	28.3%	18.0%	23.8%	25.1%
非常不满意	4.3%	8.2%	5.6%	6.6%	3.8%	5.6%

续表

	16—29 岁	30—39 岁	40—49 岁	50—59 岁	60—70 岁	总计
总计	100.0%	100.0%	100.0%	100.0%	100.0%	100.0%
列总计	187	182	269	305	290	1233

Chi-square test：sig = 0.002 < 0.05，所以不同年龄段的人在“对当前我国社会人与人关系的总体评价”的选择上有显著差异。

C4 by A2

平时如何为人处世 ＊ A2 Crosstabulation

	16—29 岁	30—39 岁	40—49 岁	50—59 岁	60—70 岁	总计
道德至上	7.4%	3.3%	5.5%	6.5%	6.9%	6.1%
遵循道德规范、凭良心办事	71.8%	80.0%	84.5%	87.3%	87.5%	83.3%
不故意为恶，不随波逐流	12.2%	11.7%	7.0%	5.9%	3.8%	7.4%
有时身不由己做有违道德的事情	2.1%	0.6%	1.1%			0.6%
说不清/没想过	6.4%	4.4%	1.8%	0.3%	1.7%	2.5%
总计	100.0%	100.0%	100.0%	100.0%	100.0%	100.0%
列总计	188	180	271	307	289	1235

Chi-square test：sig = 0.000 < 0.05，所以不同年龄段的人在对“平时如何为人处世”的选择上有显著差异。

C5 by A2

对自己道德状况的评价 ＊ A2 Crosstabulation

	16—29 岁	30—39 岁	40—49 岁	50—59 岁	60—70 岁	总计
非常满意	20.7%	24.3%	28.4%	38.1%	42.1%	32.3%
比较满意	77.7%	74.0%	70.5%	60.3%	57.2%	66.5%
比较不满意	1.6%	1.1%	1.1%	1.6%	0.7%	1.2%
非常不满意		0.6%				0.1%
总计	100.0%	100.0%	100.0%	100.0%	100.0%	100.0%
列总计	188	181	271	307	290	1237

Chi-square test：sig = 0.000 < 0.05，所以不同年龄段的人在对“对自己道德状况的评价”的选择上有显著差异。

C6 by A2

家庭和国家对于个人存在的意义 ＊ A2 Crosstabulation

	16—29 岁	30—39 岁	40—49 岁	50—59 岁	60—70 岁	总计
家庭和国家只是工具，个人最重要	8.9%	10.0%	10.4%	5.9%	8.4%	8.5%
家庭和国家是个人安身立命的基地，比个人更重要	80.6%	83.3%	80.6%	85.7%	82.6%	82.7%
其他	10.6%	6.7%	9.0%	8.5%	9.1%	8.8%
总计	100.0%	100.0%	100.0%	100.0%	100.0%	100.0%
列总计	180	180	268	307	287	1222

Chi-square test：sig = 0.599 > 0.05，所以不同年龄段的人在对“家庭和国家对于个人存在的意义”的认知上没有显著差异。

C7a by A2

当前大多数人奉行的是个人至上 ＊ A2 Crosstabulation

	16—29 岁	30—39 岁	40—49 岁	50—59 岁	60—70 岁	总计
家庭和国家只是工具，个人最重要	8.9%	10.0%	10.4%	5.9%	8.4%	8.5%
家庭和国家是个人安身立命的基地，比个人更重要	80.6%	83.3%	80.6%	85.7%	82.6%	82.7%
其他	10.6%	6.7%	9.0%	8.5%	9.1%	8.8%
总计	100.0%	100.0%	100.0%	100.0%	100.0%	100.0%
列总计	180	180	268	307	287	1222

Chi-square test：sig = 0.576 > 0.05，所以不同年龄段的人在对“当前大多数人奉行的是个人至上”的认知上没有显著差异。

C7b by A2

现在我国大多数人是见利忘义的 ＊ A2 Crosstabulation

	16—29 岁	30—39 岁	40—49 岁	50—59 岁	60—70 岁	总计
完全同意	21.8%	19.1%	21.0%	21.2%	15.0%	19.5%
比较同意	50.5%	44.3%	47.6%	44.3%	48.8%	47.0%
不太同意	22.9%	32.2%	26.9%	30.0%	30.3%	28.6%
完全不同意	4.8%	4.4%	4.4%	4.6%	5.9%	4.9%
总计	100.0%	100.0%	100.0%	100.0%	100.0%	100.0%
列总计	188	183	271	307	287	1236

Chi-square test：sig = 0.945 > 0.05，所以不同年龄段的人在对“现在我国大多数人是见利忘义的”的认知上没有显著差异。

C7c by A2

现在社会是一个物欲横流的社会 ＊ A2 Crosstabulation

	16—29 岁	30—39 岁	40—49 岁	50—59 岁	60—70 岁	总计
完全同意	14. 4%	12. 6%	12. 9%	13. 3%	9. 0%	12. 3%
比较同意	37. 8%	37. 7%	37. 6%	37. 0%	41. 5%	38. 4%
不太同意	42. 6%	43. 7%	42. 4%	42. 9%	43. 6%	43. 0%
完全不同意	5. 3%	6. 0%	7. 0%	6. 8%	5. 9%	6. 3%
总计	100. 0%	100. 0%	100. 0%	100. 0%	100. 0%	100. 0%
列总计	188	183	271	308	289	1239

Chi-square test：sig = 0. 168 > 0. 05，所以不同年龄段的人在对“现在社会是一个物欲横流的社会”的认知上没有显著差异。

C7d by A2

当前大多数人都是以集体利益为重 ＊ A2 Crosstabulation

	16—29 岁	30—39 岁	40—49 岁	50—59 岁	60—70 岁	总计
完全同意	8. 5%	4. 9%	5. 2%	9. 6%	8. 3%	7. 5%
比较同意	31. 4%	25. 3%	31. 7%	39. 6%	43. 4%	35. 4%
不太同意	53. 2%	61. 0%	53. 7%	43. 6%	41. 0%	49. 2%
完全不同意	6. 9%	8. 8%	9. 3%	7. 3%	7. 3%	7. 9%
总计	100. 0%	100. 0%	100. 0%	100. 0%	100. 0%	100. 0%
列总计	188	182	268	303	288	1229

Chi-square test：sig = 0. 001 < 0. 05，所以不同年龄段的人在对“当前大多数人都是以集体利益为重”的认知上有显著差异。

C7e by A2

当前大多数人都是家庭利益至上 ＊ A2 Crosstabulation

	16—29 岁	30—39 岁	40—49 岁	50—59 岁	60—70 岁	总计
完全同意	8. 5%	4. 9%	5. 2%	9. 6%	8. 3%	7. 5%
比较同意	31. 4%	25. 3%	31. 7%	39. 6%	43. 4%	35. 4%
不太同意	53. 2%	61. 0%	53. 7%	43. 6%	41. 0%	49. 2%
完全不同意	6. 9%	8. 8%	9. 3%	7. 3%	7. 3%	7. 9%
总计	100. 0%	100. 0%	100. 0%	100. 0%	100. 0%	100. 0%
列总计	188	182	268	303	288	1229

Chi-square test：sig = 0. 350 > 0. 05，所以不同年龄段的人在对“当前大多数人都是家庭利益至上”的认知上没有显著差异。

C7f by A2

当前的社会是个金钱至上的社会 ＊ A2 Crosstabulation

	16—29 岁	30—39 岁	40—49 岁	50—59 岁	60—70 岁	总计
完全同意	28.0%	27.8%	28.3%	28.8%	26.0%	27.7%
比较同意	52.7%	48.3%	50.9%	48.7%	52.8%	50.7%
不太同意	16.7%	21.7%	18.2%	19.6%	19.1%	19.0%
完全不同意	2.7%	2.2%	2.6%	2.9%	2.1%	2.5%
总计	100.0%	100.0%	100.0%	100.0%	100.0%	100.0%
列总计	186	180	269	306	288	1229

Chi-square test：sig = 0.994 > 0.05，所以不同年龄段的人在对“当前的社会是个金钱至上的社会”的认知上没有显著差异。

C7g by A2

现在社会守道德的人大都吃亏，不守道德规则的人占便宜 ＊ A2 Crosstabulation

	16—29 岁	30—39 岁	40—49 岁	50—59 岁	60—70 岁	总计
完全同意	14.9%	15.3%	17.0%	23.3%	23.0%	19.4%
比较同意	38.3%	37.7%	45.6%	37.4%	42.9%	40.6%
不太同意	38.8%	38.8%	31.9%	30.8%	29.6%	33.2%
完全不同意	8.0%	8.2%	5.6%	8.5%	4.5%	6.8%
总计	100.0%	100.0%	100.0%	100.0%	100.0%	100.0%
列总计	188	183	270	305	287	1233

Chi-square test：sig = 0.034 < 0.05，所以不同年龄段的人在对“现在社会守道德的人大都吃亏，不守道德规则的人占便宜”的认知上有显著差异。

C7h by A2

现在社会中好人有好报，恶人终归会受到惩罚 ＊ A2 Crosstabulation

	16—29 岁	30—39 岁	40—49 岁	50—59 岁	60—70 岁	总计
完全同意	20.9%	26.8%	23.6%	33.7%	37.7%	29.4%
比较同意	43.9%	38.8%	45.0%	41.5%	40.5%	42.0%
不太同意	27.8%	26.8%	28.0%	21.2%	19.0%	24.0%
完全不同意	7.5%	7.7%	3.3%	3.6%	2.8%	4.5%
总计	100.0%	100.0%	100.0%	100.0%	100.0%	100.0%

续表

	16—29 岁	30—39 岁	40—49 岁	50—59 岁	60—70 岁	总计
列总计	187	183	271	306	289	1236

Chi-square test：sig = 0.000 < 0.05，所以不同年龄段的人在对“现在社会中好人有好报，恶人终归会受到惩罚”的认知上有显著差异。

C7i by A2

人们的生活水平越高，就越幸福 ＊ A2 Crosstabulation

	16—29 岁	30—39 岁	40—49 岁	50—59 岁	60—70 岁	总计
完全同意	14.4%	15.3%	16.7%	31.5%	27.0%	22.2%
比较同意	36.7%	27.3%	36.1%	34.4%	39.8%	35.3%
不太同意	44.1%	49.2%	43.1%	30.5%	31.8%	38.4%
完全不同意	4.8%	8.2%	4.1%	3.6%	1.4%	4.0%
总计	100.0%	100.0%	100.0%	100.0%	100.0%	100.0%
列总计	188	183	269	308	289	1237

Chi-square test：sig = 0.000 < 0.05，所以不同年龄段的人在对“人们的生活水平越高，就越幸福”的认知上有显著差异。

C7j by A2

我们的社会中道德能够很好地约束人们的行为 ＊ A2 Crosstabulation

	16—29 岁	30—39 岁	40—49 岁	50—59 岁	60—70 岁	总计
完全同意	11.7%	10.9%	11.7%	19.7%	15.4%	14.4%
比较同意	52.7%	51.4%	51.7%	49.2%	56.6%	52.3%
不太同意	32.4%	30.6%	32.5%	28.2%	24.8%	29.3%
完全不同意	3.2%	7.1%	4.2%	3.0%	3.1%	3.9%
总计	100.0%	100.0%	100.0%	100.0%	100.0%	100.0%
列总计	188	183	265	305	286	1227

Chi-square test：sig = 0.044 < 0.05，所以不同年龄段的人在对“我们的社会中道德能够很好地约束人们的行为”的认知上有显著差异。

C7k by A2

现有的规范和习俗能够很好地调节人与人的关系 ＊ A2 Crosstabulation

	16—29 岁	30—39 岁	40—49 岁	50—59 岁	60—70 岁	总计
完全同意	11.2%	9.3%	9.1%	15.2%	15.4%	12.4%

续表

	16—29岁	30—39岁	40—49岁	50—59岁	60—70岁	总计
比较同意	61.7%	55.5%	63.0%	55.1%	59.8%	59.0%
不太同意	25.0%	28.6%	25.3%	26.1%	22.4%	25.2%
完全不同意	2.1%	6.6%	2.6%	3.6%	2.4%	3.3%
总计	100.0%	100.0%	100.0%	100.0%	100.0%	100.0%
列总计	188	182	265	303	286	1224

Chi-square test：sig = 0.075 > 0.05，所以不同年龄段的人在对“现有的规范和习俗能够很好地调节人与人的关系”的认知上没有显著差异。

C71 by A2

现在社会大多数人都有荣辱感 * A2 Crosstabulation

	16—29岁	30—39岁	40—49岁	50—59岁	60—70岁	总计
完全同意	17.0%	14.8%	16.0%	20.7%	19.1%	17.9%
比较同意	59.0%	56.6%	62.3%	58.3%	61.5%	59.8%
不太同意	19.7%	24.7%	18.3%	18.4%	17.7%	19.3%
完全不同意	4.3%	3.8%	3.4%	2.6%	1.7%	3.0%
总计	100.0%	100.0%	100.0%	100.0%	100.0%	100.0%
列总计	188	182	268	304	288	1230

Chi-square test：sig = 0.561 > 0.05，所以不同年龄段的人在对“现在社会大多数人都有荣辱感”的认知上没有显著差异。

C8 by A2

个体德性与社会公正哪个更重要 * A2 Crosstabulation

	16—29岁	30—39岁	40—49岁	50—59岁	60—70岁	总计
个体德性最重要	11.2%	11.7%	10.2%	10.8%	11.4%	11.0%
社会公正最重要	19.3%	26.1%	38.0%	42.2%	43.2%	35.6%
二者应当统一，但二者矛盾时应先追求个体德性	19.8%	17.2%	13.9%	13.1%	13.2%	14.9%
二者应当统一，但二者矛盾时应先追求社会公正	49.7%	45.0%	38.0%	34.0%	32.1%	38.5%
总计	100.0%	100.0%	100.0%	100.0%	100.0%	100.0%
列总计	187	180	266	306	280	1219

Chi-square test：sig = 0.000 < 0.05，所以不同年龄段的人在对“个体德性与社会公正哪个更重要”的选择上有显著差异。

C9 by A2

个人守道德的原因 ＊ A2 Crosstabulation

	16—29 岁	30—39 岁	40—49 岁	50—59 岁	60—70 岁	总计
守道德有利于自身利益的实现	4. 8%	5. 0%	4. 1%	5. 2%	4. 5%	4. 7%
个人是社会的一分子，应当遵守道德	44. 7%	53. 9%	50. 2%	41. 5%	45. 5%	46. 6%
遵守道德是为了使我们的社会更美好	45. 7%	37. 2%	39. 1%	45. 1%	39. 6%	41. 4%
不遵守道德会被别人议论或谴责	3. 7%	3. 3%	5. 2%	7. 5%	8. 3%	6. 0%
其他	1. 1%	0. 6%	1. 5%	0. 7%	2. 1%	1. 2%
总计	100. 0%	100. 0%	100. 0%	100. 0%	100. 0%	100. 0%
列总计	188	180	271	306	288	1233

Chi-square test：sig =0. 236 >0. 05，所以不同年龄段的人在对“个人守道德的原因”的选择上没有显著差异。

C10a by A2

关于职业劳动说法中最认同的是 ＊ A2 Crosstabulation

	16—29 岁	30—39 岁	40—49 岁	50—59 岁	60—70 岁	总计
劳动是个人谋生的工具	48. 1%	49. 7%	59. 1%	58. 0%	58. 0%	55. 5%
劳动是为社会创造财富	28. 3%	27. 3%	21. 9%	22. 1%	27. 3%	25. 0%
劳动是天职	11. 8%	12. 6%	13. 4%	13. 7%	11. 5%	12. 7%
劳动是兴趣的驱使，快乐的源泉	11. 8%	10. 4%	5. 6%	6. 2%	3. 1%	6. 8%
总计	100. 0%	100. 0%	100. 0%	100. 0%	100. 0%	100. 0%
列总计	187	183	269	307	286	1232

Chi-square test：sig =0. 013 <0. 05，所以不同年龄段的人在对“关于职业劳动说法中最认同的是”的选择上有显著差异。

C10b by A2

关于职业劳动说法中第二认同的是 ＊ A2 Crosstabulation

	16—29 岁	30—39 岁	40—49 岁	50—59 岁	60—70 岁	总计
劳动是个人谋生的工具	26. 7%	29. 3%	24. 2%	22. 6%	22. 6%	24. 6%
劳动是为社会创造财富	38. 1%	44. 8%	48. 0%	44. 2%	44. 9%	44. 4%
劳动是天职	17. 0%	12. 1%	17. 2%	19. 8%	22. 3%	18. 2%

续表

	16—29 岁	30—39 岁	40—49 岁	50—59 岁	60—70 岁	总计
劳动是兴趣的驱使，快乐的源泉	18.2%	13.8%	10.5%	13.4%	10.2%	12.8%
总计	100.0%	100.0%	100.0%	100.0%	100.0%	100.0%
列总计	176	174	256	283	274	1163

Chi-square test：sig = 0.100 > 0.05，所以不同年龄段的人在对“关于职业劳动说法中第二认同的是”的选择上没有显著差异。

C10c by A2

关于职业劳动说法中第三认同的是 ＊ A2 Crosstabulation

	16—29 岁	30—39 岁	40—49 岁	50—59 岁	60—70 岁	总计
劳动是个人谋生的工具	15.6%	15.2%	10.1%	11.1%	14.0%	12.9%
劳动是为社会创造财富	29.5%	21.1%	22.3%	26.2%	19.2%	23.4%
劳动是天职	24.3%	29.2%	34.4%	41.0%	47.2%	36.6%
劳动是兴趣的驱使，快乐的源泉	30.6%	34.5%	33.2%	21.8%	19.6%	27.1%
总计	100.0%	100.0%	100.0%	100.0%	100.0%	100.0%
列总计	173	171	247	271	265	1127

Chi-square test：sig = 0.000 < 0.05，所以不同年龄段的人在对“关于职业劳动说法中第三认同的是”的选择上有显著差异。

C11a by A2、

目前大多数人将职业当作谋生的手段，缺乏责任感和奉献精神 ＊ A2 Crosstabulation

	16—29 岁	30—39 岁	40—49 岁	50—59 岁	60—70 岁	总计
完全不同意	8.5%	6.0%	7.8%	9.8%	4.9%	7.5%
不太同意	31.4%	29.1%	33.1%	36.2%	36.8%	33.9%
比较同意	48.4%	48.4%	47.6%	42.3%	50.2%	47.1%
完全同意	11.7%	16.5%	11.5%	11.7%	8.1%	11.5%
总计	100.0%	100.0%	100.0%	100.0%	100.0%	100.0%
列总计	188	182	269	307	285	1231

Chi-square test：sig = 0.138 > 0.05，所以不同年龄段的人在对“目前大多数人将职业当作谋生的手段，缺乏责任感和奉献精神”的认知上没有显著差异。

C11b by A2

企业老板剥削员工，利益关系不公正的说法 ＊ A2 Crosstabulation

	16—29 岁	30—39 岁	40—49 岁	50—59 岁	60—70 岁	总计
完全不同意	10.7%	4.4%	6.7%	9.9%	7.6%	8.0%
不太同意	25.7%	29.1%	31.1%	31.3%	20.9%	27.7%
比较同意	41.7%	47.8%	49.8%	37.8%	54.2%	46.3%
完全同意	21.9%	18.7%	12.4%	21.1%	17.3%	18.1%
总计	100.0%	100.0%	100.0%	100.0%	100.0%	100.0%
列总计	187	182	267	304	277	1217

Chi-square test：sig = 0.001 < 0.05，所以不同年龄段的人在对“企业老板剥削员工，利益关系不公正的说法”的认知上有显著差异。

C11c by A2

社会上老板和员工、上级和下级相互勾结，共同对社会不负责任 ＊ A2 Crosstabulation

	16—29 岁	30—39 岁	40—49 岁	50—59 岁	60—70 岁	总计
完全不同意	13.6%	9.4%	15.0%	17.2%	11.6%	13.7%
不太同意	39.7%	49.7%	43.2%	35.1%	36.0%	40.0%
比较同意	33.7%	30.9%	36.1%	33.8%	44.0%	36.2%
完全同意	13.0%	9.9%	5.6%	13.9%	8.4%	10.1%
总计	100.0%	100.0%	100.0%	100.0%	100.0%	100.0%
列总计	184	181	266	296	275	1202

Chi-square test：sig = 0.001 < 0.05，所以不同年龄段的人在对“社会上老板和员工、上级和下级相互勾结，共同对社会不负责任”的认知上有显著差异。

C11d by A2

是否离婚主要考虑自己的感受和利益 ＊ A2 Crosstabulation

	16—29 岁	30—39 岁	40—49 岁	50—59 岁	60—70 岁	总计
完全不同意	24.2%	32.2%	26.8%	23.4%	19.2%	24.6%
不太同意	42.5%	44.3%	43.5%	49.3%	45.6%	45.4%
比较同意	27.4%	17.5%	23.0%	22.4%	27.0%	23.6%
完全同意	5.9%	6.0%	6.7%	4.9%	8.2%	6.4%
总计	100.0%	100.0%	100.0%	100.0%	100.0%	100.0%
列总计	186	183	269	304	281	1223

Chi-square test：sig = 0.107 > 0.05，所以不同年龄段的人在对“是否离婚主要考虑自己的感受和利益”的认知上没有显著差异。

C11e by A2

是否离婚应该从家庭整体（包括子女）考虑 * A2 Crosstabulation

	16—29 岁	30—39 岁	40—49 岁	50—59 岁	60—70 岁	总计
完全不同意	7.5%	4.4%	6.0%	4.6%	3.9%	5.2%
不太同意	6.4%	5.5%	8.6%	8.6%	10.0%	8.1%
比较同意	43.3%	39.0%	47.4%	44.7%	50.0%	45.4%
完全同意	42.8%	51.1%	38.0%	42.1%	36.1%	41.3%
总计	100.0%	100.0%	100.0%	100.0%	100.0%	100.0%
列总计	187	182	266	304	280	1219

Chi-square test：sig = 0.133 > 0.05，所以不同年龄段的人在对“是否离婚应该从家庭整体（包括子女）考虑”的认知上没有显著差异。

C11f by A2

婚姻是社会的事，应当兼顾社会评价和社会后果 * A2 Crosstabulation

	16—29 岁	30—39 岁	40—49 岁	50—59 岁	60—70 岁	总计
完全不同意	8.1%	13.7%	11.7%	10.2%	8.4%	10.3%
不太同意	38.7%	37.4%	35.1%	30.2%	25.6%	32.5%
比较同意	38.7%	30.2%	37.0%	41.3%	48.4%	40.0%
完全同意	14.5%	18.7%	16.2%	18.4%	17.5%	17.2%
总计	100.0%	100.0%	100.0%	100.0%	100.0%	100.0%
列总计	186	182	265	305	285	1223

Chi-square test：sig = 0.016 < 0.05，所以不同年龄段的人在对“婚姻是社会的事，应当兼顾社会评价和社会后果”的认知上有显著差异。

C11g by A2

婚姻应当是自由的，如果有更满意或更合适的人就与现在的配偶离婚 * A2 Crosstabulation

	16—29 岁	30—39 岁	40—49 岁	50—59 岁	60—70 岁	总计
完全不同意	46.0%	49.2%	47.9%	52.1%	47.5%	48.8%
不太同意	35.8%	35.5%	37.1%	31.8%	31.2%	34.0%
比较同意	7.5%	7.1%	10.5%	11.5%	14.2%	10.6%
完全同意	10.7%	8.2%	4.5%	4.6%	7.1%	6.6%
总计	100.0%	100.0%	100.0%	100.0%	100.0%	100.0%

续表

	16—29 岁	30—39 岁	40—49 岁	50—59 岁	60—70 岁	总计
列总计	187	183	267	305	282	1224

Chi-square test：sig = 0. 069 > 0. 05，所以不同年龄段的人在对“婚姻应当是自由的，如果有更满意或更合适的人就与现在的配偶离婚”的认知上没有显著差异。

C12 by A2

造成生态环境问题最主要原因 ＊ A2 Crosstabulation

	16—29 岁	30—39 岁	40—49 岁	50—59 岁	60—70 岁	总计
企业唯利是图，造成环境污染	37. 8%	33. 7%	36. 7%	31. 9%	34. 4%	34. 7%
政府缺乏生态意识，政策失当	27. 1%	35. 4%	34. 1%	33. 2%	38. 7%	34. 0%
个人缺乏环保意识	17. 0%	10. 5%	10. 9%	16. 4%	11. 8%	13. 4%
当代人自私自利，不顾未来和子孙利益	18. 1%	20. 4%	18. 4%	18. 4%	15. 1%	17. 9%
总计	100. 0%	100. 0%	100. 0%	100. 0%	100. 0%	100. 0%
列总计	188	181	267	304	279	1219

Chi-square test：sig = 0. 240 > 0. 05，所以不同年龄段的人在对“造成生态环境问题最主要原因”的选择上没有显著差异。

C15a by A2

当今中国社会最基本的伦理冲突中第一位的冲突是 ＊ A2 Crosstabulation

	16—29 岁	30—39 岁	40—49 岁	50—59 岁	60—70 岁	总计
人与自然的冲突	14. 7%	15. 5%	20. 5%	13. 4%	18. 1%	16. 6%
人自我内在的冲突	19. 6%	18. 4%	11. 6%	10. 1%	7. 9%	12. 7%
人与人之间的冲突	46. 7%	42. 0%	39. 9%	46. 6%	40. 8%	43. 1%
个人与社会的冲突	8. 7%	12. 1%	13. 6%	10. 5%	14. 7%	12. 1%
个人与政府的冲突	10. 3%	12. 1%	14. 0%	19. 1%	18. 5%	15. 4%
其他			0. 4%	0. 4%		0. 2%
总计	100. 0%	100. 0%	100. 0%	100. 0%	100. 0%	100. 0%
列总计	184	174	258	277	265	1158

Chi-square test：sig = 0. 004 < 0. 05，所以不同年龄段的人在对“当今社会第一伦理冲突”的选择上有显著差异。

C15b by A2

当今中国社会最基本的伦理冲突中第二位的冲突是 * A2 Crosstabulation

	16—29 岁	30—39 岁	40—49 岁	50—59 岁	60—70 岁	总计
人与自然的冲突	5.5%	8.2%	9.9%	10.5%	9.2%	8.9%
人自我内在的冲突	26.0%	17.5%	18.3%	14.3%	14.7%	17.7%
人与人之间的冲突	23.2%	27.5%	25.4%	23.3%	26.7%	25.2%
个人与社会的冲突	34.8%	33.3%	31.3%	31.6%	29.1%	31.8%
个人与政府的冲突	10.5%	13.5%	15.1%	19.9%	20.3%	16.4%
其他				0.4%		0.1%
总计	100.0%	100.0%	100.0%	100.0%	100.0%	100.0%
列总计	181	171	252	266	251	1121

Chi-square test：sig = 0.095 > 0.05，所以不同年龄段的人在对“当今社会第二伦理冲突”的选择上没有显著差异。

C15c by A2

当今中国社会最基本的伦理冲突中第三位的冲突是 * A2 Crosstabulation

	16—29 岁	30—39 岁	40—49 岁	50—59 岁	60—70 岁	总计
人与自然的冲突	15.6%	12.4%	15.6%	16.5%	16.3%	15.5%
人自我内在的冲突	10.0%	13.6%	20.5%	17.3%	15.9%	15.9%
人与人之间的冲突	18.9%	22.5%	18.4%	16.9%	19.5%	19.0%
个人与社会的冲突	30.0%	28.4%	26.2%	24.2%	26.0%	26.7%
个人与政府的冲突	25.0%	23.1%	19.3%	24.2%	22.4%	22.7%
其他	0.6%			0.8%		0.3%
总计	100.0%	100.0%	100.0%	100.0%	100.0%	100.0%
列总计	180	169	244	260	246	1099

Chi-square test：sig = 0.501 > 0.05，所以不同年龄段的人在对“当今社会第三伦理冲突”的选择上没有显著差异。

C15d by A2

当今中国社会最基本的伦理冲突中第四位的冲突是 * A2 Crosstabulation

	16—29 岁	30—39 岁	40—49 岁	50—59 岁	60—70 岁	总计
人与自然的冲突	23.9%	21.9%	20.9%	25.6%	27.6%	24.1%
人自我内在的冲突	18.3%	24.9%	22.6%	22.4%	23.4%	22.4%
人与人之间的冲突	7.8%	4.1%	14.0%	9.1%	9.6%	9.3%

续表

	16—29 岁	30—39 岁	40—49 岁	50—59 岁	60—70 岁	总计
个人与社会的冲突	20.6%	21.3%	19.1%	24.0%	22.2%	21.5%
个人与政府的冲突	29.4%	27.2%	23.4%	18.1%	17.2%	22.4%
其他		0.6%		0.8%		0.3%
总计	100.0%	100.0%	100.0%	100.0%	100.0%	100.0%
列总计	180	169	235	254	239	1077

Chi-square test：sig = 0.035 < 0.05，所以不同年龄段的人在对“当今社会第四伦理冲突”的选择上有显著差异。

C15e by A2

当今中国社会最基本的伦理冲突中第五位的冲突是 * A2 Crosstabulation

	16—29 岁	30—39 岁	40—49 岁	50—59 岁	60—70 岁	总计
人与自然的冲突	40.8%	40.8%	34.0%	34.8%	29.8%	35.5%
人自我内在的冲突	25.7%	24.3%	26.4%	33.2%	37.0%	29.9%
人与人之间的冲突	3.9%	4.1%	2.1%	4.4%	2.5%	3.4%
个人与社会的冲突	5.0%	4.7%	8.1%	7.2%	7.6%	6.7%
个人与政府的冲突	24.0%	23.1%	28.1%	19.2%	21.4%	23.1%
其他	0.6%	3.0%	1.3%	1.2%	1.7%	1.5%
总计	100.0%	100.0%	100.0%	100.0%	100.0%	100.0%
列总计	179	169	235	250	238	1071

Chi-square test：sig = 0.117 > 0.05，所以不同年龄段的人在对“当今社会第五伦理冲突”的选择上没有显著差异。

C16 by A2

目前中国社会两性之间的性开放日益发展，它对社会风尚的影响是 * A2 Crosstabulation

	16—29 岁	30—39 岁	40—49 岁	50—59 岁	60—70 岁	总计
是社会进步的表现	11.7%	11.0%	10.4%	12.2%	7.7%	10.5%
从根本上污染了社会风气	18.6%	23.6%	27.8%	34.0%	44.3%	31.1%
个人选择，无所谓好坏	27.7%	19.8%	19.3%	14.5%	11.1%	17.6%
两性关系混乱必然导致道德沦丧	42.0%	45.6%	42.6%	39.3%	36.9%	40.8%
总计	100.0%	100.0%	100.0%	100.0%	100.0%	100.0%
列总计	188	182	270	303	287	1230

Chi-square test：sig = 0.000 < 0.05，所以不同年龄段的人在对“目前中国社会两性之间的性开放日益发展，它对社会风尚的影响是”的选择上有显著差异。

C17 by A2

当前中国社会个人道德素质的主要问题 * A2 Crosstabulation

	16—29 岁	30—39 岁	40—49 岁	50—59 岁	60—70 岁	总计
道德上无知	8.0%	5.0%	11.6%	14.8%	22.4%	13.4%
有道德知识，但不见诸行动	82.4%	81.1%	79.8%	67.8%	65.1%	74.0%
既无知，也不行动	9.1%	12.2%	7.9%	13.8%	9.6%	10.6%
其他	0.5%	1.7%	0.7%	3.6%	2.8%	2.1%
总计	100.0%	100.0%	100.0%	100.0%	100.0%	100.0%
列总计	187	180	267	304	281	1219

Chi-square test：sig = 0.000 < 0.05，所以不同年龄段的人在对“当前中国社会个人道德素质的主要问题”的选择上有显著差异。

C18 by A2

对在网上曝光别人隐私行为的看法 * A2 Crosstabulation

	16—29 岁	30—39 岁	40—49 岁	50—59 岁	60—70 岁	总计
是违法行为，应该制止	32.1%	28.6%	28.9%	27.2%	22.3%	27.4%
是不道德行为，应该进行谴责	40.1%	48.4%	51.9%	53.5%	62.8%	52.5%
是社会监督的合理途径	10.7%	4.9%	5.6%	7.6%	5.0%	6.6%
是网民的自由，别人不应该干涉	3.2%	6.6%	5.6%	3.0%	1.1%	3.7%
说不清	13.9%	11.5%	8.1%	8.6%	8.9%	9.8%
总计	100.0%	100.0%	100.0%	100.0%	100.0%	100.0%
列总计	187	182	270	301	282	1222

Chi-square test：sig = 0.000 < 0.05，所以不同年龄段的人在对“对曝光别人隐私行为的看法”的选择上有显著差异。

C19 by A2

对自己目前的生活状态是否满意 * A2 Crosstabulation

	16—29 岁	30—39 岁	40—49 岁	50—59 岁	60—70 岁	总计
很满意	6.9%	13.1%	10.3%	17.5%	25.9%	15.6%
比较满意	72.9%	62.3%	72.0%	63.6%	60.3%	65.9%
不太满意	18.6%	22.4%	16.6%	17.5%	12.8%	17.1%
很不满意	1.6%	2.2%	1.1%	1.3%	1.0%	1.4%
总计	100.0%	100.0%	100.0%	100.0%	100.0%	100.0%

续表

	16—29 岁	30—39 岁	40—49 岁	50—59 岁	60—70 岁	总计
列总计	188	183	271	308	290	1240

Chi-square test：sig = 0. 000 < 0. 05，所以不同年龄段的人在对“对自己目前的生活状态是否满意”的自我评价上有显著差异。

C20a by A2

文明城市创建的效果 * A2 Crosstabulation

	16—29 岁	30—39 岁	40—49 岁	50—59 岁	60—70 岁	总计
完全没效果	5. 9%	8. 3%	4. 8%	4. 9%	2. 8%	5. 0%
效果较差	24. 1%	30. 9%	21. 1%	18. 0%	23. 1%	22. 7%
效果较好	50. 3%	42. 0%	53. 3%	50. 2%	43. 0%	48. 0%
效果很好	10. 7%	15. 5%	14. 8%	11. 8%	18. 9%	14. 5%
没听说过该活动	9. 1%	3. 3%	5. 9%	15. 1%	12. 2%	9. 8%
总计	100. 0%	100. 0%	100. 0%	100. 0%	100. 0%	100. 0%
列总计	187	181	270	305	286	1229

Chi-square test：sig = 0. 000 < 0. 05，所以不同年龄段的人在对“文明城市创建的效果”的评价上有显著差异。

C20b by A2

学雷锋活动的效果 * A2 Crosstabulation

	16—29 岁	30—39 岁	40—49 岁	50—59 岁	60—70 岁	总计
完全没效果	7. 5%	11. 5%	8. 5%	7. 9%	4. 2%	7. 6%
效果较差	30. 5%	29. 1%	31. 7%	24. 3%	26. 4%	28. 1%
效果较好	40. 6%	41. 8%	40. 2%	43. 3%	44. 4%	42. 3%
效果很好	16. 0%	15. 4%	18. 5%	22. 0%	22. 9%	19. 5%
没听说过该活动	5. 3%	2. 2%	1. 1%	2. 6%	2. 1%	2. 5%
总计	100. 0%	100. 0%	100. 0%	100. 0%	100. 0%	100. 0%
列总计	187	182	271	305	288	1233

Chi-square test：sig = 0. 043 < 0. 05，所以不同年龄段的人在对“学雷锋活动的效果”的评价上有显著差异。

C20c by A2

典型人物宣传（感动中国、中国好人、道德楷模等）的效果 ＊ A2 Crosstabulation

	16—29 岁	30—39 岁	40—49 岁	50—59 岁	60—70 岁	总计
完全没效果	8. 1%	7. 7%	6. 3%	6. 6%	2. 5%	6. 0%
效果较差	21. 5%	23. 6%	20. 1%	14. 5%	14. 8%	18. 2%
效果较好	47. 8%	47. 8%	45. 7%	50. 0%	47. 5%	47. 8%
效果很好	16. 1%	15. 4%	21. 9%	18. 1%	25. 4%	19. 9%
没听说过该活动	6. 5%	5. 5%	5. 9%	10. 9%	9. 9%	8. 1%
总计	100. 0%	100. 0%	100. 0%	100. 0%	100. 0%	100. 0%
列总计	186	182	269	304	284	1225

Chi-square test：sig = 0. 006 < 0. 05，所以不同年龄段的人在对“典型人物宣传的效果”的评价上有显著差异。

C20d by A2

志愿服务倡导和推广的效果 ＊ A2 Crosstabulation

	16—29 岁	30—39 岁	40—49 岁	50—59 岁	60—70 岁	总计
完全没效果	2. 7%	4. 9%	2. 6%	1. 6%	1. 8%	2. 5%
效果较差	15. 5%	21. 9%	17. 2%	15. 7%	13. 7%	16. 5%
效果较好	54. 5%	44. 8%	51. 5%	47. 9%	47. 9%	49. 2%
效果很好	20. 3%	16. 9%	22. 4%	22. 6%	23. 2%	21. 5%
没听说过该活动	7. 0%	11. 5%	6. 3%	12. 1%	13. 4%	10. 3%
总计	100. 0%	100. 0%	100. 0%	100. 0%	100. 0%	100. 0%
列总计	187	183	268	305	284	1227

Chi-square test：sig = 0. 063 > 0. 05，所以不同年龄段的人在对“志愿服务倡导和推广的效果”的评价上没有显著差异。

C20e by A2

反腐倡廉举措的效果 ＊ A2 Crosstabulation

	16—29 岁	30—39 岁	40—49 岁	50—59 岁	60—70 岁	总计
完全没效果	15. 1%	14. 9%	8. 9%	10. 2%	5. 3%	10. 2%
效果较差	28. 0%	28. 2%	31. 5%	22. 4%	22. 1%	26. 0%
效果较好	36. 6%	32. 6%	34. 8%	36. 8%	42. 5%	37. 0%
效果很好	16. 1%	14. 9%	18. 1%	19. 1%	18. 9%	17. 8%

续表

	16—29 岁	30—39 岁	40—49 岁	50—59 岁	60—70 岁	总计
没听说过该活动	4.3%	9.4%	6.7%	11.5%	11.2%	9.0%
总计	100.0%	100.0%	100.0%	100.0%	100.0%	100.0%
列总计	186	181	270	304	285	1226

Chi-square test：sig = 0.002 < 0.05，所以不同年龄段的人在对“反腐倡廉举措的效果”的评价上有显著差异。

C20f by A2

《公民道德建设实施纲要》的推进效果 ＊ A2 Crosstabulation

	16—29 岁	30—39 岁	40—49 岁	50—59 岁	60—70 岁	总计
完全没效果	4.9%	9.4%	5.2%	2.3%	1.8%	4.2%
效果较差	23.2%	19.9%	16.0%	12.1%	13.0%	16.0%
效果较好	35.1%	25.4%	29.9%	31.0%	28.9%	30.1%
效果很好	14.6%	12.7%	13.1%	8.2%	9.5%	11.2%
没听说过该活动	22.2%	32.6%	35.8%	46.4%	46.8%	38.5%
总计	100.0%	100.0%	100.0%	100.0%	100.0%	100.0%
列总计	185	181	268	306	284	1224

Chi-square test：sig = 0.000 < 0.05，所以不同年龄段的人在对“《公民道德建设实施纲要》的推进效果”的评价上有显著差异。

C21 by A2

判断某一行为是否符合伦理或道德的标准是 ＊ A2 Crosstabulation

	16—29 岁	30—39 岁	40—49 岁	50—59 岁	60—70 岁	总计
传统	4.8%	9.8%	9.0%	13.3%	19.6%	12.0%
风俗习惯	4.8%	3.8%	6.7%	6.7%	5.9%	5.8%
大多数人认同的道德规范	42.5%	44.8%	35.2%	24.3%	28.3%	33.5%
当事人共同利益和意志	7.0%	4.4%	4.9%	1.3%	0.7%	3.3%
自己的良心	39.8%	36.6%	43.8%	53.3%	44.8%	44.7%
自己利益	1.1%	0.5%	0.4%	1.0%	0.7%	0.7%
总计	100.0%	100.0%	100.0%	100.0%	100.0%	100.0%
列总计	186	183	267	300	286	1222

Chi-square test：sig = 0.000 < 0.05，所以不同年龄段的人在对“判断某一行为符合伦理或道德的标准”的选择上有显著差异。

C22a by A2

在下列关系中，排在第一位的关系 * A2 Crosstabulation

	16—29 岁	30—39 岁	40—49 岁	50—59 岁	60—70 岁	总计
父母与子女	77.9%	64.2%	70.1%	68.1%	53.8%	66.4%
夫妇	12.7%	26.1%	22.6%	23.3%	36.8%	24.8%
兄弟姐妹			1.5%	0.3%	0.4%	0.5%
同事或同学				0.3%	0.4%	0.2%
上级或下级		0.6%		0.3%	0.8%	0.3%
师生					0.4%	0.1%
个人与自然的关系	2.2%	3.4%	0.4%	0.3%	0.8%	1.2%
个人与社会	0.6%	1.7%	1.5%	2.8%	2.0%	1.8%
个人与工作单位			0.4%	1.0%	0.8%	0.5%
朋友	0.6%			1.0%	1.6%	0.7%
个人与自身的关系（身心和谐）	6.1%	4.0%	3.4%	2.4%	2.4%	3.5%
总计	100.0%	100.0%	100.0%	100.0%	100.0%	100.0%
列总计	181	176	261	288	253	1159

Chi-square test：sig = 0.000 < 0.05，所以不同年龄段的人在对“众多关系中，排在第一位的关系”的选择上有显著差异。

C22b by A2

在下列关系中，排在第二位的关系 * A2 Crosstabulation

	16—29 岁	30—39 岁	40—49 岁	50—59 岁	60—70 岁	总计
父母与子女	18.9%	25.3%	24.4%	27.3%	36.5%	27.2%
夫妇	55.0%	53.9%	57.3%	56.0%	44.9%	53.2%
兄弟姐妹	11.1%	10.1%	11.5%	8.2%	5.1%	8.9%
同事或同学	1.7%	1.1%	0.8%	0.3%	1.5%	1.0%
上级或下级	2.8%	0.6%	0.4%	1.0%	2.6%	1.4%
师生	1.1%	0.6%		0.7%	0.4%	0.5%
个人与自然的关系	1.7%	1.1%	0.8%	0.7%	1.1%	1.0%
个人与社会	3.9%	5.1%	3.1%	3.4%	6.6%	4.4%
个人与工作单位	0.6%	1.1%		1.7%	0.4%	0.8%
通过网络建立的关系				0.3%		0.1%
朋友	1.7%	0.6%	1.1%	0.3%	0.7%	0.8%
个人与自身的关系（身心和谐）	1.7%	0.6%	0.8%		0.4%	0.6%

续表

	16—29 岁	30—39 岁	40—49 岁	50—59 岁	60—70 岁	总计
总计	100. 0%	100. 0%	100. 0%	100. 0%	100. 0%	100. 0%
列总计	180	178	262	293	274	1187

Chi-square test：sig = 0. 022 < 0. 05，所以不同年龄段的人在对“众多关系中，排在第二位的关系”的选择上有显著差异。

C22c by A2

在下列关系中，排在第三位的关系 ＊ A2 Crosstabulation

	16—29 岁	30—39 岁	40—49 岁	50—59 岁	60—70 岁	总计
父母与子女	5. 0%	8. 0%	3. 9%	6. 2%	8. 3%	6. 3%
夫妇	15. 0%	6. 9%	10. 2%	9. 3%	12. 1%	10. 7%
兄弟姐妹	55. 0%	62. 9%	65. 4%	65. 1%	58. 9%	61. 8%
同事或同学	5. 6%	5. 7%	6. 7%	5. 9%	4. 2%	5. 6%
上级或下级	1. 1%	1. 7%	1. 2%	1. 4%	3. 0%	1. 7%
师生	0. 6%	0. 6%	1. 2%	0. 3%	1. 9%	0. 9%
个人与自然的关系	2. 2%	1. 7%	1. 2%	0. 7%	1. 9%	1. 5%
个人与社会	5. 6%	4. 0%	3. 5%	3. 8%	3. 0%	3. 9%
个人与工作单位	1. 7%	2. 9%	2. 8%	1. 4%	0. 8%	1. 8%
朋友	4. 4%	5. 1%	3. 5%	4. 5%	4. 9%	4. 5%
个人与自身的关系（身心和谐）	3. 9%	0. 6%	0. 4%	1. 4%	1. 1%	1. 4%
总计	100. 0%	100. 0%	100. 0%	100. 0%	100. 0%	100. 0%
列总计	180	175	254	289	265	1163

Chi-square test：sig = 0. 292 > 0. 05，所以不同年龄段的人在对“众多关系中，排在第三位的关系”的选择上没有显著差异。

C22d by A2

在下列关系中，排在第四位的关系 ＊ A2 Crosstabulation

	16—29 岁	30—39 岁	40—49 岁	50—59 岁	60—70 岁	总计
父母与子女	1. 1%	2. 4%	1. 7%	1. 2%	4. 8%	2. 2%
夫妇	3. 4%	7. 7%	3. 0%	7. 7%	6. 6%	5. 7%
兄弟姐妹	10. 1%	3. 6%	7. 2%	13. 1%	15. 7%	10. 4%
同事或同学	25. 8%	21. 3%	24. 1%	19. 7%	15. 7%	21. 1%
上级或下级	7. 3%	7. 7%	13. 5%	9. 7%	5. 7%	9. 0%

续表

	16—29 岁	30—39 岁	40—49 岁	50—59 岁	60—70 岁	总计
师生	5. 6%	7. 1%	5. 1%	2. 7%	6. 1%	5. 1%
个人与自然的关系	3. 9%	2. 4%	5. 5%	3. 9%	6. 1%	4. 5%
个人与社会	14. 6%	13. 6%	7. 2%	11. 6%	8. 7%	10. 8%
个人与工作单位	7. 3%	3. 6%	9. 3%	5. 4%	5. 2%	6. 3%
通过网络建立的关系		0. 6%		0. 4%		0. 2%
朋友	18. 5%	25. 4%	20. 3%	21. 6%	21. 4%	21. 4%
个人与自身的关系（身心和谐）	2. 2%	4. 7%	3. 4%	3. 1%	3. 9%	3. 5%
总计	100. 0%	100. 0%	100. 0%	100. 0%	100. 0%	100. 0%
列总计	178	169	237	259	229	1072

Chi-square test：sig = 0. 001 < 0. 05，所以不同年龄段的人在对“众多关系中，排在第四位的关系”的选择上有显著差异。

C22e by A2

在下列关系中，排在第五位的关系 ＊ A2 Crosstabulation

	16—29 岁	30—39 岁	40—49 岁	50—59 岁	60—70 岁	总计
父母与子女	1. 1%	0. 6%	0. 4%	1. 2%	0. 9%	0. 9%
夫妇	2. 9%	2. 5%	1. 3%	1. 6%	3. 7%	2. 3%
兄弟姐妹	4. 6%	5. 0%	3. 0%	5. 2%	10. 7%	5. 7%
同事或同学	18. 9%	18. 1%	15. 6%	16. 5%	11. 7%	16. 0%
上级或下级	8. 0%	10. 6%	16. 5%	10. 1%	13. 1%	11. 9%
师生	4. 6%	2. 5%	4. 6%	4. 4%	9. 8%	5. 3%
个人与自然的关系	6. 3%	8. 1%	3. 8%	4. 4%	2. 8%	4. 8%
个人与社会	18. 3%	14. 4%	18. 1%	17. 7%	18. 2%	17. 5%
个人与工作单位	6. 9%	10. 6%	12. 2%	11. 7%	6. 1%	9. 7%
通过网络建立的关系	0. 6%				0. 5%	0. 2%
朋友	16. 6%	20. 0%	16. 9%	18. 5%	18. 2%	18. 0%
个人与自身的关系（身心和谐）	11. 4%	7. 5%	7. 6%	8. 5%	4. 2%	7. 7%
总计	100. 0%	100. 0%	100. 0%	100. 0%	100. 0%	100. 0%
列总计	175	160	237	248	214	1034

Chi-square test：sig = 0. 015 < 0. 05，所以不同年龄段的人在对“众多关系中，排在第五位的关系”的选择上有显著差异。

C23 by A2

对社会秩序最具根本性意义的关系 * A2 Crosstabulation

	16—29 岁	30—39 岁	40—49 岁	50—59 岁	60—70 岁	总计
家庭伦理关系或血缘关系	25.4%	26.3%	28.8%	26.4%	28.8%	27.3%
个人与社会的关系	42.2%	45.3%	36.7%	36.8%	29.9%	37.3%
职业伦理关系	4.3%	2.8%	1.9%	3.7%	2.2%	2.9%
个人与国家民族的关系	14.6%	16.2%	22.7%	28.4%	34.9%	24.7%
个人与自然的关系	5.4%	5.0%	4.5%	2.0%	1.4%	3.4%
个人与他自身的关系	8.1%	4.5%	5.3%	2.7%	2.9%	4.4%
总计	100.0%	100.0%	100.0%	100.0%	100.0%	100.0%
列总计	185	179	264	299	278	1205

Chi-square test：sig = 0.000 < 0.05，所以不同年龄段的人在对“社会秩序最具根本性意义的关系”的选择上有显著差异。

C24 by A2

对个人生活最具根本性意义的关系 * A2 Crosstabulation

	16—29 岁	30—39 岁	40—49 岁	50—59 岁	60—70 岁	总计
家庭伦理关系或血缘关系	56.7%	68.5%	69.6%	74.5%	64.7%	67.5%
个人与社会的关系	13.9%	8.8%	15.6%	9.4%	11.9%	11.9%
职业伦理关系	7.0%	2.2%	3.0%	1.3%	2.8%	3.0%
个人与国家民族的关系	6.4%	6.6%	5.7%	7.7%	14.3%	8.5%
个人与自然的关系	2.1%	6.1%	0.4%	2.0%	1.7%	2.2%
个人与他自身的关系	13.9%	7.7%	5.7%	5.0%	4.5%	6.8%
总计	100.0%	100.0%	100.0%	100.0%	100.0%	100.0%
列总计	187	181	263	298	286	1215

Chi-square test：sig = 0.000 < 0.05，所以不同年龄段的人在对“个人生活最具根本性意义的关系”的选择上有显著差异。

C25 by A2

是否会为了得到好处而仿效他人不守道德 * A2 Crosstabulation

	16—29 岁	30—39 岁	40—49 岁	50—59 岁	60—70 岁	总计
从来不这么做	58.5%	67.8%	76.0%	81.2%	88.3%	76.3%
通常不这么做，关键时刻会这么做	22.9%	17.5%	16.2%	11.7%	6.6%	14.0%

续表

	16—29 岁	30—39 岁	40—49 岁	50—59 岁	60—70 岁	总计
经常这么做	1. 1%		0. 4%	1. 3%	0. 7%	0. 7%
说不清	17. 6%	14. 8%	7. 4%	5. 8%	4. 5%	9. 0%
总计	100. 0%	100. 0%	100. 0%	100. 0%	100. 0%	100. 0%
列总计	188	183	271	308	290	1240

Chi-square test：sig = 0. 000 < 0. 05，所以不同年龄段的人在对“是否会为了得到好处而仿效他人不守道德”的选择上有显著差异。

C27 by A2

从网络中获得的信息对思想行为的影响 * A2 Crosstabulation

	16—29 岁	30—39 岁	40—49 岁	50—59 岁	60—70 岁	总计
影响很大	7. 4%	6. 0%	5. 6%	3. 0%	2. 1%	4. 5%
有一些影响	55. 9%	47. 0%	34. 9%	18. 4%	11. 8%	30. 4%
不太影响	24. 5%	22. 4%	23. 0%	14. 8%	10. 4%	18. 2%
完全没有影响	4. 8%	7. 7%	5. 2%	3. 0%	4. 5%	4. 8%
不适用，因为不上网	7. 4%	16. 9%	31. 2%	60. 9%	71. 2%	42. 1%
总计	100. 0%	100. 0%	100. 0%	100. 0%	100. 0%	100. 0%
列总计	188	183	269	304	288	1232

Chi-square test：sig = 0. 000 < 0. 05，所以不同年龄段的人在对“从网络中获得的信息对思想行为的影响”的评价上有显著差异。

C28a by A2

坑蒙拐骗现象的严重程度 * A2 Crosstabulation

	16—29 岁	30—39 岁	40—49 岁	50—59 岁	60—70 岁	总计
非常不严重	4. 8%	1. 1%	4. 4%	2. 9%	2. 8%	3. 2%
比较不严重	18. 6%	20. 9%	23. 6%	28. 1%	22. 4%	23. 3%
比较严重	52. 1%	54. 4%	50. 9%	42. 5%	54. 9%	50. 4%
非常严重	24. 5%	23. 6%	21. 0%	26. 5%	19. 9%	23. 0%
总计	100. 0%	100. 0%	100. 0%	100. 0%	100. 0%	100. 0%
列总计	188	182	271	306	286	1233

Chi-square test：sig = 0. 070 > 0. 05，所以不同年龄段的人在对“坑蒙拐骗现象的严重程度”的评价上没有显著差异。

C28b by A2

人际关系冷漠，见危不救现象的严重程度 * A2 Crosstabulation

	16—29岁	30—39岁	40—49岁	50—59岁	60—70岁	总计
非常不严重	3.7%	2.2%	3.0%	4.3%	4.2%	3.6%
比较不严重	21.3%	23.1%	30.6%	38.2%	37.8%	31.6%
比较严重	47.9%	58.2%	53.9%	41.8%	48.3%	49.3%
非常严重	27.1%	16.5%	12.5%	15.8%	9.7%	15.5%
总计	100.0%	100.0%	100.0%	100.0%	100.0%	100.0%
列总计	188	182	271	304	288	1233

Chi-square test：sig = 0.000 < 0.05，所以不同年龄段的人在对“人际关系冷漠，见危不救现象的严重程度”的评价上有显著差异。

C28c by A2

诚信缺乏，社会信用度低的严重程度 * A2 Crosstabulation

	16—29岁	30—39岁	40—49岁	50—59岁	60—70岁	总计
非常不严重	2.7%	1.7%	3.4%	3.3%	2.1%	2.7%
比较不严重	21.9%	24.4%	27.2%	31.3%	36.8%	29.2%
比较严重	54.5%	61.7%	56.3%	50.3%	51.9%	54.3%
非常严重	20.9%	12.2%	13.1%	15.1%	9.1%	13.7%
总计	100.0%	100.0%	100.0%	100.0%	100.0%	100.0%
列总计	187	180	268	304	285	1224

Chi-square test：sig = 0.005 < 0.05，所以不同年龄段的人在对“诚信缺乏，社会信用度低的严重程度”的评价上有显著差异。

C28d by A2

很多人在公共场所缺乏公德如大声喧哗、不排队、随地吐痰的严重程度 * A2 Crosstabulation

	16—29岁	30—39岁	40—49岁	50—59岁	60—70岁	总计
非常不严重	1.1%	1.6%	3.7%	2.0%	2.8%	2.4%
比较不严重	19.3%	29.7%	26.7%	37.6%	42.2%	32.3%
比较严重	56.1%	51.1%	52.6%	43.5%	45.3%	48.9%
非常严重	23.5%	17.6%	17.0%	17.0%	9.8%	16.4%
总计	100.0%	100.0%	100.0%	100.0%	100.0%	100.0%
列总计	187	182	270	306	287	1232

Chi-square test：sig = 0.000 < 0.05，所以不同年龄段的人在对“很多人在公共场所缺乏公德如大声喧哗、不排队、随地吐痰的严重程度”的评价上有显著差异。

C28e by A2

自私自利，损人利己，物欲横流的严重程度 * A2 Crosstabulation

	16—29 岁	30—39 岁	40—49 岁	50—59 岁	60—70 岁	总计
非常不严重	0.5%	2.2%	3.7%	2.6%	3.8%	2.8%
比较不严重	25.0%	28.7%	31.6%	38.6%	38.1%	33.4%
比较严重	54.3%	53.6%	53.2%	42.8%	48.8%	49.8%
非常严重	20.2%	15.5%	11.5%	16.0%	9.3%	14.0%
总计	100.0%	100.0%	100.0%	100.0%	100.0%	100.0%
列总计	188	181	269	306	289	1233

Chi-square test：sig = 0.001 < 0.05，所以不同年龄段的人在对“自私自利，损人利己，物欲横流的严重程度”的评价上有显著差异。

C28f by A2

缺乏公正心和正义感的严重程度 * A2 Crosstabulation

	16—29 岁	30—39 岁	40—49 岁	50—59 岁	60—70 岁	总计
非常不严重	4.3%	3.3%	5.2%	5.6%	5.2%	4.9%
比较不严重	28.2%	33.0%	35.1%	40.8%	40.9%	36.5%
比较严重	50.5%	50.0%	49.3%	43.4%	48.3%	47.9%
非常严重	17.0%	13.7%	10.4%	10.2%	5.6%	10.7%
总计	100.0%	100.0%	100.0%	100.0%	100.0%	100.0%
列总计	188	182	268	304	286	1228

Chi-square test：sig = 0.010 < 0.05，所以不同年龄段的人在对“缺乏公正心和正义感的严重程度”的评价上有显著差异。

C28g by A2

缺乏羞耻感的严重程度 * A2 Crosstabulation

	16—29 岁	30—39 岁	40—49 岁	50—59 岁	60—70 岁	总计
非常不严重	4.3%	3.9%	6.7%	7.5%	5.3%	5.8%
比较不严重	36.2%	35.0%	43.3%	44.1%	49.5%	42.6%
比较严重	43.6%	48.3%	39.3%	36.9%	39.6%	40.8%
非常严重	16.0%	12.8%	10.7%	11.4%	5.6%	10.8%
总计	100.0%	100.0%	100.0%	100.0%	100.0%	100.0%
列总计	188	180	270	306	285	1229

Chi-square test：sig = 0.005 < 0.05，所以不同年龄段的人在对“缺乏羞耻感的严重程度”的评价上有显著差异。

C28h by A2

干部贪污受贿，以权谋利的严重程度 ＊ A2 Crosstabulation

	16—29 岁	30—39 岁	40—49 岁	50—59 岁	60—70 岁	总计
非常不严重	1.6%	0.6%	2.6%	3.0%	2.2%	2.1%
比较不严重	10.8%	16.2%	15.2%	21.7%	19.2%	17.2%
比较严重	40.9%	46.4%	47.2%	35.5%	42.0%	42.0%
非常严重	46.8%	36.9%	34.9%	39.8%	36.6%	38.6%
总计	100.0%	100.0%	100.0%	100.0%	100.0%	100.0%
列总计	186	179	269	304	276	1214

Chi-square test：sig = 0.025 < 0.05，所以不同年龄段的人在对“干部贪污受贿，以权谋利的严重程度”的评价上有显著差异。

C28i by A2

生活奢侈，铺张浪费的严重程度 ＊ A2 Crosstabulation

	16—29 岁	30—39 岁	40—49 岁	50—59 岁	60—70 岁	总计
非常不严重	4.8%	2.2%	3.7%	4.6%	6.0%	4.4%
比较不严重	21.4%	28.7%	28.5%	33.8%	35.4%	30.4%
比较严重	50.8%	48.1%	53.2%	42.7%	44.9%	47.5%
非常严重	23.0%	21.0%	14.6%	18.9%	13.7%	17.7%
总计	100.0%	100.0%	100.0%	100.0%	100.0%	100.0%
列总计	187	181	267	302	285	1222

Chi-square test：sig = 0.013 < 0.05，所以不同年龄段的人在对“生活奢侈，铺张浪费的严重程度”的评价上有显著差异。

C28j by A2

奉行功利主义，相互算计的严重程度 ＊ A2 Crosstabulation

	16—29 岁	30—39 岁	40—49 岁	50—59 岁	60—70 岁	总计
非常不严重	2.7%	2.2%	3.3%	4.9%	5.7%	4.0%
比较不严重	26.3%	35.2%	40.7%	39.3%	45.4%	38.4%
比较严重	52.7%	50.0%	45.9%	43.0%	41.8%	45.9%
非常严重	18.3%	12.6%	10.0%	12.8%	7.1%	11.7%
总计	100.0%	100.0%	100.0%	100.0%	100.0%	100.0%
列总计	186	182	270	305	282	1225

Chi-square test：sig = 0.001 < 0.05，所以不同年龄段的人在对“奉行功利主义，相互算计的严重程度”的评价上有显著差异。

C28k by A2

企业损害社会利益的严重程度，如污染环境、以虚假广告误导公众等 * A2 Crosstabulation

	16—29岁	30—39岁	40—49岁	50—59岁	60—70岁	总计
非常不严重	2.1%	0.5%	3.0%	4.0%	2.1%	2.5%
比较不严重	11.2%	19.2%	24.6%	23.8%	27.9%	22.3%
比较严重	53.7%	49.5%	52.2%	52.1%	53.6%	52.3%
非常严重	33.0%	30.8%	20.1%	20.1%	16.4%	22.9%
总计	100.0%	100.0%	100.0%	100.0%	100.0%	100.0%
列总计	188	182	268	303	280	1221

Chi-square test：sig = 0.000 < 0.05，所以不同年龄段的人在对“企业损害社会利益的严重程度，如污染环境、以虚假广告误导公众等”的评价上有显著差异。

C28l by A2

娱乐界以丑闻、绯闻炒作，污染社会风气的严重程度 * A2 Crosstabulation

	16—29岁	30—39岁	40—49岁	50—59岁	60—70岁	总计
非常不严重	0.5%	1.7%	2.3%	3.0%	3.3%	2.3%
比较不严重	19.0%	22.9%	31.9%	39.3%	38.6%	31.6%
比较严重	51.6%	50.9%	50.6%	41.5%	49.2%	48.3%
非常严重	28.8%	24.6%	15.2%	16.3%	8.9%	17.8%
总计	100.0%	100.0%	100.0%	100.0%	100.0%	100.0%
列总计	184	175	257	270	246	1132

Chi-square test：sig = 0.000 < 0.05，所以不同年龄段的人在对“娱乐界以丑闻、绯闻炒作，污染社会风气的严重程度”的评价上有显著差异。

C28m by A2

媒体缺乏社会责任，炒作新闻的严重程度 * A2 Crosstabulation

	16—29岁	30—39岁	40—49岁	50—59岁	60—70岁	总计
非常不严重	1.6%	1.1%	4.6%	2.6%	5.1%	3.2%
比较不严重	18.9%	28.7%	34.6%	47.1%	45.8%	36.6%
比较严重	57.3%	54.0%	49.2%	36.1%	42.3%	46.6%
非常严重	22.2%	16.1%	11.5%	14.2%	6.7%	13.5%
总计	100.0%	100.0%	100.0%	100.0%	100.0%	100.0%
列总计	185	174	260	274	253	1146

Chi-square test：sig = 0.000 < 0.05，所以不同年龄段的人在对“媒体缺乏社会责任，炒作新闻的严重程度”的评价上有显著差异。

C28n by A2

社会财富分配不公，贫富悬殊过大的严重程度 ＊ A2 Crosstabulation

	16—29 岁	30—39 岁	40—49 岁	50—59 岁	60—70 岁	总计
非常不严重	1.6%	1.1%	1.9%	1.3%	1.4%	1.5%
比较不严重	15.5%	17.0%	18.4%	14.7%	16.2%	16.3%
比较严重	50.8%	44.5%	50.9%	42.2%	46.1%	46.7%
非常严重	32.1%	37.4%	28.8%	41.8%	36.3%	35.6%
总计	100.0%	100.0%	100.0%	100.0%	100.0%	100.0%
列总计	187	182	267	306	284	1226

Chi-square test：sig = 0.389 > 0.05，所以不同年龄段的人在对“社会财富分配不公，贫富悬殊过大的严重程度”的评价上没有显著差异。

C28o by A2

教师不尽职的严重程度 ＊ A2 Crosstabulation

	16—29 岁	30—39 岁	40—49 岁	50—59 岁	60—70 岁	总计
非常不严重	9.6%	16.2%	13.8%	14.3%	16.1%	14.2%
比较不严重	48.1%	46.4%	51.3%	48.5%	53.1%	49.8%
比较严重	26.2%	26.3%	27.1%	27.2%	25.2%	26.4%
非常严重	16.0%	11.2%	7.8%	10.0%	5.6%	9.6%
总计	100.0%	100.0%	100.0%	100.0%	100.0%	100.0%
列总计	187	179	269	301	286	1222

Chi-square test：sig = 0.067 > 0.05，所以不同年龄段的人在对“教师不尽职的严重程度”的评价上没有显著差异。

C28p by A2

医生不守职业道德的严重程度 ＊ A2 Crosstabulation

	16—29 岁	30—39 岁	40—49 岁	50—59 岁	60—70 岁	总计
非常不严重	10.6%	8.8%	10.7%	12.9%	14.5%	11.8%
比较不严重	41.0%	47.0%	53.1%	44.2%	46.6%	46.7%
比较严重	29.8%	29.8%	27.3%	31.4%	31.1%	29.9%
非常严重	18.6%	14.4%	8.9%	11.6%	7.8%	11.6%
总计	100.0%	100.0%	100.0%	100.0%	100.0%	100.0%
列总计	188	181	271	303	283	1226

Chi-square test：sig = 0.024 < 0.05，所以不同年龄段的人在对“医生不守职业道德的严重程度”的评价上有显著差异。

C28r by A2

公众人物用知名度攫取财富的严重程度 ＊ A2 Crosstabulation

	16—29 岁	30—39 岁	40—49 岁	50—59 岁	60—70 岁	总计
非常不严重	3.2%	2.3%	7.7%	5.3%	8.5%	5.8%
比较不严重	25.4%	24.0%	30.0%	37.0%	37.5%	31.7%
比较严重	49.2%	55.4%	47.3%	43.4%	47.1%	47.8%
非常严重	22.2%	18.3%	15.0%	14.2%	6.9%	14.7%
总计	100.0%	100.0%	100.0%	100.0%	100.0%	100.0%
列总计	185	175	260	281	259	1160

Chi-square test：sig = 0.000 < 0.05，所以不同年龄段的人在对“公众人物用知名度攫取财富的严重程度”的评价上有显著差异。

C28s by A2

不爱国的严重程度 ＊ A2 Crosstabulation

	16—29 岁	30—39 岁	40—49 岁	50—59 岁	60—70 岁	总计
非常不严重	21.3%	28.7%	26.0%	37.9%	44.1%	32.8%
比较不严重	45.2%	41.4%	48.0%	41.9%	41.9%	43.7%
比较严重	22.3%	19.3%	17.8%	13.0%	9.7%	15.7%
非常严重	11.2%	10.5%	8.2%	7.3%	4.3%	7.9%
总计	100.0%	100.0%	100.0%	100.0%	100.0%	100.0%
列总计	188	181	269	301	279	1218

Chi-square test：sig = 0.000 < 0.05，所以不同年龄段的人在对“不爱国的严重程度”的评价上有显著差异。

C28t by A2

两性关系过度开放导致婚姻不稳定的严重程度 ＊ A2 Crosstabulation

	16—29 岁	30—39 岁	40—49 岁	50—59 岁	60—70 岁	总计
非常不严重	1.1%	2.7%	5.6%	7.2%	5.3%	4.8%
比较不严重	34.4%	28.6%	32.5%	26.2%	29.1%	29.8%
比较严重	46.8%	48.4%	46.3%	43.9%	51.8%	47.3%
非常严重	17.7%	20.3%	15.7%	22.6%	13.8%	18.0%
总计	100.0%	100.0%	100.0%	100.0%	100.0%	100.0%
列总计	186	182	268	305	282	1223

Chi-square test：sig = 0.019 < 0.05，所以不同年龄段的人在对“两性关系过度开放导致婚姻不稳定的严重程度”的评价上有显著差异。

C28u by A2

年轻人缺乏责任感，不孝敬父母的严重程度 ＊ A2 Crosstabulation

	16—29 岁	30—39 岁	40—49 岁	50—59 岁	60—70 岁	总计
非常不严重	8.6%	7.9%	8.5%	8.5%	9.1%	8.6%
比较不严重	42.2%	44.6%	47.0%	44.4%	47.7%	45.5%
比较严重	35.8%	32.2%	37.0%	36.6%	34.5%	35.5%
非常严重	13.4%	15.3%	7.4%	10.5%	8.7%	10.5%
总计	100.0%	100.0%	100.0%	100.0%	100.0%	100.0%
列总计	187	177	270	306	287	1227

Chi-square test：sig = 0.556 > 0.05，所以不同年龄段的人在对“年轻人缺乏责任感，不孝敬父母的严重程度”的评价上没有显著差异。

C28v by A2

父母和子女代沟问题严重，难以沟通的严重程度 ＊ A2 Crosstabulation

	16—29 岁	30—39 岁	40—49 岁	50—59 岁	60—70 岁	总计
非常不严重	5.9%	11.7%	9.6%	8.1%	6.6%	8.3%
比较不严重	44.1%	43.9%	49.6%	52.8%	56.3%	50.3%
比较严重	42.0%	36.7%	34.1%	32.9%	33.0%	35.1%
非常严重	8.0%	7.8%	6.7%	6.2%	4.2%	6.3%
总计	100.0%	100.0%	100.0%	100.0%	100.0%	100.0%
列总计	188	180	270	307	288	1233

Chi-square test：sig = 0.119 > 0.05，所以不同年龄段的人在对“父母和子女代沟问题严重，难以沟通的严重程度”的评价上没有显著差异。

C28x by A2

父母过度干涉子女的工作和生活的严重程度 ＊ A2 Crosstabulation

	16—29 岁	30—39 岁	40—49 岁	50—59 岁	60—70 岁	总计
非常不严重	10.1%	11.7%	12.3%	11.5%	14.9%	12.3%
比较不严重	48.9%	51.7%	59.1%	66.1%	64.6%	59.5%
比较严重	34.0%	29.4%	25.3%	20.1%	18.8%	24.4%
非常严重	6.9%	7.2%	3.3%	2.3%	1.7%	3.8%
总计	100.0%	100.0%	100.0%	100.0%	100.0%	100.0%
列总计	188	180	269	304	288	1229

Chi-square test：sig = 0.000 < 0.05，所以不同年龄段的人在对“父母过度干涉子女的工作和生活的严重程度”的评价上有显著差异。

C28y by A2

老无所养，缺乏安全感的严重程度 ＊ A2 Crosstabulation

	16—29 岁	30—39 岁	40—49 岁	50—59 岁	60—70 岁	总计
非常不严重	9.6%	9.4%	14.8%	13.5%	12.5%	12.4%
比较不严重	37.2%	36.1%	38.9%	46.7%	52.6%	43.4%
比较严重	37.8%	41.1%	36.7%	27.3%	27.5%	33.0%
非常严重	15.4%	13.3%	9.6%	12.5%	7.3%	11.2%
总计	100.0%	100.0%	100.0%	100.0%	100.0%	100.0%
列总计	188	180	270	304	287	1229

Chi-square test：sig = 0.000 < 0.05，所以不同年龄段的人在对“老无所养，缺乏安全感的严重程度”的评价上有显著差异。

C29a by A2

对于个人而言，家庭、社会和国家哪个排在第一位 ＊ A2 Crosstabulation

	16—29 岁	30—39 岁	40—49 岁	50—59 岁	60—70 岁	总计
国家	38.4%	36.8%	41.6%	56.7%	70.6%	50.9%
社会	1.1%	3.8%	2.6%	3.3%	2.4%	2.7%
家庭	60.5%	59.3%	55.8%	40.1%	26.9%	46.4%
总计	100.0%	100.0%	100.0%	100.0%	100.0%	100.0%
列总计	185	182	267	307	286	1227

Chi-square test：sig = 0.000 < 0.05，所以不同年龄段的人在对“对于个人而言，家庭、社会和国家哪个排在第一位”的选择上有显著差异。

C29b by A2

对于个人而言，家庭、社会和国家哪个排在第二位 ＊ A2 Crosstabulation

	16—29 岁	30—39 岁	40—49 岁	50—59 岁	60—70 岁	总计
国家	25.8%	31.3%	33.2%	28.9%	20.3%	27.7%
社会	51.6%	52.7%	48.7%	41.0%	47.2%	47.5%
家庭	22.6%	15.9%	18.1%	30.2%	32.5%	24.8%
总计	100.0%	100.0%	100.0%	100.0%	100.0%	100.0%
列总计	186	182	265	305	286	1224

Chi-square test：sig = 0.000 < 0.05，所以不同年龄段的人在对“对于个人而言，家庭、社会和国家哪个排在第二位”的选择上有显著差异。

C29c by A2

对于个人而言，家庭、社会和国家哪个排在第三位 ＊ A2 Crosstabulation

	16—29 岁	30—39 岁	40—49 岁	50—59 岁	60—70 岁	总计
国家	35.5%	30.8%	25.7%	14.1%	9.1%	21.2%
社会	47.3%	43.4%	48.7%	55.7%	50.3%	49.8%
家庭	17.2%	25.8%	25.7%	30.2%	40.6%	29.0%
总计	100.0%	100.0%	100.0%	100.0%	100.0%	100.0%
列总计	186	182	265	305	286	1224

Chi-square test：sig = 0.000 < 0.05，所以不同年龄段的人在对“对于个人而言，家庭、社会和国家哪个排在第三位”的选择上有显著差异。

C30a by A2

家庭成员之间发生冲突，您会首先选择哪种途径来解决？ ＊ A2 Crosstabulation

	16—29 岁	30—39 岁	40—49 岁	50—59 岁	60—70 岁	总计
诉诸法律，打官司	1.1%		0.7%		1.4%	0.7%
直接找对方沟通但得理让人，适可而止	58.0%	61.3%	52.6%	59.8%	59.8%	58.2%
通过第三方（如社会机构，朋友等）从中调解，尽量不伤和气	11.7%	7.2%	11.2%	10.1%	8.4%	9.8%
能忍则忍	29.3%	31.5%	35.4%	30.1%	30.4%	31.4%
总计	100.0%	100.0%	100.0%	100.0%	100.0%	100.0%
列总计	188	181	268	306	286	1229

Chi-square test：sig = 0.354 > 0.05，所以不同年龄段的人在对“家庭成员之间发生冲突，您会首先选择哪种途径来解决”的选择上没有显著差异。

C30b by A2

朋友之间发生冲突，您会首先选择哪种途径来解决？ ＊ A2 Crosstabulation

	16—29 岁	30—39 岁	40—49 岁	50—59 岁	60—70 岁	总计
诉诸法律，打官司	2.1%	1.1%	5.3%	1.7%	2.2%	2.6%
直接找对方沟通但得理让人，适可而止	52.1%	47.0%	45.1%	48.2%	56.5%	49.8%
通过第三方（如社会机构，朋友等）从中调解，尽量不伤和气	30.3%	40.3%	33.8%	26.2%	19.8%	29.2%

续表

	16—29 岁	30—39 岁	40—49 岁	50—59 岁	60—70 岁	总计
能忍则忍	15. 4%	11. 6%	15. 8%	23. 9%	21. 6%	18. 5%
总计	100. 0%	100. 0%	100. 0%	100. 0%	100. 0%	100. 0%
列总计	188	181	266	301	278	1214

Chi-square test: sig = 0. 000 < 0. 05，所以不同年龄段的人在对“朋友之间发生冲突，您会首先选择哪种途径来解决”的选择上有显著差异。

C30c by A2

同事之间发生冲突，您会首先选择哪种途径来解决？ * A2 Crosstabulation

	16—29 岁	30—39 岁	40—49 岁	50—59 岁	60—70 岁	总计
诉诸法律，打官司	0. 5%	1. 1%	3. 0%	3. 8%	1. 9%	2. 3%
直接找对方沟通但得理让人，适可而止	45. 4%	47. 8%	40. 9%	44. 2%	53. 2%	46. 2%
通过第三方（如社会机构，朋友等）从中调解，尽量不伤和气	32. 4%	29. 8%	31. 4%	26. 4%	21. 1%	27. 8%
能忍则忍	21. 6%	21. 3%	24. 6%	25. 7%	23. 8%	23. 7%
总计	100. 0%	100. 0%	100. 0%	100. 0%	100. 0%	100. 0%
列总计	185	178	264	292	265	1184

Chi-square test: sig = 0. 055 > 0. 05，所以不同年龄段的人在对“同事之间发生冲突，您会首先选择哪种途径来解决”的选择上没有显著差异。

C30d by A2

商业伙伴之间发生冲突，您会首先选择哪种途径来解决？ * A2 Crosstabulation

	16—29 岁	30—39 岁	40—49 岁	50—59 岁	60—70 岁	总计
诉诸法律，打官司	57. 9%	51. 7%	50. 8%	47. 1%	46. 0%	50. 1%
直接找对方沟通但得理让人，适可而止	16. 4%	19. 5%	26. 2%	29. 3%	27. 2%	24. 6%
通过第三方（如社会机构，朋友等）从中调解，尽量不伤和气	19. 1%	19. 0%	16. 0%	12. 5%	15. 7%	16. 0%
能忍则忍	6. 6%	9. 8%	7. 0%	11. 1%	11. 1%	9. 3%
总计	100. 0%	100. 0%	100. 0%	100. 0%	100. 0%	100. 0%
列总计	183	174	256	280	261	1154

Chi-square test: sig = 0. 027 < 0. 05，所以不同年龄段的人在对“商业伙伴之间发生冲突，您会首先选择哪种途径来解决”的选择上有显著差异。

C31 by A2

对当前我国伦理关系和道德风尚造成最大负面影响的因素 * A2 Crosstabulation

	16—29 岁	30—39 岁	40—49 岁	50—59 岁	60—70 岁	总计
传统文化的崩坏	22.6%	26.8%	27.2%	23.6%	31.6%	26.6%
外来文化的冲击	14.5%	10.6%	17.6%	12.0%	11.4%	13.3%
市场经济导致的个人主义	46.2%	44.7%	45.2%	45.8%	38.6%	43.9%
计算机网络技术的发展	14.5%	15.1%	7.7%	13.0%	11.8%	12.1%
其他	2.2%	2.8%	2.3%	5.6%	6.6%	4.1%
总计	100.0%	100.0%	100.0%	100.0%	100.0%	100.0%
列总计	186	179	261	284	272	1182

Chi-square test：sig = 0.018 < 0.05，所以不同年龄段的人在对“当前我国伦理关系和道德风尚造成最大负面影响的因素”的选择上有显著差异。

C32 by A2

成长中得到道德训练的最重要场所或机构 * A2 Crosstabulation

	16—29 岁	30—39 岁	40—49 岁	50—59 岁	60—70 岁	总计
家庭	34.0%	37.9%	44.0%	41.4%	36.1%	39.1%
学校	30.9%	29.7%	26.5%	24.0%	22.9%	26.2%
社会（包括职业生活）	31.4%	25.8%	22.0%	24.7%	24.3%	25.2%
国家或政府	1.6%	1.6%	4.1%	7.9%	10.8%	5.9%
媒体	1.6%	3.3%	1.9%	0.7%	1.7%	1.7%
其他	0.5%	1.6%	1.5%	1.3%	4.2%	2.0%
总计	100.0%	100.0%	100.0%	100.0%	100.0%	100.0%
列总计	188	182	268	304	288	1230

Chi-square test：sig = 0.000 < 0.05，所以不同年龄段的人在对“成长中得到道德训练的最重要场所或机构”的选择上有显著差异。

C33a by A2

对政府官员的伦理道德状况的满意程度 * A2 Crosstabulation

	16—29 岁	30—39 岁	40—49 岁	50—59 岁	60—70 岁	总计
非常不满意	22.0%	26.7%	15.7%	19.8%	15.0%	19.2%
比较不满意	42.5%	43.3%	39.3%	27.4%	31.4%	35.6%

续表

	16—29 岁	30—39 岁	40—49 岁	50—59 岁	60—70 岁	总计
比较满意	31.7%	24.4%	41.2%	45.5%	45.0%	39.2%
非常满意	3.8%	5.6%	3.7%	7.3%	8.6%	6.0%
总计	100.0%	100.0%	100.0%	100.0%	100.0%	100.0%
列总计	186	180	267	303	280	1216

Chi-square test: sig = 0.000 <0.05，所以不同年龄段的人在对“对政府官员的伦理道德状况的满意程度”上有显著差异。

C33b by A2

对企业家的伦理道德状况的满意程度 * A2 Crosstabulation

	16—29 岁	30—39 岁	40—49 岁	50—59 岁	60—70 岁	总计
非常不满意	7.0%	9.5%	7.2%	7.6%	8.5%	7.9%
比较不满意	47.6%	44.1%	38.4%	32.6%	33.6%	38.1%
比较满意	43.8%	44.1%	51.3%	56.5%	52.8%	50.7%
非常满意	1.6%	2.2%	3.0%	3.3%	5.2%	3.3%
总计	100.0%	100.0%	100.0%	100.0%	100.0%	100.0%
列总计	185	179	263	301	271	1199

Chi-square test: sig = 0.041 <0.05，所以不同年龄段的人在对“对企业家的伦理道德状况的满意程度”的评价上有显著差异。

C33c by A2

对演艺娱乐界的伦理道德状况的满意程度 * A2 Crosstabulation

	16—29 岁	30—39 岁	40—49 岁	50—59 岁	60—70 岁	总计
非常不满意	14.2%	16.3%	17.6%	12.8%	11.9%	14.4%
比较不满意	47.5%	46.5%	38.0%	33.2%	39.3%	40.0%
比较满意	36.6%	36.0%	42.0%	48.2%	44.4%	42.3%
非常满意	1.6%	1.2%	2.4%	5.8%	4.4%	3.3%
总计	100.0%	100.0%	100.0%	100.0%	100.0%	100.0%
列总计	183	172	255	274	252	1136

Chi-square test: sig = 0.006 <0.05，所以不同年龄段的人在对“对演艺娱乐界的伦理道德状况的满意程度”的评价上有显著差异。

C33d by A2

对教师的伦理道德状况的满意程度 ＊ A2 Crosstabulation

	16—29 岁	30—39 岁	40—49 岁	50—59 岁	60—70 岁	总计
非常不满意	8.0%	2.2%	2.6%	0.7%	3.1%	3.0%
比较不满意	12.2%	14.9%	17.1%	18.2%	18.1%	16.5%
比较满意	67.0%	68.5%	66.9%	61.3%	58.5%	63.8%
非常满意	12.8%	14.4%	13.4%	19.9%	20.2%	16.6%
总计	100.0%	100.0%	100.0%	100.0%	100.0%	100.0%
列总计	188	181	269	302	287	1227

Chi-square test：sig = 0.000 < 0.05，所以不同年龄段的人在对“对教师的伦理道德状况的满意程度”的评价上有显著差异。

C33e by A2

对青少年的伦理道德状况的满意程度 ＊ A2 Crosstabulation

	16—29 岁	30—39 岁	40—49 岁	50—59 岁	60—70 岁	总计
非常不满意	4.3%	2.8%	1.1%	2.3%	0.7%	2.0%
比较不满意	31.4%	30.0%	22.6%	19.8%	20.5%	23.9%
比较满意	57.4%	57.2%	69.3%	64.7%	68.6%	64.4%
非常满意	6.9%	10.0%	7.0%	13.2%	10.2%	9.7%
总计	100.0%	100.0%	100.0%	100.0%	100.0%	100.0%
列总计	188	180	270	303	283	1224

Chi-square test：sig = 0.002 < 0.05，所以不同年龄段的人在对“对青少年的伦理道德状况的满意程度”的评价上有显著差异。

C33f by A2

对弱势群体的伦理道德状况的满意程度 ＊ A2 Crosstabulation

	16—29 岁	30—39 岁	40—49 岁	50—59 岁	60—70 岁	总计
非常不满意	2.7%	1.7%	1.5%	1.7%	1.5%	1.7%
比较不满意	24.6%	25.3%	24.0%	19.4%	14.8%	21.0%
比较满意	62.6%	63.5%	69.7%	68.9%	75.3%	68.7%
非常满意	10.2%	9.6%	4.9%	10.0%	8.5%	8.5%
总计	100.0%	100.0%	100.0%	100.0%	100.0%	100.0%
列总计	187	178	267	299	271	1202

Chi-square test：sig = 0.075 > 0.05，所以不同年龄段的人在对“对弱势群体的伦理道德状况的满意程度”的评价上没有显著差异。

C33g by A2

对自由职业者的伦理道德状况的满意程度 * A2 Crosstabulation

	16—29 岁	30—39 岁	40—49 岁	50—59 岁	60—70 岁	总计
非常不满意	2.7%	1.7%	1.1%	2.4%	1.5%	1.9%
比较不满意	24.1%	25.4%	24.9%	25.8%	21.4%	24.3%
比较满意	66.8%	67.8%	70.9%	65.6%	71.4%	68.6%
非常满意	6.4%	5.1%	3.0%	6.2%	5.6%	5.2%
总计	100.0%	100.0%	100.0%	100.0%	100.0%	100.0%
列总计	187	177	265	291	266	1186

Chi-square test：sig = 0.787 > 0.05，所以不同年龄段的人在对“对自由职业者的伦理道德状况的满意程度”的评价上没有显著差异。

C33h by A2

对农民的伦理道德状况的满意程度 * A2 Crosstabulation

	16—29 岁	30—39 岁	40—49 岁	50—59 岁	60—70 岁	总计
非常不满意	2.1%	1.1%	0.4%	0.3%	0.4%	0.7%
比较不满意	12.8%	11.7%	12.4%	9.2%	7.0%	10.3%
比较满意	66.5%	67.2%	72.3%	66.7%	67.4%	68.1%
非常满意	18.6%	20.0%	15.0%	23.8%	25.3%	20.9%
总计	100.0%	100.0%	100.0%	100.0%	100.0%	100.0%
列总计	188	180	267	303	285	1223

Chi-square test：sig = 0.032 < 0.05，所以不同年龄段的人在对“对农民的伦理道德状况的满意程度”的评价上有显著差异。

C33i by A2

对商人的伦理道德状况的满意程度 * A2 Crosstabulation

	16—29 岁	30—39 岁	40—49 岁	50—59 岁	60—70 岁	总计
非常不满意	5.9%	6.1%	6.0%	6.3%	11.3%	7.3%
比较不满意	46.3%	46.7%	39.2%	35.2%	34.9%	39.4%
比较满意	44.7%	42.8%	51.5%	53.0%	49.6%	49.1%
非常满意	3.2%	4.4%	3.4%	5.6%	4.2%	4.2%
总计	100.0%	100.0%	100.0%	100.0%	100.0%	100.0%
列总计	188	180	268	304	284	1224

Chi-square test：sig = 0.044 < 0.05，所以不同年龄段的人在对“对商人的伦理道德状况的满意程度”的评价上有显著差异。

C33j by A2

对工人的伦理道德状况的满意程度 ＊ A2 Crosstabulation

	16—29 岁	30—39 岁	40—49 岁	50—59 岁	60—70 岁	总计
非常不满意	1.1%	0.6%	0.4%			0.3%
比较不满意	11.7%	13.9%	9.4%	8.6%	6.0%	9.4%
比较满意	73.9%	73.3%	79.4%	76.4%	75.8%	76.1%
非常满意	13.3%	12.2%	10.9%	15.0%	18.2%	14.2%
总计	100.0%	100.0%	100.0%	100.0%	100.0%	100.0%
列总计	188	180	267	301	285	1221

Chi-square test：sig = 0.053 > 0.05，所以不同年龄段的人在对“对工人的伦理道德状况的满意程度”的评价上没有显著差异。

C33k by A2

对专家学者的伦理道德状况的满意程度 ＊ A2 Crosstabulation

	16—29 岁	30—39 岁	40—49 岁	50—59 岁	60—70 岁	总计
非常不满意	10.2%	6.2%	1.5%	1.4%	2.2%	3.7%
比较不满意	18.8%	24.3%	21.4%	10.3%	11.3%	16.4%
比较满意	60.8%	61.0%	65.6%	72.6%	69.3%	66.8%
非常满意	10.2%	8.5%	11.5%	15.8%	17.2%	13.2%
总计	100.0%	100.0%	100.0%	100.0%	100.0%	100.0%
列总计	186	177	262	292	274	1191

Chi-square test：sig = 0.000 < 0.05，所以不同年龄段的人在对“对专家学者的伦理道德状况的满意程度”的评价上有显著差异。

C33l by A2

对医生的伦理道德状况的满意程度 ＊ A2 Crosstabulation

	16—29 岁	30—39 岁	40—49 岁	50—59 岁	60—70 岁	总计
非常不满意	5.3%	7.2%	5.6%	3.9%	5.5%	5.3%
比较不满意	21.3%	29.8%	23.0%	21.8%	24.6%	23.8%
比较满意	62.8%	54.1%	61.5%	59.9%	56.4%	59.0%
非常满意	10.6%	8.8%	10.0%	14.3%	13.5%	11.8%
总计	100.0%	100.0%	100.0%	100.0%	100.0%	100.0%
列总计	188	181	270	307	289	1235

Chi-square test：sig = 0.384 > 0.05，所以不同年龄段的人在对“对医生的伦理道德状况的满意程度”的评价上没有显著差异。

C34 by A2

哪种因素应当对当今不良道德风尚负主要责任 * A2 Crosstabulation

	16—29岁	30—39岁	40—49岁	50—59岁	60—70岁	总计
官员腐败	35.1%	35.0%	41.6%	46.4%	47.7%	42.2%
企业不讲诚信和损害社会利益	8.0%	6.7%	6.0%	6.8%	6.4%	6.7%
学校道德教育功能弱化	9.0%	8.3%	7.9%	5.8%	8.5%	7.8%
家庭伦理功能弱化	3.7%	3.3%	4.9%	8.1%	8.5%	6.1%
社会的不良影响	44.1%	46.7%	39.7%	32.9%	28.8%	37.2%
总计	100.0%	100.0%	100.0%	100.0%	100.0%	100.0%
列总计	188	180	267	295	281	1211

Chi-square test：sig = 0.005 < 0.05，所以不同年龄段的人在对“哪种因素应当对当今不良道德风尚负主要责任”的选择上有显著差异。

C35 by A2

政府在制定政策和决策时是否充分考虑到伦理道德方面的要求 * A2 Crosstabulation

	16—29岁	30—39岁	40—49岁	50—59岁	60—70岁	总计
是	53.2%	49.4%	55.7%	61.9%	59.9%	56.9%
否	46.8%	50.6%	44.3%	38.1%	40.1%	43.1%
总计	100.0%	100.0%	100.0%	100.0%	100.0%	100.0%
列总计	186	176	262	299	279	1202

Chi-square test：sig = 0.057 > 0.05，所以不同年龄段的人在对“政府在制定政策和决策时是否充分考虑到伦理道德方面的要求”的评价上没有显著差异。

C36 by A2

当前我国政府官员道德问题最严重的是 * A2 Crosstabulation

	16—29岁	30—39岁	40—49岁	50—59岁	60—70岁	总计
贪污	33.3%	31.1%	36.4%	40.2%	36.2%	36.0%
以权谋私	27.9%	33.9%	33.0%	34.4%	32.1%	32.5%
受贿	14.2%	4.4%	5.0%	5.5%	6.3%	6.7%
生活作风腐败	4.4%	5.0%	4.2%	5.8%	9.2%	5.9%
官僚主义	1.1%	7.2%	3.8%	2.1%	4.8%	3.7%
平庸、不作为	4.4%	4.4%	3.4%	3.1%	3.3%	3.6%
政绩工程，折腾百姓	8.7%	7.8%	8.8%	4.1%	3.3%	6.2%

续表

	16—29 岁	30—39 岁	40—49 岁	50—59 岁	60—70 岁	总计
铺张浪费	2. 7%	3. 3%	3. 1%	1. 7%	1. 1%	2. 3%
其他	3. 3%	2. 8%	2. 3%	3. 1%	3. 7%	3. 0%
总计	100. 0%	100. 0%	100. 0%	100. 0%	100. 0%	100. 0%
列总计	183	180	261	291	271	1186

Chi-square test：sig = 0. 002 < 0. 05，所以不同年龄段的人在对“当前我国政府官员道德问题最严重的”的选择上有显著差异。

C37a by A2

对您思想行为影响第一重要的人 ＊ A2 Crosstabulation

	16—29 岁	30—39 岁	40—49 岁	50—59 岁	60—70 岁	总计
政府官员	6. 2%	10. 1%	12. 6%	13. 3%	20. 6%	13. 1%
企业家	2. 8%	2. 4%	1. 6%	2. 9%	1. 2%	2. 2%
演艺明星、体育明星	1. 7%		0. 4%	0. 4%		0. 4%
教师	14. 0%	8. 9%	11. 8%	13. 7%	13. 2%	12. 5%
知识精英	2. 8%	6. 5%	3. 3%	1. 8%	2. 5%	3. 1%
自由撰稿人				0. 4%		0. 1%
农民	0. 6%	1. 2%	0. 4%	1. 8%	2. 1%	1. 3%
工人	1. 7%		1. 2%	0. 7%	3. 3%	1. 4%
父母	70. 2%	71. 0%	68. 7%	65. 1%	57. 2%	65. 9%
总计	100. 0%	100. 0%	100. 0%	100. 0%	100. 0%	100. 0%
列总计	178	169	246	278	243	1114

Chi-square test：sig = 0. 002 < 0. 05，所以不同年龄段的人在对“对您思想行为影响第一重要的人”的选择上有显著差异。

C37b by A2

对您思想行为影响第二重要的人 ＊ A2 Crosstabulation

	16—29 岁	30—39 岁	40—49 岁	50—59 岁	60—70 岁	总计
政府官员	4. 8%	8. 8%	10. 5%	10. 5%	9. 7%	9. 1%
企业家	6. 0%	7. 5%	5. 7%	3. 6%	4. 9%	5. 3%
演艺明星、体育明星	1. 2%	1. 9%	2. 2%	2. 0%	2. 2%	1. 9%
教师	57. 1%	59. 4%	49. 1%	41. 7%	38. 9%	48. 0%
知识精英	6. 5%	7. 5%	7. 9%	5. 7%	4. 0%	6. 2%

续表

	16—29 岁	30—39 岁	40—49 岁	50—59 岁	60—70 岁	总计
自由撰稿人	0.6%		0.4%	0.4%		0.3%
农民	4.8%	3.1%	3.5%	10.1%	8.0%	6.2%
工人	3.0%	1.9%	2.2%	5.3%	5.3%	3.7%
父母	16.1%	10.0%	18.4%	20.6%	27.0%	19.1%
总计	100.0%	100.0%	100.0%	100.0%	100.0%	100.0%
列总计	168	160	228	247	226	1029

Chi-square test：sig = 0.001 < 0.05，所以不同年龄段的人在对“对您思想行为影响第二重要的人”的选择上有显著差异。

C37c by A2

对您思想行为影响第三重要的人 ＊ A2 Crosstabulation

	16—29 岁	30—39 岁	40—49 岁	50—59 岁	60—70 岁	总计
政府官员	17.2%	18.2%	18.1%	17.8%	24.1%	19.2%
企业家	7.6%	6.8%	5.4%	3.7%	2.1%	4.9%
演艺明星、体育明星	10.3%	6.1%	7.8%	5.6%	3.1%	6.4%
教师	14.5%	12.8%	23.0%	18.7%	19.0%	18.1%
知识精英	25.5%	18.9%	9.8%	16.4%	10.8%	15.6%
自由撰稿人	3.4%	5.4%	1.5%	1.4%	1.5%	2.4%
农民	6.9%	11.5%	15.2%	15.9%	15.9%	13.6%
工人	6.2%	8.8%	9.8%	10.7%	11.8%	9.7%
父母	8.3%	11.5%	9.3%	9.8%	11.8%	10.2%
总计	100.0%	100.0%	100.0%	100.0%	100.0%	100.0%
列总计	145	148	204	214	195	906

Chi-square test：sig = 0.001 < 0.05，所以不同年龄段的人在对“对您思想行为影响第三重要的人”的选择上有显著差异。

C38a by A2

对形成我国当前各种新型伦理关系和道德观念，第一重要的因素 ＊ A2 Crosstabulation

	16—29 岁	30—39 岁	40—49 岁	50—59 岁	60—70 岁	总计
网络和媒体	45.7%	47.8%	46.0%	39.6%	30.3%	41.1%
政府	17.7%	27.8%	29.9%	34.9%	46.6%	32.6%

续表

	16—29 岁	30—39 岁	40—49 岁	50—59 岁	60—70 岁	总计
大学及其文化	11. 3%	6. 1%	5. 0%	8. 6%	8. 3%	7. 8%
市场	7. 5%	7. 8%	10. 7%	9. 7%	6. 8%	8. 6%
企业		1. 1%	1. 1%	1. 8%	1. 9%	1. 3%
社会团体	17. 7%	8. 3%	6. 9%	4. 7%	4. 9%	7. 9%
其他		1. 1%	0. 4%	0. 7%	1. 1%	0. 7%
总计	100. 0%	100. 0%	100. 0%	100. 0%	100. 0%	100. 0%
列总计	186	180	261	278	264	1169

Chi-square test：sig = 0. 000 < 0. 05，所以不同年龄段的人在对“对形成我国当前各种新型伦理关系和道德观念，第一重要的因素”的选择上有显著差异。

C38b by A2

对形成我国当前各种新型伦理关系和道德观念，第二重要的因素 * A2 Crosstabulation

	16—29 岁	30—39 岁	40—49 岁	50—59 岁	60—70 岁	总计
网络和媒体	23. 7%	19. 3%	19. 3%	15. 2%	18. 8%	19. 0%
政府	23. 1%	23. 9%	28. 7%	28. 9%	27. 6%	26. 8%
大学及其文化	16. 1%	19. 9%	15. 0%	14. 4%	12. 8%	15. 3%
市场	12. 9%	15. 3%	15. 0%	19. 8%	24. 0%	17. 8%
企业	3. 8%	8. 0%	4. 7%	6. 8%	7. 6%	6. 2%
社会团体	20. 4%	13. 6%	16. 9%	13. 7%	8. 0%	14. 3%
其他			0. 4%	1. 1%	1. 2%	0. 6%
总计	100. 0%	100. 0%	100. 0%	100. 0%	100. 0%	100. 0%
列总计	186	176	254	263	250	1129

Chi-square test：sig = 0. 010 < 0. 05，所以不同年龄段的人在对“对形成我国当前各种新型伦理关系和道德观念，第二重要的因素”的选择上有显著差异。

C38c by A2

对形成我国当前各种新型伦理关系和道德观念，第三重要的因素 * A2 Crosstabulation

	16—29 岁	30—39 岁	40—49 岁	50—59 岁	60—70 岁	总计
网络和媒体	13. 0%	9. 2%	15. 4%	14. 2%	10. 3%	12. 6%
政府	20. 0%	13. 3%	16. 2%	15. 0%	11. 1%	15. 0%

续表

	16—29 岁	30—39 岁	40—49 岁	50—59 岁	60—70 岁	总计
大学及其文化	15. 1%	15. 6%	18. 6%	14. 6%	18. 4%	16. 6%
市场	16. 8%	25. 4%	19. 4%	27. 3%	20. 5%	22. 0%
企业	12. 4%	8. 7%	8. 1%	8. 7%	13. 7%	10. 3%
社会团体	22. 2%	27. 2%	21. 5%	18. 6%	23. 9%	22. 3%
其他	0. 5%	0. 6%	0. 8%	1. 6%	2. 1%	1. 2%
总计	100. 0%	100. 0%	100. 0%	100. 0%	100. 0%	100. 0%
列总计	185	173	247	253	234	1092

Chi-square test：sig = 0. 103 > 0. 05，所以不同年龄段的人在对“对形成我国当前各种新型伦理关系和道德观念，第三重要的因素”的选择上没有显著差异。

C39a by A2

信息技术、网络技术的发展对伦理道德的影响 * A2 Crosstabulation

	16—29 岁	30—39 岁	40—49 岁	50—59 岁	60—70 岁	总计
变好了	32. 8%	21. 4%	28. 1%	34. 2%	31. 0%	30. 0%
没有变化	12. 4%	12. 1%	13. 5%	8. 1%	7. 7%	10. 4%
变差了	23. 7%	30. 8%	21. 0%	19. 1%	22. 3%	22. 7%
说不清	31. 2%	35. 7%	37. 5%	38. 6%	39. 1%	36. 9%
总计	100. 0%	100. 0%	100. 0%	100. 0%	100. 0%	100. 0%
列总计	186	182	267	298	274	1207

Chi-square test：sig = 0. 021 < 0. 05，所以不同年龄段的人在对“信息技术、网络技术的发展对伦理道德的影响”的评价上有显著差异。

C39b by A2

市场经济对我国伦理道德的影响 * A2 Crosstabulation

	16—29 岁	30—39 岁	40—49 岁	50—59 岁	60—70 岁	总计
变好了	18. 7%	17. 6%	27. 6%	37. 7%	39. 5%	30. 0%
没有变化	21. 9%	14. 3%	10. 8%	9. 7%	8. 5%	12. 2%
变差了	32. 6%	42. 9%	34. 0%	27. 3%	28. 1%	32. 1%
说不清	26. 7%	25. 3%	27. 6%	25. 3%	23. 8%	25. 7%
总计	100. 0%	100. 0%	100. 0%	100. 0%	100. 0%	100. 0%
列总计	187	182	268	300	281	1218

Chi-square test：sig = 0. 000 < 0. 05，所以不同年龄段的人在对“市场经济对我国伦理道德的影响”的评价上有显著差异。

C39c by A2

西方文化对我国伦理道德的影响 * A2 Crosstabulation

	16—29 岁	30—39 岁	40—49 岁	50—59 岁	60—70 岁	总计
变好了	21.3%	11.0%	16.2%	17.9%	17.4%	16.9%
没有变化	17.6%	15.5%	13.5%	15.5%	8.5%	13.8%
变差了	25.5%	30.9%	28.6%	21.6%	26.7%	26.3%
说不清	35.6%	42.5%	41.7%	44.9%	47.4%	43.0%
总计	100.0%	100.0%	100.0%	100.0%	100.0%	100.0%
列总计	188	181	266	296	270	1201

Chi-square test：sig = 0.028 < 0.05，所以不同年龄段的人在对“西方文化对我国伦理道德的影响”的评价上有显著差异。

C40 by A2

如果国外报道与主流媒体宣传内容不一致，更倾向于相信 * A2 Crosstabulation

	16—29 岁	30—39 岁	40—49 岁	50—59 岁	60—70 岁	总计
主流媒体	27.3%	41.1%	51.5%	63.7%	73.0%	54.3%
国外报道	13.4%	11.7%	7.8%	6.3%	4.9%	8.2%
谁都不相信，自己判断	43.3%	32.2%	27.8%	16.8%	13.7%	24.8%
说不清	16.0%	15.0%	13.0%	13.2%	8.4%	12.7%
总计	100.0%	100.0%	100.0%	100.0%	100.0%	100.0%
列总计	187	180	270	303	285	1225

Chi-square test：sig = 0.000 < 0.05，所以不同年龄段的人在对“如果国外报道与主流媒体宣传内容不一致，更倾向于相信”的选择上有显著差异。

C41a by A2

自己会经常关心比自己不幸的人 * A2 Crosstabulation

	16—29 岁	30—39 岁	40—49 岁	50—59 岁	60—70 岁	总计
完全不符合	3.7%		1.5%	3.9%	3.5%	2.7%
不太符合	24.5%	24.7%	18.6%	18.3%	15.7%	19.7%
比较符合	54.3%	53.3%	59.1%	58.8%	58.4%	57.3%
完全符合	17.6%	22.0%	20.8%	19.0%	22.4%	20.4%
总计	100.0%	100.0%	100.0%	100.0%	100.0%	100.0%
列总计	188	182	269	306	286	1231

Chi-square test：sig = 0.071 > 0.05，所以不同年龄段的人在对“自己会经常关心比自己不幸的人”的自我评价上没有显著差异。

C41b by A2

有时不会同情他人的难处 ＊ A2 Crosstabulation

	16—29 岁	30—39 岁	40—49 岁	50—59 岁	60—70 岁	总计
完全不符合	16.0%	20.9%	18.5%	14.4%	19.1%	17.6%
不太符合	47.3%	48.4%	46.7%	48.5%	46.9%	47.5%
比较符合	29.8%	27.5%	31.5%	28.9%	26.7%	28.9%
完全符合	6.9%	3.3%	3.3%	8.2%	7.3%	6.0%
总计	100.0%	100.0%	100.0%	100.0%	100.0%	100.0%
列总计	188	182	270	305	288	1233

Chi-square test：sig = 0.301 > 0.05，所以不同年龄段的人在对“有时不会同情他人的难处”的自我评价上没有显著差异。

C41c by A2

在紧急情况下，会感到忧虑和不安 ＊ A2 Crosstabulation

	16—29 岁	30—39 岁	40—49 岁	50—59 岁	60—70 岁	总计
完全不符合	8.1%	3.3%	2.2%	5.9%	6.4%	5.2%
不太符合	20.4%	13.8%	17.1%	18.8%	18.4%	17.8%
比较符合	55.4%	63.5%	64.7%	58.4%	60.4%	60.6%
完全符合	16.1%	19.3%	16.0%	16.8%	14.8%	16.4%
总计	100.0%	100.0%	100.0%	100.0%	100.0%	100.0%
列总计	186	181	269	303	283	1222

Chi-square test：sig = 0.191 > 0.05，所以不同年龄段的人在对“在紧急情况下，会感到忧虑和不安”的自我评价上没有显著差异。

C41d by A2

在做决定前，会试着从每个人的立场去考虑问题 ＊ A2 Crosstabulation

	16—29 岁	30—39 岁	40—49 岁	50—59 岁	60—70 岁	总计
完全不符合	2.7%	1.6%	2.6%	2.6%	3.5%	2.7%
不太符合	17.1%	14.3%	10.4%	11.9%	14.3%	13.3%
比较符合	61.5%	63.2%	64.7%	65.9%	66.8%	64.8%
完全符合	18.7%	20.9%	22.3%	19.5%	15.4%	19.2%
总计	100.0%	100.0%	100.0%	100.0%	100.0%	100.0%
列总计	187	182	269	302	286	1226

Chi-square test：sig = 0.581 > 0.05，所以不同年龄段的人在对“在做决定前，会试着从每个人的立场去考虑问题”的自我评价上没有显著差异。

C41e by A2

当看到有人被利用时，有点想要保护他们 * A2 Crosstabulation

	16—29 岁	30—39 岁	40—49 岁	50—59 岁	60—70 岁	总计
完全不符合	4.3%	1.6%	3.0%	1.6%	3.5%	2.8%
不太符合	20.7%	19.2%	17.8%	16.4%	13.0%	17.0%
比较符合	52.1%	57.1%	63.7%	63.6%	69.5%	62.3%
完全符合	22.9%	22.0%	15.6%	18.4%	14.0%	18.0%
总计	100.0%	100.0%	100.0%	100.0%	100.0%	100.0%
列总计	188	182	270	305	285	1230

Chi-square test：sig = 0.026 < 0.05，所以不同年龄段的人在对“当看到有人被利用时，有点想要保护他们”的自我评价上有显著差异。

C41f by A2

当情绪剧烈波动时，往往会感到无依无靠，不知如何是好 * A2 Crosstabulation

	16—29 岁	30—39 岁	40—49 岁	50—59 岁	60—70 岁	总计
完全不符合	9.6%	10.4%	6.3%	5.9%	9.8%	8.1%
不太符合	36.4%	31.9%	34.6%	30.3%	33.3%	33.1%
比较符合	38.0%	42.3%	46.8%	51.6%	47.7%	46.2%
完全符合	16.0%	15.4%	12.3%	12.2%	9.1%	12.6%
总计	100.0%	100.0%	100.0%	100.0%	100.0%	100.0%
列总计	187	182	269	304	285	1227

Chi-square test：sig = 0.105 > 0.05，所以不同年龄段的人在对“当情绪剧烈波动时，往往会感到无依无靠，不知如何是好”的自我评价上没有显著差异。

C41g by A2

有时会试图站在他人的角度，以更好地理解朋友 * A2 Crosstabulation

	16—29 岁	30—39 岁	40—49 岁	50—59 岁	60—70 岁	总计
完全不符合	1.1%	1.1%	0.4%	0.7%	1.7%	1.0%
不太符合	5.3%	5.5%	4.4%	5.9%	8.4%	6.0%
比较符合	67.0%	68.1%	73.0%	72.5%	72.1%	71.0%
完全符合	26.6%	25.3%	22.2%	20.9%	17.8%	22.0%
总计	100.0%	100.0%	100.0%	100.0%	100.0%	100.0%

续表

	16—29 岁	30—39 岁	40—49 岁	50—59 岁	60—70 岁	总计
列总计	188	182	270	306	287	1233

Chi-square test：sig = 0. 352 > 0. 05，所以不同年龄段的人在对“有时会试图站在他人的角度，以更好地理解朋友”的自我评价上没有显著差异。

C41h by A2

他人的不幸通常不会给自己带来很大的烦忧 ＊ A2 Crosstabulation

	16—29 岁	30—39 岁	40—49 岁	50—59 岁	60—70 岁	总计
完全不符合	5. 9%	7. 7%	6. 7%	7. 2%	10. 4%	7. 7%
不太符合	50. 8%	48. 9%	41. 1%	38. 4%	35. 0%	41. 7%
比较符合	38. 0%	33. 5%	44. 4%	44. 6%	46. 8%	42. 4%
完全符合	5. 3%	9. 9%	7. 8%	9. 8%	7. 9%	8. 3%
总计	100. 0%	100. 0%	100. 0%	100. 0%	100. 0%	100. 0%
列总计	187	182	270	305	280	1224

Chi-square test：sig = 0. 025 < 0. 05，所以不同年龄段的人在对“他人的不幸通常不会给自己带来很大的烦忧”的自我评价上有显著差异。

C41i by A2

在观看电视剧或电影之后，会感觉到自己仿佛成为其中的一个角色 ＊ A2 Crosstabulation

	16—29 岁	30—39 岁	40—49 岁	50—59 岁	60—70 岁	总计
完全不符合	14. 4%	21. 4%	14. 6%	16. 1%	19. 1%	17. 0%
不太符合	35. 8%	36. 8%	35. 8%	29. 9%	31. 7%	33. 6%
比较符合	35. 8%	26. 9%	38. 1%	39. 3%	36. 0%	35. 9%
完全符合	13. 9%	14. 8%	11. 6%	14. 8%	13. 3%	13. 6%
总计	100. 0%	100. 0%	100. 0%	100. 0%	100. 0%	100. 0%
列总计	187	182	268	298	278	1213

Chi-square test：sig = 0. 294 > 0. 05，所以不同年龄段的人在对“在观看电视剧或电影之后，会感觉到自己仿佛成为其中的一个角色”的自我评价上没有显著差异。

C41j by A2

处在紧张情绪的状况中，会惊慌害怕 ＊ A2 Crosstabulation

	16—29岁	30—39岁	40—49岁	50—59岁	60—70岁	总计
完全不符合	10.2%	9.9%	8.2%	9.2%	10.2%	9.5%
不太符合	34.9%	32.4%	36.2%	33.9%	31.9%	33.9%
比较符合	45.2%	43.4%	47.4%	44.7%	48.8%	46.1%
完全符合	9.7%	14.3%	8.2%	12.2%	9.1%	10.5%
总计	100.0%	100.0%	100.0%	100.0%	100.0%	100.0%
列总计	186	182	268	304	285	1225

Chi-square test：sig＝0.792＞0.05，所以不同年龄段的人在对“处在紧张情绪的状况中，会惊慌害怕”的自我评价上没有显著差异。

C41k by A2

当看到别人受到不公正待遇的时候，通常不会同情他们 ＊ A2 Crosstabulation

	16—29岁	30—39岁	40—49岁	50—59岁	60—70岁	总计
完全不符合	24.6%	28.2%	22.2%	24.2%	27.4%	25.1%
不太符合	55.6%	56.9%	58.5%	49.3%	49.5%	53.5%
比较符合	18.7%	11.6%	16.3%	21.6%	19.3%	18.0%
完全符合	1.1%	3.3%	3.0%	4.9%	3.9%	3.4%
总计	100.0%	100.0%	100.0%	100.0%	100.0%	100.0%
列总计	187	181	270	306	285	1229

Chi-square test：sig＝0.107＞0.05，所以不同年龄段的人在对“当看到别人受到不公正待遇的时候，通常不会同情他们”的自我评价上没有显著差异。

C41l by A2

相信任何问题都有两面性，会试图从两个方面加以考虑 ＊ A2 Crosstabulation

	16—29岁	30—39岁	40—49岁	50—59岁	60—70岁	总计
完全不符合	2.2%	0.5%	1.1%	1.0%	1.4%	1.2%
不太符合	8.6%	6.0%	4.8%	7.8%	7.7%	7.0%
比较符合	61.3%	69.2%	71.4%	67.3%	64.3%	66.9%
完全符合	28.0%	24.2%	22.7%	23.9%	26.6%	24.9%
总计	100.0%	100.0%	100.0%	100.0%	100.0%	100.0%
列总计·	186	182	269	306	286	1229

Chi-square test：sig＝0.676＞0.05，所以不同年龄段的人在对“相信任何问题都有两面性，会试图从两个方面加以考虑”的自我评价上没有显著差异。

C41m by A2

当对某人很不耐烦的时候，通常会暂时站在他/她的位置上 ＊ A2 Crosstabulation

	16—29 岁	30—39 岁	40—49 岁	50—59 岁	60—70 岁	总计
完全不符合	7.5%	5.5%	5.6%	5.6%	3.9%	5.5%
不太符合	36.4%	37.9%	29.4%	23.6%	25.4%	29.3%
比较符合	47.6%	45.1%	56.5%	58.7%	61.3%	55.1%
完全符合	8.6%	11.5%	8.6%	12.1%	9.5%	10.1%
总计	100.0%	100.0%	100.0%	100.0%	100.0%	100.0%
列总计	187	182	269	305	284	1227

Chi-square test：sig = 0.010 < 0.05，所以不同年龄段的人在对“当对某人很不耐烦的时候，通常会暂时站在他/她的位置上”的自我评价上有显著差异。

C41n by A2

当在读一个有趣的故事或者看一部电影的时候，会想象如果这些事情发生在自己身上，会是怎样的感受 ＊ A2 Crosstabulation

	16—29 岁	30—39 岁	40—49 岁	50—59 岁	60—70 岁	总计
完全不符合	7.4%	8.2%	7.1%	9.4%	11.7%	8.9%
不太符合	20.7%	22.0%	25.0%	24.1%	27.0%	24.1%
比较符合	54.8%	53.8%	54.1%	50.5%	47.3%	51.7%
完全符合	17.0%	15.9%	13.8%	16.1%	13.9%	15.2%
总计	100.0%	100.0%	100.0%	100.0%	100.0%	100.0%
列总计	188	182	268	299	281	1218

Chi-square test：sig = 0.647 > 0.05，所以不同年龄段的人在对“当在读一个有趣的故事或者看一部电影的时候，会想象如果这些事情发生在自己身上，会是怎样的感受”的自我评价上没有显著差异。

C41o by A2

当看到有人发生意外而急需帮助的时候，自己紧张得几乎精神崩溃 ＊ A2 Crosstabulation

	16—29 岁	30—39 岁	40—49 岁	50—59 岁	60—70 岁	总计
完全不符合	17.1%	17.0%	17.8%	17.0%	16.0%	17.0%
不太符合	49.2%	47.8%	44.8%	34.6%	36.9%	41.6%
比较符合	28.9%	25.3%	32.6%	41.2%	36.9%	34.1%

续表

	16—29 岁	30—39 岁	40—49 岁	50—59 岁	60—70 岁	总计
完全符合	4.8%	9.9%	4.8%	7.2%	10.1%	7.4%
总计	100.0%	100.0%	100.0%	100.0%	100.0%	100.0%
列总计	187	182	270	306	287	1232

Chi-square test：sig = 0.003 < 0.05，所以不同年龄段的人在对“当看到有人发生意外而急需帮助的时候，自己紧张得几乎精神崩溃”的自我评价上有显著差异。

C41p by A2

在批评他人之前，会尝试想象一下如果自己处于那个位置会是什么感受 * A2 Crosstabulation

	16—29 岁	30—39 岁	40—49 岁	50—59 岁	60—70 岁	总计
完全不符合	1.6%	2.8%	4.1%	6.5%	3.9%	4.1%
不太符合	21.7%	26.5%	17.9%	18.6%	19.3%	20.2%
比较符合	61.4%	56.4%	68.7%	60.6%	63.5%	62.5%
完全符合	15.2%	14.4%	9.3%	14.3%	13.3%	13.1%
总计	100.0%	100.0%	100.0%	100.0%	100.0%	100.0%
列总计	184	181	268	307	285	1225

Chi-square test：sig = 0.066 > 0.05，所以不同年龄段的人在对“在批评他人之前，会尝试想象一下如果自己处于那个位置会是什么感受”的自我评价上没有显著差异。

C42 by A2

解决当前我国的公民道德和社会风尚问题，最关键的是 * A2 Crosstabulation

	16—29 岁	30—39 岁	40—49 岁	50—59 岁	60—70 岁	总计
加强法制	25.5%	26.4%	32.3%	43.4%	47.5%	36.6%
弘扬已有的优秀道德传统	23.9%	24.2%	21.8%	13.9%	23.7%	21.0%
建设新的伦理道德的核心价值	17.9%	18.1%	12.4%	6.4%	5.0%	11.0%
惩治官员腐败	19.0%	16.5%	18.4%	18.3%	11.9%	16.7%
解决分配不公问题	12.5%	12.1%	12.4%	15.3%	7.2%	11.9%
其他	1.1%	2.7%	2.6%	2.7%	4.7%	2.9%
总计	100.0%	100.0%	100.0%	100.0%	100.0%	100.0%
列总计	184	182	266	295	278	1205

Chi-square test：sig = 0.000 < 0.05，所以不同年龄段的人对“解决当前我国的公民道德和社会风尚问题，最关键的方法”的看法有显著差异。

C43 by A2

当前我国社会道德生活中最重要的元素 * A2 Crosstabulation

	16—29 岁	30—39 岁	40—49 岁	50—59 岁	60—70 岁	总计
意识形态中所提倡的社会主义道德	32.6%	25.4%	27.4%	30.4%	32.7%	29.9%
中国传统道德	41.3%	51.4%	46.4%	45.5%	49.1%	46.8%
西方文化影响而形成的道德	3.3%	1.1%	3.0%	1.7%	4.0%	2.7%
市场经济中形成的道德	22.3%	21.0%	22.8%	21.0%	12.0%	19.5%
其他	0.5%	1.1%	0.4%	1.4%	2.2%	1.2%
总计	100.0%	100.0%	100.0%	100.0%	100.0%	100.0%
列总计	184	181	263	286	275	1189

Chi-square test：sig = 0.064 > 0.05，所以不同年龄段的人在对“当前我国社会道德生活中最重要的元素”的选择上没有显著差异。

C44by A2

最向往或怀念的伦理关系和道德生活是 * A2 Crosstabulation

	16—29 岁	30—39 岁	40—49 岁	50—59 岁	60—70 岁	总计
传统社会的伦理和道德（如仁、义、礼、智、信）	30.4%	40.8%	42.0%	40.9%	34.0%	37.9%
战争年代为理想而献身的革命精神	9.8%	8.4%	14.5%	15.6%	15.6%	13.4%
新中国成立后到“文化大革命”前的大公无私的集体主义精神	12.5%	8.4%	13.4%	22.6%	31.2%	19.0%
追求个人利益的市场经济下的道德	3.8%	6.1%	4.6%	5.3%	6.0%	5.2%
自由、平等、博爱的西方道德	43.5%	36.3%	25.6%	15.6%	13.1%	24.5%
总计	100.0%	100.0%	100.0%	100.0%	100.0%	100.0%
列总计	184	179	262	301	282	1208

Chi-square test：sig = 0.000 < 0.05，所以不同年龄段的人在对“最向往或怀念的伦理关系和道德生活”的选择上有显著差异。

C45 by A2

假设上司或老板是外国人，他侮辱了中国，但抗争会产生不利于自己的后果，您会选择 * A2 Crosstabulation

	16—29 岁	30—39 岁	40—49 岁	50—59 岁	60—70 岁	总计
当面抗议	70.9%	72.4%	75.6%	74.9%	83.5%	76.1%

续表

	16—29岁	30—39岁	40—49岁	50—59岁	60—70岁	总计
保持沉默	29.1%	27.6%	24.4%	25.1%	16.5%	23.9%
总计	100.0%	100.0%	100.0%	100.0%	100.0%	100.0%
列总计	182	181	266	299	284	1212

Chi-square test：sig = 0.012 < 0.05，所以不同年龄段的人在对“假设上司或老板是外国人，他侮辱了中国，但抗争会产生不利于自己的后果，您会怎样做”的选择上有显著差异。

C46a by A2

当今中国社会最重要和最需要的排在第一位的德性 * A2 Crosstabulation

	16—29岁	30—39岁	40—49岁	50—59岁	60—70岁	总计
爱（仁爱、博爱、友爱）	45.2%	41.8%	40.1%	35.7%	36.8%	39.2%
义（道义、义务）	3.2%	4.4%	1.5%	2.0%	5.0%	3.2%
宽容	3.2%	4.9%	4.8%	7.7%	7.6%	6.0%
责任	9.7%	10.4%	13.4%	19.5%	14.2%	14.1%
正义或公正	12.4%	13.2%	15.6%	8.8%	12.3%	12.3%
诚信	7.0%	10.4%	7.4%	9.1%	7.6%	8.3%
忠恕		0.5%	0.4%	0.3%	1.7%	0.6%
理智	1.1%	0.5%	0.7%	0.3%	0.7%	0.6%
节制		0.5%			0.7%	0.2%
谦让	1.1%	1.6%	0.4%	1.7%	1.7%	1.3%
恭敬	0.5%		0.4%	0.3%		0.2%
勇敢	1.1%			0.3%	0.3%	0.3%
正直	3.8%	2.7%	3.0%	3.0%	3.3%	3.2%
善良	5.4%	2.2%	3.3%	4.0%	2.0%	3.3%
力行或知行合一	0.5%		0.4%		0.7%	0.3%
教养	1.6%	3.8%	2.6%	1.0%	1.3%	1.9%
孝悌	3.8%	2.2%	4.5%	6.1%	3.3%	4.1%
气节		0.5%	0.7%		0.3%	0.3%
中庸	0.5%		0.4%			0.2%
敬业			0.4%		0.7%	0.2%
总计	100.0%	100.0%	100.0%	100.0%	100.0%	100.0%
列总计	186	182	269	297	302	1236

Chi-square test：sig = 0.168 > 0.05，所以不同年龄的居民在对“当今中国社会最重要和最需要的排在第一位的德性”的选择上没有显著差异。

C46b by A2

当今中国社会最重要和最需要的排在第二位的德性 * A2 Crosstabulation

	16—29 岁	30—39 岁	40—49 岁	50—59 岁	60—70 岁	总计
爱（仁爱、博爱、友爱）	14.5%	9.9%	5.6%	6.8%	8.7%	8.6%
义（道义、义务）	21.5%	16.6%	19.0%	14.3%	17.3%	17.5%
宽容	6.5%	9.4%	12.3%	13.3%	12.0%	11.1%
责任	16.7%	13.8%	19.0%	13.9%	14.3%	15.5%
正义或公正	10.8%	12.7%	8.6%	9.9%	9.7%	10.1%
诚信	8.1%	11.0%	12.3%	10.9%	7.3%	9.9%
忠恕		0.6%	0.7%	2.0%	1.3%	1.1%
理智	2.7%	4.4%	1.1%	2.0%	1.3%	2.1%
节制		0.6%	0.4%	0.3%	0.7%	0.4%
谦让	1.6%	2.2%	3.4%	4.8%	2.7%	3.1%
恭敬	0.5%	1.1%		1.0%	1.0%	0.7%
勇敢	0.5%		0.7%	0.3%	0.7%	0.5%
正直	2.7%	4.4%	4.1%	3.4%	5.7%	4.1%
善良	5.4%	5.5%	5.6%	8.5%	5.7%	6.3%
力行或知行合一		0.6%				0.1%
教养	4.3%	4.4%	2.2%	2.7%	3.7%	3.3%
孝悌	2.2%	2.2%	2.6%	5.1%	5.0%	3.7%
气节	0.5%		0.7%	0.3%	0.7%	0.5%
中庸					0.7%	0.2%
敬业	1.6%	0.6%	1.5%	0.3%	1.7%	1.1%
总计	100.0%	100.0%	100.0%	100.0%	100.0%	100.0%
列总计	186	181	268	294	300	1229

Chi-square test：sig = 0.185 > 0.05，所以不同年龄的居民在对“当今中国社会最重要和最需要的排在第二位的德性”的选择上没有显著差异。

C46c by A2

当今中国社会最重要和最需要的排在第三位的德性 * A2 Crosstabulation

	16—29 岁	30—39 岁	40—49 岁	50—59 岁	60—70 岁	总计
爱（仁爱、博爱、友爱）	3.8%	7.2%	6.0%	3.8%	4.7%	5.0%
义（道义、义务）	7.0%	5.0%	6.4%	3.1%	4.4%	5.0%

续表

	16—29 岁	30—39 岁	40—49 岁	50—59 岁	60—70 岁	总计
宽容	12.9%	16.0%	20.3%	17.7%	18.6%	17.5%
责任	17.7%	14.4%	14.7%	13.3%	12.2%	14.2%
正义或公正	10.2%	9.4%	10.2%	10.9%	8.8%	9.9%
诚信	15.6%	14.9%	14.3%	15.7%	19.6%	16.2%
忠恕	1.1%	1.1%	1.1%	1.4%	0.3%	1.0%
理智	4.3%	3.3%	2.6%	4.1%	2.4%	3.3%
节制	2.2%		0.8%	0.7%	0.7%	0.8%
谦让	3.2%	3.3%	3.4%	5.5%	4.4%	4.1%
恭敬	0.5%			0.3%	1.7%	0.6%
勇敢	1.6%	1.1%	3.0%	2.4%	2.4%	2.2%
正直	1.6%	4.4%	3.4%	5.1%	4.7%	4.0%
善良	8.6%	6.1%	6.0%	7.8%	7.8%	7.3%
力行或知行合一	0.5%	0.6%	0.4%	0.3%		0.3%
教养	3.8%	4.4%	5.6%	3.4%	4.4%	4.3%
孝悌	3.2%	3.3%	1.1%	3.8%	1.7%	2.5%
气节		1.1%	0.4%	0.3%	0.7%	0.5%
中庸		0.6%	0.4%			0.2%
敬业	2.2%	3.9%		0.3%	0.7%	1.1%
总计	100.0%	100.0%	100.0%	100.0%	100.0%	100.0%
列总计	186	181	266	293	296	1222

Chi-square test：sig = 0.295 > 0.05，所以不同年龄的居民在对“当今中国社会最重要和最需要的排在第三位的德性”的选择上没有显著差异。

C46d by A2

当今中国社会最重要和最需要的排在第四位的德性 * A2 Crosstabulation

	16—29 岁	30—39 岁	40—49 岁	50—59 岁	60—70 岁	总计
爱（仁爱、博爱、友爱）	0.5%	4.4%	4.2%	4.9%	4.1%	3.8%
义（道义、义务）	5.4%	4.4%	3.0%	2.4%	2.4%	3.3%
宽容	13.0%	9.4%	9.1%	11.5%	8.5%	10.1%
责任	11.9%	12.2%	14.7%	12.2%	10.9%	12.4%
正义或公正	8.1%	7.7%	8.7%	9.8%	6.8%	8.3%
诚信	12.4%	10.5%	13.2%	10.8%	11.2%	11.6%
忠恕	1.6%	0.6%	0.8%	1.0%	2.4%	1.3%

续表

	16—29 岁	30—39 岁	40—49 岁	50—59 岁	60—70 岁	总计
理智	5.4%	3.3%	3.0%	3.8%	3.1%	3.6%
节制	2.2%	0.6%	1.5%	1.0%	2.0%	1.5%
谦让	2.7%	3.9%	4.9%	6.3%	5.8%	5.0%
恭敬	1.1%	1.7%	1.9%	0.7%	1.0%	1.2%
勇敢	4.3%	6.6%	1.9%	3.8%	3.4%	3.8%
正直	6.5%	7.2%	6.8%	8.7%	11.2%	8.3%
善良	8.6%	12.2%	10.6%	7.0%	10.9%	9.7%
力行或知行合一		0.6%	0.8%	1.0%	0.7%	0.7%
教养	8.1%	7.2%	5.3%	7.0%	6.5%	6.7%
孝悌	3.2%	2.2%	6.0%	3.1%	5.1%	4.1%
气节	0.5%	1.7%	1.1%	1.0%		0.8%
中庸	0.5%			0.3%	0.7%	0.3%
敬业	3.8%	3.9%	2.6%	3.5%	3.4%	3.4%
总计	100.0%	100.0%	100.0%	100.0%	100.0%	100.0%
列总计	185	181	265	287	294	1212

Chi-square test：sig = 0.781 > 0.05，所以不同年龄的居民在对“当今中国社会最重要和最需要的排在第四位的德性”的选择上没有显著差异。

C46e by A2

当今中国社会最重要和最需要的排在第五位的德性 * A2 Crosstabulation

	16—29 岁	30—39 岁	40—49 岁	50—59 岁	60—70 岁	总计
爱（仁爱、博爱、友爱）	6.5%	2.8%	6.5%	4.9%	3.8%	4.9%
义（道义、义务）	2.2%	3.3%	1.9%	3.5%	1.0%	2.3%
宽容	5.9%	9.9%	7.2%	7.0%	6.8%	7.3%
责任	10.2%	9.4%	6.5%	5.9%	7.2%	7.5%
正义或公正	7.5%	8.3%	6.5%	7.7%	6.5%	7.2%
诚信	12.4%	11.0%	9.9%	9.8%	12.3%	11.0%
忠恕		0.6%	1.9%	1.7%	1.0%	1.2%
理智	5.4%	8.3%	5.3%	5.9%	3.1%	5.4%
节制	1.1%		1.9%	2.1%	4.1%	2.1%
谦让	4.3%	2.8%	5.7%	4.2%	7.5%	5.1%
恭敬	1.1%	1.7%	2.7%	1.0%	1.0%	1.5%
勇敢	4.3%	6.1%	6.1%	3.5%	4.4%	4.8%

续表

	16—29 岁	30—39 岁	40—49 岁	50—59 岁	60—70 岁	总计
正直	8. 1%	6. 6%	7. 6%	5. 2%	7. 8%	7. 0%
善良	10. 8%	9. 4%	8. 0%	11. 8%	8. 9%	9. 8%
力行或知行合一	3. 2%	1. 1%	3. 4%	0. 7%	1. 7%	2. 0%
教养	7. 0%	4. 4%	6. 1%	8. 0%	7. 8%	6. 9%
孝悌	2. 7%	2. 8%	2. 7%	6. 6%	8. 2%	5. 0%
气节	1. 1%	3. 9%	1. 9%	2. 1%	1. 4%	2. 0%
中庸	1. 1%	0. 6%	0. 4%	0. 7%	0. 7%	0. 7%
敬业	5. 4%	7. 2%	8. 0%	7. 7%	4. 8%	6. 6%
总计	100. 0%	100. 0%	100. 0%	100. 0%	100. 0%	100. 0%
列总计	186	181	263	287	293	1210

Chi-square test：sig = 0. 136 > 0. 05，所以不同年龄的居民在对“当今中国社会最重要和最需要的排在第五位的德性”的选择上没有显著差异。

江苏省伦理道德评价的收入差异

C1 by A12

对当前我国社会道德状况的总体评价 * A12 Crosstabulation

	无收入	1—1999 元	2000—3999 元	4000 元及以上	总计
非常满意	12.9%	9.7%	3.4%	3.6%	7.0%
比较满意	63.8%	62.3%	59.8%	49.6%	59.2%
比较不满意	19.2%	21.8%	29.6%	34.1%	26.4%
非常不满意	4.0%	6.2%	7.2%	12.7%	7.4%
总计	100.0%	100.0%	100.0%	100.0%	100.0%
列总计	224	371	415	252	1262

Chi-square test：sig = 0.000 < 0.05，所以不同收入的居民在对“当前我国社会道德状况的总体评价”上有显著差异。

C2 by A12

我国目前人与人之间关系主要受什么影响 * A12 Crosstabulation

	无收入	1—1999 元	2000—3999 元	4000 元及以上	总计
完全受利益影响	5.0%	10.2%	10.0%	12.5%	9.7%
主要受利益影响	66.1%	59.2%	68.1%	69.8%	65.5%
主要受情感影响	26.2%	27.5%	20.0%	17.3%	22.8%
完全受情感影响	2.7%	3.0%	1.9%	0.4%	2.1%
总计	100.0%	100.0%	100.0%	100.0%	100.0%
列总计	221	363	411	248	1243

Chi-square test：sig = 0.003 < 0.05，所以不同收入的居民在对“我国目前人与人之间关系主要受什么影响”的选择上有显著差异。

C3 by A12

对当前我国社会人与人关系的总体评价 * A12 Crosstabulation

	无收入	1—1999 元	2000—3999 元	4000 元及以上	总计
非常满意	9.8%	8.1%	4.1%	5.1%	6.5%

续表

	无收入	1—1999 元	2000—3999 元	4000 元及以上	总计
比较满意	66.5%	65.0%	62.2%	58.5%	63.0%
比较不满意	20.1%	22.0%	28.9%	27.3%	25.0%
非常不满意	3.6%	4.9%	4.8%	9.1%	5.5%
总计	100.0%	100.0%	100.0%	100.0%	100.0%
列总计	224	369	415	253	1261

Chi-square test：sig = 0.002 < 0.05，所以不同收入的居民在对“当前我国社会人与人关系的总体评价”上有显著差异。

C4 by A12

平时如何为人处世 * A12 Crosstabulation

	无收入	1—1999 元	2000—3999 元	4000 元及以上	总计
道德至上	4.9%	6.2%	7.0%	6.0%	6.2%
遵循道德规范、凭良心办事	82.5%	86.0%	83.2%	79.0%	83.1%
不故意为恶，不随波逐流	7.6%	5.9%	7.0%	10.7%	7.5%
有时身不由已做有违道德的事情	0.4%		0.7%	1.6%	0.6%
说不清/没想过	4.5%	1.9%	2.2%	2.8%	2.6%
总计	100.0%	100.0%	100.0%	100.0%	100.0%
列总计	223	372	417	252	1264

Chi-square test：sig = 0.148 > 0.05，所以不同收入的居民在对“平时如何为人处世”的选择上没有显著差异。

C5by A12

对自己道德状况的评价 * A12 Crosstabulation

	无收入	1—1999 元	2000—3999 元	4000 元及以上	总计
非常满意	39.3%	34.8%	27.8%	30.8%	32.5%
比较满意	59.4%	64.4%	71.0%	67.6%	66.3%
比较不满意	1.3%	0.8%	1.0%	1.6%	1.1%
非常不满意			0.2%		0.1%
总计	100.0%	100.0%	100.0%	100.0%	100.0%

续表

	无收入	1—1999 元	2000—3999 元	4000 元及以上	总计
列总计	224	371	417	253	1265

Chi-square test：sig = 0.159 > 0.05，所以不同收入的居民在对“对自己道德状况的评价”上没有显著差异。

C6 by A12

家庭和国家对于个人存在的意义 * A12 Crosstabulation

	无收入	1—1999 元	2000—3999 元	4000 元及以上	总计
家庭和国家只是工具，个人最重要	6.8%	8.4%	8.3%	9.7%	8.3%
家庭和国家是个人安身立命的基地，比个人更重要	86.0%	83.2%	83.5%	79.4%	83.1%
其他	7.2%	8.4%	8.3%	10.9%	8.6%
总计	100.0%	100.0%	100.0%	100.0%	100.0%
列总计	221	370	412	248	1251

Chi-square test：sig = 0.696 > 0.05，所以不同收入的居民在对“家庭和国家对于个人存在的意义”的选择上没有显著差异。

C7a by A12

当前大多数人奉行的是个人至上 * A12 Crosstabulation

	无收入	1—1999 元	2000—3999 元	4000 元及以上	总计
完全同意	17.0%	18.2%	18.0%	25.9%	19.5%
比较同意	47.5%	50.7%	45.3%	42.6%	46.8%
不太同意	28.3%	26.5%	32.1%	27.9%	29.0%
完全不同意	7.2%	4.6%	4.6%	3.6%	4.8%
总计	100.0%	100.0%	100.0%	100.0%	100.0%
列总计	223	373	417	251	1264

Chi-square test：sig = 0.093 > 0.05，所以不同收入的居民在对“当前大多数人奉行的是个人至上”的认知上没有显著差异。

C7b by A12

现在我国大多数人是见利忘义的 * A12 Crosstabulation

	无收入	1—1999 元	2000—3999 元	4000 元及以上	总计
完全同意	9.8%	12.9%	13.4%	11.1%	12.2%

续表

	无收入	1—1999 元	2000—3999 元	4000 元及以上	总计
比较同意	38.4%	41.9%	35.2%	36.8%	38.0%
不太同意	45.5%	39.2%	45.7%	44.7%	43.6%
完全不同意	6.3%	5.9%	5.7%	7.5%	6.2%
总计	100.0%	100.0%	100.0%	100.0%	100.0%
列总计	224	372	418	253	1267

Chi-square test：sig = 0.571 > 0.05，所以不同收入的居民在对“现在我国大多数人是见利忘义的”的认知上没有显著差异。

C7c by A12

现在社会是一个物欲横流的社会 * A12 Crosstabulation

	无收入	1—1999 元	2000—3999 元	4000 元及以上	总计
完全同意	13.0%	18.3%	19.5%	22.2%	18.6%
比较同意	59.2%	56.6%	52.0%	51.6%	54.6%
不太同意	24.7%	21.6%	24.3%	23.0%	23.3%
完全不同意	3.1%	3.5%	4.1%	3.2%	3.6%
总计	100.0%	100.0%	100.0%	100.0%	100.0%
列总计	223	371	415	252	1261

Chi-square test：sig = 0.418 > 0.05，所以不同收入的居民在对“现在社会是一个物欲横流的社会”的认知上没有显著差异。

C7d by A12

当前大多数人都是以集体利益为重 * A12 Crosstabulation

	无收入	1—1999 元	2000—3999 元	4000 元及以上	总计
完全同意	9.4%	8.4%	7.0%	8.8%	8.2%
比较同意	40.8%	37.6%	35.2%	25.6%	35.0%
不太同意	45.3%	44.1%	51.3%	56.4%	49.1%
完全不同意	4.5%	10.0%	6.5%	9.2%	7.7%
总计	100.0%	100.0%	100.0%	100.0%	100.0%
列总计	223	370	415	250	1258

Chi-square test：sig = 0.006 < 0.05，所以不同收入的居民在对“当前大多数人都是以集体利益为重”的认知上有显著差异。

C7e by A12

当前大多数人都是家庭利益至上 * A12 Crosstabulation

	无收入	1—1999 元	2000—3999 元	4000 元及以上	总计
完全同意	26.9%	31.2%	29.5%	24.9%	28.6%
比较同意	60.1%	56.7%	58.0%	58.9%	58.2%
不太同意	11.7%	11.0%	9.8%	15.0%	11.5%
完全不同意	1.3%	1.1%	2.6%	1.2%	1.7%
总计	100.0%	100.0%	100.0%	100.0%	100.0%
列总计	223	372	417	253	1265

Chi-square test：sig = 0.338 > 0.05，所以不同收入的居民在对“当前大多数人都是家庭利益至上”的认知上没有显著差异。

C7f by A12

当前的社会是个金钱至上的社会 * A12 Crosstabulation

	无收入	1—1999 元	2000—3999 元	4000 元及以上	总计
完全同意	27.4%	30.5%	24.6%	31.3%	28.2%
比较同意	49.8%	50.5%	52.5%	47.0%	50.4%
不太同意	21.1%	17.0%	20.5%	17.3%	18.9%
完全不同意	1.8%	1.9%	2.4%	4.4%	2.5%
总计	100.0%	100.0%	100.0%	100.0%	100.0%
列总计	223	370	415	249	1257

Chi-square test：sig = 0.259 > 0.05，所以不同收入的居民在对“当前的社会是个金钱至上的社会”的认知上没有显著差异。

C7g by A12

现在社会守道德的人大都吃亏，不守道德规则的人占便宜 * A12 Crosstabulation

	无收入	1—1999 元	2000—3999 元	4000 元及以上	总计
完全同意	17.2%	22.2%	18.9%	17.0%	19.2%
比较同意	38.0%	40.4%	41.1%	40.3%	40.2%
不太同意	34.4%	31.7%	33.0%	36.8%	33.6%
完全不同意	10.4%	5.7%	6.9%	5.9%	7.0%
总计	100.0%	100.0%	100.0%	100.0%	100.0%

续表

	无收入	1—1999 元	2000—3999 元	4000 元及以上	总计
列总计	221	369	418	253	1261

Chi-square test：sig = 0. 395 > 0. 05，所以不同收入的居民在对“现在社会守道德的人大都吃亏，不守道德规则的人占便宜”的认知上没有显著差异。

C7h by A12

现在社会中好人有好报，恶人终归会受到惩罚 ＊ A12 Crosstabulation

	无收入	1—1999 元	2000—3999 元	4000 元及以上	总计
完全同意	35. 0%	31. 5%	27. 8%	26. 6%	29. 9%
比较同意	46. 6%	42. 7%	40. 3%	38. 5%	41. 8%
不太同意	15. 2%	23. 1%	26. 9%	27. 4%	23. 8%
完全不同意	3. 1%	2. 7%	5. 0%	7. 5%	4. 5%
总计	100. 0%	100. 0%	100. 0%	100. 0%	100. 0%
列总计	223	372	417	252	1264

Chi-square test：sig = 0. 003 < 0. 05，所以不同收入的居民在对“现在社会中好人有好报，恶人终归会受到惩罚”的认知上有显著差异。

C7i by A12

人们的生活水平越高，就越幸福 ＊ A12 Crosstabulation

	无收入	1—1999 元	2000—3999 元	4000 元及以上	总计
完全同意	30. 5%	29. 3%	16. 6%	14. 2%	22. 3%
比较同意	35. 4%	32. 5%	34. 1%	39. 5%	35. 0%
不太同意	29. 6%	34. 7%	43. 8%	43. 5%	38. 5%
完全不同意	4. 5%	3. 5%	5. 5%	2. 8%	4. 2%
总计	100. 0%	100. 0%	100. 0%	100. 0%	100. 0%
列总计	223	372	416	253	1264

Chi-square test：sig = 0. 000 < 0. 05，所以不同收入的居民在对“人们的生活水平越高，就越幸福”的认同上有显著差异。

C7j by A12

我们的社会中道德能够很好地约束人们的行为 ＊ A12 Crosstabulation

	无收入	1—1999 元	2000—3999 元	4000 元及以上	总计
完全同意	14. 5%	16. 8%	13. 2%	12. 4%	14. 3%

续表

	无收入	1—1999 元	2000—3999 元	4000 元及以上	总计
比较同意	57.5%	51.1%	54.1%	47.6%	52.5%
不太同意	26.2%	28.3%	27.9%	34.8%	29.1%
完全不同意	1.8%	3.8%	4.8%	5.2%	4.1%
总计	100.0%	100.0%	100.0%	100.0%	100.0%
列总计	221	368	416	250	1255

Chi-square test：sig = 0.160 > 0.05，所以不同收入的居民在对“我们的社会中道德能够很好地约束人们的行为”的认同上没有显著差异。

C7k by A12

现有的规范和习俗能够很好地调节人与人的关系 * A12 Crosstabulation

	无收入	1—1999 元	2000—3999 元	4000 元及以上	总计
完全同意	14.6%	13.6%	11.1%	10.3%	12.3%
比较同意	62.1%	58.3%	60.7%	54.8%	59.1%
不太同意	21.0%	25.9%	24.8%	29.4%	25.4%
完全不同意	2.3%	2.2%	3.4%	5.6%	3.3%
总计	100.0%	100.0%	100.0%	100.0%	100.0%
列总计	219	367	415	252	1253

Chi-square test：sig = 0.142 > 0.05，所以不同收入的居民在对“现有的规范和习俗能够很好地调节人与人的关系”的认同上没有显著差异。

C7l by A12

现在社会大多数人都有荣辱感 * A12 Crosstabulation

	无收入	1—1999 元	2000—3999 元	4000 元及以上	总计
完全同意	17.7%	21.4%	15.4%	18.6%	18.2%
比较同意	65.9%	56.9%	60.5%	56.1%	59.5%
不太同意	15.0%	19.2%	21.0%	20.9%	19.4%
完全不同意	1.4%	2.4%	3.1%	4.3%	2.9%
总计	100.0%	100.0%	100.0%	100.0%	100.0%
列总计	220	369	415	253	1257

Chi-square test：sig = 0.144 > 0.05，所以不同收入的居民在对“现在社会大多数人都有荣辱感”的认知上没有显著差异。

C8 by A12

个体德性与社会公正哪个更重要 * A12 Crosstabulation

	无收入	1—1999 元	2000—3999 元	4000 元及以上	总计
个体德性最重要	15. 1%	11. 3%	9. 4%	7. 6%	10. 6%
社会公正最重要	33. 9%	39. 6%	39. 7%	26. 8%	36. 1%
二者应当统一，但二者矛盾时应先追求个体德性	19. 7%	15. 9%	12. 8%	12. 8%	14. 9%
二者应当统一，但二者矛盾时应先追求社会公正	31. 2%	33. 2%	38. 0%	52. 8%	38. 4%
总计	100. 0%	100. 0%	100. 0%	100. 0%	100. 0%
列总计	218	364	413	250	1245

Chi-square test：sig = 0. 000 < 0. 05，所以不同收入的居民在对“个体德性与社会公正哪个更重要”的选择上有显著差异。

C9 by A12

个人守道德的原因 * A12 Crosstabulation

	无收入	1—1999 元	2000—3999 元	4000 元及以上	总计
守道德有利于自身利益的实现	6. 8%	5. 4%	3. 1%	4. 7%	4. 8%
个人是社会的一分子，应当遵守道德	42. 5%	44. 3%	48. 7%	49. 0%	46. 4%
遵守道德是为了使我们的社会更美好	42. 1%	41. 6%	41. 9%	41. 9%	41. 9%
不遵守道德会被别人议论或谴责	6. 3%	6. 8%	6. 0%	4. 0%	5. 9%
其他	2. 3%	1. 9%	0. 2%	0. 4%	1. 1%
总计	100. 0%	100. 0%	100. 0%	100. 0%	100. 0%
列总计	221	370	415	253	1259

Chi-square test：sig = 0. 140 > 0. 05，所以不同收入的居民在对“个人守道德的原因”的选择上没有显著差异。

C10a by A12

关于职业劳动说法中最认同的是 * A12 Crosstabulation

	无收入	1—1999 元	2000—3999 元	4000 元及以上	总计
劳动是个人谋生的工具	56. 6%	59. 3%	49. 0%	58. 4%	55. 2%
劳动是为社会创造财富	24. 0%	21. 6%	31. 1%	24. 0%	25. 6%
劳动是天职	12. 2%	12. 4%	13. 4%	11. 2%	12. 5%
劳动是兴趣的驱使，快乐的源泉	7. 2%	6. 7%	6. 5%	6. 4%	6. 7%

续表

	无收入	1—1999 元	2000—3999 元	4000 元及以上	总计
总计	100.0%	100.0%	100.0%	100.0%	100.0%
列总计	221	371	418	250	1260

Chi-square test：sig = 0.159 > 0.05，所以不同收入的居民在对“关于职业劳动说法中最认同的是”的选择上没有显著差异。

C10b by A12

关于职业劳动说法中第二认同的是 * A12 Crosstabulation

	无收入	1—1999 元	2000—3999 元	4000 元及以上	总计
劳动是个人谋生的工具	21.4%	20.5%	28.6%	27.2%	24.7%
劳动是为社会创造财富	46.1%	42.7%	42.6%	46.4%	44.0%
劳动是天职	17.5%	22.2%	18.3%	13.6%	18.4%
劳动是兴趣的驱使，快乐的源泉	15.0%	14.5%	10.5%	12.8%	12.9%
总计	100.0%	100.0%	100.0%	100.0%	100.0%
列总计	206	351	399	235	1191

Chi-square test：sig = 0.000 < 0.05，所以不同收入的居民在对“关于职业劳动说法中第二认同的是”的选择上有显著差异。

C10c by A12

关于职业劳动说法中第三认同的是 * A12 Crosstabulation

	无收入	1—1999 元	2000—3999 元	4000 元及以上	总计
劳动是个人谋生的工具	11.0%	12.6%	14.4%	12.3%	12.9%
劳动是为社会创造财富	23.5%	25.5%	22.2%	21.9%	23.3%
劳动是天职	38.0%	36.4%	36.9%	36.0%	36.7%
劳动是兴趣的驱使，快乐的源泉	27.5%	25.5%	26.5%	29.8%	27.1%
总计	100.0%	100.0%	100.0%	100.0%	100.0%
列总计	200	341	388	228	1157

Chi-square test：sig = 0.935 > 0.05，所以不同收入的居民在对“关于职业劳动说法中第三认同的是”的选择上没有显著差异。

C11a by A12

目前大多数人将职业当作谋生的手段，缺乏责任感和奉献精神 * A12 Crosstabulation

	无收入	1—1999 元	2000—3999 元	4000 元及以上	总计
完全不同意	8.0%	8.1%	7.7%	6.4%	7.6%
不太同意	37.9%	30.4%	33.4%	34.9%	33.6%
比较同意	44.2%	51.5%	46.2%	45.8%	47.3%
完全同意	9.8%	10.0%	12.7%	12.9%	11.4%
总计	100.0%	100.0%	100.0%	100.0%	100.0%
列总计	224	369	416	249	1258

Chi-square test：sig = 0.589 > 0.05，所以不同收入的居民在对“目前大多数人将职业当作谋生的手段，缺乏责任感和奉献精神”的认知上没有显著差异。

C11b by A12

企业老板剥削员工，利益关系不公正 * A12 Crosstabulation

	无收入	1—1999 元	2000—3999 元	4000 元及以上	总计
完全不同意	11.4%	7.1%	7.1%	7.3%	7.9%
不太同意	31.8%	23.8%	25.5%	34.4%	27.9%
比较同意	42.7%	50.5%	47.4%	41.3%	46.3%
完全同意	14.1%	18.6%	20.0%	17.0%	17.9%
总计	100.0%	100.0%	100.0%	100.0%	100.0%
列总计	220	366	411	247	1244

Chi-square test：sig = 0.029 < 0.05，所以不同收入的居民在对“企业老板剥削员工，利益关系不公正”的认知上有显著差异。

C11c by A12

社会上老板和员工、上级和下级相互勾结，共同对社会不负责任 * A12 Crosstabulation

	无收入	1—1999 元	2000—3999 元	4000 元及以上	总计
完全不同意	14.5%	13.5%	12.5%	14.8%	13.6%
不太同意	43.5%	31.6%	41.2%	47.1%	39.9%
比较同意	32.7%	44.8%	35.5%	29.5%	36.6%
完全同意	9.3%	10.2%	10.8%	8.6%	9.9%
总计	100.0%	100.0%	100.0%	100.0%	100.0%

续表

	无收入	1—1999 元	2000—3999 元	4000 元及以上	总计
列总计	214	364	408	244	1230

Chi-square test：sig = 0.006 < 0.05，所以不同收入的居民在对“社会上老板和员工、上级和下级相互勾结，共同对社会不负责任”的认知上有显著差异。

C11d by A12

是否离婚主要考虑自己的感受和利益 * A12 Crosstabulation

	无收入	1—1999 元	2000—3999 元	4000 元及以上	总计
完全不同意	25.2%	23.6%	23.2%	25.2%	24.1%
不太同意	49.5%	47.4%	41.9%	46.0%	45.7%
比较同意	21.1%	22.8%	26.9%	22.0%	23.7%
完全同意	4.1%	6.2%	8.0%	6.8%	6.6%
总计	100.0%	100.0%	100.0%	100.0%	100.0%
列总计	218	369	413	250	1250

Chi-square test：sig = 0.453 > 0.05，所以不同收入的居民在对“是否离婚主要考虑自己的感受和利益”的认知上没有显著差异。

C11e by A12

是否离婚应该从家庭整体（包括子女）考虑 * A12 Crosstabulation

	无收入	1—1999 元	2000—3999 元	4000 元及以上	总计
完全不同意	4.6%	3.0%	5.3%	8.0%	5.1%
不太同意	7.8%	9.0%	7.7%	8.8%	8.3%
比较同意	49.8%	45.6%	47.0%	41.4%	46.0%
完全同意	37.9%	42.3%	40.0%	41.8%	40.7%
总计	100.0%	100.0%	100.0%	100.0%	100.0%
列总计	219	366	413	249	1247

Chi-square test：sig = 0.287 > 0.05，所以不同收入的居民在对“是否离婚应该从家庭整体（包括子女）考虑”的认知上没有显著差异。

C11f by A12

婚姻是社会的事，应当兼顾社会评价和社会后果 * A12 Crosstabulation

	无收入	1—1999 元	2000—3999 元	4000 元及以上	总计
完全不同意	12.2%	7.9%	10.4%	13.0%	10.5%

续表

	无收入	1—1999 元	2000—3999 元	4000 元及以上	总计
不太同意	29.9%	31.2%	31.9%	36.6%	32.2%
比较同意	43.0%	43.9%	41.1%	32.5%	40.6%
完全同意	14.9%	17.1%	16.7%	17.9%	16.7%
总计	100.0%	100.0%	100.0%	100.0%	100.0%
列总计	221	369	414	246	1250

Chi-square test：sig = 0.188 > 0.05，所以不同收入的居民在对“婚姻是社会的事，应当兼顾社会评价和社会后果”的认知上没有显著差异。

C11g by A12

婚姻应当是自由的，如果有更满意或更合适的人就与现在的配偶离婚 * A12 Crosstabulation

	无收入	1—1999 元	2000—3999 元	4000 元及以上	总计
完全不同意	47.3%	50.0%	50.7%	43.8%	48.5%
不太同意	31.8%	32.9%	34.5%	39.4%	34.5%
比较同意	12.7%	10.9%	8.7%	10.0%	10.3%
完全同意	8.2%	6.3%	6.0%	6.8%	6.6%
总计	100.0%	100.0%	100.0%	100.0%	100.0%
列总计	220	368	414	249	1251

Chi-square test：sig = 0.557 > 0.05，所以不同收入的居民在对“婚姻应当是自由的，如果有更满意或更合适的人就与现在的配偶离婚”的认知上没有显著差异。

C12 by A12

造成生态环境问题最主要原因 * A12 Crosstabulation

	无收入	1—1999 元	2000—3999 元	4000 元及以上	总计
企业唯利是图，造成环境污染	33.5%	35.4%	36.2%	33.6%	35.0%
政府缺乏生态意识，政策失当	25.2%	33.5%	36.0%	39.2%	34.0%
个人缺乏环保意识	22.5%	13.4%	10.9%	8.0%	13.1%
当代人自私自利，不顾未来和子孙利益	18.8%	17.7%	16.9%	19.2%	17.9%
总计	100.0%	100.0%	100.0%	100.0%	100.0%
列总计	218	367	414	250	1249

Chi-square test：sig = 0.000 < 0.05，所以不同收入的居民在对“造成生态环境问题最主要原因”的选择上有显著差异。

C15a by A12

当今中国社会最基本的伦理冲突中第一位的冲突是 * A12 Crosstabulation

	无收入	1—1999 元	2000—3999 元	4000 元及以上	总计
人与自然的冲突	13.9%	15.6%	16.4%	20.7%	16.6%
人自我内在的冲突	12.4%	10.6%	15.2%	12.4%	12.8%
人与人之间的冲突	42.8%	48.5%	39.8%	39.4%	42.7%
个人与社会的冲突	12.9%	9.7%	14.7%	11.6%	12.3%
个人与政府的冲突	17.9%	15.0%	13.9%	15.8%	15.3%
其他		0.6%			0.2%
总计	100.0%	100.0%	100.0%	100.0%	100.0%
列总计	201	340	402	241	1184

Chi-square test：sig = 0.136 > 0.05，所以不同收入的居民在对“当今社会第一伦理冲突”的选择上没有显著差异。

C15b by A12

当今中国社会最基本的伦理冲突中第二位的冲突是 * A12 Crosstabulation

	无收入	1—1999 元	2000—3999 元	4000 元及以上	总计
人与自然的冲突	9.7%	8.9%	9.9%	6.7%	8.9%
人自我内在的冲突	15.6%	17.1%	18.3%	18.0%	17.5%
人与人之间的冲突	25.3%	23.2%	27.7%	24.3%	25.3%
个人与社会的冲突	31.7%	31.8%	29.3%	35.1%	31.6%
个人与政府的冲突	17.7%	18.7%	14.8%	15.9%	16.6%
其他		0.3%			0.1%
总计	100.0%	100.0%	100.0%	100.0%	100.0%
列总计	186	327	393	239	1145

Chi-square test：sig = 0.817 > 0.05，所以不同收入的居民在对“当今社会第二伦理冲突”的选择上没有显著差异。

C15c by A12

当今中国社会最基本的伦理冲突中第三位的冲突是 * A12 Crosstabulation

	无收入	1—1999 元	2000—3999 元	4000 元及以上	总计
人与自然的冲突	15.7%	18.2%	13.7%	12.8%	15.1%
人自我内在的冲突	12.4%	14.8%	18.9%	15.7%	16.0%
人与人之间的冲突	17.8%	18.5%	17.9%	21.7%	18.9%

续表

	无收入	1—1999元	2000—3999元	4000元及以上	总计
个人与社会的冲突	28.6%	26.2%	26.8%	27.2%	27.0%
个人与政府的冲突	24.9%	21.6%	22.4%	22.6%	22.6%
其他		0.6%	0.3%		0.3%
总计	100.0%	100.0%	100.0%	100.0%	100.0%
列总计	184	324	380	235	1123

Chi-square test：sig = 0.514 > 0.05，所以不同收入的居民在对“当今社会第三伦理冲突”的选择上没有显著差异。

C15d by A12

当今中国社会最基本的伦理冲突中第四位的冲突是 * A12 Crosstabulation

	无收入	1—1999元	2000—3999元	4000元及以上	总计
人与自然的冲突	25.1%	25.8%	25.3%	18.3%	23.9%
人自我内在的冲突	24.6%	23.6%	19.4%	23.0%	22.2%
人与人之间的冲突	10.4%	7.0%	12.0%	9.1%	9.7%
个人与社会的冲突	20.2%	22.6%	19.9%	20.4%	20.9%
个人与政府的冲突	19.1%	20.4%	23.4%	29.1%	23.0%
其他	0.5%	0.6%			0.3%
总计	100.0%	100.0%	100.0%	100.0%	100.0%
列总计	183	314	376	230	1103

Chi-square test：sig = 0.142 > 0.05，所以不同收入的居民在对“当今社会第四伦理冲突”的选择上没有显著差异。

C15e by A12

当今中国社会最基本的伦理冲突中第五位的冲突是 * A12 Crosstabulation

	无收入	1—1999元	2000—3999元	4000元及以上	总计
人与自然的冲突	36.3%	31.8%	35.4%	42.5%	36.0%
人自我内在的冲突	33.0%	31.5%	27.4%	29.8%	30.0%
人与人之间的冲突	4.4%	3.2%	2.7%	3.9%	3.4%
个人与社会的冲突	6.0%	7.7%	7.7%	4.8%	6.8%
个人与政府的冲突	19.8%	24.4%	25.0%	16.7%	22.2%
其他	0.5%	1.3%	1.9%	2.2%	1.5%
总计	100.0%	100.0%	100.0%	100.0%	100.0%

续表

	无收入	1—1999 元	2000—3999 元	4000 元及以上	总计
列总计	182	311	376	228	1097

Chi-square test：sig = 0. 298 > 0. 05，所以不同收入的居民在对“当今社会第五伦理冲突”的选择上没有显著差异。

C16by A12

目前中国社会两性之间的性开放日益发展，它对社会风尚的影响是 * A12 Crosstabulation

	无收入	1—1999 元	2000—3999 元	4000 元及以上	总计
是社会进步的表现	13. 6%	8. 6%	10. 8%	9. 2%	10. 3%
从根本上污染了社会风气	30. 9%	35. 3%	30. 3%	26. 7%	31. 2%
个人选择，无所谓好坏	16. 8%	15. 1%	19. 2%	20. 3%	17. 8%
两性关系混乱必然导致道德沦丧	38. 6%	41. 0%	39. 7%	43. 8%	40. 7%
总计	100. 0%	100. 0%	100. 0%	100. 0%	100. 0%
列总计	220	371	416	251	1258

Chi-square test：sig = 0. 241 > 0. 05，所以不同收入的居民在对“性开放对社会风尚的影响”的选择上没有显著差异。

C17 by A12

您认为当前中国社会个人道德素质的主要问题是 * A12 Crosstabulation

	无收入	1—1999 元	2000—3999 元	4000 元及以上	总计
道德上无知	11. 1%	12. 8%	16. 5%	11. 1%	13. 4%
有道德知识，但不见诸行动	76. 9%	73. 3%	71. 1%	75. 6%	73. 7%
既无知，也不行动	10. 1%	11. 4%	10. 1%	11. 1%	10. 8%
其他	1. 9%	2. 5%	2. 1%	2. 0%	2. 1%
总计	100. 0%	100. 0%	100. 0%	100. 0%	100. 0%
列总计	216	367	413	250	1246

Chi-square test：sig = 0. 721 > 0. 05，所以不同收入的居民在对“您认为当前中国社会个人道德素质的主要问题”的选择上没有显著差异。

C18 by A12

对在网上曝光别人隐私行为的看法 * A12 Crosstabulation

	无收入	1—1999 元	2000—3999 元	4000 元及以上	总计
是违法行为，应该制止	29. 7%	23. 0%	27. 4%	33. 1%	27. 6%

续表

	无收入	1—1999 元	2000—3999 元	4000 元及以上	总计
是不道德行为，应该进行谴责	53.4%	59.9%	47.9%	46.0%	52.0%
是社会监督的合理途径	5.5%	5.4%	9.2%	5.6%	6.7%
是网民的自由，别人不应该干涉	3.7%	3.0%	3.6%	5.2%	3.8%
说不清	7.8%	8.7%	11.9%	10.1%	9.8%
总计	100.0%	100.0%	100.0%	100.0%	100.0%
列总计	219	369	413	248	1249

Chi-square test：sig = 0.019 < 0.05，所以不同收入的居民在对“曝光别人隐私行为的看法”上有显著差异。

C19 by A12

对自己目前的社会状态是否满意 * A12 Crosstabulation

	无收入	1—1999 元	2000—3999 元	4000 元及以上	总计
很满意	20.1%	17.2%	14.1%	13.8%	16.0%
比较满意	65.2%	62.2%	67.7%	70.0%	66.1%
不太满意	12.9%	19.6%	17.0%	14.2%	16.5%
很不满意	1.8%	1.1%	1.2%	2.0%	1.4%
总计	100.0%	100.0%	100.0%	100.0%	100.0%
列总计	224	373	418	253	1268

Chi-square test：sig = 0.221 > 0.05，所以不同收入的居民在对“对自己目前的社会状态是否满意”的评价上没有显著差异。

C20a by A12

文明城市创建的效果 * A12 Crosstabulation

	无收入	1—1999 元	2000—3999 元	4000 元及以上	总计
完全没效果	3.6%	3.5%	6.8%	6.8%	5.3%
效果较差	15.2%	20.0%	24.5%	29.5%	22.5%
效果较好	48.0%	47.8%	49.0%	47.0%	48.1%
效果很好	17.5%	15.4%	14.1%	11.6%	14.6%
没听说过该活动	15.7%	13.2%	5.6%	5.2%	9.6%
总计	100.0%	100.0%	100.0%	100.0%	100.0%
列总计	223	370	412	251	1256

Chi-square test：sig = 0.000 < 0.05，所以不同收入的居民在对“文明城市创建的效果”的评价上有显著差异。

C20b by A12

学雷锋活动的效果 * A12 Crosstabulation

	无收入	1—1999 元	2000—3999 元	4000 元及以上	总计
完全没效果	6.3%	6.2%	8.9%	9.6%	7.8%
效果较差	17.9%	22.6%	31.4%	39.0%	27.9%
效果较好	44.6%	47.2%	42.5%	30.7%	41.9%
效果很好	25.9%	22.1%	15.9%	17.5%	19.8%
没听说过该活动	5.4%	1.9%	1.2%	3.2%	2.5%
总计	100.0%	100.0%	100.0%	100.0%	100.0%
列总计	224	371	414	251	1260

Chi-square test：sig = 0.000 < 0.05，所以不同收入的居民在对“学雷锋活动的效果”的评价上有显著差异。

C20c by A12

典型人物宣传（感动中国、中国好人、道德楷模等）的效果 * A12 Crosstabulation

	无收入	1—1999 元	2000—3999 元	4000 元及以上	总计
完全没效果	5.4%	3.0%	6.8%	9.6%	6.0%
效果较差	13.9%	14.8%	20.4%	22.7%	18.1%
效果较好	43.9%	49.3%	49.9%	45.0%	47.7%
效果很好	23.8%	21.4%	18.0%	18.3%	20.1%
没听说过该活动	13.0%	11.5%	4.9%	4.4%	8.2%
总计	100.0%	100.0%	100.0%	100.0%	100.0%
列总计	223	365	411	251	1250

Chi-square test：sig = 0.000 < 0.05，所以不同收入的居民在对“典型人物宣传（感动中国、中国好人、道德楷模等）的效果”的评价上有显著差异。

C20d by A12

志愿服务倡导和推广的效果 * A12 Crosstabulation

	无收入	1—1999 元	2000—3999 元	4000 元及以上	总计
完全没效果	2.3%	1.6%	3.4%	3.6%	2.7%
效果较差	11.3%	14.9%	16.9%	21.8%	16.3%
效果较好	42.1%	46.2%	55.4%	48.4%	49.0%
效果很好	27.1%	23.1%	19.4%	19.4%	21.9%

续表

	无收入	1—1999 元	2000—3999 元	4000 元及以上	总计
没听说过该活动	17.2%	14.1%	4.8%	6.7%	10.1%
总计	100.0%	100.0%	100.0%	100.0%	100.0%
列总计	221	368	413	252	1254

Chi-square test：sig = 0.000 < 0.05，所以不同收入的居民在对“志愿服务倡导和推广的效果”的评价上有显著差异。

C20e by A12

反腐倡廉举措的效果 * A12 Crosstabulation

	无收入	1—1999 元	2000—3999 元	4000 元及以上	总计
完全没效果	9.5%	8.4%	10.7%	13.1%	10.3%
效果较差	25.7%	22.9%	25.1%	32.7%	26.1%
效果较好	28.4%	38.4%	41.4%	35.5%	37.0%
效果很好	21.2%	17.4%	18.0%	13.9%	17.6%
没听说过该活动	15.3%	12.8%	4.9%	4.8%	9.0%
总计	100.0%	100.0%	100.0%	100.0%	100.0%
列总计	222	367	411	251	1251

Chi-square test：sig = 0.000 < 0.05，所以不同收入的居民在对“反腐倡廉举措的效果”评价上有显著差异。

C20f by A12

《公民道德建设实施纲要》推进效果 * A12 Crosstabulation

	无收入	1—1999 元	2000—3999 元	4000 元及以上	总计
完全没效果	1.3%	3.8%	4.8%	6.9%	4.3%
效果较差	13.8%	11.5%	14.3%	27.0%	15.9%
效果较好	21.9%	28.1%	35.4%	31.5%	30.1%
效果很好	12.1%	10.9%	12.3%	8.5%	11.1%
没听说过该活动	50.9%	45.6%	33.2%	26.2%	38.6%
总计	100.0%	100.0%	100.0%	100.0%	100.0%
列总计	224	366	413	248	1251

Chi-square test：sig = 0.000 < 0.05，所以不同收入的居民在对“《公民道德建设实施纲要》推进效果”的评价上有显著差异。

C21 by A12

判断某一行为是否符合伦理或道德的标准 * A12 Crosstabulation

	无收入	1—1999 元	2000—3999 元	4000 元及以上	总计
传统	11.9%	13.3%	14.8%	6.8%	12.2%
风俗习惯	5.5%	7.1%	5.6%	6.0%	6.1%
大多数人认同的道德规范	30.1%	23.9%	35.4%	44.8%	33.0%
当事人共同利益和意志	1.8%	2.2%	4.4%	4.8%	3.4%
自己的良心	48.4%	53.0%	39.5%	37.6%	44.6%
自己利益	2.3%	0.5%	0.5%		0.7%
总计	100.0%	100.0%	100.0%	100.0%	100.0%
列总计	219	368	413	250	1250

Chi-square test: sig = 0.000 < 0.05，所以不同收入的居民在对“判断某一行为是否符合伦理或道德的标准”的选择上有显著差异。

C22a by A12

在下列关系中，排在第一位的关系 * A12 Crosstabulation

	无收入	1—1999 元	2000—3999 元	4000 元及以上	总计
父母与子女	70.0%	64.7%	57.5%	60.3%	62.3%
夫妇	15.0%	24.2%	25.0%	26.6%	23.3%
兄弟姐妹	0.5%	0.5%	0.5%	0.4%	0.5%
同事或同学			0.5%		0.2%
上级或下级	0.5%	0.5%	0.2%		0.3%
师生	0.5%				0.1%
个人与自然的关系	1.8%	0.3%	1.7%	1.2%	1.2%
个人与社会	2.7%	1.6%	2.2%	0.4%	1.8%
个人与国家	5.5%	5.2%	7.0%	5.6%	5.9%
个人与工作单位		0.8%	0.7%	0.4%	0.6%
朋友	0.5%	0.8%	0.5%	0.8%	0.6%
个人与自身的关系（身心和谐）	3.2%	1.4%	4.3%	4.4%	3.3%
总计	100.0%	100.0%	100.0%	100.0%	100.0%
列总计	220	368	416	252	1256

Chi-square test: sig = 0.145 > 0.05，所以不同收入的居民在对“众多关系中，排在第一位的关系”的选择上没有显著差异。

C22b by A12

在下列关系中，排在第二位的关系 * A12 Crosstabulation

	无收入	1—1999元	2000—3999元	4000元及以上	总计
父母与子女	18.8%	27.4%	30.0%	27.2%	26.7%
夫妇	50.9%	56.3%	46.7%	52.8%	51.5%
兄弟姐妹	14.2%	5.7%	8.2%	8.8%	8.6%
同事或同学	1.8%	0.8%	1.0%	0.4%	1.0%
上级或下级	1.4%	1.4%	1.0%	2.4%	1.4%
师生	0.9%	0.3%	0.7%		0.5%
个人与自然的关系	0.5%	1.1%	1.7%		1.0%
个人与社会	3.7%	3.5%	5.1%	4.8%	4.3%
个人与国家	5.0%	2.4%	2.9%	0.8%	2.7%
个人与工作单位	0.5%	0.5%	1.0%	0.8%	0.7%
通过网络建立的关系				0.4%	0.1%
朋友	1.4%	0.3%	1.2%	0.4%	0.8%
个人与自身的关系（身心和谐）	0.9%	0.3%	0.5%	1.2%	0.6%
总计	100.0%	100.0%	100.0%	100.0%	99.9%
列总计	218	368	413	250	1249

Chi-square test：sig = 0.021 < 0.05，所以不同收入的居民在对“众多关系中，排在第二位的关系”的选择上有显著差异。

C22c by A12

在下列关系中，排在第三位的关系 * A12 Crosstabulation

	无收入	1—1999元	2000—3999元	4000元及以上	总计
父母与子女	6.5%	4.1%	6.8%	7.2%	6.1%
夫妇	13.0%	8.2%	11.7%	9.6%	10.5%
兄弟姐妹	54.9%	67.6%	56.5%	54.4%	59.0%
同事或同学	4.7%	2.7%	7.6%	6.0%	5.3%
上级或下级	1.4%	1.9%	1.5%	1.6%	1.6%
师生	3.3%	0.3%	0.2%	0.8%	0.9%
个人与自然的关系	2.3%	0.3%	2.4%	0.8%	1.5%
个人与社会	3.3%	5.2%	2.4%	4.4%	3.8%
个人与国家	3.3%	3.0%	3.4%	6.0%	3.8%
个人与工作单位	1.4%	1.9%	1.2%	2.4%	1.7%

续表

	无收入	1—1999 元	2000—3999 元	4000 元及以上	总计
朋友	5.1%	3.8%	4.6%	4.8%	4.5%
个人与自身的关系（身心和谐）	0.9%	0.8%	1.5%	2.0%	1.3%
总计	100.0%	100.0%	100.0%	100.0%	100.0%
列总计	215	364	409	250	1238

Chi-square test：sig = 0.003 < 0.05，所以不同收入的居民在对“众多关系中，排在第三位的关系”的选择上有显著差异。

C22d by A12

在下列关系中，排在第四位的关系 * A12 Crosstabulation

	无收入	1—1999 元	2000—3999 元	4000 元及以上	总计
父母与子女	1.4%	1.7%	2.7%	2.4%	2.2%
夫妇	8.1%	4.6%	4.5%	4.5%	5.2%
兄弟姐妹	8.6%	9.9%	10.0%	10.2%	9.8%
同事或同学	14.8%	18.0%	22.9%	19.6%	19.4%
上级或下级	5.7%	9.9%	7.2%	9.8%	8.3%
师生	3.8%	4.3%	3.5%	7.3%	4.6%
个人与自然的关系	4.3%	4.6%	3.7%	3.3%	4.0%
个人与社会	12.9%	8.7%	10.2%	8.6%	9.9%
个人与国家	11.5%	9.6%	7.5%	5.7%	8.4%
个人与工作单位	5.3%	7.8%	3.2%	6.5%	5.6%
通过网络建立的关系		0.6%			0.2%
朋友	19.6%	17.7%	20.9%	19.6%	19.5%
个人与自身的关系（身心和谐）	3.8%	2.6%	3.5%	2.4%	3.1%
总计	100.0%	100.0%	100.0%	100.0%	100.0%
列总计	209	345	401	245	1200

Chi-square test：sig = 0.158 > 0.05，所以不同收入的居民在对“众多关系中，排在第四位的关系”的选择上没有显著差异。

C22e by A12

在下列关系中，排在第五位的关系 * A12 Crosstabulation

	无收入	1—1999 元	2000—3999 元	4000 元及以上	总计
父母与子女	1.5%	0.3%	1.0%	0.4%	0.8%

续表

	无收入	1—1999 元	2000—3999 元	4000 元及以上	总计
夫妇	2.4%	1.8%	2.0%	2.5%	2.1%
兄弟姐妹	5.9%	4.4%	6.0%	4.5%	5.2%
同事或同学	15.1%	13.9%	12.6%	16.9%	14.3%
上级或下级	11.2%	10.0%	10.3%	11.6%	10.6%
师生	5.9%	5.0%	4.8%	3.7%	4.8%
个人与自然的关系	5.4%	2.4%	4.5%	5.4%	4.2%
个人与社会	15.1%	18.0%	13.3%	16.5%	15.6%
个人与国家	13.2%	11.5%	10.6%	8.7%	10.9%
个人与工作单位	2.9%	8.0%	12.1%	9.5%	8.8%
通过网络建立的关系			0.5%		0.2%
朋友	16.6%	17.1%	15.1%	14.0%	15.7%
个人与自身的关系（身心和谐）	4.9%	7.7%	7.3%	6.2%	6.8%
总计	100.0%	100.0%	100.0%	100.0%	100.0%
列总计	205	339	398	242	1184

Chi-square test：sig = 0.392 > 0.05，所以不同收入的居民在对“众多关系中，排在第五位的关系”的选择上没有显著差异。

C23 by A12

对社会秩序最具根本性意义的关系 * A12 Crosstabulation

	无收入	1—1999 元	2000—3999 元	4000 元及以上	总计
家庭伦理关系或血缘关系	30.8%	28.9%	26.1%	25.3%	27.6%
个人与社会的关系	36.0%	33.1%	39.3%	40.2%	37.1%
职业伦理关系	1.9%	3.6%	2.2%	4.0%	2.9%
个人与国家民族的关系	24.6%	27.8%	24.4%	21.7%	24.9%
个人与自然的关系	4.3%	2.2%	3.7%	3.6%	3.3%
个人与他自身的关系	2.4%	4.4%	4.4%	5.2%	4.2%
总计	100.0%	100.0%	100.0%	100.0%	100.0%
列总计	211	363	410	249	1233

Chi-square test：sig = 0.486 > 0.05，所以不同收入的居民在对“对社会秩序最具根本性意义的关系”的选择上没有显著差异。

C24 by A12

对个人生活最具根本性意义的关系 * A12 Crosstabulation

	无收入	1—1999 元	2000—3999 元	4000 元及以上	总计
家庭伦理关系或血缘关系	65.1%	73.0%	63.2%	68.4%	67.4%
个人与社会的关系	12.6%	10.7%	11.9%	13.2%	11.9%
职业伦理关系	4.7%	2.5%	3.9%	1.6%	3.1%
个人与国家民族的关系	7.9%	9.0%	8.7%	8.4%	8.6%
个人与自然的关系	2.3%	0.5%	3.6%	2.0%	2.2%
个人与他自身的关系	7.4%	4.4%	8.7%	6.4%	6.8%
总计	100.0%	100.1%	100.0%	100.0%	100.0%
列总计	215	366	413	250	1244

Chi-square test：sig = 0.084 > 0.05，所以不同收入的居民在对“对个人生活最具根本性意义的关系”的选择上没有显著差异。

C25 by A12

是否会为了得到好处而仿效他人不守道德 * A12 Crosstabulation

	无收入	1—1999 元	2000—3999 元	4000 元及以上	总计
从来不这么做	82.1%	81.8%	74.2%	66.4%	76.3%
通常不这么做，关键时刻会这么做	12.5%	8.8%	15.8%	19.8%	14.0%
经常这么做		0.5%	1.0%	1.6%	0.8%
说不清	5.4%	8.8%	9.1%	12.3%	9.0%
总计	100.0%	99.9%	100.1%	100.1%	100.1%
列总计	224	373	418	253	1268

Chi-square test：sig = 0.000 < 0.05，所以不同收入的居民在对“是否会为了得到好处而仿效他人不守道德”的选择上有显著差异。

C27 by A12

从网络中获得的信息对思想行为的影响 * A12 Crosstabulation

	无收入	1—1999 元	2000—3999 元	4000 元及以上	总计
影响很大	4.0%	1.9%	6.0%	6.0%	4.4%
有一些影响	24.6%	20.5%	30.8%	47.0%	29.9%
不太影响	16.5%	15.1%	21.2%	19.3%	18.2%
完全没有影响	3.6%	3.0%	4.8%	8.0%	4.7%
不适用，因为不上网	51.3%	59.5%	37.3%	19.7%	42.8%

续表

	无收入	1—1999 元	2000—3999 元	4000 元及以上	总计
总计	100. 0%	100. 0%	100. 0%	100. 0%	100. 0%
列总计	224	370	416	249	1259

Chi-square test：sig = 0. 000 < 0. 05，所以不同收入的居民在对“从网络中获得的信息对思想行为的影响”的评价上有显著差异。

C28a by A12

坑蒙拐骗现象的严重程度 * A12 Crosstabulation

	无收入	1—1999 元	2000—3999 元	4000 元及以上	总计
非常不严重	4. 5%	1. 9%	4. 1%	4. 4%	3. 6%
比较不严重	20. 7%	26. 3%	22. 1%	22. 8%	23. 2%
比较严重	46. 8%	50. 5%	52. 0%	50. 4%	50. 4%
非常严重	27. 9%	21. 2%	21. 8%	22. 4%	22. 8%
总计	100. 0%	100. 0%	100. 0%	100. 0%	100. 0%
列总计	222	372	417	250	1261

Chi-square test：sig = 0. 301 > 0. 05，所以不同收入的居民在对“坑蒙拐骗现象的严重程度”的评价上没有显著差异。

C28b by A12

人际关系冷漠，见危不救现象的严重程度 * A12 Crosstabulation

	无收入	1—1999 元	2000—3999 元	4000 元及以上	总计
非常不严重	3. 6%	3. 0%	4. 3%	4. 4%	3. 8%
比较不严重	36. 5%	34. 0%	31. 2%	24. 7%	31. 6%
比较严重	45. 5%	50. 9%	49. 4%	50. 6%	49. 4%
非常严重	14. 4%	12. 1%	15. 1%	20. 3%	15. 1%
总计	100. 0%	100. 0%	100. 0%	100. 0%	100. 0%
列总计	222	371	417	251	1261

Chi-square test：sig = 0. 090 > 0. 05，所以不同收入的居民在对“人际关系冷漠，见危不救现象的严重程度”的评价上没有显著差异。

C28c by A12

诚信缺乏，社会信用度低的严重程度 * A12 Crosstabulation

	无收入	1—1999 元	2000—3999 元	4000 元及以上	总计
非常不严重	4. 1%	2. 5%	2. 9%	3. 6%	3. 1%

续表

	无收入	1—1999 元	2000—3999 元	4000 元及以上	总计
比较不严重	36.5%	29.0%	28.0%	25.6%	29.3%
比较严重	49.1%	57.8%	54.9%	51.2%	54.0%
非常严重	10.4%	10.7%	14.2%	19.6%	13.6%
总计	100.0%	100.0%	100.0%	100.0%	100.0%
列总计	222	365	415	250	1252

Chi-square test：sig = 0.019 < 0.05，所以不同收入的居民在对“诚信缺乏，社会信用度低的严重程度”的评价上有显著差异。

C28d by A12

很多人在公共场所缺乏公德如大声喧哗、不排队、随地吐痰的严重程度 * A12 Crosstabulation

	无收入	1—1999 元	2000—3999 元	4000 元及以上	总计
非常不严重	2.3%	2.2%	2.2%	3.2%	2.4%
比较不严重	36.9%	33.5%	33.9%	24.3%	32.4%
比较严重	47.7%	46.8%	45.9%	57.4%	48.8%
非常严重	13.1%	17.6%	18.0%	15.1%	16.4%
总计	100.0%	100.0%	100.0%	100.0%	100.0%
列总计	222	370	416	251	1259

Chi-square test：sig = 0.082 > 0.05，所以不同收入的居民在对“很多人在公共场所缺乏公德如大声喧哗、不排队、随地吐痰的严重程度”的评价上没有显著差异。

C28e by A12

自私自利，损人利己，物欲横流的严重程度 * A12 Crosstabulation

	无收入	1—1999 元	2000—3999 元	4000 元及以上	总计
非常不严重	3.6%	3.0%	2.4%	2.8%	2.9%
比较不严重	34.1%	33.0%	35.3%	30.2%	33.4%
比较严重	47.5%	50.3%	49.3%	50.4%	49.5%
非常严重	14.8%	13.8%	13.0%	16.7%	14.3%
总计	100.0%	100.0%	100.0%	100.0%	100.0%
列总计	223	370	416	252	1261

Chi-square test：sig = 0.917 > 0.05，所以不同收入的居民在对“自私自利，损人利己，物欲横流的严重程度”的评价上没有显著差异。

C28f by A12

缺乏公正心和正义感的严重程度 * A12 Crosstabulation

	无收入	1—1999元	2000—3999元	4000元及以上	总计
非常不严重	3.2%	6.8%	3.6%	5.6%	4.9%
比较不严重	37.6%	37.2%	37.1%	33.5%	36.5%
比较严重	47.5%	48.1%	48.0%	47.8%	47.9%
非常严重	11.8%	7.9%	11.3%	13.1%	10.8%
总计	100.0%	100.0%	100.0%	100.0%	100.0%
列总计	221	368	415	251	1255

Chi-square test：sig = 0.274 > 0.05，所以不同收入的居民在对“缺乏公正心和正义感的严重程度”的评价上没有显著差异。

C28g by A12

缺乏羞耻感的严重程度 * A12 Crosstabulation

	无收入	1—1999元	2000—3999元	4000元及以上	总计
非常不严重	5.0%	7.9%	4.3%	5.6%	5.7%
比较不严重	45.9%	43.4%	41.9%	40.2%	42.7%
比较严重	39.6%	40.4%	41.9%	40.6%	40.8%
非常严重	9.5%	8.4%	11.8%	13.5%	10.7%
总计	100.0%	100.0%	100.0%	100.0%	100.0%
列总计	222	369	415	251	1257

Chi-square test：sig = 0.328 > 0.05，所以不同收入的居民在对“缺乏羞耻感的严重程度”的评价上没有显著差异。

C28h by A12

干部贪污受贿，以权谋利的严重程度 * A12 Crosstabulation

	无收入	1—1999元	2000—3999元	4000元及以上	总计
非常不严重	2.3%	2.5%	1.5%	2.8%	2.2%
比较不严重	22.5%	16.8%	17.0%	14.1%	17.3%
比较严重	35.8%	43.0%	45.9%	39.4%	41.9%
非常严重	39.4%	37.7%	35.7%	43.8%	38.6%
总计	100.0%	100.0%	100.0%	100.0%	100.0%
列总计	218	363	412	249	1242

Chi-square test：sig = 0.149 > 0.05，所以不同收入的居民在对“干部贪污受贿，以权谋利的严重程度”的评价上没有显著差异。

C28i by A12

生活奢侈，铺张浪费的严重程度＊ A12 Crosstabulation

	无收入	1—1999 元	2000—3999 元	4000 元及以上	总计
非常不严重	5.9%	5.4%	3.2%	3.6%	4.4%
比较不严重	33.8%	28.3%	30.7%	30.1%	30.4%
比较严重	43.2%	48.1%	48.7%	47.8%	47.4%
非常严重	17.1%	18.2%	17.5%	18.5%	17.8%
总计	100.0%	100.0%	100.0%	100.0%	100.0%
列总计	222	368	411	249	1250

Chi-square test：sig = 0.708 > 0.05，所以不同收入的居民在对“生活奢侈，铺张浪费的严重程度”的评价上没有显著差异。

C28j by A12

奉行功利主义，相互算计的严重程度＊ A12 Crosstabulation

	无收入	1—1999 元	2000—3999 元	4000 元及以上	总计
非常不严重	5.0%	3.8%	4.1%	4.8%	4.3%
比较不严重	35.3%	37.7%	41.7%	36.0%	38.3%
比较严重	47.7%	48.2%	43.2%	45.6%	46.0%
非常严重	11.9%	10.2%	10.9%	13.6%	11.4%
总计	100.0%	100.0%	100.0%	100.0%	100.0%
列总计	218	371	412	250	1251

Chi-square test：sig = 0.766 > 0.05，所以不同收入的居民在对“奉行功利主义，相互算计的严重程度”的评价上没有显著差异。

C28k by A12

企业损害社会利益的严重程度，如污染环境、以虚假广告误导公众等＊ A12 Crosstabulation

	无收入	1—1999 元	2000—3999 元	4000 元及以上	总计
非常不严重	2.3%	3.0%	1.5%	4.0%	2.6%
比较不严重	28.1%	23.0%	20.3%	19.3%	22.3%
比较严重	47.0%	53.1%	58.1%	45.4%	52.2%
非常严重	22.6%	20.9%	20.1%	31.3%	23.0%
总计	100.0%	100.0%	100.0%	100.0%	100.0%

续表

	无收入	1—1999 元	2000—3999 元	4000 元及以上	总计
列总计	217	369	413	249	1248

Chi-square test：sig = 0. 003 < 0. 05，所以不同收入的居民在对“企业损害社会利益的严重程度，如污染环境、以虚假广告误导公众等”的评价上有显著差异。

C28l by A12

娱乐界以丑闻、绯闻炒作，污染社会风气的严重程度 * A12 Crosstabulation

	无收入	1—1999 元	2000—3999 元	4000 元及以上	总计
非常不严重	3. 5%	3. 1%	1. 5%	2. 5%	2. 5%
比较不严重	35. 4%	38. 0%	29. 5%	22. 7%	31. 5%
比较严重	46. 0%	45. 4%	52. 7%	46. 7%	48. 2%
非常严重	15. 2%	13. 6%	16. 3%	28. 1%	17. 8%
总计	100. 0%	100. 0%	100. 0%	100. 0%	100. 0%
列总计	198	324	393	242	1157

Chi-square test：sig = 0. 000 < 0. 05，所以不同收入的居民在对“娱乐界以丑闻、绯闻炒作，污染社会风气的严重程度”的评价上有显著差异。

C28m by A12

媒体缺乏社会责任，炒作新闻的严重程度 * A12 Crosstabulation

	无收入	1—1999 元	2000—3999 元	4000 元及以上	总计
非常不严重	3. 0%	3. 3%	3. 8%	3. 7%	3. 5%
比较不严重	40. 4%	42. 3%	35. 4%	28. 2%	36. 8%
比较严重	46. 3%	45. 6%	48. 1%	44. 0%	46. 2%
非常严重	10. 3%	8. 7%	12. 7%	24. 1%	13. 5%
总计	100. 0%	100. 0%	100. 0%	100. 0%	100. 0%
列总计	203	333	395	241	1172

Chi-square test：sig = 0. 000 < 0. 05，所以不同收入的居民在对“媒体缺乏社会责任，炒作新闻的严重程度”的评价上有显著差异。

C28n by A12

社会财富分配不公，贫富悬殊过大的严重程度 * A12 Crosstabulation

	无收入	1—1999 元	2000—3999 元	4000 元及以上	总计
非常不严重	1. 8%	0. 5%	1. 2%	3. 6%	1. 6%

续表

	无收入	1—1999 元	2000—3999 元	4000 元及以上	总计
比较不严重	20. 4%	14. 4%	14. 2%	18. 5%	16. 2%
比较严重	46. 6%	46. 6%	46. 4%	45. 0%	46. 2%
非常严重	31. 2%	38. 5%	38. 2%	32. 9%	36. 0%
总计	100. 0%	100. 0%	100. 0%	100. 0%	100. 0%
列总计	221	369	416	249	1255

Chi-square test：sig =0. 038 <0. 05，所以不同收入的居民在对“社会财富分配不公，贫富悬殊过大的严重程度”的评价上有显著差异。

C28o by A12

教师不尽职的严重程度 * A12 Crosstabulation

	无收入	1—1999 元	2000—3999 元	4000 元及以上	总计
非常不严重	13. 6%	19. 4%	8. 9%	15. 3%	14. 1%
比较不严重	50. 7%	45. 6%	51. 6%	50. 0%	49. 4%
比较严重	26. 2%	27. 6%	28. 0%	24. 6%	26. 9%
非常严重	9. 5%	7. 4%	11. 6%	10. 1%	9. 7%
总计	100. 0%	100. 0%	100. 0%	100. 0%	100. 0%
列总计	221	366	415	248	1250

Chi-square test：sig =0. 011 <0. 05，所以不同收入的居民在对“教师不尽职的严重程度”的评价上有显著差异。

C28p by A12

医生不守职业道德的严重程度 * A12 Crosstabulation

	无收入	1—1999 元	2000—3999 元	4000 元及以上	总计
非常不严重	13. 2%	15. 9%	8. 4%	9. 7%	11. 7%
比较不严重	49. 5%	46. 5%	45. 8%	46. 8%	46. 8%
比较严重	27. 3%	28. 9%	31. 6%	29. 4%	29. 6%
非常严重	10. 0%	8. 6%	14. 2%	14. 1%	11. 8%
总计	100. 0%	100. 0%	100. 0%	100. 0%	100. 0%
列总计	220	370	415	248	1253

Chi-square test：sig =0. 025 <0. 05，所以不同收入的居民在对“医生不守职业道德的严重程度”的评价上有显著差异。

C28q by A12

公众人物用知名度攫取财富的严重程度 * A12 Crosstabulation

	无收入	1—1999 元	2000—3999 元	4000 元及以上	总计
非常不严重	6. 8%	5. 9%	5. 2%	6. 2%	5. 9%
比较不严重	36. 1%	34. 6%	33. 6%	21. 4%	31. 8%
比较严重	43. 9%	49. 1%	46. 0%	51. 4%	47. 6%
非常严重	13. 2%	10. 4%	15. 2%	21. 0%	14. 6%
总计	100. 0%	100. 0%	100. 0%	100. 0%	100. 0%
列总计	205	338	402	243	1188

Chi-square test：sig = 0. 004 < 0. 05，所以不同收入的居民在对“公众人物用知名度攫取财富的严重程度”的评价上有显著差异。

C28r by A12

不爱国的严重程度 * A12 Crosstabulation

	无收入	1—1999 元	2000—3999 元	4000 元及以上	总计
非常不严重	35. 0%	38. 4%	30. 1%	28. 1%	33. 0%
比较不严重	43. 6%	43. 1%	44. 5%	42. 2%	43. 5%
比较严重	12. 7%	12. 5%	18. 6%	18. 5%	15. 7%
非常严重	8. 6%	6. 0%	6. 8%	11. 2%	7. 8%
总计	100. 0%	100. 0%	100. 0%	100. 0%	100. 0%
列总计	220	367	409	249	1245

Chi-square test：sig = 0. 021 < 0. 05，所以不同收入的居民在对“不爱国的严重程度”的评价上有显著差异。

C28s by A12

两性关系过度开放导致婚姻不稳定的严重程度 * A12 Crosstabulation

	无收入	1—1999 元	2000—3999 元	4000 元及以上	总计
非常不严重	7. 7%	5. 4%	3. 4%	5. 2%	5. 1%
比较不严重	33. 9%	27. 2%	29. 3%	30. 6%	29. 8%
比较严重	39. 4%	46. 3%	49. 9%	49. 2%	46. 8%
非常严重	19. 0%	21. 0%	17. 4%	14. 9%	18. 3%
总计	100. 0%	100. 0%	100. 0%	100. 0%	100. 0%
列总计	221	367	413	248	1249

Chi-square test：sig = 0. 105 > 0. 05，所以不同收入的居民在对“两性关系过度开放导致婚姻不稳定的严重程度”的评价上没有显著差异。

C28t by A12

年轻人缺乏责任感，不孝敬父母的严重程度＊ A12 Crosstabulation

	无收入	1—1999 元	2000—3999 元	4000 元及以上	总计
非常不严重	10.3%	9.2%	7.5%	8.5%	8.7%
比较不严重	44.2%	44.0%	44.9%	48.4%	45.2%
比较严重	32.6%	36.7%	37.9%	32.7%	35.6%
非常严重	12.9%	10.1%	9.7%	10.5%	10.5%
总计	100.0%	100.0%	100.0%	100.0%	100.0%
列总计	224	368	414	248	1254

Chi-square test：sig = 0.766 > 0.05，所以不同收入的居民在对“年轻人缺乏责任感，不孝敬父母的严重程度”的评价上没有显著差异。

C28u by A12

父母和子女代沟问题严重，难以沟通的严重程度＊ A12 Crosstabulation

	无收入	1—1999 元	2000—3999 元	4000 元及以上	总计
非常不严重	11.2%	7.8%	8.4%	7.2%	8.5%
比较不严重	48.9%	51.2%	48.7%	52.0%	50.1%
比较严重	33.6%	33.2%	38.1%	33.6%	35.0%
非常严重	6.3%	7.8%	4.8%	7.2%	6.4%
总计	100.0%	100.0%	100.0%	100.0%	100.0%
列总计	223	371	417	250	1261

Chi-square test：sig = 0.533 > 0.05，所以不同收入的居民在对“父母和子女代沟问题严重，难以沟通的严重程度”的评价上没有显著差异。

C28v by A12

父母过度干涉子女的工作和生活的严重程度＊ A12 Crosstabulation

	无收入	1—1999 元	2000—3999 元	4000 元及以上	总计
非常不严重	17.5%	11.1%	13.8%	10.0%	12.9%
比较不严重	55.6%	61.7%	57.9%	59.2%	58.9%
比较严重	23.8%	23.5%	24.0%	27.6%	24.5%
非常严重	3.1%	3.8%	4.4%	3.2%	3.7%
总计	100.0%	100.0%	100.0%	100.0%	100.0%
列总计	223	371	413	250	1257

Chi-square test：sig = 0.385 > 0.05，所以不同收入的居民在对“父母过度干涉子女的工作和生活的严重程度”的评价上没有显著差异。

C28w by A12

老无所养，缺乏安全感的严重程度 * A12 Crosstabulation

	无收入	1—1999 元	2000—3999 元	4000 元及以上	总计
非常不严重	13.5%	14.1%	12.8%	10.8%	12.9%
比较不严重	40.4%	43.1%	43.6%	45.2%	43.2%
比较严重	34.5%	31.2%	33.3%	32.8%	32.8%
非常严重	11.7%	11.7%	10.4%	11.2%	11.1%
总计	100.0%	100.0%	100.0%	100.0%	100.0%
列总计	223	369	415	250	1257

Chi-square test：sig = 0.969 > 0.05，所以不同收入的居民在对“老无所养，缺乏安全感的严重程度”的评价上没有显著差异。

C29a by A12

对于个人而言，家庭、社会和国家哪个排在第一位 * A12 Crosstabulation

	无收入	1—1999 元	2000—3999 元	4000 元及以上	总计
国家	58.6%	54.5%	51.9%	41.6%	51.8%
社会	1.8%	3.0%	3.4%	1.2%	2.6%
家庭	39.5%	42.5%	44.7%	57.2%	45.7%
总计	100.0%	100.0%	100.0%	100.0%	100.0%
列总计	220	369	414	250	1253

Chi-square test：sig = 0.002 < 0.05，所以不同收入的居民在对“对于个人而言，家庭、社会和国家哪个排在第一位”的选择上有显著差异。

C29b by A12

对于个人而言，家庭、社会和国家哪个排在第二位 * A12 Crosstabulation

	无收入	1—1999 元	2000—3999 元	4000 元及以上	总计
国家	25.5%	26.4%	28.8%	28.1%	27.4%
社会	42.7%	45.7%	49.2%	54.6%	48.1%
家庭	31.8%	28.0%	22.0%	17.3%	24.6%
总计	100.0%	100.0%	100.0%	100.0%	100.0%
列总计	220	368	413	249	1250

Chi-square test：sig = 0.007 < 0.05，所以不同收入的居民在对“对于个人而言，家庭、社会和国家哪个排在第二位”的选择上有显著差异。

C29c by A12

对于个人而言，家庭、社会和国家哪个排在第三位 * A12 Crosstabulation

	无收入	1—1999 元	2000—3999 元	4000 元及以上	总计
国家	15. 9%	18. 8%	18. 9%	30. 5%	20. 7%
社会	55. 5%	51. 4%	47. 3%	44. 2%	49. 3%
家庭	28. 6%	29. 9%	33. 7%	25. 3%	30. 0%
总计	100. 0%	100. 0%	100. 0%	100. 0%	100. 0%
列总计	220	368	412	249	1249

Chi-square test：sig = 0. 001 < 0. 05，所以不同收入的居民在对“对于个人而言，家庭、社会和国家哪个排在第三位”的选择上有显著差异。

C30a by A12

家庭成员之间发生冲突，您会首先选择哪种途径来解决 * A12 Crosstabulation

	无收入	1—1999 元	2000—3999 元	4000 元及以上	总计
诉诸法律，打官司	1. 3%	0. 3%	1. 0%		0. 6%
直接找对方沟通但得理让人，适可而止	52. 5%	54. 4%	61. 1%	64. 1%	58. 2%
通过第三方（如社会机构，朋友等）从中调解，尽量不伤和气	6. 3%	10. 2%	13. 3%	4. 8%	9. 5%
能忍则忍	39. 9%	35. 0%	24. 6%	31. 1%	31. 7%
总计	100. 0%	100. 0%	100. 0%	100. 0%	100. 0%
列总计	223	371	414	251	1259

Chi-square test：sig = 0. 000 < 0. 05，所以不同收入的居民在对“家庭成员之间发生冲突，您会首先选择哪种途径来解决”的选择上有显著差异。

C30b by A12

朋友之间发生冲突，您会首先选择哪种途径来解决 * A12 Crosstabulation

	无收入	1—1999 元	2000—3999 元	4000 元及以上	总计
诉诸法律，打官司	4. 1%	3. 3%	2. 4%	0. 8%	2. 7%
直接找对方沟通但得理让人，适可而止	46. 6%	47. 1%	52. 4%	52. 0%	49. 8%
通过第三方（如社会机构，朋友等）从中调解，尽量不伤和气	27. 9%	27. 8%	28. 3%	32. 8%	29. 0%
能忍则忍	21. 5%	21. 8%	16. 8%	14. 4%	18. 6%
总计	100. 0%	100. 0%	100. 0%	100. 0%	100. 0%
列总计	219	363	410	250	1242

Chi-square test：sig = 0. 091 > 0. 05，所以不同收入的居民在对“朋友之间发生冲突，您会首先选择哪种途径来解决”的选择上没有显著差异。

C30c by A12

同事之间发生冲突，您会首先选择哪种途径来解决 * A12 Crosstabulation

	无收入	1—1999 元	2000—3999 元	4000 元及以上	总计
诉诸法律，打官司	2.9%	3.7%	1.2%	1.2%	2.2%
直接找对方沟通但得理让人，适可而止	43.9%	39.1%	48.4%	53.6%	46.0%
通过第三方（如社会机构，朋友等）从中调解，尽量不伤和气	28.8%	27.5%	27.8%	28.6%	28.0%
能忍则忍	24.4%	29.7%	22.6%	16.5%	23.7%
总计	100.0%	100.0%	100.0%	100.0%	100.0%
列总计	205	353	407	248	1213

Chi-square test：sig = 0.003 < 0.05，所以不同收入的居民在对“同事之间发生冲突，您会首先选择哪种途径来解决”的选择上有显著差异。

C30d by A12

商业伙伴之间发生冲突，您会首先选择哪种途径来解决 * A12 Crosstabulation

	无收入	1—1999 元	2000—3999 元	4000 元及以上	总计
诉诸法律，打官司	46.3%	47.1%	53.8%	51.0%	50.0%
直接找对方沟通但得理让人，适可而止	27.9%	27.9%	20.8%	23.0%	24.5%
通过第三方（如社会机构，朋友等）从中调解，尽量不伤和气	15.9%	9.6%	20.1%	18.9%	16.1%
能忍则忍	10.0%	15.4%	5.3%	7.0%	9.4%
总计	100.0%	100.0%	100.0%	100.0%	100.0%
列总计	201	344	394	243	1182

Chi-square test：sig = 0.000 < 0.05，所以不同收入的居民在对“商业伙伴之间发生冲突，您会首先选择哪种途径来解决”的选择上有显著差异。

C31 by A12

对当前我国伦理关系和道德风尚造成最大负面影响的因素 * A12 Crosstabulation

	无收入	1—1999 元	2000—3999 元	4000 元及以上	总计
传统文化的崩坏	24.5%	23.6%	25.1%	34.8%	26.6%
外来文化的冲击	12.3%	13.9%	15.5%	9.3%	13.2%
市场经济导致的个人主义	44.6%	47.2%	44.3%	37.7%	43.8%

续表

	无收入	1—1999 元	2000—3999 元	4000 元及以上	总计
计算机网络技术的发展	12. 7%	10. 5%	11. 8%	15. 0%	12. 2%
其他	5. 9%	4. 8%	3. 2%	3. 2%	4. 1%
总计	100. 0%	100. 0%	100. 0%	100. 0%	100. 0%
列总计	204	352	406	247	1209

Chi-square test: sig = 0. 041 < 0. 05，所以不同收入的居民在对“当前我国伦理关系和道德风尚造成最大负面影响的因素”的选择上有显著差异。

C32 by A12

成长中得到道德训练的最重要场所或机构 * A12 Crosstabulation

	无收入	1—1999 元	2000—3999 元	4000 元及以上	总计
家庭	34. 8%	42. 5%	35. 7%	43. 0%	39. 0%
学校	24. 0%	25. 2%	29. 7%	25. 1%	26. 5%
社会（包括职业生活）	28. 5%	22. 8%	25. 2%	25. 1%	25. 0%
国家或政府	8. 6%	5. 7%	5. 8%	4. 8%	6. 0%
媒体	0. 9%	2. 2%	2. 2%	0. 4%	1. 6%
其他	3. 2%	1. 6%	1. 4%	1. 6%	1. 8%
总计	100. 0%	100. 0%	100. 0%	100. 0%	100. 0%
列总计	221	369	417	251	1258

Chi-square test: sig = 0. 207 > 0. 05，所以不同收入的居民在对“成长中得到道德训练的最重要场所或机构”的选择上没有显著差异。

C33a by A12

对政府官员的伦理道德状况的满意程度 * A12 Crosstabulation

	无收入	1—1999 元	2000—3999 元	4000 元及以上	总计
非常不满意	15. 9%	18. 0%	19. 9%	22. 7%	19. 2%
比较不满意	30. 5%	33. 0%	38. 8%	38. 2%	35. 5%
比较满意	42. 7%	41. 6%	37. 4%	34. 7%	39. 0%
非常满意	10. 9%	7. 5%	3. 9%	4. 4%	6. 3%
总计	100. 0%	100. 0%	100. 0%	100. 0%	100. 0%
列总计	220	361	412	251	1244

Chi-square test: sig = 0. 005 < 0. 05，所以不同收入的居民在对“对政府官员的伦理道德状况的满意程度”的评价上有显著差异。

C33b by A12

对企业家的伦理道德状况的满意程度 * A12 Crosstabulation

	无收入	1—1999 元	2000—3999 元	4000 元及以上	总计
非常不满意	5. 6%	8. 5%	8. 4%	9. 2%	8. 1%
比较不满意	33. 0%	34. 7%	42. 3%	43. 0%	38. 6%
比较满意	56. 3%	52. 5%	47. 4%	45. 8%	50. 1%
非常满意	5. 1%	4. 2%	2. 0%	2. 0%	3. 2%
总计	100. 0%	100. 0%	100. 0%	100. 0%	100. 0%
列总计	215	354	407	249	1225

Chi-square test：sig = 0. 033 < 0. 05，所以不同收入的居民在对“对企业家的伦理道德状况的满意程度”的评价上有显著差异。

C33c by A12

对演艺娱乐界的伦理道德状况的满意程度 * A12 Crosstabulation

	无收入	1—1999 元	2000—3999 元	4000 元及以上	总计
非常不满意	7. 6%	10. 7%	18. 6%	19. 2%	14. 6%
比较不满意	32. 8%	39. 3%	41. 1%	46. 4%	40. 3%
比较满意	52. 5%	46. 0%	38. 0%	32. 2%	41. 6%
非常满意	7. 1%	4. 0%	2. 3%	2. 1%	3. 5%
总计	100. 0%	100. 0%	100. 0%	100. 0%	100. 0%
列总计	198	328	397	239	1162

Chi-square test：sig = 0. 000 < 0. 05，所以不同收入的居民在对“对演艺娱乐界的伦理道德状况的满意程度”的评价上有显著差异。

C33d by A12

对教师的伦理道德状况的满意程度 * A12 Crosstabulation

	无收入	1—1999 元	2000—3999 元	4000 元及以上	总计
非常不满意	2. 3%	3. 8%	2. 4%	3. 2%	2. 9%
比较不满意	11. 7%	17. 4%	18. 6%	17. 1%	16. 7%
比较满意	62. 6%	59. 8%	66. 4%	65. 3%	63. 6%
非常满意	23. 4%	19. 0%	12. 6%	14. 3%	16. 7%
总计	100. 0%	100. 0%	100. 0%	100. 0%	100. 0%
列总计	222	368	414	251	1255

Chi-square test：sig = 0. 019 < 0. 05，所以不同收入的居民在对“对教师的伦理道德状况的满意程度”的评价上有显著差异。

C33e by A12

对青少年的伦理道德状况的满意程度 * A12 Crosstabulation

	无收入	1—1999 元	2000—3999 元	4000 元及以上	总计
非常不满意	1.4%	2.4%	1.5%	2.4%	1.9%
比较不满意	22.5%	21.2%	25.5%	26.3%	23.9%
比较满意	63.1%	63.3%	66.2%	63.3%	64.2%
非常满意	13.1%	13.0%	6.8%	8.0%	10.0%
总计	100.0%	100.0%	100.0%	100.0%	100.0%
列总计	222	368	411	251	1252

Chi-square test：sig = 0.088 > 0.05，所以不同收入的居民在对“对青少年的伦理道德状况的满意程度”的评价上没有显著差异。

C33f by A12

对弱势群体的伦理道德状况的满意程度 * A12 Crosstabulation

	无收入	1—1999 元	2000—3999 元	4000 元及以上	总计
非常不满意	1.4%	1.6%	1.5%	2.4%	1.7%
比较不满意	22.2%	17.3%	20.6%	25.7%	20.9%
比较满意	63.4%	72.8%	70.4%	64.1%	68.6%
非常满意	13.0%	8.2%	7.5%	7.8%	8.7%
总计	100.0%	100.0%	100.0%	100.0%	100.0%
列总计	216	364	402	245	1227

Chi-square test：sig = 0.108 > 0.05，所以不同收入的居民在对“对弱势群体的伦理道德状况的满意程度”的评价上没有显著差异。

C33g by A12

对自由职业者的伦理道德状况的满意程度 * A12 Crosstabulation

	无收入	1—1999 元	2000—3999 元	4000 元及以上	总计
非常不满意	1.9%	0.8%	3.0%	1.2%	1.8%
比较不满意	24.9%	24.4%	20.9%	27.5%	23.9%
比较满意	63.2%	69.1%	73.4%	66.0%	68.9%
非常满意	10.0%	5.6%	2.7%	5.3%	5.4%
总计	100.0%	100.0%	100.0%	100.0%	100.0%
列总计	209	356	402	244	1211

Chi-square test：sig = 0.004 < 0.05，所以不同收入的居民在对“对自由职业者的伦理道德状况的满意程度”的评价上有显著差异。

C33h by A12

对农民的伦理道德状况的满意程度 * A12 Crosstabulation

	无收入	1—1999 元	2000—3999 元	4000 元及以上	总计
非常不满意	0. 4%	1. 1%	1. 0%	0. 8%	0. 9%
比较不满意	5. 8%	7. 6%	11. 4%	14. 9%	10. 0%
比较满意	67. 3%	63. 8%	72. 6%	67. 7%	68. 1%
非常满意	26. 5%	27. 5%	15. 0%	16. 5%	21. 0%
总计	100. 0%	100. 0%	100. 0%	100. 0%	100. 0%
列总计	223	367	413	248	1251

Chi-square test：sig = 0. 000 < 0. 05，所以不同收入的居民在对“对农民的伦理道德状况的满意程度”的评价上有显著差异。

C33i by A12

对商人的伦理道德状况的满意程度 * A12 Crosstabulation

	无收入	1—1999 元	2000—3999 元	4000 元及以上	总计
非常不满意	4. 1%	9. 2%	8. 0%	5. 7%	7. 2%
比较不满意	32. 4%	39. 4%	41. 9%	40. 2%	39. 2%
比较满意	57. 2%	46. 7%	46. 0%	51. 2%	49. 2%
非常满意	6. 3%	4. 6%	4. 1%	2. 8%	4. 4%
总计	100. 0%	100. 0%	100. 0%	100. 0%	100. 0%
列总计	222	368	415	246	1251

Chi-square test：sig = 0. 042 < 0. 05，所以不同收入的居民在对“对商人的伦理道德状况的满意程度”的评价上有显著差异。

C33j by A12

对工人的伦理道德状况的满意程度 * A12 Crosstabulation

	无收入	1—1999 元	2000—3999 元	4000 元及以上	总计
非常不满意		0. 3%	0. 7%		0. 3%
比较不满意	9. 9%	6. 9%	10. 1%	11. 2%	9. 4%
比较满意	74. 9%	73. 6%	77. 1%	78. 7%	76. 0%
非常满意	15. 2%	19. 3%	12. 1%	10. 0%	14. 3%
总计	100. 0%	100. 0%	100. 0%	100. 0%	100. 0%
列总计	223	363	414	249	1249

Chi-square test：sig = 0. 026 < 0. 05，所以不同收入的居民在对“对工人的伦理道德状况的满意程度”的评价上有显著差异。

C33k by A12

对专家学者的伦理道德状况的满意程度 * A12 Crosstabulation

	无收入	1—1999 元	2000—3999 元	4000 元及以上	总计
非常不满意	3.3%	1.4%	5.0%	5.2%	3.7%
比较不满意	13.6%	13.0%	15.9%	24.2%	16.4%
比较满意	65.7%	69.5%	67.2%	61.7%	66.5%
非常满意	17.4%	16.1%	11.9%	8.9%	13.5%
总计	100.0%	100.0%	100.0%	100.0%	100.0%
列总计	213	354	402	248	1217

Chi-square test：sig = 0.000 < 0.05，所以不同收入的居民在对“对专家学者的伦理道德状况的满意程度”的评价上有显著差异。

C33l by A12

对医生的伦理道德状况的满意程度 * A12 Crosstabulation

	无收入	1—1999 元	2000—3999 元	4000 元及以上	总计
非常不满意	4.0%	4.6%	6.3%	6.8%	5.5%
比较不满意	17.4%	21.2%	26.9%	26.7%	23.5%
比较满意	62.5%	58.6%	58.2%	58.2%	59.1%
非常满意	16.1%	15.6%	8.7%	8.4%	12.0%
总计	100.0%	100.0%	100.0%	100.0%	100.0%
列总计	224	372	416	251	1263

Chi-square test：sig = 0.004 < 0.05，所以不同收入的居民在对“对医生的伦理道德状况的满意程度”的评价上有显著差异。

C34 by A12

哪种因素应当对当今不良道德风尚负主要责任 * A12 Crosstabulation

	无收入	1—1999 元	2000—3999 元	4000 元及以上	总计
官员腐败	28.3%	41.8%	47.0%	45.6%	41.9%
企业不讲诚信和损害社会利益	3.2%	7.2%	7.8%	6.4%	6.5%
学校道德教育功能弱化	8.2%	5.6%	7.8%	11.6%	8.0%
家庭伦理功能弱化	11.0%	7.8%	3.9%	3.6%	6.2%
社会的不良影响	49.3%	37.6%	33.6%	32.8%	37.4%
总计	100.0%	100.0%	100.0%	100.0%	100.0%
列总计	219	359	411	250	1239

Chi-square test：sig = 0.000 < 0.05，所以不同收入的居民在对“哪种因素应当对当今不良道德风尚负主要责任”的选择上有显著差异。

C35 by A12

政府在制定政策和决策时是否充分考虑到伦理道德方面的要求 * A12 Crosstabulation

	无收入	1—1999 元	2000—3999 元	4000 元及以上	总计
是	64.5%	55.4%	58.9%	51.4%	57.3%
否	35.5%	44.6%	41.1%	48.6%	42.7%
总计	100.0%	100.0%	100.0%	100.0%	100.0%
列总计	217	363	401	249	1230

Chi-square test：sig = 0.028 < 0.05，所以不同收入的居民在对“政府在制定政策和决策时是否充分考虑到伦理道德方面的要求”的选择上有显著差异。

C36 by A12

当前我国政府官员道德问题最严重的是 * A12 Crosstabulation

	无收入	1—1999 元	2000—3999 元	4000 元及以上	总计
贪污	46.4%	38.2%	32.9%	24.2%	35.1%
以权谋私	21.4%	33.7%	34.5%	33.9%	31.8%
受贿	7.3%	4.2%	6.8%	8.9%	6.5%
生活作风腐败	8.6%	7.2%	5.1%	3.2%	6.0%
官僚主义	2.7%	2.5%	3.9%	5.2%	3.5%
平庸、不作为	3.2%	2.2%	3.9%	4.8%	3.5%
政绩工程，折腾百姓	2.3%	4.5%	7.0%	10.1%	6.0%
铺张浪费	2.7%	2.2%	1.2%	3.2%	2.2%
拉帮结派	2.7%	2.8%	1.7%	2.8%	2.4%
其他	2.7%	2.5%	3.1%	3.6%	3.0%
总计	100.0%	100.0%	100.0%	100.0%	100.0%
列总计	220	359	414	248	1241

Chi-square test：sig = 0.000 < 0.05，所以不同收入的居民在对“当前我国政府官员道德问题最严重的是”的选择上有显著差异。

C37a by A12

对您思想行为影响第一重要的人 * A12 Crosstabulation

	无收入	1—1999 元	2000—3999 元	4000 元及以上	总计
政府官员	15.2%	15.6%	10.8%	7.7%	12.3%
企业家	3.8%	1.1%	1.5%	2.4%	2.0%

续表

	无收入	1—1999 元	2000—3999 元	4000 元及以上	总计
演艺明星、体育明星	0.5%	0.3%	0.2%	0.8%	0.4%
教师	15.2%	9.1%	12.5%	10.5%	11.6%
知识精英		2.3%	2.2%	7.3%	2.9%
自由撰稿人	0.5%		0.2%		0.2%
农民	1.9%	1.4%	1.0%	0.4%	1.1%
工人	0.5%	0.9%	1.7%	2.0%	1.3%
先哲先贤	4.7%	7.1%	6.6%	7.3%	6.6%
父母	57.8%	62.2%	63.1%	61.7%	61.7%
总计	100.0%	100.0%	100.0%	100.0%	100.0%
列总计	211	352	407	248	1218

Chi-square test：sig = 0.001 < 0.05，所以不同收入的居民在“对您思想行为影响第一重要的人”的选择上有显著差异。

C37b by A12

对您思想行为影响第二重要的人 * A12 Crosstabulation

	无收入	1—1999 元	2000—3999 元	4000 元及以上	总计
政府官员	12.1%	8.2%	9.1%	5.1%	8.5%
企业家	6.1%	5.5%	4.2%	3.8%	4.8%
演艺明星、体育明星	3.0%	0.9%	2.3%	1.3%	1.8%
教师	36.4%	43.6%	45.4%	47.0%	43.7%
知识精英	4.0%	4.8%	8.6%	4.2%	5.8%
自由撰稿人	0.5%	0.3%	0.5%		0.3%
农民	10.1%	8.2%	2.6%	3.8%	5.8%
工人	2.5%	4.5%	4.2%	2.1%	3.6%
先哲先贤	4.0%	5.5%	7.8%	14.8%	7.9%
父母	21.2%	18.5%	15.1%	17.8%	17.7%
总计	100.0%	100.0%	100.0%	100.0%	100.0%
列总计	198	330	383	236	1147

Chi-square test：sig = 0.000 < 0.05，所以不同收入的居民在“对您思想行为影响第二重要的人”的选择上有显著差异。

C37c by A12

对您思想行为影响第三重要的人 * A12 Crosstabulation

	无收入	1—1999 元	2000—3999 元	4000 元及以上	总计
政府官员	17.3%	17.7%	15.9%	15.2%	16.5%
企业家	3.8%	3.7%	4.7%	3.9%	4.1%
演艺明星、体育明星	5.4%	6.3%	3.3%	7.0%	5.3%
教师	16.8%	15.0%	15.1%	16.1%	15.6%
知识精英	10.8%	9.0%	14.0%	20.0%	13.3%
自由撰稿人	2.2%	1.0%	3.6%	0.9%	2.0%
农民	15.1%	14.7%	9.6%	7.4%	11.5%
工人	6.5%	10.0%	9.9%	6.5%	8.6%
先哲先贤	13.0%	13.0%	15.1%	16.1%	14.4%
父母	9.2%	9.7%	8.8%	7.0%	8.7%
总计	100.0%	100.0%	100.0%	100.0%	100.0%
列总计	185	300	364	230	1079

Chi-square test：sig = 0.038 < 0.05，所以不同收入的居民在“对您思想行为影响第三重要的人”的选择上有显著差异。

C38a by A12

对形成我国当前各种新型伦理关系和道德观念，第一重要的因素 * A12 Crosstabulation

	无收入	1—1999 元	2000—3999 元	4000 元及以上	总计
网络和媒体	33.7%	35.9%	45.0%	48.6%	41.3%
政府	33.7%	36.8%	31.7%	28.5%	32.8%
大学及其文化	10.1%	7.2%	6.9%	7.6%	7.7%
市场	6.7%	9.6%	8.4%	9.2%	8.6%
企业	1.0%	2.1%	1.0%	0.8%	1.3%
社会团体	13.9%	7.8%	6.9%	3.6%	7.7%
其他	1.0%	0.6%		1.6%	0.7%
总计	100.0%	100.0%	100.0%	100.0%	100.0%
列总计	208	334	404	249	1195

Chi-square test：sig = 0.001 < 0.05，所以不同收入的居民在“对形成我国当前各种新型伦理关系和道德观念，第一重要的因素”的选择上有显著差异。

C38b by A12

对形成我国当前各种新型伦理关系和道德观念，第二重要的因素 * A12 Crosstabulation

	无收入	1—1999 元	2000—3999 元	4000 元及以上	总计
网络和媒体	21.7%	16.1%	18.8%	19.1%	18.6%
政府	25.3%	28.2%	27.7%	25.7%	27.0%
大学及其文化	11.6%	14.2%	16.8%	18.3%	15.5%
市场	17.2%	19.5%	17.5%	17.0%	17.9%
企业	7.6%	6.2%	6.1%	5.4%	6.2%
社会团体	16.7%	14.2%	13.2%	13.7%	14.2%
其他		1.5%		0.8%	0.6%
总计	100.0%	100.0%	100.0%	100.0%	100.0%
列总计	198	323	394	241	1156

Chi-square test: sig = 0.468 > 0.05，所以不同收入的居民在“对形成我国当前各种新型伦理关系和道德观念，第二重要的因素”的选择上没有显著差异。

C38c by A12

对形成我国当前各种新型伦理关系和道德观念，第三重要的因素 * A12 Crosstabulation

	无收入	1—1999 元	2000—3999 元	4000 元及以上	总计
网络和媒体	14.4%	12.6%	11.5%	13.7%	12.8%
政府	14.4%	16.8%	14.9%	12.8%	14.9%
大学及其文化	16.5%	15.2%	17.0%	18.4%	16.7%
市场	22.7%	23.0%	21.7%	21.4%	22.2%
企业	11.9%	11.7%	8.6%	9.0%	10.1%
社会团体	19.6%	18.8%	24.9%	23.9%	22.1%
其他	0.5%	1.9%	1.3%	0.9%	1.3%
总计	100.0%	100.0%	100.0%	100.0%	100.0%
列总计	194	309	382	234	1119

Chi-square test: sig = 0.842 > 0.05，所以不同收入的居民在“对形成我国当前各种新型伦理关系和道德观念，第三重要的因素”的选择上没有显著差异。

C39a by A12

信息技术、网络技术的发展对伦理道德的影响 * A12 Crosstabulation

	无收入	1—1999 元	2000—3999 元	4000 元及以上	总计
变好了	37.0%	29.6%	27.8%	27.2%	29.8%
没有变化	7.1%	7.7%	10.3%	16.8%	10.3%
变差了	20.4%	20.8%	23.8%	25.2%	22.6%
说不清	35.5%	41.9%	38.1%	30.8%	37.3%
总计	100.0%	100.0%	100.0%	100.0%	100.0%
列总计	211	365	407	250	1233

Chi-square test：sig = 0.002 < 0.05，所以不同收入的居民在对“信息技术、网络技术的发展对伦理道德的影响”的评价上有显著差异。

C39b by A12

市场经济对我国伦理道德的影响 * A12 Crosstabulation

	无收入	1—1999 元	2000—3999 元	4000 元及以上	总计
变好了	41.7%	34.5%	27.7%	18.1%	30.3%
没有变化	13.9%	9.4%	11.2%	16.1%	12.1%
变差了	21.3%	29.1%	35.5%	40.3%	32.1%
说不清	23.1%	27.0%	25.5%	25.4%	25.5%
总计	100.0%	100.0%	100.0%	100.0%	100.0%
列总计	216	371	411	248	1246

Chi-square test：sig = 0.000 < 0.05，所以不同收入的居民在对“市场经济对我国伦理道德的影响”的评价上有显著差异。

C39c by A12

西方文化对我国伦理道德的影响 * A12 Crosstabulation

	无收入	1—1999 元	2000—3999 元	4000 元及以上	总计
变好了	25.7%	16.6%	13.8%	16.2%	17.1%
没有变化	13.8%	11.1%	15.5%	14.2%	13.6%
变差了	18.6%	22.2%	30.0%	33.2%	26.4%
说不清	41.9%	50.1%	40.8%	36.4%	42.9%
总计	100.0%	100.0%	100.0%	100.0%	100.0%
列总计	210	361	407	247	1225

Chi-square test：sig = 0.000 < 0.05，所以不同收入的居民在对“西方文化对我国伦理道德的影响”的评价上有显著差异。

C40 by A12

如果国外报道与主流媒体宣传内容不一致，您更倾向于相信 * A12 Crosstabulation

	无收入	1—1999 元	2000—3999 元	4000 元及以上	总计
主流媒体	63.6%	64.4%	48.4%	43.3%	54.8%
国外报道	6.4%	3.5%	9.5%	13.1%	7.9%
谁都不相信，自己判断	21.4%	19.1%	27.9%	29.4%	24.4%
说不清	8.6%	12.9%	14.2%	14.3%	12.9%
总计	100.0%	100.0%	100.0%	100.0%	100.0%
列总计	220	371	409	252	1252

Chi-square test：sig = 0.000 < 0.05，所以不同收入的居民在对“如果国外报道与主流媒体宣传内容不一致，更倾向于相信”的选择上有显著差异。

C41a by A12

会经常关心比自己不幸的人 * A12 Crosstabulation

	无收入	1—1999 元	2000—3999 元	4000 元及以上	总计
完全不符合	2.7%	1.9%	4.3%	1.6%	2.8%
不太符合	22.9%	17.0%	18.8%	20.3%	19.3%
比较符合	56.1%	58.4%	60.6%	54.6%	57.9%
完全符合	18.4%	22.7%	16.2%	23.5%	20.0%
总计	100.0%	100.0%	100.0%	100.0%	100.0%
列总计	223	370	414	251	1258

Chi-square test：sig = 0.067 > 0.05，所以不同收入的居民在对“会经常关心比自己不幸的人”的自我评价上没有显著差异。

C41b by A12

有时不会同情他人的难处 * A12 Crosstabulation

	无收入	1—1999 元	2000—3999 元	4000 元及以上	总计
完全不符合	14.3%	20.5%	17.1%	16.8%	17.5%
不太符合	48.7%	47.0%	48.1%	48.4%	47.9%
比较符合	29.9%	25.1%	29.3%	31.6%	28.7%
完全符合	7.1%	7.3%	5.5%	3.2%	5.9%
总计	100.0%	100.0%	100.0%	100.0%	100.0%

续表

	无收入	1—1999 元	2000—3999 元	4000 元及以上	总计
列总计	224	370	416	250	1260

Chi-square test：sig = 0. 272 > 0. 05，所以不同收入的居民在对“有时不会同情他人的难处”的自我评价上没有显著差异。

C41c by A12

在紧急情况下，会感到忧虑和不安 * A12 Crosstabulation

	无收入	1—1999 元	2000—3999 元	4000 元及以上	总计
完全不符合	3. 6%	4. 4%	6. 3%	6. 0%	5. 2%
不太符合	19. 4%	17. 2%	20. 6%	14. 5%	18. 2%
比较符合	59. 9%	62. 9%	59. 1%	58. 9%	60. 3%
完全符合	17. 1%	15. 5%	14. 0%	20. 6%	16. 3%
总计	100. 0%	100. 0%	100. 0%	100. 0%	100. 0%
列总计	222	367	413	248	1250

Chi-square test：sig = 0. 256 > 0. 05，所以不同收入的居民在对“在紧急情况下，会感到忧虑和不安”的自我评价上没有显著差异。

C41d by A12

在做决定前，会试着从每个人的立场去考虑问题 * A12 Crosstabulation

	无收入	1—1999 元	2000—3999 元	4000 元及以上	总计
完全不符合	1. 8%	3. 5%	2. 4%	2. 0%	2. 6%
不太符合	12. 7%	14. 1%	13. 7%	12. 0%	13. 3%
比较符合	70. 1%	65. 3%	66. 5%	56. 6%	64. 8%
完全符合	15. 4%	17. 1%	17. 3%	29. 3%	19. 3%
总计	100. 0%	100. 0%	100. 0%	100. 0%	100. 0%
列总计	221	369	415	249	1254

Chi-square test：sig = 0. 006 < 0. 05，所以不同收入的居民在对“在做决定前，会试着从每个人的立场去考虑问题”的自我评价上有显著差异。

C41e by A12

当看到有人被利用时，有点想要保护他们 * A12 Crosstabulation

	无收入	1—1999 元	2000—3999 元	4000 元及以上	总计
完全不符合	2. 7%	2. 7%	2. 9%	2. 4%	2. 7%

续表

	无收入	1—1999 元	2000—3999 元	4000 元及以上	总计
不太符合	16.7%	15.4%	15.9%	21.9%	17.1%
比较符合	63.8%	65.2%	64.8%	52.2%	62.2%
完全符合	16.7%	16.7%	16.4%	23.5%	18.0%
总计	100.0%	100.0%	100.0%	100.0%	100.0%
列总计	221	371	415	251	1258

Chi-square test：sig = 0.089 > 0.05，所以不同收入的居民在对“当看到有人被利用时，有点想要保护他们”的自我评价上没有显著差异。

C41f by A12

当情绪剧烈波动时，往往会感到无依无靠，不知如何是好 * A12 Crosstabulation

	无收入	1—1999 元	2000—3999 元	4000 元及以上	总计
完全不符合	7.2%	5.1%	9.7%	11.6%	8.3%
不太符合	26.1%	29.2%	37.4%	39.4%	33.4%
比较符合	54.1%	51.4%	42.3%	36.9%	46.0%
完全符合	12.6%	14.3%	10.6%	12.0%	12.4%
总计	100.0%	100.0%	100.0%	100.0%	100.0%
列总计	222	370	414	249	1255

Chi-square test：sig = 0.000 < 0.05，所以不同收入的居民在对“当情绪剧烈波动时，往往会感到无依无靠，不知如何是好”的自我评价上有显著差异。

C41g by A12

有时会试图站在他人的角度，以更好地理解朋友 * A12 Crosstabulation

	无收入	1—1999 元	2000—3999 元	4000 元及以上	总计
完全不符合	0.9%	1.6%	1.2%	0.4%	1.1%
不太符合	6.3%	5.9%	6.0%	6.4%	6.1%
比较符合	73.5%	70.6%	74.3%	64.5%	71.1%
完全符合	19.3%	21.8%	18.5%	28.7%	21.6%
总计	100.0%	100.0%	100.0%	100.0%	100.0%
列总计	223	371	416	251	1261

Chi-square test：sig = 0.176 > 0.05，所以不同收入的居民在对“有时会试图站在他人的角度，以更好地理解朋友”的自我评价上没有显著差异。

C41h by A12

他人的不幸通常不会给自己带来很大的烦忧 * A12 Crosstabulation

	无收入	1—1999 元	2000—3999 元	4000 元及以上	总计
完全不符合	6.8%	7.9%	8.4%	6.0%	7.5%
不太符合	37.7%	40.3%	41.7%	48.2%	41.9%
比较符合	48.6%	40.9%	42.2%	38.2%	42.1%
完全符合	6.8%	10.9%	7.7%	7.6%	8.5%
总计	100.0%	100.0%	100.0%	100.0%	100.0%
列总计	220	367	415	251	1253

Chi-square test：sig = 0.212 > 0.05，所以不同收入的居民在对“他人的不幸通常不会给自己带来很大的烦忧”的自我评价上没有显著差异。

C41i by A12

在观看电视剧或电影之后，会感觉到自己仿佛成为其中的一个角色 * A12 Crosstabulation

	无收入	1—1999 元	2000—3999 元	4000 元及以上	总计
完全不符合	12.5%	17.4%	18.0%	21.3%	17.5%
不太符合	37.5%	29.8%	34.7%	33.3%	33.5%
比较符合	38.0%	37.2%	34.2%	33.3%	35.6%
完全符合	12.0%	15.7%	13.1%	12.0%	13.5%
总计	100.0%	100.0%	100.0%	100.0%	100.0%
列总计	216	363	412	249	1240

Chi-square test：sig = 0.264 > 0.05，所以不同收入的居民在对“在观看电视剧或电影之后，会感觉到自己仿佛成为了其中的一个角色”的自我评价上没有显著差异。

C41j by A12

处在紧张情绪的状况中，会惊慌害怕 * A12 Crosstabulation

	无收入	1—1999 元	2000—3999 元	4000 元及以上	总计
完全不符合	5.9%	7.3%	10.9%	13.1%	9.4%
不太符合	27.1%	32.0%	35.7%	41.4%	34.2%
比较符合	53.4%	48.8%	45.4%	35.5%	45.8%
完全符合	13.6%	11.9%	8.0%	10.0%	10.5%
总计	100.0%	100.0%	100.0%	100.0%	100.0%
列总计	221	369	412	251	1253

Chi-square test：sig = 0.000 < 0.05，所以不同收入的居民在对“处在紧张情绪的状况中，会惊慌害怕”的自我评价上有显著差异。

C41k by A12

当看到别人受到不公正待遇的时候，通常不会同情他们 * A12 Crosstabulation

	无收入	1—1999 元	2000—3999 元	4000 元及以上	总计
完全不符合	22.9%	27.2%	21.9%	28.3%	24.9%
不太符合	50.7%	51.9%	55.9%	55.8%	53.8%
比较符合	21.5%	19.0%	18.6%	12.4%	18.0%
完全符合	4.9%	1.9%	3.6%	3.6%	3.3%
总计	100.0%	100.0%	100.0%	100.0%	100.0%
列总计	223	368	415	251	1257

Chi-square test：sig = 0.082 > 0.05，所以不同收入的居民在对“当看到别人受到不公正待遇的时候，通常不会同情他们”的自我评价上没有显著差异。

C41l by A12

相信任何问题都有两面性，会试图从两个方面加以考虑 * A12 Crosstabulation

	无收入	1—1999 元	2000—3999 元	4000 元及以上	总计
完全不符合	1.4%	1.4%	1.4%	0.4%	1.2%
不太符合	10.4%	7.6%	6.0%	4.8%	7.0%
比较符合	68.9%	67.3%	69.2%	59.8%	66.7%
完全符合	19.4%	23.8%	23.4%	34.9%	25.1%
总计	100.0%	100.0%	100.0%	100.0%	100.0%
列总计	222	370	415	249	1256

Chi-square test：sig = 0.006 < 0.05，所以不同收入的居民在对“相信任何问题都有两面性，会试图从两个方面加以考虑”的自我评价上有显著差异。

C41m by A12

当对某人很不耐烦的时候，通常会暂时站在他/她的位置上 * A12 Crosstabulation

	无收入	1—1999 元	2000—3999 元	4000 元及以上	总计
完全不符合	3.6%	5.1%	5.1%	8.4%	5.5%
不太符合	26.2%	26.8%	28.5%	35.2%	28.9%
比较符合	61.1%	58.1%	57.2%	43.6%	55.5%
完全符合	9.0%	10.0%	9.2%	12.8%	10.1%
总计	100.0%	100.0%	100.0%	100.0%	100.0%
列总计	221	370	414	250	1255

Chi-square test：sig = 0.014 < 0.05，所以不同收入的居民在对“当对某人很不耐烦的时候，通常会暂时站在他/她的位置上”的自我评价上有显著差异。

C41n by A12

当读一个有趣的故事或者看一部电影的时候，会想象如果这些事情发生在自己身上，会是怎样的感受 * A12 Crosstabulation

	无收入	1—1999 元	2000—3999 元	4000 元及以上	总计
完全不符合	7.8%	8.8%	8.7%	10.8%	9.0%
不太符合	24.4%	24.2%	23.2%	25.5%	24.2%
比较符合	56.7%	47.7%	55.4%	47.4%	51.8%
完全符合	11.1%	19.3%	12.6%	16.3%	15.0%
总计	100.0%	100.0%	100.0%	100.0%	100.0%
列总计	217	363	413	251	1244

Chi-square test：sig = 0.111 > 0.05，所以不同收入的居民在对“当读一个有趣的故事或者看一部电影的时候，会想象如果这些事情发生在自己身上，会是怎样的感受”的自我评价上没有显著差异。

C41o by A12

当看到有人发生意外而急需帮助的时候，自己紧张得几乎精神崩溃 * A12 Crosstabulation

	无收入	1—1999 元	2000—3999 元	4000 元及以上	总计
完全不符合	10.3%	15.7%	16.9%	25.6%	17.1%
不太符合	33.9%	34.9%	45.7%	50.8%	41.4%
比较符合	46.4%	40.0%	31.4%	18.8%	34.1%
完全符合	9.4%	9.5%	6.0%	4.8%	7.4%
总计	100.0%	100.0%	100.0%	100.0%	100.0%
列总计	224	370	414	250	1258

Chi-square test：sig = 0.000 < 0.05，所以不同收入的居民在对“当看到有人发生意外而急需帮助的时候，自己紧张得几乎精神崩溃”的自我评价上有显著差异。

C41p by A12

在批评他人之前，会尝试想象一下如果自己处于那个位置会是什么感受 * A12 Crosstabulation

	无收入	1—1999 元	2000—3999 元	4000 元及以上	总计
完全不符合	4.1%	5.1%	3.4%	3.6%	4.1%
不太符合	22.7%	18.4%	19.8%	23.0%	20.5%
比较符合	62.3%	63.8%	64.0%	57.7%	62.4%
完全符合	10.9%	12.7%	12.8%	15.7%	13.0%

续表

	无收入	1—1999 元	2000—3999 元	4000 元及以上	总计
总计	100.0%	100.0%	100.0%	100.0%	100.0%
列总计	220	370	414	248	1252

Chi-square test: sig = 0.618 > 0.05，所以不同收入的居民在对“在批评他人之前，会尝试想象一下如果自己处于那个位置会是什么感受”的自我评价上没有显著差异。

C42 by A12

解决当前我国的公民道德和社会风尚问题，最关键的是 * A12 Crosstabulation

	无收入	1—1999 元	2000—3999 元	4000 元及以上	总计
加强法制	37.5%	40.9%	36.0%	31.7%	36.8%
弘扬已有的优秀道德传统	18.5%	21.6%	23.8%	18.1%	21.1%
建设新的伦理道德的核心价值	10.6%	7.8%	8.3%	18.9%	10.7%
惩治官员腐败	16.2%	16.5%	16.3%	19.3%	17.0%
解决分配不公问题	12.5%	10.4%	13.4%	9.6%	11.6%
其他	4.6%	2.8%	2.2%	2.4%	2.8%
总计	100.0%	100.0%	100.0%	100.0%	100.0%
列总计	216	357	411	249	1233

Chi-square test: sig = 0.003 < 0.05，所以不同收入的居民在对“解决当前我国的公民道德和社会风尚问题，最关键的是”的选择上有显著差异。

C43 by A12

当前我国社会道德生活中最重要的元素 * A12 Crosstabulation

	无收入	1—1999 元	2000—3999 元	4000 元及以上	总计
意识形态中所提倡的社会主义道德	34.4%	28.6%	26.9%	32.0%	29.7%
中国传统道德	46.0%	46.9%	46.7%	46.8%	46.7%
西方文化影响而形成的道德	3.7%	2.3%	3.4%	1.2%	2.7%
市场经济中形成的道德	14.4%	20.7%	22.0%	19.2%	19.7%
其他	1.4%	1.5%	1.0%	0.8%	1.2%
总计	100.0%	100.0%	100.0%	100.0%	100.0%
列总计	215	343	409	250	1217

Chi-square test: sig = 0.423 > 0.05，所以不同收入的居民在对“当前我国社会道德生活中最重要的元素”的选择上没有显著差异。

C44 by A12

最向往或怀念的伦理关系和道德生活是 * A12 Crosstabulation

	无收入	1—1999 元	2000—3999 元	4000 元及以上	总计
传统社会的伦理和道德（如仁、义、礼、智、信）	32.3%	40.0%	41.4%	33.2%	37.7%
战争年代为理想而献身的革命精神	14.1%	14.9%	10.9%	14.4%	13.3%
新中国成立后到“文化大革命”前的大公无私的集体主义精神	20.5%	20.3%	19.7%	16.4%	19.3%
追求个人利益的市场经济下的道德	5.9%	6.8%	4.1%	4.0%	5.2%
自由、平等、博爱的西方道德	27.3%	18.0%	23.8%	32.0%	24.4%
总计	100.0%	100.0%	100.0%	100.0%	100.0%
列总计	220	355	411	250	1236

Chi-square test：sig = 0.014 < 0.05，所以不同收入的居民在对“最向往或怀念的伦理关系和道德生活是”的选择上有显著差异。

C45 by A12

假设上司或老板是外国人，他侮辱了中国，但抗争会产生不利于自己的后果，您会选择 * A12 Crosstabulation

	无收入	1—1999 元	2000—3999 元	4000 元及以上	总计
当面抗议	74.5%	79.4%	74.7%	76.1%	76.3%
保持沉默	25.5%	20.6%	25.3%	23.9%	23.7%
总计	100.0%	100.0%	100.0%	100.0%	100.0%
列总计	220	364	411	247	1242

Chi-square test：sig = 0.408 > 0.05，所以不同收入的居民在对“假设上司或老板是外国人，他侮辱了中国，但抗争会产生不利于自己的后果，您会选择”的选择上没有显著差异。

C46a by A12

当今中国社会最重要和最需要的排在第一位的德性 * A12 Crosstabulation

	无收入	1—1999 元	2000—3999 元	4000 元及以上	总计
爱（仁爱、博爱、友爱）	38.1%	38.7%	40.4%	39.9%	39.4%
义（道义、义务）	4.6%	1.9%	3.6%	2.8%	3.1%
宽容	6.4%	7.5%	5.1%	4.4%	5.9%
责任	14.7%	14.9%	16.3%	9.7%	14.3%
正义或公正	11.9%	9.1%	11.7%	17.7%	12.2%
诚信	4.6%	8.0%	8.8%	10.9%	8.2%

续表

	无收入	1—1999 元	2000—3999 元	4000 元及以上	总计
忠恕	1.4%	0.6%	0.5%	0.4%	0.6%
理智	0.5%	0.8%	0.5%	0.8%	0.6%
节制		0.3%	0.5%		0.2%
谦让	1.8%	1.7%	1.7%		1.4%
恭敬		0.6%	0.2%		0.2%
勇敢		0.3%	0.7%		0.3%
正直	3.2%	3.0%	2.7%	3.2%	3.0%
善良	4.1%	4.7%	1.9%	2.8%	3.3%
力行或知行合一		0.3%		1.2%	0.3%
教养	2.8%	1.7%	1.9%	2.0%	2.0%
孝悌	6.0%	5.2%	2.7%	3.2%	4.1%
气节		0.3%	0.2%	0.4%	0.2%
中庸		0.3%	0.2%		0.2%
敬业		0.3%	0.2%	0.4%	0.2%
总计	100.0%	100.0%	100.0%	100.0%	100.0%
列总计	218	362	411	248	1239

Chi-square test: sig = 0.227 > 0.05，所以不同收入的居民在对“当今中国社会最重要和最需要的排在第一位的德性”的选择上没有显著差异。

C46b by A12
当今中国社会最重要和最需要的排在第二位的德性 * A12 Crosstabulation

	无收入	1—1999 元	2000—3999 元	4000 元及以上	总计
爱（仁爱、博爱、友爱）	9.2%	6.7%	8.8%	10.1%	8.5%
义（道义、义务）	14.3%	15.8%	17.8%	21.5%	17.4%
宽容	9.2%	13.6%	12.0%	8.1%	11.2%
责任	14.3%	13.1%	20.0%	13.0%	15.6%
正义或公正	7.8%	13.1%	10.5%	8.5%	10.4%
诚信	9.7%	9.2%	8.6%	13.0%	9.8%
忠恕	2.3%	0.3%	1.2%	0.8%	1.1%
理智	1.8%	2.2%	1.5%	3.2%	2.1%
节制	0.9%	0.3%	0.2%	0.4%	0.4%
谦让	3.2%	4.2%	2.4%	2.4%	3.1%
恭敬	1.8%	0.6%	0.7%		0.7%

续表

	无收入	1—1999 元	2000—3999 元	4000 元及以上	总计
勇敢	0.5%	1.1%		0.4%	0.5%
正直	5.1%	3.9%	3.9%	4.0%	4.1%
善良	8.8%	7.8%	4.9%	4.5%	6.3%
力行或知行合一				0.4%	0.1%
教养	4.1%	3.3%	2.4%	4.0%	3.3%
孝悌	5.1%	4.7%	2.7%	2.4%	3.6%
气节	0.5%	0.3%		1.6%	0.5%
中庸			0.5%		0.2%
敬业	1.4%		1.7%	1.6%	1.1%
总计	100.0%	100.0%	100.0%	100.0%	100.0%
列总计	217	360	409	247	1233

Chi-square test：sig = 0.009 < 0.05，所以不同收入的居民在对“当今中国社会最重要和最需要的排在第二位的德性”的选择上有显著差异。

C46c by A12

当今中国社会最重要和最需要的排在第三位的德性 A12Crosstabulation

	无收入	1—1999 元	2000—3999 元	4000 元及以上	总计
爱（仁爱、博爱、友爱）	3.2%	4.8%	4.9%	6.9%	5.0%
义（道义、义务）	6.9%	4.5%	4.4%	4.5%	4.9%
宽容	16.1%	19.3%	16.7%	15.9%	17.2%
责任	12.4%	12.6%	15.0%	17.1%	14.3%
正义或公正	9.2%	7.6%	12.8%	9.8%	10.0%
诚信	12.4%	20.2%	16.0%	15.0%	16.4%
忠恕	2.8%	0.6%	0.7%	0.4%	1.0%
理智	4.1%	3.6%	3.7%	1.2%	3.3%
节制	1.8%	1.1%	0.7%		0.9%
谦让	6.5%	5.0%	3.2%	2.4%	4.2%
恭敬	0.9%	0.8%	0.2%	0.4%	0.6%
勇敢	1.4%	2.2%	2.5%	2.4%	2.2%
正直	2.3%	4.2%	3.9%	5.7%	4.1%
善良	10.1%	6.7%	7.1%	4.9%	7.1%
力行或知行合一			0.2%	1.2%	0.3%
教养	5.5%	3.4%	4.2%	4.5%	4.2%

续表

	无收入	1—1999 元	2000—3999 元	4000 元及以上	总计
孝悌	2.8%	2.2%	2.2%	3.7%	2.6%
气节	0.5%	0.8%	0.2%	0.4%	0.5%
中庸			0.2%	0.4%	0.2%
敬业	0.9%	0.3%	0.7%	3.3%	1.1%
总计	100.0%	100.0%	100.0%	100.0%	100.0%
列总计	217	357	406	246	1226

Chi-square test：sig = 0.018 < 0.05，所以不同收入的居民在对“当今中国社会最重要和最需要的排在第三位的德性”的选择上有显著差异。

C46d by A12

当今中国社会最重要和最需要的排在第四位的德性 * A12 Crosstabulation

	无收入	1—1999 元	2000—3999 元	4000 元及以上	总计
爱（仁爱、博爱、友爱）	2.8%	4.2%	4.0%	3.3%	3.7%
义（道义、义务）	3.7%	1.4%	4.2%	4.5%	3.4%
宽容	13.1%	7.1%	10.1%	11.9%	10.1%
责任	12.1%	14.4%	9.6%	12.8%	12.1%
正义或公正	7.5%	7.9%	8.4%	9.5%	8.3%
诚信	10.7%	12.1%	13.1%	9.5%	11.7%
忠恕	2.8%	0.8%	2.0%		1.4%
理智	3.7%	2.3%	4.4%	4.5%	3.7%
节制	1.4%	0.8%	1.7%	1.6%	1.4%
谦让	5.6%	5.6%	4.9%	3.3%	4.9%
恭敬	1.4%	1.4%	1.2%	1.2%	1.3%
勇敢	5.1%	3.1%	4.0%	3.3%	3.8%
正直	6.5%	10.2%	5.9%	11.5%	8.4%
善良	9.3%	10.2%	12.1%	5.8%	9.8%
力行或知行合一	0.5%	0.8%	0.5%	0.8%	0.7%
教养	8.4%	5.9%	6.4%	7.4%	6.8%
孝悌	2.3%	6.2%	3.2%	3.7%	4.0%
气节		1.1%	0.7%	1.2%	0.8%
中庸	0.9%		0.2%	0.4%	0.3%
敬业	1.9%	4.2%	3.2%	3.7%	3.4%
总计	100.0%	100.0%	100.0%	100.0%	100.0%

续表

	无收入	1—1999 元	2000—3999 元	4000 元及以上	总计
列总计	214	354	405	243	1216

Chi-square test：sig = 0. 183 > 0. 05，所以不同收入的居民在对“当今中国社会最重要和最需要的排在第四位的德性”的选择上没有显著差异。

C46e by A12

当今中国社会最重要和最需要的排在第五位的德性 * A12 Crosstabulation

	无收入	1—1999 元	2000—3999 元	4000 元及以上	总计
爱（仁爱、博爱、友爱）	4. 7%	5. 9%	3. 5%	5. 4%	4. 8%
义（道义、义务）	2. 8%	2. 8%	1. 0%	2. 9%	2. 2%
宽容	6. 5%	7. 4%	7. 4%	8. 3%	7. 4%
责任	7. 9%	6. 5%	6. 2%	10. 7%	7. 5%
正义或公正	5. 6%	7. 9%	6. 7%	7. 9%	7. 1%
诚信	11. 2%	9. 3%	12. 1%	11. 2%	11. 0%
忠恕	1. 4%	0. 8%	1. 5%	0. 8%	1. 2%
理智	7. 9%	3. 7%	5. 7%	5. 0%	5. 4%
节制	2. 8%	2. 0%	2. 5%	0. 8%	2. 1%
谦让	2. 8%	7. 4%	4. 2%	5. 0%	5. 0%
恭敬	0. 9%	2. 3%	1. 7%	0. 4%	1. 5%
勇敢	5. 6%	2. 5%	5. 2%	6. 6%	4. 8%
正直	6. 5%	7. 9%	7. 7%	5. 8%	7. 2%
善良	12. 1%	10. 2%	9. 1%	8. 7%	9. 9%
力行或知行合一	2. 3%	1. 7%	2. 0%	2. 1%	2. 0%
教养	4. 2%	7. 4%	7. 2%	7. 9%	6. 8%
孝悌	4. 7%	7. 4%	4. 0%	3. 3%	4. 9%
气节	1. 4%	2. 3%	2. 2%	1. 7%	2. 0%
中庸	0. 5%	0. 3%	1. 5%	0. 4%	0. 7%
敬业	7. 9%	4. 2%	8. 9%	5. 4%	6. 7%
总计	100. 0%	100. 0%	100. 0%	100. 0%	100. 0%
列总计	214	353	405	242	1214

Chi-square test：sig = 0. 237 > 0. 05，所以不同收入的居民在对“当今中国社会最重要和最需要的排在第五位的德性”的选择上没有显著差异。

江苏省伦理道德评价的教育差异

C1 by A6

对当前我国社会道德状况的总体评价 * A6 Crosstabulation

	未受高等教育	受过高等教育	总计
不满意	28.3%	52.6%	33.9%
满意	71.7%	47.4%	66.1%
总计	100.0%	100.0%	100.0%
列总计	981	293	1274

Chi-square test：sig = 0.000 < 0.05，所以不同教育程度的人在“对当前我国社会道德状况的总体评价”上有显著差异。

C2 by A6

我国目前人与人之间的关系主要影响因素 * A6 Crosstabulation

	未受高等教育	受过高等教育	总计
受情感影响	29.1%	11.7%	25.0%
受利益影响	70.9%	88.3%	75.0%
总计	100.0%	100.0%	100.0%
列总计	963	291	1254

Chi-square test：sig = 0.000 < 0.05，所以不同教育程度的人在对“我国目前人与人之间的关系主要影响因素”的选择上有显著差异。

C3 by A6

对当前我国人与人关系的总体评价 * A6 Crosstabulation

	未受高等教育	受过高等教育	总计
不满意	26.4%	43.9%	30.4%
满意	73.6%	56.1%	69.6%
总计	100.0%	100.0%	100.0%
列总计	978	294	1272

Chi-square test：sig = 0.000 < 0.05，所以不同教育程度的人在“对当前我国人与人关系的总体评价”上有显著差异。

C4 by A6

平时如何为人处世 ＊ A6 Crosstabulation

	未受高等教育	受过高等教育	总计
道德至上	6.0%	6.8%	6.2%
遵循道德规范、凭良心办事	85.1%	76.0%	83.1%
不故意为恶，不随波逐流	6.1%	12.3%	7.5%
有时身不由己做有违道德的事情	0.4%	1.4%	0.6%
说不清/没想过	2.3%	3.4%	2.6%
总计	100.0%	100.0%	100.0%
列总计	983	292	1275

Chi-square test：sig = 0.002 < 0.05，所以不同教育程度的人在“平时如何为人处世”的方式上有显著差异。

C5 by A6

对自己道德状况的满意程度 ＊ A6 Crosstabulation

	未受高等教育	受过高等教育	总计
不满意	1.3%	1.0%	1.3%
满意	98.7%	99.0%	98.7%
总计	100.0%	100.0%	100.0%
列总计	983	294	1277

Chi-square test：sig = 0.683 > 0.05，所以不同教育程度的人对“自己道德状况的满意程度”没有显著差异。

C6 by A6

家庭和国家对于个人存在的意义 ＊ A6 Crosstabulation

	未受高等教育	受过高等教育	总计
家庭和国家只是工具，个人最重要	7.8%	10.0%	8.3%
家庭和国家是个人安身立命的基地，比个人更重要	84.0%	80.3%	83.1%
其他	8.2%	9.7%	8.6%
总计	100.0%	100.0%	100.0%
列总计	973	289	1262

Chi-square test：sig = 0.325 > 0.05，所以不同教育程度的人在“家庭和国家对于个人存在的意义”的选择上没有显著差异。

C7a by A6

当前大多数人奉行的是个人至上 * A6 Crosstabulation

	未受高等教育	受过高等教育	总计
不同意	34.6%	31.3%	33.9%
同意	65.4%	68.7%	66.1%
总计	100.0%	100.0%	100.0%
列总计	982	294	1276

Chi-square test：sig = 0.290 > 0.05，所以不同教育程度的人在对“当前大多数人奉行的是个人至上”这一说法的认同程度上没有显著差异。

C7b by A6

现在我国大多数人是见利忘义的 * A6 Crosstabulation

	未受高等教育	受过高等教育	总计
不同意	48.3%	54.1%	49.6%
同意	51.7%	45.9%	50.4%
总计	100.0%	100.0%	100.0%
列总计	985	294	1279

Chi-square test：sig = 0.083 > 0.05，所以不同教育程度的人在对“现在我国大多数人是见利忘义的”这一说法的认同程度上没有显著差异。

C7c by A6

现在社会是一个物欲横流的社会 * A6 Crosstabulation

	未受高等教育	受过高等教育	总计
不同意	26.1%	28.6%	26.7%
同意	73.9%	71.4%	73.3%
总计	100.0%	100.0%	100.0%
列总计	978	294	1272

Chi-square test：sig = 0.396 > 0.05，所以不同教育程度的人在对“现在社会是一个物欲横流的社会”这一说法的认同程度上没有显著差异。

C7d by A6

当前大多数人都是以集体利益为重 * A6 Crosstabulation

	未受高等教育	受过高等教育	总计
不同意	55.0%	63.3%	56.9%

续表

	未受高等教育	受过高等教育	总计
同意	45.0%	36.7%	43.1%
总计	100.0%	100.0%	100.0%
列总计	975	294	1269

Chi-square test：sig = 0.012 < 0.05，所以不同教育程度的人在对“当前大多数人都是以集体利益为重”这一说法的认同程度上有显著差异。

C7e by A6

当前大多数人都是家庭利益至上 * A6 Crosstabulation

	未受高等教育	受过高等教育	总计
不同意	11.7%	17.7%	13.1%
同意	88.3%	82.3%	86.9%
总计	100.0%	100.0%	100.0%
列总计	982	294	1276

Chi-square test：sig = 0.008 < 0.05，所以不同教育程度的人在对“当前大多数人都是家庭利益至上”这一说法的认同程度上有显著差异。

C7f by A6

当前的社会是个金钱至上的社会 * A6 Crosstabulation

	未受高等教育	受过高等教育	总计
不同意	20.3%	24.6%	21.3%
同意	79.7%	75.4%	78.7%
总计	100.0%	100.0%	100.0%
列总计	980	289	1269

Chi-square test：sig = 0.120 > 0.05，所以不同教育程度的人在对“当前的社会是个金钱至上的社会”这一说法的认同程度上没有显著差异。

C7g by A6

现在社会守道德的人吃亏，不守道德规则的人占便宜 * A6 Crosstabulation

	未受高等教育	受过高等教育	总计
不同意	38.5%	46.8%	40.4%
同意	61.5%	53.2%	59.6%
总计	100.0%	100.0%	100.0%

续表

	未受高等教育	受过高等教育	总计
列总计	980	293	1273

Chi-square test：sig = 0. 011 < 0. 05，所以不同教育程度的人在对“现在社会守道德的人吃亏，不守道德规则的人占便宜”这一说法的认同程度上有显著差异。

C7h by A6

现在社会中好人有好报，恶人终归会受到惩罚 ＊ A6 Crosstabulation

	未受高等教育	受过高等教育	总计
不同意	24. 5%	41. 6%	28. 4%
同意	75. 5%	58. 4%	71. 6%
总计	100. 0%	100. 0%	100. 0%
列总计	983	293	1276

Chi-square test：sig = 0. 000 < 0. 05，所以不同教育程度的人在对“现在社会中好人有好报，恶人终归会受到惩罚”这一说法的认同程度上有显著差异。

C7i by A6

人们的生活水平越高，就越幸福 ＊ A6 Crosstabulation

	未受高等教育	受过高等教育	总计
不同意	38. 5%	56. 8%	42. 7%
同意	61. 5%	43. 2%	57. 3%
总计	100. 0%	100. 0%	100. 0%
列总计	982	294	1276

Chi-square test：sig = 0. 000 < 0. 05，所以不同教育程度的人在对“人们的生活水平越高，就越幸福”这一说法的认同程度上有显著差异。

C7j by A6

我们的社会中道德能够很好地约束人们的行为 ＊ A6 Crosstabulation

	未受高等教育	受过高等教育	总计
不同意	29. 7%	45. 2%	33. 3%
同意	70. 3%	54. 8%	66. 7%
总计	100. 0%	100. 0%	100. 0%
列总计	973	294	1267

Chi-square test：sig = 0. 000 < 0. 05，所以不同教育程度的人在对“我们的社会中道德能够很好地约束人们的行为”这一说法的认同程度上有显著差异。

C7k by A6

现有的规范和习俗能够很好地调节人与人的关系 ＊ A6 Crosstabulation

	未受高等教育	受过高等教育	总计
不同意	25.9%	37.8%	28.6%
同意	74.1%	62.2%	71.4%
总计	100.0%	100.0%	100.0%
列总计	970	294	1264

Chi-square test：sig = 0.000 < 0.05，所以不同教育程度的人在对“现有的规范和习俗能够很好地调节人与人的关系”这一说法的认同程度上有显著差异。

C7l by A6

现在社会大多数人都有荣辱感 ＊ A6 Crosstabulation

	未受高等教育	受过高等教育	总计
不同意	19.6%	31.4%	22.3%
同意	80.4%	68.6%	77.7%
总计	100.0%	100.0%	100.0%
列总计	976	293	1269

Chi-square test：sig = 0.000 < 0.05，所以不同教育程度的人在对“现在社会大多数人都有荣辱感”这一说法的认同程度上有显著差异。

C8 by A6

个体德性与社会公正哪个更重要 ＊ A6 Crosstabulation

	未受高等教育	受过高等教育	总计
个体德性最重要	11.9%	6.8%	10.7%
社会公正最重要	41.1%	19.1%	36.0%
二者应当统一，但二者矛盾时应先追求个体德性	15.1%	15.0%	15.1%
二者应当统一，但二者矛盾时应先追求社会公正	31.8%	59.0%	38.2%
总计	100.0%	100.0%	100.0%
列总计	964	293	1257

Chi-square test：sig = 0.000 < 0.05，所以不同教育程度的人在对“个体德性与社会公正哪个更重要”的选择上有显著差异。

C9 by A6

个人守道德的原因 ＊ A6 Crosstabulation

	未受高等教育	受过高等教育	总计
守道德有利于自身利益的实现	5.3%	2.7%	4.7%
个人是社会的一分子，应当遵守道德	45.0%	51.9%	46.6%
遵守道德是为了使我们的社会更美好	41.2%	43.0%	41.6%
不遵守道德会被别人议论或谴责	7.0%	2.4%	5.9%
其他	1.5%		1.2%
总计	100.0%	100.0%	100.0%
列总计	978	293	1271

Chi-square test：sig = 0.001 < 0.05，所以不同教育程度的人在对“个人守道德的原因”的选择上有显著差异。

C10a by A6

关于职业劳动说法中最认同的是 ＊ A6 Crosstabulation

	未受高等教育	受过高等教育	总计
劳动是个人谋生的工具	54.3%	58.4%	55.3%
劳动是为社会创造财富	26.3%	23.5%	25.6%
劳动是天职	13.5%	8.9%	12.4%
劳动是兴趣的驱使，快乐的源泉	5.9%	9.2%	6.7%
总计	100.0%	100.0%	100.0%
列总计	979	293	1272

Chi-square test：sig = 0.032 < 0.05，所以不同教育程度的人在对“关于职业劳动说法中最认同的是”的选择上有显著差异。

C10b by A6

关于职业劳动说法中第二认同的是 ＊ A6 Crosstabulation

	未受高等教育	受过高等教育	总计
劳动是个人谋生的工具	24.9%	24.1%	24.8%
劳动是为社会创造财富	42.9%	47.4%	43.9%
劳动是天职	20.2%	12.2%	18.4%
劳动是兴趣的驱使，快乐的源泉	11.9%	16.3%	12.9%
总计	100.0%	100.0%	100.0%
列总计	930	270	1200

Chi-square test：sig = 0.010 < 0.05，所以不同教育程度的人在对“关于职业劳动说法中第二认同的是”的选择上有显著差异。

C10c by A6

关于职业劳动说法中第三认同的是 * A6 Crosstabulation

	未受高等教育	受过高等教育	总计
劳动是个人谋生的工具	12.8%	13.1%	12.9%
劳动是为社会创造财富	22.9%	24.3%	23.2%
劳动是天职	38.9%	29.3%	36.8%
劳动是兴趣的驱使，快乐的源泉	25.4%	33.2%	27.1%
总计	100.0%	100.0%	100.0%
列总计	905	259	1164

Chi-square test：sig = 0.021 < 0.05，所以不同教育程度的人在对“关于职业劳动说法中第三认同的是”的选择上有显著差异。

C11a by A6

目前大多数人将职业当作谋生的手段，缺乏责任感和奉献精神 * A6 Crosstabulation

	未受高等教育	受过高等教育	总计
同意	57.4%	63.1%	58.7%
不同意	42.6%	36.9%	41.3%
总计	100.0%	100.0%	100.0%
列总计	977	293	1270

Chi-square test：sig = 0.081 > 0.05，所以不同教育程度的人在对“目前大多数人将职业当作谋生的手段，缺乏责任感和奉献精神”这一说法的认同上没有显著差异。

C11b by A6

企业老板剥削员工，利益关系不公正 * A6 Crosstabulation

	未受高等教育	受过高等教育	总计
同意	64.7%	62.5%	64.2%
不同意	35.3%	37.5%	35.8%
总计	100.0%	100.0%	100.0%
列总计	965	291	1256

Chi-square test：sig = 0.508 > 0.05，所以不同教育程度的人在对“企业老板剥削员工，利益关系不公正”这一说法的认同上没有显著差异。

C11c by A6

老板和员工、上下级相互勾结，共同对社会不负责任 ＊ A6 Crosstabulation

	未受高等教育	受过高等教育	总计
同意	48.5%	39.9%	46.5%
不同意	51.5%	60.1%	53.5%
总计	100.0%	100.0%	100.0%
列总计	951	291	1242

Chi-square test：sig = 0.010 < 0.05，所以不同教育程度的人在对“老板和员工、上下级相互勾结，共同对社会不负责任”这一说法的认同上有显著差异。

C11d by A6

是否离婚主要考虑自己的感受和利益 ＊ A6 Crosstabulation

	未受高等教育	受过高等教育	总计
同意	29.4%	33.2%	30.3%
不同意	70.6%	66.8%	69.7%
总计	100.0%	100.0%	100.0%
列总计	970	292	1262

Chi-square test：sig = 0.211 > 0.05，所以不同教育程度的人在对“是否离婚主要考虑自己的感受和利益”这一说法的认同上没有显著差异。

C11e by A6

是否离婚应该从家庭整体（包括子女）考虑 ＊ A6 Crosstabulation

	未受高等教育	受过高等教育	总计
同意	87.6%	83.6%	86.7%
不同意	12.4%	16.4%	13.3%
总计	100.0%	100.0%	100.0%
列总计	967	292	1259

Chi-square test：sig = 0.076 > 0.05，所以不同教育程度的人在对“是否离婚应该从家庭整体（包括子女）考虑”这一说法的认同上没有显著差异。

C11f by A6

婚姻是社会的事，应当兼顾社会评价和社会后果 ＊ A6 Crosstabulation

	未受高等教育	受过高等教育	总计
同意	58.4%	54.3%	57.4%

续表

	未受高等教育	受过高等教育	总计
不同意	41.6%	45.7%	42.6%
总计	100.0%	100.0%	100.0%
列总计	969	293	1262

Chi-square test：sig = 0.209 > 0.05，所以不同教育程度的人在对“婚姻是社会的事，应当兼顾社会评价和社会后果”这一说法的认同上没有显著差异。

C11g by A6

婚姻应当是自由的，如果有更满意或更合适的人就与现在的配偶离婚 * A6 Crosstabulation

	未受高等教育	受过高等教育	总计
同意	16.2%	19.9%	17.0%
不同意	83.8%	80.1%	83.0%
总计	100.0%	100.0%	100.0%
列总计	971	292	1263

Chi-square test：sig = 0.141 > 0.05，所以不同教育程度的人在对“婚姻应当是自由的，如果有更满意或更合适的人就与现在的配偶离婚”这一说法的认同上没有显著差异。

C12 by A6

造成生态环境问题最主要原因 * A6 Crosstabulation

	未受高等教育	受过高等教育	总计
企业唯利是图，造成环境污染	34.6%	36.4%	35.0%
政府缺乏生态意识，政策失当	33.0%	37.1%	33.9%
个人缺乏环保意识	14.1%	10.2%	13.2%
当代人自私自利，不顾未来和子孙利益	18.3%	16.3%	17.9%
总计	100.0%	100.0%	100.0%
列总计	965	294	1259

Chi-square test：sig = 0.219 > 0.05，所以不同教育程度的人在对“造成生态环境问题最主要原因”的选择上没有显著差异。

C15a by A6

当今中国社会最基本的伦理冲突中第一位的是 * A6 Crosstabulation

	未受高等教育	受过高等教育	总计
人与自然的冲突	15.8%	19.4%	16.7%

续表

	未受高等教育	受过高等教育	总计
人自我内在的冲突	10.6%	20.1%	12.9%
人与人之间的冲突	44.4%	37.0%	42.6%
个人与社会的冲突	12.9%	10.0%	12.2%
个人与政府的冲突	16.0%	13.5%	15.4%
其他	0.2%		0.2%
总计	100.0%	100.0%	100.0%
列总计	904	289	1193

Chi-square test：sig = 0.000 < 0.05，所以不同教育程度的人在对“当今中国社会最基本的伦理冲突中第一位的是”的选择上有显著差异。

C15b by A6

当今中国社会最基本的伦理冲突中第二位的是 ＊ A6 Crosstabulation

	未受高等教育	受过高等教育	总计
人与自然的冲突	9.1%	8.0%	8.8%
人自我内在的冲突	16.6%	20.1%	17.5%
人与人之间的冲突	24.9%	27.4%	25.6%
个人与社会的冲突	30.5%	34.7%	31.5%
个人与政府的冲突	18.7%	9.7%	16.5%
其他	0.1%		0.1%
总计	100.0%	100.0%	100.0%
列总计	866	288	1154

Chi-square test：sig = 0.013 < 0.05，所以不同教育程度的人在对“当今中国社会最基本的伦理冲突中第二位的是”的选择上有显著差异。

C15c by A6

当今中国社会最基本的伦理冲突中第三位的是 ＊ A6 Crosstabulation

	未受高等教育	受过高等教育	总计
人与自然的冲突	15.8%	13.8%	15.3%
人自我内在的冲突	16.4%	15.2%	16.1%
人与人之间的冲突	18.4%	20.6%	18.9%
个人与社会的冲突	27.2%	27.0%	27.1%
个人与政府的冲突	22.0%	23.4%	22.3%

续表

	未受高等教育	受过高等教育	总计
其他	0.4%		0.3%
总计	100.0%	100.0%	100.0%
列总计	850	282	1132

Chi-square test：sig = 0.789 > 0.05，所以不同教育程度的人在对“当今中国社会最基本的伦理冲突中第三位的是”的选择上没有显著差异。

C15d by A6

当今中国社会最基本的伦理冲突中第四位的是 * A6 Crosstabulation

	未受高等教育	受过高等教育	总计
人与自然的冲突	25.6%	18.7%	23.9%
人自我内在的冲突	23.0%	19.8%	22.2%
人与人之间的冲突	9.9%	9.0%	9.6%
个人与社会的冲突	20.7%	22.7%	21.2%
个人与政府的冲突	20.6%	29.9%	22.9%
其他	0.4%		0.3%
总计	100.0%	100.0%	100.0%
列总计	832	278	1110

Chi-square test：sig = 0.013 < 0.05，所以不同教育程度的人在对“当今中国社会最基本的伦理冲突中第四位的是”的选择上有显著差异。

C15e by A6

当今中国社会最基本的伦理冲突中第五位的是 * A6 Crosstabulation

	未受高等教育	受过高等教育	总计
人与自然的冲突	34.3%	40.6%	35.9%
人自我内在的冲突	31.9%	23.9%	29.9%
人与人之间的冲突	2.8%	5.1%	3.4%
个人与社会的冲突	7.2%	5.1%	6.7%
个人与政府的冲突	22.3%	23.6%	22.6%
其他	1.4%	1.8%	1.5%
总计	100.0%	100.0%	100.0%
列总计	828	276	1104

Chi-square test：sig = 0.039 < 0.05，所以不同教育程度的人在对“当今中国社会最基本的伦理冲突中第五位的是”的选择上有显著差异。

C16 by A6

目前中国社会两性之间的性开放日益发展，它对社会风尚的影响是 ＊ A6 Crosstabulation

	未受高等教育	受过高等教育	总计
是社会进步的表现	10.6%	9.2%	10.3%
从根本上污染了社会风气	34.7%	19.8%	31.3%
个人选择，无所谓好坏	15.3%	26.6%	17.9%
两性关系混乱必然导致道德沦丧	39.4%	44.4%	40.6%
总计	100.0%	100.0%	100.0%
列总计	977	293	1270

Chi-square test：sig = 0.000 < 0.05，所以不同教育程度的人在对“目前中国社会两性之间的性开放日益发展，它对社会风尚的影响是”的看法上有显著差异。

C17 by A6

当前中国社会个人道德素质的主要问题 ＊ A6 Crosstabulation

	未受高等教育	受过高等教育	总计
道德上无知	14.1%	11.2%	13.4%
有道德知识，但不见诸行动	73.4%	74.5%	73.7%
既无知，也不行动	10.1%	12.9%	10.7%
其他	2.4%	1.4%	2.1%
总计	100.0%	100.0%	100.0%
列总计	964	294	1258

Chi-square test：sig = 0.236 > 0.05，所以不同教育程度的人在对“当前中国社会个人道德素质的主要问题”的选择上没有显著差异。

C18 by A6

对在网上曝光别人隐私行为的看法 ＊ A6 Crosstabulation

	未受高等教育	受过高等教育	总计
是违法行为，应该制止	27.2%	28.8%	27.6%
是不道德行为，应该进行谴责	55.4%	41.1%	52.1%
是社会监督的合理途径	5.7%	9.9%	6.7%
是网民的自由，别人不应该干涉	3.2%	5.5%	3.7%
说不清	8.5%	14.7%	9.9%
总计	100.0%	100.0%	100.0%

续表

	未受高等教育	受过高等教育	总计
列总计	969	292	1261

Chi-square test：sig = 0.000 < 0.05，所以不同教育程度的人在“对在网上曝光别人隐私行为的看法”的认知上有显著差异。

C19 by A6

对自己目前生活状态的满意程度 ＊ A6 Crosstabulation

	未受高等教育	受过高等教育	总计
不满意	16.6%	22.4%	18.0%
满意	83.4%	77.6%	82.0%
总计	100.0%	100.0%	100.0%
列总计	986	294	1280

Chi-square test：sig = 0.023 < 0.05，所以不同教育程度的人在“对自己目前生活状态的满意程度”的认知上有显著差异。

C20a by A6

文明城市创建的效果 ＊ A6 Crosstabulation

	未受高等教育	受过高等教育	总计
完全没效果	4.2%	8.9%	5.3%
效果较差	20.3%	30.0%	22.6%
效果较好	48.5%	46.4%	48.0%
效果很好	15.2%	12.6%	14.6%
没听说过该活动	11.8%	2.0%	9.5%
总计	100.0%	100.0%	100.0%
列总计	975	293	1268

Chi-square test：sig = 0.000 < 0.05，所以不同教育程度的人在对“文明城市创建的效果”的评价上有显著差异。

C20b by A6

学雷锋活动的效果 ＊ A6 Crosstabulation

	未受高等教育	受过高等教育	总计
完全没效果	6.4%	11.9%	7.7%
效果较差	24.9%	37.5%	27.8%
效果较好	44.4%	33.8%	42.0%

续表

	未受高等教育	受过高等教育	总计
效果很好	21.6%	14.3%	19.9%
没听说过该活动	2.7%	2.4%	2.6%
总计	100.0%	100.0%	100.0%
列总计	979	293	1272

Chi-square test：sig = 0.000 < 0.05，所以不同教育程度的人在对“学雷锋活动的效果”的评价上有显著差异。

C20c by A6

典型人物宣传（感动中国、中国好人、道德楷模等）的效果 * A6 Crosstabulation

	未受高等教育	受过高等教育	总计
完全没效果	4.9%	9.6%	6.0%
效果较差	14.9%	28.5%	18.1%
效果较好	49.2%	42.3%	47.6%
效果很好	20.6%	18.6%	20.1%
没听说过该活动	10.3%	1.0%	8.2%
总计	100.0%	100.0%	100.0%
列总计	971	291	1262

Chi-square test：sig = 0.000 < 0.05，所以不同教育程度的人在对“典型人物宣传（感动中国、中国好人、道德楷模等）的效果”的评价上有显著差异。

C20d by A6

志愿服务倡导和推广的效果 * A6 Crosstabulation

	未受高等教育	受过高等教育	总计
完全没效果	2.4%	3.8%	2.7%
效果较差	14.8%	21.5%	16.4%
效果较好	48.1%	52.6%	49.1%
效果很好	22.4%	19.8%	21.8%
没听说过该活动	12.3%	2.4%	10.0%
总计	100.0%	100.0%	100.0%
列总计	973	293	1266

Chi-square test：sig = 0.000 < 0.05，所以不同教育程度的人在对“志愿服务倡导和推广的效果”的评价上有显著差异。

C20e by A6

反腐倡廉举措的效果 * A6 Crosstabulation

	未受高等教育	受过高等教育	总计
完全没效果	8.8%	15.1%	10.3%
效果较差	24.9%	29.6%	26.0%
效果较好	36.4%	39.9%	37.2%
效果很好	18.5%	13.7%	17.4%
没听说过该活动	11.3%	1.7%	9.1%
总计	100.0%	100.0%	100.0%
列总计	972	291	1263

Chi-square test：sig = 0.000 < 0.05，所以不同教育程度的人在对“反腐倡廉举措的效果”的评价上有显著差异。

C20f by A6

《公民道德建设实施纲要》推进效果 * A6 Crosstabulation

	未受高等教育	受过高等教育	总计
完全没效果	2.6%	9.6%	4.2%
效果较差	13.2%	25.3%	16.0%
效果较好	28.5%	35.3%	30.1%
效果很好	10.5%	13.0%	11.1%
没听说过该活动	45.2%	16.8%	38.6%
总计	100.0%	100.0%	100.0%
列总计	971	292	1263

Chi-square test：sig = 0.000 < 0.05，所以不同教育程度的人在对“《公民道德建设实施纲要》推进效果”的评价上有显著差异。

C21 by A6

判断某一行为是否符合伦理或道德的标准 * A6 Crosstabulation

	未受高等教育	受过高等教育	总计
传统	12.9%	9.3%	12.1%
风俗习惯	7.0%	2.7%	6.0%
大多数人认同的道德规范	27.7%	50.5%	33.0%
当事人共同利益和意志	2.2%	7.2%	3.3%
自己的良心	49.4%	29.9%	44.9%

续表

	未受高等教育	受过高等教育	总计
自己利益	0.8%	0.3%	0.7%
总计	100.0%	100.0%	100.0%
列总计	970	291	1261

Chi-square test：sig = 0.000 < 0.05，所以不同教育程度的人对“判断某一行为是否符合伦理或道德的标准”的选择上有显著差异。

C22a by A6

在下列关系中，排在第一位的关系 * A6 Crosstabulation

	未受高等教育	受过高等教育	总计
父母与子女	66.5%	65.6%	66.3%
夫妇	25.6%	22.2%	24.8%
兄弟姐妹	0.7%		0.5%
同事或同学	0.1%	0.4%	0.2%
上级或下级	0.4%		0.3%
师生	0.1%		0.1%
个人与自然的关系	1.1%	1.8%	1.3%
个人与社会	2.2%	0.7%	1.8%
个人与工作单位	0.7%	0.4%	0.6%
朋友	0.8%	0.4%	0.7%
个人与自身的关系（身心和谐）	1.9%	8.6%	3.4%
总计	100.0%	100.0%	100.0%
列总计	914	279	1193

Chi-square test：sig = 0.000 < 0.05，所以不同教育程度的人在对“众多关系中，排在第一位的关系”的选择上有显著差异。

C22b by A6

在下列关系中，排在第二位的关系 * A6 Crosstabulation

	未受高等教育	受过高等教育	总计
父母与子女	26.7%	26.5%	26.7%
夫妇	51.9%	50.5%	51.6%
兄弟姐妹	9.1%	7.2%	8.7%
同事或同学	0.7%	1.7%	1.0%

续表

	未受高等教育	受过高等教育	总计
上级或下级	1.1%	2.4%	1.4%
师生	0.4%	0.7%	0.5%
个人与自然的关系	0.9%	1.0%	1.0%
个人与社会	4.3%	4.1%	4.3%
个人与国家	3.0%	2.1%	2.8%
个人与工作单位	0.6%	1.0%	0.7%
通过网络建立的关系	0.1%		0.1%
朋友	0.8%	0.7%	0.8%
个人与自身的关系（身心和谐）	0.2%	2.1%	0.6%
总计	100.0%	100.0%	100.0%
列总计	969	291	1260

Chi-square test：sig = 0.068 > 0.05，所以不同教育程度的人在对“众多关系中，排在第二位的关系”的选择上没有显著差异。

C22c by A6

在下列关系中，排在第三位的关系 ＊ A6 Crosstabulation

	未受高等教育	受过高等教育	总计
父母与子女	6.0%	6.2%	6.1%
夫妇	9.7%	12.8%	10.4%
兄弟姐妹	61.3%	52.8%	59.3%
同事或同学	5.1%	5.9%	5.3%
上级或下级	1.7%	1.4%	1.6%
师生	0.9%	0.7%	0.9%
个人与自然的关系	1.5%	1.4%	1.4%
个人与社会	3.3%	5.2%	3.8%
个人与国家	3.6%	4.1%	3.8%
个人与工作单位	1.3%	3.1%	1.7%
朋友	4.6%	4.1%	4.5%
个人与自身的关系（身心和谐）	0.9%	2.4%	1.3%
总计	100.0%	100.0%	100.0%
列总计	959	290	1249

Chi-square test：sig = 0.147 > 0.05，所以不同教育程度的人在对“众多关系中，排在第三位的关系”的选择上没有显著差异。

C22d by A6

在下列关系中，排在第四位的关系 ＊ A6 Crosstabulation

	未受高等教育	受过高等教育	总计
父母与子女	2.5%	1.1%	2.2%
夫妇	5.6%	3.5%	5.1%
兄弟姐妹	9.4%	10.9%	9.8%
同事或同学	17.3%	26.7%	19.5%
上级或下级	8.0%	8.8%	8.2%
师生	5.0%	3.5%	4.6%
个人与自然的关系	3.8%	4.6%	4.0%
个人与社会	9.7%	10.2%	9.8%
个人与国家	9.7%	4.2%	8.4%
个人与工作单位	5.4%	6.3%	5.6%
通过网络建立的关系	0.1%	0.4%	0.2%
朋友	20.9%	15.1%	19.5%
个人与自身的关系（身心和谐）	2.5%	4.9%	3.1%
总计	100.0%	100.0%	100.0%
列总计	924	285	1209

Chi-square test：sig = 0.001 < 0.05，所以不同教育程度的人在对“众多关系中，排在第四位的关系”的选择上有显著差异。

C22e by A6

在下列关系中，排在第五位的关系 ＊ A6 Crosstabulation

	未受高等教育	受过高等教育	总计
父母与子女	0.7%	1.1%	0.8%
夫妇	2.4%	1.1%	2.1%
兄弟姐妹	5.6%	3.9%	5.2%
同事或同学	14.6%	13.1%	14.2%
上级或下级	9.5%	14.2%	10.6%
师生	5.6%	2.1%	4.8%
个人与自然的关系	3.3%	7.4%	4.3%
个人与社会	15.9%	14.9%	15.7%
个人与国家	11.6%	8.5%	10.9%

续表

	未受高等教育	受过高等教育	总计
个人与工作单位	8.2%	10.3%	8.7%
通过网络建立的关系	0.1%	0.4%	0.2%
朋友	16.0%	15.2%	15.8%
个人与自身的关系（身心和谐）	6.4%	7.8%	6.7%
总计	100.0%	100.0%	100.0%
列总计	911	282	1193

Chi-square test：sig = 0.008 < 0.05，所以不同教育程度的人在对“众多关系中，排在第五位的关系”的选择上有显著差异。

C23 by A6

对社会秩序最具根本性意义的关系 ＊ A6 Crosstabulation

	未受高等教育	受过高等教育	总计
家庭伦理关系或血缘关系	28.3%	24.8%	27.5%
个人与社会的关系	34.8%	44.9%	37.2%
职业伦理关系	2.9%	2.7%	2.9%
个人与国家民族的关系	27.2%	17.3%	24.9%
个人与自然的关系	2.8%	4.8%	3.3%
个人与他自身的关系	3.9%	5.4%	4.3%
总计	100.0%	100.0%	100.0%
列总计	951	294	1245

Chi-square test：sig = 0.001 < 0.05，所以不同教育程度的人在“对社会秩序最具根本性意义的关系”的选择上有显著差异。

C24 by A6

对个人生活最具根本性意义的关系 ＊ A6 Crosstabulation

	未受高等教育	受过高等教育	总计
家庭伦理关系或血缘关系	69.0%	62.2%	67.4%
个人与社会的关系	12.4%	10.9%	12.0%
职业伦理关系	2.8%	4.1%	3.1%
个人与国家民族的关系	9.4%	6.1%	8.6%
个人与自然的关系	1.2%	5.1%	2.2%
个人与他自身的关系	5.2%	11.6%	6.7%

续表

	未受高等教育	受过高等教育	总计
总计	100.0%	100.0%	100.0%
列总计	961	294	1255

Chi-square test：sig = 0.000 < 0.05，所以不同教育程度的人在“对个人生活最具根本性意义的关系”的选择上有显著差异。

C25 by A6

是否会为了得到好处而仿效他人不守道德 ＊ A6 Crosstabulation

	未受高等教育	受过高等教育	总计
从来不这么做	81.0%	59.9%	76.2%
通常不这么做，关键时刻会这么做	11.6%	22.8%	14.1%
经常这么做	0.6%	1.4%	0.8%
说不清	6.8%	16.0%	8.9%
总计	100.0%	100.0%	100.0%
列总计	986	294	1280

Chi-square test：sig = 0.000 < 0.05，所以不同教育程度的人在对“是否会为了得到好处而仿效他人不守道德”的选择上有显著差异。

C27 by A6

从网络中获得的信息对思想行为的影响 ＊ A6 Crosstabulation

	未受高等教育	受过高等教育	总计
影响很大	3.5%	7.5%	4.4%
有一些影响	22.7%	54.1%	30.0%
不太影响	15.6%	26.2%	18.0%
完全没有影响	4.6%	5.1%	4.7%
不适用，因为不上网	53.6%	7.1%	42.9%
总计	100.0%	100.0%	100.0%
列总计	977	294	1271

Chi-square test：sig = 0.000 < 0.05，所以不同教育程度的人在对“从网络中获得的信息对思想行为的影响”的评价上有显著差异。

C28a by A6

坑蒙拐骗现象的严重程度 * A6 Crosstabulation

	未受高等教育	受过高等教育	总计
不严重	26.9%	25.9%	26.6%
严重	73.1%	74.1%	73.4%
总计	100.0%	100.0%	100.0%
列总计	979	294	1273

Chi-square test：sig = 0.730 > 0.05，所以不同教育程度的人在对“坑蒙拐骗现象的严重程度”的评价上没有显著差异。

C28b by A6

人际关系冷漠，见危不救的严重程度 * A6 Crosstabulation

	未受高等教育	受过高等教育	总计
不严重	38.4%	25.2%	35.3%
严重	61.6%	74.8%	64.7%
总计	100.0%	100.0%	100.0%
列总计	979	294	1273

Chi-square test：sig = 0.000 < 0.05，所以不同教育程度的人在对“人际关系冷漠，见危不救的严重程度”的评价上有显著差异。

C28c by A6

诚信缺乏，社会信用度低的严重程度 * A6 Crosstabulation

	未受高等教育	受过高等教育	总计
不严重	34.4%	25.3%	32.3%
严重	65.6%	74.7%	67.7%
总计	100.0%	100.0%	100.0%
列总计	971	293	1264

Chi-square test：sig = 0.003 < 0.05，所以不同教育程度的人在对“诚信缺乏，社会信用度低的严重程度”的评价上有显著差异。

C28d by A6

很多人在公共场所缺乏公德，如大声喧哗、不排队、随地吐痰的严重程度 * A6 Crosstabulation

	未受高等教育	受过高等教育	总计
不严重	37.4%	25.9%	34.7%

续表

	未受高等教育	受过高等教育	总计
严重	62.6%	74.1%	65.3%
总计	100.0%	100.0%	100.0%
列总计	977	294	1271

Chi-square test：sig = 0.000 < 0.05，所以不同教育程度的人在对“很多人在公共场所缺乏公德，如大声喧哗、不排队、随地吐痰的严重程度”的评价上有显著差异。

C28e by A6

自私自利，损人利己，物欲横流的严重程度 * A6 Crosstabulation

	未受高等教育	受过高等教育	总计
不严重	37.4%	32.3%	36.2%
严重	62.6%	67.7%	63.8%
总计	100.0%	100.0%	100.0%
列总计	979	294	1273

Chi-square test：sig = 0.113 > 0.05，所以不同教育程度的人在对“自私自利，损人利己，物欲横流的严重程度”的评价上没有显著差异。

C28f by A6

缺乏公正心和正义感的严重程度 * A6 Crosstabulation

	未受高等教育	受过高等教育	总计
不严重	43.8%	33.3%	41.4%
严重	56.2%	66.7%	58.6%
总计	100.0%	100.0%	100.0%
列总计	973	294	1267

Chi-square test：sig = 0.001 < 0.05，所以不同教育程度的人在对“缺乏公正心和正义感的严重程度”的评价上有显著差异。

C28g by A6

缺乏羞耻感的严重程度 * A6 Crosstabulation

	未受高等教育	受过高等教育	总计
不严重	50.1%	42.3%	48.3%
严重	49.9%	57.7%	51.7%
总计	100.0%	100.0%	100.0%

续表

	未受高等教育	受过高等教育	总计
列总计	976	293	1269

Chi-square test：sig = 0. 019 < 0. 05，所以不同教育程度的人在对“缺乏羞耻感的严重程度”的评价上有显著差异。

C28h by A6

干部贪污受贿，以权谋利的严重程度 ＊ A6 Crosstabulation

	未受高等教育	受过高等教育	总计
不严重	20. 7%	15. 4%	19. 5%
严重	79. 3%	84. 6%	80. 5%
总计	100. 0%	100. 0%	100. 0%
列总计	961	293	1254

Chi-square test：sig = 0. 043 < 0. 05，所以不同教育程度的人在对“干部贪污受贿，以权谋利的严重程度”的评价上有显著差异。

C28i by A6

生活奢侈，铺张浪费的严重程度 ＊ A6 Crosstabulation

	未受高等教育	受过高等教育	总计
不严重	36. 4%	29. 0%	34. 7%
严重	63. 6%	71. 0%	65. 3%
总计	100. 0%	100. 0%	100. 0%
列总计	969	293	1262

Chi-square test：sig = 0. 019 < 0. 05，所以不同受教育程度的人对“生活奢侈，铺张浪费的严重程度”的评价有显著差异。

C28j by A6

奉行功利主义，相互算计的严重程度 ＊ A6 Crosstabulation

	未受高等教育	受过高等教育	总计
不严重	44. 4%	35. 8%	42. 4%
严重	55. 6%	64. 2%	57. 6%
总计	100. 0%	100. 0%	100. 0%
列总计	970	293	1263

Chi-square test：sig = 0. 009 < 0. 05，所以不同教育程度的人在对“奉行功利主义，相互算计的严重程度”的评价上有显著差异。

C28k by A6

企业损害社会利益，如污染环境、以虚假广告误导公众等的严重程度 * A6 Crosstabulation

	未受高等教育	受过高等教育	总计
不严重	26.3%	20.1%	24.8%
严重	73.7%	79.9%	75.2%
总计	100.0%	100.0%	100.0%
列总计	966	294	1260

Chi-square test：sig = 0.031 < 0.05，所以不同教育程度的人在对“企业损害社会利益，如污染环境、以虚假广告误导公众等的严重程度”的评价上有显著差异。

C28l by A6

娱乐界以丑闻、绯闻炒作，污染社会风气的严重程度 * A6 Crosstabulation

	未受高等教育	受过高等教育	总计
不严重	38.3%	20.4%	33.8%
严重	61.7%	79.6%	66.2%
总计	100.0%	100.0%	100.0%
列总计	874	294	1168

Chi-square test：sig = 0.000 < 0.05，所以不同教育程度的人在对“娱乐界以丑闻、绯闻炒作，污染社会风气的严重程度”的评价上有显著差异。

C28m by A6

媒体缺乏社会责任，炒作新闻的严重程度 * A6 Crosstabulation

	未受高等教育	受过高等教育	总计
不严重	44.7%	26.0%	40.1%
严重	55.3%	74.0%	59.9%
总计	100.0%	100.0%	100.0%
列总计	891	292	1183

Chi-square test：sig = 0.000 < 0.05，所以不同教育程度的人在对“媒体缺乏社会责任，炒作新闻的严重程度”的评价上有显著差异。

C28n by A6

社会财富分配不公，贫富悬殊过大的严重程度 ＊ A6 Crosstabulation

	未受高等教育	受过高等教育	总计
不严重	17.3%	19.0%	17.7%
严重	82.7%	81.0%	82.3%
总计	100.0%	100.0%	100.0%
列总计	972	294	1266

Chi-square test：sig = 0.487 > 0.05，所以不同教育程度的人在对“社会财富分配不公，贫富悬殊过大的严重程度”的评价上没有显著差异。

C28o by A6

教师不尽职的严重程度 ＊ A6 Crosstabulation

	未受高等教育	受过高等教育	总计
不严重	63.2%	63.8%	63.3%
严重	36.8%	36.2%	36.7%
总计	100.0%	100.0%	100.0%
列总计	969	293	1262

Chi-square test：sig = 0.836 > 0.05，所以不同教育程度的人在对“教师不尽职的严重程度”的评价上没有显著差异。

C28p by A6

医生不守职业道德的严重程度 ＊ A6 Crosstabulation

	未受高等教育	受过高等教育	总计
不严重	59.5%	54.3%	58.3%
严重	40.5%	45.7%	41.7%
总计	100.0%	100.0%	100.0%
列总计	972	293	1265

Chi-square test：sig = 0.114 > 0.05，所以不同教育程度的人在对“医生不守职业道德的严重程度”的评价上没有显著差异。

C28r by A6

公众人物用知名度攫取财富的严重程度 ＊ A6 Crosstabulation

	未受高等教育	受过高等教育	总计
不严重	41.1%	26.6%	37.6%
严重	58.9%	73.4%	62.4%

续表

	未受高等教育	受过高等教育	总计
总计	100.0%	100.0%	100.0%
列总计	905	293	1198

Chi-square test：sig = 0.000 < 0.05，所以不同教育程度的人在对“公众人物用知名度攫取财富的严重程度”的评价上有显著差异。

C28s by A6

不爱国的严重程度 * A6 Crosstabulation

	未受高等教育	受过高等教育	总计
不严重	78.7%	68.5%	76.3%
严重	21.3%	31.5%	23.7%
总计	100.0%	100.0%	100.0%
列总计	965	292	1257

Chi-square test：sig = 0.000 < 0.05，所以不同教育程度的人在对“不爱国的严重程度”的评价上有显著差异。

C28t by A6

两性关系过度开放导致婚姻不稳定的严重程度 * A6 Crosstabulation

	未受高等教育	受过高等教育	总计
不严重	33.4%	39.4%	34.8%
严重	66.6%	60.6%	65.2%
总计	100.0%	100.0%	100.0%
列总计	972	289	1261

Chi-square test：sig = 0.06 > 0.05，所以不同教育程度的人在对“两性关系过度开放导致婚姻不稳定的严重程度”的评价上没有显著差异。

C28u by A6

年轻人缺乏责任感，不孝敬父母的严重程度 * A6 Crosstabulation

	未受高等教育	受过高等教育	总计
不严重	54.3%	52.6%	53.9%
严重	45.7%	47.4%	46.1%
总计	100.0%	100.0%	100.0%
列总计	973	293	1266

Chi-square test：sig = 0.608 > 0.05，所以不同教育程度的人在对“年轻人缺乏责任感，不孝敬父母的严重程度”的评价上没有显著差异。

C28v by A6

父母和子女代沟问题严重，难以沟通的严重程度 ＊ A6 Crosstabulation

	未受高等教育	受过高等教育	总计
不严重	60.4%	52.2%	58.5%
严重	39.6%	47.8%	41.5%
总计	100.0%	100.0%	100.0%
列总计	980	293	1273

Chi-square test：sig = 0.013 < 0.05，所以不同教育程度的人在对“父母和子女代沟问题严重，难以沟通的严重程度”的评价上有显著差异。

C28x by A6

父母过度干涉子女的工作和生活的严重程度 ＊ A6 Crosstabulation

	未受高等教育	受过高等教育	总计
不严重	74.1%	64.5%	71.9%
严重	25.9%	35.5%	28.1%
总计	100.0%	100.0%	100.0%
列总计	976	293	1269

Chi-square test：sig = 0.001 < 0.05，所以不同教育程度的人在对“父母过度干涉子女的工作和生活的严重程度”的评价上有显著差异。

C28y by A6

老无所养，缺乏安全感的严重程度 ＊ A6 Crosstabulation

	未受高等教育	受过高等教育	总计
不严重	58.4%	47.8%	55.9%
严重	41.6%	52.2%	44.1%
总计	100.0%	100.0%	100.0%
列总计	976	293	1269

Chi-square test：sig = 0.001 < 0.05，所以不同教育程度的人在对“老无所养，缺乏安全感的严重程度”的评价上有显著差异。

C29a by A6

对于个人而言，家庭、社会和国家哪个排在第一位 ＊ A6 Crosstabulation

	未受高等教育	受过高等教育	总计
国家	56.0%	36.5%	51.5%

续表

	未受高等教育	受过高等教育	总计
社会	3.1%	1.4%	2.7%
家庭	40.9%	62.1%	45.8%
总计	100.0%	100.0%	100.0%
列总计	972	293	1265

Chi-square test: sig = 0.000 < 0.05，所以不同教育程度的人在“对于个人而言，家庭、社会和国家哪个排在第一位”的选择上有显著差异。

C29b by A6

对于个人而言，家庭、社会和国家哪个排在第二位 * A6 Crosstabulation

	未受高等教育	受过高等教育	总计
国家	27.4%	27.6%	27.4%
社会	45.2%	57.5%	48.1%
家庭	27.4%	15.0%	24.5%
总计	100.0%	100.0%	100.0%
列总计	968	294	1262

Chi-square test: sig = 0.000 < 0.05，所以不同教育程度的人在“对于个人而言，家庭、社会和国家哪个排在第二位”的选择上有显著差异。

C29c by A6

对于个人而言，家庭、社会和国家哪个排在第三位 * A6 Crosstabulation

	未受高等教育	受过高等教育	总计
国家	16.5%	35.4%	20.9%
社会	51.6%	41.2%	49.2%
家庭	31.9%	23.5%	29.9%
总计	100.0%	100.0%	100.0%
列总计	967	294	1261

Chi-square test: sig = 0.000 < 0.05，所以不同教育程度的人在“对于个人而言，家庭、社会和国家哪个排在第三位”的选择上有显著差异。

C30a by A6

家庭成员之间发生冲突，您会首先选择哪种途径来解决？ * A6 Crosstabulation

	未受高等教育	受过高等教育	总计
诉诸法律，打官司	0.5%	1.0%	0.6%

续表

	未受高等教育	受过高等教育	总计
直接找对方沟通但得理让人，适可而止	56.8%	63.4%	58.3%
通过第三方（如社会机构，朋友等）从中调解，尽量不伤和气	9.6%	9.6%	9.6%
能忍则忍	33.1%	26.0%	31.4%
总计	100.0%	100.0%	100.0%
列总计	977	292	1269

Chi-square test：sig = 0.105 > 0.05，所以不同教育程度的人在对“家庭成员之间发生冲突的解决途径”的选择上没有显著差异。

C30b by A6

朋友之间发生冲突，您会首先选择哪种途径来解决？ * A6 Crosstabulation

	未受高等教育	受过高等教育	总计
诉诸法律，打官司	3.0%	1.4%	2.6%
直接找对方沟通但得理让人，适可而止	49.0%	52.4%	49.8%
通过第三方（如社会机构，朋友等）从中调解，尽量不伤和气	27.6%	33.9%	29.1%
能忍则忍	20.4%	12.3%	18.5%
总计	100.0%	100.0%	100.0%
列总计	960	292	1252

Chi-square test：sig = 0.003 < 0.05，所以不同教育程度的人在对“朋友之间发生冲突的解决途径”的选择上有显著差异。

C30c by A6

同事之间发生冲突，您会首先选择哪种途径来解决？ * A6 Crosstabulation

	未受高等教育	受过高等教育	总计
诉诸法律，打官司	2.8%	0.3%	2.2%
直接找对方沟通但得理让人，适可而止	45.6%	47.9%	46.2%
通过第三方（如社会机构，朋友等）从中调解，尽量不伤和气	26.0%	33.2%	27.7%
能忍则忍	25.6%	18.5%	23.9%
总计	100.0%	100.0%	100.0%
列总计	931	292	1223

Chi-square test：sig = 0.002 < 0.05，所以不同教育程度的人在对“同事之间发生冲突的解决途径”的选择上有显著差异。

C30d by A6

商业伙伴之间发生冲突，您会首先选择哪种途径来解决？ * A6 Crosstabulation

	未受高等教育	受过高等教育	总计
诉诸法律，打官司	47.1%	59.2%	50.0%
直接找对方沟通但得理让人，适可而止	26.8%	17.6%	24.6%
通过第三方（如社会机构，朋友等）从中调解，尽量不伤和气	14.6%	20.1%	15.9%
能忍则忍	11.5%	3.1%	9.5%
总计	100.0%	100.0%	100.0%
列总计	903	289	1192

Chi-square test: sig = 0.000 < 0.05，所以不同教育程度的人在对“商业伙伴之间发生冲突的解决途径”的选择上有显著差异。

C31 by A6

对当前我国伦理关系和道德风尚造成最大负面影响的因素 * A6 Crosstabulation

	未受高等教育	受过高等教育	总计
传统文化的崩坏	24.7%	32.7%	26.6%
外来文化的冲击	12.7%	14.6%	13.2%
市场经济导致的个人主义	45.2%	39.1%	43.8%
计算机网络技术的发展	12.7%	10.5%	12.2%
其他	4.5%	3.1%	4.2%
总计	100.0%	100.0%	100.0%
列总计	926	294	1220

Chi-square test: sig = 0.044 < 0.05，所以不同教育程度的人在“对当前我国伦理关系和道德风尚造成最大负面影响的因素”的选择上有显著差异。

C32 by A6

成长中得到道德训练的最重要场所或机构 * A6 Crosstabulation

	未受高等教育	受过高等教育	总计
家庭	38.2%	41.5%	39.0%
学校	25.1%	30.6%	26.4%
社会（包括职业生活）	26.1%	21.8%	25.1%
国家或政府	6.9%	3.1%	6.0%

续表

	未受高等教育	受过高等教育	总计
媒体	1.6%	1.7%	1.7%
其他	2.0%	1.4%	1.9%
总计	100.0%	100.0%	100.0%
列总计	976	294	1270

Chi-square test：sig = 0.052 > 0.05，所以不同教育程度的人在对“成长中得到道德训练的最重要场所或机构”的选择上没有显著差异。

C33a by A6

对政府官员的伦理道德状况的满意程度 ＊ A6 Crosstabulation

	未受高等教育	受过高等教育	总计
不满意	50.3%	68.9%	54.6%
满意	49.7%	31.1%	45.4%
总计	100.0%	100.0%	100.0%
列总计	963	293	1256

Chi-square test：sig = 0.000 < 0.05，所以不同教育程度的人在“对政府官员的伦理道德状况的满意程度”上有显著差异。

C33b by A6

对企业家的伦理道德状况的满意程度 ＊ A6 Crosstabulation

	未受高等教育	受过高等教育	总计
不满意	42.7%	58.8%	46.5%
满意	57.3%	41.2%	53.5%
总计	100.0%	100.0%	100.0%
列总计	946	291	1237

Chi-square test：sig = 0.000 < 0.05，所以不同教育程度的人在“对企业家的伦理道德状况的满意程度”上有显著差异。

C33c by A6

对演艺娱乐界的伦理道德状况的满意程度 ＊ A6 Crosstabulation

	未受高等教育	受过高等教育	总计
不满意	49.0%	72.5%	54.8%
满意	51.0%	27.5%	45.2%

续表

	未受高等教育	受过高等教育	总计
总计	100.0%	100.0%	100.0%
列总计	882	291	1173

Chi-square test：sig = 0.000 < 0.05，所以不同教育程度的人在“对演艺娱乐界的伦理道德状况的满意程度”上有显著差异。

C33d by A6

对教师的伦理道德状况的满意程度 ＊ A6 Crosstabulation

	未受高等教育	受过高等教育	总计
不满意	19.2%	21.2%	19.7%
满意	80.8%	78.8%	80.3%
总计	100.0%	100.0%	100.0%
列总计	974	293	1267

Chi-square test：sig = 0.459 > 0.05，所以不同教育程度的人在“对教师的伦理道德状况的满意程度”上没有显著差异。

C33e by A6

对青少年的伦理道德状况的满意程度 ＊ A6 Crosstabulation

	未受高等教育	受过高等教育	总计
不满意	23.3%	33.9%	25.7%
满意	76.7%	66.1%	74.3%
总计	100.0%	100.0%	100.0%
列总计	971	292	1263

Chi-square test：sig = 0.000 < 0.05，所以不同教育程度的人在“对青少年的伦理道德状况的满意程度”上有显著差异。

C33f by A6

对弱势群体的伦理道德状况的满意程度 ＊ A6 Crosstabulation

	未受高等教育	受过高等教育	总计
不满意	21.2%	28.0%	22.8%
满意	78.8%	72.0%	77.2%
总计	100.0%	100.0%	100.0%
列总计	950	289	1239

Chi-square test：sig = 0.015 < 0.05，所以不同教育程度的人在“对弱势群体的伦理道德状况的满意程度”上有显著差异。

C33g by A6

对自由职业者的伦理道德状况的满意程度 ＊ A6 Crosstabulation

	未受高等教育	受过高等教育	总计
不满意	25.5%	27.1%	25.8%
满意	74.5%	72.9%	74.2%
总计	100.0%	100.0%	100.0%
列总计	935	288	1223

Chi-square test：sig = 0.581 > 0.05，所以不同教育程度的人在“对自由职业者的伦理道德状况的满意程度”上没有显著差异。

C33h by A6

对农民的伦理道德状况的满意程度 ＊ A6 Crosstabulation

	未受高等教育	受过高等教育	总计
不满意	9.1%	17.6%	11.1%
满意	90.9%	82.4%	88.9%
总计	100.0%	100.0%	100.0%
列总计	973	290	1263

Chi-square test：sig = 0.000 < 0.05，所以不同教育程度的人在“对农民的伦理道德状况的满意程度”上有显著差异。

C33i by A6

对商人的伦理道德状况的满意程度 ＊ A6 Crosstabulation

	未受高等教育	受过高等教育	总计
不满意	43.5%	55.9%	46.3%
满意	56.5%	44.1%	53.7%
总计	100.0%	100.0%	100.0%
列总计	973	290	1263

Chi-square test：sig = 0.000 < 0.05，所以不同教育程度的人在“对商人的伦理道德状况的满意程度”上有显著差异。

C33j by A6

对工人的伦理道德状况的满意程度 ＊ A6 Crosstabulation

	未受高等教育	受过高等教育	总计
不满意	8.1%	15.5%	9.8%

续表

	未受高等教育	受过高等教育	总计
满意	91.9%	84.5%	90.2%
总计	100.0%	100.0%	100.0%
列总计	970	291	1261

Chi-square test：sig = 0.000 < 0.05，所以不同教育程度的人在“对工人的伦理道德状况的满意程度”上有显著差异。

C33k by A6

对专家学者的伦理道德状况的满意程度 * A6 Crosstabulation

	未受高等教育	受过高等教育	总计
不满意	15.4%	35.3%	20.1%
满意	84.6%	64.7%	79.9%
总计	100.0%	100.0%	100.0%
列总计	936	292	1228

Chi-square test：sig = 0.000 < 0.05，所以不同教育程度的人在“对专家学者的伦理道德状况的满意程度”上有显著差异。

C33l by A6

对医生的伦理道德状况的满意程度 * A6 Crosstabulation

	未受高等教育	受过高等教育	总计
不满意	27.7%	34.5%	29.3%
满意	72.3%	65.5%	70.7%
总计	100.0%	100.0%	100.0%
列总计	982	293	1275

Chi-square test：sig = 0.025 < 0.05，所以不同教育程度的人在“对医生的伦理道德状况的满意程度”上有显著差异。

C34 by A6

哪种因素应当对当今不良道德风尚负主要责任 * A6 Crosstabulation

	未受高等教育	受过高等教育	总计
官员腐败	43.9%	35.2%	41.9%
企业不讲诚信和损害社会利益	6.6%	6.8%	6.6%
学校道德教育功能弱化	6.3%	13.3%	7.9%

续表

	未受高等教育	受过高等教育	总计
家庭伦理功能弱化	6.5%	5.1%	6.2%
社会的不良影响	36.7%	39.6%	37.4%
总计	100.0%	100.0%	100.0%
列总计	958	293	1251

Chi-square test：sig = 0.001 < 0.05，所以不同教育程度的人在对“哪种因素应当对当今不良道德风尚负主要责任”的选择上有显著差异。

C35 by A6

政府在制定政策和决策时是否充分考虑到伦理道德方面的要求 * A6 Crosstabulation

	未受高等教育	受过高等教育	总计
是	59.7%	49.8%	57.4%
否	40.3%	50.2%	42.6%
总计	100.0%	100.0%	100.0%
列总计	950	291	1241

Chi-square test：sig = 0.003 < 0.05，所以不同教育程度的人在对“政府在制定政策和决策时是否充分考虑到伦理道德方面的要求”的选择上有显著差异。

C36 by A6

当前我国政府官员道德问题最严重的是 * A6 Crosstabulation

	未受高等教育	受过高等教育	总计
贪污	38.5%	24.6%	35.2%
以权谋私	31.0%	34.1%	31.7%
受贿	6.2%	7.8%	6.5%
生活作风腐败	6.9%	3.4%	6.1%
官僚主义	3.1%	4.8%	3.5%
平庸、不作为	2.7%	5.8%	3.4%
政绩工程，折腾百姓	4.3%	11.6%	6.0%
铺张浪费	2.1%	2.4%	2.2%
拉帮结派	2.7%	1.4%	2.4%
其他	2.6%	4.1%	3.0%
总计	100.0%	100.0%	100.0%

续表

	未受高等教育	受过高等教育	总计
列总计	959	293	1252

Chi-square test：sig＝0.000＜0.05，所以不同教育程度的人在对“当前我国政府官员道德问题最严重的是”选择上有显著差异。

C37a by A6

对您思想行为影响第一重要的人 ＊ A6 Crosstabulation

	未受高等教育	受过高等教育	总计
政府官员	15.3%	3.1%	12.4%
企业家	2.1%	1.4%	2.0%
演艺明星、体育明星	0.3%	0.7%	0.4%
教师	11.8%	11.3%	11.6%
知识精英	2.2%	4.8%	2.9%
自由撰稿人	0.2%		0.2%
农民	1.4%	0.3%	1.1%
工人	1.4%	1.0%	1.3%
先哲先贤	6.0%	8.6%	6.6%
父母	59.3%	68.8%	61.6%
总计	100.0%	100.0%	100.0%
列总计	936	292	1228

Chi-square test：sig＝0.000＜0.05，所以不同教育程度的人在“对您思想行为影响第一重要的人”的选择上有显著差异。

C37b by A6

对您思想行为影响第二重要的人 ＊ A6 Crosstabulation

	未受高等教育	受过高等教育	总计
政府官员	10.4%	5.2%	9.2%
企业家	5.9%	3.2%	5.3%
演艺明星、体育明星	2.3%	0.8%	2.0%
教师	44.6%	56.9%	47.5%
知识精英	4.5%	12.1%	6.3%
自由撰稿人	0.2%	0.8%	0.4%
农民	7.6%	1.6%	6.2%

续表

	未受高等教育	受过高等教育	总计
工人	4.4%	2.0%	3.9%
父母	19.9%	17.3%	19.3%
总计	100.0%	100.0%	100.0%
列总计	814	248	1062

Chi-square test：sig = 0.000 < 0.05，所以不同教育程度的人在“对您思想行为影响第二重要的人”的选择上有显著差异。

C37c by A6

对您思想行为影响第三重要的人 ＊ A6 Crosstabulation

	未受高等教育	受过高等教育	总计
政府官员	17.1%	13.9%	16.3%
企业家	4.2%	4.0%	4.1%
演艺明星、体育明星	4.9%	6.6%	5.3%
教师	15.8%	15.3%	15.7%
知识精英	9.6%	24.8%	13.5%
自由撰稿人	1.1%	4.7%	2.0%
农民	14.1%	4.0%	11.5%
工人	10.2%	3.6%	8.6%
先哲先贤	13.9%	15.3%	14.3%
父母	9.0%	7.7%	8.7%
总计	100.0%	100.0%	100.0%
列总计	811	274	1085

Chi-square test：sig = 0.000 < 0.05，所以不同教育程度的人在“对您思想行为影响第三重要的人”的选择上有显著差异。

C38a by A6

对形成我国当前各种新型伦理关系和道德观念，第一重要的因素 ＊ A6 Crosstabulation

	未受高等教育	受过高等教育	总计
网络和媒体	39.3%	48.8%	41.6%
政府	35.6%	22.9%	32.5%
大学及其文化	7.0%	9.6%	7.6%

续表

	未受高等教育	受过高等教育	总计
市场	9.0%	7.8%	8.7%
企业	1.6%		1.2%
社会团体	6.8%	10.2%	7.6%
其他	0.7%	0.7%	0.7%
总计	100.0%	100.0%	100.0%
列总计	912	293	1205

Chi-square test：sig = 0.000 < 0.05，所以不同教育程度的人在“对形成我国当前各种新型伦理关系和道德观念，第一重要的因素”的选择上有显著差异。

C38b by A6

对形成我国当前各种新型伦理关系和道德观念，第二重要的因素 * A6 Crosstabulation

	未受高等教育	受过高等教育	总计
网络和媒体	17.5%	21.6%	18.5%
政府	27.9%	25.1%	27.2%
大学及其文化	13.4%	21.6%	15.5%
市场	19.9%	11.7%	17.9%
企业	6.9%	4.1%	6.2%
社会团体	13.6%	15.8%	14.2%
其他	0.8%		0.6%
总计	100.0%	100.0%	100.0%
列总计	874	291	1165

Chi-square test：sig = 0.000 < 0.05，所以不同教育程度的人在“对形成我国当前各种新型伦理关系和道德观念，第二重要的因素”的选择上有显著差异。

C38c by A6

对形成我国当前各种新型伦理关系和道德观念，第三重要的因素 * A6 Crosstabulation

	未受高等教育	受过高等教育	总计
网络和媒体	12.7%	12.6%	12.7%
政府	15.4%	13.7%	15.0%
大学及其文化	15.1%	21.4%	16.7%

续表

	未受高等教育	受过高等教育	总计
市场	22.1%	22.5%	22.2%
企业	10.2%	9.8%	10.1%
社会团体	23.1%	19.3%	22.2%
其他	1.4%	0.7%	1.2%
总计	100.0%	100.0%	100.0%
列总计	843	285	1128

Chi-square test：sig = 0.244 > 0.05，所以不同教育程度的人在“对形成我国当前各种新型伦理关系和道德观念，第三重要的因素”的选择上没有显著差异。

C39a by A6

信息技术、网络技术的发展对伦理道德的影响 ＊ A6 Crosstabulation

	未受高等教育	受过高等教育	总计
变好了	31.4%	24.8%	29.9%
没有变化	8.3%	16.3%	10.2%
变差了	21.2%	27.6%	22.7%
说不清	39.0%	31.3%	37.2%
总计	100.0%	100.0%	100.0%
列总计	951	294	1245

Chi-square test：sig = 0.000 < 0.05，所以不同教育程度的人在对“信息技术、网络技术的发展对伦理道德的影响”的评价上有显著差异。

C39b by A6

市场经济对我国伦理道德的影响 ＊ A6 Crosstabulation

	未受高等教育	受过高等教育	总计
变好了	35.7%	12.6%	30.3%
没有变化	11.2%	14.7%	12.0%
变差了	27.8%	45.7%	32.0%
说不清	25.3%	27.0%	25.7%
总计	100.0%	100.0%	100.0%
列总计	964	293	1257

Chi-square test：sig = 0.000 < 0.05，所以不同教育程度的人在对“市场经济对我国伦理道德的影响”的评价上有显著差异。

C39c by A6

西方文化对我国伦理道德的影响 * A6 Crosstabulation

	未受高等教育	受过高等教育	总计
变好了	17.3%	16.7%	17.2%
没有变化	13.0%	15.7%	13.7%
变差了	24.6%	32.1%	26.4%
说不清	45.1%	35.5%	42.8%
总计	100.0%	100.0%	100.0%
列总计	943	293	1236

Chi-square test：sig = 0.013 < 0.05，所以不同教育程度的人在对“西方文化对我国伦理道德的影响”的评价上有显著差异。

C40 by A6

如果国外报道与主流媒体宣传内容不一致，更倾向于相信谁 * A6 Crosstabulation

	未受高等教育	受过高等教育	总计
主流媒体	63.0%	27.5%	54.8%
国外报道	5.1%	17.2%	7.9%
谁都不相信，自己判断	19.1%	43.0%	24.6%
说不清	12.7%	12.4%	12.7%
总计	100.0%	100.0%	100.0%
列总计	973	291	1264

Chi-square test：sig = 0.000 < 0.05，所以不同教育程度的人在对“如果国外报道与主流媒体宣传内容不一致，更倾向于相信谁”的选择上有显著差异。

C41a by A6

经常关心比自己不幸的人 * A6 Crosstabulation

	未受高等教育	受过高等教育	总计
不符合	20.7%	26.6%	22.0%
符合	79.3%	73.4%	78.0%
总计	100.0%	100.0%	100.0%
列总计	977	293	1270

Chi-square test：sig = 0.031 < 0.05，所以不同教育程度的人在对“经常关心比自己不幸的人”的自我评价上有显著差异。

C41b by A6

有时不会同情他人的难处 ＊ A6 Crosstabulation

	未受高等教育	受过高等教育	总计
不符合	65.3%	66.6%	65.6%
符合	34.7%	33.4%	34.4%
总计	100.0%	100.0%	100.0%
列总计	979	293	1272

Chi-square test：sig =0.685 >0.05，所以不同教育程度的人在对“有时不会同情其他人的难处”的自我评价上没有显著差异。

C41c by A6

在紧急情况下，会感到忧虑和不安 ＊ A6 Crosstabulation

	未受高等教育	受过高等教育	总计
不符合	23.0%	24.7%	23.4%
符合	77.0%	75.3%	76.6%
总计	100.0%	100.0%	100.0%
列总计	971	291	1262

Chi-square test：sig =0.530 >0.05，所以不同教育程度的人在对“在紧急情况下，会感到忧虑和不安”的自我评价上没有显著差异。

C41d by A6

在做决定前，会试着从每个人的立场去考虑问题 ＊ A6 Crosstabulation

	未受高等教育	受过高等教育	总计
不符合	15.9%	16.4%	16.0%
符合	84.1%	83.6%	84.0%
总计	100.0%	100.0%	100.0%
列总计	973	293	1266

Chi-square test：sig =0.853 >0.05，所以不同教育程度的人在对“在做决定前，会试着从每个人的立场去考虑问题”的自我评价上没有显著差异。

C41e by A6

当看到别人被利用时，有点想要保护他们 ＊ A6 Crosstabulation

	未受高等教育	受过高等教育	总计
不符合	18.1%	25.9%	19.9%
符合	81.9%	74.1%	80.1%

续表

	未受高等教育	受过高等教育	总计
总计	100.0%	100.0%	100.0%
列总计	976	294	1270

Chi-square test：sig = 0.004 < 0.05，所以不同教育程度的人在对“当看到别人被利用时，有点想要保护他们”的自我评价上有显著差异。

C41f by A6

当情绪波动时，往往会感到无依无靠，不知如何是好 ＊ A6 Crosstabulation

	未受高等教育	受过高等教育	总计
不符合	38.7%	51.0%	41.6%
符合	61.3%	49.0%	58.4%
总计	100.0%	100.0%	100.0%
列总计	973	294	1267

Chi-square test：sig = 0.000 < 0.05，所以不同教育程度的人在对“当情绪波动时，往往会感到无依无靠，不知如何是好”的自我评价上有显著差异。

C41g by A6

有时会试图站在他人的角度，以更好地理解朋友 ＊ A6 Crosstabulation

	未受高等教育	受过高等教育	总计
不符合	7.6%	6.1%	7.2%
符合	92.4%	93.9%	92.8%
总计	100.0%	100.0%	100.0%
列总计	979	294	1273

Chi-square test：sig = 0.404 > 0.05，所以不同教育程度的人在对“有时会试图站在他人的角度，以更好地理解朋友”的自我评价上没有显著差异。

C41h by A6

他人的不幸通常不会给自己带来很大的烦忧 ＊ A6 Crosstabulation

	未受高等教育	受过高等教育	总计
不符合	47.8%	54.1%	49.3%
符合	52.2%	45.9%	50.7%
总计	100.0%	100.0%	100.0%
列总计	970	294	1264

Chi-square test：sig = 0.061 > 0.05，所以不同教育程度的人在对“他人的不幸通常不会给自己带来很大的烦忧”的自我评价上没有显著差异。

C41i by A6

在观看电视剧或电影之后，会感觉到自己仿佛成了其中一个角色 * A6 Crosstabulation

	未受高等教育	受过高等教育	总计
不符合	49.4%	55.8%	50.9%
符合	50.6%	44.2%	49.1%
总计	100.0%	100.0%	100.0%
列总计	958	294	1252

Chi-square test：sig = 0.055 >0.05，所以不同教育程度的人在对“在观看电视剧或电影之后，会感觉到自己仿佛成了其中一个角色”的自我评价上没有显著差异。

C41j by A6

处在紧张情绪的状况中，会惊慌害怕 * A6 Crosstabulation

	未受高等教育	受过高等教育	总计
不符合	20.7%	26.6%	22.0%
符合	79.3%	73.4%	78.0%
总计	100.0%	100.0%	100.0%
列总计	977	293	1270

Chi-square test：sig = 0.103 >0.05，所以不同教育程度的人在对“处在紧张情绪的状况中，会惊慌害怕”的自我评价上没有显著差异。

C41k by A6

当看到别人受到不公正待遇时，通常不会同情他们 * A6 Crosstabulation

	未受高等教育	受过高等教育	总计
不符合	77.4%	83.3%	78.7%
符合	22.6%	16.7%	21.3%
总计	100.0%	100.0%	100.0%
列总计	976	293	1269

Chi-square test：sig = 0.030 <0.05，所以不同教育程度的人在对“当看到别人受到不公正待遇时，通常不会同情他们”的自我评价上有显著差异。

C41l by A6

相信任何问题都有两面性，会试图从两个方面考虑事情 * A6 Crosstabulation

	未受高等教育	受过高等教育	总计
不符合	8.3%	8.2%	8.3%

续表

	未受高等教育	受过高等教育	总计
符合	91.7%	91.8%	91.7%
总计	100.0%	100.0%	100.0%
列总计	975	293	1268

Chi-square test：sig = 0.949 > 0.05，所以不同教育程度的人在对“相信任何问题都有两面性，会试图从两个方面考虑事情”的自我评价上没有显著差异。

C41m by A6

当对某人不耐烦的时候，通常会暂时站在他/她的位置上 * A6 Crosstabulation

	未受高等教育	受过高等教育	总计
不符合	31.1%	45.9%	34.6%
符合	68.9%	54.1%	65.4%
总计	100.0%	100.0%	100.0%
列总计	973	294	1267

Chi-square test：sig = 0.000 < 0.05，所以不同教育程度的人在对“当对某人不耐烦的时候，通常会暂时站在他/她的位置上”的自我评价上有显著差异。

C41n by A6

当在读一个有趣的故事或看一部电影时，会想象如果这些事情发生在自己身上，会是怎样的感受 * A6 Crosstabulation

	未受高等教育	受过高等教育	总计
不符合	33.2%	32.7%	33.0%
符合	66.8%	67.3%	67.0%
总计	100.0%	100.0%	100.0%
列总计	962	294	1256

Chi-square test：sig = 0.871 > 0.05，所以不同教育程度的人在对“当在读一个有趣的故事或看一部电影时，会想象如果这些事情发生在自己身上，会是怎样的感受”的自我评价上没有著差异。

C41o by A6

当看到有人发生意外急需帮助时，自己会紧张得几乎精神崩溃 * A6 Crosstabulation

	未受高等教育	受过高等教育	总计
不符合	52.9%	76.8%	58.4%
符合	47.1%	23.2%	41.6%

续表

	未受高等教育	受过高等教育	总计
总计	100.0%	100.0%	100.0%
列总计	977	293	1270

Chi-square test: sig = 0.000 < 0.05，所以不同教育程度的人在对“当看到有人发生意外急需帮助时，自己会紧张得几乎精神崩溃”的自我评价上有显著差异。

C41p by A6

在批评他人时，会尝试想象一下如果自己处在那个位置是怎样的感受 * A6 Crosstabulation

	未受高等教育	受过高等教育	总计
不符合	23.8%	27.4%	24.6%
符合	76.2%	72.6%	75.4%
总计	100.0%	100.0%	100.0%
列总计	972	292	1264

Chi-square test: sig = 0.206 > 0.05，所以不同教育程度的人在对“在批评他人时，会尝试想象一下如果自己处在那个位置是怎样的感受”的自我评价上没有显著差异。

C42 by A6

解决当前我国的公民道德和社会风尚问题，最关键的是 * A6 Crosstabulation

	未受高等教育	受过高等教育	总计
加强法制	40.5%	24.2%	36.7%
弘扬已有的优秀道德传统	21.2%	21.2%	21.2%
建设新的伦理道德的核心价值	7.1%	22.5%	10.7%
惩治官员腐败	17.4%	15.7%	17.0%
解决分配不公问题	10.9%	14.0%	11.7%
其他	2.9%	2.4%	2.8%
总计	100.0%	100.0%	100.0%
列总计	950	293	1243

Chi-square test: sig = 0.000 < 0.05，所以不同教育程度的人在对“解决当前我国的公民道德和社会风尚问题，最关键的是”的选择上有显著差异。

C43 by A6

当前我国社会道德生活中最重要的元素 * A6 Crosstabulation

	未受高等教育	受过高等教育	总计
意识形态中所提倡的社会主义道德	29.8%	28.7%	29.6%

续表

	未受高等教育	受过高等教育	总计
中国传统道德	46.8%	46.4%	46.7%
西方文化影响而形成的道德	3.2%	1.4%	2.8%
市场经济中形成的道德	18.9%	22.5%	19.8%
其他	1.2%	1.0%	1.1%
总计	100.0%	100.0%	100.0%
列总计	935	293	1228

Chi-square test：sig = 0.360 > 0.05，所以不同教育程度的人在对“当前我国社会道德生活中最重要的元素”的选择上没有显著差异。

C44 by A6

最向往或怀念的伦理关系和道德生活是 * A6 Crosstabulation

	未受高等教育	受过高等教育	总计
传统社会的伦理和道德（如仁、义、礼、智、信）	37.2%	39.6%	37.7%
战争年代为理想而献身的革命精神	14.3%	10.9%	13.5%
新中国成立后到“文化大革命”前的大公无私的集体主义精神	21.7%	11.3%	19.2%
追求个人利益的市场经济下的道德	6.1%	2.0%	5.1%
自由、平等、博爱的西方道德	20.7%	36.2%	24.4%
总计	100.0%	100.0%	100.0%
列总计	955	293	1248

Chi-square test：sig = 0.000 < 0.05，所以不同教育程度的人在对“最向往或怀念的伦理关系和道德生活是”的选择上有显著差异。

C45 by A6

假设上司或老板是外国人，他侮辱了中国，但抗争会产生不利于自己的后果，会选择 * A6 Crosstabulation

	未受高等教育	受过高等教育	总计
当面抗议	78.9%	67.2%	76.2%
保持沉默	21.1%	32.8%	23.8%
总计	100.0%	100.0%	100.0%
列总计	962	290	1252

Chi-square test：sig = 0.000 < 0.05，所以不同教育程度的人对“假设上司或老板是外国人，他侮辱了中国，但抗争会产生不利于自己的后果，您会如何做”的选择上有显著差异。

C46a by A6

当今中国社会最重要和最需要的排在第一位的德性 * A6 Crosstabulation

	未受高等教育	受过高等教育	总计
爱（仁爱、博爱、友爱）	38.2%	42.9%	39.3%
义（道义、义务）	3.6%	2.0%	3.2%
宽容	6.7%	3.7%	6.0%
责任	14.5%	12.9%	14.1%
正义或公正	11.5%	14.3%	12.2%
诚信	7.8%	9.5%	8.2%
忠恕	0.7%	0.3%	0.6%
理智	0.6%	0.7%	0.6%
节制	0.2%	0.3%	0.2%
谦让	1.4%	1.4%	1.4%
恭敬	0.3%		0.2%
勇敢	0.3%	0.3%	0.3%
正直	3.2%	2.7%	3.1%
善良	3.1%	3.7%	3.3%
力行或知行合一	0.2%	0.7%	0.3%
教养	2.2%	1.4%	2.0%
孝悌	4.6%	2.4%	4.1%
气节	0.2%	0.7%	0.3%
中庸	0.2%		0.2%
敬业	0.3%		0.2%
总计	100.0%	100.0%	100.0%
列总计	957	294	1251

Chi-square test：sig = 0.460 > 0.05，所以不同教育程度的人在对“当今中国社会最重要和最需要的排在第一位的德性”的选择上没有显著差异。

C46b by A6

当今中国社会最重要和最需要的排在第二位的德性 * A6 Crosstabulation

	未受高等教育	受过高等教育	总计
爱（仁爱、博爱、友爱）	7.3%	12.6%	8.5%
义（道义、义务）	16.6%	20.1%	17.4%
宽容	12.1%	8.2%	11.2%

续表

	未受高等教育	受过高等教育	总计
责任	14.8%	18.4%	15.7%
正义或公正	10.5%	9.5%	10.3%
诚信	9.8%	10.2%	9.9%
忠恕	1.1%	1.0%	1.0%
理智	1.9%	2.7%	2.1%
节制	0.4%	0.3%	0.4%
谦让	3.6%	1.7%	3.1%
恭敬	0.9%		0.7%
勇敢	0.4%	0.7%	0.5%
正直	4.5%	2.7%	4.1%
善良	7.2%	3.4%	6.3%
力行或知行合一	0.1%		0.1%
教养	3.4%	3.1%	3.3%
孝悌	4.0%	2.4%	3.6%
气节	0.4%	0.7%	0.5%
中庸	0.1%	0.3%	0.2%
敬业	0.8%	2.0%	1.1%
总计	100.0%	100.0%	100.0%
列总计	950	294	1244

Chi-square test：sig = 0.022 < 0.05，所以不同教育程度的人在对“当今中国社会最重要和最需要的排在第二位的德性”的选择上有显著差异。

C46c by A6

当今中国社会最重要和最需要的排在第三位的德性 * A6 Crosstabulation

	未受高等教育	受过高等教育	总计
爱（仁爱、博爱、友爱）	4.6%	6.5%	5.0%
义（道义、义务）	4.8%	5.5%	4.9%
宽容	18.3%	14.4%	17.4%
责任	13.4%	16.4%	14.1%
正义或公正	9.7%	11.0%	10.0%
诚信	17.0%	13.7%	16.2%
忠恕	1.1%	0.7%	1.0%
理智	3.2%	3.4%	3.2%

续表

	未受高等教育	受过高等教育	总计
节制	1.0%	0.7%	0.9%
谦让	4.3%	3.4%	4.1%
恭敬	0.7%		0.6%
勇敢	2.1%	2.4%	2.2%
正直	3.8%	4.8%	4.0%
善良	7.3%	7.2%	7.3%
力行或知行合一	0.1%	1.0%	0.3%
教养	4.3%	4.1%	4.3%
孝悌	2.6%	2.4%	2.6%
气节	0.4%	0.7%	0.5%
中庸	0.2%		0.2%
敬业	1.0%	1.7%	1.1%
总计	100.0%	100.0%	100.0%
列总计	945	292	1237

Chi-square test：sig = 0.458 > 0.05，所以不同教育程度的人在对“当今中国社会最重要和最需要的排在第三位的德性”的选择上没有显著差异。

C46d by A6

当今中国社会最重要和最需要的排在第四位的德性 * A6 Crosstabulation

	未受高等教育	受过高等教育	总计
爱（仁爱、博爱、友爱）	3.5%	4.5%	3.7%
义（道义、义务）	3.2%	3.8%	3.3%
宽容	9.7%	11.4%	10.1%
责任	12.9%	10.4%	12.3%
正义或公正	8.3%	8.3%	8.3%
诚信	11.6%	11.8%	11.7%
忠恕	1.6%	0.7%	1.4%
理智	3.4%	4.8%	3.7%
节制	1.7%	0.7%	1.5%
谦让	5.5%	2.8%	4.9%
恭敬	1.4%	1.0%	1.3%
勇敢	3.9%	3.1%	3.7%
正直	8.5%	7.6%	8.3%

续表

	未受高等教育	受过高等教育	总计
善良	9.9%	9.0%	9.7%
力行或知行合一	0.5%	1.0%	0.7%
教养	6.3%	8.3%	6.8%
孝悌	3.9%	4.5%	4.1%
气节	0.6%	1.4%	0.8%
中庸	0.3%	0.3%	0.3%
敬业	3.0%	4.5%	3.3%
总计	100.0%	100.0%	100.0%
列总计	938	289	1227

Chi-square test：sig = 0.620 > 0.05，所以不同教育程度的人在对“当今中国社会最重要和最需要的排在第四位的德性”的选择上没有显著差异。

C46e by A6

当今中国社会最重要和最需要的排在第五位的德性 * A6 Crosstabulation

	未受高等教育	受过高等教育	总计
爱（仁爱、博爱、友爱）	4.6%	5.5%	4.8%
义（道义、义务）	2.0%	3.1%	2.3%
宽容	7.3%	7.6%	7.3%
责任	7.5%	7.6%	7.5%
正义或公正	7.3%	6.6%	7.1%
诚信	10.3%	13.4%	11.0%
忠恕	1.4%	0.3%	1.1%
理智	5.7%	4.1%	5.3%
节制	2.4%	1.0%	2.0%
谦让	6.0%	2.4%	5.1%
恭敬	1.6%	1.0%	1.5%
勇敢	4.6%	5.2%	4.7%
正直	7.3%	6.9%	7.2%
善良	9.5%	10.7%	9.8%
力行或知行合一	1.7%	2.8%	2.0%
教养	6.5%	7.9%	6.9%
孝悌	5.7%	2.8%	5.0%
气节	1.8%	2.4%	2.0%

续表

	未受高等教育	受过高等教育	总计
中庸	0. 6%	1. 0%	0. 7%
敬业	6. 3%	7. 6%	6. 6%
总计	100. 0%	100. 0%	100. 0%
列总计	935	290	1225

Chi-square test：sig = 0. 272 > 0. 05，所以不同教育程度的人在对“当今中国社会最重要和最需要的排在第五位的德性”的选择上没有显著差异。

江苏省伦理道德评价的性别差异

C1 by A1

对当前我国社会道德状况的总体评价 * A1 Crosstabulation

	男	女	总计
非常满意	7.3%	6.6%	6.9%
比较满意	57.9%	60.4%	59.2%
比较不满意	27.1%	26.0%	26.5%
非常不满意	7.8%	7.0%	7.4%
总计	100.0%	100.0%	100.0%
列总计	591	684	1275

Chi-square test：sig = 0.815 > 0.05，所以男女在“对当前我国社会道德的总体评价”上无显著差异。

C2 by A1

我国目前人与人之间关系主要受什么影响 * A1 Crosstabulation

	男	女	总计
完全受利益影响	11.2%	8.3%	9.6%
主要受利益影响	66.3%	64.5%	65.3%
主要受情感影响	20.3%	25.2%	22.9%
完全受情感影响	2.2%	1.9%	2.1%
总计	100.0%	100.0%	100.0%
列总计	581	674	1255

Chi-square test：sig = 0.100 > 0.05，所以男女在对“我国目前人与人之间关系的主要受什么影响”的选择上无显著差异。

C3 by A1

对当前我国社会人与人关系的总体评价 * A1 Crosstabulation

	男	女	总计
非常满意	6.3%	6.6%	6.4%
比较满意	61.1%	64.8%	63.1%

续表

	男	女	总计
比较不满意	25.8%	24.3%	25.0%
非常不满意	6.8%	4.4%	5.5%
总计	100.0%	100.0%	100.0%
列总计	589	684	1273

Chi-square test：sig = 0.390 > 0.05，所以男女在“对我国人与人之间关系的总体评价”上无显著差异。

C4 by A1

平时如何为人处世 ＊ A1 Crosstabulation

	男	女	总计
道德至上	6.8%	5.7%	6.2%
遵循道德规范、凭良心办事	80.9%	85.0%	83.1%
不故意为恶，不随波逐流	8.3%	6.9%	7.5%
有时身不由己做有违道德的事情	1.0%	0.3%	0.6%
说不清/没想过	3.0%	2.2%	2.6%
总计	100.0%	100.0%	100.0%
列总计	591	685	1276

Chi-square test：sig = 0.228 > 0.05，所以男女在“平时如何为人处世”上无显著差异。

C5 by A1

对自己道德状况的评价 ＊ A1 Crosstabulation

	男	女	总计
非常满意	29.6%	34.7%	32.3%
比较满意	69.3%	64.0%	66.4%
比较不满意	1.2%	1.2%	1.2%
非常不满意		0.1%	0.1%
总计	100.0%	100.0%	100.0%
列总计	592	686	1278

Chi-square test：sig = 0.189 > 0.05，所以男女在“对自己道德状况的评价”上无显著差异。

C6 by A1

家庭和国家对于个人存在的意义 ＊ A1 Crosstabulation

	男	女	总计
家庭和国家只是工具，个人最重要	7.8%	8.9%	8.4%
家庭和国家是个人安身立命的基地，比个人更重要	83.1%	83.0%	83.1%
其他	9.0%	8.1%	8.6%
总计	100.0%	100.0%	100.0%
列总计	586	677	1263

Chi-square test：sig = 0.706 > 0.05，所以男女在“家庭和国家对于个人存在的意义”上无显著差异。

C7a by A1

当前大多数人奉行的是个人至上 ＊ A1 Crosstabulation

	男	女	总计
完全同意	21.3%	17.9%	19.5%
比较同意	44.5%	48.5%	46.7%
不太同意	29.4%	28.6%	29.0%
完全不同意	4.7%	5.0%	4.9%
总计	100.0%	100.0%	100.0%
列总计	591	686	1277

Chi-square test：sig = 0.377 > 0.05，所以男女在对“当前大多数人奉行的是个人至上”这一说法的认同程度上无显著差异。

C7b by A1

现在我国大多数人是见利忘义的 ＊ A1 Crosstabulation

	男	女	总计
完全同意	13.5%	11.4%	12.3%
比较同意	35.4%	40.3%	38.0%
不太同意	44.5%	42.4%	43.4%
完全不同意	6.6%	6.0%	6.3%
总计	100.0%	100.0%	100.0%
列总计	593	687	1280

Chi-square test：sig = 0.293 > 0.05，所以男女在是否同意“现在我国大多数人是见利忘义的”这一说法的认同程度上无显著差异。

C7c by A1

现在社会是一个物欲横流的社会 ＊ A1 Crosstabulation

	男	女	总计
完全同意	22.0%	15.5%	18.5%
比较同意	52.4%	57.0%	54.8%
不太同意	21.0%	24.9%	23.1%
完全不同意	4.6%	2.6%	3.5%
总计	100.0%	100.0%	100.0%
列总计	590	683	1273

Chi-square test：sig = 0.003 < 0.05，所以男女在对“现在社会是一个物欲横流的社会”这一说法的认同程度上有显著差异。

C7d by A1

当前大多数人都是以集体利益为重 ＊ A1 Crosstabulation

	男	女	总计
完全同意	8.7%	7.6%	8.1%
比较同意	36.1%	34.1%	35.0%
不太同意	46.3%	51.5%	49.1%
完全不同意	8.9%	6.7%	7.7%
总计	100.0%	100.0%	100.0%
列总计	587	683	1270

Chi-square test：sig = 0.222 > 0.05，所以男女在对“当前大多数人都是以集体利益为重”这一说法的认同程度上无显著差异。

C7e by A1

当前大多数人都是家庭利益至上 ＊ A1 Crosstabulation

	男	女	总计
完全同意	29.6%	27.7%	28.6%
比较同意	56.9%	59.4%	58.3%
不太同意	12.0%	11.1%	11.5%
完全不同意	1.5%	1.8%	1.6%
总计	100.0%	100.0%	100.0%
列总计	592	685	1277

Chi-square test：sig = 0.793 > 0.05，所以男女在对“当前大多数人都是家庭利益至上”这一说法的认同程度上无显著差异。

C7f by A1

当前的社会是个金钱至上的社会 * A1 Crosstabulation

	男	女	总计
完全同意	30. 4%	26. 5%	28. 3%
比较同意	48. 8%	51. 6%	50. 3%
不太同意	18. 2%	19. 4%	18. 8%
完全不同意	2. 6%	2. 5%	2. 5%
总计	100. 0%	100. 0%	100. 0%
列总计	588	682	1270

Chi-square test：sig = 0. 490 > 0. 05，所以男女在对“当前的社会是个金钱至上的社会”这一说法的认同程度上无显著差异。

C7g by A1

现在社会守道德的人大都吃亏，不守道德规则的人占便宜 * A1 Crosstabulation

	男	女	总计
完全同意	19. 6%	19. 2%	19. 4%
比较同意	41. 2%	39. 4%	40. 3%
不太同意	32. 4%	34. 2%	33. 4%
完全不同意	6. 8%	7. 2%	7. 0%
总计	100. 0%	100. 0%	100. 0%
列总计	592	682	1274

Chi-square test：sig = 0. 887 > 0. 05，所以男女在对“现在社会守道德的人大都吃亏，不守道德规则的人占便宜”这一说法的认同程度上无显著差异。

C7h by A1

现在社会中好人有好报，恶人终归会受到惩罚 * A1 Crosstabulation

	男	女	总计
完全同意	29. 2%	30. 2%	29. 8%
比较同意	42. 1%	41. 5%	41. 7%
不太同意	24. 3%	23. 6%	24. 0%
完全不同意	4. 4%	4. 7%	4. 5%
总计	100. 0%	100. 0%	100. 0%
列总计	592	685	1277

Chi-square test：sig = 0. 969 > 0. 05，所以男女在对“现在社会中好人有好报，恶人终归会受到惩罚”这一说法的认同程度上无显著差异。

C7i by A1

人们的生活水平越高，就越幸福 ＊ A1 Crosstabulation

	男	女	总计
完全同意	19.6%	24.5%	22.2%
比较同意	38.7%	32.0%	35.1%
不太同意	37.8%	39.0%	38.4%
完全不同意	3.9%	4.5%	4.2%
总计	100.0%	100.0%	100.0%
列总计	592	685	1277

Chi-square test：sig = 0.047 < 0.05，所以男女在对“人们的生活水平越高，就越幸福”这一说法的认同程度上有显著差异。

C7j by A1

我们的社会中道德能够很好地约束人们的行为 ＊ A1 Crosstabulation

	男	女	总计
完全同意	14.3%	14.4%	14.4%
比较同意	51.6%	53.0%	52.4%
不太同意	29.7%	28.9%	29.3%
完全不同意	4.4%	3.7%	4.0%
总计	100.0%	100.0%	100.0%
列总计	589	679	1268

Chi-square test：sig = 0.891 > 0.05，所以男女在对“我们的社会中道德能够很好地约束人们的行为”这一说法的认同程度上无显著差异。

C7k by A1

现有的规范和习俗能够很好地调节人与人的关系 ＊ A1 Crosstabulation

	男	女	总计
完全同意	12.9%	12.0%	12.4%
比较同意	56.9%	60.8%	59.0%
不太同意	27.2%	23.7%	25.4%
完全不同意	3.0%	3.4%	3.2%
总计	100.0%	100.0%	100.0%
列总计	591	674	1265

Chi-square test：sig = 0.444 > 0.05，所以男女在对“现有的规范和习俗能够很好地调节人与人的关系”这一说法的认同程度上无显著差异。

C71 by A1

现在社会大多数人都有荣辱感 ＊ A1 Crosstabulation

	男	女	总计
完全同意	19.4%	17.2%	18.2%
比较同意	57.4%	61.4%	59.5%
不太同意	19.9%	18.9%	19.4%
完全不同意	3.4%	2.5%	2.9%
总计	100.0%	100.0%	100.0%
列总计	589	681	1270

Chi-square test：sig =0.443 >0.05，所以男女在对“现在社会大多数人都有荣辱感”这一说法的认同程度上无显著差异。

C8 by A1

个体德性与社会公正哪个更重要 ＊ A1 Crosstabulation

	男	女	总计
个体德性最重要	7.8%	13.4%	10.8%
社会公正最重要	38.5%	33.7%	35.9%
二者应当统一，但二者矛盾时应先追求个体德性	13.3%	16.7%	15.1%
二者应当统一，但二者矛盾时应先追求社会公正	40.4%	36.2%	38.2%
总计	100.0%	100.0%	100.0%
列总计	587	671	1258

Chi-square test：sig =0.002 <0.05，所以男女在对“个体德性与社会公正哪个更重要”的选择上有显著差异。

C9 by A1

个人守道德的原因 ＊ A1 Crosstabulation

	男	女	总计
守道德有利于自身利益的实现	5.3%	4.2%	4.7%
个人是社会的一分子，应当遵守道德	47.2%	46.0%	46.5%
遵守道德是为了使我们的社会更美好	41.1%	42.0%	41.6%
不遵守道德会被别人议论或谴责	5.6%	6.3%	6.0%
其他	0.8%	1.5%	1.2%
总计	100.0%	100.0%	100.0%
列总计	589	683	1272

Chi-square test：sig =0.712 >0.05，所以男女在对“个人守道德的原因”的选择上没有显著差异。

C10a by A1

关于职业劳动说法中最认同的是 ＊ A1 Crosstabulation

	男	女	总计
劳动是个人谋生的工具	54.1%	56.4%	55.3%
劳动是为社会创造财富	27.4%	24.1%	25.6%
劳动是天职	13.3%	11.6%	12.4%
劳动是兴趣的驱使，快乐的源泉	5.2%	7.9%	6.7%
总计	100.0%	100.0%	100.0%
列总计	592	681	1273

Chi-square test：sig = 0.119 > 0.05，所以男女在对“关于职业劳动说法中最认同的是”的选择上没有显著差异。

C10b by A1

关于职业劳动说法中第二认同的是 ＊ A1 Crosstabulation

	男	女	总计
劳动是个人谋生的工具	25.5%	24.1%	24.7%
劳动是为社会创造财富	43.6%	44.3%	44.0%
劳动是天职	19.6%	17.4%	18.4%
劳动是兴趣的驱使，快乐的源泉	11.3%	14.3%	12.9%
总计	100.0%	100.0%	100.0%
列总计	557	644	1201

Chi-square test：sig = 0.378 > 0.05，所以男女在对“关于职业劳动说法中第二认同的是”的选择上没有显著差异。

C10c by A1

关于职业劳动说法中第三认同的是 ＊ A1 Crosstabulation

	男	女	总计
劳动是个人谋生的工具	13.7%	12.2%	12.9%
劳动是为社会创造财富	22.6%	23.7%	23.2%
劳动是天职	35.9%	37.6%	36.8%
劳动是兴趣的驱使，快乐的源泉	27.8%	26.6%	27.1%
总计	100.0%	100.0%	100.0%
列总计	540	625	1165

Chi-square test：sig = 0.786 > 0.05，所以男女在对“关于职业劳动说法中第三认同的是”的选择上没有显著差异。

C11a by A1

目前大多数人将职业当作谋生的手段，缺乏责任感和奉献精神 * A1 Crosstabulation

	男	女	总计
完全不同意	7.8%	7.4%	7.6%
不太同意	33.4%	33.9%	33.7%
比较同意	47.0%	47.3%	47.1%
完全同意	11.8%	11.5%	11.6%
总计	100.0%	100.0%	100.0%
列总计	592	679	1271

Chi-square test：sig = 0.989 > 0.05，所以男女在对“目前大多数人将职业当作谋生的手段，缺乏责任感和奉献精神”的认同上没有显著差异。

C11b by A1

企业老板剥削员工，利益关系不公正 * A1 Crosstabulation

	男	女	总计
完全不同意	8.0%	7.7%	7.9%
不太同意	27.0%	28.8%	27.9%
比较同意	45.7%	46.8%	46.3%
完全同意	19.3%	16.7%	17.9%
总计	100.0%	100.0%	100.0%
列总计	586	671	1257

Chi-square test：sig = 0.650 > 0.05，所以男女在对“企业老板剥削员工，利益关系不公正”的认同上没有显著差异。

C11c by A1

社会上老板和员工、上级和下级相互勾结，共同对社会不负责任 * A1 Crosstabulation

	男	女	总计
完全不同意	13.3%	14.0%	13.7%
不太同意	38.9%	40.7%	39.8%
比较同意	36.6%	36.4%	36.5%
完全同意	11.2%	8.9%	10.0%
总计	100.0%	100.0%	100.0%

续表

	男	女	总计
列总计	579	664	1243

Chi-square test：sig = 0.559 > 0.05，所以男女在对“社会上老板和员工、上级和下级相互勾结，共同对社会不负责任”的认同上没有显著差异。

C11d by A1

是否离婚主要考虑自己的感受和利益 ＊ A1 Crosstabulation

	男	女	总计
完全不同意	21.9%	26.1%	24.1%
不太同意	45.5%	45.5%	45.5%
比较同意	25.2%	22.7%	23.8%
完全同意	7.4%	5.7%	6.5%
总计	100.0%	100.0%	100.0%
列总计	584	679	1263

Chi-square test：sig = 0.228 > 0.05，所以男女在对“是否离婚主要考虑自己的感受和利益”的认同上没有显著差异。

C11e by A1

是否离婚应该从家庭整体（包括子女）考虑 ＊ A1 Crosstabulation

	男	女	总计
完全不同意	7.0%	3.4%	5.1%
不太同意	10.4%	6.4%	8.3%
比较同意	42.2%	48.9%	45.8%
完全同意	40.3%	41.3%	40.9%
总计	100.0%	100.0%	100.0%
列总计	585	675	1260

Chi-square test：sig = 0.001 < 0.05，所以男女在对“是否离婚应该从家庭整体（包括子女）考虑”的认同上有显著差异。

C11f by A1

婚姻是社会的事，应当兼顾社会评价和社会后果 ＊ A1 Crosstabulation

	男	女	总计
完全不同意	11.8%	9.2%	10.4%

续表

	男	女	总计
不太同意	31. 2%	32. 9%	32. 1%
比较同意	39. 8%	41. 1%	40. 5%
完全同意	17. 2%	16. 8%	17. 0%
总计	100. 0%	100. 0%	100. 0%
列总计	586	677	1263

Chi-square test：sig = 0. 472 > 0. 05，所以男女在对“婚姻是社会的事，应当兼顾社会评价和社会后果”的认同上没有显著差异。

C11g by A1

婚姻应当是自由的，如果有更满意或更合适的人就与现在的配偶离婚 ＊ A1 Crosstabulation

	男	女	总计
完全不同意	46. 9%	50. 1%	48. 7%
不太同意	34. 5%	34. 0%	34. 3%
比较同意	10. 5%	10. 4%	10. 4%
完全同意	8. 0%	5. 5%	6. 6%
总计	100. 0%	100. 0%	100. 0%
列总计	588	676	1264

Chi-square test：sig = 0. 295 > 0. 05，所以男女在对“婚姻应当是自由的，如果有更满意或更合适的人就与现在的配偶离婚”的认同上没有显著差异。

C12 by A1

造成生态环境问题最主要原因 ＊ A1 Crosstabulation

	男	女	总计
企业唯利是图，造成环境污染	35. 8%	34. 3%	35. 0%
政府缺乏生态意识，政策失当	38. 9%	29. 7%	34. 0%
个人缺乏环保意识	10. 1%	15. 8%	13. 2%
当代人自私自利，不顾未来和子孙利益	15. 2%	20. 1%	17. 9%
总计	100. 0%	100. 0%	100. 0%
列总计	584	676	1260

Chi-square test：sig = 0. 000 < 0. 05，所以男女在对“造成生态环境问题最主要原因”的选择上有显著差异。

C15a by A1

当今中国社会最基本的伦理冲突中第一位的是 ＊ A1 Crosstabulation

	男	女	总计
人与自然的冲突	19.6%	14.2%	16.7%
人自我内在的冲突	12.7%	13.1%	12.9%
人与人之间的冲突	37.3%	47.2%	42.6%
个人与社会的冲突	13.0%	11.5%	12.2%
个人与政府的冲突	17.2%	13.9%	15.4%
其他	0.2%	0.2%	0.2%
总计	100.0%	100.0%	100.0%
列总计	552	642	1194

Chi-square test：sig = 0.012 < 0.05，所以男女在对“当今社会第一伦理冲突”的选择上有显著差异。

C15b by A1

当今中国社会最基本的伦理冲突中第二位的是 ＊ A1 Crosstabulation

	男	女	总计
人与自然的冲突	7.9%	9.6%	8.8%
人自我内在的冲突	17.3%	17.8%	17.6%
人与人之间的冲突	28.2%	23.2%	25.5%
个人与社会的冲突	29.0%	33.8%	31.5%
个人与政府的冲突	17.3%	15.7%	16.5%
其他	0.2%		0.1%
总计	100.0%	100.0%	100.0%
列总计	542	613	1155

Chi-square test：sig = 0.181 > 0.05，所以男女在对“当今社会第二伦理冲突”的选择上没有显著差异。

C15c by A1

当今中国社会最基本的伦理冲突中第三位的是 ＊ A1 Crosstabulation

	男	女	总计
人与自然的冲突	13.0%	17.3%	15.3%
人自我内在的冲突	17.5%	14.8%	16.1%
人与人之间的冲突	20.1%	17.8%	18.9%
个人与社会的冲突	28.6%	25.8%	27.1%
个人与政府的冲突	20.5%	24.1%	22.4%

续表

	男	女	总计
其他	0.4%	0.2%	0.3%
总计	100.0%	100.0%	100.0%
列总计	532	601	1133

Chi-square test：sig = 0.132 > 0.05，所以男女在对“当今社会第三伦理冲突”的选择上没有显著差异。

C15d by A1

当今中国社会最基本的伦理冲突中第四位的是 * A1 Crosstabulation

	男	女	总计
人与自然的冲突	23.7%	24.2%	23.9%
人自我内在的冲突	22.1%	22.1%	22.1%
人与人之间的冲突	9.9%	9.4%	9.6%
个人与社会的冲突	21.8%	20.6%	21.2%
个人与政府的冲突	22.3%	23.3%	22.9%
其他	0.2%	0.3%	0.3%
总计	100.0%	100.0%	100.0%
列总计	524	587	1111

Chi-square test：sig = 0.986 > 0.05，所以男女在对“当今社会第四伦理冲突”的选择上没有显著差异。

C15e by A1

当今中国社会最基本的伦理冲突中第五位的是 * A1 Crosstabulation

	男	女	总计
人与自然的冲突	35.9%	35.7%	35.8%
人自我内在的冲突	29.1%	30.6%	29.9%
人与人之间的冲突	3.8%	2.9%	3.3%
个人与社会的冲突	7.1%	6.5%	6.8%
个人与政府的冲突	22.0%	23.2%	22.6%
其他	2.1%	1.0%	1.5%
总计	100.0%	100.0%	100.0%
列总计	523	582	1105

Chi-square test：sig = 0.662 > 0.05，所以男女在对“当今社会第五伦理冲突”的选择上没有显著差异。

C16 by A1

目前中国社会两性之间的性开放日益发展，它对社会风尚的影响是 ＊ A1 Crosstabulation

	男	女	总计
是社会进步的表现	12. 2%	8. 7%	10. 3%
从根本上污染了社会风气	28. 4%	33. 7%	31. 2%
个人选择，无所谓好坏	18. 4%	17. 4%	17. 9%
两性关系混乱必然导致道德沦丧	41. 0%	40. 2%	40. 6%
总计	100. 0%	100. 0%	100. 0%
列总计	592	679	1271

Chi-square test：sig = 0. 077 > 0. 05，所以男女在对“目前中国社会两性之间的性开放日益发展，它对社会风尚的影响是”的看法上没有显著差异。

C17 by A1

当前中国社会个人道德素质的主要问题 ＊ A1 Crosstabulation

	男	女	总计
道德上无知	16. 2%	11. 0%	13. 4%
有道德知识，但不见诸行动	71. 5%	75. 6%	73. 7%
既无知，也不行动	9. 9%	11. 4%	10. 7%
其他	2. 4%	1. 9%	2. 1%
总计	100. 0%	100. 0%	100. 0%
列总计	586	673	1259

Chi-square test：sig = 0. 044 < 0. 05，所以男女在对“当前中国社会个人道德素质的主要问题”的选择上有显著差异。

C18 by A1

对在网上曝光别人隐私行为的看法 ＊ A1 Crosstabulation

	男	女	总计
是违法行为，应该制止	27. 6%	27. 6%	27. 6%
是不道德行为，应该进行谴责	50. 3%	53. 8%	52. 1%
是社会监督的合理途径	8. 5%	5. 0%	6. 7%
是网民的自由，别人不应该干涉	3. 9%	3. 6%	3. 7%
说不清	9. 7%	10. 1%	9. 9%
总计	100. 0%	100. 0%	100. 0%

续表

	男	女	总计
列总计	587	675	1262

Chi-square test：sig = 0. 158 > 0. 05，所以男女在“对在网上曝光别人隐私行为的看法”上没有显著差异。

C19 by A1

对自己目前的生活状态是否满意 ＊ A1 Crosstabulation

	男	女	总计
很满意	15. 2%	16. 6%	15. 9%
比较满意	65. 2%	66. 8%	66. 0%
不太满意	18. 2%	15. 3%	16. 6%
很不满意	1. 5%	1. 3%	1. 4%
总计	100. 0%	100. 0%	100. 0%
列总计	594	687	1281

Chi-square test：sig = 0. 521 > 0. 05，所以男女在“对自己目前的生活状态是否满意”上没有显著差异。

C20a by A1

文明城市创建的效果 ＊ A1 Crosstabulation

	男	女	总计
完全没效果	6. 1%	4. 6%	5. 3%
效果较差	23. 4%	21. 9%	22. 6%
效果较好	45. 2%	50. 4%	48. 0%
效果很好	17. 0%	12. 5%	14. 6%
没听说过该活动	8. 3%	10. 6%	9. 5%
总计	100. 0%	100. 0%	100. 0%
列总计	589	680	1269

Chi-square test：sig = 0. 047 < 0. 05，所以男女在对“文明城市创建的效果”的评价上有显著差异。

C20b by A1

学雷锋活动的效果 ＊ A1 Crosstabulation

	男	女	总计
完全没效果	7. 6%	7. 9%	7. 8%
效果较差	28. 9%	26. 8%	27. 8%
效果较好	38. 7%	44. 7%	41. 9%

续表

	男	女	总计
效果很好	21.8%	18.2%	19.9%
没听说过该活动	2.9%	2.3%	2.6%
总计	100.0%	100.0%	100.0%
列总计	591	682	1273

Chi-square test：sig = 0.223 > 0.05，所以男女在对“学雷锋活动的效果”的评价上没有显著差异。

C20c by A1

典型人物宣传（感动中国、中国好人、道德楷模等）的效果 * A1 Crosstabulation

	男	女	总计
完全没效果	6.5%	5.6%	6.0%
效果较差	17.2%	18.8%	18.1%
效果较好	46.5%	48.7%	47.7%
效果很好	22.5%	18.0%	20.1%
没听说过该活动	7.3%	8.9%	8.2%
总计	100.0%	100.0%	100.0%
列总计	587	676	1263

Chi-square test：sig = 0.274 > 0.05，所以男女在对“典型人物宣传（感动中国、中国好人、道德楷模等）的效果”的评价上没有显著差异。

C20d by A1

志愿服务倡导和推广的效果 * A1 Crosstabulation

	男	女	总计
完全没效果	2.4%	2.9%	2.7%
效果较差	17.0%	15.8%	16.3%
效果较好	47.7%	50.3%	49.1%
效果很好	24.6%	19.3%	21.8%
没听说过该活动	8.3%	11.7%	10.1%
总计	100.0%	100.0%	100.0%
列总计	589	678	1267

Chi-square test：sig = 0.071 > 0.05，所以男女在对“志愿服务倡导和推广的效果”的评价上没有显著差异。

C20e by A1

反腐倡廉举措的效果 ＊ A1 Crosstabulation

	男	女	总计
完全没效果	10.8%	9.9%	10.3%
效果较差	24.8%	27.0%	25.9%
效果较好	39.0%	35.6%	37.2%
效果很好	17.4%	17.5%	17.5%
没听说过该活动	8.0%	10.0%	9.1%
总计	100.0%	100.0%	100.0%
列总计	585	679	1264

Chi-square test：sig = 0.539 > 0.05，所以男女在对“反腐倡廉举措的效果”的评价上没有显著差异。

C20f by A1

《公民道德建设实施纲要》推进效果 ＊ A1 Crosstabulation

	男	女	总计
完全没效果	4.4%	4.2%	4.3%
效果较差	16.3%	15.7%	16.0%
效果较好	32.5%	27.9%	30.1%
效果很好	12.4%	9.9%	11.1%
没听说过该活动	34.4%	42.3%	38.6%
总计	100.0%	100.0%	100.0%
列总计	590	674	1264

Chi-square test：sig = 0.059 > 0.05，所以男女在对“《公民道德建设实施纲要》推进效果”的评价上没有显著差异。

C21 by A1

判断某一行为是否符合伦理或道德的标准 ＊ A1 Crosstabulation

	男	女	总计
传统	12.9%	11.4%	12.1%
风俗习惯	6.8%	5.3%	6.0%
大多数人认同的道德规范	34.8%	31.4%	33.0%
当事人共同利益和意志	3.1%	3.6%	3.3%
自己的良心	41.6%	47.7%	44.8%
自己利益	0.8%	0.6%	0.7%

续表

	男	女	总计
总计	100.0%	100.0%	100.0%
列总计	589	673	1262

Chi-square test：sig = 0.315 > 0.05，所以男女在对“判断某一行为是否符合伦理或道德的标准”的选择上没有显著差异。

C221 by A1

在下列关系中，排在第一位的关系 * A1 Crosstabulation

	男	女	总计
父母与子女	65.4%	67.1%	66.3%
夫妇	25.1%	24.5%	24.8%
兄弟姐妹	0.7%	0.3%	0.5%
同事或同学	0.2%	0.2%	0.2%
上级或下级	0.2%	0.5%	0.3%
师生	0.2%		0.1%
个人与自然的关系	1.5%	1.1%	1.3%
个人与社会	2.0%	1.7%	1.8%
个人与工作单位	0.6%	0.6%	0.6%
朋友	0.4%	0.9%	0.7%
个人与自身的关系（身心和谐）	3.7%	3.2%	3.4%
总计	100.0%	100.0%	100.0%
列总计	538	656	1194

Chi-square test：sig = 0.886 > 0.05，所以男女在对“众多关系中，排在第一位的关系”的选择上没有显著差异。

C222 by A1

在下列关系中，排在第二位的关系 * A1 Crosstabulation

	男	女	总计
父母与子女	27.8%	27.1%	27.4%
夫妇	52.3%	53.7%	53.1%
兄弟姐妹	7.3%	10.2%	8.9%
同事或同学	0.9%	1.0%	1.0%
上级或下级	1.4%	1.5%	1.5%
师生	0.4%	0.6%	0.5%

续表

	男	女	总计
个人与自然的关系	1.3%	0.7%	1.0%
个人与社会	6.1%	3.0%	4.4%
个人与工作单位	0.7%	0.7%	0.7%
通过网络建立的关系	0.2%		0.1%
朋友	0.9%	0.7%	0.8%
个人与自身的关系（身心和谐）	0.7%	0.6%	0.7%
总计	100.0%	100.0%	100.0%
列总计	558	668	1226

Chi-square test：sig = 0.355 > 0.05，所以男女在对“众多关系中，排在第二位的关系”的选择上没有显著差异。

C223 by A1

在下列关系中，排在第三位的关系 * A1 Crosstabulation

	男	女	总计
父母与子女	7.6%	5.2%	6.3%
夫妇	11.4%	10.3%	10.8%
兄弟姐妹	60.6%	62.6%	61.7%
同事或同学	5.8%	5.2%	5.5%
上级或下级	2.0%	1.4%	1.7%
师生	0.7%	1.1%	0.9%
个人与自然的关系	1.8%	1.2%	1.5%
个人与社会	3.8%	4.0%	3.9%
个人与工作单位	1.8%	1.7%	1.7%
朋友	3.8%	5.4%	4.7%
个人与自身的关系（身心和谐）	0.7%	1.8%	1.3%
总计	100.0%	100.0%	100.0%
列总计	553	650	1203

Chi-square test：sig = 0.479 > 0.05，所以男女在对“众多关系中，排在第三位的关系”的选择上没有显著差异。

C224 by A1

在下列关系中，排在第四位的关系 * A1 Crosstabulation

	男	女	总计
父母与子女	3.1%	1.7%	2.3%
夫妇	5.6%	5.6%	5.6%

续表

	男	女	总计
兄弟姐妹	11.6%	9.8%	10.6%
同事或同学	21.3%	21.5%	21.4%
上级或下级	9.1%	8.8%	8.9%
师生	5.0%	5.1%	5.1%
个人与自然的关系	4.3%	4.4%	4.3%
个人与社会	9.7%	11.7%	10.7%
个人与工作单位	6.4%	5.9%	6.1%
通过网络建立的关系		0.3%	0.2%
朋友	20.9%	21.7%	21.3%
个人与自身的关系（身心和谐）	3.1%	3.6%	3.3%
总计	100.0%	100.0%	100.0%
列总计	517	591	1108

Chi-square test：sig = 0.851 > 0.05，所以男女在对“众多关系中，排在第四位的关系”的选择上没有显著差异。

C225 by A1

在下列关系中，排在第五位的关系 ＊ A1 Crosstabulation

	男	女	总计
父母与子女	1.2%	0.5%	0.8%
夫妇	3.0%	1.7%	2.3%
兄弟姐妹	5.9%	5.8%	5.8%
同事或同学	16.5%	15.6%	16.0%
上级或下级	12.6%	11.4%	11.9%
师生	6.1%	4.7%	5.4%
个人与自然的关系	4.7%	4.9%	4.8%
个人与社会	16.9%	18.2%	17.6%
个人与工作单位	9.3%	10.1%	9.8%
通过网络建立的关系		0.3%	0.2%
朋友	17.3%	18.4%	17.9%
个人与自身的关系（身心和谐）	6.5%	8.4%	7.5%
总计	100.0%	100.0%	100.0%
列总计	492	572	1064

Chi-square test：sig = 0.674 > 0.05，所以男女在对“众多关系中，排在第五位的关系”的选择上没有显著差异。

C23 by A1

对社会秩序最具根本性意义的关系 ＊ A1 Crosstabulation

	男	女	总计
家庭伦理关系或血缘关系	27.0%	28.0%	27.5%
个人与社会的关系	35.3%	38.8%	37.2%
职业伦理关系	3.1%	2.7%	2.9%
个人与国家民族的关系	27.3%	22.8%	24.9%
个人与自然的关系	3.1%	3.4%	3.3%
个人与他自身的关系	4.2%	4.3%	4.3%
总计	100.0%	100.0%	100.0%
列总计	578	668	1246

Chi-square test：sig = 0.542 > 0.05，所以男女在“对社会秩序最具根本性意义的关系”的选择上没有显著差异。

C24 by A1

对个人生活最具根本性意义的关系 ＊ A1 Crosstabulation

	男	女	总计
家庭伦理关系或血缘关系	63.9%	70.5%	67.4%
个人与社会的关系	13.5%	10.7%	12.0%
职业伦理关系	2.7%	3.4%	3.1%
个人与国家民族的关系	10.1%	7.3%	8.6%
个人与自然的关系	2.6%	1.8%	2.1%
个人与他自身的关系	7.2%	6.3%	6.7%
总计	100.0%	100.0%	100.0%
列总计	585	671	1256

Chi-square test：sig = 0.128 > 0.05，所以男女在“对个人生活最具根本性意义的关系”的选择上没有显著差异。

C25 by A1

是否会为了得到好处而仿效他人不守道德 ＊ A1 Crosstabulation

	男	女	总计
从来不这么做	73.2%	78.6%	76.1%
通常不这么做，关键时刻会这么做	15.7%	13.0%	14.2%
经常这么做	1.2%	0.4%	0.8%

续表

	男	女	总计
说不清	9.9%	8.0%	8.9%
总计	100.0%	100.0%	100.0%
列总计	594	687	1281

Chi-square test：sig = 0.093 > 0.05，所以男女在对“是否会为了得到好处而仿效他人不守道德”的选择上没有显著差异。

C27 by A1

从网络中获得的信息对思想行为的影响 ＊ A1 Crosstabulation

	男	女	总计
影响很大	4.2%	4.6%	4.4%
有一些影响	31.9%	28.2%	30.0%
不太影响	17.9%	18.2%	18.1%
完全没有影响	5.6%	4.0%	4.7%
不适用，因为不上网	40.4%	45.0%	42.8%
总计	100.0%	100.0%	100.0%
列总计	592	680	1272

Chi-square test：sig = 0.303 > 0.05，所以男女在对“从网络中获得的信息对思想行为的影响”的评价上没有显著差异。

C28a by A1

坑蒙拐骗现象的严重程度 ＊ A1 Crosstabulation

	男	女	总计
非常不严重	5.2%	2.0%	3.5%
比较不严重	24.7%	21.7%	23.1%
比较严重	49.2%	51.5%	50.5%
非常严重	20.8%	24.7%	22.9%
总计	100.0%	100.0%	100.0%
列总计	591	683	1274

Chi-square test：sig = 0.005 < 0.05，所以男女在对“坑蒙拐骗现象的严重程度”的评价上有显著差异。

C28b by A1

人际关系冷漠，见危不救的严重程度 ＊ A1 Crosstabulation

	男	女	总计
非常不严重	3.9%	3.7%	3.8%
比较不严重	33.4%	30.0%	31.6%
比较严重	45.4%	52.9%	49.5%
非常严重	17.3%	13.5%	15.2%
总计	100.0%	100.0%	100.0%
列总计	590	684	1274

Chi-square test：sig = 0.048 < 0.05，所以男女在对“人际关系冷漠，见危不救的严重程度”的评价上有显著差异。

C28c by A1

诚信缺乏，社会信用度低的严重程度 ＊ A1 Crosstabulation

	男	女	总计
非常不严重	3.4%	2.8%	3.1%
比较不严重	30.6%	27.9%	29.2%
比较严重	50.8%	57.1%	54.2%
非常严重	15.2%	12.2%	13.6%
总计	100.0%	100.0%	100.0%
列总计	585	680	1265

Chi-square test：sig = 0.136 > 0.05，所以男女在对“诚信缺乏，社会信用度低的严重程度”的评价上没有显著差异。

C28d by A1

很多人在公共场所缺乏公德如大声喧哗、不排队、随地吐痰的严重程度 ＊ A1 Crosstabulation

	男	女	总计
非常不严重	2.7%	2.0%	2.4%
比较不严重	33.3%	31.5%	32.3%
比较严重	49.2%	48.3%	48.7%
非常严重	14.8%	18.2%	16.6%
总计	100.0%	100.0%	100.0%
列总计	589	683	1272

Chi-square test：sig = 0.369 > 0.05，所以男女在对“很多人在公共场所缺乏公德如大声喧哗、不排队、随地吐痰的严重程度”的评价上没有显著差异。

C28e by A1

自私自利，损人利己，物欲横流的严重程度 * A1 Crosstabulation

	男	女	总计
非常不严重	3.6%	2.2%	2.8%
比较不严重	33.2%	33.5%	33.4%
比较严重	48.4%	50.8%	49.7%
非常严重	14.9%	13.5%	14.1%
总计	100.0%	100.0%	100.0%
列总计	591	683	1274

Chi-square test：sig = 0.407 > 0.05，所以男女在对“自私自利，损人利己，物欲横流的严重程度”的评价上没有显著差异。

C28f by A1

缺乏公正心和正义感的严重程度 * A1 Crosstabulation

	男	女	总计
非常不严重	5.7%	4.1%	4.9%
比较不严重	35.0%	37.7%	36.4%
比较严重	48.5%	47.5%	47.9%
非常严重	10.8%	10.7%	10.7%
总计	100.0%	100.0%	100.0%
列总计	592	676	1268

Chi-square test：sig = 0.496 > 0.05，所以男女在对“缺乏公正心和正义感的严重程度”的评价上没有显著差异。

C28g by A1

缺乏羞耻感的严重程度 * A1 Crosstabulation

	男	女	总计
非常不严重	6.6%	5.0%	5.7%
比较不严重	40.2%	44.5%	42.5%
比较严重	42.1%	39.8%	40.9%
非常严重	11.0%	10.7%	10.9%
总计	100.0%	100.0%	100.0%
列总计	589	681	1270

Chi-square test：sig = 0.355 > 0.05，所以男女在对“缺乏羞耻感的严重程度”的评价上没有显著差异。

C28h by A1

干部贪污受贿，以权谋利的严重程度 * A1 Crosstabulation

	男	女	总计
非常不严重	2.2%	2.1%	2.2%
比较不严重	17.7%	16.9%	17.3%
比较严重	40.9%	42.8%	41.9%
非常严重	39.2%	38.2%	38.6%
总计	100.0%	100.0%	100.0%
列总计	587	668	1255

Chi-square test：sig = 0.920 > 0.05，所以男女在对“干部贪污受贿，以权谋利的严重程度”的评价上没有显著差异。

C28i by A1

生活奢侈，铺张浪费的严重程度 * A1 Crosstabulation

	男	女	总计
非常不严重	3.9%	5.0%	4.5%
比较不严重	29.0%	31.2%	30.2%
比较严重	47.7%	47.3%	47.5%
非常严重	19.4%	16.4%	17.8%
总计	100.0%	100.0%	100.0%
列总计	587	676	1263

Chi-square test：sig = 0.394 > 0.05，所以男女在对“生活奢侈，铺张浪费的严重程度”的评价上没有显著差异。

C28j by A1

奉行功利主义，相互算计的严重程度 * A1 Crosstabulation

	男	女	总计
非常不严重	3.2%	5.3%	4.4%
比较不严重	39.4%	37.0%	38.1%
比较严重	45.4%	46.6%	46.0%
非常严重	11.9%	11.1%	11.5%
总计	100.0%	100.0%	100.0%
列总计	586	678	1264

Chi-square test：sig = 0.275 > 0.05，所以男女在对“奉行功利主义，相互算计的严重程度”的评价上没有显著差异。

C28k by A1

企业损害社会利益的严重程度，如污染环境、以虚假广告误导公众等 ＊ A1 Crosstabulation

	男	女	总计
非常不严重	3.2%	2.1%	2.6%
比较不严重	20.7%	23.5%	22.2%
比较严重	52.3%	52.1%	52.2%
非常严重	23.8%	22.3%	23.0%
总计	100.0%	100.0%	100.0%
列总计	585	676	1261

Chi-square test：sig = 0.380 > 0.05，所以男女在对“企业损害社会利益的严重程度，如污染环境、以虚假广告误导公众等”的评价上没有显著差异。

C28l by A1

娱乐界以丑闻、绯闻炒作，污染社会风气的严重程度 ＊ A1 Crosstabulation

	男	女	总计
非常不严重	2.4%	2.6%	2.5%
比较不严重	29.7%	32.7%	31.3%
比较严重	47.3%	49.2%	48.3%
非常严重	20.6%	15.5%	17.9%
总计	100.0%	100.0%	100.0%
列总计	545	624	1169

Chi-square test：sig = 0.162 > 0.05，所以男女在对“娱乐界以丑闻、绯闻炒作，污染社会风气的严重程度”的评价上没有显著差异。

C28m by A1

媒体缺乏社会责任，炒作新闻的严重程度 ＊ A1 Crosstabulation

	男	女	总计
非常不严重	4.0%	3.0%	3.5%
比较不严重	34.9%	38.1%	36.6%
比较严重	45.5%	47.5%	46.5%
非常严重	15.6%	11.5%	13.4%
总计	100.0%	100.0%	100.0%

续表

	男	女	总计
列总计	556	628	1184

Chi-square test：sig =0. 131 >0. 05，所以男女在对“媒体缺乏社会责任，炒作新闻的严重程度”的评价上没有显著差异。

C28n by A1

社会财富分配不公，贫富悬殊过大的严重程度 ＊ A1 Crosstabulation

	男	女	总计
非常不严重	1. 9%	1. 3%	1. 6%
比较不严重	15. 5%	16. 8%	16. 2%
比较严重	46. 3%	46. 4%	46. 3%
非常严重	36. 4%	35. 5%	35. 9%
总计	100. 0%	100. 0%	100. 0%
列总计	588	679	1267

Chi-square test：sig =0. 801 >0. 05，所以男女在对“社会财富分配不公，贫富悬殊过大的严重程度”的评价上没有显著差异。

C28o by A1

教师不尽职的严重程度 ＊ A1 Crosstabulation

	男	女	总计
非常不严重	14. 5%	13. 9%	14. 2%
比较不严重	49. 6%	48. 8%	49. 2%
比较严重	25. 0%	28. 5%	26. 8%
非常严重	10. 9%	8. 8%	9. 8%
总计	100. 0%	100. 0%	100. 0%
列总计	585	678	1263

Chi-square test：sig =0. 396 >0. 05，所以男女在对“教师不尽职的严重程度”的评价上没有显著差异。

C28p by A1

医生不守职业道德的严重程度 ＊ A1 Crosstabulation

	男	女	总计
非常不严重	12. 0%	11. 4%	11. 7%

续表

	男	女	总计
比较不严重	43.7%	49.1%	46.6%
比较严重	31.2%	28.6%	29.8%
非常严重	13.1%	10.9%	11.9%
总计	100.0%	100.0%	100.0%
列总计	590	676	1266

Chi-square test：sig = 0.264 > 0.05，所以男女在对“医生不守职业道德的严重程度”的评价上没有显著差异。

C28r by A1

公众人物用知名度攫取财富的严重程度 * A1 Crosstabulation

	男	女	总计
非常不严重	6.4%	5.4%	5.8%
比较不严重	30.3%	32.9%	31.7%
比较严重	47.7%	47.9%	47.8%
非常严重	15.6%	13.9%	14.7%
总计	100.0%	100.0%	100.0%
列总计	564	635	1199

Chi-square test：sig = 0.616 > 0.05，所以男女在对“公众人物用知名度攫取财富的严重程度”的评价上没有显著差异。

C28s by A1

不爱国的严重程度 * A1 Crosstabulation

	男	女	总计
非常不严重	33.6%	32.3%	32.9%
比较不严重	41.1%	45.4%	43.4%
比较严重	15.9%	15.8%	15.8%
非常严重	9.4%	6.5%	7.9%
总计	100.0%	100.0%	100.0%
列总计	586	672	1258

Chi-square test：sig = 0.197 > 0.05，所以男女在对“不爱国的严重程度”的评价上没有显著差异。

C28t by A1

两性关系过度开放导致婚姻不稳定的严重程度 ＊ A1 Crosstabulation

	男	女	总计
非常不严重	6.3%	4.0%	5.1%
比较不严重	28.7%	30.7%	29.8%
比较严重	46.1%	47.6%	46.9%
非常严重	18.9%	17.7%	18.2%
总计	100.0%	100.0%	100.0%
列总计	588	674	1262

Chi-square test：sig = 0.255 > 0.05，所以男女在对“两性关系过度开放导致婚姻不稳定的严重程度”的评价上没有显著差异。

C28u by A1

年轻人缺乏责任感，不孝敬父母的严重程度 ＊ A1 Crosstabulation

	男	女	总计
非常不严重	9.2%	8.2%	8.7%
比较不严重	43.9%	46.4%	45.2%
比较严重	35.5%	35.5%	35.5%
非常严重	11.4%	9.9%	10.6%
总计	100.0%	100.0%	100.0%
列总计	588	679	1267

Chi-square test：sig = 0.693 > 0.05，所以男女在对“年轻人缺乏责任感，不孝敬父母的严重程度”的评价上没有显著差异。

C28v by A1

父母和子女代沟问题严重，难以沟通的严重程度 ＊ A1 Crosstabulation

	男	女	总计
非常不严重	8.4%	8.7%	8.6%
比较不严重	48.6%	51.2%	50.0%
比较严重	36.5%	33.9%	35.1%
非常严重	6.4%	6.3%	6.4%
总计	100.0%	100.0%	100.0%
列总计	592	682	1274

Chi-square test：sig = 0.791 > 0.05，所以男女在对“父母和子女代沟问题严重，难以沟通的严重程度”的评价上没有显著差异。

C28x by A1

父母过度干涉子女的工作和生活的严重程度 ＊ A1 Crosstabulation

	男	女	总计
非常不严重	13.4%	12.4%	12.8%
比较不严重	57.7%	60.2%	59.1%
比较严重	25.2%	23.7%	24.4%
非常严重	3.7%	3.7%	3.7%
总计	100.0%	100.0%	100.0%
列总计	591	679	1270

Chi-square test：sig = 0.830 > 0.05，所以男女在对“父母过度干涉子女的工作和生活的严重程度”的评价上没有显著差异。

C28y by A1

老无所养，缺乏安全感的严重程度 ＊ A1 Crosstabulation

	男	女	总计
非常不严重	13.5%	12.1%	12.8%
比较不严重	42.9%	43.5%	43.2%
比较严重	32.6%	33.0%	32.8%
非常严重	11.0%	11.4%	11.2%
总计	100.0%	100.0%	100.0%
列总计	592	678	1270

Chi-square test：sig = 0.900 > 0.05，所以男女在对“老无所养，缺乏安全感的严重程度”的评价上没有显著差异。

C29a by A1

对于个人而言，家庭、社会和国家哪个排在第一位 ＊ A1 Crosstabulation

	男	女	总计
国家	55.4%	48.2%	51.5%
社会	2.7%	2.6%	2.7%
家庭	41.9%	49.2%	45.8%
总计	100.0%	100.0%	100.0%
列总计	585	681	1266

Chi-square test：sig = 0.032 < 0.05，所以男女在“对于个人而言，家庭、社会和国家哪个排在第一位”的选择上有显著差异。

C29b by A1

对于个人而言，家庭、社会和国家哪个排在第二位 ＊ A1 Crosstabulation

	男	女	总计
国家	26.2%	28.4%	27.4%
社会	49.3%	47.0%	48.1%
家庭	24.5%	24.6%	24.5%
总计	100.0%	100.0%	100.0%
列总计	584	679	1263

Chi-square test：sig = 0.630 > 0.05，所以男女在“对于个人而言，家庭、社会和国家哪个排在第二位”的选择上没有显著差异。

C29c by A1

对于个人而言，家庭、社会和国家哪个排在第三位 ＊ A1 Crosstabulation

	男	女	总计
国家	18.9%	22.7%	20.9%
社会	47.9%	50.4%	49.2%
家庭	33.3%	27.0%	29.9%
总计	100.0%	100.0%	100.0%
列总计	583	679	1262

Chi-square test：sig = 0.034 < 0.05，所以男女在“对于个人而言，家庭、社会和国家哪个排在第三位”的选择上有显著差异。

C30a by A1

家庭成员之间发生冲突，您会首先选择哪种途径来解决 ＊ A1 Crosstabulation

	男	女	总计
诉诸法律，打官司	1.2%	0.1%	0.6%
直接找对方沟通但得理让人，适可而止	60.3%	56.5%	58.3%
通过第三方（如社会机构，朋友等）从中调解，尽量不伤和气	10.4%	8.9%	9.6%
能忍则忍	28.1%	34.4%	31.5%
总计	100.0%	100.0%	100.0%
列总计	587	683	1270

Chi-square test：sig = 0.012 < 0.05，所以男女在对“家庭成员之间发生冲突，您会首先选择哪种途径来解决”的选择上有显著差异。

C30b by A1

朋友之间发生冲突，您会首先选择哪种途径来解决 ＊ A1 Crosstabulation

	男	女	总计
诉诸法律，打官司	1.6%	3.6%	2.6%
直接找对方沟通但得理让人，适可而止	49.5%	50.1%	49.8%
通过第三方（如社会机构，朋友等）从中调解，尽量不伤和气	31.7%	26.7%	29.1%
能忍则忍	17.2%	19.6%	18.5%
总计	100.0%	100.0%	100.0%
列总计	580	673	1253

Chi-square test：sig = 0.038 < 0.05，所以男女在对“朋友之间发生冲突，您会首先选择哪种途径来解决”的选择上有显著差异。

C30c by A1

同事之间发生冲突，您会首先选择哪种途径来解决 ＊ A1 Crosstabulation

	男	女	总计
诉诸法律，打官司	1.4%	2.9%	2.2%
直接找对方沟通但得理让人，适可而止	47.4%	45.1%	46.2%
通过第三方（如社会机构，朋友等）从中调解，尽量不伤和气	28.0%	27.6%	27.8%
能忍则忍	23.3%	24.4%	23.9%
总计	100.0%	100.0%	100.0%
列总计	572	652	1224

Chi-square test：sig = 0.296 > 0.05，所以男女在对“同事之间发生冲突，您会首先选择哪种途径来解决”的选择上没有显著差异。

C30d by A1

商业伙伴之间发生冲突，您会首先选择哪种途径来解决 ＊ A1 Crosstabulation

	男	女	总计
诉诸法律，打官司	53.4%	47.0%	50.0%
直接找对方沟通但得理让人，适可而止	23.3%	25.7%	24.6%
通过第三方（如社会机构，朋友等）从中调解，尽量不伤和气	14.8%	16.9%	15.9%
能忍则忍	8.5%	10.4%	9.5%
总计	100.0%	100.0%	100.0%
列总计	566	627	1193

Chi-square test：sig = 0.175 > 0.05，所以男女在对“商业伙伴之间发生冲突，您会首先选择哪种途径来解决”的选择上没有显著差异。

C31 by A1

对当前我国伦理关系和道德风尚造成最大负面影响的因素 ＊ A1 Crosstabulation

	男	女	总计
传统文化的崩坏	30.5%	23.2%	26.6%
外来文化的冲击	13.9%	12.7%	13.3%
市场经济导致的个人主义	40.5%	46.5%	43.7%
计算机网络技术的发展	11.2%	13.1%	12.2%
其他	3.9%	4.5%	4.2%
总计	100.0%	100.0%	100.0%
列总计	570	651	1221

Chi-square test：sig = 0.040 < 0.05，所以男女在对“对当前我国伦理关系和道德风尚造成最大负面影响的因素”的选择上有显著差异。

C32 by A1

成长中得到道德训练的最重要场所或机构 ＊ A1 Crosstabulation

	男	女	总计
家庭	35.2%	42.4%	39.0%
学校	28.6%	24.4%	26.4%
社会（包括职业生活）	25.4%	24.9%	25.1%
国家或政府	7.3%	4.9%	6.0%
媒体	1.7%	1.6%	1.7%
其他	1.9%	1.9%	1.9%
总计	100.0%	100.0%	100.0%
列总计	591	680	1271

Chi-square test：sig = 0.094 > 0.05，所以男女在对“成长中得到道德训练的最重要场所或机构”的选择上没有显著差异。

C33a by A1

对政府官员的伦理道德状况的满意程度 ＊ A1 Crosstabulation

	男	女	总计
非常不满意	21.9%	16.5%	19.0%
比较不满意	34.6%	36.6%	35.6%
比较满意	37.8%	40.3%	39.1%
非常满意	5.7%	6.7%	6.2%
总计	100.0%	100.0%	100.0%
列总计	584	673	1257

Chi-square test：sig = 0.103 > 0.05，所以男女在“对政府官员的伦理道德状况的满意程度”上没有显著差异。

C33b by A1

对企业家的伦理道德状况的满意程度 * A1 Crosstabulation

	男	女	总计
非常不满意	7.8%	8.2%	8.0%
比较不满意	38.4%	38.7%	38.5%
比较满意	49.7%	50.9%	50.3%
非常满意	4.2%	2.3%	3.2%
总计	100.0%	100.0%	100.0%
列总计	576	662	1238

Chi-square test：sig = 0.298 > 0.05，所以男女在“对企业家的伦理道德状况的满意程度”上没有显著差异。

C33c by A1

对演艺娱乐界的伦理道德状况的满意程度 * A1 Crosstabulation

	男	女	总计
非常不满意	16.9%	12.5%	14.6%
比较不满意	39.5%	40.9%	40.2%
比较满意	39.8%	43.3%	41.7%
非常满意	3.8%	3.4%	3.6%
总计	100.0%	100.0%	100.0%
列总计	550	624	1174

Chi-square test：sig = 0.168 > 0.05，所以男女在“对演艺娱乐界的伦理道德状况的满意程度”上没有显著差异。

C33d by A1

对教师的伦理道德状况的满意程度 * A1 Crosstabulation

	男	女	总计
非常不满意	2.9%	3.1%	3.0%
比较不满意	14.8%	18.2%	16.6%
比较满意	66.2%	61.6%	63.7%
非常满意	16.0%	17.2%	16.6%
总计	100.0%	100.0%	100.0%
列总计	586	682	1268

Chi-square test：sig = 0.329 > 0.05，所以男女在“对教师的伦理道德状况的满意程度”上没有显著差异。

C33e by A1

对青少年的伦理道德状况的满意程度 * A1 Crosstabulation

	男	女	总计
非常不满意	2.0%	1.9%	2.0%
比较不满意	26.2%	21.6%	23.7%
比较满意	62.8%	65.7%	64.3%
非常满意	9.0%	10.8%	10.0%
总计	100.0%	100.0%	100.0%
列总计	588	676	1264

Chi-square test：sig = 0.237 > 0.05，所以男女在“对青少年的伦理道德状况的满意程度”上没有显著差异。

C33f by A1

对弱势群体的伦理道德状况的满意程度 * A1 Crosstabulation

	男	女	总计
非常不满意	1.9%	1.7%	1.8%
比较不满意	20.0%	22.0%	21.0%
比较满意	69.7%	67.6%	68.5%
非常满意	8.4%	8.8%	8.6%
总计	100.0%	100.0%	100.0%
列总计	580	660	1240

Chi-square test：sig = 0.826 > 0.05，所以男女在“对弱势群体的伦理道德状况的满意程度”上没有显著差异。

C33g by A1

对自由职业者的伦理道德状况的满意程度 * A1 Crosstabulation

	男	女	总计
非常不满意	2.4%	1.2%	1.8%
比较不满意	22.9%	25.0%	24.0%
比较满意	70.2%	67.7%	68.9%
非常满意	4.5%	6.0%	5.3%
总计	100.0%	100.0%	100.0%
列总计	573	651	1224

Chi-square test：sig = 0.206 > 0.05，所以男女在“对自由职业者的伦理道德状况的满意程度”上没有显著差异。

C33h by A1

对农民的伦理道德状况的满意程度 * A1 Crosstabulation

	男	女	总计
非常不满意	0.7%	1.0%	0.9%
比较不满意	10.2%	10.2%	10.2%
比较满意	67.4%	68.6%	68.0%
非常满意	21.7%	20.2%	20.9%
总计	100.0%	100.0%	100.0%
列总计	586	678	1264

Chi-square test：sig = 0.842 > 0.05，所以男女在“对农民的伦理道德状况的满意程度”上没有显著差异。

C33i by A1

对商人的伦理道德状况的满意程度 * A1 Crosstabulation

	男	女	总计
非常不满意	8.8%	5.9%	7.3%
比较不满意	38.4%	39.6%	39.1%
比较满意	47.6%	50.7%	49.3%
非常满意	5.1%	3.7%	4.4%
总计	100.0%	100.0%	100.0%
列总计	588	676	1264

Chi-square test：sig = 0.118 > 0.05，所以男女在“对商人的伦理道德状况的满意程度”上没有显著差异。

C33j by A1

对工人的伦理道德状况的满意程度 * A1 Crosstabulation

	男	女	总计
非常不满意	0.5%	0.1%	0.3%
比较不满意	8.5%	10.4%	9.5%
比较满意	75.7%	76.1%	75.9%
非常满意	15.3%	13.4%	14.3%
总计	100.0%	100.0%	100.0%
列总计	588	674	1262

Chi-square test：sig = 0.346 > 0.05，所以男女在“对工人的伦理道德状况的满意程度”上没有显著差异。

C33k by A1

对专家学者的伦理道德状况的满意程度 * A1 Crosstabulation

	男	女	总计
非常不满意	4.0%	3.4%	3.7%
比较不满意	19.7%	13.8%	16.5%
比较满意	63.0%	69.6%	66.5%
非常满意	13.4%	13.3%	13.3%
总计	100.0%	100.0%	100.0%
列总计	575	654	1229

Chi-square test：sig = 0.032 < 0.05，所以男女在“对专家学者的伦理道德状况的满意程度”上有显著差异。

C33l by A1

对医生的伦理道德状况的满意程度 * A1 Crosstabulation

	男	女	总计
非常不满意	5.4%	5.7%	5.6%
比较不满意	25.0%	22.5%	23.7%
比较满意	58.4%	59.4%	58.9%
非常满意	11.2%	12.4%	11.8%
总计	100.0%	100.0%	100.0%
列总计	591	685	1276

Chi-square test：sig = 0.707 > 0.05，所以男女在“对医生的伦理道德状况的满意程度”上没有显著差异。

C34 by A1

哪种因素应当对当今不良道德风尚负主要责任 * A1 Crosstabulation

	男	女	总计
官员腐败	47.8%	36.9%	41.9%
企业不讲诚信和损害社会利益	7.1%	6.3%	6.6%
学校道德教育功能弱化	7.6%	8.2%	7.9%
家庭伦理功能弱化	5.2%	7.0%	6.2%
社会的不良影响	32.4%	41.7%	37.4%
总计	100.0%	100.0%	100.0%

续表

	男	女	总计
列总计	580	672	1252

Chi-square test: sig = 0. 001 <0. 05，所以男女在对“哪种因素应当对当今不良道德风尚负主要责任”的选择上有显著差异。

C35 by A1

政府在制定政策和决策时是否充分考虑到伦理道德方面的要求 * A1 Crosstabulation

	男	女	总计
是	58. 4%	56. 4%	57. 3%
否	41. 6%	43. 6%	42. 7%
总计	100. 0%	100. 0%	100. 0%
列总计	579	663	1242

Chi-square test: sig = 0. 261 >0. 05，所以男女在对“政府在制定政策和决策时是否充分考虑到伦理道德方面的要求”的选择上没有显著差异。

C36 by A1

当前我国政府官员道德问题最严重的是 * A1 Crosstabulation

	男	女	总计
贪污	34. 5%	37. 4%	36. 1%
以权谋私	33. 8%	31. 5%	32. 5%
受贿	7. 0%	6. 4%	6. 7%
生活作风腐败	5. 6%	6. 7%	6. 2%
官僚主义	4. 0%	3. 2%	3. 6%
平庸、不作为	3. 2%	3. 8%	3. 5%
政绩工程，折腾百姓	6. 7%	5. 6%	6. 1%
铺张浪费	2. 5%	2. 0%	2. 2%
其他	2. 6%	3. 4%	3. 0%

续表

	男	女	总计
总计	100.0%	100.0%	100.0%
列总计	568	655	1223

Chi-square test：sig = 0.827 > 0.05，所以男女在对“当前我国政府官员道德问题最严重的是”的选择上没有显著差异。

C371 by A1

对您思想行为影响第一重要的人 * A1 Crosstabulation

	男	女	总计
政府官员	12.9%	13.5%	13.2%
企业家	3.0%	1.3%	2.1%
演艺明星、体育明星	0.4%	0.5%	0.4%
教师	13.4%	11.6%	12.5%
知识精英	2.7%	3.4%	3.0%
自由撰稿人	0.2%	0.2%	0.2%
农民	0.9%	1.5%	1.2%
工人	1.3%	1.5%	1.4%
父母	65.2%	66.6%	65.9%
总计	100.0%	100.0%	100.0%
列总计	528	620	1148

Chi-square test：sig = 0.613 > 0.05，所以男女在“对您思想行为影响第一重要的人”的选择上没有显著差异。

C372 by A1

对您思想行为影响第二重要的人 * A1 Crosstabulation

	男	女	总计
政府官员	7.8%	10.4%	9.2%
企业家	4.3%	6.1%	5.3%
演艺明星、体育明星	2.3%	1.7%	2.0%
教师	49.9%	45.5%	47.5%
知识精英	7.0%	5.7%	6.3%
自由撰稿人	0.2%	0.5%	0.4%
农民	5.8%	6.6%	6.2%

续表

	男	女	总计
工人	3.9%	3.8%	3.9%
父母	18.8%	19.7%	19.3%
总计	100.0%	100.0%	100.0%
列总计	485	578	1063

Chi-square test：sig = 0.580 > 0.05，所以男女在“对您思想行为影响第二重要的人”的选择上没有显著差异。

C373 by A1

对您思想行为影响第三重要的人 * A1 Crosstabulation

	男	女	总计
政府官员	18.3%	19.8%	19.1%
企业家	3.6%	6.0%	4.8%
演艺明星、体育明星	6.9%	5.6%	6.2%
教师	16.1%	20.2%	18.3%
知识精英	15.0%	16.3%	15.7%
自由撰稿人	3.1%	1.7%	2.4%
农民	14.3%	12.6%	13.4%
工人	11.2%	8.9%	10.0%
父母	11.4%	8.9%	10.1%
总计	100.0%	100.0%	100.0%
列总计	447	484	931

Chi-square test：sig = 0.172 > 0.05，所以男女在“对您思想行为影响第三重要的人”的选择上没有显著差异。

C381 by A1

对形成我国当前各种新型伦理关系和道德观念，第一重要的因素 * A1 Crosstabulation

	男	女	总计
网络和媒体	42.6%	40.6%	41.5%
政府	31.3%	33.7%	32.6%
大学及其文化	7.9%	7.4%	7.6%
市场	8.6%	8.8%	8.7%

续表

	男	女	总计
企业	1.2%	1.3%	1.2%
社会团体	7.4%	7.8%	7.6%
其他	0.9%	0.5%	0.7%
总计	100.0%	100.0%	100.0%
列总计	568	638	1206

Chi-square test：sig = 0.939 > 0.05，所以男女在“对形成我国当前各种新型伦理关系和道德观念，第一重要的因素”的选择上没有显著差异。

C382 by A1

对形成我国当前各种新型伦理关系和道德观念，第二重要的因素 * A1 Crosstabulation

	男	女	总计
网络和媒体	18.4%	18.6%	18.5%
政府	26.6%	27.7%	27.2%
大学及其文化	14.9%	16.0%	15.5%
市场	19.5%	16.4%	17.8%
企业	6.2%	6.2%	6.2%
社会团体	13.7%	14.6%	14.2%
其他	0.7%	0.5%	0.6%
总计	100.0%	100.0%	100.0%
列总计	549	617	1166

Chi-square test：sig = 0.877 > 0.05，所以男女在“对形成我国当前各种新型伦理关系和道德观念，第二重要的因素”的选择上没有显著差异。

C383 by A1

对形成我国当前各种新型伦理关系和道德观念，第三重要的因素 * A1 Crosstabulation

	男	女	总计
网络和媒体	13.2%	12.2%	12.7%
政府	15.7%	14.4%	15.0%
大学及其文化	17.0%	16.4%	16.7%
市场	19.6%	24.5%	22.2%

续表

	男	女	总计
企业	10.9%	9.3%	10.1%
社会团体	22.1%	22.2%	22.1%
其他	1.5%	1.0%	1.2%
总计	100.0%	100.0%	100.0%
列总计	530	599	1129

Chi-square test：sig = 0.548 > 0.05，所以男女在“对形成我国当前各种新型伦理关系和道德观念，第三重要的因素”的选择上没有显著差异。

C39a by A1

信息技术、网络技术的发展对伦理道德的影响 ＊ A1 Crosstabulation

	男	女	总计
变好了	29.9%	29.8%	29.9%
没有变化	11.5%	9.0%	10.2%
变差了	22.0%	23.5%	22.8%
说不清	36.5%	37.7%	37.2%
总计	100.0%	100.0%	100.0%
列总计	581	665	1246

Chi-square test：sig = 0.507 > 0.05，所以男女在对“信息技术、网络技术的发展对伦理道德的影响”的评价上没有显著差异。

C39b by A1

市场经济对我国伦理道德的影响 ＊ A1 Crosstabulation

	男	女	总计
变好了	28.1%	32.2%	30.3%
没有变化	14.3%	10.0%	12.0%
变差了	32.5%	31.6%	32.0%
说不清	25.2%	26.1%	25.7%
总计	100.0%	100.0%	100.0%

Chi-square test：sig = 0.079 > 0.05，所以男女在对“市场经济对我国伦理道德的影响”的评价上没有显著差异。

C39c by A1

西方文化对我国伦理道德的影响 ＊ A1 Crosstabulation

	男	女	总计
变好了	15.6%	18.5%	17.1%
没有变化	13.0%	14.3%	13.7%
变差了	30.4%	22.9%	26.4%
说不清	41.0%	44.3%	42.8%
总计	100.0%	100.0%	100.0%
列总计	578	659	1237

Chi-square test：sig = 0.025 < 0.05，所以男女在对“西方文化对我国伦理道德的影响”的评价上有显著差异。

C40 by A1

如果国外报道与主流媒体宣传内容不一致，更倾向于相信 ＊ A1 Crosstabulation

	男	女	总计
主流媒体	53.8%	55.6%	54.8%
国外报道	9.2%	6.8%	7.9%
谁都不相信，自己判断	24.4%	24.8%	24.6%
说不清	12.6%	12.8%	12.7%
总计	100.0%	100.0%	100.0%
列总计	587	678	1265

Chi-square test：sig = 0.469 > 0.05，所以男女在对“如果国外报道与主流媒体宣传内容不一致时，更倾向于相信”的选择上没有显著差异。

C41a by A1

经常关心比自己不幸的人 ＊ A1 Crosstabulation

	男	女	总计
完全不符合	4.1%	1.6%	2.8%
不太符合	20.0%	18.8%	19.4%
比较符合	55.9%	59.2%	57.7%
完全符合	20.0%	20.4%	20.2%
总计	100.0%	100.0%	100.0%
列总计	590	681	1271

Chi-square test：sig = 0.052 > 0.05，所以男女在对“经常关心比自己不幸的人”的自我评价上没有显著差异。

C41b by A1

有时不会同情他人的难处 * A1 Crosstabulation

	男	女	总计
完全不符合	17. 8%	17. 7%	17. 8%
不太符合	45. 0%	50. 1%	47. 8%
比较符合	30. 6%	27. 0%	28. 7%
完全符合	6. 6%	5. 1%	5. 8%
总计	100. 0%	100. 0%	100. 0%
列总计	591	682	1273

Chi-square test：sig = 0. 222 > 0. 05，所以男女在对“有时不会同情他人的难处”的自我评价上没有显著差异。

C41c by A1

在紧急情况下，会感到忧虑和不安 * A1 Crosstabulation

	男	女	总计
完全不符合	7. 4%	3. 7%	5. 4%
不太符合	21. 1%	15. 3%	18. 0%
比较符合	56. 5%	63. 4%	60. 3%
完全符合	14. 9%	17. 6%	16. 4%
总计	100. 0%	100. 0%	100. 0%
列总计	582	681	1263

Chi-square test：sig = 0. 000 < 0. 05，所以男女在对“在紧急情况下，会感到忧虑和不安”的自我评价上有显著差异。

C41d by A1

在做决定前，会试着从每个人的立场去考虑问题 * A1 Crosstabulation

	男	女	总计
完全不符合	3. 2%	2. 4%	2. 8%
不太符合	15. 0%	11. 9%	13. 3%
比较符合	61. 4%	67. 3%	64. 6%
完全符合	20. 4%	18. 4%	19. 3%
总计	100. 0%	100. 0%	100. 0%
列总计	588	679	1267

Chi-square test：sig = 0. 144 > 0. 05，所以男女在对“在做决定前，会试着从每个人的立场去考虑问题”的自我评价上没有显著差异。

C41e by A1

当看到有人被利用时，有点想要保护他们 * A1 Crosstabulation

	男	女	总计
完全不符合	3.9%	1.8%	2.8%
不太符合	18.4%	16.0%	17.2%
比较符合	58.5%	65.0%	62.0%
完全符合	19.1%	17.2%	18.1%
总计	100.0%	100.0%	100.0%
列总计	591	680	1271

Chi-square test：sig = 0.029 < 0.05，所以男女在对“当看到有人被利用时，有点想要保护他们”的自我评价上有显著差异。

C41f by A1

当情绪剧烈波动时，往往会感到无依无靠，不知如何是好 * A1 Crosstabulation

	男	女	总计
完全不符合	9.7%	7.1%	8.3%
不太符合	38.1%	29.1%	33.3%
比较符合	42.3%	49.3%	46.1%
完全符合	9.9%	14.6%	12.4%
总计	100.0%	100.0%	100.0%
列总计	588	680	1268

Chi-square test：sig = 0.000 < 0.05，所以男女在对“当情绪剧烈波动时，往往会感到无依无靠，不知如何是好”的自我评价上有显著差异。

C41g by A1

有时会试图站在他人的角度，以更好地理解朋友 * A1 Crosstabulation

	男	女	总计
完全不符合	1.0%	1.2%	1.1%
不太符合	6.1%	6.1%	6.1%
比较符合	70.9%	71.2%	71.0%
完全符合	22.0%	21.5%	21.7%
总计	100.0%	100.0%	100.0%
列总计	591	683	1274

Chi-square test：sig = 0.991 > 0.05，所以男女在对“有时会试图站在他人的角度，以更好地理解朋友”的自我评价上没有显著差异。

C41h by A1

他人的不幸通常不会给自己带来很大的烦忧 ＊ A1 Crosstabulation

	男	女	总计
完全不符合	6.5%	8.7%	7.7%
不太符合	41.9%	41.4%	41.7%
比较符合	43.0%	41.4%	42.1%
完全符合	8.7%	8.4%	8.5%
总计	100.0%	100.0%	100.0%
列总计	589	676	1265

Chi-square test：sig = 0.506 > 0.05，所以男女在对“他人的不幸通常不会给自己带来很大的烦忧”的自我评价上没有显著差异。

C41i by A1

在观看电视剧或电影之后，会感觉到自己仿佛成为了其中的一个角色 ＊ A1 Crosstabulation

	男	女	总计
完全不符合	20.0%	15.7%	17.7%
不太符合	35.7%	31.0%	33.2%
比较符合	32.3%	38.3%	35.5%
完全符合	12.0%	15.0%	13.6%
总计	100.0%	100.0%	100.0%
列总计	585	668	1253

Chi-square test：sig = 0.014 < 0.05，所以男女在对“在观看电视剧或电影之后，会感觉到自己仿佛成为了其中的一个角色”的自我评价上有显著差异。

C41j by A1

处在紧张情绪的状况中，会惊慌害怕 ＊ A1 Crosstabulation

	男	女	总计
完全不符合	13.4%	6.5%	9.7%
不太符合	41.2%	27.5%	33.9%
比较符合	38.6%	52.1%	45.8%
完全符合	6.8%	13.9%	10.6%
总计	100.0%	100.0%	100.0%

续表

	男	女	总计
列总计	590	676	1266

Chi-square test：sig = 0. 000 < 0. 05，所以男女在对“处在紧张情绪的状况中，会惊慌害怕”的自我评价上有显著差异。

C41k by A1

当看到别人受到不公正待遇的时候，通常不会同情他们 ＊ A1 Crosstabulation

	男	女	总计
完全不符合	23. 6%	26. 6%	25. 2%
不太符合	55. 5%	51. 8%	53. 5%
比较符合	17. 8%	18. 1%	18. 0%
完全符合	3. 1%	3. 5%	3. 3%
总计	100. 0%	100. 0%	100. 0%
列总计	589	681	1270

Chi-square test：sig = 0. 546 > 0. 05，所以男女在对“当看到别人受到不公正待遇的时候，通常不会同情他们”的自我评价上没有显著差异。

C41l by A1

相信任何问题都有两面性，会试图从两个方面加以考虑 ＊ A1 Crosstabulation

	男	女	总计
完全不符合	1. 0%	1. 3%	1. 2%
不太符合	7. 1%	7. 1%	7. 1%
比较符合	67. 1%	66. 0%	66. 5%
完全符合	24. 8%	25. 6%	25. 2%
总计	100. 0%	100. 0%	100. 0%
列总计	589	680	1269

Chi-square test：sig = 0. 944 > 0. 05，所以男女在对“相信任何问题都有两面性，会试图从两个方面加以考虑”的自我评价上没有显著差异。

C41m by A1

当对某人很不耐烦的时候，通常会暂时站在他/她的位置上 ＊ A1 Crosstabulation

	男	女	总计
完全不符合	6. 8%	4. 7%	5. 7%

续表

	男	女	总计
不太符合	27.6%	30.1%	28.9%
比较符合	54.0%	56.1%	55.1%
完全符合	11.7%	9.0%	10.3%
总计	100.0%	100.0%	100.0%
列总计	591	677	1268

Chi-square test：sig = 0.140 > 0.05，所以男女在对“当对某人很不耐烦的时候，通常会暂时站在他/她的位置上”的自我评价上没有显著差异。

C41n by A1

当在读一个有趣的故事或者一部电影的时候，会想象如果这些事情发生在自己身上，会是怎样的感受 ＊ A1 Crosstabulation

	男	女	总计
完全不符合	10.4%	8.1%	9.1%
不太符合	25.2%	22.9%	23.9%
比较符合	50.0%	53.2%	51.7%
完全符合	14.5%	15.8%	15.2%
总计	100.0%	100.0%	100.0%
列总计	588	669	1257

Chi-square test：sig = 0.317 > 0.05，所以男女在对“当在读一个有趣的故事或者一部电影的时候，会想象如果这些事情发生在自己身上，会是怎样的感受”的自我评价上没有显著差异。

C41o by A1

当看到有人发生意外而急需帮助的时候，自己紧张得几乎精神崩溃 ＊ A1 Crosstabulation

	男	女	总计
完全不符合	21.3%	13.8%	17.3%
不太符合	43.3%	39.3%	41.1%
比较符合	29.6%	37.9%	34.1%
完全符合	5.8%	9.0%	7.5%
总计	100.0%	100.0%	100.0%
列总计	591	680	1271

Chi-square test：sig = 0.000 < 0.05，所以男女在对“当看到有人发生意外而急需帮助的时候，自己紧张得几乎精神崩溃”的自我评价上有显著差异。

C41p by A1

在批评他人之前，会尝试想象一下如果自己处于那个位置会是什么感受 ＊ A1 Crosstabulation

	男	女	总计
完全不符合	4.1%	4.1%	4.1%
不太符合	21.3%	19.7%	20.5%
比较符合	59.9%	64.4%	62.3%
完全符合	14.7%	11.8%	13.1%
总计	100.0%	100.0%	100.0%
列总计	586	679	1265

Chi-square test：sig = 0.425 > 0.05，所以男女在对“在批评他人之前，会尝试想象一下如果自己处于那个位置会是什么感受”的自我评价上没有显著差异。

C42 by A1

解决当前我国的公民道德和社会风尚问题，最关键的是 ＊ A1 Crosstabulation

	男	女	总计
加强法制	36.4%	37.0%	36.7%
弘扬已有的优秀道德传统	20.6%	21.6%	21.1%
建设新的伦理道德的核心价值	12.0%	9.6%	10.7%
惩治官员腐败	17.2%	16.7%	17.0%
解决分配不公问题	10.3%	12.8%	11.7%
其他	3.5%	2.2%	2.8%
总计	100.0%	100.0%	100.0%
列总计	574	670	1244

Chi-square test：sig = 0.363 > 0.05，所以男女在对“解决当前我国的公民道德和社会风尚问题，最关键的是”的选择上没有显著差异。

C43 by A1

当前我国社会道德生活中最重要的元素 ＊ A1 Crosstabulation

	男	女	总计
意识形态中所提倡的社会主义道德	29.1%	29.9%	29.5%
中国传统道德	46.7%	46.9%	46.8%
西方文化影响而形成的道德	3.0%	2.6%	2.8%
市场经济中形成的道德	20.5%	19.1%	19.8%

续表

	男	女	总计
其他	0.7%	1.5%	1.1%
总计	100.0%	100.0%	100.0%
列总计	570	659	1229

Chi-square test：sig = 0.674 > 0.05，所以男女在对“当前我国社会道德生活中最重要的元素”的选择上没有显著差异。

C44 by A1

最向往或怀念的伦理关系和道德生活是 * A1 Crosstabulation

	男	女	总计
传统社会的伦理和道德（如仁义礼智信）	39.1%	36.7%	37.8%
战争年代为理想而献身的革命精神	14.7%	12.5%	13.5%
中华人民共和国成立后到“文化大革命”前的大公无私的集体主义精神	19.2%	19.2%	19.2%
追求个人利益的市场经济下的道德	4.8%	5.4%	5.1%
自由、平等、博爱的西方道德	22.1%	26.2%	24.3%
总计	100.0%	100.0%	100.0%
列总计	578	671	1249

Chi-square test：sig = 0.554 > 0.05，所以男女在对“最向往或怀念的伦理关系和道德生活”的选择上没有显著差异。

C45 by A1

假设上司或老板是外国人，他侮辱了中国，但抗争会产生不利于自己的后果，您会选择 * A1 Crosstabulation

	男	女	总计
当面抗议	77.9%	74.6%	76.1%
保持沉默	22.1%	25.4%	23.9%
总计	100.0%	100.0%	100.0%
列总计	579	674	1253

Chi-square test：sig = 0.099 > 0.05，所以男女在对“假设上司或老板是外国人，他侮辱了中国，但抗争会产生不利于自己的后果，您会怎么做”的选择上没有显著差异。

C46a by A1

当今中国社会最重要和最需要的排在第一位的德性 * A1 Crosstabulation

	男	女	总计
爱（仁爱、博爱、友爱）	38.9%	39.8%	39.4%
义（道义、义务）	3.3%	3.1%	3.2%
宽容	5.3%	6.6%	6.0%
责任	13.6%	14.6%	14.1%
正义或公正	13.3%	11.2%	12.1%
诚信	9.0%	7.6%	8.2%
忠恕	0.3%	0.9%	0.6%
理智	0.5%	0.7%	0.6%
节制	0.5%		0.2%
谦让	1.4%	1.3%	1.4%
恭敬		0.4%	0.2%
勇敢		0.6%	0.3%
正直	4.1%	2.2%	3.1%
善良	2.2%	4.2%	3.3%
力行或知行合一	0.7%		0.3%
教养	2.4%	1.6%	2.0%
孝悌	4.0%	4.2%	4.1%
气节		0.6%	0.3%
中庸	0.2%	0.1%	0.2%
敬业	0.3%	0.1%	0.2%
总计	100.0%	100.0%	100.0%
列总计	581	671	1252

Chi-square test：sig = 0.042 < 0.05，所以男女在对“当今中国社会最重要和最需要的排在第一位的德性”的选择上有显著差异。

C46b by A1

当今中国社会最重要和最需要的排在第二位的德性 * A1 Crosstabulation

	男	女	总计
爱（仁爱、博爱、友爱）	8.1%	8.8%	8.5%
义（道义、义务）	18.9%	16.3%	17.5%
宽容	11.8%	10.6%	11.2%

续表

	男	女	总计
责任	14.7%	16.5%	15.7%
正义或公正	10.2%	10.3%	10.3%
诚信	10.4%	9.4%	9.9%
忠恕	1.2%	0.9%	1.0%
理智	1.7%	2.4%	2.1%
节制	0.2%	0.6%	0.4%
谦让	3.1%	3.1%	3.1%
恭敬	0.5%	0.9%	0.7%
勇敢	0.5%	0.4%	0.5%
正直	4.3%	3.9%	4.1%
善良	6.1%	6.4%	6.3%
力行或知行合一		0.1%	0.1%
教养	3.3%	3.3%	3.3%
孝悌	2.9%	4.2%	3.6%
气节	0.5%	0.4%	0.5%
中庸	0.3%		0.2%
敬业	1.2%	1.0%	1.1%
总计	100.0%	100.0%	100.0%
列总计	578	667	1245

Chi-square test: sig = 0.942 > 0.05，所以男女在对“当今中国社会最重要和最需要的排在第二位的德性”的选择上有显著差异。

C46c by A1

当今中国社会最重要和最需要的排在第三位的德性 * A1 Crosstabulation

	男	女	总计
爱（仁爱、博爱、友爱）	4.7%	5.3%	5.0%
义（道义、义务）	4.9%	5.0%	4.9%
宽容	17.2%	17.7%	17.4%
责任	15.3%	13.1%	14.1%
正义或公正	10.6%	9.5%	10.0%
诚信	15.5%	16.9%	16.2%
忠恕	1.2%	0.8%	1.0%
理智	2.8%	3.6%	3.2%

续表

	男	女	总计
节制	0.7%	1.1%	0.9%
谦让	4.0%	4.2%	4.1%
恭敬	0.5%	0.6%	0.6%
勇敢	3.0%	1.5%	2.2%
正直	4.3%	3.8%	4.0%
善良	6.9%	7.6%	7.3%
力行或知行合一	0.3%	0.3%	0.3%
教养	3.6%	4.8%	4.3%
孝悌	2.1%	3.0%	2.6%
气节	0.3%	0.6%	0.5%
中庸	0.3%		0.2%
敬业	1.7%	0.6%	1.1%
总计	100.0%	100.0%	100.0%
列总计	576	662	1238

Chi-square test：sig = 0.687 > 0.05，所以男女在对“当今中国社会最重要和最需要的排在第三位的德性”的选择上有显著差异。

C46d by A1

当今中国社会最重要和最需要的排在第四位的德性 ＊ A1 Crosstabulation

	男	女	总计
爱（仁爱、博爱、友爱）	3.5%	4.0%	3.7%
义（道义、义务）	4.0%	2.7%	3.3%
宽容	10.3%	9.9%	10.1%
责任	12.4%	12.4%	12.4%
正义或公正	9.8%	7.0%	8.3%
诚信	11.5%	11.8%	11.6%
忠恕	0.9%	1.8%	1.4%
理智	5.4%	2.3%	3.7%
节制	1.4%	1.5%	1.5%
谦让	3.8%	5.8%	4.9%
恭敬	0.7%	1.8%	1.3%
勇敢	4.0%	3.5%	3.7%
正直	9.4%	7.3%	8.3%

续表

	男	女	总计
善良	8.2%	11.0%	9.7%
力行或知行合一	0.5%	0.8%	0.7%
教养	5.8%	7.6%	6.8%
孝悌	3.7%	4.4%	4.1%
气节	1.0%	0.6%	0.8%
中庸	0.7%		0.3%
敬业	3.0%	3.7%	3.3%
总计	100.0%	100.0%	100.0%
列总计	573	655	1228

Chi-square test：sig = 0.029 < 0.05，所以男女在对“当今中国社会最重要和最需要的排在第四位的德性”的选择上有显著差异。

C46e by A1

当今中国社会最重要和最需要的排在第五位的德性 ＊ A1 Crosstabulation

	男	女	列总计
爱（仁爱、博爱、友爱）	4.4%	5.2%	4.8%
义（道义、义务）	1.9%	2.6%	2.3%
宽容	7.0%	7.7%	7.3%
责任	7.3%	7.7%	7.5%
正义或公正	8.4%	6.1%	7.2%
诚信	11.9%	10.3%	11.0%
忠恕	1.2%	1.1%	1.1%
理智	5.6%	5.1%	5.3%
节制	1.7%	2.3%	2.0%
谦让	5.2%	5.1%	5.1%
恭敬	0.9%	2.0%	1.5%
勇敢	5.1%	4.4%	4.7%
正直	6.5%	7.8%	7.2%
善良	8.2%	11.2%	9.8%
力行或知行合一	1.7%	2.1%	2.0%
教养	6.8%	6.9%	6.9%
孝悌	6.5%	3.7%	5.0%
气节	2.3%	1.7%	2.0%

续表

	男	女	列总计
中庸	1.4%	0.2%	0.7%
敬业	6.1%	7.0%	6.6%
总计	100.0%	100.0%	100.0%
列总计	573	653	1226

Chi-square test：sig = 0.211 < 0.05，所以男女在对“当今中国社会最重要和最需要的排在第五位的德性”的选择上有显著差异。

江苏省伦理道德评价的体制差异

C1 by A11

对当前我国社会道德状况的总体评价 * A11 Crosstabulation

	体制内	体制外	总计
非常满意	2.0%	8.1%	6.3%
比较满意	55.0%	61.0%	59.2%
比较不满意	33.0%	24.5%	27.0%
非常不满意	10.1%	6.5%	7.5%
总计	100.0%	100.0%	100.0%
列总计	358	881	1239

Chi-square test：sig = 0.000 < 0.05，所以体制内和体制外的人在“对当前我国社会道德状况的总体评价”上有显著差异。

C2 by A11

我国目前人与人之间关系主要受什么影响 * A11 Crosstabulation

	体制内	体制外	总计
完全受利益影响	10.1%	9.5%	9.7%
主要受利益影响	71.9%	62.4%	65.2%
主要受情感影响	17.4%	25.5%	23.2%
完全受情感影响	0.6%	2.6%	2.0%
总计	100.0%	100.0%	100.0%
列总计	356	862	1218

Chi-square test：sig = 0.001 < 0.05，所以体制内和体制外的人在对“我国目前人与人之间关系主要受什么影响”的选择上有显著差异。

C3 by A11

对当前我国社会人与人关系的总体评价 * A11 Crosstabulation

	体制内	体制外	总计
非常满意	2.2%	7.6%	6.1%
比较满意	58.9%	65.2%	63.3%

续表

	体制内	体制外	总计
比较不满意	31.4%	22.6%	25.2%
非常不满意	7.5%	4.6%	5.4%
总计	100.0%	100.0%	100.0%
列总计	360	876	1236

Chi-square test：sig = 0.000 < 0.05，所以体制内和体制外的人在“对当前我国社会人与人关系的总体评价”上有显著差异。

C4 by A11

平时如何为人处世 * A11 Crosstabulation

	体制内	体制外	总计
道德至上	5.6%	6.4%	6.1%
遵循道德规范、凭良心办事	86.7%	81.8%	83.2%
不故意为恶，不随波逐流	5.6%	8.3%	7.5%
有时身不由己做有违道德的事情	0.8%	0.6%	0.6%
说不清/没想过	1.4%	3.0%	2.5%
总计	100.0%	100.0%	100.0%
列总计	360	879	1239

Chi-square test：sig = 0.173 > 0.05，所以体制内和体制外的人在“平时如何为人处世”的方式上没有显著差异。

C5 by A11

对自己道德状况的评价 * A11 Crosstabulation

	体制内	体制外	总计
非常满意	31.1%	32.6%	32.2%
比较满意	68.3%	65.8%	66.6%
比较不满意	0.6%	1.5%	1.2%
非常不满意		0.1%	0.1%
总计	100.0%	100.0%	100.0%
列总计	360	881	1241

Chi-square test：sig = 0.456 > 0.05，所以体制内和体制外的人在“对自己道德状况的评价”上没有显著差异。

C6 by A11

家庭和国家对于个人存在的意义 * A11 Crosstabulation

	体制内	体制外	总计
家庭和国家只是工具，个人最重要	6.4%	9.2%	8.4%
家庭和国家是个人安身立命的基地，比个人更重要	85.8%	81.6%	82.8%
其他	7.8%	9.2%	8.8%
总计	100.0%	100.0%	100.0%
列总计	358	869	1227

Chi-square test：sig = 0.181 > 0.05，所以体制内和体制外的人在对“家庭和国家对于个人存在的意义”的选择上没有显著差异。

C7a by A11

当前大多数人奉行的是个人至上 * A11 Crosstabulation

	体制内	体制外	总计
完全同意	17.8%	20.3%	19.6%
比较同意	50.0%	45.9%	47.1%
不太同意	30.0%	28.2%	28.7%
完全不同意	2.2%	5.6%	4.6%
总计	100.0%	100.0%	100.0%
列总计	360	880	1240

Chi-square test：sig = 0.041 < 0.05，所以体制内和体制外的人在对“当前大多数人奉行的是个人至上”的认同程度上有显著差异。

C7b by A11

现在我国大多数人是见利忘义的 * A11 Crosstabulation

	体制内	体制外	总计
完全同意	8.9%	13.7%	12.3%
比较同意	36.7%	39.1%	38.4%
不太同意	48.6%	40.8%	43.0%
完全不同意	5.8%	6.5%	6.3%
总计	100.0%	100.0%	100.0%
列总计	360	883	1243

Chi-square test：sig = 0.029 < 0.05，所以体制内和体制外的人在对“现在我国大多数人是见利忘义的”的认同程度上有显著差异。

C7c by A11

现在社会是一个物欲横流的社会 * A11 Crosstabulation

	体制内	体制外	总计
完全同意	17. 5%	19. 0%	18. 6%
比较同意	53. 5%	55. 5%	54. 9%
不太同意	25. 3%	22. 0%	23. 0%
完全不同意	3. 6%	3. 4%	3. 5%
总计	100. 0%	100. 0%	100. 0%
列总计	359	877	1236

Chi-square test：sig = 0. 622 > 0. 05，所以体制内和体制外的人在对“现在社会是一个物欲横流的社会”的认同程度上没有显著差异。

C7d by A11

当前大多数人都是以集体利益为重 * A11 Crosstabulation

	体制内	体制外	总计
完全同意	7. 5%	8. 0%	7. 9%
比较同意	31. 9%	36. 4%	35. 1%
不太同意	53. 3%	47. 7%	49. 3%
完全不同意	7. 2%	7. 9%	7. 7%
总计	100. 0%	100. 0%	100. 0%
列总计	360	873	1233

Chi-square test：sig = 0. 338 > 0. 05，所以体制内和体制外的人在对“当前大多数人都是以集体利益为重”的认同程度上没有显著差异。

C7e by A11

当前大多数人都是家庭利益至上 * A11 Crosstabulation

	体制内	体制外	总计
完全同意	26. 4%	29. 1%	28. 3%
比较同意	57. 2%	59. 4%	58. 8%
不太同意	14. 2%	10. 1%	11. 3%
完全不同意	2. 2%	1. 4%	1. 6%
总计	100. 0%	100. 0%	100. 0%
列总计	360	880	1240

Chi-square test：sig = 0. 124 > 0. 05，所以体制内和体制外的人在对“当前大多数人都是家庭利益至上”的认同程度上没有显著差异。

C7f by A11

当前的社会是个金钱至上的社会 * A11 Crosstabulation

	体制内	体制外	总计
完全同意	29.3%	27.8%	28.2%
比较同意	48.2%	51.8%	50.8%
不太同意	18.9%	18.5%	18.6%
完全不同意	3.7%	1.9%	2.4%
总计	100.0%	100.0%	100.0%
列总计	355	878	1233

Chi-square test：sig = 0.263 > 0.05，所以体制内和体制外的人在对“当前的社会是个金钱至上的社会”的认同程度上没有显著差异。

C7g by A11

现在社会守道德的人大都吃亏，不守道德规则的人占便宜 * A11 Crosstabulation

	体制内	体制外	总计
完全同意	18.8%	19.3%	19.2%
比较同意	42.9%	40.2%	41.0%
不太同意	31.9%	34.0%	33.4%
完全不同意	6.4%	6.5%	6.5%
总计	100.0%	100.0%	100.0%
列总计	357	880	1237

Chi-square test：sig = 0.853 > 0.05，所以体制内和体制外的人在对“现在社会守道德的人大都吃亏，不守道德规则的人占便宜”的认同程度上没有显著差异。

C7h by A11

现在社会中好人有好报，恶人终归会受到惩罚 * A11 Crosstabulation

	体制内	体制外	总计
完全同意	29.9%	29.1%	29.4%
比较同意	38.8%	43.4%	42.1%
不太同意	26.0%	23.1%	24.0%
完全不同意	5.3%	4.3%	4.6%
总计	100.0%	100.0%	100.0%
列总计	358	882	1240

Chi-square test：sig = 0.433 > 0.05，所以体制内和体制外的人在对“现在社会中好人有好报，恶人终归会受到惩罚”的认同程度上没有显著差异。

C7i by A11

人们的生活水平越高，就越幸福＊ A11 Crosstabulation

	体制内	体制外	总计
完全同意	14.4%	24.9%	21.8%
比较同意	35.8%	35.4%	35.5%
不太同意	46.4%	35.2%	38.4%
完全不同意	3.3%	4.5%	4.2%
总计	100.0%	100.0%	100.0%
列总计	360	881	1241

Chi-square test：sig＝0.000＜0.05，所以体制内和体制外的人在对“人们的生活水平越高，就越幸福”的认同程度上有显著差异。

C7j by A11

我们的社会中道德能够很好地约束人们的行为＊ A11 Crosstabulation

	体制内	体制外	总计
完全同意	15.8%	13.6%	14.3%
比较同意	47.5%	53.8%	51.9%
不太同意	31.9%	28.7%	29.6%
完全不同意	4.7%	3.9%	4.1%
总计	100.0%	100.0%	100.0%
列总计	360	872	1232

Chi-square test：sig＝0.248＞0.05，所以体制内和体制外的人在对“我们的社会中道德能够很好地约束人们的行为”的认同程度上没有显著差异。

C7k by A11

现有的规范和习俗能够很好地调节人与人的关系＊ A11 Crosstabulation

	体制内	体制外	总计
完全同意	11.2%	12.6%	12.2%
比较同意	57.8%	58.9%	58.6%
不太同意	27.4%	25.3%	25.9%
完全不同意	3.6%	3.2%	3.3%
总计	100.0%	100.0%	100.0%
列总计	358	870	1228

Chi-square test：sig＝0.789＞0.05，所以体制内和体制外的人在对“现有的规范和习俗能够很好地调节人与人的关系”的认同程度上没有显著差异。

C71 by A11

现在社会大多数人都有荣辱感 * A11 Crosstabulation

	体制内	体制外	总计
完全同意	16.2%	19.0%	18.2%
比较同意	59.2%	59.7%	59.5%
不太同意	21.5%	18.5%	19.4%
完全不同意	3.1%	2.9%	2.9%
总计	100.0%	100.0%	100.0%
列总计	358	875	1233

Chi-square test：sig = 0.513 > 0.05，所以体制内和体制外的人在对“现在社会大多数人都有荣辱感”的认同程度上没有显著差异。

C8 by A11

个体德性与社会公正哪个更重要 * A11 Crosstabulation

	体制内	体制外	总计
个体德性最重要	7.9%	11.6%	10.5%
社会公正最重要	32.1%	37.8%	36.1%
二者应当统一，但二者矛盾时应先追求个体德性	14.4%	15.0%	14.8%
二者应当统一，但二者矛盾时应先追求社会公正	45.6%	35.6%	38.5%
总计	100.0%	100.0%	100.0%
列总计	355	868	1223

Chi-square test：sig = 0.007 < 0.05，所以体制内和体制外的人在对“个体德性与社会公正哪个更重要”的选择上有显著差异。

C9 by A11

个人守道德的原因 * A11 Crosstabulation

	体制内	体制外	总计
守道德有利于自身利益的实现	3.6%	5.1%	4.7%
个人是社会的一分子，应当遵守道德	50.8%	45.0%	46.7%
遵守道德是为了使我们的社会更美好	38.6%	42.6%	41.5%
不遵守道德会被别人议论或谴责	6.7%	5.8%	6.1%
其他	0.3%	1.4%	1.1%
总计	100.0%	100.0%	100.0%

续表

	体制内	体制外	总计
列总计	360	875	1235

Chi-square test：sig =0. 121 >0. 05，所以体制内和体制外的人在对“个人守道德的原因”的选择上没有显著差异。

C10a by A11

关于职业劳动说法中最认同的是 ＊ A11 Crosstabulation

	体制内	体制外	总计
劳动是个人谋生的工具	56. 4%	54. 8%	55. 3%
劳动是为社会创造财富	27. 4%	24. 9%	25. 6%
劳动是天职	10. 9%	13. 0%	12. 4%
劳动是兴趣的驱使，快乐的源泉	5. 3%	7. 3%	6. 7%
总计	100. 0%	100. 0%	100. 0%
列总计	358	879	1237

Chi-square test：sig =0. 380 >0. 05，所以体制内和体制外的人在对“关于职业劳动说法中最认同的是”的选择上没有显著差异。

C10b by A11

关于职业劳动说法中第二认同的是 ＊ A11 Crosstabulation

	体制内	体制外	总计
劳动是个人谋生的工具	24. 4%	25. 0%	24. 8%
劳动是为社会创造财富	47. 6%	42. 7%	44. 1%
劳动是天职	17. 6%	18. 6%	18. 3%
劳动是兴趣的驱使，快乐的源泉	10. 4%	13. 7%	12. 8%
总计	100. 0%	100. 0%	100. 0%
列总计	336	832	1168

Chi-square test：sig =0. 316 >0. 05，所以体制内和体制外的人在对“关于职业劳动说法中第二认同的是”的选择上没有显著差异。

C10c by A11

关于职业劳动说法中第三认同的是 ＊ A11 Crosstabulation

	体制内	体制外	总计
劳动是个人谋生的工具	13. 4%	12. 5%	12. 8%

续表

	体制内	体制外	总计
劳动是为社会创造财富	21.4%	23.7%	23.1%
劳动是天职	36.3%	37.1%	36.9%
劳动是兴趣的驱使，快乐的源泉	28.9%	26.6%	27.2%
总计	100.0%	100.0%	100.0%
列总计	322	813	1135

Chi-square test：sig = 0.766 > 0.05，所以体制内和体制外的人在对“关于职业劳动说法中第三认同的是”的选择上没有显著差异。

C11a by A11

目前大多数人将职业当作谋生的手段，缺乏责任感和奉献精神 * A11 Crosstabulation

	体制内	体制外	总计
完全不同意	7.8%	7.3%	7.5%
不太同意	34.4%	33.1%	33.5%
比较同意	47.2%	47.6%	47.5%
完全同意	10.6%	12.0%	11.6%
总计	100.0%	100.0%	100.0%
列总计	358	876	1234

Chi-square test：sig = 0.889 > 0.05，所以体制内和体制外的人在对“目前大多数人将职业当作谋生的手段，缺乏责任感和奉献精神”的认同上没有显著差异。

C11b by A11

企业老板剥削员工，利益关系不公正 * A11 Crosstabulation

	体制内	体制外	总计
完全不同意	5.9%	8.3%	7.6%
不太同意	28.2%	27.3%	27.5%
比较同意	49.4%	46.0%	47.0%
完全同意	16.4%	18.5%	17.9%
总计	100.0%	100.0%	100.0%
列总计	354	866	1220

Chi-square test：sig = 0.359 > 0.05，所以体制内和体制外的人在对“企业老板剥削员工，利益关系不公正”的认同上没有显著差异。

C11c by A11

社会上老板和员工、上级和下级相互勾结，共同对社会不负责任 * A11 Crosstabulation

	体制内	体制外	总计
完全不同意	12.8%	13.6%	13.3%
不太同意	42.3%	38.9%	39.9%
比较同意	35.2%	37.7%	37.0%
完全同意	9.7%	9.8%	9.8%
总计	100.0%	100.0%	100.0%
列总计	352	854	1206

Chi-square test：sig = 0.732 > 0.05，所以体制内和体制外的人在对“社会上老板和员工、上级和下级相互勾结，共同对社会不负责任”的认同上没有显著差异。

C11d by A11

是否离婚主要考虑自己的感受和利益 * A11 Crosstabulation

	体制内	体制外	总计
完全不同意	19.3%	25.8%	23.9%
不太同意	45.4%	46.0%	45.8%
比较同意	28.3%	22.2%	24.0%
完全同意	7.0%	6.0%	6.3%
总计	100.0%	100.0%	100.0%
列总计	357	869	1226

Chi-square test：sig = 0.033 < 0.05，所以体制内和体制外的人在对“是否离婚主要考虑自己的感受和利益”的认同上有显著差异。

C11e by A11

是否离婚应该从家庭整体（包括子女）考虑 * A11 Crosstabulation

	体制内	体制外	总计
完全不同意	4.5%	5.2%	5.0%
不太同意	11.5%	6.9%	8.3%
比较同意	44.4%	46.4%	45.8%
完全同意	39.6%	41.5%	41.0%
总计	100.0%	100.0%	100.0%

续表

	体制内	体制外	总计
列总计	356	867	1223

Chi-square test：sig = 0. 067 > 0. 05，所以体制内和体制外的人在对“是否离婚应该从家庭整体（包括子女）考虑”的认同上没有显著差异。

C11f by A11

婚姻是社会的事，应当兼顾社会评价和社会后果 * A11 Crosstabulation

	体制内	体制外	总计
完全不同意	9. 3%	10. 9%	10. 4%
不太同意	34. 8%	31. 0%	32. 1%
比较同意	37. 9%	41. 7%	40. 6%
完全同意	18. 0%	16. 3%	16. 8%
总计	100. 0%	100. 0%	100. 0%
列总计	356	870	1226

Chi-square test：sig = 0. 376 > 0. 05，所以体制内和体制外的人在对“婚姻是社会的事，应当兼顾社会评价和社会后果”的认同上没有显著差异。

C11g by A11

婚姻应当是自由的，如果有更满意或更合适的人就与现在的配偶离婚 * A11 Crosstabulation

	体制内	体制外	总计
完全不同意	44. 7%	51. 1%	49. 3%
不太同意	38. 8%	32. 4%	34. 3%
比较同意	10. 9%	10. 1%	10. 3%
完全同意	5. 6%	6. 3%	6. 1%
总计	100. 0%	100. 0%	100. 0%
列总计	358	870	1228

Chi-square test：sig = 0. 135 > 0. 05，所以体制内和体制外的人在对“婚姻应当是自由的，如果有更满意或更合适的人就与现在的配偶离婚”的认同上没有显著差异。

C12 by A11

造成生态环境问题最主要原因 * A11 Crosstabulation

	体制内	体制外	总计
企业唯利是图，造成环境污染	32. 4%	36. 1%	35. 0%

续表

	体制内	体制外	总计
政府缺乏生态意识，政策失当	43.0%	30.6%	34.2%
个人缺乏环保意识	9.5%	14.4%	13.0%
当代人自私自利，不顾未来和子孙利益	15.1%	18.8%	17.7%
总计	100.0%	100.0%	100.0%
列总计	358	866	1224

Chi-square test：sig =0.000 <0.05，所以体制内和体制外的人在对“造成生态环境问题最主要原因”的选择上有显著差异。

C15a by A11

当今中国社会最基本的伦理冲突中第一位的是 * A11 Crosstabulation

	体制内	体制外	总计
人与自然的冲突	19.0%	15.8%	16.7%
人自我内在的冲突	13.5%	12.4%	12.0%
人与人之间的冲突	36.6%	45.8%	43.1%
个人与社会的冲突	13.3%	11.6%	12.1%
个人与政府的冲突	17.6%	14.2%	15.2%
其他		0.2%	0.2%
总计	100.0%	100.0%	100.0%
列总计	347	812	1159

Chi-square test：sig =0.079 >0.05，所以体制内和体制外的人在对“当今中国社会最基本的伦理冲突中第一位的是”的选择上没有显著差异。

C15b by A11

当今中国社会最基本的伦理冲突中第二位的是 * A11 Crosstabulation

	体制内	体制外	总计
人与自然的冲突	9.6%	8.6%	8.9%
人自我内在的冲突	16.3%	18.2%	17.6%
人与人之间的冲突	27.4%	24.4%	25.3%
个人与社会的冲突	30.0%	32.3%	31.6%
个人与政府的冲突	16.6%	16.3%	16.4%
其他		0.1%	0.1%
总计	100.0%	100.0%	100.0%

续表

	体制内	体制外	总计
列总计	343	779	1122

Chi-square test：sig = 0. 779 > 0. 05，所以体制内和体制外的人在对“当今中国社会最基本的伦理冲突中第二位的是”的选择上没有显著差异。

C15c by A11

当今中国社会最基本的伦理冲突中第三位的是 * A11 Crosstabulation

	体制内	体制外	总计
人与自然的冲突	14. 7%	15. 5%	15. 3%
人自我内在的冲突	18. 6%	14. 7%	15. 9%
人与人之间的冲突	19. 5%	18. 1%	18. 5%
个人与社会的冲突	27. 0%	27. 6%	27. 5%
个人与政府的冲突	19. 8%	23. 7%	22. 5%
其他	0. 3%	0. 3%	0. 3%
总计	100. 0%	100. 0%	100. 0%
列总计	333	767	1100

Chi-square test：sig = 0. 526 > 0. 05，所以体制内和体制外的人在对“当今中国社会最基本的伦理冲突中第三位的是”的选择上没有显著差异。

C15d by A11

当今中国社会最基本的伦理冲突中第四位的是 * A11 Crosstabulation

	体制内	体制外	总计
人与自然的冲突	23. 2%	23. 8%	23. 7%
人自我内在的冲突	22. 0%	22. 5%	22. 4%
人与人之间的冲突	13. 1%	8. 1%	9. 6%
个人与社会的冲突	22. 0%	20. 1%	20. 7%
个人与政府的冲突	19. 6%	25. 0%	23. 4%
其他		0. 4%	0. 3%
总计	100. 0%	100. 0%	100. 0%
列总计	327	751	1078

Chi-square test：sig = 0. 059 > 0. 05，所以体制内和体制外的人在对“当今中国社会最基本的伦理冲突中第四位的是”的选择上没有显著差异。

C15e by A11

当今中国社会最基本的伦理冲突中第五位的是＊ A11 Crosstabulation

	体制内	体制外	总计
人与自然的冲突	33.7%	37.0%	36.0%
人自我内在的冲突	29.1%	30.2%	29.9%
人与人之间的冲突	3.1%	3.5%	3.4%
个人与社会的冲突	6.4%	7.1%	6.9%
个人与政府的冲突	25.5%	20.9%	22.3%
其他	2.1%	1.3%	1.6%
总计	100.0%	100.0%	100.0%
列总计	326	746	1072

Chi-square test：sig = 0.543 > 0.05，所以体制内和体制外的人在对“当今中国社会最基本的伦理冲突中第五位的是”的选择上没有显著差异。

C16 by A11

目前中国社会两性之间的性开放日益发展，它对社会风尚的影响是＊ A11 Crosstabulation

	体制内	体制外	总计
是社会进步的表现	7.8%	11.1%	10.1%
从根本上污染了社会风气	31.2%	31.0%	31.0%
个人选择，无所谓好坏	16.7%	18.7%	18.2%
两性关系混乱必然导致道德沦丧	44.3%	39.2%	40.7%
总计	100.0%	100.0%	100.0%
列总计	359	875	1234

Chi-square test：sig = 0.178 > 0.05，所以体制内和体制外的人在对“目前中国社会两性之间的性开放日益发展，它对社会风尚的影响是”的看法上没有显著差异。

C17 by A11

当前中国社会个人道德素质的主要问题＊ A11 Crosstabulation

	体制内	体制外	总计
道德上无知	14.0%	13.0%	13.3%
有道德知识，但不见诸行动	73.5%	74.2%	74.0%
既无知，也不行动	11.2%	10.4%	10.6%
其他	1.4%	2.4%	2.1%

续表

	体制内	体制外	总计
总计	100. 0%	100. 0%	100. 0%
列总计	358	867	1225

Chi-square test：sig = 0. 662 > 0. 05，所以体制内和体制外的人在对“当前中国社会个人道德素质的主要问题”的选择上没有显著差异。

C18 by A11

对在网上曝光别人隐私行为的看法 * A11 Crosstabulation

	体制内	体制外	总计
是违法行为，应该制止	29. 8%	26. 4%	27. 3%
是不道德行为，应该进行谴责	47. 8%	54. 1%	52. 2%
是社会监督的合理途径	7. 3%	6. 6%	6. 8%
是网民的自由，别人不应该干涉	2. 8%	4. 0%	3. 7%
说不清	12. 4%	9. 0%	10. 0%
总计	100. 0%	100. 0%	100. 0%
列总计	356	869	1225

Chi-square test：sig = 0. 128 > 0. 05，所以体制内和体制外的人在“对在网上曝光别人隐私行为的看法”上没有显著差异。

C19 by A11

对自己目前的生活状态是否满意 * A11 Crosstabulation

	体制内	体制外	总计
很满意	11. 7%	17. 2%	15. 6%
比较满意	68. 9%	65. 0%	66. 2%
不太满意	17. 8%	16. 5%	16. 9%
很不满意	1. 7%	1. 2%	1. 4%
总计	100. 0%	100. 0%	100. 0%
列总计	360	884	1244

Chi-square test：sig = 0. 104 > 0. 05，所以体制内和体制外的人在“对自己目前的生活状态是否满意”上没有显著差异。

C20a by A11

文明城市创建的效果 * A11 Crosstabulation

	体制内	体制外	总计
完全没效果	5.6%	5.1%	5.3%
效果较差	30.3%	19.7%	22.7%
效果较好	48.7%	48.2%	48.4%
效果很好	12.9%	14.7%	14.2%
没听说过该活动	2.5%	12.2%	9.4%
总计	100.0%	100.0%	100.0%
列总计	357	875	1232

Chi-square test：sig = 0.000 < 0.05，所以体制内和体制外的人在对“文明城市创建的效果”的评价上有显著差异。

C20b by A11

学雷锋活动的效果 * A11 Crosstabulation

	体制内	体制外	总计
完全没效果	10.9%	6.4%	7.7%
效果较差	37.3%	24.9%	28.5%
效果较好	39.2%	43.4%	42.2%
效果很好	11.5%	22.0%	19.0%
没听说过该活动	1.1%	3.3%	2.7%
总计	100.0%	100.0%	100.0%
列总计	357	880	1237

Chi-square test：sig = 0.000 < 0.05，所以体制内和体制外的人在对“学雷锋活动的效果”的评价上有显著差异。

C20c by A11

典型人物宣传（感动中国、中国好人、道德楷模等）的效果 * A11 Crosstabulation

	体制内	体制外	总计
完全没效果	6.5%	5.7%	5.9%
效果较差	22.2%	16.9%	18.4%
效果较好	51.1%	46.3%	47.7%
效果很好	17.1%	20.8%	19.7%

续表

	体制内	体制外	总计
没听说过该活动	3.1%	10.3%	8.2%
总计	100.0%	100.0%	100.0%
列总计	356	872	1228

Chi-square test：sig = 0.000 < 0.05，所以体制内和体制外的人在对“典型人物宣传（感动中国、中国好人、道德楷模等）的效果”的评价上有显著差异。

C20d by A11

志愿服务倡导和推广的效果 * A11 Crosstabulation

	体制内	体制外	总计
完全没效果	2.5%	2.6%	2.6%
效果较差	17.3%	16.6%	16.8%
效果较好	55.0%	47.4%	49.6%
效果很好	20.4%	21.1%	20.9%
没听说过该活动	4.7%	12.3%	10.1%
总计	100.0%	100.0%	100.0%
列总计	358	873	1231

Chi-square test：sig = 0.002 < 0.05，所以体制内和体制外的人在对“志愿服务倡导和推广的效果”的评价上有显著差异。

C20e by A11

反腐倡廉举措的效果 * A11 Crosstabulation

	体制内	体制外	总计
完全没效果	12.6%	9.6%	10.5%
效果较差	27.7%	25.5%	26.1%
效果较好	40.9%	35.9%	37.4%
效果很好	16.0%	17.5%	17.0%
没听说过该活动	2.8%	11.5%	9.0%
总计	100.0%	100.0%	100.0%
列总计	357	871	1228

Chi-square test：sig = 0.000 < 0.05，所以体制内和体制外的人在对“反腐倡廉举措的效果”的评价上有显著差异。

C20f by A11

《公民道德建设实施纲要》的推进效果 * A11 Crosstabulation

	体制内	体制外	总计
完全没效果	5.3%	3.9%	4.3%
效果较差	21.9%	14.0%	16.3%
效果较好	33.4%	29.5%	30.6%
效果很好	11.5%	10.0%	10.4%
没听说过该活动	27.8%	42.7%	38.4%
总计	100.0%	100.0%	100.0%
列总计	356	872	1228

Chi-square test：sig = 0.000 < 0.05，所以体制内和体制外的人在对“《公民道德建设实施纲要》的推进效果”的评价上有显著差异。

C21 by A11

判断某一行为是否符合伦理或道德的标准 * A11 Crosstabulation

	体制内	体制外	总计
传统	17.4%	10.1%	12.2%
风俗习惯	4.5%	6.3%	5.8%
大多数人认同的道德规范	35.7%	32.0%	33.1%
当事人共同利益和意志	4.5%	3.0%	3.4%
自己的良心	37.6%	47.9%	44.9%
自己利益	0.3%	0.7%	0.6%
总计	100.0%	100.0%	100.0%
列总计	356	869	1225

Chi-square test：sig = 0.001 < 0.05，所以体制内和体制外的人在对“判断某一行为是否符合伦理或道德的标准”的选择上有显著差异。

C22a by A11

在下列关系中，排在第一位的关系 * A11 Crosstabulation

	体制内	体制外	总计
父母与子女	59.2%	64.2%	62.7%
夫妇	26.3%	22.1%	23.3%
兄弟姐妹		0.7%	0.5%
同事或同学	0.3%	0.1%	0.2%
上级或下级		0.3%	0.2%

续表

	体制内	体制外	总计
师生		0.1%	0.1%
个人与自然的关系	1.4%	1.0%	1.1%
个人与社会	0.8%	2.2%	1.8%
个人与国家	6.7%	5.3%	5.7%
个人与工作单位	1.1%	0.3%	0.6%
朋友	0.3%	0.7%	0.6%
个人与自身的关系（身心和谐）	3.9%	3.0%	3.2%
总计	100.0%	100.0%	100.0%
列总计	358	874	1232

Chi-square test：sig = 0.169 > 0.05，所以体制内和体制外的人在对“众多关系中，排在第一位的关系”的选择上没有显著差异。

C22b by A11

在下列关系中，排在第二位的关系 * A11 Crosstabulation

	体制内	体制外	总计
父母与子女	30.5%	24.8%	26.5%
夫妇	51.5%	52.2%	52.0%
兄弟姐妹	4.8%	9.9%	8.4%
同事或同学	1.1%	0.8%	0.9%
上级或下级	2.2%	1.2%	1.5%
师生	0.6%	0.5%	0.5%
个人与自然的关系	0.8%	1.0%	1.0%
个人与社会	5.0%	4.0%	4.3%
个人与国家	1.4%	3.2%	2.7%
个人与工作单位	0.6%	0.7%	0.7%
通过网络建立的关系		0.1%	0.1%
朋友	0.6%	0.9%	0.8%
个人与自身的关系（身心和谐）	0.8%	0.6%	0.7%
总计	100.0%	100.0%	100.0%
列总计	357	867	1224

Chi-square test：sig = 0.101 > 0.05，所以体制内和体制外的人在对“众多关系中，排在第二位的关系”的选择上没有显著差异。

C22c by A11

在下列关系中，排在第三位的关系 * A11 Crosstabulation

	体制内	体制外	总计
父母与子女	5.6%	6.3%	6.1%
夫妇	9.8%	10.7%	10.5%
兄弟姐妹	59.8%	59.5%	59.6%
同事或同学	7.3%	4.3%	5.2%
上级或下级	1.4%	1.8%	1.6%
师生	0.6%	1.1%	0.9%
个人与自然的关系	1.1%	1.5%	1.4%
个人与社会	2.5%	4.0%	3.5%
个人与国家	4.8%	3.3%	3.7%
个人与工作单位	1.7%	1.6%	1.6%
朋友	3.7%	4.8%	4.5%
个人与自身的关系（身心和谐）	1.7%	1.2%	1.3%
总计	100.0%	100.0%	100.0%
列总计	356	857	1213

Chi-square test：sig = 0.523 > 0.05，所以体制内和体制外的人在对“众多关系中，排在第三位的关系”的选择上没有显著差异。

C22d by A11

在下列关系中，排在第四位的关系 * A11 Crosstabulation

	体制内	体制外	总计
父母与子女	2.3%	2.2%	2.2%
夫妇	4.3%	5.2%	4.9%
兄弟姐妹	9.6%	9.9%	9.8%
同事或同学	27.2%	16.6%	19.8%
上级或下级	8.7%	8.2%	8.3%
师生	3.8%	5.1%	4.7%
个人与自然的关系	4.1%	3.9%	3.9%
个人与社会	9.6%	9.7%	9.6%
个人与国家	5.5%	9.7%	8.4%
个人与工作单位	7.5%	4.8%	5.6%
通过网络建立的关系	0.3%	0.1%	0.2%

续表

	体制内	体制外	总计
朋友	13.6%	21.7%	19.3%
个人与自身的关系（身心和谐）	3.5%	3.0%	3.2%
总计	100.0%	100.0%	100.0%
列总计	345	829	1174

Chi-square test：sig = 0.001 < 0.05，所以体制内和体制外的人在对“众多关系中，排在第四位的关系”的选择上有显著差异。

C22e by A11

在下列关系中，排在第五位的关系 * A11 Crosstabulation

	体制内	体制外	总计
父母与子女	0.3%	0.7%	0.6%
夫妇	0.9%	2.6%	2.1%
兄弟姐妹	7.0%	4.4%	5.2%
同事或同学	13.8%	14.4%	14.2%
上级或下级	12.6%	9.8%	10.6%
师生	5.0%	4.6%	4.7%
个人与自然的关系	4.4%	3.8%	4.0%
个人与社会	13.5%	16.9%	15.9%
个人与国家	12.6%	10.1%	10.9%
个人与工作单位	10.9%	8.2%	9.0%
通过网络建立的关系	0.3%	0.1%	0.2%
朋友	13.8%	17.0%	16.0%
个人与自身的关系（身心和谐）	5.0%	7.3%	6.6%
总计	100.0%	100.0%	100.0%
列总计	341	818	1159

Chi-square test：sig = 0.104 > 0.05，所以体制内和体制外的人在对“众多关系中，排在第五位的关系”的选择上没有显著差异。

C23 by A11

对社会秩序最具根本性意义的关系 * A11 Crosstabulation

	体制内	体制外	总计
家庭伦理关系或血缘关系	27.1%	27.3%	27.2%

续表

	体制内	体制外	总计
个人与社会的关系	37.2%	37.1%	37.1%
职业伦理关系	3.4%	2.8%	3.0%
个人与国家民族的关系	24.9%	25.1%	25.1%
个人与自然的关系	3.4%	3.3%	3.3%
个人与他自身的关系	4.2%	4.3%	4.3%
总计	100.0%	100.0%	100.0%
列总计	358	851	1209

Chi-square test：sig = 0.998 > 0.05，所以体制内和体制外的人在对“社会秩序最具根本性意义的关系”的选择上没有显著差异。

C24 by A11

对个人生活最具根本性意义的关系 * A11 Crosstabulation

	体制内	体制外	总计
家庭伦理关系或血缘关系	65.1%	68.1%	67.2%
个人与社会的关系	12.0%	12.3%	12.2%
职业伦理关系	3.1%	3.0%	3.0%
个人与国家民族的关系	11.2%	7.8%	8.8%
个人与自然的关系	3.6%	1.6%	2.2%
个人与他自身的关系	5.0%	7.2%	6.6%
总计	100.0%	100.0%	100.0%
列总计	358	861	1219

Chi-square test：sig = 0.073 > 0.05，所以体制内和体制外的人在对“个人生活最具根本性意义的关系”的选择上没有显著差异。

C25 by A11

是否会为了得到好处而仿效他人不守道德 * A11 Crosstabulation

	体制内	体制外	总计
从来不这么做	72.8%	77.4%	76.0%
通常不这么做，关键时刻会这么做	15.8%	13.2%	14.0%
经常这么做	0.8%	0.8%	0.8%
说不清	10.6%	8.6%	9.2%
总计	100.0%	100.0%	100.0%

续表

	体制内	体制外	总计
列总计	360	884	1244

Chi-square test：sig = 0. 388 > 0. 05，所以体制内和体制外的人在对“是否会为了得到好处而仿效他人不守道德”的选择上没有显著差异。

C27 by A11

从网络中获得的信息对思想行为的影响 * A11 Crosstabulation

	体制内	体制外	总计
影响很大	4. 8%	4. 3%	4. 5%
有一些影响	36. 4%	27. 4%	30. 0%
不太影响	20. 7%	16. 6%	17. 8%
完全没有影响	4. 5%	4. 9%	4. 8%
不适用，因为不上网	33. 6%	46. 7%	42. 9%
总计	100. 0%	100. 0%	100. 0%
列总计	357	878	1235

Chi-square test：sig = 0. 001 < 0. 05，所以体制内和体制外的人在对“从网络中获得的信息对思想行为的影响”的评价上有显著差异。

C28a by A11

坑蒙拐骗现象的严重程度 * A11 Crosstabulation

	体制内	体制外	总计
非常不严重	2. 5%	4. 0%	3. 6%
比较不严重	20. 6%	24. 0%	23. 0%
比较严重	56. 3%	48. 6%	50. 8%
非常严重	20. 6%	23. 3%	22. 6%
总计	100. 0%	100. 0%	100. 0%
列总计	359	878	1237

Chi-square test：sig = 0. 085 < 0. 05，所以体制内和体制外的人在对“坑蒙拐骗现象的严重程度”的评价上有显著差异。

C28b by A11

人际关系冷漠，见危不救的严重程度 * A11 Crosstabulation

	体制内	体制外	总计
非常不严重	2. 2%	4. 4%	3. 8%

续表

	体制内	体制外	总计
比较不严重	27.8%	32.6%	31.2%
比较严重	56.1%	47.2%	49.8%
非常严重	13.9%	15.7%	15.2%
总计	100.0%	100.0%	100.0%
列总计	360	877	1237

Chi-square test：sig = 0.020 < 0.05，所以体制内和体制外的人在对“人际关系冷漠，见危不救的严重程度”的评价上有显著差异。

C28c by A11

诚信缺乏，社会信用度低的严重程度 * A11 Crosstabulation

	体制内	体制外	总计
非常不严重	2.0%	3.6%	3.1%
比较不严重	25.7%	30.0%	28.7%
比较严重	59.5%	52.2%	54.3%
非常严重	12.8%	14.3%	13.8%
总计	100.0%	100.0%	100.0%
列总计	358	870	1228

Chi-square test：sig = 0.085 > 0.05，所以体制内和体制外的人在对“诚信缺乏，社会信用度低的严重程度”的评价上没有显著差异。

C28d by A11

很多人在公共场所缺乏公德，如大声喧哗、不排队、随地吐痰的严重程度 * A11 Crosstabulation

	体制内	体制外	总计
非常不严重	1.9%	2.5%	2.3%
比较不严重	27.2%	33.7%	31.8%
比较严重	55.3%	46.6%	49.1%
非常严重	15.6%	17.1%	16.7%
总计	100.0%	100.0%	100.0%
列总计	360	875	1235

Chi-square test：sig = 0.046 < 0.05，所以体制内和体制外的人在对“很多人在公共场所缺乏公德，如大声喧哗、不排队、随地吐痰的严重程度”的评价上有显著差异。

C28e by A11

自私自利，损人利己，物欲横流的严重程度 * A11 Crosstabulation

	体制内	体制外	总计
非常不严重	1.7%	3.1%	2.7%
比较不严重	31.8%	33.7%	33.1%
比较严重	54.3%	48.5%	50.2%
非常严重	12.3%	14.7%	14.0%
总计	100.0%	100.0%	100.0%
列总计	359	878	1237

Chi-square test：sig = 0.174 > 0.05，所以体制内和体制外的人在对“自私自利，损人利己，物欲横流的严重程度”的评价上没有显著差异。

C28f by A11

缺乏公正心和正义感的严重程度 * A11 Crosstabulation

	体制内	体制外	总计
非常不严重	2.2%	5.8%	4.8%
比较不严重	36.0%	36.2%	36.1%
比较严重	52.2%	47.2%	48.7%
非常严重	9.6%	10.7%	10.4%
总计	100.0%	100.0%	100.0%
列总计	356	875	1231

Chi-square test：sig = 0.038 < 0.05，所以体制内和体制外的人在对“缺乏公正心和正义感的严重程度”的评价上有显著差异。

C28g by A11

缺乏羞耻感的严重程度 * A11 Crosstabulation

	体制内	体制外	总计
非常不严重	3.9%	6.5%	5.8%
比较不严重	37.9%	44.1%	42.3%
比较严重	46.8%	38.8%	41.1%
非常严重	11.4%	10.6%	10.9%
总计	100.0%	100.0%	100.0%
列总计	359	874	1233

Chi-square test：sig = 0.024 < 0.05，所以体制内和体制外的人在对“缺乏羞耻感的严重程度”的评价上有显著差异。

C28h by A11

干部贪污受贿，以权谋利的严重程度 * A11 Crosstabulation

	体制内	体制外	总计
非常不严重	1.1%	2.7%	2.2%
比较不严重	15.2%	17.2%	16.6%
比较严重	43.8%	41.3%	42.0%
非常严重	39.9%	38.9%	39.2%
总计	100.0%	100.0%	100.0%
列总计	356	862	1218

Chi-square test：sig = 0.288 > 0.05，所以体制内和体制外的人在对“干部贪污受贿，以权谋利的严重程度”的评价上没有显著差异。

C28i by A11

生活奢侈，铺张浪费的严重程度 * A11 Crosstabulation

	体制内	体制外	总计
非常不严重	2.8%	5.1%	4.4%
比较不严重	27.5%	30.6%	29.7%
比较严重	52.9%	46.0%	48.0%
非常严重	16.8%	18.3%	17.9%
总计	100.0%	100.0%	100.0%
列总计	357	869	1226

Chi-square test：sig = 0.085 > 0.05，所以体制内和体制外的人在对“生活奢侈，铺张浪费的严重程度”的评价上没有显著差异。

C28j by A11

奉行功利主义，相互算计的严重程度 * A11 Crosstabulation

	体制内	体制外	总计
非常不严重	3.4%	4.8%	4.4%
比较不严重	37.5%	37.8%	37.7%
比较严重	49.3%	44.9%	46.2%
非常严重	9.8%	12.4%	11.7%
总计	100.0%	100.0%	100.0%
列总计	357	870	1227

Chi-square test：sig = 0.288 > 0.05，所以体制内和体制外的人在对“奉行功利主义，相互算计的严重程度”的评价上没有显著差异。

C28k by A11

企业损害社会利益的严重程度，如污染环境、以虚假广告误导公众等 * A11 Crosstabulation

	体制内	体制外	总计
非常不严重	2. 2%	2. 8%	2. 6%
比较不严重	14. 8%	24. 5%	21. 7%
比较严重	60. 5%	49. 4%	52. 6%
非常严重	22. 4%	23. 4%	23. 1%
总计	100. 0%	100. 0%	100. 0%
列总计	357	867	1224

Chi-square test：sig = 0. 01 < 0. 05，所以体制内和体制外的人在对“企业损害社会利益的严重程度，如污染环境、以虚假广告误导公众等”的评价上有显著差异。

C28l by A11

娱乐界以丑闻、绯闻炒作，污染社会风气的严重程度 * A11 Crosstabulation

	体制内	体制外	总计
非常不严重	1. 1%	2. 7%	2. 2%
比较不严重	24. 9%	34. 1%	31. 3%
比较严重	54. 4%	46. 1%	48. 7%
非常严重	19. 5%	17. 1%	17. 8%
总计	100. 0%	100. 0%	100. 0%
列总计	353	779	1132

Chi-square test：sig = 0. 004 < 0. 05，所以体制内和体制外的人在对“娱乐界以丑闻、绯闻炒作，污染社会风气的严重程度”的评价上有显著差异。

C28m by A11

媒体缺乏社会责任，炒作新闻的严重程度 * A11 Crosstabulation

	体制内	体制外	总计
非常不严重	3. 4%	3. 3%	3. 3%
比较不严重	30. 2%	39. 3%	36. 5%
比较严重	50. 3%	45. 3%	46. 8%
非常严重	16. 1%	12. 3%	13. 4%
总计	100. 0%	100. 0%	100. 0%
列总计	348	800	1148

Chi-square test：sig = 0. 023 < 0. 05，所以体制内和体制外的人在对“媒体缺乏社会责任，炒作新闻的严重程度”的评价上有显著差异。

C28n by A11

社会财富分配不公，贫富悬殊过大的严重程度＊ A11 Crosstabulation

	体制内	体制外	总计
非常不严重	1.4%	1.5%	1.5%
比较不严重	15.4%	15.6%	15.5%
比较严重	46.1%	47.2%	46.9%
非常严重	37.2%	35.7%	36.1%
总计	100.0%	100.0%	100.0%
列总计	358	872	1230

Chi-square test：sig = 0.969 > 0.05，所以体制内和体制外的人在对“社会财富分配不公，贫富悬殊过大的严重程度”的评价上没有显著差异。

C28o by A11

教师不尽职的严重程度＊ A11 Crosstabulation

	体制内	体制外	总计
非常不严重	12.9%	14.1%	13.8%
比较不严重	46.8%	50.7%	49.6%
比较严重	31.9%	24.8%	26.9%
非常严重	8.4%	10.3%	9.8%
总计	100.0%	100.0%	100.0%
列总计	357	871	1228

Chi-square test：sig = 0.077 > 0.05，所以体制内和体制外的人在对“教师不尽职的严重程度”的评价上没有显著差异。

C28p by A11

医生不守职业道德的严重程度＊ A11 Crosstabulation

	体制内	体制外	总计
非常不严重	7.6%	12.9%	11.4%
比较不严重	47.8%	46.5%	46.9%
比较严重	34.8%	27.8%	29.9%
非常严重	9.8%	12.7%	11.9%
总计	100.0%	100.0%	100.0%
列总计	356	873	1229

Chi-square test：sig = 0.006 < 0.05，所以体制内和体制外的人在对“医生不守职业道德的严重程度”的评价上有显著差异。

C28q by A11

公众人物用知名度攫取财富的严重程度 * A11 Crosstabulation

	体制内	体制外	总计
非常不严重	5.1%	5.8%	5.6%
比较不严重	23.2%	35.0%	31.4%
比较严重	57.5%	44.8%	48.6%
非常严重	14.2%	14.4%	14.3%
总计	100.0%	100.0%	100.0%
列总计	353	811	1164

Chi-square test：sig = 0.000 < 0.05，所以体制内和体制外的人在对“公众人物用知名度攫取财富的严重程度”的评价上有显著差异。

C28r by A11

不爱国的严重程度 * A11 Crosstabulation

	体制内	体制外	总计
非常不严重	29.2%	34.5%	33.0%
比较不严重	45.9%	42.6%	43.5%
比较严重	17.8%	15.0%	15.8%
非常严重	7.1%	7.9%	7.7%
总计	100.0%	100.0%	100.0%
列总计	353	869	1222

Chi-square test：sig = 0.224 > 0.05，所以体制内和体制外的人在对“不爱国的严重程度”的评价上没有显著差异。

C28s by A11

两性关系过度开放导致婚姻不稳定的严重程度 * A11 Crosstabulation

	体制内	体制外	总计
非常不严重	2.5%	5.6%	4.7%
比较不严重	27.1%	30.8%	29.7%
比较严重	54.0%	44.8%	47.4%
非常严重	16.4%	18.8%	18.1%
总计	100.0%	100.0%	100.0%
列总计	354	871	1225

Chi-square test：sig = 0.009 < 0.05，所以体制内和体制外的人在对“两性关系过度开放导致婚姻不稳定的严重程度”的评价上有显著差异。

C28t by A11

年轻人缺乏责任感，不孝敬父母的严重程度＊ A11 Crosstabulation

	体制内	体制外	总计
非常不严重	5.3%	9.7%	8.5%
比较不严重	44.4%	45.3%	45.0%
比较严重	41.0%	34.2%	36.2%
非常严重	9.3%	10.8%	10.3%
总计	100.0%	100.0%	100.0%
列总计	356	874	1230

Chi-square test：sig = 0.022 < 0.05，所以体制内和体制外的人在对“年轻人缺乏责任感，不孝敬父母的严重程度”的评价上有显著差异。

C28u by A11

父母和子女代沟问题严重，难以沟通的严重程度＊ A11 Crosstabulation

	体制内	体制外	总计
非常不严重	5.9%	9.3%	8.3%
比较不严重	46.6%	51.3%	50.0%
比较严重	41.1%	33.3%	35.6%
非常严重	6.4%	6.0%	6.1%
总计	100.0%	100.0%	100.0%
列总计	358	879	1237

Chi-square test：sig = 0.028 < 0.05，所以体制内和体制外的人在对“父母和子女代沟问题严重，难以沟通的严重程度”的评价上有显著差异。

C28v by A11

父母过度干涉子女的工作和生活的严重程度＊ A11 Crosstabulation

	体制内	体制外	总计
非常不严重	11.2%	13.0%	12.5%
比较不严重	56.6%	60.8%	59.6%
比较严重	28.9%	22.3%	24.2%
非常严重	3.4%	3.9%	3.7%
总计	100.0%	100.0%	100.0%
列总计	357	877	1234

Chi-square test：sig = 0.111 > 0.05，所以体制内和体制外的人在对“父母过度干涉子女的工作和生活的严重程度”的评价上没有显著差异。

C28w by A11

老无所养，缺乏安全感的严重程度 * A11 Crosstabulation

	体制内	体制外	总计
非常不严重	10.4%	13.3%	12.5%
比较不严重	40.7%	44.7%	43.6%
比较严重	37.6%	30.9%	32.8%
非常严重	11.2%	11.1%	11.1%
总计	100.0%	100.0%	100.0%
列总计	356	877	1233

Chi-square test：sig = 0.103 > 0.05，所以体制内和体制外的人在对“老无所养，缺乏安全感的严重程度”的评价上没有显著差异。

C29a by A11

对于个人而言，家庭、社会和国家哪个排在第一位 * A11 Crosstabulation

	体制内	体制外	总计
国家	46.9%	52.8%	51.1%
社会	2.2%	2.9%	2.7%
家庭	50.8%	44.3%	46.2%
总计	100.0%	100.0%	100.0%
列总计	360	869	1229

Chi-square test：sig = 0.107 > 0.05，所以体制内和体制外的人在对“对于个人而言，家庭、社会和国家哪个排在第一位”的选择上没有显著差异。

C29b by A11

对于个人而言，家庭、社会和国家哪个排在第二位 * A11 Crosstabulation

	体制内	体制外	总计
国家	31.1%	26.1%	27.6%
社会	50.7%	47.1%	48.1%
家庭	18.2%	26.8%	24.3%
总计	100.0%	100.0%	100.0%
列总计	357	869	1226

Chi-square test：sig = 0.005 < 0.05，所以体制内和体制外的人在对“对于个人而言，家庭、社会和国家哪个排在第二位”的选择上有显著差异。

C29c by A11

对于个人而言，家庭、社会和国家哪个排在第三位 * A11 Crosstabulation

	体制内	体制外	总计
国家	21.9%	20.8%	21.1%
社会	46.9%	50.1%	49.1%
家庭	31.2%	29.1%	29.7%
总计	100.0%	100.0%	100.0%
列总计	356	869	1225

Chi-square test：sig = 0.603 > 0.05，所以体制内和体制外的人在对“对于个人而言，家庭、社会和国家哪个排在第三位”的选择上没有显著差异。

C30a by A11

家庭成员之间发生冲突，您会首先选择哪种途径来解决？ * A11 Crosstabulation

	体制内	体制外	总计
诉诸法律，打官司	0.3%	0.8%	0.6%
直接找对方沟通但得理让人，适可而止	63.0%	56.4%	58.3%
通过第三方（如社会机构，朋友等）从中调解，尽量不伤和气	9.8%	9.1%	9.3%
能忍则忍	26.9%	33.7%	31.7%
总计	100.0%	100.0%	100.0%
列总计	357	876	1233

Chi-square test：sig = 0.080 > 0.05，所以体制内和体制外的人在对“家庭成员之间发生冲突的解决途径”的选择上没有显著差异。

C30b by A11

朋友之间发生冲突，您会首先选择哪种途径来解决？ * A11 Crosstabulation

	体制内	体制外	总计
诉诸法律，打官司	2.5%	2.3%	2.4%
直接找对方沟通但得理让人，适可而止	51.5%	49.6%	50.2%
通过第三方（如社会机构，朋友等）从中调解，尽量不伤和气	26.2%	29.7%	28.7%
能忍则忍	19.7%	18.4%	18.8%
总计	100.0%	100.0%	100.0%

续表

	体制内	体制外	总计
列总计	355	861	1216

Chi-square test：sig = 0. 663 > 0. 05，所以体制内和体制外的人在对“朋友之间发生冲突的解决途径”的选择上没有显著差异。

C30c by A11

同事之间发生冲突，您会首先选择哪种途径来解决？ * A11 Crosstabulation

	体制内	体制外	总计
诉诸法律，打官司	2. 5%	2. 0%	2. 2%
直接找对方沟通但得理让人，适可而止	50. 0%	44. 0%	45. 8%
通过第三方（如社会机构，朋友等）从中调解，尽量不伤和气	25. 6%	28. 9%	27. 9%
能忍则忍	21. 9%	25. 0%	24. 1%
总计	100. 0%	100. 0%	100. 0%
列总计	356	831	1187

Chi-square test：sig = 0. 242 > 0. 05，所以体制内和体制外的人在对“同事之间发生冲突的解决途径”的选择上没有显著差异。

C30d by A11

商业伙伴之间发生冲突，您会首先选择哪种途径来解决？ * A11 Crosstabulation

	体制内	体制外	总计
诉诸法律，打官司	55. 7%	48. 0%	50. 3%
直接找对方沟通但得理让人，适可而止	23. 0%	25. 5%	24. 8%
通过第三方（如社会机构，朋友等）从中调解，尽量不伤和气	16. 6%	15. 3%	15. 7%
能忍则忍	4. 7%	11. 2%	9. 2%
总计	100. 0%	100. 0%	100. 0%
列总计	343	815	1158

Chi-square test：sig = 0. 002 < 0. 05，所以体制内和体制外的人在对“商业伙伴之间发生冲突的解决途径”的选择上有显著差异。

C31 by A11

对当前我国伦理关系和道德风尚造成最大负面影响的因素 * A11 Crosstabulation

	体制内	体制外	总计
传统文化的崩坏	30.0%	25.0%	26.5%
外来文化的冲击	15.3%	12.2%	13.1%
市场经济导致的个人主义	38.8%	46.6%	44.3%
计算机网络技术的发展	12.7%	11.6%	11.9%
其他	3.1%	4.7%	4.2%
总计	100.0%	100.0%	100.0%
列总计	353	831	1184

Chi-square test: sig = 0.053 > 0.05，所以体制内和体制外的人在“对当前我国伦理关系和道德风尚造成最大负面影响的因素”的选择上没有显著差异。

C32 by A11

成长中得到道德训练的最重要场所或机构 * A11 Crosstabulation

	体制内	体制外	总计
家庭	41.1%	38.1%	39.0%
学校	28.5%	25.5%	26.3%
社会（包括职业生活）	22.1%	26.1%	25.0%
国家或政府	5.6%	6.4%	6.2%
媒体	1.4%	1.8%	1.7%
其他	1.4%	2.1%	1.9%
总计	100.0%	100.0%	100.0%
列总计	358	876	1234

Chi-square test: sig = 0.511 > 0.05，所以体制内和体制外的人在对“成长中得到道德训练的最重要场所或机构”的选择上没有显著差异。

C33a by A11

对政府官员的伦理道德状况的满意程度 * A11 Crosstabulation

	体制内	体制外	总计
非常不满意	22.2%	18.3%	19.4%
比较不满意	41.0%	33.9%	36.0%
比较满意	32.9%	40.9%	38.5%

续表

	体制内	体制外	总计
非常满意	3.9%	6.9%	6.1%
总计	100.0%	100.0%	100.0%
列总计	356	864	1220

Chi-square test：sig = 0.004 < 0.05，所以体制内和体制外的人在“对政府官员的伦理道德状况的满意程度”上有显著差异。

C33b by A11

对企业家的伦理道德状况的满意程度 * A11 Crosstabulation

	体制内	体制外	总计
非常不满意	10.8%	7.1%	8.2%
比较不满意	41.1%	38.0%	38.9%
比较满意	46.5%	51.2%	49.8%
非常满意	1.7%	3.8%	3.2%
总计	100.0%	100.0%	100.0%
列总计	353	848	1201

Chi-square test：sig = 0.026 < 0.05，所以体制内和体制外的人在“对企业家的伦理道德状况的满意程度”上有显著差异。

C33c by A11

对演艺娱乐界的伦理道德状况的满意程度 * A11 Crosstabulation

	体制内	体制外	总计
非常不满意	20.9%	12.0%	14.7%
比较不满意	47.3%	37.0%	40.1%
比较满意	30.9%	46.5%	41.7%
非常满意	0.9%	4.6%	3.4%
总计	100.0%	100.0%	100.0%
列总计	349	790	1139

Chi-square test：sig = 0.000 < 0.05，所以体制内和体制外的人在“对演艺娱乐界的伦理道德状况的满意程度”上有显著差异。

C33d by A11

对教师的伦理道德状况的满意程度 * A11 Crosstabulation

	体制内	体制外	总计
非常不满意	3.7%	2.6%	2.9%
比较不满意	20.5%	15.8%	17.1%
比较满意	64.3%	63.4%	63.6%
非常满意	11.5%	18.3%	16.3%
总计	100.0%	100.0%	100.0%
列总计	356	876	1232

Chi-square test：sig = 0.010 < 0.05，所以体制内和体制外的人在“对教师的伦理道德状况的满意程度”上有显著差异。

C33e by A11

对青少年的伦理道德状况的满意程度 * A11 Crosstabulation

	体制内	体制外	总计
非常不满意	2.3%	1.8%	2.0%
比较不满意	28.8%	22.3%	24.1%
比较满意	63.0%	64.6%	64.1%
非常满意	6.0%	11.3%	9.8%
总计	100.0%	100.0%	100.0%
列总计	351	876	1227

Chi-square test：sig = 0.007 < 0.05，所以体制内和体制外的人在“对青少年的伦理道德状况的满意程度”上有显著差异。

C33f by A11

对弱势群体的伦理道德状况的满意程度 * A11 Crosstabulation

	体制内	体制外	总计
非常不满意	1.2%	2.1%	1.8%
比较不满意	24.7%	19.9%	21.3%
比较满意	67.7%	69.2%	68.8%
非常满意	6.4%	8.8%	8.1%
总计	100.0%	100.0%	100.0%
列总计	344	860	1204

Chi-square test：sig = 0.126 > 0.05，所以体制内和体制外的人在“对弱势群体的伦理道德状况的满意程度”上没有显著差异。

C33g by A11

对自由职业者的伦理道德状况的满意程度＊ A11 Crosstabulation

	体制内	体制外	总计
非常不满意	1.7%	1.8%	1.8%
比较不满意	26.4%	23.3%	24.2%
比较满意	69.3%	68.9%	69.0%
非常满意	2.6%	6.1%	5.1%
总计	100.0%	100.0%	100.0%
列总计	349	838	1187

Chi-square test：sig = 0.072 > 0.05，所以体制内和体制外的人在“对自由职业者的伦理道德状况的满意程度”上没有显著差异。

C33h by A11

对农民的伦理道德状况的满意程度＊ A11 Crosstabulation

	体制内	体制外	总计
非常不满意	0.9%	0.9%	0.9%
比较不满意	13.4%	9.1%	10.4%
比较满意	72.4%	67.0%	68.5%
非常满意	13.4%	23.0%	20.2%
总计	100.0%	100.0%	100.0%
列总计	352	875	1227

Chi-square test：sig = 0.001 < 0.05，所以体制内和体制外的人在“对农民的伦理道德状况的满意程度”上有显著差异。

C33i by A11

对商人的伦理道德状况的满意程度＊ A11 Crosstabulation

	体制内	体制外	总计
非常不满意	8.8%	7.0%	7.5%
比较不满意	44.6%	37.1%	39.3%
比较满意	44.1%	51.0%	49.0%
非常满意	2.5%	4.9%	4.2%
总计	100.0%	100.0%	100.0%
列总计	354	873	1227

Chi-square test：sig = 0.015 < 0.05，所以体制内和体制外的人在“对商人的伦理道德状况的满意程度”上有显著差异。

C33j by A11

对工人的伦理道德状况的满意程度 * A11 Crosstabulation

	体制内	体制外	总计
非常不满意	0.3%	0.3%	0.3%
比较不满意	12.5%	8.5%	9.6%
比较满意	75.3%	76.4%	76.1%
非常满意	11.9%	14.8%	14.0%
总计	100.0%	100.0%	100.0%
列总计	352	873	1225

Chi-square test：sig = 0.125 > 0.05，所以体制内和体制外的人在“对工人的伦理道德状况的满意程度”上没有显著差异。

C33k by A11

对专家学者的伦理道德状况的满意程度 * A11 Crosstabulation

	体制内	体制外	总计
非常不满意	5.1%	3.1%	3.7%
比较不满意	22.5%	14.6%	16.9%
比较满意	60.8%	68.5%	66.2%
非常满意	11.5%	13.8%	13.2%
总计	100.0%	100.0%	100.0%
列总计	355	838	1193

Chi-square test：sig = 0.002 < 0.05，所以体制内和体制外的人在“对专家学者的伦理道德状况的满意程度”上有显著差异。

C33l by A11

对医生的伦理道德状况的满意程度 * A11 Crosstabulation

	体制内	体制外	总计
非常不满意	6.7%	5.2%	5.6%
比较不满意	27.5%	22.6%	24.0%
比较满意	57.7%	59.4%	58.9%
非常满意	8.1%	12.8%	11.5%
总计	100.0%	100.0%	100.0%
列总计	357	882	1239

Chi-square test：sig = 0.036 < 0.05，所以体制内和体制外的人在“对医生的伦理道德状况的满意程度”上有显著差异。

C34 by A11

哪种因素应当对当今不良道德风尚负主要责任 * A11 Crosstabulation

	体制内	体制外	总计
官员腐败	51.0%	38.5%	42.1%
企业不讲诚信和损害社会利益	5.1%	7.3%	6.7%
学校道德教育功能弱化	8.7%	7.4%	7.8%
家庭伦理功能弱化	5.4%	6.5%	6.2%
社会的不良影响	29.9%	40.2%	37.2%
总计	100.0%	100.0%	100.0%
列总计	355	860	1215

Chi-square test：sig = 0.001 < 0.05，所以体制内和体制外的人在对“哪种因素应当对当今不良道德风尚负主要责任”的选择上有显著差异。

C35 by A11

政府在制定政策和决策时是否充分考虑到伦理道德方面的要求 * A11 Crosstabulation

	体制内	体制外	总计
是	54.8%	57.6%	56.8%
否	45.2%	42.4%	43.2%
总计	100.0%	100.0%	100.0%
列总计	347	858	1205

Chi-square test：sig = 0.371 > 0.05，所以体制内和体制外的人在对“政府在制定政策和决策时是否充分考虑到伦理道德方面的要求”的选择上没有显著差异。

C36 by A11

当前我国政府官员道德问题最严重的是 * A11 Crosstabulation

	体制内	体制外	总计
贪污	29.1%	36.9%	34.6%
以权谋私	34.5%	31.4%	32.3%
受贿	5.6%	7.0%	6.6%
生活作风腐败	4.8%	6.4%	5.9%
官僚主义	5.1%	3.0%	3.6%
平庸、不作为	4.0%	3.2%	3.5%
政绩工程，折腾百姓	10.7%	4.2%	6.1%

续表

	体制内	体制外	总计
铺张浪费	0.8%	2.6%	2.1%
拉帮结派	1.1%	2.9%	2.4%
其他	4.2%	2.4%	3.0%
总计	100.0%	100.0%	100.0%
列总计	354	862	1216

Chi-square test：sig = 0.000 < 0.05，所以体制内和体制外的人在对“当前我国政府官员道德问题最严重的是”的选择上有显著差异。

C37a by A11

对您思想行为影响第一重要的人 * A11 Crosstabulation

	体制内	体制外	总计
政府官员	9.3%	13.6%	12.3%
企业家	0.8%	2.5%	2.0%
演艺明星、体育明星	0.3%	0.4%	0.3%
教师	11.0%	11.6%	11.4%
知识精英	3.7%	2.5%	2.9%
自由撰稿人	0.3%	0.1%	0.2%
农民		1.6%	1.1%
工人	1.4%	1.3%	1.3%
先哲先贤	8.7%	5.7%	6.6%
父母	64.5%	60.7%	61.8%
总计	100.0%	100.0%	100.0%
列总计	355	837	1192

Chi-square test：sig = 0.031 < 0.05，所以体制内和体制外的人在“对您思想行为影响第一重要的人”的选择上有显著差异。

C37b by A11

对您思想行为影响第二重要的人 * A11 Crosstabulation

	体制内	体制外	总计
政府官员	7.6%	8.8%	8.5%
企业家	3.0%	5.2%	4.5%
演艺明星、体育明星	1.5%	2.0%	1.9%

续表

	体制内	体制外	总计
教师	48.5%	42.1%	44.0%
知识精英	5.5%	5.8%	5.7%
自由撰稿人	0.3%	0.4%	0.4%
农民	3.0%	6.7%	5.6%
工人	3.0%	3.8%	3.6%
先哲先贤	10.4%	7.2%	8.1%
父母	17.1%	18.1%	17.8%
总计	100.0%	100.0%	100.0%
列总计	328	795	1123

Chi-square test：sig = 0.123 > 0.05，所以体制内和体制外的人在“对您思想行为影响第二重要的人”的选择上没有显著差异。

C37c by A11

对您思想行为影响第三重要的人 * A11 Crosstabulation

	体制内	体制外	总计
政府官员	14.8%	17.0%	16.4%
企业家	3.0%	4.5%	4.1%
演艺明星、体育明星	4.6%	5.6%	5.3%
教师	19.7%	14.4%	15.9%
知识精英	20.0%	10.9%	13.5%
自由撰稿人	3.0%	1.7%	2.1%
农民	5.2%	13.7%	11.3%
工人	7.9%	8.8%	8.5%
先哲先贤	14.4%	14.2%	14.3%
父母	7.5%	9.1%	8.6%
总计	100.0%	100.0%	100.0%
列总计	305	751	1056

Chi-square test：sig = 0.000 < 0.05，所以体制内和体制外的人在“对您思想行为影响第三重要的人”的选择上有显著差异。

C38a by A11

对形成我国当前各种新型伦理关系和道德观念，第一重要的因素 * A11 Crosstabulation

	体制内	体制外	总计
网络和媒体	43.8%	40.0%	41.1%
政府	35.0%	32.0%	32.9%
大学及其文化	7.1%	8.1%	7.8%
市场	7.1%	9.4%	8.7%
企业	0.8%	1.5%	1.3%
社会团体	5.6%	8.3%	7.5%
其他	0.6%	0.7%	0.7%
总计	100.0%	100.0%	100.0%
列总计	354	818	1172

Chi-square test：sig = 0.358 > 0.05，所以体制内和体制外的人在“对形成我国当前各种新型伦理关系和道德观念，第一重要的因素”的选择上没有显著差异。

C38b by A11

对形成我国当前各种新型伦理关系和道德观念，第二重要的因素 * A11 Crosstabulation

	体制内	体制外	总计
网络和媒体	23.5%	16.3%	18.5%
政府	27.5%	26.5%	26.8%
大学及其文化	15.7%	15.7%	15.7%
市场	15.7%	18.9%	17.9%
企业	3.2%	7.5%	6.2%
社会团体	14.2%	14.3%	14.3%
其他	0.3%	0.8%	0.6%
总计	100.0%	100.0%	100.0%
列总计	345	789	1134

Chi-square test：sig = 0.013 < 0.05，所以体制内和体制外的人在“对形成我国当前各种新型伦理关系和道德观念，第二重要的因素”的认识上有显著差异。

C38c by A11

对形成我国当前各种新型伦理关系和道德观念，第三重要的因素 * A11 Crosstabulation

	体制内	体制外	总计
网络和媒体	9.9%	14.2%	12.9%
政府	14.1%	15.3%	14.9%
大学及其文化	19.8%	15.3%	16.7%
市场	24.0%	21.4%	22.2%
企业	8.1%	11.1%	10.2%
社会团体	23.4%	21.4%	22.0%
其他	0.9%	1.3%	1.2%
总计	100.0%	100.0%	100.0%
列总计	334	763	1097

Chi-square test：sig = 0.131 > 0.05，所以体制内和体制外的人在“对形成我国当前各种新型伦理关系和道德观念，第三重要的因素”的认识上没有显著差异。

C39a by A11

信息技术、网络技术的发展对伦理道德的影响 * A11 Crosstabulation

	体制内	体制外	总计
变好了	24.2%	31.9%	29.6%
没有变化	11.8%	9.6%	10.3%
变差了	25.1%	22.0%	22.9%
说不清	38.9%	36.5%	37.2%
总计	100.0%	100.0%	100.0%
列总计	355	854	1209

Chi-square test：sig = 0.057 > 0.05，所以体制内和体制外的人在对“信息技术、网络技术的发展对伦理道德的影响”的评价上没有显著差异。

C39b by A11

市场经济对我国伦理道德的影响 * A11 Crosstabulation

	体制内	体制外	总计
变好了	21.4%	33.2%	29.8%
没有变化	13.0%	11.5%	11.9%
变差了	41.4%	28.7%	32.4%

续表

	体制内	体制外	总计
说不清	24.2%	26.5%	25.9%
总计	100.0%	100.0%	100.0%
列总计	355	867	1222

Chi-square test：sig = 0.000 < 0.05，所以体制内和体制外的人在对“市场经济对我国伦理道德的影响”的评价上有显著差异。

C39c by A11

西方文化对我国伦理道德的影响 * A11 Crosstabulation

	体制内	体制外	总计
变好了	14.7%	17.4%	16.6%
没有变化	11.6%	14.7%	13.8%
变差了	37.4%	22.1%	26.6%
说不清	36.3%	45.7%	42.9%
总计	100.0%	100.0%	100.0%
列总计	353	849	1202

Chi-square test：sig = 0.000 < 0.05，所以体制内和体制外的人在对“西方文化对我国伦理道德的影响”的评价上有显著差异。

C40 by A11

如果国外报道与主流媒体宣传内容不一致，更倾向于相信 * A11 Crosstabulation

	体制内	体制外	总计
主流媒体	47.7%	57.1%	54.4%
国外报道	9.9%	7.1%	7.9%
谁都不相信，自己判断	28.5%	23.5%	25.0%
说不清	13.8%	12.2%	12.7%
总计	100.0%	100.0%	100.0%
列总计	354	875	1229

Chi-square test：sig = 0.022 < 0.05，所以体制内和体制外的人在对“如果国外报道与主流媒体宣传内容不一致，更倾向于相信”的选择上有显著差异。

C41a by A11

经常关心比自己不幸的人 * A11 Crosstabulation

	体制内	体制外	总计
完全不符合	3.4%	2.4%	2.7%
不太符合	21.0%	18.6%	19.3%
比较符合	57.7%	57.8%	57.8%
完全符合	17.9%	21.2%	20.3%
总计	100.0%	100.0%	100.0%
列总计	357	877	1234

Chi-square test：sig = 0.390 > 0.05，所以体制内和体制外的人在对“经常关心比自己不幸的人”的自我评价上没有显著差异。

C41b by A11

有时不会同情他人的难处 * A11 Crosstabulation

	体制内	体制外	总计
完全不符合	16.0%	18.3%	17.6%
不太符合	52.1%	46.3%	47.9%
比较符合	28.0%	29.1%	28.8%
完全符合	3.9%	6.4%	5.7%
总计	100.0%	100.0%	100.0%
列总计	357	880	1237

Chi-square test：sig = 0.146 > 0.05，所以体制内和体制外的人在对“有时不会同情他人的难处”的自我评价上没有显著差异。

C41c by A11

在紧急情况下，会感到忧虑和不安 * A11 Crosstabulation

	体制内	体制外	总计
完全不符合	6.5%	4.7%	5.2%
不太符合	16.1%	18.8%	18.0%
比较符合	62.0%	60.3%	60.8%
完全符合	15.3%	16.3%	16.0%
总计	100.0%	100.0%	100.0%
列总计	353	873	1226

Chi-square test：sig = 0.416 > 0.05，所以体制内和体制外的人在对“在紧急情况下，会感到忧虑和不安”的自我评价上没有显著差异。

C41d by A11

在做决定前，会试着从每个人的立场去考虑问题＊ A11 Crosstabulation

	体制内	体制外	总计
完全不符合	2.0%	3.1%	2.8%
不太符合	12.3%	13.6%	13.3%
比较符合	66.1%	64.4%	64.9%
完全符合	19.6%	18.9%	19.1%
总计	100.0%	100.0%	100.0%
列总计	357	873	1230

Chi-square test：sig = 0.640 > 0.05，所以体制内和体制外的人在对“在做决定前，会试着从每个人的立场去考虑问题”的自我评价上没有显著差异。

C41e by A11

当看到有人被利用时，有点想要保护他们＊ A11 Crosstabulation

	体制内	体制外	总计
完全不符合	2.2%	3.0%	2.8%
不太符合	18.2%	16.6%	17.0%
比较符合	62.3%	62.8%	62.6%
完全符合	17.3%	17.7%	17.6%
总计	100.0%	100.0%	100.0%
列总计	358	876	1234

Chi-square test：sig = 0.823 > 0.05，所以体制内和体制外的人在对“当看到有人被利用时，有点想要保护他们”的自我评价上没有显著差异。

C41f by A11

当情绪剧烈波动时，往往会感到无依无靠，不知如何是好＊ A11 Crosstabulation

	体制内	体制外	总计
完全不符合	8.4%	7.7%	7.9%
不太符合	36.8%	32.3%	33.6%
比较符合	43.3%	47.4%	46.2%
完全符合	11.5%	12.6%	12.3%
总计	100.0%	100.0%	100.0%

续表

	体制内	体制外	总计
列总计	356	875	1231

Chi-square test: sig = 0. 413 > 0. 05，所以体制内和体制外的人在对“当情绪剧烈波动时，往往会感到无依无靠，不知如何是好”的自我评价上没有显著差异。

C41g by A11

有时会试图站在他人的角度，以更好地理解朋友 * A11 Crosstabulation

	体制内	体制外	总计
完全不符合	1. 1%	0. 9%	1. 0%
不太符合	4. 2%	6. 5%	5. 8%
比较符合	70. 9%	72. 0%	71. 7%
完全符合	23. 7%	20. 6%	21. 5%
总计	100. 0%	100. 0%	100. 0%
列总计	358	879	1237

Chi-square test: sig = 0. 304 > 0. 05，所以体制内和体制外的人在对“有时会试图站在他人的角度，以更好地理解朋友”的自我评价上没有显著差异。

C41h by A11

他人的不幸通常不会给自己带来很大的烦忧 * A11 Crosstabulation

	体制内	体制外	总计
完全不符合	8. 4%	7. 0%	7. 4%
不太符合	44. 7%	40. 6%	41. 8%
比较符合	41. 0%	43. 0%	42. 4%
完全符合	5. 9%	9. 4%	8. 4%
总计	100. 0%	100. 0%	100. 0%
列总计	356	872	1228

Chi-square test: sig = 0. 131 > 0. 05，所以体制内和体制外的人在对“他人的不幸通常不会给自己带来很大的烦忧”的自我评价上没有显著差异。

C41i by A11

在观看电视剧或电影之后，会感觉到自己仿佛成为了其中的一个角色 * A11 Crosstabulation

	体制内	体制外	总计
完全不符合	20. 7%	16. 2%	17. 5%

续表

	体制内	体制外	总计
不太符合	34.5%	32.8%	33.3%
比较符合	33.6%	36.3%	35.5%
完全符合	11.2%	14.7%	13.7%
总计	100.0%	100.0%	100.0%
列总计	357	859	1216

Chi-square test：sig = 0.116 > 0.05，所以体制内和体制外的人在对“在观看电视剧或电影之后，会感觉到自己仿佛成为其中的一个角色”的自我评价上没有显著差异。

C41j by A11

处在紧张情绪的状况中，会惊慌害怕 * A11 Crosstabulation

	体制内	体制外	总计
完全不符合	10.4%	9.4%	9.7%
不太符合	34.9%	34.0%	34.3%
比较符合	46.2%	45.9%	46.0%
完全符合	8.5%	10.8%	10.1%
总计	100.0%	100.0%	100.0%
列总计	355	874	1229

Chi-square test：sig = 0.641 > 0.05，所以体制内和体制外的人在对“处在紧张情绪的状况中，会惊慌害怕”的自我评价上没有显著差异。

C41k by A11

当看到别人受到不公正待遇的时候，通常不会同情他们 * A11 Crosstabulation

	体制内	体制外	总计
完全不符合	27.2%	24.2%	25.1%
不太符合	56.3%	53.0%	53.9%
比较符合	14.3%	19.3%	17.8%
完全符合	2.2%	3.5%	3.2%
总计	100.0%	100.0%	100.0%
列总计	357	876	1233

Chi-square test：sig = 0.097 > 0.05，所以体制内和体制外的人在对“当看到别人受到不公正待遇的时候，通常不会同情他们”的自我评价上没有显著差异。

C41l by A11

相信任何问题都有两面性，会试图从两个方面加以考虑 * A11 Crosstabulation

	体制内	体制外	总计
完全不符合	2.5%	0.7%	1.2%
不太符合	5.1%	7.8%	7.0%
比较符合	64.3%	68.2%	67.0%
完全符合	28.1%	23.4%	24.8%
总计	100.0%	100.0%	100.0%
列总计	356	876	1232

Chi-square test：sig = 0.006 < 0.05，所以体制内和体制外的人在对“相信任何问题都有两面性，会试图从两个方面加以考虑”的自我评价上有显著差异。

C41m by A11

当对某人很不耐烦的时候，通常会暂时站在他/她的位置上 * A11 Crosstabulation

	体制内	体制外	总计
完全不符合	6.4%	4.8%	5.3%
不太符合	32.5%	27.8%	29.2%
比较符合	51.8%	56.8%	55.3%
完全符合	9.2%	10.6%	10.2%
总计	100.0%	100.0%	100.0%
列总计	357	874	1231

Chi-square test：sig = 0.187 > 0.05，所以体制内和体制外的人在对“当对某人很不耐烦的时候，通常会暂时站在他/她的位置上”的自我评价上没有显著差异。

C41n by A11

当在读一个有趣的故事或者一部电影的时候，会想象如果这些事情发生在自己身上，会是怎样的感受 * A11 Crosstabulation

	体制内	体制外	总计
完全不符合	9.2%	9.3%	9.3%
不太符合	24.4%	24.2%	24.3%
比较符合	55.2%	50.3%	51.7%
完全符合	11.2%	16.2%	14.8%
总计	100.0%	100.0%	100.0%

续表

	体制内	体制外	总计
列总计	357	863	1220

Chi-square test：sig = 0. 140 > 0. 05，所以体制内和体制外的人在对“当在读一个有趣的故事或者一部电影的时候，会想象如果这些事情发生在自己身上，会是怎样的感受”的自我评价上没有显著差异。

C41o by A11

当看到有人发生意外而急需帮助的时候，自己紧张得几乎精神崩溃 * A11 Crosstabulation

	体制内	体制外	总计
完全不符合	22. 0%	15. 7%	17. 5%
不太符合	46. 8%	39. 1%	41. 3%
比较符合	27. 3%	36. 7%	34. 0%
完全符合	3. 9%	8. 5%	7. 2%
总计	100. 0%	100. 0%	100. 0%
列总计	355	880	1235

Chi-square test：sig = 0. 000 < 0. 05，所以体制内和体制外的人在对“当看到有人发生意外而急需帮助的时候，自己紧张得几乎精神崩溃”的自我评价上有显著差异。

C41p by A11

在批评他人之前，会尝试想象一下如果自己处于那个位置会是什么感受 * A11 Crosstabulation

	体制内	体制外	总计
完全不符合	4. 2%	3. 8%	3. 9%
不太符合	20. 4%	20. 4%	20. 4%
比较符合	63. 9%	62. 5%	62. 9%
完全符合	11. 5%	13. 3%	12. 8%
总计	100. 0%	100. 0%	100. 0%
列总计	357	872	1229

Chi-square test：sig = 0. 839 > 0. 05，所以体制内和体制外的人在对“在批评他人之前，会尝试想象一下如果自己处于那个位置会是什么感受”的自我评价上没有显著差异。

C42 by A11

解决当前我国的公民道德和社会风尚问题，最关键的是 * A11 Crosstabulation

	体制内	体制外	总计
加强法制	37.2%	36.3%	36.6%
弘扬已有的优秀道德传统	20.6%	20.8%	20.8%
建设新的伦理道德的核心价值	14.4%	9.3%	10.8%
惩治官员腐败	15.5%	18.1%	17.4%
解决分配不公问题	10.4%	12.3%	11.7%
其他	2.0%	3.2%	2.8%
总计	100.0%	100.0%	100.0%
列总计	355	854	1209

Chi-square test：sig = 0.102 > 0.05，所以体制内和体制外的人在对“解决当前我国的公民道德和社会风尚问题，最关键的是”的选择上没有显著差异。

C43 by A11

当前我国社会道德生活中最重要的元素 * A11 Crosstabulation

	体制内	体制外	总计
意识形态中所提倡的社会主义道德	25.9%	30.9%	29.4%
中国传统道德	53.2%	44.1%	46.8%
西方文化影响而形成的道德	2.5%	2.9%	2.8%
市场经济中形成的道德	16.9%	21.0%	19.8%
其他	1.4%	1.1%	1.2%
总计	100.0%	100.0%	100.0%
列总计	355	837	1192

Chi-square test：sig = 0.059 > 0.05，所以体制内和体制外的人在对“当前我国社会道德生活中最重要的元素”的选择上没有显著差异。

C44 by A11

最向往或怀念的伦理关系和道德生活是 * A11 Crosstabulation

	体制内	体制外	总计
传统社会的伦理和道德（如仁、义、礼、智、信）	42.2%	35.9%	37.8%
战争年代为理想而献身的革命精神	12.0%	14.0%	13.4%
新中国成立后到“文化大革命”前的大公无私的集体主义精神	22.3%	17.8%	19.1%

续表

	体制内	体制外	总计
追求个人利益的市场经济下的道德	1.1%	6.8%	5.1%
自由、平等、博爱的西方道德	22.3%	25.5%	24.6%
总计	100.0%	100.0%	100.0%
列总计	358	855	1213

Chi-square test：sig = 0.000 < 0.05，所以体制内和体制外的人在对“最向往或怀念的伦理关系和道德生活是”的选择上有显著差异。

C45 by A11

假设上司或老板是外国人，他侮辱了中国，但抗争会产生不利于自己的后果，您会选择 * A11 Crosstabulation

	体制内	体制外	总计
当面抗议	76.3%	75.9%	76.0%
保持沉默	23.7%	24.1%	24.0%
总计	100.0%	100.0%	100.0%
列总计	355	862	1217

Chi-square test：sig = 0.862 > 0.05，所以体制内和体制外的人在对“假设上司或老板是外国人，他侮辱了中国，但抗争会产生不利于自己的后果，您会选择”的选择上没有显著差异。

C46a by A11

当今中国社会最重要和最需要的排在第一位的德性 * A11 Crosstabulation

	体制内	体制外	总计
爱（仁爱、博爱、友爱）	42.7%	37.6%	39.1%
义（道义、义务）	2.0%	3.8%	3.3%
宽容	2.8%	7.4%	6.1%
责任	14.1%	13.9%	14.0%
正义或公正	15.5%	10.7%	12.1%
诚信	8.5%	8.4%	8.4%
忠恕	0.8%	0.6%	0.7%
理智	0.6%	0.7%	0.7%
节制	0.3%	0.2%	0.2%
谦让	1.4%	1.4%	1.4%
恭敬		0.3%	0.2%
勇敢	0.3%	0.3%	0.3%

续表

	体制内	体制外	总计
正直	2.0%	3.6%	3.1%
善良	3.4%	3.3%	3.3%
力行或知行合一	0.6%	0.2%	0.3%
教养	1.4%	2.2%	2.0%
孝悌	2.5%	4.6%	4.0%
气节	0.6%	0.2%	0.3%
中庸	0.3%	0.1%	0.2%
敬业	0.3%	0.2%	0.2%
总计	100.0%	100.0%	100.0%
列总计	354	861	1215

Chi-square test：sig = 0.097 > 0.05，所以体制内和体制外的人在对“当今中国社会最重要和最需要的排在第一位的德性”的选择上没有显著差异。

C46b by A11

当今中国社会最重要和最需要的排在第二位的德性＊ A11 Crosstabulation

	体制内	体制外	总计
爱（仁爱、博爱、友爱）	8.8%	8.5%	8.6%
义（道义、义务）	21.8%	15.6%	17.4%
宽容	10.8%	11.7%	11.4%
责任	18.1%	14.8%	15.8%
正义或公正	8.2%	11.0%	10.2%
诚信	9.3%	10.0%	9.8%
忠恕	0.8%	1.2%	1.1%
理智	2.5%	1.6%	1.9%
节制		0.6%	0.4%
谦让	2.8%	3.4%	3.2%
恭敬	0.3%	0.9%	0.7%
勇敢	0.3%	0.6%	0.5%
正直	2.8%	4.6%	4.0%
善良	4.2%	7.1%	6.3%
力行或知行合一		0.1%	0.1%
教养	3.4%	3.3%	3.3%
孝悌	3.1%	3.5%	3.4%

续表

	体制内	体制外	总计
气节	0.6%	0.5%	0.5%
中庸	0.6%		0.2%
敬业	1.4%	1.1%	1.2%
总计	100.0%	100.0%	100.0%
列总计	353	857	1210

Chi-square test：sig = 0.138 > 0.05，所以体制内和体制外的人在对“当今中国社会最重要和最需要的排在第二位的德性”的选择上没有显著差异。

C46c by A11

当今中国社会最重要和最需要的排在第三位的德性 * A11 Crosstabulation

	体制内	体制外	总计
爱（仁爱、博爱、友爱）	5.4%	5.0%	5.2%
义（道义、义务）	4.3%	5.2%	4.9%
宽容	14.9%	18.1%	17.2%
责任	15.5%	13.7%	14.2%
正义或公正	11.2%	9.7%	10.1%
诚信	17.5%	15.8%	16.3%
忠恕	1.4%	0.8%	1.0%
理智	3.4%	3.0%	3.2%
节制	0.6%	1.1%	0.9%
谦让	1.4%	5.3%	4.2%
恭敬	0.6%	0.6%	0.6%
勇敢	1.7%	2.5%	2.2%
正直	5.7%	3.2%	3.9%
善良	5.2%	8.0%	7.1%
力行或知行合一	0.9%	0.1%	0.3%
教养	4.0%	4.2%	4.2%
孝悌	3.2%	2.5%	2.7%
气节	1.1%	0.2%	0.5%
中庸	0.6%		0.2%
敬业	1.4%	1.1%	1.2%
总计	100.0%	100.0%	100.0%
列总计	349	854	1203

Chi-square test：sig = 0.013 < 0.05，所以体制内和体制外的人在对“当今中国社会最重要和最需要的排在第三位的德性”的选择上有显著差异。

C46d by A11

当今中国社会最重要和最需要的排在第四位的德性 * A11 Crosstabulation

	体制内	体制外	总计
爱（仁爱、博爱、友爱）	3. 8%	3. 5%	3. 6%
义（道义、义务）	3. 8%	2. 9%	3. 2%
宽容	13. 6%	8. 8%	10. 2%
责任	11. 6%	12. 5%	12. 2%
正义或公正	9. 6%	7. 8%	8. 3%
诚信	10. 7%	12. 0%	11. 7%
忠恕	0. 6%	1. 8%	1. 4%
理智	4. 1%	3. 7%	3. 8%
节制	0. 9%	1. 7%	1. 4%
谦让	3. 5%	5. 7%	5. 0%
恭敬	0. 6%	1. 7%	1. 3%
勇敢	2. 6%	4. 2%	3. 8%
正直	9. 3%	8. 1%	8. 5%
善良	10. 1%	9. 4%	9. 6%
力行或知行合一	0. 3%	0. 7%	0. 6%
教养	5. 2%	7. 3%	6. 7%
孝悌	3. 5%	4. 2%	4. 0%
气节	1. 2%	0. 7%	0. 8%
中庸	0. 3%	0. 4%	0. 3%
敬业	4. 9%	2. 8%	3. 4%
总计	100. 0%	100. 0%	100. 0%
列总计	345	848	1193

Chi-square test：sig = 0. 188 > 0. 05，所以体制内和体制外的人在对“当今中国社会最重要和最需要的排在第四位的德性”的选择上没有显著差异。

C46e by A11

当今中国社会最重要和最需要的排在第五位的德性 * A11Crosstabulation

	体制内	体制外	总计
爱（仁爱、博爱、友爱）	5. 2%	4. 5%	4. 7%
义（道义、义务）	1. 7%	2. 5%	2. 3%
宽容	8. 4%	7. 1%	7. 5%

续表

	体制内	体制外	总计
责任	5.2%	8.5%	7.6%
正义或公正	8.1%	6.7%	7.1%
诚信	14.2%	9.5%	10.8%
忠恕	2.0%	0.8%	1.2%
理智	4.9%	5.7%	5.5%
节制	2.3%	2.0%	2.1%
谦让	3.2%	6.0%	5.2%
恭敬	0.6%	1.9%	1.5%
勇敢	5.2%	4.6%	4.8%
正直	6.9%	7.5%	7.3%
善良	8.4%	10.4%	9.8%
力行或知行合一	2.0%	2.0%	2.0%
教养	7.2%	6.9%	7.0%
孝悌	4.0%	5.0%	4.7%
气节	2.3%	1.7%	1.8%
中庸	1.2%	0.6%	0.8%
敬业	6.9%	6.2%	6.4%
总计	100.0%	100.0%	100.0%
列总计	346	845	1191

Chi-square test：sig = 0.187 > 0.05，所以体制内和体制外的人在对“当今中国社会最重要和最需要的排在第五位的德性”的选择上没有显著差异。

江苏省伦理道德评价的职业差异

C1 by A10

对当前我国社会道德状况的总体评价 * A10 Crosstabulation

	高级白领	低级白领	工人/做小生意者	农民	无业/失业/下岗人员	总计
满意	51.2%	58.2%	66.5%	83.8%	69.3%	66.0%
不满意	48.8%	41.8%	33.5%	16.2%	30.7%	34.0%
总计	100.0%	100.0%	100.0%	100.0%	100.0%	100.0%
列总计	207	165	525	197	166	1260

Chi-square test：sig = 0.000 < 0.05，所以不同职业的人在“对当前我国社会道德的总体评价”上有显著差异。

C2 by A10

我国目前人与人之间关系主要受什么影响 * A10 Crosstabulation

	高级白领	低级白领	工人/做小生意者	农民	无业/失业/下岗人员	总计
受利益影响	83.1%	89.6%	73.6%	52.9%	80.4%	75.0%
受情感影响	16.9%	10.4%	26.4%	47.1%	19.6%	25.0%
总计	100.0%	100.0%	100.0%	100.0%	100.0%	100.0%
列总计	207	163	518	189	163	1240

Chi-square test：sig = 0.000 < 0.05，所以不同职业的人在对“我国目前人与人之间关系主要受什么影响”的选择上有显著差异。

C3 by A10

对当前我国人与人之间的关系的总体评价 * A10 Crosstabulation

	高级白领	低级白领	工人/做小生意者	农民	无业/失业/下岗人员	总计
满意	59.6%	60.0%	70.7%	83.2%	71.1%	69.5%
不满意	40.4%	40.0%	29.3%	16.8%	28.9%	30.5%
总计	100.0%	100.0%	100.0%	100.0%	100.0%	100.0%
列总计	208	165	522	197	166	1258

Chi-square test：sig = 0.000 < 0.05，所以不同职业的人在“对当前我国人与人之间关系的总体评价”上有显著差异。

C4 by A10

平时如何为人处世 * A10 Crosstabulation

	高级白领	低级白领	工人/做小生意者	农民	无业/失业/下岗人员	总计
道德至上	8.7%	7.9%	5.3%	4.1%	6.1%	6.1%

续表

	高级白领	低级白领	工人/做小生意者	农民	无业/失业/下岗人员	总计
遵循道德规范、凭良心办事	81.6%	78.2%	84.4%	91.4%	76.4%	83.2%
不故意为恶，不随波逐流	8.2%	10.9%	7.2%	3.6%	9.7%	7.6%
有时身不由己做有违道德的事情	1.0%	0.6%	0.8%		0.6%	0.6%
说不清/没想过	0.5%	2.4%	2.3%	1.0%	7.3%	2.5%
总计	100.0%	100.0%	100.0%	100.0%	100.0%	100.0%
列总计	207	165	526	197	165	1260

Chi-square test：sig = 0.001 < 0.05，所以不同职业的人在“平时如何为人处世”的方式上有显著差异。

C5 by A10

对自己道德状况的评价 * A10 Crosstabulation

	高级白领	低级白领	工人/做小生意者	农民	无业/失业/下岗人员	总计
满意	99.5%	100.0%	98.3%	98.5%	98.8%	98.8%
不满意	0.5%		1.7%	1.5%	1.2%	1.2%
总计	100.0%	100.0%	100.0%	100.0%	100.0%	100.0%
列总计	208	165	526	197	166	1262

Chi-square test：sig = 0.369 > 0.05，所以不同职业的人“对自己道德状况的评价”上无显著差异。

C6 by A10

家庭和国家对于个人存在的意义 * A10 Crosstabulation

	高级白领	低级白领	工人/做小生意者	农民	无业/失业/下岗人员	总计
家庭和国家只是工具，个人最重要	7.7%	8.7%	8.2%	9.2%	9.2%	8.5%
家庭和国家是个人安身立命的基地，比个人更重要	82.6%	83.9%	83.4%	81.5%	82.2%	82.9%
其他	9.7%	7.5%	8.4%	9.2%	8.6%	8.6%
总计	100.0%	100.0%	100.0%	100.0%	100.0%	100.0%
列总计	207	161	523	195	163	1249

Chi-square test：sig = 0.997 > 0.05，所以不同职业的人在“家庭和国家对于个人存在的意义”的选择上无显著差异。

C7a by A10

当前大多数人奉行的是个人至上 * A10 Crosstabulation

	高级白领	低级白领	工人/做小生意者	农民	无业/失业/下岗人员	总计
同意	63.5%	72.7%	68.9%	56.1%	69.1%	66.5%

续表

	高级白领	低级白领	工人/做小生意者	农民	无业/失业/下岗人员	总计
不同意	36.5%	27.3%	31.1%	43.9%	30.9%	33.5%
总计	100.0%	100.0%	100.0%	100.0%	100.0%	100.0%
列总计	208	165	527	196	165	1261

Chi-square test：sig = 0.005 < 0.05，所以不同职业的人在对“当前大多数人奉行的是个人至上”的认同程度上有显著差异。

C7b by A10

现在我国大多数人是见利忘义的 ＊ A10 Crosstabulation

	高级白领	低级白领	工人/做小生意者	农民	无业/失业/下岗人员	总计
同意	41.3%	52.7%	53.6%	48.0%	53.3%	50.6%
不同意	58.7%	47.3%	46.4%	52.0%	46.7%	49.4%
总计	100.0%	100.0%	100.0%	100.0%	100.0%	100.0%
列总计	208	165	528	196	167	1264

Chi-square test：sig = 0.035 < 0.05，所以不同职业的人在对“现在我国大多数人是见利忘义的”的认同程度上有显著差异。

C7c by A10

现在社会是一个物欲横流的社会 ＊ A10 Crosstabulation

	高级白领	低级白领	工人/做小生意者	农民	无业/失业/下岗人员	总计
同意	67.3%	75.0%	75.5%	70.9%	76.6%	73.5%
不同意	32.7%	25.0%	24.5%	29.1%	23.4%	26.5%
总计	100.0%	100.0%	100.0%	100.0%	100.0%	100.0%
列总计	208	164	522	196	167	1257

Chi-square test：sig = 0.144 > 0.05，所以不同职业的人在对“现在社会是一个物欲横流的社会”的认同程度上无显著差异。

C7d by A10

当前大多数人都是以集体利益为重的 ＊ A10 Crosstabulation

	高级白领	低级白领	工人/做小生意者	农民	无业/失业/下岗人员	总计
同意	38.5%	38.2%	43.0%	57.7%	39.2%	43.4%
不同意	61.5%	61.8%	57.0%	42.3%	60.8%	56.6%
总计	100.0%	100.0%	100.0%	100.0%	100.0%	100.0%
列总计	208	165	521	194	166	1254

Chi-square test：sig = 0.000 < 0.05，所以不同职业的人在对“当前大多数人以集体利益为重的”的认同程度上有显著差异。

C7e by A10

当前大多数人都是以家庭利益至上 * A10 Crosstabulation

	高级白领	低级白领	工人/做小生意者	农民	无业/失业/下岗人员	总计
同意	81.7%	83.0%	89.3%	86.7%	89.8%	86.9%
不同意	18.3%	17.0%	10.7%	13.3%	10.2%	13.1%
总计	100.0%	100.0%	100.0%	100.0%	100.0%	100.0%
列总计	208	165	525	196	167	1261

Chi-square test：sig = 0.026 < 0.05，所以不同职业的人在对“当前大多数人以家庭利益至上”的认同程度上有显著差异。

C7f by A10

当前的社会是个金钱至上的社会 * A10 Crosstabulation

	高级白领	低级白领	工人/做小生意者	农民	无业/失业/下岗人员	总计
同意	71.8%	79.6%	80.9%	76.1%	84.9%	79.0%
不同意	28.2%	20.4%	19.1%	23.9%	15.1%	21.0%
总计	100.0%	100.0%	100.0%	100.0%	100.0%	100.0%
列总计	206	162	523	197	166	1254

Chi-square test：sig = 0.017 < 0.05，所以不同职业的人在对“当前的社会是个金钱至上的社会”的认同程度上有显著差异。

C7g by A10

现在社会守道德的人大都吃亏，不守道德规则的人占便宜 * A10 Crosstabulation

	高级白领	低级白领	工人/做小生意者	农民	无业/失业/下岗人员	总计
同意	52.4%	56.1%	63.0%	64.3%	58.2%	59.9%
不同意	47.6%	43.9%	37.0%	35.7%	41.8%	40.1%
总计	100.0%	100.0%	100.0%	100.0%	100.0%	100.0%
列总计	208	164	525	196	165	1258

Chi-square test：sig = 0.044 < 0.05，所以不同职业的人在对“现在社会守道德的人大都吃亏，不守道德规则的人占便宜”的认同程度上有显著差异。

C7h by A10

现在社会中好人有好报，恶人终归会受到惩罚 * A10 Crosstabulation

	高级白领	低级白领	工人/做小生意者	农民	无业/失业/下岗人员	总计
同意	62.8%	60.0%	73.4%	83.6%	73.1%	71.5%
不同意	37.2%	40.0%	26.6%	16.4%	26.9%	28.5%

续表

	高级白领	低级白领	工人/做小生意者	农民	无业/失业/下岗人员	总计
总计	100.0%	100.0%	100.0%	100.0%	100.0%	100.0%
列总计	207	165	527	195	167	1261

Chi-square test：sig = 0.000 < 0.05，所以不同职业的人在对“现在社会中好人有好报，恶人终归会受到惩罚”的认同程度上有显著差异。

C7i by A10

人们的生活水平越高，就越幸福 ＊ A10 Crosstabulation

	高级白领	低级白领	工人/做小生意者	农民	无业/失业/下岗人员	总计
同意	50.0%	43.0%	57.4%	78.6%	58.8%	57.8%
不同意	50.0%	57.0%	42.6%	21.4%	41.2%	42.2%
总计	100.0%	100.0%	100.0%	100.0%	100.0%	100.0%
列总计	208	165	528	196	165	1262

Chi-square test：sig = 0.000 < 0.05，所以不同职业的人在对“人们的生活水平越高，就越幸福”的认同程度上有显著差异。

C7j by A10

我们的社会中道德能够很好地约束人们的行为 ＊ A10 Crosstabulation

	高级白领	低级白领	工人/做小生意者	农民	无业/失业/下岗人员	总计
同意	63.9%	56.4%	67.0%	77.6%	65.7%	66.5%
不同意	36.1%	43.6%	33.0%	22.4%	34.3%	33.5%
总计	100.0%	100.0%	100.0%	100.0%	100.0%	100.0%
列总计	208	165	521	192	166	1252

Chi-square test：sig = 0.001 < 0.05，所以不同职业的人在对“我们的社会中道德能够很好地约束人们的行为”的认同程度上有显著差异。

C7k by A10

现有的规范和习俗能够很好地调节人与人的关系 ＊ A10 Crosstabulation

	高级白领	低级白领	工人/做小生意者	农民	无业/失业/下岗人员	总计
同意	67.3%	65.2%	70.8%	81.9%	70.7%	71.2%
不同意	32.7%	34.8%	29.2%	18.1%	29.3%	28.8%
总计	100.0%	100.0%	100.0%	100.0%	100.0%	100.0%
列总计	208	164	520	193	164	1249

Chi-square test：sig = 0.004 < 0.05，所以不同职业的人在对“现有的规范和习俗能够很好地调节人与人的关系”的认同程度上有显著差异。

C71 by A10

现在社会大多数人都有荣辱感＊ A10 Crosstabulation

	高级白领	低级白领	工人/做小生意者	农民	无业/失业/下岗人员	总计
同意	76.9%	69.7%	75.9%	87.1%	81.2%	77.7%
不同意	23.1%	30.3%	24.1%	12.9%	18.8%	22.3%
总计	100.0%	100.0%	100.0%	100.0%	100.0%	100.0%
列总计	208	165	523	194	165	1255

Chi-square test：sig = 0.001 < 0.05，所以不同职业的人在对“现在社会大多数人都有荣辱感”的认同程度上有显著差异。

C8 by A10

个体德性与社会公正哪个更重要＊ A10 Crosstabulation

	高级白领	低级白领	工人/做小生意者	农民	无业/失业/下岗人员	总计
个体德性最重要	7.2%	6.7%	11.3%	11.1%	17.9%	10.9%
社会公正最重要	28.4%	27.0%	38.1%	47.4%	35.8%	36.1%
二者应当统一，但二者矛盾时应先追求个体德性	13.5%	19.6%	14.8%	13.2%	14.8%	15.0%
二者应当统一，但二者矛盾时应先追求社会公正	51.0%	46.6%	35.8%	28.4%	31.5%	38.1%
总计	100.0%	100.0%	100.0%	100.0%	100.0%	100.0%
列总计	208	163	520	190	162	1243

Chi-square test：sig = 0.000 < 0.05，所以不同职业的人在对“个体德性与社会公正哪个更重要”的选择上有显著差异。

C9 by A10

个人守道德的原因＊ A10 Crosstabulation

	高级白领	低级白领	工人/做小生意者	农民	无业/失业/下岗人员	总计
守道德有利于自身利益的实现	1.9%	4.2%	5.2%	6.6%	5.5%	4.8%
个人是社会的一分子，应当遵守道德	52.4%	50.9%	47.0%	35.2%	47.6%	46.7%
遵守道德是为了使我们的社会更美好	42.8%	40.0%	40.3%	44.4%	40.9%	41.4%

续表

	高级白领	低级白领	工人/做小生意者	农民	无业/失业/下岗人员	总计
不遵守道德会被别人议论或谴责	2.9%	4.2%	6.9%	9.2%	4.9%	6.0%
其他		0.6%	0.6%	4.6%	1.2%	1.2%
总计	100.0%	100.0%	100.0%	100.0%	100.0%	100.0%
列总计	208	165	523	196	164	1256

Chi-square test：sig = 0.000 < 0.05，所以不同职业的人对“个人守道德的原因”的选择上有显著差异。

C10a by A10

关于职业劳动说法中最认同的是 * A10 Crosstabulation

	高级白领	低级白领	工人/做小生意者	农民	无业/失业/下岗人员	总计
劳动是个人谋生的工具	55.3%	52.7%	57.1%	58.5%	51.5%	55.7%
劳动是为社会创造财富	27.4%	26.7%	26.0%	20.0%	25.5%	25.3%
劳动是天职	11.1%	12.1%	11.3%	13.3%	17.0%	12.4%
劳动是兴趣的驱使，快乐的源泉	6.3%	8.5%	5.7%	8.2%	6.1%	6.6%
总计	100.0%	100.0%	100.0%	100.0%	100.0%	100.0%
列总计	208	165	524	195	165	1257

Chi-square test：sig = 0.606 > 0.05，所以不同职业的人在“关于职业劳动说法中最认同的是”的选择上无显著差异。

C10b by A10

关于职业劳动说法中第二认同的是 * A10 Crosstabulation

	高级白领	低级白领	工人/做小生意者	农民	无业/失业/下岗人员	总计
劳动是个人谋生的工具	27.0%	23.0%	24.1%	23.7%	25.2%	24.5%
劳动是为社会创造财富	42.9%	41.4%	47.4%	37.9%	45.0%	44.1%
劳动是天职	16.8%	23.7%	17.9%	20.0%	15.2%	18.4%
劳动是兴趣的驱使，快乐的源泉	13.3%	11.8%	10.6%	18.4%	14.6%	13.0%
总计	100.0%	100.0%	100.0%	100.0%	100.0%	100.0%
列总计	196	152	498	190	151	1187

Chi-square test：sig = 0.264 > 0.05，所以不同职业的人在“关于职业劳动说法中第二认同的是”的选择上无显著差异。

C10c by A10

关于职业劳动说法中第三认同的是 * A10 Crosstabulation

	高级白领	低级白领	工人/做小生意者	农民	无业/失业/下岗人员	总计
劳动是个人谋生的工具	14.6%	16.7%	11.9%	10.7%	12.6%	12.9%
劳动是为社会创造财富	24.3%	26.7%	19.8%	28.9%	22.4%	23.2%
劳动是天职	31.4%	24.7%	40.5%	41.2%	39.2%	36.9%
劳动是兴趣的驱使，快乐的源泉	29.7%	32.0%	27.8%	19.3%	25.9%	27.0%
总计	100.0%	100.0%	100.0%	100.0%	100.0%	100.0%
列总计	185	150	486	187	143	1151

Chi-square test：sig = 0.011 < 0.05，所以不同职业的人在“关于职业劳动说法中第三认同的是”的选择上有显著差异。

C11a by A10

目前大多数人将职业当作谋生的手段，缺乏责任感和奉献精神 * A10 Crosstabulation

	高级白领	低级白领	工人/做小生意者	农民	无业/失业/下岗人员	总计
不同意	40.3%	38.8%	42.1%	43.8%	39.5%	41.3%
同意	59.7%	61.2%	57.9%	56.3%	60.5%	58.7%
总计	100.0%	100.0%	100.0%	100.0%	100.0%	100.0%
列总计	206	165	525	192	167	1255

Chi-square test：sig = 0.853 > 0.05，所以不同职业的人对“目前大多数人将职业当作谋生手段，缺乏责任感和奉献精神”的认同上无显著差异。

C11b by A10

企业老板剥削员工，利益关系不公正 * A10 Crosstabulation

	高级白领	低级白领	工人/做小生意者	农民	无业/失业/下岗人员	总计
不同意	38.0%	32.3%	33.2%	42.8%	37.2%	35.9%
同意	62.0%	67.7%	66.8%	57.2%	62.8%	64.1%
总计	100.0%	100.0%	100.0%	100.0%	100.0%	100.0%
列总计	205	164	521	187	164	1241

Chi-square test：sig = 0.139 > 0.05，所以不同职业的人对“企业老板剥削员工，利益关系不公正”的认同上无显著差异。

C11c by A10

老板和员工、上下级相互勾结，共同对社会不负责任＊ A10 Crosstabulation

	高级白领	低级白领	工人/做小生意者	农民	无业/失业/下岗人员	总计
不同意	58.8%	52.4%	51.5%	51.4%	56.3%	53.4%
同意	41.2%	47.6%	48.5%	48.6%	43.8%	46.6%
总计	100.0%	100.0%	100.0%	100.0%	100.0%	100.0%
列总计	204	164	517	183	160	1228

Chi-square test：sig = 0.394 > 0.05，所以不同职业的人对“老板和员工、上下级相互勾结，共同对社会不负责任”的认同上无显著差异。

C11d by A10

是否离婚主要考虑自己的感受和利益＊ A10 Crosstabulation

	高级白领	低级白领	工人/做小生意者	农民	无业/失业/下岗人员	总计
不同意	71.0%	55.2%	67.0%	84.8%	73.5%	69.7%
同意	29.0%	44.8%	33.0%	15.2%	26.5%	30.3%
总计	100.0%	100.0%	100.0%	100.0%	100.0%	100.0%
列总计	207	163	524	191	162	1247

Chi-square test：sig = 0.000 < 0.05，所以不同职业的人对“是否离婚主要考虑自己的感受和利益”的认同上有显著差异。

C11e by A10

是否离婚应该从家庭整体（包括子女）考虑＊ A10 Crosstabulation

	高级白领	低级白领	工人/做小生意者	农民	无业/失业/下岗人员	总计
不同意	15.5%	16.6%	13.6%	9.9%	11.7%	13.5%
同意	84.5%	83.4%	86.4%	90.1%	88.3%	86.5%
总计	100.0%	100.0%	100.0%	100.0%	100.0%	100.0%
列总计	206	163	523	191	162	1245

Chi-square test：sig = 0.337 > 0.05，所以不同职业的人对“是否离婚应该从家庭整体（包括子女）考虑”的认同上无显著差异。

C11f by A10

婚姻是社会的事，应当兼顾社会评价和社会后果＊ A10 Crosstabulation

	高级白领	低级白领	工人/做小生意者	农民	无业/失业/下岗人员	总计
不同意	44.4%	48.8%	41.6%	30.4%	50.3%	42.4%
同意	55.6%	51.2%	58.4%	69.6%	49.7%	57.6%

续表

	高级白领	低级白领	工人/做小生意者	农民	无业/失业/下岗人员	总计
总计	100.0%	100.0%	100.0%	100.0%	100.0%	100.0%
列总计	207	162	522	191	165	1247

Chi-square test: sig = 0.001 < 0.05，所以不同职业的人对“婚姻是社会的事，应当兼顾社会评价和社会后果”的认同上有显著差异。

C11g by A10

婚姻是自由的，如果有更满意或更合适的人就与现在的配偶离婚 * A10 Crosstabulation

	高级白领	低级白领	工人/做小生意者	农民	无业/失业/下岗人员	总计
不同意	84.1%	79.3%	84.3%	84.8%	79.3%	83.0%
同意	15.9%	20.7%	15.7%	15.2%	20.7%	17.0%
总计	100.0%	100.0%	100.0%	100.0%	100.0%	100.0%
列总计	207	164	522	191	164	1248

Chi-square test: sig = 0.346 > 0.05，所以不同职业的人对“婚姻是自由的，如果有更满意或更合适的人就与现在的配偶离婚”的认同上无显著差异。

C12 by A10

造成生态环境问题最主要原因 * A10 Crosstabulation

	高级白领	低级白领	工人/做小生意者	农民	无业/失业/下岗人员	总计
企业唯利是图，造成环境污染	33.7%	41.7%	35.3%	29.9%	35.8%	35.1%
政府缺乏生态意识，政策失当	42.3%	29.4%	34.9%	30.4%	29.1%	34.0%
个人缺乏环保意识	7.7%	11.0%	11.8%	20.1%	17.6%	13.0%
当代人自私自利，不顾未来和子孙利益	16.3%	17.8%	17.9%	19.6%	17.6%	17.8%
总计	100.0%	100.0%	100.0%	100.0%	100.0%	100.0%
列总计	208	163	524	184	165	1244

Chi-square test: sig = 0.009 < 0.05，所以不同职业的人在对“造成生态环境问题最主要原因”的选择上有显著差异。

C15a by A10

当今中国社会最基本的伦理冲突中排在第一位的是＊ A10 Crosstabulation

	高级白领	低级白领	工人/做小生意者	农民	无业/失业/下岗人员	总计
人与自然的冲突	23.6%	11.1%	17.8%	13.5%	13.4%	16.7%
人自我内在的冲突	15.8%	17.3%	11.5%	8.2%	12.8%	12.7%
人与人之间的冲突	33.5%	41.4%	43.6%	47.1%	49.0%	42.7%
个人与社会的冲突	15.3%	14.2%	10.7%	12.9%	10.1%	12.2%
个人与政府的冲突	11.8%	16.0%	16.2%	17.6%	14.8%	15.4%
其他			0.2%	0.6%		0.2%
总计	100.0%	100.0%	100.0%	100.0%	100.0%	100.0%
列总计	203	162	495	170	149	1179

Chi-square test：sig = 0.028 < 0.05，所以不同职业的人在对“当今中国社会最基本的伦理冲突中排在第一位的是”的选择上有显著差异。

C15b by A10

当今中国社会最基本的伦理冲突中排在第二位的是＊ A10 Crosstabulation

	高级白领	低级白领	工人/做小生意者	农民	无业/失业/下岗人员	总计
人与自然的冲突	6.4%	13.9%	7.7%	11.8%	8.0%	8.9%
人自我内在的冲突	15.3%	13.9%	20.7%	12.4%	19.0%	17.5%
人与人之间的冲突	28.7%	23.4%	26.8%	21.1%	23.4%	25.4%
个人与社会的冲突	35.6%	32.9%	29.0%	35.4%	28.5%	31.6%
个人与政府的冲突	13.9%	15.8%	15.8%	18.6%	21.2%	16.5%
其他				0.6%		0.1%
总计	100.0%	100.0%	100.0%	100.0%	100.0%	100.0%
列总计	202	158	482	161	137	1140

Chi-square test：sig = 0.056 > 0.05，所以不同职业的人在对“当今中国社会最基本的伦理冲突中排在第二位的是”的选择上无显著差异。

C15c by A10

当今中国社会最基本的伦理冲突中排在第三位的是＊ A10 Crosstabulation

	高级白领	低级白领	工人/做小生意者	农民	无业/失业/下岗人员	总计
人与自然的冲突	12.4%	19.0%	14.8%	12.7%	19.1%	15.2%
人自我内在的冲突	16.1%	17.7%	15.0%	19.0%	13.2%	15.9%
人与人之间的冲突	20.2%	20.3%	21.1%	14.6%	12.5%	18.9%

续表

	高级白领	低级白领	工人/做小生意者	农民	无业/失业/下岗人员	总计
个人与社会的冲突	23.3%	22.8%	28.5%	27.2%	32.4%	27.1%
个人与政府的冲突	28.0%	20.3%	20.1%	25.9%	22.8%	22.6%
其他			0.4%	0.6%		0.3%
总计	100.0%	100.0%	100.0%	100.0%	100.0%	100.0%
列总计	193	158	473	158	136	1118

Chi-square test：sig = 0.237 > 0.05，所以不同职业的人在对“当今中国社会最基本的伦理冲突中排在第三位的是”的选择上无显著差异。

C15d by A10

当今中国社会最基本的伦理冲突中排在第四位的是 * A10 Crosstabulation

	高级白领	低级白领	工人/做小生意者	农民	无业/失业/下岗人员	总计
人与自然的冲突	22.1%	21.9%	23.3%	30.1%	23.5%	23.9%
人自我内在的冲突	21.1%	20.6%	22.5%	25.6%	22.0%	22.4%
人与人之间的冲突	12.6%	8.1%	8.4%	10.9%	10.6%	9.8%
个人与社会的冲突	20.5%	23.9%	22.7%	15.4%	19.7%	21.1%
个人与政府的冲突	23.7%	25.2%	23.1%	16.7%	23.5%	22.6%
其他				1.3%	0.8%	0.3%
总计	100.0%	100.0%	100.0%	100.0%	100.0%	100.0%
列总计	190	155	463	156	132	1096

Chi-square test：sig = 0.281 > 0.05，所以不同职业的人在对“当今中国社会最基本的伦理冲突中排在第四位的是”的选择上无显著差异。

C15e by A10

当今中国社会最基本的伦理冲突中排在第五位的是 * A10 Crosstabulation

	高级白领	低级白领	工人/做小生意者	农民	无业/失业/下岗人员	总计
人与自然的冲突	36.7%	34.2%	36.3%	32.3%	38.6%	35.8%
人自我内在的冲突	32.4%	29.0%	29.3%	30.3%	30.3%	30.1%
人与人之间的冲突	3.2%	7.1%	1.3%	3.9%	4.5%	3.2%
个人与社会的冲突	4.3%	5.8%	7.2%	9.0%	7.6%	6.8%
个人与政府的冲突	21.8%	23.2%	23.9%	22.6%	18.2%	22.6%
其他	1.6%	0.6%	2.0%	1.9%	0.8%	1.6%
总计	100.0%	100.0%	100.0%	100.0%	100.0%	100.0%

续表

	高级白领	低级白领	工人/做小生意者	农民	无业/失业/下岗人员	总计
列总计	188	155	460	155	132	1090

Chi-square test：sig = 0. 347 > 0. 05，所以不同职业的人在对“当今中国社会最基本的伦理冲突中排在第五位的是”的选择上无显著差异。

C16 by A10

目前中国社会两性之间的性开放日益发展，它对社会风尚的影响是 * A10 Crosstabulation

	高级白领	低级白领	工人/做小生意者	农民	无业/失业/下岗人员	总计
是社会进步的表现	9. 1%	7. 3%	9. 4%	14. 9%	12. 1%	10. 3%
从根本上污染了社会风气	26. 0%	21. 2%	34. 8%	35. 6%	33. 9%	31. 6%
个人选择，无所谓好坏	21. 2%	24. 8%	15. 7%	16. 0%	14. 5%	17. 7%
两性关系混乱必然导致道德沦丧	43. 8%	46. 7%	40. 2%	33. 5%	39. 4%	40. 5%
总计	100. 0%	100. 0%	100. 0%	100. 0%	100. 0%	100. 0%
列总计	208	165	523	194	165	1255

Chi-square test：sig = 0. 002 < 0. 05，所以不同职业的人在对“目前中国社会两性之间的性开放日益发展，它对社会风尚的影响是”的选择上有显著差异。

C17 by A10

当前中国社会个人道德素质的主要问题 * A10 Crosstabulation

	高级白领	低级白领	工人/做小生意者	农民	无业/失业/下岗人员	总计
道德上无知	15. 4%	12. 3%	14. 8%	9. 9%	12. 3%	13. 5%
有道德知识，但不见诸行动	69. 2%	75. 5%	72. 4%	76. 4%	77. 3%	73. 6%
既无知，也不行动	13. 0%	11. 7%	10. 6%	10. 5%	8. 0%	10. 8%
其他	2. 4%	0. 6%	2. 1%	3. 1%	2. 5%	2. 2%
总计	100. 0%	100. 0%	100. 0%	100. 0%	100. 0%	100. 0%
列总计	208	163	519	191	163	1244

Chi-square test：sig = 0. 647 > 0. 05，所以不同职业的人在对“当前中国社会个人道德素质的主要问题”的选择上无显著差异。

C18 by A10

对在网上曝光别人隐私行为的看法 * A10 Crosstabulation

	高级白领	低级白领	工人/做小生意者	农民	无业/失业/下岗人员	总计
是违法行为，应该制止	30.6%	28.5%	29.3%	19.8%	25.5%	27.4%
是不道德行为，应该进行谴责	46.1%	44.8%	51.4%	65.2%	57.0%	52.5%
是社会监督的合理途径	8.7%	9.1%	5.9%	4.8%	5.5%	6.6%
是网民的自由，别人不应该干涉	3.4%	3.6%	4.4%	1.1%	3.6%	3.5%
说不清	11.2%	13.9%	9.0%	9.1%	8.5%	10.0%
总计	100.0%	100.0%	100.0%	100.0%	100.0%	100.0%
列总计	206	165	523	187	165	1246

Chi-square test: sig = 0.028 < 0.05，所以不同职业的人在“对在网上曝光别人隐私行为的看法”上有显著差异。

C19 by A10

对自己目前的生活状态是否满意 * A10 Crosstabulation

	高级白领	低级白领	工人/做小生意者	农民	无业/失业/下岗人员	总计
满意	85.1%	74.5%	80.1%	88.3%	82.6%	81.8%
不满意	14.9%	25.5%	19.9%	11.7%	17.4%	18.2%
总计	100.0%	100.0%	100.0%	100.0%	100.0%	100.0%
列总计	208	165	528	197	167	1265

Chi-square test: sig = 0.007 < 0.05，所以不同职业的人在“对自己目前的生活状态是否满意”上有显著差异。

C20a by A10

文明城市创建的效果 * A10 Crosstabulation

	高级白领	低级白领	工人/做小生意者	农民	无业/失业/下岗人员	总计
完全没效果	4.8%	8.5%	5.3%	3.7%	4.8%	5.3%
效果较差	31.4%	27.9%	22.7%	12.1%	18.6%	22.6%
效果较好	47.8%	52.1%	48.0%	38.4%	53.9%	47.8%
效果很好	14.5%	8.5%	16.4%	18.4%	11.4%	14.7%
没听说过该活动	1.4%	3.0%	7.6%	27.4%	11.4%	9.5%
总计	100.0%	100.0%	100.0%	100.0%	100.0%	100.0%
列总计	207	165	525	190	167	1254

Chi-square test: sig = 0.000 < 0.05，所以不同职业的人在对“文明城市创建的效果”的评价上有显著差异。

C20b by A10

学雷锋活动的效果 * A10 Crosstabulation

	高级白领	低级白领	工人/做小生意者	农民	无业/失业/下岗人员	总计
完全没效果	9.7%	10.3%	7.6%	5.7%	6.6%	7.9%
效果较差	39.1%	32.1%	28.0%	17.0%	21.6%	27.8%
效果较好	34.3%	46.7%	43.8%	40.2%	43.1%	42.0%
效果很好	16.4%	6.7%	18.5%	34.5%	24.0%	19.8%
没听说过该活动	0.5%	4.2%	2.1%	2.6%	4.8%	2.5%
总计	100.0%	100.0%	100.0%	100.0%	100.0%	100.0%
列总计	207	165	525	194	167	1258

Chi-square test：sig = 0.000 < 0.05，所以不同职业的人在对“学雷锋活动的效果”的评价上有显著差异。

C20c by A10

典型人物宣传（感动中国、中国好人、道德楷模等）的效果 * A10 Crosstabulation

	高级白领	低级白领	工人/做小生意者	农民	无业/失业/下岗人员	总计
完全没效果	8.7%	8.5%	5.2%	3.1%	6.1%	6.0%
效果较差	23.8%	23.2%	16.7%	13.0%	17.6%	18.3%
效果较好	44.2%	51.2%	50.3%	42.7%	45.5%	47.6%
效果很好	21.8%	13.4%	21.3%	21.4%	18.8%	20.0%
没听说过该活动	1.5%	3.7%	6.5%	19.8%	12.1%	8.1%
总计	100.0%	100.0%	100.0%	100.0%	100.0%	100.0%
列总计	206	164	521	192	165	1248

Chi-square test：sig = 0.000 < 0.05，所以不同职业的人在对“典型人物宣传（感动中国、中国好人、道德楷模等）的效果”的评价上有显著差异。

C20d by A10

志愿服务倡导和推广的效果 * A10 Crosstabulation

	高级白领	低级白领	工人/做小生意者	农民	无业/失业/下岗人员	总计
完全没效果	2.9%	4.8%	2.1%	3.1%	1.8%	2.7%
效果较差	18.4%	18.2%	17.6%	9.9%	17.0%	16.5%
效果较好	56.0%	55.2%	48.0%	40.1%	47.3%	49.0%
效果很好	20.3%	16.4%	24.1%	20.8%	21.8%	21.6%

续表

	高级白领	低级白领	工人/做小生意者	农民	无业/失业/下岗人员	总计
没听说过该活动	2.4%	5.5%	8.2%	26.0%	12.1%	10.1%
总计	100.0%	100.0%	100.0%	100.0%	100.0%	100.0%
列总计	207	165	523	192	165	1252

Chi-square test：sig = 0.000 < 0.05，所以不同职业的人在对“志愿服务倡导和推广的效果”的评价上有显著差异。

C20e by A10

反腐倡廉举措的效果 * A10 Crosstabulation

	高级白领	低级白领	工人/做小生意者	农民	无业/失业/下岗人员	总计
完全没效果	11.1%	15.2%	9.4%	5.3%	12.7%	10.3%
效果较差	29.5%	22.6%	25.9%	23.7%	28.9%	26.1%
效果较好	42.0%	43.3%	38.0%	31.1%	28.9%	37.1%
效果很好	15.9%	15.2%	18.8%	15.3%	20.5%	17.5%
没听说过该活动	1.4%	3.7%	7.9%	24.7%	9.0%	9.0%
总计	100.0%	100.0%	100.0%	100.0%	100.0%	100.0%
列总计	207	164	521	190	166	1248

Chi-square test：sig = 0.000 < 0.05，所以不同职业的人在对“反腐倡廉举措的效果”的评价上有显著差异。

C20f by A10

《公民道德建设实施纲要》的推进效果 * A10 Crosstabulation

	高级白领	低级白领	工人/做小生意者	农民	无业/失业/下岗人员	总计
完全没效果	3.9%	9.2%	4.4%	1.0%	3.6%	4.3%
效果较差	22.9%	21.5%	14.4%	8.3%	16.8%	16.1%
效果较好	35.6%	31.3%	32.8%	19.8%	24.0%	29.9%
效果很好	13.7%	12.3%	10.2%	9.4%	10.2%	10.9%
没听说过该活动	23.9%	25.8%	38.3%	61.5%	45.5%	38.8%
总计	100.0%	100.0%	100.0%	100.0%	100.0%	100.0%
列总计	205	163	522	192	167	1249

Chi-square test：sig = 0.000 < 0.05，所以不同职业的人在对“《公民道德建设实施纲要》的推进效果”的评价上有显著差异。

C21 by A10

判断某一行为是否符合伦理或道德的标准＊ A10 Crosstabulation

	高级白领	低级白领	工人/做小生意者	农民	无业/失业/下岗人员	总计
传统	13.0%	12.8%	12.9%	10.5%	10.9%	12.3%
风俗习惯	1.9%	3.7%	7.9%	7.3%	4.8%	5.9%
大多数人认同的道德规范	42.5%	47.0%	30.4%	20.9%	28.5%	32.9%
当事人共同利益和意志	7.7%	4.3%	2.5%		3.0%	3.3%
自己的良心	34.3%	31.7%	46.2%	60.2%	50.3%	45.0%
自己利益	0.5%	0.6%	0.2%	1.0%	2.4%	0.7%
总计	100.0%	100.0%	100.0%	100.0%	100.0%	100.0%
列总计	207	164	520	191	165	1247

Chi-square test：sig = 0.000 < 0.05，所以不同职业的人在对“判断某一行为是否符合伦理或道德的标准”的选择上有显著差异。

C22a by A10

在下列关系中，排在第一位的关系＊ A10 Crosstabulation

	高级白领	低级白领	工人/做小生意者	农民	无业/失业/下岗人员	总计
父母与子女	51.5%	69.7%	63.9%	53.6%	75.2%	62.5%
夫妇	30.1%	17.6%	23.7%	26.6%	15.8%	23.3%
兄弟姐妹			0.4%	1.6%	0.6%	0.5%
同事或同学	0.5%		0.2%			0.2%
上级或下级	0.5%			1.6%		0.3%
师生					0.6%	0.1%
个人与自然的关系	1.5%	1.2%	1.0%		1.8%	1.0%
个人与社会		1.8%	1.7%	4.7%		1.7%
个人与国家	7.3%	4.8%	5.5%	9.4%	2.4%	5.9%
个人与工作单位	0.5%	0.6%	1.0%			0.6%
朋友	0.5%		0.8%	1.6%		0.6%
个人与自身的关系（身心和谐）	7.8%	4.2%	1.9%	1.0%	3.6%	3.3%
总计	100.0%	100.0%	100.0%	100.0%	100.0%	100.0%
列总计	206	165	524	192	165	1252

Chi-square test：sig = 0.000 < 0.05，所以不同职业的人在对“众多关系中，排在第一位的关系”的选择上有显著差异。

C22b by A10

在下列关系中，排在第二位的关系 * A10 Crosstabulation

	高级白领	低级白领	工人/做小生意者	农民	无业/失业/下岗人员	总计
父母与子女	35.1%	22.0%	25.5%	33.2%	16.5%	26.6%
夫妇	43.4%	57.9%	55.0%	43.2%	57.3%	52.0%
兄弟姐妹	7.3%	5.5%	8.6%	7.9%	12.8%	8.4%
同事或同学	2.0%	0.6%	0.8%	1.1%	0.6%	1.0%
上级或下级	2.9%	2.4%	0.6%	1.1%	1.8%	1.4%
师生		0.6%	0.6%	0.5%		0.4%
个人与自然的关系	0.5%	1.2%	1.0%	1.1%	1.2%	1.0%
个人与社会	5.9%	4.3%	4.4%	3.7%	3.0%	4.3%
个人与国家	0.5%	1.8%	2.9%	4.2%	4.3%	2.7%
个人与工作单位	0.5%	1.8%	0.2%	1.6%		0.6%
通过网络建立的关系				0.5%		0.1%
朋友	0.5%	1.2%	0.4%	1.6%	1.2%	0.8%
个人与自身的关系（身心和谐）	1.5%	0.6%	0.2%	0.5%	1.2%	0.6%
总计	100.0%	100.0%	100.0%	100.0%	100.0%	100.0%
列总计	205	164	522	190	164	1245

Chi-square test：sig = 0.006 < 0.05，所以不同职业的人在对“众多关系中，排在第二位的关系”的选择上有显著差异。

C22c by A10

在下列关系中，排在第三位的关系 * A10 Crosstabulation

	高级白领	低级白领	工人/做小生意者	农民	无业/失业/下岗人员	总计
父母与子女	8.8%	4.3%	5.8%	6.9%	5.0%	6.2%
夫妇	12.3%	8.0%	9.5%	13.3%	10.6%	10.5%
兄弟姐妹	51.0%	57.7%	64.1%	57.4%	60.2%	59.6%
同事或同学	8.3%	6.1%	4.4%	3.2%	3.7%	5.0%
上级或下级	0.5%	1.8%	1.7%	2.7%	1.2%	1.6%
师生		1.8%	0.4%	1.1%	2.5%	0.9%
个人与自然的关系	2.0%	1.8%	0.8%	1.1%	3.1%	1.5%
个人与社会	3.4%	1.8%	4.2%	3.7%	4.3%	3.7%
个人与国家	5.4%	4.9%	2.5%	5.3%	1.9%	3.6%
个人与工作单位	1.5%	3.7%	1.4%	1.1%	1.9%	1.7%

续表

	高级白领	低级白领	工人/做小生意者	农民	无业/失业/下岗人员	总计
朋友	4.9%	4.3%	4.2%	4.3%	5.0%	4.5%
个人与自身的关系（身心和谐）	2.0%	3.7%	1.0%		0.6%	1.3%
总计	100.0%	100.0%	100.0%	100.0%	100.0%	100.0%
列总计	204	163	518	188	161	1234

Chi-square test：sig = 0.034 < 0.05，所以不同职业的人在对“众多关系中，排在第三位的关系”的选择上有显著差异。

C22d by A10

在下列关系中，排在第四位的关系 * A10 Crosstabulation

	高级白领	低级白领	工人/做小生意者	农民	无业/失业/下岗人员	总计
父母与子女	1.5%	1.3%	2.4%	3.9%	0.6%	2.1%
夫妇	5.0%	2.5%	4.6%	10.0%	4.5%	5.2%
兄弟姐妹	11.6%	12.6%	7.2%	15.6%	7.1%	9.9%
同事或同学	22.6%	27.0%	21.0%	7.8%	16.1%	19.4%
上级或下级	9.0%	8.2%	9.6%	4.4%	6.5%	8.1%
师生	7.5%	5.0%	3.6%	4.4%	3.9%	4.6%
个人与自然的关系	4.5%	3.8%	4.6%	1.7%	4.5%	4.0%
个人与社会	11.1%	6.9%	9.2%	7.8%	16.1%	9.9%
个人与国家	5.5%	3.1%	8.0%	17.2%	8.4%	8.4%
个人与工作单位	7.5%	5.0%	5.4%	3.9%	6.5%	5.6%
通过网络建立的关系			0.4%			0.2%
朋友	10.6%	22.0%	21.4%	20.6%	21.9%	19.6%
个人与自身的关系（身心和谐）	3.5%	2.5%	2.8%	2.8%	3.9%	3.0%
总计	100.0%	100.0%	100.0%	100.0%	100.0%	100.0%
列总计	199	159	501	180	155	1194

Chi-square test：sig = 0.000 < 0.05，所以不同职业的人在对“众多关系中，排在第四位的关系”的选择上有显著差异。

C22e by A10

在下列关系中，排在第五位的关系 * A10 Crosstabulation

	高级白领	低级白领	工人/做小生意者	农民	无业/失业/下岗人员	总计
父母与子女		1.3%	0.6%	0.6%	2.0%	0.8%

续表

	高级白领	低级白领	工人/做小生意者	农民	无业/失业/下岗人员	总计
夫妇	0.5%	1.9%	2.2%	3.4%	2.0%	2.0%
兄弟姐妹	7.1%	5.7%	4.6%	5.1%	4.6%	5.3%
同事或同学	11.7%	17.7%	14.7%	13.1%	13.8%	14.3%
上级或下级	13.8%	13.9%	10.1%	8.0%	8.6%	10.7%
师生	3.6%	1.3%	5.4%	8.0%	4.6%	4.8%
个人与自然的关系	6.1%	3.2%	3.2%	2.9%	6.6%	4.1%
个人与社会	13.3%	14.6%	14.9%	21.1%	15.8%	15.6%
个人与国家	10.2%	6.3%	12.1%	13.1%	11.2%	11.0%
个人与工作单位	12.8%	8.9%	11.1%	1.7%	4.6%	8.8%
通过网络建立的关系		0.6%				0.1%
朋友	14.8%	19.0%	13.5%	17.7%	19.1%	15.8%
个人与自身的关系（身心和谐）	6.1%	5.7%	7.6%	5.1%	7.2%	6.7%
总计	100.0%	100.0%	100.0%	100.0%	100.0%	100.0%
列总计	196	158	497	175	152	1178

Chi-square test：sig = 0.008 < 0.05，所以不同职业的人在对“众多关系中，排在第五位的关系”的选择上有显著差异。

C23 by A10

对社会秩序最具根本性意义的关系 * A10 Crosstabulation

	高级白领	低级白领	工人/做小生意者	农民	无业/失业/下岗人员	总计
家庭伦理关系或血缘关系	25.1%	27.4%	27.7%	27.9%	30.4%	27.6%
个人与社会的关系	43.0%	40.2%	34.0%	35.0%	37.3%	36.9%
职业伦理关系	2.9%	3.0%	3.3%	2.7%	1.9%	2.9%
个人与国家民族的关系	21.7%	18.9%	27.1%	29.0%	25.3%	25.2%
个人与自然的关系	4.3%	3.7%	2.5%	3.3%	2.5%	3.1%
个人与他自身的关系	2.9%	6.7%	5.4%	2.2%	2.5%	4.3%
总计	100.0%	100.0%	100.0%	100.0%	100.0%	100.0%
列总计	207	164	520	183	158	1232

Chi-square test：sig = 0.419 > 0.05，所以不同职业的人在“对社会秩序最具根本性意义的关系”的选择上无显著差异。

C24 by A10

对个人生活最具根本性意义的关系＊ A10 Crosstabulation

	高级白领	低级白领	工人/做小生意者	农民	无业/失业/下岗人员	总计
家庭伦理关系或血缘关系	62.3%	67.1%	69.1%	68.6%	68.6%	67.6%
个人与社会的关系	11.1%	12.8%	12.1%	12.0%	11.3%	11.9%
职业伦理关系	1.9%	3.0%	3.3%	1.6%	5.7%	3.1%
个人与国家民族的关系	11.1%	4.9%	8.6%	9.9%	8.2%	8.7%
个人与自然的关系	4.8%	1.8%	1.7%	1.6%	0.6%	2.1%
个人与他自身的关系	8.7%	10.4%	5.2%	6.3%	5.7%	6.7%
总计	100.0%	100.0%	100.0%	100.0%	100.0%	100.0%
列总计	207	164	521	191	159	1242

Chi-square test：sig = 0.108 > 0.05，所以不同职业的人在“对个人生活最具根本性意义的关系”的选择上没有显著差异。

C25 by A10

是否会为了得到好处而仿效他人不守道德＊ A10 Crosstabulation

	高级白领	低级白领	工人/做小生意者	农民	无业/失业/下岗人员	总计
从来不这么做	72.1%	64.8%	76.1%	86.8%	80.8%	76.3%
通常不这么做，关键时刻会这么做	18.8%	18.2%	13.8%	6.6%	14.4%	14.2%
经常这么做	1.0%	0.6%	0.9%	1.0%		0.8%
说不清	8.2%	16.4%	9.1%	5.6%	4.8%	8.8%
总计	100.0%	100.0%	100.0%	100.0%	100.0%	100.0%
列总计	208	165	528	197	167	1265

Chi-square test：sig = 0.000 < 0.05，所以不同职业的人在对“是否会为了得到好处而仿效他人不守道德”的选择上有显著差异。

C27 by A10

从网络中获得的信息对思想行为的影响＊ A10 Crosstabulation

	高级白领	低级白领	工人/做小生意者	农民	无业/失业/下岗人员	总计
影响很大	6.3%	4.8%	4.8%	1.0%	3.6%	4.3%
有一些影响	46.6%	47.3%	25.8%	10.4%	26.9%	29.9%
不太影响	23.1%	26.1%	17.0%	6.2%	21.0%	18.1%

续表

	高级白领	低级白领	工人/做小生意者	农民	无业/失业/下岗人员	总计
完全没有影响	6.3%	4.8%	5.4%	2.6%	2.4%	4.6%
不适用，因为不上网	17.8%	17.0%	47.0%	79.8%	46.1%	43.2%
总计	100.0%	100.0%	100.0%	100.0%	100.0%	100.0%
列总计	208	165	523	193	167	1256

Chi-square test：sig = 0.000 < 0.05，所以不同职业的人在“从网络中获得的信息对思想行为的影响”的评价上有显著差异。

C28a by A10

坑蒙拐骗现象的严重程度 * A10 Crosstabulation

	高级白领	低级白领	工人/做小生意者	农民	无业/失业/下岗人员	总计
非常不严重	2.9%	1.2%	4.2%	5.1%	2.4%	3.5%
比较不严重	25.1%	19.4%	22.6%	28.2%	21.2%	23.3%
比较严重	53.1%	56.4%	50.0%	41.5%	52.7%	50.4%
非常严重	18.8%	23.0%	23.2%	25.1%	23.6%	22.8%
总计	100.0%	100.0%	100.0%	100.0%	100.0%	100.0%
列总计	207	165	526	195	165	1258

Chi-square test：sig = 0.196 > 0.05，所以不同职业的人在对“坑蒙拐骗现象的严重程度”的评价上没有显著差异。

C28b by A10

人际关系冷漠，见危不救的严重程度 * A10 Crosstabulation

	高级白领	低级白领	工人/做小生意者	农民	无业/失业/下岗人员	总计
非常不严重	4.3%	1.2%	3.6%	6.2%	3.6%	3.8%
比较不严重	28.0%	22.4%	30.0%	43.1%	36.4%	31.6%
比较严重	53.1%	57.0%	51.1%	36.9%	46.7%	49.4%
非常严重	14.5%	19.4%	15.2%	13.8%	13.3%	15.2%
总计	100.0%	100.0%	100.0%	100.0%	100.0%	100.0%
列总计	207	165	526	195	165	1258

Chi-square test：sig = 0.001 < 0.05，所以不同职业的人在对“人际关系冷漠，见危不救的严重程度”的评价上有显著差异。

C28c by A10

诚信缺乏，社会信用度低的严重程度 * A10 Crosstabulation

	高级白领	低级白领	工人/做小生意者	农民	无业/失业/下岗人员	总计
非常不严重	2.9%	1.2%	3.4%	3.6%	3.0%	3.0%
比较不严重	30.6%	18.3%	28.0%	37.3%	32.3%	29.1%
比较严重	51.0%	61.6%	55.4%	48.7%	54.3%	54.3%
非常严重	15.5%	18.9%	13.2%	10.4%	10.4%	13.5%
总计	100.0%	100.0%	100.0%	100.0%	100.0%	100.0%
列总计	206	164	522	193	164	1249

Chi-square test：sig = 0.018 < 0.05，所以不同职业的人在对"诚信缺乏，社会信用度低的严重程度"的评价上有显著差异。

C28d by A10

很多人在公共场所缺乏公德，如大声喧哗、不排队、随地吐痰的严重程度 * A10 Crosstabulation

	高级白领	低级白领	工人/做小生意者	农民	无业/失业/下岗人员	总计
非常不严重	3.4%		2.7%	2.6%	2.4%	2.4%
比较不严重	26.6%	28.7%	29.2%	48.7%	33.1%	32.2%
比较严重	53.6%	53.7%	51.0%	35.9%	47.0%	48.9%
非常严重	16.4%	17.7%	17.2%	12.8%	17.5%	16.5%
总计	100.0%	100.0%	100.0%	100.0%	100.0%	100.0%
列总计	207	164	524	195	166	1256

Chi-square test：sig = 0.000 < 0.05，所以不同职业的人在对"很多人在公共场所缺乏公德，如大声喧哗、不排队、随地吐痰的严重程度"的评价上有显著差异。

C28e by A10

自私自利，损人利己，物欲横流的严重程度 * A10 Crosstabulation

	高级白领	低级白领	工人/做小生意者	农民	无业/失业/下岗人员	总计
非常不严重	2.4%	0.6%	2.3%	6.6%	2.4%	2.8%
比较不严重	35.3%	30.3%	31.3%	41.3%	31.3%	33.4%
比较严重	50.2%	49.1%	51.9%	40.3%	53.6%	49.7%
非常严重	12.1%	20.0%	14.5%	11.7%	12.7%	14.1%
总计	100.0%	100.0%	100.0%	100.0%	100.0%	100.0%
列总计	207	165	524	196	166	1258

Chi-square test：sig = 0.003 < 0.05，所以不同职业的人在副"自私自利，损人利己，物欲横流的严重程度"的评价上有显著差异。

C28f by A10

缺乏公正心和正义感的严重程度 * A10 Crosstabulation

	高级白领	低级白领	工人/做小生意者	农民	无业/失业/下岗人员	总计
非常不严重	2.9%	3.0%	4.8%	10.3%	3.6%	5.0%
比较不严重	36.2%	32.3%	34.7%	42.8%	38.6%	36.4%
比较严重	48.3%	53.7%	48.9%	41.8%	47.0%	48.1%
非常严重	12.6%	11.0%	11.5%	5.2%	10.8%	10.5%
总计	100.0%	100.0%	100.0%	100.0%	100.0%	100.0%
列总计	207	164	521	194	166	1252

Chi-square test：sig = 0.006 < 0.05，所以不同职业的人在对“缺乏公正心和正义感的严重程度”的评价上有显著差异。

C28g by A10

缺乏羞耻感的严重程度 * A10 Crosstabulation

	高级白领	低级白领	工人/做小生意者	农民	无业/失业/下岗人员	总计
非常不严重	4.3%	4.8%	4.8%	11.3%	5.5%	5.8%
比较不严重	43.5%	37.0%	37.9%	57.7%	43.6%	42.5%
比较严重	40.6%	44.8%	45.3%	26.3%	40.0%	40.8%
非常严重	11.6%	13.3%	12.0%	4.6%	10.9%	10.8%
总计	100.0%	100.0%	100.0%	100.0%	100.0%	100.0%
列总计	207	165	523	194	165	1254

Chi-square test：sig = 0.000 < 0.05，所以不同职业的人在对“缺乏羞耻感的严重程度”的评价上有显著差异。

C28h by A10

干部贪污受贿，以权谋利的严重程度 * A10 Crosstabulation

	高级白领	低级白领	工人/做小生意者	农民	无业/失业/下岗人员	总计
非常不严重	1.9%	1.8%	1.9%	3.7%	1.8%	2.2%
比较不严重	17.0%	13.4%	14.1%	32.8%	12.9%	17.2%
比较严重	46.6%	39.0%	44.1%	30.2%	45.4%	41.9%
非常严重	34.5%	45.7%	39.8%	33.3%	39.9%	38.7%
总计	100.0%	100.0%	100.0%	100.0%	100.0%	100.0%
列总计	206	164	517	189	163	1239

Chi-square test：sig = 0.000 < 0.05，所以不同职业的人在对“干部贪污受贿，以权谋利的严重程度”的评价上有显著差异。

C28i by A10

生活奢侈，铺张浪费的严重程度 * A10 Crosstabulation

	高级白领	低级白领	工人/做小生意者	农民	无业/失业/下岗人员	总计
非常不严重	3.4%	0.6%	3.6%	11.9%	3.0%	4.4%
比较不严重	32.0%	24.1%	27.4%	40.9%	30.3%	30.2%
比较严重	49.5%	53.7%	50.5%	31.1%	48.5%	47.5%
非常严重	15.0%	21.6%	18.4%	16.1%	18.2%	17.9%
总计	100.0%	100.0%	100.0%	100.0%	100.0%	100.0%
列总计	206	162	521	193	165	1247

Chi-square test：sig = 0.000 < 0.05，所以不同职业的人在对“生活奢侈，铺张浪费的严重程度”的评价上有显著差异。

C28j by A10

奉行功利主义，相互算计的严重程度 * A10 Crosstabulation

	高级白领	低级白领	工人/做小生意者	农民	无业/失业/下岗人员	总计
非常不严重	4.8%	1.8%	4.0%	8.4%	3.0%	4.4%
比较不严重	40.1%	35.2%	37.1%	45.0%	33.9%	38.1%
比较严重	44.4%	48.5%	46.5%	38.7%	52.7%	46.1%
非常严重	10.6%	14.5%	12.3%	7.9%	10.3%	11.4%
总计	100.0%	100.0%	100.0%	100.0%	100.0%	100.0%
列总计	207	165	520	191	165	1248

Chi-square test：sig = 0.032 < 0.05，所以不同职业的人在对“奉行功利主义，相互算计的严重程度”的评价上有显著差异。

C28k by A10

企业损害社会利益的严重程度，如污染环境、以虚假广告误导公众等 * A10 Crosstabulation

	高级白领	低级白领	工人/做小生意者	农民	无业/失业/下岗人员	总计
非常不严重	2.9%	1.8%	2.5%	4.8%	1.2%	2.7%
比较不严重	21.7%	13.9%	19.6%	36.2%	21.8%	22.0%
比较严重	52.2%	53.3%	55.8%	40.4%	53.9%	52.3%
非常严重	23.2%	30.9%	22.1%	18.6%	23.0%	23.1%
总计	100.0%	100.0%	100.0%	100.0%	100.0%	100.0%
列总计	207	165	520	188	165	1245

Chi-square test：sig = 0.000 < 0.05，所以不同职业的人在对“企业损害社会利益的严重程度，如污染环境、以虚假广告误导公众等”的评价上有显著差异。

C28l by A10

娱乐界以丑闻、绯闻炒作，污染社会风气的严重程度 * 职业 Crosstabulation

	高级白领	低级白领	工人/做小生意者	农民	无业/失业/下岗人员	总计
非常不严重	2.4%	0.6%	1.8%	6.3%	2.0%	2.3%
比较不严重	24.4%	22.7%	31.8%	47.6%	33.6%	31.4%
比较严重	52.2%	51.5%	48.3%	36.4%	51.0%	48.3%
非常严重	21.0%	25.2%	18.1%	9.8%	13.4%	18.0%
总计	100.0%	100.0%	100.0%	100.0%	100.0%	100.0%
列总计	205	163	493	143	149	1153

Chi-square test：sig = 0.000 < 0.05，所以不同职业的人在对“娱乐界以丑闻、绯闻炒作，污染社会风气的严重程度”的评价上有显著差异。

C28m by A10

媒体缺乏社会责任，炒作新闻的严重程度 * A10 Crosstabulation

	高级白领	低级白领	工人/做小生意者	农民	无业/失业/下岗人员	总计
非常不严重	5.4%	1.9%	2.8%	6.7%	1.3%	3.4%
比较不严重	33.3%	29.4%	34.7%	51.0%	41.4%	36.7%
比较严重	42.6%	53.1%	49.3%	32.9%	48.4%	46.4%
非常严重	18.6%	15.6%	13.2%	9.4%	8.9%	13.4%
总计	100.0%	100.0%	100.0%	100.0%	100.0%	100.0%
列总计	204	160	499	149	157	1169

Chi-square test：sig = 0.000 < 0.05，所以不同职业的人在对“媒体缺乏社会责任，炒作新闻的严重程度”的评价上有显著差异。

C28n by A10

社会财富分配不公，贫富悬殊过大的严重程度 * A10 Crosstabulation

	高级白领	低级白领	工人/做小生意者	农民	无业/失业/下岗人员	总计
非常不严重	1.9%	0.6%	1.5%	2.6%	0.6%	1.5%
比较不严重	19.8%	11.5%	13.1%	23.8%	15.8%	16.0%
比较严重	51.2%	44.2%	44.5%	43.5%	52.1%	46.4%
非常严重	27.1%	43.6%	40.9%	30.1%	31.5%	36.1%
总计	100.0%	100.0%	100.0%	100.0%	100.0%	100.0%
列总计	207	165	521	193	165	1251

Chi-square test：sig = 0.001 < 0.05，所以不同职业的人在对“社会财富分配不公，贫富悬殊过大的严重程度”的评价上有显著差异。

C28o by A10

教师不尽职的严重程度 * A10 Crosstabulation

	高级白领	低级白领	工人/做小生意者	农民	无业/失业/下岗人员	总计
非常不严重	16. 1%	10. 9%	10. 9%	24. 6%	12. 7%	14. 1%
比较不严重	53. 7%	46. 7%	46. 1%	53. 4%	51. 5%	49. 2%
比较严重	24. 4%	27. 3%	32. 1%	15. 2%	27. 3%	26. 9%
非常严重	5. 9%	15. 2%	10. 9%	6. 8%	8. 5%	9. 7%
总计	100. 0%	100. 0%	100. 0%	100. 0%	100. 0%	100. 0%
列总计	205	165	521	191	165	1247

Chi-square test：sig = 0. 000 < 0. 05，所以不同职业的人在对“教师不尽职的严重程度”的评价上有显著差异。

C28p by A10

医生不守职业道德的严重程度 * A10 Crosstabulation

	高级白领	低级白领	工人/做小生意者	农民	无业/失业/下岗人员	总计
非常不严重	9. 2%	9. 1%	8. 1%	24. 7%	12. 8%	11. 6%
比较不严重	51. 9%	37. 6%	47. 2%	44. 8%	50. 0%	46. 7%
比较严重	30. 1%	37. 0%	30. 3%	24. 2%	28. 0%	29. 9%
非常严重	8. 7%	16. 4%	14. 4%	6. 2%	9. 1%	11. 8%
总计	100. 0%	100. 0%	100. 0%	100. 0%	100. 0%	100. 0%
列总计	206	165	521	194	164	1250

Chi-square test：sig = 0. 000 < 0. 05，所以不同职业的人在对“医生不守职业道德的严重程度”的评价上有显著差异。

C28q by A10

公众人物用知名度攫取财富的严重程度 * A10 Crosstabulation

	高级白领	低级白领	工人/做小生意者	农民	无业/失业/下岗人员	总计
非常不严重	4. 9%	4. 3%	4. 6%	14. 6%	4. 5%	5. 9%
比较不严重	27. 5%	23. 3%	31. 5%	43. 3%	34. 2%	31. 6%
比较严重	50. 0%	51. 5%	51. 4%	33. 8%	43. 9%	47. 8%
非常严重	17. 6%	20. 9%	12. 5%	8. 3%	17. 4%	14. 6%
总计	100. 0%	100. 0%	100. 0%	100. 0%	100. 0%	100. 0%
列总计	204	163	504	157	155	1183

Chi-square test：sig = 0. 000 < 0. 05，所以不同职业的人在对“公众人物用知名度攫取财富的严重程度”的评价上有显著差异。

C28r by A10

不爱国的严重程度 * A10 Crosstabulation

	高级白领	低级白领	工人/做小生意者	农民	无业/失业/下岗人员	总计
非常不严重	28.8%	26.4%	32.9%	43.0%	33.3%	33.0%
比较不严重	45.9%	39.3%	44.0%	41.5%	46.1%	43.6%
比较严重	19.5%	20.2%	15.3%	9.3%	14.5%	15.6%
非常严重	5.9%	14.1%	7.8%	6.2%	6.1%	7.8%
总计	100.0%	100.0%	100.0%	100.0%	100.0%	100.0%
列总计	205	163	516	193	165	1242

Chi-square test：sig = 0.002 < 0.05，所以不同职业的人在“不爱国的严重程度”的评价上有显著差异。

C28s by A10

两性关系过度开放导致婚姻不稳定的严重程度 * A10 Crosstabulation

	高级白领	低级白领	工人/做小生意者	农民	无业/失业/下岗人员	总计
非常不严重	3.9%	4.2%	2.9%	11.9%	6.0%	5.1%
比较不严重	36.9%	33.9%	25.0%	32.6%	28.9%	29.9%
比较严重	47.3%	49.7%	51.4%	35.8%	42.8%	47.0%
非常严重	11.8%	12.1%	20.6%	19.7%	22.3%	18.1%
总计	100.0%	100.0%	100.0%	100.0%	100.0%	100.0%
列总计	203	165	519	193	166	1246

Chi-square test：sig = 0.000 < 0.05，所以不同职业的人在对“两性关系过度开放导致婚姻不稳定的严重程度”的评价上有显著差异。

C28t by A10

年轻人缺乏责任感，不孝敬父母的严重程度 * A10 Crosstabulation

	高级白领	低级白领	工人/做小生意者	农民	无业/失业/下岗人员	总计
非常不严重	7.3%	5.5%	6.9%	18.5%	7.8%	8.7%
比较不严重	50.5%	38.2%	43.5%	49.2%	47.6%	45.4%
比较严重	35.4%	44.8%	37.4%	23.1%	34.3%	35.4%
非常严重	6.8%	11.5%	12.1%	9.2%	10.2%	10.5%
总计	100.0%	100.0%	100.0%	100.0%	100.0%	100.0%
列总计	206	165	519	195	166	1251

Chi-square test：sig = 0.000 < 0.05，所以不同职业的人在对“年轻人缺乏责任感，不孝敬父母的严重程度”的评价上有显著差异。

C28u by A10

父母和子女代沟问题严重，难以沟通的严重程度 * A10 Crosstabulation

	高级白领	低级白领	工人/做小生意者	农民	无业/失业/下岗人员	总计
非常不严重	5.8%	7.3%	6.9%	16.8%	7.9%	8.4%
比较不严重	52.4%	40.6%	50.1%	57.9%	48.5%	50.2%
比较严重	35.9%	43.6%	36.8%	20.8%	37.0%	35.1%
非常严重	5.8%	8.5%	6.3%	4.6%	6.7%	6.3%
总计	100.0%	100.0%	100.0%	100.0%	100.0%	100.0%
列总计	206	165	525	197	165	1258

Chi-square test：sig = 0.000 < 0.05，所以不同职业的人在对“父母和子女代沟问题严重，难以沟通的严重程度”的评价上有显著差异。

C28v by A10

父母过度干涉子女的工作和生活的严重程度 * A10 Crosstabulation

	高级白领	低级白领	工人/做小生意者	农民	无业/失业/下岗人员	总计
非常不严重	10.7%	12.8%	11.7%	17.9%	12.7%	12.8%
比较不严重	59.7%	51.2%	59.5%	62.8%	63.0%	59.4%
比较严重	26.2%	32.9%	24.9%	15.8%	20.6%	24.2%
非常严重	3.4%	3.0%	4.0%	3.6%	3.6%	3.7%
总计	100.0%	100.0%	100.0%	100.0%	100.0%	100.0%
列总计	206	164	523	196	165	1254

Chi-square test：sig = 0.061 > 0.05，所以不同职业的人在“父母过度干涉子女的工作和生活的严重程度”的评价上没有显著差异。

C28w by A10

老无所养，缺乏安全感的严重程度 * A10 Crosstabulation

	高级白领	低级白领	工人/做小生意者	农民	无业/失业/下岗人员	总计
非常不严重	11.7%	9.8%	12.8%	16.3%	12.1%	12.7%
比较不严重	47.1%	33.5%	42.6%	53.6%	40.0%	43.5%
比较严重	30.1%	44.5%	33.7%	21.4%	34.5%	32.7%
非常严重	11.2%	12.2%	10.9%	8.7%	13.3%	11.1%
总计	100.0%	100.0%	100.0%	100.0%	100.0%	100.0%
列总计	206	164	523	196	165	1254

Chi-square test：sig = 0.003 < 0.05，所以不同职业的人在“老无所养，缺乏安全感的严重程度”的评价上有显著差异。

C29a by A10

对于个人而言，家庭、社会和国家哪个排在第一位＊ A10 Crosstabulation

	高级白领	低级白领	工人/做小生意者	农民	无业/失业/下岗人员	总计
国家	44.9%	40.1%	51.7%	71.0%	49.4%	51.8%
社会	0.5%	1.2%	3.6%	3.1%	3.0%	2.6%
家庭	54.6%	58.6%	44.6%	25.9%	47.6%	45.6%
总计	100.0%	100.0%	100.0%	100.0%	100.0%	100.0%
列总计	207	162	522	193	166	1250

Chi-square test：sig = 0.000 < 0.05，所以不同职业的人在“对于个人而言，家庭、社会和国家哪个排在第一位”的选择上有显著差异。

C29b by A10

对于个人而言，家庭、社会和国家哪个排在第二位＊ A10 Crosstabulation

	高级白领	低级白领	工人/做小生意者	农民	无业/失业/下岗人员	总计
国家	25.6%	24.5%	29.5%	20.2%	32.5%	27.2%
社会	59.4%	57.1%	45.8%	42.0%	41.0%	48.3%
家庭	15.0%	18.4%	24.7%	37.8%	26.5%	24.5%
总计	100.0%	100.0%	100.0%	100.0%	100.0%	100.0%
列总计	207	163	518	193	166	1247

Chi-square test：sig = 0.000 < 0.05，所以不同职业的人在“对于个人而言，家庭、社会和国家哪个排在第二位”的选择上有显著差异。

C29c by A10

对于个人而言，家庭、社会和国家哪个排在第三位＊ A10 Crosstabulation

	高级白领	低级白领	工人/做小生意者	农民	无业/失业/下岗人员	总计
国家	29.5%	35.0%	18.6%	8.8%	18.1%	20.9%
社会	40.1%	41.1%	50.7%	54.9%	56.0%	49.0%
家庭	30.4%	23.9%	30.8%	36.3%	25.9%	30.0%
总计	100.0%	100.0%	100.0%	100.0%	100.0%	100.0%
列总计	207	163	517	193	166	1246

Chi-square test：sig = 0.000 < 0.05，所以不同职业的人在“对于个人而言，家庭、社会和国家哪个排在第三位”的选择上有显著差异。

C30a by A10

家庭成员之间发生冲突，您会首先选择哪种途径来解决？ * A10 Crosstabulation

	高级白领	低级白领	工人/做小生意者	农民	无业/失业/下岗人员	总计
诉诸法律，打官司	0.5%	1.2%	0.4%	0.5%	1.2%	0.6%
直接找对方沟通但得理让人，适可而止	64.7%	54.6%	57.0%	60.3%	55.2%	58.2%
通过第三方（如社会机构，朋友等）从中调解，尽量不伤和气	7.7%	11.7%	11.6%	5.2%	7.3%	9.4%
能忍则忍	27.1%	32.5%	31.0%	34.0%	36.4%	31.7%
总计	100.0%	100.0%	100.0%	100.0%	100.0%	100.0%
列总计	207	163	525	194	165	1254

Chi-square test：sig = 0.167 > 0.05，所以不同职业的人在对“家庭成员之间发生冲突的解决途径”的选择上没有显著差异。

C30b by A10

朋友之间发生冲突，您会首先选择哪种途径来解决？ * A10 Crosstabulation

	高级白领	低级白领	工人/做小生意者	农民	无业/失业/下岗人员	总计
诉诸法律，打官司	1.0%	3.1%	2.3%	2.7%	4.3%	2.5%
直接找对方沟通但得理让人，适可而止	55.1%	49.7%	49.1%	55.4%	41.4%	50.1%
通过第三方（如社会机构，朋友等）从中调解，尽量不伤和气	26.8%	31.9%	30.1%	23.1%	29.6%	28.7%
能忍则忍	17.1%	15.3%	18.4%	18.8%	24.7%	18.7%
总计	100.0%	100.0%	100.0%	100.0%	100.0%	100.0%
列总计	205	163	521	186	162	1237

Chi-square test：sig = 0.162 > 0.05，所以不同职业的人在对“朋友之间发生冲突的解决途径”的选择上没有显著差异。

C30c by A10.

同事之间发生冲突，您会首先选择哪种途径来解决？ * A10 Crosstabulation

	高级白领	低级白领	工人/做小生意者	农民	无业/失业/下岗人员	总计
诉诸法律，打官司	0.5%	3.1%	2.7%	1.8%	1.9%	2.2%

续表

	高级白领	低级白领	工人/做小生意者	农民	无业/失业/下岗人员	总计
直接找对方沟通但得理让人，适可而止	52.9%	44.7%	45.4%	47.9%	38.6%	46.0%
通过第三方（如社会机构，朋友等）从中调解，尽量不伤和气	27.2%	29.8%	28.6%	21.2%	30.4%	27.7%
能忍则忍	19.4%	22.4%	23.4%	29.1%	29.1%	24.1%
总计	100.0%	100.0%	100.0%	100.0%	100.0%	100.0%
列总计	206	161	518	165	158	1208

Chi-square test：sig = 0.138 > 0.05，所以不同职业的人在对“同事之间发生冲突的解决途径”的选择上没有显著差异。

C30d by A10

商业伙伴之间发生冲突，您会首先选择哪种途径来解决？ * A10 Crosstabulation

	高级白领	低级白领	工人/做小生意者	农民	无业/失业/下岗人员	总计
诉诸法律，打官司	54.0%	56.9%	50.5%	37.9%	48.4%	50.0%
直接找对方沟通但得理让人，适可而止	23.0%	20.0%	24.6%	28.0%	29.0%	24.7%
通过第三方（如社会机构，朋友等）从中调解，尽量不伤和气	19.5%	16.3%	17.2%	9.3%	12.9%	15.8%
能忍则忍	3.5%	6.9%	7.8%	24.8%	9.7%	9.5%
总计	100.0%	100.0%	100.0%	100.0%	100.0%	100.0%
列总计	200	160	501	161	155	1177

Chi-square test：sig = 0.000 < 0.05，所以不同职业的人在对“商业伙伴之间发生冲突的解决途径”的选择上有显著差异。

C31 by A10

对当前我国伦理关系和道德风尚造成最大负面影响的因素 * A10 Crosstabulation

	高级白领	低级白领	工人/做小生意者	农民	无业/失业/下岗人员	总计
传统文化的崩坏	29.5%	26.1%	24.9%	27.8%	28.8%	26.8%
外来文化的冲击	14.5%	15.2%	13.7%	9.7%	10.3%	13.0%

续表

	高级白领	低级白领	工人/做小生意者	农民	无业/失业/下岗人员	总计
市场经济导致的个人主义	43.5%	41.8%	44.6%	41.5%	46.2%	43.8%
计算机网络技术的发展	9.2%	13.3%	13.7%	10.8%	11.5%	12.2%
其他	3.4%	3.6%	3.0%	10.2%	3.2%	4.2%
总计	100.0%	100.0%	100.0%	100.0%	100.0%	100.0%
列总计	207	165	502	176	156	1206

Chi-square test：sig = 0.047 < 0.05，所以不同职业的人在“对当前我国伦理关系和道德风尚造成最大负面影响的因素”的选择上有显著差异。

C32 by A10

成长中得到道德训练的最重要场所或机构 * A10 Crosstabulation

	高级白领	低级白领	工人/做小生意者	农民	无业/失业/下岗人员	总计
家庭	36.1%	44.5%	38.5%	42.5%	32.5%	38.7%
学校	30.3%	31.1%	26.1%	18.7%	28.3%	26.6%
社会（包括职业生活）	24.0%	16.5%	26.1%	27.5%	29.5%	25.2%
国家或政府	6.3%	3.0%	6.1%	7.3%	6.6%	6.0%
媒体	1.0%	3.7%	1.7%	1.6%	0.6%	1.7%
其他	2.4%	1.2%	1.3%	2.6%	2.4%	1.8%
总计	100.0%	100.0%	100.0%	100.0%	100.0%	100.0%
列总计	208	164	524	193	166	1255

Chi-square test：sig = 0.085 > 0.05，所以不同职业的人在对“成长中得到道德训练的最重要场所或机构”的选择上没有显著差异。

C33a by A10

对政府官员的伦理道德状况的满意程度 * A10 Crosstabulation

	高级白领	低级白领	工人/做小生意者	农民	无业/失业/下岗人员	总计
不满意	60.4%	63.6%	57.8%	34.7%	52.8%	54.8%
满意	39.6%	36.4%	42.2%	65.3%	47.2%	45.2%
总计	100.0%	100.0%	100.0%	100.0%	100.0%	100.0%
列总计	207	165	516	190	163	1241

Chi-square test：sig = 0.000 < 0.05，所以不同职业的人在“对政府官员的伦理道德状况的满意程度”上有显著差异。

C33b by A10

对企业家的伦理道德状况的满意程度 * A10 Crosstabulation

	高级白领	低级白领	工人/做小生意者	农民	无业/失业/下岗人员	总计
不满意	53.2%	54.3%	48.5%	30.2%	41.5%	46.5%
满意	46.8%	45.7%	51.5%	69.8%	58.5%	53.5%
总计	100.0%	100.0%	100.0%	100.0%	100.0%	100.0%
列总计	205	164	515	179	159	1222

Chi-square test：sig = 0.000 < 0.05，所以不同职业的人在“对企业家的伦理道德状况的满意程度”上有显著差异。

C33c by A10

对演艺娱乐界的伦理道德状况的满意程度 * A10 Crosstabulation

	高级白领	低级白领	工人/做小生意者	农民	无业/失业/下岗人员	总计
不满意	69.6%	62.8%	56.4%	29.1%	45.7%	54.7%
满意	30.4%	37.2%	43.6%	70.9%	54.3%	45.3%
总计	100.0%	100.0%	100.0%	100.0%	100.0%	100.0%
列总计	204	164	491	140	151	1158

Chi-square test：sig = 0.000 < 0.05，所以不同职业的人在“对演艺娱乐界的伦理道德状况的满意程度”上有显著差异。

C33d by A10

对教师的伦理道德状况的满意程度 * A10 Crosstabulation

	高级白领	低级白领	工人/做小生意者	农民	无业/失业/下岗人员	总计
不满意	18.4%	26.7%	22.7%	14.4%	12.7%	19.9%
满意	81.6%	73.3%	77.3%	85.6%	87.3%	80.1%
总计	100.0%	100.0%	100.0%	100.0%	100.0%	100.0%
列总计	207	165	520	194	166	1252

Chi-square test：sig = 0.002 < 0.05，所以不同职业的人在“对教师的伦理道德状况的满意程度”上有显著差异。

C33e by A10

对青少年的伦理道德状况的满意程度 * A10 Crosstabulation

	高级白领	低级白领	工人/做小生意者	农民	无业/失业/下岗人员	总计
不满意	25.2%	33.5%	27.5%	17.4%	24.1%	25.9%

续表

	高级白领	低级白领	工人/做小生意者	农民	无业/失业/下岗人员	总计
满意	74.8%	66.5%	72.5%	82.6%	75.9%	74.1%
总计	100.0%	100.0%	100.0%	100.0%	100.0%	100.0%
列总计	206	164	517	195	166	1248

Chi-square test：sig = 0.010 < 0.05，所以不同职业的人在“对青少年的伦理道德状况的满意程度”上有显著差异。

C33f by A10

对弱势群体的伦理道德状况的满意得程度 * A10 Crosstabulation

	高级白领	低级白领	工人/做小生意者	农民	无业/失业/下岗人员	总计
不满意	21.8%	30.0%	21.9%	19.8%	25.2%	23.0%
满意	78.2%	70.0%	78.1%	80.2%	74.8%	77.0%
总计	100.0%	100.0%	100.0%	100.0%	100.0%	100.0%
列总计	202	160	512	187	163	1224

Chi-square test：sig = 0.167 > 0.05，所以不同职业的人在“对弱势群体的伦理道德状况的满意得程度”上没有显著差异。

C33g by A10

对自由职业者的伦理道德状况的满意程度 * A10 Crosstabulation

	高级白领	低级白领	工人/做小生意者	农民	无业/失业/下岗人员	总计
不满意	26.2%	29.3%	23.6%	27.3%	27.8%	25.9%
满意	73.8%	70.7%	76.4%	72.7%	72.2%	74.1%
总计	100.0%	100.0%	100.0%	100.0%	100.0%	100.0%
列总计	202	164	508	176	158	1208

Chi-square test：sig = 0.585 > 0.05，所以不同职业的人在“对自由职业者的伦理道德状况的满意程度”上没有显著差异。

C33h by A10

对农民的伦理道德状况的满意程度 * A10 Crosstabulation

	高级白领	低级白领	工人/做小生意者	农民	无业/失业/下岗人员	总计
不满意	14.2%	14.0%	11.9%	3.6%	10.9%	11.1%
满意	85.8%	86.0%	88.1%	96.4%	89.1%	88.9%
总计	100.0%	100.0%	100.0%	100.0%	100.0%	100.0%

续表

	高级白领	低级白领	工人/做小生意者	农民	无业/失业/下岗人员	总计
列总计	204	164	519	196	165	1248

Chi-square test：sig＝0.005＜0.05，所以不同职业的人在“对农民的伦理道德状况的满意程度”上有显著差异。

C33i by A10

对商人的伦理道德状况的满意程度＊ A10 Crosstabulation

	高级白领	低级白领	工人/做小生意者	农民	无业/失业/下岗人员	总计
不满意	52.2%	57.3%	45.3%	37.7%	44.2%	46.7%
满意	47.8%	42.7%	54.7%	62.3%	55.8%	53.3%
总计	100.0%	100.0%	100.0%	100.0%	100.0%	100.0%
列总计	205	164	523	191	165	1248

Chi-square test：sig＝0.002＜0.05，所以不同职业的人在“对商人的伦理道德状况的满意程度”上有显著差异。

C33j by A10

对工人的伦理道德状况的满意程度＊ A10 Crosstabulation

	高级白领	低级白领	工人/做小生意者	农民	无业/失业/下岗人员	总计
不满意	11.8%	13.4%	9.8%	5.2%	10.2%	10.0%
满意	88.2%	86.6%	90.2%	94.8%	89.8%	90.0%
总计	100.0%	100.0%	100.0%	100.0%	100.0%	100.0%
列总计	203	164	521	192	166	1246

Chi-square test：sig＝0.098＞0.05，所以不同职业的人在“对工人的伦理道德状况的满意程度”上没有显著差异。

C33k by A10

对专家学者的伦理道德状况的满意程度＊ A10 Crosstabulation

	高级白领	低级白领	工人/做小生意者	农民	无业/失业/下岗人员	总计
不满意	26.3%	29.1%	19.4%	9.2%	18.8%	20.3%
满意	73.7%	70.9%	80.6%	90.8%	81.3%	79.7%
总计	100.0%	100.0%	100.0%	100.0%	100.0%	100.0%
列总计	205	165	511	173	160	1214

Chi-square test：sig＝0.000＜0.05，所以不同职业的人在“对专家学者的伦理道德状况的满意程度”上有显著差异。

C331 by A10

对医生的伦理道德状况的满意程度 * A10 Crosstabulation

	高级白领	低级白领	工人/做小生意者	农民	无业/失业/下岗人员	总计
不满意	30.0%	37.6%	30.5%	21.8%	25.7%	29.4%
满意	70.0%	62.4%	69.5%	78.2%	74.3%	70.6%
总计	100.0%	100.0%	100.0%	100.0%	100.0%	100.0%
列总计	207	165	524	197	167	1260

Chi-square test：sig = 0.016 < 0.05，所以不同职业的人在“对医生的伦理道德状况的满意程度”上有显著差异。

C34 by A10

哪种因素应当对当今不良道德风尚负主要责任 * A10 Crosstabulation

	高级白领	低级白领	工人/做小生意者	农民	无业/失业/下岗人员	总计
官员腐败	44.7%	39.3%	47.6%	30.6%	37.2%	42.1%
企业不讲诚信和损害社会利益	6.3%	8.0%	7.6%	6.5%	3.7%	6.7%
学校道德教育功能弱化	13.5%	7.4%	6.6%	7.5%	5.5%	7.8%
家庭伦理功能弱化	3.4%	3.7%	5.8%	12.4%	6.1%	6.1%
社会的不良影响	32.2%	41.7%	32.4%	43.0%	47.6%	37.2%
总计	100.0%	100.0%	100.0%	100.0%	100.0%	100.0%
列总计	208	163	515	186	164	1236

Chi-square test：sig = 0.000 < 0.05，所以不同职业的人在对“哪种因素应当对当今不良道德风尚负主要责任”的选择上有显著差异。

C35 by A10

政府在制定政策和决策时是否充分考虑到伦理道德方面的要求 * A10 Crosstabulation

	高级白领	低级白领	工人/做小生意者	农民	无业/失业/下岗人员	总计
是	56.3%	53.7%	57.6%	60.7%	58.1%	57.4%
否	43.7%	46.3%	42.4%	39.3%	41.9%	42.6%
总计	100.0%	100.0%	100.0%	100.0%	100.0%	100.0%
列总计	206	162	507	191	160	1226

Chi-square test：sig = 0.751 > 0.05，所以不同职业的人在对“政府在制定政策和决策时是否充分考虑到伦理道德方面的要求”的选择上没有显著差异。

C36 by A10

当前我国政府官员道德问题最严重的是 * A10 Crosstabulation

	高级白领	低级白领	工人/做小生意者	农民	无业/失业/下岗人员	总计
贪污	21.2%	30.9%	39.4%	42.9%	34.4%	35.1%
以权谋私	38.9%	37.0%	30.1%	23.8%	32.5%	31.9%
受贿	7.2%	5.6%	6.4%	6.3%	7.4%	6.5%
生活作风腐败	2.9%	4.9%	6.6%	5.8%	9.8%	6.1%
官僚主义	6.3%	2.5%	3.3%	2.6%	3.1%	3.6%
平庸、不作为	7.7%	2.5%	2.9%	2.1%	1.8%	3.4%
政绩工程，折腾百姓	9.1%	11.1%	5.0%	2.6%	3.7%	6.0%
铺张浪费	1.4%	1.9%	2.5%	2.6%	1.2%	2.1%
拉帮结派	1.9%	0.6%	1.2%	7.4%	3.1%	2.4%
其他	3.4%	3.1%	2.5%	3.7%	3.1%	3.0%
总计	100.0%	100.0%	100.0%	100.0%	100.0%	100.0%
列总计	208	162	515	189	163	1237

Chi-square test：sig = 0.000 < 0.05，所以不同职业的人在对“当前我国政府官员道德问题最严重的是”的选择上有显著差异。

C37a by A10

对您思想行为影响第一重要的人 * A10 Crosstabulation

	高级白领	低级白领	工人/做小生意者	农民	无业/失业/下岗人员	总计
政府官员	7.4%	8.0%	13.3%	18.2%	15.0%	12.5%
企业家	2.0%	1.2%	1.6%	3.4%	2.5%	2.0%
演艺明星、体育明星		0.6%	0.4%		1.3%	0.4%
教师	12.3%	8.0%	11.6%	11.4%	13.1%	11.4%
知识精英	5.9%	2.5%	3.5%		0.6%	2.9%
自由撰稿人		0.6%			0.6%	0.2%
农民		0.6%	0.6%	2.3%	3.8%	1.2%
工人	1.0%	0.6%	1.4%	2.3%	1.3%	1.3%
先哲先贤	7.4%	8.6%	6.5%	6.3%	5.0%	6.7%
父母	64.2%	69.3%	61.2%	56.3%	56.9%	61.5%
总计	100.0%	100.0%	100.0%	100.0%	100.0%	100.0%
列总计	204	163	510	176	160	1213

Chi-square test：sig = 0.002 < 0.05，所以不同职业的人在“对您思想行为影响第一重要的人”的选择上有显著差异。

C37b by A10

对您思想行为影响第二重要的人 * A10 Crosstabulation

	高级白领	低级白领	工人/做小生意者	农民	无业/失业/下岗人员	总计
政府官员	3.5%	7.0%	9.5%	11.7%	9.0%	8.3%
企业家	3.0%	5.1%	5.5%	5.6%	4.8%	4.9%
演艺明星、体育明星	0.5%	3.2%	2.1%	3.1%		1.8%
教师	48.0%	49.4%	45.2%	31.5%	40.0%	43.6%
知识精英	6.6%	5.1%	6.3%	3.7%	6.2%	5.8%
自由撰稿人	0.5%	0.6%	0.2%		0.7%	0.4%
农民	2.0%	1.9%	4.8%	15.4%	7.6%	5.8%
工人	2.5%	1.3%	4.8%	2.5%	4.8%	3.6%
先哲先贤	15.2%	10.1%	5.9%	7.4%	3.4%	8.0%
父母	18.2%	16.5%	15.8%	19.1%	23.4%	17.7%
总计	100.0%	100.0%	100.0%	100.0%	100.0%	100.0%
列总计	198	158	476	162	145	1139

Chi-square test：sig = 0.000 < 0.05，所以不同职业的人在“对您思想行为影响第二重要的人”的选择上有显著差异。

C37c by A10

对您思想行为影响第三重要的人 * A10 Crosstabulation

	高级白领	低级白领	工人/做小生意者	农民	无业/失业/下岗人员	总计
政府官员	16.6%	13.5%	17.9%	15.7%	16.3%	16.5%
企业家	3.7%	3.4%	5.1%	0.7%	5.2%	4.0%
演艺明星、体育明星	3.2%	8.8%	6.0%	2.6%	5.2%	5.3%
教师	15.0%	16.9%	15.7%	13.7%	17.8%	15.7%
知识精英	24.6%	23.6%	10.1%	4.6%	8.1%	13.5%
自由撰稿人	3.2%	5.4%	1.3%		1.5%	2.1%
农民	3.2%	4.7%	11.0%	27.5%	14.8%	11.6%
工人	5.9%	2.0%	11.4%	9.2%	8.9%	8.5%
先哲先贤	15.0%	14.9%	13.4%	17.0%	11.1%	14.1%
父母	9.6%	6.8%	8.1%	9.2%	11.1%	8.7%
总计	100.0%	100.0%	100.0%	100.0%	100.0%	100.0%
列总计	187	148	447	153	135	1070

Chi-square test：sig = 0.000 < 0.05，所以不同职业的人在“对您思想行为影响第三重要的人”的选择上有显著差异。

C38a by A10

对形成我国当前各种新型伦理关系和道德观念，第一重要的因素 * A10 Crosstabulation

	高级白领	低级白领	工人/做小生意者	农民	无业/失业/下岗人员	总计
网络和媒体	50.2%	40.2%	42.7%	30.5%	39.0%	41.5%
政府	27.3%	30.5%	34.0%	41.5%	29.2%	32.8%
大学及其文化	6.8%	9.1%	6.8%	9.8%	7.8%	7.6%
市场	9.8%	7.9%	8.0%	6.7%	12.3%	8.7%
企业	0.5%	1.2%	1.6%	1.8%	0.6%	1.3%
社会团体	5.4%	11.0%	6.2%	7.3%	11.0%	7.5%
其他			0.8%	2.4%		0.7%
总计	100.0%	100.0%	100.0%	100.0%	100.0%	100.0%
列总计	205	164	503	164	154	1190

Chi-square test：sig = 0.010 < 0.05，所以不同职业的人在“对形成我国当前各种新型伦理关系和道德观念，第一重要的因素”的选择上有显著差异。

C38b by A10

对形成我国当前各种新型伦理关系和道德观念，第二重要的因素 * A10 Crosstabulation

	高级白领	低级白领	工人/做小生意者	农民	无业/失业/下岗人员	总计
网络和媒体	16.7%	27.5%	17.1%	10.3%	25.3%	18.6%
政府	27.9%	27.5%	26.9%	26.9%	28.1%	27.3%
大学及其文化	19.6%	14.4%	16.3%	13.5%	10.3%	15.5%
市场	15.7%	13.8%	19.6%	25.0%	11.6%	17.8%
企业	3.9%	3.8%	7.4%	7.7%	6.2%	6.2%
社会团体	16.2%	12.5%	12.2%	14.7%	17.8%	14.0%
其他		0.6%	0.4%	1.9%	0.7%	0.6%
总计	100.0%	100.0%	100.0%	100.0%	100.0%	100.0%
列总计	204	160	484	156	146	1150

Chi-square test：sig = 0.002 < 0.05，所以不同职业的人在“对形成我国当前各种新型伦理关系和道德观念，第二重要的因素”的选择上有显著差异。

C38c by A10

对形成我国当前各种新型伦理关系和道德观念，第三重要的因素 * A10 Crosstabulation

	高级白领	低级白领	工人/做小生意者	农民	无业/失业/下岗人员	总计
网络和媒体	12.3%	11.9%	13.4%	16.2%	8.5%	12.8%
政府	10.8%	17.0%	15.1%	12.8%	19.9%	14.9%
大学及其文化	21.5%	17.0%	14.9%	18.2%	12.8%	16.5%
市场	25.1%	25.2%	19.8%	20.9%	24.1%	22.2%
企业	7.2%	10.1%	9.6%	13.5%	12.1%	10.1%
社会团体	22.1%	18.9%	26.0%	14.9%	22.0%	22.3%
其他	1.0%		1.3%	3.4%	0.7%	1.3%
总计	100.0%	100.0%	100.0%	100.0%	100.0%	100.0%
列总计	195	159	470	148	141	1113

Chi-square test：sig = 0.051 > 0.05，所以不同职业的人在“对形成我国当前各种新型伦理关系和道德观念，第三重要的因素”的选择上没有显著差异。

C39a by A10

信息技术、网络技术的发展对伦理道德的影响 * A10 Crosstabulation

	高级白领	低级白领	工人/做小生意者	农民	无业/失业/下岗人员	总计
变好了	28.0%	24.8%	30.4%	34.8%	30.0%	29.8%
没有变化	15.5%	11.5%	8.5%	8.3%	10.0%	10.2%
变差了	22.7%	24.8%	24.2%	21.0%	18.1%	22.8%
说不清	33.8%	38.8%	36.9%	35.9%	41.9%	37.2%
总计	100.0%	100.0%	100.0%	100.0%	100.0%	100.0%
列总计	207	165	517	181	160	1230

Chi-square test：sig = 0.219 > 0.05，所以不同职业的人在对“信息技术、网络技术的发展对伦理道德的影响”的评价上没有显著差异。

C39b by A10

市场经济对我国伦理道德的影响 * A10 Crosstabulation

	高级白领	低级白领	工人/做小生意者	农民	无业/失业/下岗人员	总计
变好了	18.9%	21.2%	29.8%	49.2%	33.7%	30.3%
没有变化	11.7%	16.4%	12.1%	6.4%	14.1%	12.0%
变差了	43.2%	35.8%	31.5%	24.1%	25.8%	32.1%

续表

	高级白领	低级白领	工人/做小生意者	农民	无业/失业/下岗人员	总计
说不清	26.2%	26.7%	26.7%	20.3%	26.4%	25.6%
总计	100.0%	100.0%	100.0%	100.0%	100.0%	100.0%
列总计	206	165	521	187	163	1242

Chi-square test：sig = 0.000 < 0.05，所以不同职业的人在对“市场经济对我国伦理道德的影响”的评价上有显著差异。

C39c by A10

西方文化对我国伦理道德的影响 * A10 Crosstabulation

	高级白领	低级白领	工人/做小生意者	农民	无业/失业/下岗人员	总计
变好了	16.3%	14.5%	16.1%	18.9%	20.1%	16.9%
没有变化	13.3%	16.4%	13.2%	14.4%	13.2%	13.8%
变差了	32.5%	30.3%	28.0%	16.1%	21.4%	26.5%
说不清	37.9%	38.8%	42.6%	50.6%	45.3%	42.8%
总计	100.0%	100.0%	100.0%	100.0%	100.0%	100.0%
列总计	203	165	514	180	159	1221

Chi-square test：sig = 0.054 > 0.05，所以不同职业的人在对“西方文化对我国伦理道德的影响”的评价上没有显著差异。

C40 by A10

如果国外报道与主流媒体宣传内容不一致，更倾向于相信 * A10 Crosstabulation

	高级白领	低级白领	工人/做小生意者	农民	无业/失业/下岗人员	总计
主流媒体	39.8%	36.2%	57.9%	81.1%	52.1%	55.0%
国外报道	13.6%	11.7%	6.1%	3.6%	8.0%	7.9%
谁都不相信，自己判断	34.0%	39.9%	21.4%	7.7%	27.0%	24.5%
说不清	12.6%	12.3%	14.5%	7.7%	12.9%	12.6%
总计	100.0%	100.0%	100.0%	100.0%	100.0%	100.0%
列总计	206	163	523	196	163	1251

Chi-square test：sig = 0.000 < 0.05，所以不同职业的人在对“如果国外报道与主流媒体宣传内容不一致时，更倾向于相信”的选择上有显著差异。

C41a by A10

经常关心比自己不幸的人 * A10 Crosstabulation

	高级白领	低级白领	工人/做小生意者	农民	无业/失业/下岗人员	总计
不符合	19.8%	23.0%	22.6%	13.7%	33.9%	22.3%
符合	80.2%	77.0%	77.4%	86.3%	66.1%	77.7%
总计	100.0%	100.0%	100.0%	100.0%	100.0%	100.0%
列总计	207	165	521	197	165	1255

Chi-square test：sig = 0.000 < 0.05，所以不同职业的人在对“经常关心比自己不幸的人”的自我评价上有显著差异。

C41b by A10

有时不会同情他人的难处 * A10 Crosstabulation

	高级白领	低级白领	工人/做小生意者	农民	无业/失业/下岗人员	总计
不符合	75.7%	62.4%	65.2%	63.8%	59.3%	65.6%
符合	24.3%	37.6%	34.8%	36.2%	40.7%	34.4%
总计	100.0%	100.0%	100.0%	100.0%	100.0%	100.0%
列总计	206	165	523	196	167	1257

Chi-square test：sig = 0.010 < 0.05，所以不同职业的人在对“有时不会同情他人的难处”的自我评价上有显著差异。

C41c by A10

在紧急情况下，会感到忧虑和不安 * A10 Crosstabulation

	高级白领	低级白领	工人/做小生意者	农民	无业/失业/下岗人员	总计
不符合	27.5%	21.5%	22.6%	20.7%	25.9%	23.4%
符合	72.5%	78.5%	77.4%	79.3%	74.1%	76.6%
总计	100.0%	100.0%	100.0%	100.0%	100.0%	100.0%
列总计	204	163	521	193	166	1247

Chi-square test：sig = 0.445 > 0.05，所以不同职业的人在对“在紧急情况下，会感到忧虑和不安”的自我评价上没有显著差异。

C41d by A10

在做决定前，会试着从每个人的立场去考虑问题 * A10 Crosstabulation

	高级白领	低级白领	工人/做小生意者	农民	无业/失业/下岗人员	总计
不符合	12.1%	20.0%	16.1%	16.1%	17.1%	16.1%

续表

	高级白领	低级白领	工人/做小生意者	农民	无业/失业/下岗人员	总计
符合	87.9%	80.0%	83.9%	83.9%	82.9%	83.9%
总计	100.0%	100.0%	100.0%	100.0%	100.0%	100.0%
列总计	207	165	522	193	164	1251

Chi-square test: sig = 0.347 > 0.05，所以不同职业的人在对“在做决定前，会试着从每个人的立场去考虑问题”的自我评价上没有显著差异。

C41e by A10

当看到有人被利用时，有点想保护他们＊ A10 Crosstabulation

	高级白领	低级白领	工人/做小生意者	农民	无业/失业/下岗人员	总计
不符合	24.2%	21.2%	17.2%	17.4%	24.1%	19.8%
符合	75.8%	78.8%	82.8%	82.6%	75.9%	80.2%
总计	100.0%	100.0%	100.0%	100.0%	100.0%	100.0%
列总计	207	165	522	195	166	1255

Chi-square test: sig = 0.115 > 0.05，所以不同职业的人在对“当看到有人被利用时，有点想要保护他们”的自我评价上没有显著差异。

C41f by A10

当情绪剧烈波动时，往往会感到无依无靠，不知如何是好＊ A10 Crosstabulation

	高级白领	低级白领	工人/做小生意者	农民	无业/失业/下岗人员	总计
不符合	55.1%	46.1%	39.3%	32.0%	37.7%	41.5%
符合	44.9%	53.9%	60.7%	68.0%	62.3%	58.5%
总计	100.0%	100.0%	100.0%	100.0%	100.0%	100.0%
列总计	207	165	519	194	167	1252

Chi-square test: sig = 0.000 < 0.05，所以不同职业的人在对“当情绪剧烈波动时，往往会感到无依无靠，不知如何是好”的自我评价上有显著差异。

C41g by A10

有时会站在他人的角度，以更好地理解自己的朋友＊ A10 Crosstabulation

	高级白领	低级白领	工人/做小生意者	农民	无业/失业/下岗人员	总计
不符合	4.8%	6.1%	6.9%	8.2%	10.8%	7.2%
符合	95.2%	93.9%	93.1%	91.8%	89.2%	92.8%
总计	100.0%	100.0%	100.0%	100.0%	100.0%	100.0%

续表

	高级白领	低级白领	工人/做小生意者	农民	无业/失业/下岗人员	总计
列总计	207	165	524	196	166	1258

Chi-square test：sig = 0. 219 > 0. 05，所以不同职业的人在对“有时会站在他人的角度，以更好地理解朋友”的自我评价上没有显著差异。

C41h by A10

他人的不幸通常不会给自己带来很大的烦忧 * A10 Crosstabulation

	高级白领	低级白领	工人/做小生意者	农民	无业/失业/下岗人员	总计
不符合	54. 6%	51. 5%	50. 7%	46. 6%	40. 6%	49. 5%
符合	45. 4%	48. 5%	49. 3%	53. 4%	59. 4%	50. 5%
总计	100. 0%	100. 0%	100. 0%	100. 0%	100. 0%	100. 0%
列总计	207	165	521	191	165	1249

Chi-square test：sig = 0. 073 > 0. 05，所以不同职业的人在对“他人的不幸通常不会给自己带来很大的烦忧”的自我评价上没有显著差异。

C41i by A10

在观看电视剧或电影之后，会感觉自己仿佛成了其中的一个角色 * A10 Crosstabulation

	高级白领	低级白领	工人/做小生意者	农民	无业/失业/下岗人员	总计
不符合	53. 4%	50. 0%	52. 7%	44. 0%	53. 2%	51. 2%
符合	46. 6%	50. 0%	47. 3%	56. 0%	46. 8%	48. 8%
总计	100. 0%	100. 0%	100. 0%	100. 0%	100. 0%	100. 0%
列总计	206	162	520	191	158	1237

Chi-square test：sig = 0. 269 > 0. 05，所以不同职业的人在对“在观看电视剧或电影之后，会感觉到自己仿佛成了其中的一个角色”的自我评价上没有显著差异。

C41j by A10

处在紧张情绪的状况中，会惊慌害怕 * A10 Crosstabulation

	高级白领	低级白领	工人/做小生意者	农民	无业/失业/下岗人员	总计
不符合	56. 1%	43. 6%	42. 7%	34. 4%	43. 0%	43. 8%
符合	43. 9%	56. 4%	57. 3%	65. 6%	57. 0%	56. 2%
总计	100. 0%	100. 0%	100. 0%	100. 0%	100. 0%	100. 0%
列总计	205	165	520	195	165	1250

Chi-square test：sig = 0. 001 < 0. 05，所以不同职业的人在对“处在紧张情绪的状况中，会惊慌害怕”的自我评价上有显著差异。

C41k by A10

当看到别人受到不公平待遇的时候，通常不会同情他们 * A10 Crosstabulation

	高级白领	低级白领	工人/做小生意者	农民	无业/失业/下岗人员	总计
不符合	90.2%	73.9%	78.4%	74.0%	77.0%	78.9%
符合	9.8%	26.1%	21.6%	26.0%	23.0%	21.1%
总计	100.0%	100.0%	100.0%	100.0%	100.0%	100.0%
列总计	205	165	523	196	165	1254

Chi-square test：sig = 0.000 < 0.05，所以不同职业的人在对“当看到别人受到不公正待遇的时候，通常不会同情他们”的自我评价上有显著差异。

C41l by A10

相信任何问题都有两面性，会试图从两个方面加以考虑 * A10 Crosstabulation

	高级白领	低级白领	工人/做小生意者	农民	无业/失业/下岗人员	总计
不符合	5.9%	9.1%	7.5%	8.7%	12.7%	8.3%
符合	94.1%	90.9%	92.5%	91.3%	87.3%	91.7%
总计	100.0%	100.0%	100.0%	100.0%	100.0%	100.0%
列总计	205	165	521	196	166	1253

Chi-square test：sig = 0.173 > 0.05，所以不同职业的人在对“相信任何问题都有两面性，会试图从两个方面加以考虑”的自我评价上没有显著差异。

C41m by A10

当对某人不耐烦的时候，通常会暂时站在他/她的位置上 * A10 Crosstabulation

	高级白领	低级白领	工人/做小生意者	农民	无业/失业/下岗人员	总计
不符合	39.3%	44.2%	34.0%	25.8%	31.3%	34.6%
符合	60.7%	55.8%	66.0%	74.2%	68.7%	65.4%
总计	100.0%	100.0%	100.0%	100.0%	100.0%	100.0%
列总计	206	165	521	194	166	1252

Chi-square test：sig = 0.003 < 0.05，所以不同职业的人在对“当对某人很不耐烦的时候，通常会暂时站在他/她的位置上”的自我评价上有显著差异。

C41n by A10

当在读一个有趣的故事或者一部电影的时候，会想象如果这些事情发生在自己身上，会是怎样的感受 * A10 Crosstabulation

	高级白领	低级白领	工人/做小生意者	农民	无业/失业/下岗人员	总计
不符合	31.6%	37.6%	32.2%	34.6%	32.5%	33.2%

续表

	高级白领	低级白领	工人/做小生意者	农民	无业/失业/下岗人员	总计
符合	68.4%	62.4%	67.8%	65.4%	67.5%	66.8%
总计	100.0%	100.0%	100.0%	100.0%	100.0%	100.0%
列总计	206	165	519	191	160	1241

Chi-square test：sig = 0.715 > 0.05，所以不同职业的人在对“当在读一个有趣的故事或者一部电影的时候，会想象如果这些事情发生在自己身上，会是怎样的感受”的自我评价上没有显著差异。

C41o by A10

当看到有人发生意外而急需帮助的时候，自己紧张得几乎精神崩溃 * A10 Crosstabulation

	高级白领	低级白领	工人/做小生意者	农民	无业/失业/下岗人员	总计
不符合	76.1%	72.0%	57.5%	36.0%	53.3%	58.5%
符合	23.9%	28.0%	42.5%	64.0%	46.7%	41.5%
总计	100.0%	100.0%	100.0%	100.0%	100.0%	100.0%
列总计	205	164	522	197	167	1255

Chi-square test：sig = 0.000 < 0.05，所以不同职业的人在对“当看到有人发生意外而急需帮助的时候，自己紧张得几乎精神崩溃”的自我评价上有显著差异。

C41p by A10

在批评他人前，会尝试想象一下如果自己处于那个位置会是什么感受 * A10 Crosstabulation

	高级白领	低级白领	工人/做小生意者	农民	无业/失业/下岗人员	总计
不符合	27.2%	28.8%	21.5%	30.5%	19.0%	24.5%
符合	72.8%	71.2%	78.5%	69.5%	81.0%	75.5%
总计	100.0%	100.0%	100.0%	100.0%	100.0%	100.0%
列总计	206	163	520	197	163	1249

Chi-square test：sig = 0.023 < 0.05，所以不同职业的人在对“在批评他人之前，会尝试想象一下如果自己处于那个位置会是什么感受”的自我评价上有显著差异。

C42 by A10

解决当前我国的公民道德和社会风尚问题，最关键的是 * A10 Crosstabulation

	高级白领	低级白领	工人/做小生意者	农民	无业/失业/下岗人员	总计
加强法制	30.0%	29.4%	38.7%	43.4%	39.4%	36.8%

续表

	高级白领	低级白领	工人/做小生意者	农民	无业/失业/下岗人员	总计
弘扬已有的优秀道德传统	21.7%	20.2%	21.6%	24.9%	15.0%	21.1%
建设新的伦理道德的核心价值	18.4%	17.2%	8.3%	5.3%	7.5%	10.6%
惩治官员腐败	14.0%	17.2%	18.7%	11.1%	21.3%	16.9%
解决分配不公问题	14.0%	14.1%	10.2%	10.6%	13.1%	11.8%
其他	1.9%	1.8%	2.6%	4.8%	3.8%	2.9%
总计	100.0%	100.0%	100.0%	100.0%	100.0%	100.0%
列总计	207	163	509	189	160	1228

Chi-square test：sig = 0.000 < 0.05，所以不同职业的人在对“解决当前我国的公民道德和社会风尚问题，最关键的是”的选择上有显著差异。

C43 by A10

当前我国社会道德生活中最重要的元素 * A10 Crosstabulation

	高级白领	低级白领	工人/做小生意者	农民	无业/失业/下岗人员	总计
意识形态中所提倡的社会主义道德	27.9%	30.2%	28.0%	34.3%	30.6%	29.5%
中国传统道德	46.2%	46.9%	48.6%	46.3%	41.9%	46.7%
西方文化影响而形成的道德	3.4%	1.9%	3.3%	1.1%	3.1%	2.8%
市场经济中形成的道德	21.6%	20.4%	18.7%	16.6%	23.8%	19.8%
其他	1.0%	0.6%	1.4%	1.7%	0.6%	1.2%
总计	100.0%	100.0%	100.0%	100.0%	100.0%	100.0%
列总计	208	162	508	175	160	1213

Chi-square test：sig = 0.823 > 0.05，所以不同职业的人在对“当前我国社会道德生活中最重要的元素”的选择上没有显著差异。

C44 by A10

最向往或怀念的伦理关系和道德生活是 * A10 Crosstabulation

	高级白领	低级白领	工人/做小生意者	农民	无业/失业/下岗人员	总计
传统社会的伦理和道德（如仁、义、礼、智、信）	38.2%	39.4%	38.6%	36.7%	34.4%	37.8%
战争年代为理想而献身的革命精神	12.1%	6.7%	15.7%	16.0%	13.5%	13.6%

续表

	高级白领	低级白领	工人/做小生意者	农民	无业/失业/下岗人员	总计
新中国成立后到“文化大革命”前的大公无私的集体主义精神	18.4%	20.0%	20.2%	18.6%	18.4%	19.4%
追求个人利益的市场经济下的道德	1.4%	3.0%	4.3%	11.7%	7.4%	5.2%
自由、平等、博爱的西方道德	30.0%	30.9%	21.2%	17.0%	26.4%	24.0%
总计	100.0%	100.0%	100.0%	100.0%	100.0%	100.0%
列总计	207	165	510	188	163	1233

Chi-square test：sig = 0.000 < 0.05，所以不同职业的人在对“最向往或怀念的伦理关系和道德生活是”的选择上有显著差异。

C45 by A10

假设上司或老板是外国人，他侮辱了中国，但抗争会产生不利于自己的后果，会选择 * A10 Crosstabulation

	高级白领	低级白领	工人/做小生意者	农民	无业/失业/下岗人员	总计
当面抗议	75.4%	71.8%	77.5%	82.3%	69.8%	76.2%
保持沉默	24.6%	28.2%	22.5%	17.7%	30.2%	23.8%
总计	100.0%	100.0%	100.0%	100.0%	100.0%	100.0%
列总计	207	163	516	192	159	1237

Chi-square test：sig = 0.044 < 0.05，所以不同职业的人在对“假设上司或老板是外国人，他侮辱了中国，但抗争会产生不利于自己的后果，会选择”的选择上有显著差异。

C46a by A10

当今中国社会最重要和最需要的排在第一位的德性 * A10 Crosstabulation

	高级白领	低级白领	工人/做小生意者	农民	无业/失业/下岗人员	总计
爱（仁爱、博爱、友爱）	41.5%	40.8%	41.7%	28.3%	40.6%	39.3%
义（道义、义务）	1.4%	4.6%	2.9%	2.6%	5.7%	3.2%
宽容	3.4%	3.1%	6.4%	11.0%	5.2%	6.1%
责任	13.0%	13.1%	14.9%	14.1%	13.5%	14.1%
正义或公正	15.0%	17.7%	10.3%	11.0%	12.0%	12.2%
诚信	10.1%	10.0%	8.7%	6.3%	6.3%	8.3%
忠恕		0.8%	0.8%	0.5%	1.0%	0.6%

续表

	高级白领	低级白领	工人/做小生意者	农民	无业/失业/下岗人员	总计
理智	1.4%		0.8%		0.5%	0.6%
节制			0.2%	0.5%		0.2%
谦让	1.4%	1.5%	1.2%	2.1%	1.0%	1.4%
恭敬			0.4%			0.2%
勇敢		0.8%	0.4%			0.2%
正直	2.4%	1.5%	2.7%	5.8%	3.6%	3.2%
善良	3.4%	3.1%	2.3%	4.7%	4.2%	3.2%
力行或知行合一	1.4%				0.5%	0.3%
教养	1.4%	0.8%	2.7%	1.6%	1.6%	1.9%
孝悌	2.9%	2.3%	2.9%	9.9%	4.2%	4.1%
气节	0.5%		0.4%	0.5%		0.3%
中庸			0.2%	0.5%		0.2%
敬业	0.5%		0.2%	0.5%		0.2%
总计	100.0%	100.0%	100.0%	100.0%	100.0%	100.0%
列总计	207	130	516	191	192	1236

Chi-square test：sig = 0.030 < 0.05，所以不同职业的人在对“当今中国社会最重要和最需要的排在第一位的德性”的选择上有显著差异。

C46b by A10

当今中国社会最重要和最需要的排在第二位的德性 * A10 Crosstabulation

	高级白领	低级白领	工人/做小生意者	农民	无业/失业/下岗人员	总计
爱（仁爱、博爱、友爱）	10.7%	16.3%	6.4%	6.3%	8.9%	8.5%
义（道义、义务）	18.9%	23.3%	18.3%	11.1%	15.2%	17.3%
宽容	11.2%	7.0%	12.7%	11.6%	9.9%	11.2%
责任	16.0%	17.1%	16.6%	11.1%	17.3%	15.8%
正义或公正	7.8%	12.4%	10.9%	8.4%	11.5%	10.3%
诚信	12.1%	9.3%	9.4%	11.6%	7.9%	9.9%
忠恕	1.9%		1.0%	1.6%	0.5%	1.1%
理智	1.5%	3.9%	1.6%	2.6%	2.1%	2.0%
节制	0.5%		0.4%	0.5%	0.5%	0.4%
谦让	1.9%	1.6%	4.5%	2.1%	2.6%	3.1%
恭敬	0.5%		0.2%	1.6%	2.1%	0.7%

续表

	高级白领	低级白领	工人/做小生意者	农民	无业/失业/下岗人员	总计
勇敢	0.5%		0.6%	0.5%	0.5%	0.5%
正直	3.4%	0.8%	5.1%	4.7%	4.2%	4.1%
善良	3.4%	3.1%	5.7%	13.2%	6.8%	6.3%
力行或知行合一			0.2%			0.1%
教养	2.9%	2.3%	3.1%	3.7%	4.2%	3.3%
孝悌	2.9%	2.3%	2.1%	8.4%	3.7%	3.5%
气节	1.5%			0.5%	1.0%	0.5%
中庸	0.5%		0.2%			0.2%
敬业	1.9%	0.8%	1.2%	0.5%	1.0%	1.1%
总计	100.0%	100.0%	100.0%	100.0%	100.0%	100.0%
列总计	206	129	513	190	191	1229

Chi-square test：sig = 0.003 < 0.05，所以不同职业的人在对“当今中国社会最重要和最需要的排在第二位的德性”的选择上有显著差异。

C46c by A10

当今中国社会最重要和最需要的排在第三位的德性 * A10 Crosstabulation

	高级白领	低级白领	工人/做小生意者	农民	无业/失业/下岗人员	总计
爱（仁爱、博爱、友爱）	6.4%	8.5%	4.9%	3.7%	3.1%	5.1%
义（道义、义务）	4.4%	7.0%	4.1%	6.3%	5.2%	5.0%
宽容	16.7%	20.2%	16.9%	16.3%	17.3%	17.2%
责任	16.7%	15.5%	13.4%	12.6%	13.6%	14.1%
正义或公正	8.3%	7.8%	12.6%	7.4%	9.4%	10.1%
诚信	14.7%	21.7%	14.4%	21.6%	14.1%	16.3%
忠恕			1.2%	1.1%	2.1%	1.0%
理智	2.9%	3.1%	3.5%	2.6%	3.1%	3.2%
节制		0.8%	1.0%	0.5%	2.1%	0.9%
谦让	3.4%	1.6%	3.5%	6.3%	6.3%	4.2%
恭敬	1.0%		0.4%	1.1%	0.5%	0.6%
勇敢	3.4%	0.8%	2.0%	3.2%	1.6%	2.2%
正直	7.4%	2.3%	4.3%	2.1%	2.6%	4.0%
善良	5.9%	4.7%	6.9%	10.0%	8.9%	7.3%
力行或知行合一	1.5%		0.2%			0.3%

续表

	高级白领	低级白领	工人/做小生意者	农民	无业/失业/下岗人员	总计
教养	1.5%	2.3%	5.9%	2.1%	6.3%	4.3%
孝悌	2.9%	0.8%	2.8%	3.2%	2.6%	2.6%
气节	0.5%	0.8%	0.6%		0.5%	0.5%
中庸			0.4%			0.2%
敬业	2.5%	2.3%	1.0%		0.5%	1.1%
总计	100.0%	100.0%	100.0%	100.0%	100.0%	100.0%
列总计	204	129	508	190	191	1222

Chi-square test：sig = 0.041 < 0.05，所以不同职业的人在对“当今中国社会最重要和最需要的排在第三位的德性”的选择上有显著差异。

C46d by A10

当今中国社会最重要和最需要的排在第四位的德性 * A10 Crosstabulation

	高级白领	低级白领	工人/做小生意者	农民	无业/失业/下岗人员	总计
爱（仁爱、博爱、友爱）	3.0%	6.3%	3.0%	5.3%	3.7%	3.8%
义（道义、义务）	5.9%	2.3%	2.8%	2.7%	3.2%	3.3%
宽容	11.4%	10.2%	10.3%	5.9%	11.1%	9.9%
责任	11.9%	14.8%	12.5%	10.1%	13.2%	12.4%
正义或公正	11.4%	7.0%	7.7%	6.4%	9.5%	8.3%
诚信	6.9%	14.1%	12.9%	10.1%	12.7%	11.6%
忠恕		1.6%	1.2%	3.2%	1.6%	1.4%
理智	5.0%	2.3%	3.8%	3.2%	4.2%	3.8%
节制		1.6%	2.0%	1.1%	1.6%	1.4%
谦让	2.5%	6.3%	5.1%	6.4%	4.8%	5.0%
恭敬	1.5%	0.8%	1.6%	1.6%	0.5%	1.3%
勇敢	2.0%	1.6%	4.4%	5.3%	4.2%	3.8%
正直	11.9%	7.8%	7.5%	10.6%	5.3%	8.4%
善良	9.4%	7.0%	10.3%	9.6%	9.5%	9.6%
力行或知行合一	1.0%	0.8%	0.4%	1.1%	0.5%	0.7%
教养	6.4%	9.4%	5.7%	7.4%	7.4%	6.8%
孝悌	3.0%	5.5%	3.6%	5.3%	4.8%	4.1%
气节	0.5%		1.4%		1.1%	0.8%
中庸	0.5%	0.8%		1.1%		0.3%

续表

	高级白领	低级白领	工人/做小生意者	农民	无业/失业/下岗人员	总计
敬业	5.9%		4.0%	3.7%	1.1%	3.4%
总计	100.0%	100.0%	100.0%	100.0%	100.0%	100.0%
列总计	202	128	505	188	189	1212

Chi-square test：sig = 0.207 > 0.05，所以不同职业的人在对“当今中国社会最重要和最需要的排在第四位的德性”的选择上没有显著差异。

C46e by A10

当今中国社会最重要和最需要的排在第五位的德性 * A10 Crosstabulation

	高级白领	低级白领	工人/做小生意者	农民	无业/失业/下岗人员	总计
爱（仁爱、博爱、友爱）	3.5%	5.5%	4.2%	5.3%	5.8%	4.6%
义（道义、义务）	1.5%	2.4%	2.2%	3.7%	2.1%	2.3%
宽容	10.9%	8.7%	6.7%	8.0%	4.2%	7.4%
责任	5.9%	7.9%	6.7%	8.0%	10.6%	7.5%
正义或公正	4.0%	10.2%	8.1%	5.9%	6.9%	7.1%
诚信	14.9%	9.4%	10.3%	9.0%	11.6%	11.0%
忠恕	0.5%	0.8%	2.0%	1.1%		1.2%
理智	3.0%	5.5%	6.2%	3.2%	7.9%	5.4%
节制	1.0%	2.4%	1.8%	3.7%	2.1%	2.1%
谦让	5.0%	3.1%	7.1%	4.3%	2.6%	5.2%
恭敬	1.0%	1.6%	1.4%	1.6%	2.1%	1.5%
勇敢	3.5%	6.3%	4.6%	7.4%	3.2%	4.8%
正直	8.4%	5.5%	7.1%	8.0%	6.9%	7.3%
善良	9.9%	13.4%	8.5%	9.6%	10.1%	9.7%
力行或知行合一	3.0%	1.6%	1.4%	1.6%	3.2%	2.0%
教养	9.9%	7.9%	6.7%	8.0%	2.6%	6.9%
孝悌	3.0%	1.6%	5.8%	7.4%	4.8%	5.0%
气节	1.5%	1.6%	2.4%	0.5%	2.6%	1.9%
中庸	1.0%		1.0%		0.5%	0.7%
敬业	8.9%	4.7%	5.8%	3.7%	10.1%	6.5%
总计	100.0%	100.0%	100.0%	100.0%	100.0%	100.0%
列总计	202	127	504	188	189	1210

Chi-square test：sig = 0.103 > 0.05，所以不同职业的人在对“当今中国社会最重要和最需要的排在第五位的德性”的选择上没有显著差异。

江苏省伦理道德评价的宗教差异

C1 by A5

对当前我国社会道德状况的总体评价 * 宗教信仰 Crosstabulation

	不信仰宗教	信仰宗教	总计
非常满意	7.2%	4.4%	7.0%
比较满意	60.1%	50.5%	59.4%
比较不满意	25.9%	33.0%	26.4%
非常不满意	6.8%	12.1%	7.2%
总计	100.0%	100.0%	100.0%
列总计	1146	91	1237

* Chi-square test: sig = 0.069 > 0.05，所以信仰宗教和不信仰宗教的居民“对当前我国社会道德状况的总体评价”上没有显著差异。

C2 by A5

我国目前人与人之间关系主要受什么影响 * 宗教信仰 Crosstabulation

	不信仰宗教	信仰宗教	总计
完全受利益影响	9.7%	8.9%	9.6%
主要受利益影响	65.0%	65.6%	65.0%
主要受情感影响	23.6%	22.2%	23.5%
完全受情感影响	1.8%	3.3%	1.9%
总计	100.0%	100.0%	100.0%
列总计	1128	90	1218

* Chi-square test: sig = 0.754 > 0.05，所以信仰宗教和不信仰宗教的居民在对“我国目前人与人之间关系主要受什么影响”的选择上没有显著差异。

C3 by A5

对当前我国社会人与人关系的总体评价 * 宗教信仰 Crosstabulation

	不信仰宗教	信仰宗教	总计
非常满意	6.6%	5.5%	6.6%
比较满意	62.6%	64.8%	62.8%
比较不满意	25.4%	22.0%	25.2%
非常不满意	5.3%	7.7%	5.5%
总计	100.0%	100.0%	100.0%

续表

	不信仰宗教	信仰宗教	总计
列总计	1144	91	1235

* Chi-square test：sig = 0.684 > 0.05，所以信仰宗教和不信仰宗教的居民在“对当前我国社会人与人关系的总体评价”上没有显著差异。

C4 by A5

平时如何为人处世 * 宗教信仰 Crosstabulation

	不信仰宗教	信仰宗教	总计
道德至上	5.8%	12.1%	6.2%
遵循道德规范、凭良心办事	83.8%	76.9%	83.3%
不故意为恶，不随波逐流	7.3%	7.7%	7.4%
有时身不由己做有违道德的事情	0.7%		0.6%
说不清/没想过	2.4%	3.3%	2.5%
总计	99.9%	100.0%	100.0%
列总计	1147	91	1238

* Chi-square test：sig = 0.146 > 0.05，所以信仰宗教和不信仰宗教的居民在“平时如何为人处世”的选择上没有显著差异。

C5 by A5

对自己道德状况的评价 * 宗教信仰 Crosstabulation

	不信仰宗教	信仰宗教	总计
非常满意	31.3%	45.1%	32.3%
比较满意	67.4%	52.7%	66.4%
比较不满意	1.1%	2.2%	1.2%
非常不满意	0.1%		0.1%
总计	100.0%	100.0%	100.0%
列总计	1149	91	1240

* Chi-square test：sig = 0.036 < 0.05，所以信仰宗教和不信仰宗教的居民在“对自己道德状况的评价”上有显著差异。

C6 by A5

家庭和国家对于个人存在的意义 * 宗教信仰 Crosstabulation

	不信仰宗教	信仰宗教	总计
家庭和国家只是工具，个人最重要	8.3%	6.6%	8.1%

续表

	不信仰宗教	信仰宗教	总计
家庭和国家是个人安身立命的基地，比个人更重要	83.4%	81.3%	83.2%
其他	8.4%	12.1%	8.6%
总计	100.0%	100.0%	100.0%
列总计	1136	91	1227

* Chi-square test：sig = 0.430 > 0.05，所以信仰宗教和不信仰宗教的居民在对“家庭和国家对于个人存在的意义”的选择上没有显著差异。

C7a by A5

当前大多数人奉行的是个人至上 * 宗教信仰 Crosstabulation

	不信仰宗教	信仰宗教	总计
完全同意	19.3%	18.7%	19.3%
比较同意	46.8%	45.1%	46.7%
不太同意	29.1%	30.8%	29.2%
完全不同意	4.8%	5.5%	4.8%
总计	100.0%	100.0%	100.0%
列总计	1148	91	1239

* Chi-square test：sig = 0.971 > 0.05 所以信仰宗教和不信仰宗教的居民在对“当前大多数人奉行的是个人至上”的认同程度上没有显著差异。

C7b by A5

现在我国大多数人是见利忘义的 * 宗教信仰 Crosstabulation

	不信仰宗教	信仰宗教	总计
完全同意	12.3%	9.9%	12.2%
比较同意	37.6%	45.1%	38.2%
不太同意	43.6%	40.7%	43.4%
完全不同意	6.4%	4.4%	6.3%
总计	100.0%	100.0%	100.0%
列总计	1151	91	1242

* Chi-square test：sig = 0.501 > 0.05，所以信仰宗教和不信仰宗教的居民在对“现在我国大多数人是见利忘义的”的认同程度上没有显著差异。

C7c by A5

现在社会是一个物欲横流的社会＊ 宗教信仰 Crosstabulation

	不信仰宗教	信仰宗教	总计
完全同意	17.8%	24.4%	18.3%
比较同意	55.5%	48.9%	55.0%
不太同意	23.1%	24.4%	23.2%
完全不同意	3.7%	2.2%	3.6%
总计	100.0%	100.0%	100.0%
列总计	1145	90	1235

＊Chi-square test：sig = 0.359 > 0.05，所以信仰宗教和不信仰宗教的居民在对“现在社会是一个物欲横流的社会”的认同程度上没有显著差异。

C7d by A5

当前大多数人都是以集体利益为重＊ 宗教信仰 Crosstabulation

	不信仰宗教	信仰宗教	总计
完全同意	8.0%	5.6%	7.8%
比较同意	35.1%	37.8%	35.3%
不太同意	49.8%	41.1%	49.2%
完全不同意	7.1%	15.6%	7.7%
总计	100.0%	100.0%	100.0%
列总计	1142	90	1232

＊Chi-square test：sig = 0.020 < 0.05，所以信仰宗教和不信仰宗教的居民在对“当前大多数人都是以集体利益为重”的认同程度上有显著差异。

C7e by A5

当前大多数人都是家庭利益至上＊ 宗教信仰 Crosstabulation

	不信仰宗教	信仰宗教	总计
完全同意	27.9%	30.8%	28.1%
比较同意	58.7%	57.1%	58.6%
不太同意	11.9%	7.7%	11.6%
完全不同意	1.5%	4.4%	1.7%
总计	100.0%	100.0%	100.0%
列总计	1148	91	1239

＊Chi-square test：sig = 0.121 > 0.05，所以信仰宗教和不信仰宗教的居民在对“当前大多数人都是家庭利益至上”的认同程度上没有显著差异。

C7f by A5

当前的社会是个金钱至上的社会＊ 宗教信仰 Crosstabulation

	不信仰宗教	信仰宗教	总计
完全同意	27.8%	33.3%	28.2%
比较同意	51.6%	37.8%	50.6%
不太同意	18.5%	22.2%	18.8%
完全不同意	2.2%	6.7%	2.5%
总计	100.0%	100.0%	100.0%
列总计	1142	90	1232

＊Chi-square test：sig = 0.010 < 0.05，所以信仰宗教和不信仰宗教的居民在“当前的社会是个金钱至上的社会”的认同程度上有显著差异。

C7g by A5

现在社会守道德的人大都吃亏，不守道德规则的人占便宜＊ 宗教信仰 Crosstabulation

	不信仰宗教	信仰宗教	总计
完全同意	19.2%	23.3%	19.5%
比较同意	40.7%	32.2%	40.0%
不太同意	33.7%	32.2%	33.6%
完全不同意	6.5%	12.2%	6.9%
总计	100.0%	100.0%	100.0%
列总计	1146	90	1236

＊Chi-square test：sig = 0.098 > 0.05，所以信仰宗教和不信仰宗教的居民在“现在社会守道德的人大都吃亏，不守道德规则的人占便宜”的认同程度上没有显著差异。

C7h by A5

现在社会中好人有好报，恶人终归会受到惩罚＊ 宗教信仰 Crosstabulation

	不信仰宗教	信仰宗教	总计
完全同意	29.2%	36.3%	29.7%
比较同意	42.6%	34.1%	42.0%
不太同意	23.8%	24.2%	23.8%
完全不同意	4.4%	5.5%	4.5%
总计	100.0%	100.0%	100.0%

续表

	不信仰宗教	信仰宗教	总计
列总计	1148	91	1239

* Chi-square test：sig = 0. 377 > 0. 05，所以信仰宗教和不信仰宗教的居民在对“现在社会中好人有好报，恶人终归会受到惩罚”的认同程度上没有显著差异。

C7i by A5

人们的生活水平越高，就越幸福 * 宗教信仰 Crosstabulation

	不信仰宗教	信仰宗教	总计
完全同意	22. 6%	23. 1%	22. 7%
比较同意	35. 5%	26. 4%	34. 8%
不太同意	37. 5%	46. 2%	38. 2%
完全不同意	4. 4%	4. 4%	4. 4%
总计	100. 0%	100. 0%	100. 0%
列总计	1148	91	1239

* Chi-square test：sig = 0. 303 > 0. 05，所以信仰宗教和不信仰宗教的居民在对“人们的生活水平越高，就越幸福”的认同程度上没有显著差异。

C7j by A5

我们的社会中道德能够很好地约束人们的行为 * 宗教信仰 Crosstabulation

	不信仰宗教	信仰宗教	总计
完全同意	14. 0%	17. 8%	14. 3%
比较同意	53. 2%	37. 8%	52. 1%
不太同意	28. 5%	42. 2%	29. 5%
完全不同意	4. 2%	2. 2%	4. 1%
总计	100. 0%	100. 0%	100. 0%
列总计	1140	90	1230

* Chi-square test：sig = 0. 013 < 0. 05，所以信仰宗教和不信仰宗教的居民在对“我们的社会中道德能够很好地约束人们的行为”的认同程度上有显著差异。

C7k by A5

现有的规范和习俗能够很好地调节人与人的关系 * 宗教信仰 Crosstabulation

	不信仰宗教	信仰宗教	总计
完全同意	11. 9%	17. 8%	12. 3%

续表

	不信仰宗教	信仰宗教	总计
比较同意	59.5%	51.1%	58.8%
不太同意	25.5%	26.7%	25.6%
完全不同意	3.2%	4.4%	3.3%
总计	100.0%	100.0%	100.0%
列总计	1137	90	1227

* Chi-square test：sig = 0.283 > 0.05，所以居民是否信仰宗教在对“现有的规范和习俗能够很好地调节人与人的关系”的认同程度上没有显著差异。

C71 by A5

现在社会大多数人都有荣辱感 * 宗教信仰 Crosstabulation

	不信仰宗教	信仰宗教	总计
完全同意	18.0%	23.9%	18.4%
比较同意	60.1%	47.7%	59.3%
不太同意	18.9%	25.0%	19.3%
完全不同意	3.0%	3.4%	3.0%
总计	100.0%	100.0%	100.0%
列总计	1144	88	1232

* Chi-square test：sig = 0.152 > 0.05，所以信仰宗教和不信仰宗教的居民在对“现在社会大多数人都有荣辱感”的认同程度上没有显著差异。

C8 by A5

个体德性与社会公正哪个更重要 * 宗教信仰 Crosstabulation

	不信仰宗教	信仰宗教	总计
个体德性最重要	10.8%	9.0%	10.6%
社会公正最重要	35.9%	38.2%	36.0%
二者应当统一，但二者矛盾时应先追求个体德性	14.9%	18.0%	15.2%
二者应当统一，但二者矛盾时应先追求社会公正	38.4%	34.8%	38.2%
总计	100.0%	100.0%	100.0%
列总计	1132	89	1221

* Chi-square test：sig = 0.763 > 0.05，所以信仰宗教和不信仰宗教的居民在对“个体德性与社会公正哪个更重要”的选择上没有显著差异。

C9 by A5

个人守道德的原因＊宗教信仰 Crosstabulation

	不信仰宗教	信仰宗教	总计
守道德有利于自身利益的实现	4.6%	4.4%	4.6%
个人是社会的一分子，应当遵守道德	46.6%	45.6%	46.6%
遵守道德是为了使我们的社会更加美好	41.3%	45.6%	41.6%
不遵守道德会被别人议论或谴责	6.1%	4.4%	6.0%
其他	1.3%		1.2%
总计	100.0%	100.0%	100.0%
列总计	1145	90	1235

＊Chi-square test：sig = 0.744 > 0.05，所以信仰宗教和不信仰宗教的居民在对“个人守道德的原因”的选择上没有显著差异。

C10a by A5

关于职业劳动说法中最认同的是＊宗教信仰 Crosstabulation

	不信仰宗教	信仰宗教	总计
劳动是个人谋生的工具	55.6%	52.3%	55.4%
劳动是为社会创造财富	25.0%	30.7%	25.4%
劳动是天职	12.5%	12.5%	12.5%
劳动是兴趣的驱使，快乐的源泉	6.9%	4.5%	6.7%
总计	100.0%	100.0%	100.0%
列总计	1147	88	1235

＊Chi-square test：sig = 0.601 < 0.05，所以信仰宗教和不信仰宗教的居民在对“关于职业劳动说法中最认同的是”的选择上没有显著差异。

C10b by A5

关于职业劳动说法中第二认同的是＊宗教信仰 Crosstabulation

	不信仰宗教	信仰宗教	总计
劳动是个人谋生的工具	24.8%	23.5%	24.7%
劳动是为社会创造财富	43.9%	44.7%	43.9%
劳动是天职	17.9%	23.5%	18.3%
劳动是兴趣的驱使，快乐的源泉	13.5%	8.2%	13.1%
总计	100.1%	99.9%	100.0%
列总计	1085	85	1170

＊Chi-square test：sig = 0.379 > 0.05，所以信仰宗教和不信仰宗教的居民在对“关于职业劳动说法中第二认同的是”的选择上没有显著差异。

C10c by A5

关于职业劳动说法中第三认同的是＊ 宗教信仰 Crosstabulation

	不信仰宗教	信仰宗教	总计
劳动是个人谋生的工具	12.7%	14.1%	12.8%
劳动是为社会创造财富	23.8%	16.5%	23.3%
劳动是天职	36.7%	41.2%	37.0%
劳动是兴趣的驱使，快乐的源泉	26.9%	28.2%	27.0%
总计	100.0%	100.0%	100.0%
列总计	1050	85	1135

＊Chi-square test：sig = 0.487 > 0.05，所以信仰宗教和不信仰宗教的居民在对“关于职业劳动说法中第三认同的是”的选择上没有显著差异。

C11a by A5

目前大多数人将职业当作谋生的手段，缺乏责任感和奉献精神＊ 宗教信仰 Crosstabulation

	不信仰宗教	信仰宗教	总计
完全不同意	7.9%	3.3%	7.5%
不太同意	33.5%	36.7%	33.8%
比较同意	47.2%	47.8%	47.3%
完全同意	11.4%	12.2%	11.4%
总计	100.0%	100.0%	100.0%
列总计	1145	90	1235

＊Chi-square test：sig = 0.462 > 0.05，所以信仰宗教和不信仰宗教的居民在对“目前大多数人将职业当作谋生的手段，缺乏责任感和奉献精神”的看法上没有显著差异。

C11b by A5

企业老板剥削员工，利益关系不公正＊ 宗教信仰 Crosstabulation

	不信仰宗教	信仰宗教	总计
完全不同意	7.9%	8.9%	7.9%
不太同意	28.4%	22.2%	27.9%
比较同意	45.6%	53.3%	46.2%
完全同意	18.1%	15.6%	17.9%
总计	100.0%	100.0%	100.0%

续表

	不信仰宗教	信仰宗教	总计
列总计	1131	90	1221

* Chi-square test：sig = 0. 454 > 0. 05，所以信仰宗教和不信仰宗教的居民在对“企业老板剥削员工，利益关系不公正”的看法上没有显著差异。

C11c by A5

社会上，老板和员工、上级和下级相互勾结，共同对社会不负责任 * 宗教信仰 Crosstabulation

	不信仰宗教	信仰宗教	总计
完全不同意	13. 1%	14. 6%	13. 2%
不太同意	40. 5%	37. 1%	40. 2%
比较同意	36. 6%	37. 1%	36. 6%
完全同意	9. 8%	11. 2%	9. 9%
总计	100. 0%	100. 0%	100. 0%
列总计	1119	89	1208

* Chi-square test：sig = 0. 910 > 0. 05，所以信仰宗教和不信仰宗教的居民在对“社会上，老板和员工、上级和下级相互勾结，共同对社会不负责任”的看法上没有显著差异。

C11d by A5

是否离婚主要考虑自己的感受和利益 * 宗教信仰 Crosstabulation

	不信仰宗教	信仰宗教	总计
完全不同意	24. 3%	22. 2%	24. 2%
不太同意	46. 1%	46. 7%	46. 2%
比较同意	23. 4%	24. 4%	23. 5%
完全同意	6. 2%	6. 7%	6. 2%
总计	100. 0%	100. 0%	100. 0%
列总计	1138	90	1228

* Chi-square test：sig = 0. 971 > 0. 05，所以信仰宗教和不信仰宗教的居民在对“是否离婚主要考虑自己的感受和利益”的看法上没有显著差异。

C11e by A5

是否离婚应该从家庭整体（包括子女）考虑 * 宗教信仰 Crosstabulation

	不信仰宗教	信仰宗教	总计
完全不同意	5. 2%	3. 4%	5. 1%

续表

	不信仰宗教	信仰宗教	总计
不太同意	8. 3%	6. 7%	8. 2%
比较同意	46. 2%	47. 2%	46. 3%
完全同意	40. 3%	42. 7%	40. 5%
总计	100. 0%	100. 0%	100. 0%
列总计	1136	89	1225

* Chi-square test：sig = 0. 823 > 0. 05，所以信仰宗教和不信仰宗教的居民在对“是否离婚应该从家庭整体（包括子女）考虑”的看法上没有显著差异。

C11f by A5

婚姻是社会的事，应当兼顾社会评价和社会后果 * 宗教信仰 Crosstabulation

	不信仰宗教	信仰宗教	总计
完全不同意	10. 3%	4. 5%	9. 9%
不太同意	32. 0%	33. 7%	32. 2%
比较同意	41. 5%	32. 6%	40. 9%
完全同意	16. 2%	29. 2%	17. 1%
总计	100. 0%	100. 0%	100. 0%
列总计	1139	89	1228

* Chi-square test：sig = 0. 005 < 0. 05，所以信仰宗教和不信仰宗教的居民在对“婚姻是社会的事，应当兼顾社会评价和社会后果”的看法上有显著差异。

C11g by A5

婚姻应当是自由的，如果有更满意或更合适的人就与现在的配偶离婚 * 宗教信仰 Crosstabulation

	不信仰宗教	信仰宗教	总计
完全不同意	48. 6%	55. 6%	49. 1%
不太同意	34. 2%	32. 2%	34. 1%
比较同意	10. 7%	4. 4%	10. 3%
完全同意	6. 4%	7. 8%	6. 5%
总计	99. 9%	100. 0%	100. 0%
列总计	1139	90	1229

* Chi-square test：sig = 0. 226 > 0. 05，所以信仰宗教和不信仰宗教的居民在对“婚姻应当是自由的，如果有更满意或更合适的人就与现在的配偶离婚”的看法上没有显著差异。

C12 by A5

造成生态环境问题最主要原因 * 宗教信仰 Crosstabulation

	不信仰宗教	信仰宗教	总计
企业唯利是图，造成环境污染	35.2%	33.0%	35.1%
政府缺乏生态意识，政策失当	33.8%	33.0%	33.8%
个人缺乏环保意识	13.0%	16.5%	13.2%
当代人自私自利，不顾未来和子孙利益	17.9%	17.6%	17.9%
总计	99.9%	100.1%	100.0%
列总计	1132	91	1223

* Chi-square test：sig = 0.819 > 0.05，所以信仰宗教和不信仰宗教的居民在对“造成生态环境问题最主要原因”的看法上没有显著差异。

C15a by A5

您认为当今社会最基本的伦理冲突中第一位的是 * 宗教信仰 Crosstabulation

	不信仰宗教	信仰宗教	总计
人与自然的冲突	17.1%	11.6%	16.7%
人自我内在的冲突	12.7%	16.3%	13.0%
人与人之间的冲突	42.5%	39.5%	42.3%
个人与社会的冲突	12.2%	16.3%	12.5%
个人与政府的冲突	15.3%	16.3%	15.4%
其他	0.2%		0.2%
总计	100.0%	100.0%	100.1%
列总计	1071	86	1157

* Chi-square test：sig = 0.605 > 0.05，所以信仰宗教和不信仰宗教的居民在对“您认为当今社会最基本的伦理冲突中排第一位的是”的选择上没有显著差异。

C15b by A5

您认为当今社会最基本的伦理冲突中第二位的是 * 宗教信仰 Crosstabulation

	不信仰宗教	信仰宗教	总计
人与自然的冲突	9.3%	6.0%	9.0%
人自我内在的冲突	17.3%	15.7%	17.2%
人与人之间的冲突	25.4%	31.3%	25.8%
个人与社会的冲突	31.3%	31.3%	31.3%
个人与政府的冲突	16.7%	15.7%	16.6%

续表

	不信仰宗教	信仰宗教	总计
其他	0.1%		0.1%
总计	100.1%	100.0%	100.0%
列总计	1036	83	1119

* Chi-square test：sig = 0.822 > 0.05，所以信仰宗教和不信仰宗教的居民在对“您认为当今社会最基本的伦理冲突中第二位的是”的选择上没有显著差异。

C15c by A5

您认为当今社会最基本的伦理冲突中第三位的是 * 宗教信仰 Crosstabulation

	不信仰宗教	信仰宗教	总计
人与自然的冲突	14.1%	24.7%	14.8%
人自我内在的冲突	16.3%	16.0%	16.3%
人与人之间的冲突	19.2%	17.3%	19.0%
个人与社会的冲突	27.5%	22.2%	27.1%
个人与政府的冲突	22.6%	19.8%	22.4%
其他	0.3%		0.3%
总计	100.0%	100.0%	99.9%
列总计	1017	81	1098

* Chi-square test：sig = 0.210 > 0.05，所以信仰宗教和不信仰宗教的居民在对“您认为当今社会最基本的伦理冲突中第三位的是”的选择上没有显著差异。

C15d by A5

您认为当今社会最基本的伦理冲突中第四位的是 * 宗教信仰 Crosstabulation

	不信仰宗教	信仰宗教	总计
人与自然的冲突	24.1%	21.3%	23.9%
人自我内在的冲突	22.5%	21.3%	22.4%
人与人之间的冲突	9.4%	10.0%	9.5%
个人与社会的冲突	20.8%	23.8%	21.0%
个人与政府的冲突	23.0%	22.5%	23.0%
其他	0.2%	1.3%	0.3%
总计	100.0%	100.2%	100.1%
列总计	996	80	1076

* Chi-square test：sig = 0.613 > 0.05，所以信仰宗教和不信仰宗教的居民在对“您认为当今社会最基本的伦理冲突中第四位的是”的选择上没有显著差异。

C15e by A5

您认为当今社会最基本的伦理冲突中第五位的是 * 宗教信仰 Crosstabulation

	不信仰宗教	信仰宗教	总计
人与自然的冲突	36. 1%	36. 7%	36. 1%
人自我内在的冲突	29. 9%	29. 1%	29. 9%
人与人之间的冲突	3. 3%	5. 1%	3. 5%
个人与社会的冲突	7. 1%	3. 8%	6. 8%
个人与政府的冲突	22. 1%	25. 3%	22. 3%
其他	1. 5%		1. 4%
总计	100. 0%	100. 0%	100. 0%
列总计	992	79	1071

* Chi-square test：sig = 0. 647 > 0. 05，所以信仰宗教和不信仰宗教的居民在对“您认为当今社会最基本的伦理冲突中第五位的是”的选择上没有显著差异。

C16 by A5

目前中国社会两性之间的性开放日益发展，它对社会风尚的影响是 * 宗教信仰 Crosstabulation

	不信仰宗教	信仰宗教	总计
是社会进步的表现	10. 7%	5. 6%	10. 3%
从根本上污染了社会风气	31. 4%	32. 2%	31. 4%
个人选择，无所谓好坏	17. 7%	15. 6%	17. 5%
两性关系混乱必然导致道德沦丧	40. 3%	46. 7%	40. 8%
总计	100. 1%	100. 1%	100. 0%
列总计	1144	90	1234

* Chi-square test：sig = 0. 365 > 0. 05，所以信仰宗教和不信仰宗教的居民在对“目前中国社会两性之间的性开放日益发展，它对社会风尚的影响是”的选择上没有显著差异。

C17 by A5

当前中国社会个人道德素质的主要问题 * 宗教信仰 Crosstabulation

	不信仰宗教	信仰宗教	总计
道德上无知	13. 4%	16. 7%	13. 6%
有道德知识，但不见诸行动	74. 0%	67. 8%	73. 5%
既无知，也不行动	10. 5%	14. 4%	10. 8%
其他	2. 1%	1. 1%	2. 0%

续表

	不信仰宗教	信仰宗教	总计
总计	100.0%	100.0%	100.0%
列总计	1131	90	1221

* Chi-square test：sig = 0.437 > 0.05，所以信仰宗教和不信仰宗教的居民在对“当前中国社会个人道德素质的主要问题”的选择上没有显著差异。

C18 by A5

对在网上曝光别人隐私行为的看法 * 宗教信仰 Crosstabulation

	不信仰宗教	信仰宗教	总计
是违法行为，应该制止	26.8%	34.1%	27.3%
是不道德行为，应该进行谴责	53.1%	42.9%	52.4%
是社会监督的合理途径	6.5%	6.6%	6.5%
是网民的自由，别人不应该干涉	3.8%	3.3%	3.8%
说不清	9.8%	13.2%	10.0%
总计	100.0%	100.0%	100.0%
列总计	1135	91	1226

* Chi-square test：sig = 0.359 > 0.05，所以信仰宗教和不信仰宗教的居民在对“对在网上曝光别人隐私行为的看法”上没有显著差异。

C19 by A5

对自己目前的社会状态是否满意 * 宗教信仰 Crosstabulation

	不信仰宗教	信仰宗教	总计
很满意	15.6%	19.8%	15.9%
比较满意	66.5%	64.8%	66.4%
不太满意	16.7%	13.2%	16.4%
很不满意	1.2%	2.2%	1.3%
总计	100.0%	100.0%	100.0%
列总计	1152	91	1243

* Chi-square test：sig = 0.531 > 0.05，所以信仰宗教和不信仰宗教的居民在对“对自己目前的社会状态是否满意”的选择上没有显著差异。

C20a by A5

政府推动或倡导的文明城市创建活动的效果＊ 宗教信仰 Crosstabulation

	不信仰宗教	信仰宗教	总计
完全没效果	5.2%	3.3%	5.1%
效果较差	22.0%	28.6%	22.4%
效果较好	48.6%	41.8%	48.1%
效果很好	14.6%	15.4%	14.7%
没听说过该活动	9.6%	11.0%	9.7%
总计	100.0%	100.0%	100.0%
列总计	1143	91	1234

＊Chi-square test：sig = 0.512 > 0.05，所以信仰宗教和不信仰宗教的居民在对“政府推动或倡导的文明城市创建活动的效果”的评价上没有显著差异。

C20b by A5

政府推动或倡导的学雷锋活动的效果＊ 宗教信仰 Crosstabulation

	不信仰宗教	信仰宗教	总计
完全没效果	7.4%	7.7%	7.4%
效果较差	27.2%	35.2%	27.8%
效果较好	42.8%	34.1%	42.2%
效果很好	20.0%	20.9%	20.0%
没听说过该活动	2.5%	2.2%	2.5%
总计	100.0%	100.0%	100.0%
列总计	1146	91	1237

＊Chi-square test：sig = 0.473 > 0.05，所以信仰宗教和不信仰宗教的居民在对“政府推动或倡导的学雷锋活动的效果”的评价上没有显著差异。

C20c by A5

政府推动或倡导的典型人物宣传活动的效果＊ 宗教信仰 Crosstabulation

	不信仰宗教	信仰宗教	总计
完全没效果	6.3%	1.1%	5.9%
效果较差	17.9%	21.1%	18.1%
效果较好	48.4%	37.8%	47.6%
效果很好	19.5%	27.8%	20.1%
没听说过该活动	7.9%	12.2%	8.2%

续表

	不信仰宗教	信仰宗教	总计
总计	100.0%	100.0%	100.0%
列总计	1137	90	1227

* Chi-square test: sig = 0.027 < 0.05，所以信仰宗教和不信仰宗教的居民在对“政府推动或倡导的典型人物宣传活动的效果”的评价上有显著差异。

C20d by A5

政府推动或倡导的志愿服务活动的效果 * 宗教信仰 Crosstabulation

	不信仰宗教	信仰宗教	总计
完全没效果	2.7%	2.2%	2.7%
效果较差	16.3%	18.0%	16.4%
效果较好	50.2%	40.4%	49.5%
效果很好	20.9%	23.6%	21.1%
没听说过该活动	9.9%	15.7%	10.3%
总计	100.0%	100.0%	100.0%
列总计	1142	89	1231

* Chi-square test: sig = 0.309 > 0.05，所以信仰宗教和不信仰宗教的居民在对“政府推动或倡导的志愿服务活动的效果”的评价上没有显著差异。

C20e by A5

政府推动的反腐倡廉举措的效果 * 宗教信仰 Crosstabulation

	不信仰宗教	信仰宗教	总计
完全没效果	9.8%	14.4%	10.2%
效果较差	26.8%	22.2%	26.5%
效果较好	37.2%	38.9%	37.3%
效果很好	17.0%	15.6%	16.9%
没听说过该活动	9.2%	8.9%	9.2%
总计	100.0%	100.0%	100.0%
列总计	1138	90	1228

* Chi-square test: sig = 0.632 > 0.05，所以信仰宗教和不信仰宗教的居民在对“政府推动的反腐倡廉举措的效果”的评价上没有显著差异。

C20f by A5

《公民道德建设实施纲要》推进的效果 * 宗教信仰 Crosstabulation

	不信仰宗教	信仰宗教	总计
完全没效果	3.9%	6.7%	4.1%
效果较差	16.1%	17.8%	16.2%
效果较好	30.1%	32.2%	30.2%
效果很好	10.5%	10.0%	10.5%
没听说过该活动	39.5%	33.3%	39.0%
总计	100.1%	100.0%	100.0%
列总计	1138	90	1228

* Chi-square test：sig = 0.608 > 0.05，所以信仰宗教和不信仰宗教的居民在对“《公民道德建设实施纲要》推进的效果”的评价上没有显著差异。

C21 by A5

判断某一行为是否符合伦理或道德的标准 * 宗教信仰 Crosstabulation

	不信仰宗教	信仰宗教	总计
传统	11.7%	15.7%	12.0%
风俗习惯	6.2%	5.6%	6.1%
大多数人认同的道德规范	32.7%	31.5%	32.7%
当事人共同利益和意志	3.2%	4.5%	3.3%
自己的良心	45.6%	40.4%	45.2%
自己利益	0.6%	2.2%	0.7%
总计	100.0%	100.0%	100.0%
列总计	1136	89	1225

* Chi-square test：sig = 0.403 > 0.05，所以信仰宗教和不信仰宗教的居民在对“判断某一行为是否符合伦理或道德的标准”的选择上没有显著差异。

C22a by A5

下列关系中排在第一位的关系 * 宗教信仰 Crosstabulation

	不信仰宗教	信仰宗教	总计
父母与子女	61.8%	66.3%	62.1%
夫妇	23.5%	22.5%	23.4%
兄弟姐妹	0.5%		0.5%
同事或同学	0.2%		0.2%

续表

	不信仰宗教	信仰宗教	总计
上级或下级	0.4%		0.3%
师生	0.1%		0.1%
个人与自然的关系	1.1%	3.4%	1.2%
个人与社会	1.7%	2.2%	1.7%
个人与国家	6.2%	3.4%	6.0%
个人与工作单位	0.6%		0.6%
朋友	0.6%	1.1%	0.7%
个人与自身的关系（身心和谐）	3.4%	1.1%	3.3%
总计	100.0%	100.0%	100.0%
列总计	1141	89	1230

* Chi-square test: sig = 0.672 > 0.05，所以信仰宗教和不信仰宗教的居民在对“下列关系中排在第一位的关系”的选择上没有显著差异。

C22b by A5

下列关系中排在第二位的关系 * 宗教信仰 Crosstabulation

	不信仰宗教	信仰宗教	总计
父母与子女	27.2%	22.5%	26.9%
夫妇	50.9%	56.2%	51.3%
兄弟姐妹	8.6%	9.0%	8.6%
同事或同学	1.1%		1.0%
上级或下级	1.5%	1.1%	1.5%
师生	0.4%	2.2%	0.5%
个人与自然的关系	1.1%		1.0%
个人与社会	4.4%	2.2%	4.3%
个人与国家	2.6%	4.5%	2.8%
个人与工作单位	0.7%	1.1%	0.7%
通过网络建立的关系	0.1%		0.1%
朋友	0.8%	1.1%	0.8%
个人与自身的关系（身心和谐）	0.7%		0.7%
列总计	100.0%	100.0%	100.0%
总计	1134	89	1223

* Chi-square test: sig = 0.437 > 0.05，所以信仰宗教和不信仰宗教的居民在对“下列关系中排在第二位的关系”的选择上没有显著差异。

C22c by A5

下列关系中排在第三位的关系 * 宗教信仰 Crosstabulation

	不信仰宗教	信仰宗教	总计
父母与子女	6.2%	4.5%	6.1%
夫妇	10.6%	7.9%	10.4%
兄弟姐妹	59.3%	58.4%	59.2%
同事或同学	5.2%	5.6%	5.2%
上级或下级	1.5%	3.4%	1.7%
师生	0.9%	1.1%	0.9%
个人与自然的关系	1.4%	2.2%	1.5%
个人与社会	3.7%	5.6%	3.8%
个人与国家	3.9%	3.4%	3.9%
个人与工作单位	1.6%	1.1%	1.6%
朋友	4.4%	5.6%	4.5%
个人与自身的关系（身心和谐）	1.3%	1.1%	1.3%
总计	100.0%	100.0%	100.0%
列总计	1123	89	1212

* Chi-square test：$sig = 0.952 > 0.05$，所以信仰宗教和不信仰宗教的居民对“下列关系中排在第三位的关系”的选择没有显著差异。

C22d by A5

下列关系中排在第四位的关系 * 宗教信仰 Crosstabulation

	不信仰宗教	信仰宗教	总计
父母与子女	2.0%	3.5%	2.1%
夫妇	5.4%	3.5%	5.3%
兄弟姐妹	9.8%	9.4%	9.8%
同事或同学	19.5%	18.8%	19.5%
上级或下级	8.1%	7.1%	8.0%
师生	4.7%	2.4%	4.5%
个人与自然的关系	3.9%	5.9%	4.0%
个人与社会	9.4%	14.1%	9.7%
个人与国家	8.7%	7.1%	8.6%
个人与工作单位	5.7%	5.9%	5.7%

续表

	不信仰宗教	信仰宗教	总计
通过网络建立的关系	0.2%		0.2%
朋友	19.5%	17.6%	19.4%
个人与自身的关系（身心和谐）	3.0%	4.7%	3.2%
总计	100.0%	100.0%	100.0%
列总计	1087	85	1172

* Chi-square test：sig = 0.898 > 0.05，所以信仰宗教和不信仰宗教的居民在对“下列关系中排在第四位的关系”的选择上没有显著差异。

C22e by A5

下列关系中排在第五位的关系 * 宗教信仰 Crosstabulation

	不信仰宗教	信仰宗教	总计
父母与子女	0.8%		0.8%
夫妇	2.1%	3.6%	2.2%
兄弟姐妹	5.4%	3.6%	5.3%
同事或同学	14.4%	10.7%	14.1%
上级或下级	11.0%	7.1%	10.7%
师生	4.9%	3.6%	4.8%
个人与自然的关系	4.1%	6.0%	4.2%
个人与社会	15.5%	19.0%	15.7%
个人与国家	10.7%	15.5%	11.1%
个人与工作单位	8.8%	7.1%	8.7%
通过网络建立的关系	0.2%		0.2%
朋友	15.6%	17.9%	15.7%
个人与自身的关系（身心和谐）	6.5%	6.0%	6.5%
总计	100.0%	100.0%	100.0%
列总计	1072	84	1156

* Chi-square test：sig = 0.809 > 0.05，所以信仰宗教和不信仰宗教的居民在对“下列关系中排在第五位的关系”的选择上没有显著差异。

C23 by A5

对社会秩序最具根本性意义的关系 * 宗教信仰 Crosstabulation

	不信仰宗教	信仰宗教	总计
家庭伦理关系或血缘关系	27.6%	29.2%	27.7%

续表

	不信仰宗教	信仰宗教	总计
个人与社会的关系	36. 7%	40. 4%	37. 0%
职业伦理关系	2. 9%	1. 1%	2. 8%
个人与国家民族的关系	25. 2%	23. 6%	25. 1%
个人与自然的关系	3. 3%	2. 2%	3. 2%
个人与他自身的关系	4. 3%	3. 4%	4. 2%
总计	100. 0%	100. 0%	100. 0%
列总计	1120	89	1209

* Chi-square test：sig = 0. 863 > 0. 05，所以信仰宗教和不信仰宗教的居民在对“对社会秩序最具根本性意义的关系”的选择上没有显著差异。

C24 by A5

对个人生活最具根本性意义的关系 * 宗教信仰 Crosstabulation

	不信仰宗教	信仰宗教	总计
家庭伦理关系或血缘关系	67. 3%	73. 0%	67. 8%
个人与社会的关系	12. 1%	5. 6%	11. 6%
职业伦理关系	3. 1%	4. 5%	3. 2%
个人与国家民族的关系	8. 9%	5. 6%	8. 7%
个人与自然的关系	2. 0%	3. 4%	2. 1%
个人与他自身的关系	6. 5%	7. 9%	6. 6%
总计	99. 9%	100. 0%	100. 0%
列总计	1130	89	1219

* Chi-square test：sig = 0. 318 > 0. 05，所以信仰宗教和不信仰宗教的居民在对“对个人生活最具根本性意义的关系”的选择上没有显著差异。

C25 by A5

是否会为了得到好处而仿效他人不守道德 * 宗教信仰 Crosstabulation

	不信仰宗教	信仰宗教	总计
从来不这么做	76. 0%	83. 5%	76. 5%
通常不这么做，关键时刻会这么做	14. 1%	11. 0%	13. 8%
经常这么做	0. 9%		0. 8%
说不清	9. 1%	5. 5%	8. 8%
总计	100. 0%	100. 0%	100. 0%

续表

	不信仰宗教	信仰宗教	总计
列总计	1152	91	1243

* Chi-square test: sig = 0. 355 > 0. 05，所以信仰宗教和不信仰宗教的居民在对“是否会为了得到好处而仿效他人不守道德”的选择上没有显著差异。

C27 by A5

从网络中获得的信息对思想行为的影响 * 宗教信仰 Crosstabulation

	不信仰宗教	信仰宗教	总计
影响很大	4. 3%	6. 7%	4. 5%
有一些影响	29. 5%	31. 5%	29. 6%
不太影响	17. 7%	16. 9%	17. 7%
完全没有影响	4. 5%	5. 6%	4. 5%
不适用，因为不上网	44. 1%	39. 3%	43. 7%
总计	100. 0%	100. 0%	100. 0%
列总计	1146	89	1235

* Chi-square test: sig = 0. 746 > 0. 05，所以信仰宗教和不信仰宗教的居民在对“从网络中获得的信息对思想行为的影响”的评价上没有显著差异。

C28a by A5

坑蒙拐骗现象的严重程度 * 宗教信仰 Crosstabulation

	不信仰宗教	信仰宗教	总计
非常不严重	3. 4%	5. 5%	3. 6%
比较不严重	23. 9%	16. 5%	23. 4%
比较严重	50. 0%	53. 8%	50. 3%
非常严重	22. 6%	24. 2%	22. 7%
总计	100. 0%	100. 0%	100. 0%
列总计	1145	91	1236

* Chi-square test: sig = 0. 339 > 0. 05，所以信仰宗教和不信仰宗教的居民在对“坑蒙拐骗现象的严重程度”的选择上没有显著差异。

C28b by A5

人际关系冷漠，见危不救的严重程度 * 宗教信仰 Crosstabulation

	不信仰宗教	信仰宗教	总计
非常不严重	3. 7%	3. 3%	3. 6%

续表

	不信仰宗教	信仰宗教	总计
比较不严重	32. 0%	27. 5%	31. 6%
比较严重	49. 1%	53. 8%	49. 4%
非常严重	15. 3%	15. 4%	15. 3%
总计	100. 0%	100. 0%	100. 0%
列总计	1145	91	1236

* Chi-square test：sig = 0. 812 > 0. 05，所以信仰宗教和不信仰宗教的居民在对“人际关系冷漠，见危不救的严重程度”的看法上没有显著差异。

C28c by A5

诚信缺乏社会信用度低的严重程度 * 宗教信仰 Crosstabulation

	不信仰宗教	信仰宗教	总计
非常不严重	2. 9%	4. 4%	3. 0%
比较不严重	29. 2%	26. 7%	29. 0%
比较严重	54. 2%	55. 6%	54. 3%
非常严重	13. 7%	13. 3%	13. 7%
总计	100. 0%	100. 0%	100. 0%
列总计	1138	90	1228

* Chi-square test：sig = 0. 831 > 0. 05，所以信仰宗教和不信仰宗教的居民在对“诚信缺乏社会信用度低的严重程度”的评价上没有显著差异。

C28d by A5

很多人在公共场所缺乏公德，如大声喧哗、不排队、随地吐痰的严重程度 * 宗教信仰 Crosstabulation

	不信仰宗教	信仰宗教	总计
非常不严重	2. 6%		2. 4%
比较不严重	32. 6%	28. 9%	32. 3%
比较严重	48. 8%	50. 0%	48. 9%
非常严重	16. 0%	21. 1%	16. 4%
总计	100. 0%	100. 0%	100. 0%
列总计	1144	90	1234

* Chi-square test：sig = 0. 253 > 0. 05，所以信仰宗教和不信仰宗教的居民在对“很多人在公共场所缺乏公德，如大声喧哗、不排队、随地吐痰的严重程度”的评价上没有显著差异。

C28e by A5

自私自利，损人利己，物欲横流的严重程度＊ 宗教信仰 Crosstabulation

	不信仰宗教	信仰宗教	总计
非常不严重	2.8%	4.4%	2.9%
比较不严重	33.2%	33.3%	33.2%
比较严重	50.1%	46.7%	49.8%
非常严重	14.0%	15.6%	14.1%
总计	100.0%	100.0%	100.0%
列总计	1146	90	1236

＊Chi-square test：sig = 0.770 > 0.05，所以信仰宗教和不信仰宗教的居民在对“自私自利，损人利己，物欲横流的严重程度”的评价上没有显著差异。

C28f by A5

缺乏公正心和正义感的严重程度＊ 宗教信仰 Crosstabulation

	不信仰宗教	信仰宗教	总计
非常不严重	5.0%	5.6%	5.0%
比较不严重	37.0%	25.8%	36.1%
比较严重	47.3%	58.4%	48.1%
非常严重	10.8%	10.1%	10.7%
总计	100.0%	100.0%	100.0%
列总计	1142	89	1231

＊Chi-square test：sig = 0.168 > 0.05，所以信仰宗教和不信仰宗教的居民在对“缺乏公正心和正义感的严重程度”的评价上没有显著差异。

C28g by A5

缺乏羞耻感的严重程度＊ 宗教信仰 Crosstabulation

	不信仰宗教	信仰宗教	总计
非常不严重	5.9%	5.6%	5.8%
比较不严重	43.0%	37.8%	42.7%
比较严重	40.5%	40.0%	40.5%
非常严重	10.6%	16.7%	11.0%
总计	100.0%	100.0%	100.0%
列总计	1143	90	1233

＊Chi-square test：sig = 0.340 > 0.05，所以信仰宗教和不信仰宗教的居民在对“缺乏羞耻感的严重程度”的评价上没有显著差异。

C28h by A5

干部贪污受贿，以权谋利的严重程度 * 宗教信仰 Crosstabulation

	不信仰宗教	信仰宗教	总计
非常不严重	2.2%	2.2%	2.2%
比较不严重	17.7%	11.1%	17.2%
比较严重	42.1%	37.8%	41.8%
非常严重	38.0%	48.9%	38.8%
总计	100.0%	100.0%	100.0%
列总计	1127	90	1217

* Chi-square test: sig = 0.170 > 0.05，所以信仰宗教和不信仰宗教的居民在对“干部贪污受贿，以权谋利的严重程度”的评价上没有显著差异。

C28i by A5

生活奢侈，铺张浪费的严重程度 * 宗教信仰 Crosstabulation

	不信仰宗教	信仰宗教	总计
非常不严重	4.8%	2.2%	4.6%
比较不严重	30.9%	22.2%	30.3%
比较严重	47.2%	52.2%	47.6%
非常严重	17.1%	23.3%	17.6%
总计	100.0%	100.0%	100.0%
列总计	1135	90	1225

* Chi-square test: sig = 0.136 > 0.05，所以信仰宗教和不信仰宗教的居民在对“生活奢侈，铺张浪费的严重程度”的评价上没有显著差异。

C28j by A5

奉行功利主义，相互算计的严重程度 * 宗教信仰 Crosstabulation

	不信仰宗教	信仰宗教	总计
非常不严重	4.4%	3.4%	4.3%
比较不严重	38.6%	29.2%	37.9%
比较严重	45.9%	52.8%	46.4%
非常严重	11.2%	14.6%	11.4%
总计	100.0%	100.0%	100.0%
列总计	1138	89	1227

* Chi-square test: sig = 0.281 > 0.05，所以信仰宗教和不信仰宗教的居民在对“奉行功利主义，相互算计的严重程度”的评价上没有显著差异。

C28k by A5

企业损害社会利益的严重程度，如污染环境、以虚假广告误导公众等＊ 宗教信仰 Crosstabulation

	不信仰宗教	信仰宗教	总计
非常不严重	2.6%	3.4%	2.6%
比较不严重	22.1%	21.3%	22.1%
比较严重	53.0%	44.9%	52.5%
非常严重	22.3%	30.3%	22.9%
总计	100.0%	100.0%	100.0%
列总计	1135	89	1224

＊Chi-square test：sig = 0.308 > 0.05，所以信仰宗教和不信仰宗教的居民在对“企业损害社会利益的严重程度，如污染环境、以虚假广告误导公众等”的评价上没有显著差异。

C28l by A5

娱乐界以丑闻、绯闻炒作，污染社会风气的严重程度＊ 宗教信仰 Crosstabulation

	不信仰宗教	信仰宗教	总计
非常不严重	2.6%	1.2%	2.5%
比较不严重	32.4%	18.8%	31.4%
比较严重	47.9%	52.9%	48.2%
非常严重	17.2%	27.1%	17.9%
总计	100.0%	100.0%	100.0%
列总计	1049	85	1134

＊Chi-square test：sig = 0.019 < 0.05，所以信仰宗教和不信仰宗教的居民在对“娱乐界以丑闻、绯闻炒作，污染社会风气的严重程度”的评价上有显著差异。

C28m by A5

媒体缺乏社会责任，炒作新闻的严重程度＊ 宗教信仰 Crosstabulation

	不信仰宗教	信仰宗教	总计
非常不严重	3.4%	6.1%	3.6%
比较不严重	37.5%	25.6%	36.6%
比较严重	45.9%	51.2%	46.3%
非常严重	13.2%	17.1%	13.5%
总计	100.0%	100.0%	100.0%

续表

	不信仰宗教	信仰宗教	总计
列总计	1067	82	1149

* Chi-square test：sig = 0. 121 > 0. 05，所以信仰宗教和不信仰宗教的居民在对“媒体缺乏社会责任，炒作新闻的严重程度”的评价上没有显著差异。

C28n by A5

社会财富分配不公，贫富悬殊过大的严重程度 * 宗教信仰 Crosstabulation

	不信仰宗教	信仰宗教	总计
非常不严重	1. 6%	2. 2%	1. 6%
比较不严重	15. 8%	16. 7%	15. 9%
比较严重	47. 5%	35. 6%	46. 7%
非常严重	35. 1%	45. 6%	35. 9%
总计	100. 0%	100. 0%	100. 0%
列总计	1140	90	1230

* Chi-square test：sig = 0. 147 > 0. 05，所以信仰宗教和不信仰宗教的居民在对“社会财富分配不公，贫富悬殊过大的严重程度”的评价上没有显著差异。

C28o by A5

教师不尽职的严重程度 * 宗教信仰 Crosstabulation

	不信仰宗教	信仰宗教	总计
非常不严重	13. 8%	16. 9%	14. 0%
比较不严重	49. 9%	38. 2%	49. 1%
比较严重	26. 1%	36. 0%	26. 8%
非常严重	10. 2%	9. 0%	10. 1%
总计	100. 0%	100. 0%	100. 0%
列总计	1136	89	1225

* Chi-square test：sig = 0. 112 > 0. 05，所以信仰宗教和不信仰宗教的居民在对“教师不尽职的严重程度”的评价上没有显著差异。

C28p by A5

医生不守职业道德的严重程度 * 宗教信仰 Crosstabulation

	不信仰宗教	信仰宗教	总计
非常不严重	11. 6%	12. 4%	11. 6%

续表

	不信仰宗教	信仰宗教	总计
比较不严重	46.9%	38.2%	46.3%
比较严重	29.6%	36.0%	30.0%
非常严重	11.9%	13.5%	12.0%
总计	100.0%	100.0%	100.0%
列总计	1140	89	1229

* Chi-square test：sig = 0.442 > 0.05，所以信仰宗教和不信仰宗教的居民在对“医生不守职业道德的严重程度”的评价上没有显著差异。

C28q by A5

公众人物用知名度攫取财富的严重程度 * 宗教信仰 Crosstabulation

	不信仰宗教	信仰宗教	总计
非常不严重	6.0%	2.4%	5.8%
比较不严重	32.5%	20.0%	31.6%
比较严重	47.0%	58.8%	47.9%
非常严重	14.5%	18.8%	14.8%
总计	100.0%	100.0%	100.0%
列总计	1078	85	1163

* Chi-square test：sig = 0.029 < 0.05，所以信仰宗教和不信仰宗教的居民在对“公众人物用知名度攫取财富的严重程度”的评价上有显著差异。

C28r by A5

不爱国的严重程度 * 宗教信仰 Crosstabulation

	不信仰宗教	信仰宗教	总计
非常不严重	32.4%	33.7%	32.5%
比较不严重	44.3%	38.2%	43.9%
比较严重	14.9%	23.6%	15.6%
非常严重	8.3%	4.5%	8.0%
总计	100.0%	100.0%	100.0%
列总计	1132	89	1221

* Chi-square test：sig = 0.101 > 0.05，所以信仰宗教和不信仰宗教的居民在对“不爱国的严重程度”的评价上没有显著差异。

C28s by A5

两性关系过度开放导致婚姻不稳定的严重程度 * 宗教信仰 Crosstabulation

	不信仰宗教	信仰宗教	总计
非常不严重	5.3%	3.4%	5.1%
比较不严重	29.8%	28.1%	29.6%
比较严重	46.8%	47.2%	46.9%
非常严重	18.1%	21.3%	18.4%
总计	100.0%	100.0%	100.0%
列总计	1136	89	1225

* Chi-square test：sig = 0.770 > 0.05，所以信仰宗教和不信仰宗教的居民在对“两性关系过度开放导致婚姻不稳定的严重程度”的评价上没有显著差异。

C28t by A5

年轻人缺乏责任感，不孝敬父母的严重程度 * 宗教信仰 Crosstabulation

	不信仰宗教	信仰宗教	总计
非常不严重	8.7%	8.0%	8.6%
比较不严重	45.4%	42.0%	45.2%
比较严重	35.2%	37.5%	35.4%
非常严重	10.7%	12.5%	10.8%
总计	100.0%	100.0%	100.0%
列总计	1141	88	1229

* Chi-square test：sig = 0.892 > 0.05，所以信仰宗教和不信仰宗教的居民在对“年轻人缺乏责任感，不孝敬父母的严重程度”的评价上没有显著差异。

C28u by A5

父母和子女代沟问题严重，难以沟通的严重程度 * 宗教信仰 Crosstabulation

	不信仰宗教	信仰宗教	总计
非常不严重	8.4%	10.0%	8.5%
比较不严重	51.0%	37.8%	50.1%
比较严重	34.5%	41.1%	35.0%
非常严重	6.1%	11.1%	6.5%
总计	100.0%	100.0%	100.0%
列总计	1146	90	1236

* Chi-square test：sig = 0.058 > 0.05，所以信仰宗教和不信仰宗教的居民在对“父母和子女代沟问题严重，难以沟通的严重程度”的评价上没有显著差异。

C28v by A5

父母过度干涉子女的工作和生活的严重程度＊ 宗教信仰 Crosstabulation

	不信仰宗教	信仰宗教	总计
非常不严重	12.1%	17.8%	12.5%
比较不严重	60.3%	46.7%	59.3%
比较严重	23.9%	31.1%	24.4%
非常严重	3.7%	4.4%	3.7%
总计	100.0%	100.0%	100.0%
列总计	1142	90	1232

＊Chi-square test：sig = 0.082 > 0.05，所以信仰宗教和不信仰宗教的居民在对“父母过度干涉子女的工作和生活的严重程度”的评价上没有显著差异。

C28w by A5

老无所养，缺乏安全感的严重程度＊ 宗教信仰 Crosstabulation

	不信仰宗教	信仰宗教	总计
非常不严重	12.8%	11.4%	12.7%
比较不严重	44.3%	30.7%	43.3%
比较严重	32.6%	36.4%	32.9%
非常严重	10.3%	21.6%	11.1%
总计	100.0%	100.0%	100.0%
列总计	1144	88	1232

＊Chi-square test：sig = 0.004 < 0.05，所以信仰宗教和不信仰宗教的居民在“老无所养，缺乏安全感的严重程度”的评价上有显著差异。

C29a by A5

对于个人而言，家庭、社会和国家哪个排在第一位＊ 宗教信仰 Crosstabulation

	不信仰宗教	信仰宗教	总计
国家	51.6%	54.4%	51.8%
社会	2.6%	4.4%	2.8%
家庭	45.8%	41.1%	45.4%
总计	100.0%	100.0%	100.0%
列总计	1138	90	1228

＊Chi-square test：sig = 0.468 > 0.05，所以信仰宗教和不信仰宗教的居民在对“对于个人而言，家庭、社会和国家哪个排在第一位”的选择上没有显著差异。

C29b by A5

对于个人而言，家庭、社会和国家哪个排在第二位 * 宗教信仰 Crosstabulation

	不信仰宗教	信仰宗教	总计
国家	27.9%	22.5%	27.5%
社会	47.1%	56.2%	47.8%
家庭	25.0%	21.3%	24.7%
总计	100.0%	100.0%	100.0%
列总计	1136	89	1225

* Chi-square test：sig = 0.252 > 0.05，所以信仰宗教和不信仰宗教的居民在对“对于个人而言，家庭、社会和国家哪个排在第二位”的选择上没有显著差异。

C29c by A5

对于个人而言，家庭、社会和国家哪个排在第三位 * 宗教信仰 Crosstabulation

	不信仰宗教	信仰宗教	总计
国家	20.4%	22.5%	20.6%
社会	50.2%	39.3%	49.4%
家庭	29.3%	38.2%	30.0%
总计	99.9%	100.0%	100.0%
列总计	1135	89	1224

* Chi-square test：sig = 0.116 > 0.05，所以信仰宗教和不信仰宗教的居民在对“对于个人而言，家庭、社会和国家哪个排在第三位”的选择上没有显著差异。

C30a by A5

家庭成员之间发生冲突，您首先会选择哪种途径解决 * 宗教信仰 Crosstabulation

	不信仰宗教	信仰宗教	总计
诉诸法律，打官司	0.7%		0.6%
直接找对方沟通，但得理让人，适可而止	58.4%	60.4%	58.6%
通过第三方（如社会机构、朋友等）从中调解，尽量不伤和气	10.0%	7.7%	9.8%
能忍则忍	30.9%	31.9%	31.0%
总计	100.0%	100.0%	100.0%
列总计	1142	91	1233

* Chi-square test：sig = 0.760 > 0.05，所以信仰宗教和不信仰宗教的居民在对“家庭成员之间发生冲突，您首先会选择哪种途径解决”的选择上没有显著差异。

C30b by A5

朋友之间发生冲突，您首先会选择哪种途径解决＊ 宗教信仰 Crosstabulation

	不信仰宗教	信仰宗教	总计
诉诸法律，打官司	2.8%	2.2%	2.7%
直接找对方沟通，但得理让人，适可而止	49.8%	56.7%	50.3%
通过第三方（如社会机构、朋友等）从中调解，尽量不伤和气	29.2%	24.4%	28.9%
能忍则忍	18.2%	16.7%	18.1%
总计	100.0%	100.0%	100.0%
列总计	1126	90	1216

＊Chi-square test：sig = 0.653 > 0.05，所以信仰宗教和不信仰宗教的居民在对“朋友之间发生冲突，您首先会选择哪种途径解决”的选择上没有显著差异。

C30c by A5

同事之间发生冲突，您首先会选择哪种途径解决＊ 宗教信仰 Crosstabulation

	不信仰宗教	信仰宗教	总计
诉诸法律，打官司	2.3%	2.2%	2.3%
直接找对方沟通，但得理让人，适可而止	46.9%	40.4%	46.4%
通过第三方（如社会机构、朋友等）从中调解，尽量不伤和气	27.2%	32.6%	27.6%
能忍则忍	23.6%	24.7%	23.7%
总计	100.0%	100.0%	100.0%
列总计	1100	89	1189

＊Chi-square test：sig = 0.648 > 0.05，所以信仰宗教和不信仰宗教的居民在对“同事之间发生冲突，您首先会选择哪种途径解决”的选择上没有显著差异。

C30d by A5

商业伙伴之间发生冲突，您首先会选择哪种途径解决＊ 宗教信仰 Crosstabulation

	不信仰宗教	信仰宗教	总计
诉诸法律，打官司	48.6%	55.8%	49.1%
直接找对方沟通，但得理让人，适可而止	25.1%	26.7%	25.2%

续表

	不信仰宗教	信仰宗教	总计
通过第三方（如社会机构、朋友等）从中调解，尽量不伤和气	16.8%	9.3%	16.2%
能忍则忍	9.5%	8.1%	9.4%
总计	100.0%	100.0%	100.0%
列总计	1072	86	1158

* Chi-square test：sig = 0.279 > 0.05，所以信仰宗教和不信仰宗教的居民在对“商业伙伴之间发生冲突，您首先会选择哪种途径解决”的选择上没有显著差异。

C31 by A5

对当前我国伦理关系和道德风尚造成最大负面影响的因素 * 宗教信仰 Crosstabulation

	不信仰宗教	信仰宗教	总计
传统文化的崩坏	26.9%	25.0%	26.8%
外来文化的冲击	12.9%	12.5%	12.9%
市场经济导致的个人主义	44.2%	40.9%	44.0%
计算机网络技术的发展	12.0%	13.6%	12.2%
其他	3.9%	8.0%	4.2%
总计	100.0%	100.0%	100.0%
列总计	1097	88	1185

* Chi-square test：sig = 0.457 > 0.05，所以信仰宗教和不信仰宗教的居民在对“对当前我国伦理关系和道德风尚造成最大负面影响的因素”的选择上没有显著差异。

C32 by A5

成长中得到道德训练的最重要场所或机构 * 宗教信仰 Crosstabulation

	不信仰宗教	信仰宗教	总计
家庭	38.4%	47.8%	39.1%
学校	26.9%	20.0%	26.4%
社会（包括职业生活）	25.3%	21.1%	25.0%
国家或政府	6.0%	5.6%	6.0%
媒体	1.7%		1.5%
其他	1.7%	5.6%	1.9%
总计	100.0%	100.0%	100.0%

续表

	不信仰宗教	信仰宗教	总计
列总计	1143	90	1233

* Chi-square test：sig = 0. 035 < 0. 05，所以信仰宗教和不信仰宗教的居民在对“成长中得到道德训练的最重要的场所或机构”的选择上有显著差异。

C33a by A5

对政府官员的伦理道德状况的满意程度 * 宗教信仰 Crosstabulation

	不信仰宗教	信仰宗教	总计
非常不满意	18. 7%	23. 6%	19. 0%
比较不满意	35. 3%	37. 1%	35. 4%
比较满意	39. 7%	34. 8%	39. 4%
非常满意	6. 3%	4. 5%	6. 2%
总计	100. 0%	100. 0%	100. 0%
列总计	1130	89	1219

* Chi-square test：sig = 0. 561 > 0. 05，所以信仰宗教和不信仰宗教的居民在“对政府官员的伦理道德状况的满意程度”的评价上没有显著差异。

C33b by A5

对企业家的伦理道德状况的满意程度 * 宗教信仰 Crosstabulation

	不信仰宗教	信仰宗教	总计
非常不满意	8. 1%	8. 2%	8. 1%
比较不满意	37. 7%	48. 2%	38. 4%
比较满意	50. 9%	42. 4%	50. 3%
非常满意	3. 3%	1. 2%	3. 2%
总计	100. 0%	100. 0%	100. 0%
列总计	1117	85	1202

* Chi-square test：sig = 0. 205 > 0. 05，所以信仰宗教和不信仰宗教的居民在“对企业家的伦理道德状况的满意程度”的评价上没有显著差异。

C33c by A5

对演艺娱乐界的伦理道德状况的满意程度 * 宗教信仰 Crosstabulation

	不信仰宗教	信仰宗教	总计
非常不满意	13. 8%	22. 4%	14. 4%

续表

	不信仰宗教	信仰宗教	总计
比较不满意	40. 5%	42. 4%	40. 6%
比较满意	42. 2%	31. 8%	41. 4%
非常满意	3. 5%	3. 5%	3. 5%
总计	100. 0%	100. 0%	100. 0%
列总计	1054	85	1139

* Chi-square test：sig = 0. 103 > 0. 05，所以信仰宗教和不信仰宗教的居民在“对演艺娱乐界的伦理道德状况的满意程度”的评价上没有显著差异。

C33d by A5

对教师的伦理道德状况的满意程度 * 宗教信仰 Crosstabulation

	不信仰宗教	信仰宗教	总计
非常不满意	2. 9%	5. 6%	3. 1%
比较不满意	16. 3%	24. 7%	16. 9%
比较满意	64. 9%	48. 3%	63. 7%
非常满意	16. 0%	21. 3%	16. 3%
总计	100. 0%	100. 0%	100. 0%
列总计	1141	89	1230

* Chi-square test：sig = 0. 015 < 0. 05，所以信仰宗教和不信仰宗教的居民在“对教师的伦理道德状况的满意程度”的评价上有显著差异。

C33e by A5

对青少年的伦理道德状况的满意程度 * 宗教信仰 Crosstabulation

	不信仰宗教	信仰宗教	总计
非常不满意	2. 0%	2. 3%	2. 0%
比较不满意	23. 4%	29. 9%	23. 9%
比较满意	65. 0%	55. 2%	64. 3%
非常满意	9. 6%	12. 6%	9. 8%
总计	100. 0%	100. 0%	100. 0%
列总计	1139	87	1226

* Chi-square test：sig = 0. 331 > 0. 05，所以信仰宗教和不信仰宗教的居民在“对青少年的伦理道德状况的满意程度”的评价上没有显著差异。

C33f by A5

对弱势群体的伦理道德状况的满意程度 * 宗教信仰 Crosstabulation

	不信仰宗教	信仰宗教	总计
非常不满意	1.9%	1.2%	1.8%
比较不满意	21.2%	22.4%	21.3%
比较满意	68.5%	67.1%	68.4%
非常满意	8.4%	9.4%	8.5%
总计	100.0%	100.0%	100.0%
列总计	1119	85	1204

* Chi-square test: sig = 0.944 > 0.05，所以信仰宗教和不信仰宗教的居民在“对弱势群体的伦理道德状况的满意程度”的评价上没有显著差异。

C33g by A5

对自由职业者的伦理道德状况的满意程度 * 宗教信仰 Crosstabulation

	不信仰宗教	信仰宗教	总计
非常不满意	1.9%		1.8%
比较不满意	24.2%	24.4%	24.2%
比较满意	69.0%	69.8%	69.0%
非常满意	4.9%	5.8%	5.0%
总计	100.0%	100.0%	100.0%
列总计	1102	86	1188

* Chi-square test: sig = 0.619 > 0.05，所以信仰宗教和不信仰宗教的居民在“对自由职业者的伦理道德状况的满意程度”的评价上没有显著差异。

C33h by A5

对农民的伦理道德状况的满意程度 * 宗教信仰 Crosstabulation

	不信仰宗教	信仰宗教	总计
非常不满意	0.9%	1.1%	0.9%
比较不满意	10.1%	11.2%	10.2%
比较满意	68.4%	65.2%	68.1%
非常满意	20.7%	22.5%	20.8%
总计	100.0%	100.0%	100.0%
列总计	1138	89	1227

* Chi-square test: sig = 0.937 > 0.05，所以信仰宗教和不信仰宗教的居民在“对农民的伦理道德状况的满意程度”的评价上没有显著差异。

C33i by A5

对商人的伦理道德状况的满意程度＊ 宗教信仰 Crosstabulation

	不信仰宗教	信仰宗教	总计
非常不满意	7.5%	6.8%	7.5%
比较不满意	38.1%	48.9%	38.8%
比较满意	50.3%	38.6%	49.4%
非常满意	4.1%	5.7%	4.2%
总计	100.0%	100.0%	100.0%
列总计	1140	88	1228

＊Chi-square test：sig = 0.157 > 0.05，所以信仰宗教和不信仰宗教的居民在“对商人的伦理道德状况的满意程度”的评价上没有显著差异。

C33j by A5

对工人的伦理道德状况的满意程度＊ 宗教信仰 Crosstabulation

	不信仰宗教	信仰宗教	总计
非常不满意	0.4%		0.3%
比较不满意	9.2%	14.8%	9.6%
比较满意	76.9%	65.9%	76.1%
非常满意	13.5%	19.3%	14.0%
总计	100.0%	100.0%	100.0%
列总计	1137	88	1225

＊Chi-square test：sig = 0.105 > 0.05，所以信仰宗教和不信仰宗教的居民在“对工人的伦理道德状况的满意程度”的评价上没有显著差异。

C33k by A5

对专家学者的伦理道德状况的满意程度＊ 宗教信仰 Crosstabulation

	不信仰宗教	信仰宗教	总计
非常不满意	3.6%	5.8%	3.8%
比较不满意	15.9%	23.3%	16.4%
比较满意	67.6%	52.3%	66.5%
非常满意	12.9%	18.6%	13.3%
总计	100.0%	100.0%	100.0%
列总计	1107	86	1193

＊Chi-square test：sig = 0.039 < 0.05，所以信仰宗教和不信仰宗教的居民在“对专家学者的伦理道德状况的满意程度”的评价上有显著差异。

C331 by A5

对医生的伦理道德状况的满意程度＊ 宗教信仰 Crosstabulation

	不信仰宗教	信仰宗教	总计
非常不满意	5. 3%	10. 1%	5. 7%
比较不满意	23. 4%	29. 2%	23. 8%
比较满意	59. 4%	49. 4%	58. 6%
非常满意	11. 9%	11. 2%	11. 9%
总计	100. 0%	99. 9%	100. 0%
列总计	1149	89	1238

＊Chi-square test：sig = 0. 114 > 0. 05，所以信仰宗教和不信仰宗教的居民在“对医生的伦理道德状况的满意程度”的评价上没有显著差异。

C34 by A5

哪种因素应当对当今不良道德风尚负主要责任＊ 宗教信仰 Crosstabulation

	不信仰宗教	信仰宗教	总计
官员腐败	41. 7%	44. 8%	41. 9%
企业不讲诚信和损害社会利益	6. 7%	4. 6%	6. 6%
学校道德教育功能弱化	8. 3%	4. 6%	8. 1%
家庭伦理功能弱化	6. 1%	5. 7%	6. 1%
社会的不良影响	37. 1%	40. 2%	37. 3%
总计	99. 9%	99. 9%	100. 0%
列总计	1127	87	1214

＊Chi-square test：sig = 0. 665 > 0. 05，所以信仰宗教和不信仰宗教的居民在对“哪种因素应当对当今不良道德风尚负主要责任”的选择上没有显著差异。

C35 by A5

政府在制定政策和决策时是否充分考虑到伦理道德方面的要求＊ 宗教信仰 Crosstabulation

	不信仰宗教	信仰宗教	总计
是	57. 4%	58. 1%	57. 4%
否	42. 6%	41. 9%	42. 6%
总计	100. 0%	100. 0%	100. 0%
列总计	1119	86	1205

＊Chi-square test：sig = 0. 890 > 0. 05，所以信仰宗教和不信仰宗教的居民在对“政府在制定政策和决策时是否充分考虑到伦理道德方面的要求”的看法上没有显著差异。

C36 by A5

当前我国政府官员道德问题最严重的是＊ 宗教信仰 Crosstabulation

	不信仰宗教	信仰宗教	总计
贪污	35.5%	34.4%	35.4%
以权谋私	31.8%	35.6%	32.1%
受贿	6.0%	7.8%	6.2%
生活作风腐败	6.0%	5.6%	6.0%
官僚主义	3.5%	4.4%	3.5%
平庸、不作为	3.2%	3.3%	3.2%
政绩工程，折腾百姓	6.3%	3.3%	6.1%
铺张浪费	2.2%	1.1%	2.1%
拉帮结派	2.5%	1.1%	2.4%
其他	2.9%	3.3%	3.0%
总计	100.0%	100.0%	100.0%
列总计	1126	90	1216

＊Chi-square test：sig = 0.943 > 0.05，所以信仰宗教和不信仰宗教的居民在对“当前我国政府官员道德问题最严重的是”的选择上没有显著差异。

C37a by A5

对您思想行为影响第一重要的人＊ 宗教信仰 Crosstabulation

	不信仰宗教	信仰宗教	总计
政府官员	12.9%	7.0%	12.5%
企业家	2.0%	2.3%	2.0%
演艺明星、体育明星	0.5%		0.4%
教师	11.9%	10.5%	11.8%
知识精英	2.9%	1.2%	2.8%
自由撰稿人	0.2%		0.2%
农民	1.0%	2.3%	1.1%
工人	1.4%	1.2%	1.3%
先哲先贤	6.4%	9.3%	6.6%
父母	60.8%	66.3%	61.2%
总计	100.0%	100.0%	100.0%
列总计	1106	86	1192

＊Chi-square test：sig = 0.682 > 0.05，所以信仰宗教和不信仰宗教的居民在对“对您思想行为影响第一重要的人”的选择上没有显著差异。

C37b by A5

对您思想行为影响第二重要的人 * 宗教信仰 Crosstabulation

	不信仰宗教	信仰宗教	总计
政府官员	8.7%	7.1%	8.6%
企业家	5.2%	2.4%	5.0%
演艺明星、体育明星	1.8%	1.2%	1.8%
教师	43.2%	45.9%	43.4%
知识精英	5.5%	8.2%	5.7%
自由撰稿人	0.4%		0.4%
农民	6.2%	2.4%	5.9%
工人	3.3%	7.1%	3.6%
先哲先贤	7.8%	8.2%	7.8%
父母	17.9%	17.6%	17.9%
总计	100.0%	100.1%	100.1%
列总计	1037	85	1122

* Chi-square test：sig = 0.502 > 0.05，所以信仰宗教和不信仰宗教的居民在对“对您思想行为影响第一重要的人”的选择上没有显著差异。

C37c by A5

对您思想行为影响第三重要的人 * 宗教信仰 Crosstabulation

	不信仰宗教	信仰宗教	自己
政府官员	16.4%	17.9%	16.5%
企业家	4.3%	1.3%	4.1%
演艺明星、体育明星	5.2%	7.7%	5.4%
教师	15.8%	16.7%	15.8%
知识精英	12.9%	15.4%	13.1%
自由撰稿人	1.9%	1.3%	1.9%
农民	11.9%	10.3%	11.8%
工人	8.5%	10.3%	8.6%
先哲先贤	14.3%	11.5%	14.1%
父母	8.8%	7.7%	8.7%
总计	100.0%	100.1%	100.0%
列总计	977	78	1055

* Chi-square test：sig = 0.911 > 0.05，所以信仰宗教和不信仰宗教的居民在对“对您思想行为影响第三重要的人”的选择上没有显著差异。

C38a by A5

对形成我国当前各种新型伦理关系和道德观念，第一重要的因素 * 宗教信仰 Crosstabulation

	不信仰宗教	信仰宗教	总计
网络和媒体	41.0%	43.9%	41.2%
政府	32.7%	35.4%	32.9%
大学及其文化	7.4%	8.5%	7.5%
市场	8.8%	8.5%	8.8%
企业	1.4%		1.3%
社会团体	8.0%	3.7%	7.7%
其他	0.7%		0.7%
总计	100.0%	100.0%	100.0%
列总计	1089	82	1171

* Chi-square test：sig = 0.670 > 0.05，所以信仰宗教和不信仰宗教的居民在对“对形成我国当前各种新型伦理关系和道德观念，第一重要的因素”的选择上没有显著差异。

C38b by A5

对形成我国当前各种新型伦理关系和道德观念，第二重要的因素 * 宗教信仰 Crosstabulation

	不信仰宗教	信仰宗教	总计
网络和媒体	18.3%	22.5%	18.6%
政府	27.5%	22.5%	27.1%
大学及其文化	15.5%	15.0%	15.5%
市场	17.6%	21.3%	17.8%
企业	6.4%	5.0%	6.3%
社会团体	14.2%	13.8%	14.1%
其他	0.7%		0.6%
总计	100.0%	100.0%	100.0%
列总计	1052	80	1132

* Chi-square test：sig = 0.841 > 0.05，所以信仰宗教和不信仰宗教的居民在“对形成我国当前各种新型伦理关系和道德观念，第二重要的因素”的选择上没有显著差异。

C38c by A5

对形成我国当前各种新型伦理关系和道德观念，第三重要的因素＊ 宗教信仰 Crosstabulation

	不信仰宗教	信仰宗教	总计
网络和媒体	13.3%	7.6%	12.9%
政府	15.0%	15.2%	15.1%
大学及其文化	16.4%	19.0%	16.6%
市场	22.0%	25.3%	22.3%
企业	10.0%	8.9%	9.9%
社会团体	22.0%	21.5%	22.0%
其他	1.2%	2.5%	1.3%
总计	100.0%	100.0%	100.0%
列总计	1017	79	1096

＊Chi-square test：sig = 0.725 > 0.05，所以信仰宗教和不信仰宗教的居民在“对形成我国当前各种新型伦理关系和道德观念，第三重要的因素”的选择上没有显著差异。

C39a by A5

信息技术、网络技术的发展对伦理道德的影响＊ 宗教信仰 Crosstabulation

	不信仰宗教	信仰宗教	总计
变好了	30.5%	21.8%	29.8%
没有变化	9.5%	14.9%	9.9%
变差了	22.6%	26.4%	22.9%
说不清	37.4%	36.8%	37.4%
总计	100.0%	100.0%	100.0%
列总计	1123	87	1210

＊Chi-square test：sig = 0.178 > 0.05，所以信仰宗教和不信仰宗教的居民在对“信息技术、网络技术的发展对伦理道德的影响”的评价上没有显著差异。

C39b by A5

市场经济对我国伦理道德的影响＊ 宗教信仰 Crosstabulation

	不信仰宗教	信仰宗教	总计
变好了	31.2%	23.9%	30.7%
没有变化	12.1%	9.1%	11.9%
变差了	31.0%	42.0%	31.8%

续表

	不信仰宗教	信仰宗教	总计
说不清	25.7%	25.0%	25.7%
总计	100.0%	100.0%	100.0%
列总计	1134	88	1222

* Chi-square test：sig = 0.155 > 0.05，所以信仰宗教和不信仰宗教的居民在对“市场经济对我国伦理道德的影响”的评价上没有显著差异。

C39c by A5

西方文化对我国伦理道德的影响 * 宗教信仰 Crosstabulation

	不信仰宗教	信仰宗教	总计
变好了	17.7%	14.0%	17.4%
没有变化	13.2%	17.4%	13.5%
变差了	26.2%	25.6%	26.1%
说不清	43.0%	43.0%	43.0%
总计	100.0%	100.0%	100.0%
列总计	1115	86	1201

* Chi-square test：sig = 0.633 > 0.05，所以信仰宗教和不信仰宗教的居民在对“西方文化对我国伦理道德的影响”的评价上没有显著差异。

C40 by A5

如果国外报道与主流媒体宣传内容不一致，更倾向于相信 * 宗教信仰 Crosstabulation

	不信仰宗教	信仰宗教	总计
主流媒体	56.1%	46.7%	55.4%
国外报道	7.7%	11.1%	7.9%
谁都不相信，自己判断	24.0%	25.6%	24.1%
说不清	12.2%	16.7%	12.6%
总计	100.0%	100.0%	100.0%
列总计	1137	90	1227

* Chi-square test：sig = 0.262 > 0.05，所以信仰宗教和不信仰宗教的居民在对“如果国外报道与主流媒体宣传内容不一致，更倾向于相信”的选择上没有显著差异。

C41a by A5

自己会经常关心比自己不幸的人＊ 宗教信仰 Crosstabulation

	不信仰宗教	信仰宗教	总计
完全不符合	2.5%	5.6%	2.8%
不太符合	19.8%	10.1%	19.1%
比较符合	57.6%	64.0%	58.1%
完全符合	20.1%	20.2%	20.1%
总计	100.0%	100.0%	100.0%
列总计	1144	89	1233

＊Chi-square test：sig = 0.058 > 0.05，所以信仰宗教和不信仰宗教的居民在对“自己会经常关心比自己不幸的人”的自我评价上没有显著差异。

C41b by A5

有时不会同情他人的难处＊ 宗教信仰 Crosstabulation

	不信仰宗教	信仰宗教	总计
完全不符合	17.5%	21.3%	17.7%
不太符合	47.3%	50.6%	47.5%
比较符合	29.5%	20.2%	28.8%
完全符合	5.8%	7.9%	5.9%
总计	100.0%	100.0%	100.0%
列总计	1146	89	1235

＊Chi-square test：sig = 0.264 > 0.05，所以信仰宗教和不信仰宗教的居民在对“有时不会同情他人的难处”的自我评价上没有显著差异。

C41c by A5

在紧急情况下，会感到忧虑和不安＊ 宗教信仰 Crosstabulation

	不信仰宗教	信仰宗教	总计
完全不符合	5.2%	6.7%	5.3%
不太符合	18.6%	14.6%	18.3%
比较符合	60.0%	60.7%	60.0%
完全符合	16.3%	18.0%	16.4%
总计	100.0%	100.0%	100.0%
列总计	1137	89	1226

＊Chi-square test：sig = 0.745 > 0.05，所以信仰宗教和不信仰宗教的居民在对“在紧急情况下，会感到忧虑和不安”的自我评价上没有显著差异。

C41d by A5

在做决定前，会试着从每个人的立场去考虑问题 * 宗教信仰 Crosstabulation

	不信仰宗教	信仰宗教	总计
完全不符合	2.7%	2.2%	2.7%
不太符合	12.7%	15.7%	12.9%
比较符合	65.0%	65.2%	65.0%
完全符合	19.6%	16.9%	19.4%
总计	100.0%	100.0%	100.0%
列总计	1140	89	1229

* Chi-square test：sig = 0.811 > 0.05，所以信仰宗教和不信仰宗教的居民在对“在做决定前，会试着从每个人的立场去考虑问题”的自我评价上没有显著差异。

C41e by A5

当看到有人被利用时，有点想要保护他们 * 宗教信仰 Crosstabulation

	不信仰宗教	信仰宗教	总计
完全不符合	2.7%	1.1%	2.6%
不太符合	17.3%	14.6%	17.1%
比较符合	62.5%	61.8%	62.4%
完全符合	17.5%	22.5%	17.8%
总计	100.0%	100.0%	100.0%
列总计	1144	89	1233

* Chi-square test：sig = 0.510 > 0.05，所以信仰宗教和不信仰宗教的居民在对“当看到有人被利用时，有点想要保护他们”的自我评价上没有显著差异。

C41f by A5

当我情绪剧烈波动时，我往往还会感到无依无靠，不知如何是好 * 宗教信仰 Crosstabulation

	不信仰宗教	信仰宗教	总计
完全不符合	8.4%	6.7%	8.3%
不太符合	33.7%	30.3%	33.4%
比较符合	45.8%	48.3%	46.0%
完全符合	12.1%	14.6%	12.3%
总计	100.0%	100.0%	100.0%

续表

	不信仰宗教	信仰宗教	总计
列总计	1141	89	1230

* Chi-square test：sig = 0. 781 > 0. 05，所以信仰宗教和不信仰宗教的居民在对“当我情绪剧烈波动时，我往往还会感到无依无靠，不知如何是好”的自我评价上没有显著差异。

C41g by A5

我有时会试图站在他人的角度，以更好地理解我的朋友 * 宗教信仰 Crosstabulation

	不信仰宗教	信仰宗教	总计
完全不符合	1. 0%		1. 0%
不太符合	5. 7%	6. 7%	5. 7%
比较符合	72. 3%	66. 3%	71. 8%
完全符合	21. 0%	27. 0%	21. 4%
总计	100. 0%	100. 0%	100. 0%
列总计	1147	89	1236

* Chi-square test：sig = 0. 411 > 0. 05，所以信仰宗教和不信仰宗教的居民在对“我有时会试图站在他人的角度，以更好地理解我的朋友”的自我评价上没有显著差异。

C41h by A5

他人的不幸通常不会给自己带来很大的烦忧 * 宗教信仰 Crosstabulation

	不信仰宗教	信仰宗教	总计
完全不符合	7. 7%	9. 0%	7. 8%
不太符合	41. 4%	41. 6%	41. 4%
比较符合	43. 1%	33. 7%	42. 4%
完全符合	7. 8%	15. 7%	8. 4%
总计	100. 0%	100. 0%	100. 0%
列总计	1138	89	1227

* Chi-square test：sig = 0. 046 < 0. 05，所以信仰宗教和不信仰宗教的居民在对“他人的不幸通常不会给自己带来很大的烦忧”的自我评价上有显著差异。

C41i by A5

在观看电视剧或电影之后，会感觉到自己仿佛成为其中的一个角色＊宗教信仰 Crosstabulation

	不信仰宗教	信仰宗教	总计
完全不符合	17.2%	21.8%	17.6%
不太符合	33.4%	27.6%	33.0%
比较符合	35.5%	37.9%	35.7%
完全符合	13.8%	12.6%	13.7%
总计	99.9%	99.9%	100.0%
列总计	1131	87	1218

＊Chi-square test：sig = 0.570 > 0.05，所以信仰宗教和不信仰宗教的居民在对“在观看电视剧或电影之后，会感觉到自己仿佛成为其中的一个角色”的自我评价上没有显著差异。

C41j by A5

处在紧张情绪的状况中，会惊慌害怕＊宗教信仰 Crosstabulation

	不信仰宗教	信仰宗教	总计
完全不符合	9.4%	12.4%	9.6%
不太符合	35.3%	23.6%	34.4%
比较符合	45.1%	50.6%	45.5%
完全符合	10.2%	13.5%	10.4%
总计	100.0%	100.1%	99.9%
列总计	1139	89	1228

＊Chi-square test：sig = 0.143 > 0.05，所以信仰宗教和不信仰宗教的居民在对“处在紧张情绪的状况中，会惊慌害怕”的自我评价没有显著差异。

C41k by A5

当我看到别人受到不公正待遇的时候，通常不会同情他们＊宗教信仰 Crosstabulation

	不信仰宗教	信仰宗教	总计
完全不符合	24.4%	32.2%	25.0%
不太符合	53.8%	51.7%	53.7%
比较符合	18.3%	12.6%	17.9%
完全符合	3.4%	3.4%	3.4%
总计	99.9%	99.9%	100.0%

续表

	不信仰宗教	信仰宗教	总计
列总计	1146	87	1233

* Chi-square test：sig = 0. 325 > 0. 05，所以信仰宗教和不信仰宗教的居民在对“当我看到别人受到不公正待遇的时候，通常不会同情他们”的自我评价上没有显著差异。

C41l by A5

相信任何问题都有两面性，会试图从两个方面加以考虑 * 宗教信仰 Crosstabulation

	不信仰宗教	信仰宗教	总计
完全不符合	1. 1%		1. 1%
不太符合	6. 8%	7. 9%	6. 9%
比较符合	66. 8%	67. 4%	66. 8%
完全符合	25. 3%	24. 7%	25. 2%
总计	100. 0%	100. 0%	100. 0%
列总计	1144	89	1233

* Chi-square test：sig = 0. 763 > 0. 05，所以信仰宗教和不信仰宗教的居民在对“相信任何问题都有两面性，会试图从两个方面加以考虑”的自我评价上没有显著差异。

C41m by A5

当对某人很不耐烦的时候，通常会暂时站在他/她的位置上 * 宗教信仰 Crosstabulation

	不信仰宗教	信仰宗教	总计
完全不符合	5. 4%	7. 9%	5. 6%
不太符合	28. 6%	28. 1%	28. 5%
比较符合	55. 9%	53. 9%	55. 8%
完全符合	10. 1%	10. 1%	10. 1%
总计	100. 0%	100. 0%	100. 0%
列总计	1141	89	1230

* Chi-square test：sig = 0. 817 > 0. 05，所以信仰宗教和不信仰宗教的居民在对“当对某人很不耐烦的时候，通常会暂时站在他/她的位置上”的自我评价上没有显著差异。

C41n by A5

在读一个有趣的故事或者看一部电影的时候，会想象如果这些事情发生在自己身上，会是怎样的感受 * 宗教信仰 Crosstabulation

	不信仰宗教	信仰宗教	总计
完全不符合	8. 8%	12. 6%	9. 1%
不太符合	24. 0%	19. 5%	23. 7%
比较符合	52. 4%	49. 4%	52. 2%
完全符合	14. 8%	18. 4%	15. 1%
总计	100. 0%	100. 0%	100. 0%
列总计	1134	87	1221

* Chi-square test：sig = 0. 424 > 0. 05，所以信仰宗教和不信仰宗教的居民在对“在读一个有趣的故事或者看一部电影的时候，会想象如果这些事情发生在自己身上，会是怎样的感受”的自我评价上没有显著差异。

C41o by A5

当看到有人发生意外而急需帮助的时候，自己紧张得几乎精神崩溃 * 宗教信仰 Crosstabulation

	不信仰宗教	信仰宗教	总计
完全不符合	16. 9%	20. 5%	17. 1%
不太符合	40. 9%	46. 6%	41. 3%
比较符合	34. 4%	29. 5%	34. 1%
完全符合	7. 9%	3. 4%	7. 5%
总计	100. 0%	100. 0%	100. 0%
列总计	1145	88	1233

* Chi-square test：sig = 0. 264 > 0. 05，所以信仰宗教和不信仰宗教的居民在对“当看到有人发生意外而急需帮助的时候，自己紧张得几乎精神崩溃”的自我评价上没有显著差异。

C41p by A5

在批评他人之前，会尝试想象一下如果自己处于那个位置会是什么感受 * 宗教信仰 Crosstabulation

	不信仰宗教	信仰宗教	总计
完全不符合	4. 1%	2. 2%	4. 0%
不太符合	20. 4%	19. 1%	20. 3%
比较符合	62. 2%	68. 5%	62. 7%
完全符合	13. 3%	10. 1%	13. 0%

续表

	不信仰宗教	信仰宗教	总计
总计	100.0%	100.0%	100.0%
列总计	1138	89	1227

* Chi-square test：sig = 0.581 > 0.05，所以信仰宗教和不信仰宗教的居民在对“在批评他人之前，会尝试想象一下如果自己处于那个位置会是什么感受”的自我评价上没有显著差异。

C42 by A5

解决当前我国的公民道德和社会风尚问题，最关键的是 * 宗教信仰 Crosstabulation

	不信仰宗教	信仰宗教	总计
加强法制	36.7%	35.2%	36.6%
弘扬已有的优秀道德传统	21.5%	18.2%	21.3%
建设新的伦理道德的核心价值	10.6%	10.2%	10.6%
惩治官员腐败	16.5%	22.7%	17.0%
解决分配不公问题	11.6%	11.4%	11.6%
其他	2.9%	2.3%	2.9%
总计	100.0%	100.0%	100.0%
列总计	1119	88	1207

* Chi-square test：sig = 0.781 > 0.05，所以信仰宗教和不信仰宗教的居民在对“解决当前我国的公民道德和社会风尚问题最关键的是”的选择上没有显著差异。

C43 by A5

当前我国社会道德生活中最重要的元素 * 宗教信仰 Crosstabulation

	不信仰宗教	信仰宗教	总计
意识形态中所提倡的社会主义道德	29.7%	27.9%	29.5%
中国传统道德	46.8%	44.2%	46.6%
西方文化影响而形成的道德	2.4%	5.8%	2.7%
市场经济中形成的道德	20.0%	19.8%	20.0%
其他	1.1%	2.3%	1.2%
总计	100.0%	100.0%	100.0%
列总计	1106	86	1192

* Chi-square test：sig = 0.327 > 0.05，所以信仰宗教和不信仰宗教的居民在对“当前我国社会道德生活中最重要的元素”的选择上没有显著差异。

C44 by A5

对伦理关系和道德生活，您最向往和怀念的是 * 宗教信仰 Crosstabulation

	不信仰宗教	信仰宗教	总计
传统社会的伦理和道德（如仁、义、礼、智、信）	37.8%	33.3%	37.5%
战争年代为理想而献身的革命精神	13.4%	16.7%	13.7%
新中国成立后到“文化大革命”前的大公无私的集体主义精神	19.3%	21.1%	19.5%
追求个人利益的市场经济下的道德	5.3%	3.3%	5.2%
自由、平等、博爱的西方道德	24.0%	25.6%	24.2%
总计	100.0%	100.0%	100.0%
列总计	1123	90	1213

* Chi-square test：sig = 0.745 > 0.05，所以信仰宗教和不信仰宗教的居民在对“对伦理关系和道德生活，您最向往和怀念的是”的选择上没有显著差异。

C45 by A5

假设上司或老板是外国人，他/她侮辱了中国，但抗争会产生不利于自己的后果，您会选择 * 宗教信仰 Crosstabulation

	不信仰宗教	信仰宗教	总计
当面抗议	76.5%	72.5%	76.2%
保持沉默	23.5%	27.5%	23.8%
总计	100.0%	100.0%	100.0%
列总计	1125	91	1216

* Chi-square test：sig = 0.388 > 0.05，所以信仰宗教和不信仰宗教的居民在对“假设上司或老板是外国人，他/她侮辱了中国，但抗争会产生不利于自己的后果，您会怎么做”的选择上没有显著差异。

C46a by A5

当今中国社会最重要和最需要的排在第一位的德性 * 宗教信仰 Crosstabulation

	不信仰宗教	信仰宗教	总计
爱（仁爱、博爱、友爱）	38.7%	38.6%	38.7%
义（道义、义务）	3.2%	4.5%	3.3%
宽容	6.1%	5.7%	6.1%
责任	13.9%	19.3%	14.3%
正义或公正	12.6%	10.2%	12.4%

续表

	不信仰宗教	信仰宗教	总计
诚信	8.6%	5.7%	8.4%
忠恕	0.5%	1.1%	0.6%
理智	0.7%		0.7%
节制	0.3%		0.2%
谦让	1.0%	3.4%	1.2%
恭敬	0.2%	1.1%	0.2%
勇敢	0.3%	1.1%	0.3%
正直	3.2%	3.4%	3.2%
善良	3.4%	1.1%	3.2%
力行或知行合一	0.4%		0.3%
教养	2.1%		2.0%
孝悌	4.2%	3.4%	4.1%
气节	0.4%		0.3%
中庸	0.1%		0.1%
敬业	0.2%	1.1%	0.2%
总计	100.0%	100.0%	100.0%
列总计	1126	88	1214

* Chi-square test：sig = 0.347 > 0.05，所以信仰宗教和不信仰宗教的居民在对“当今中国社会最重要和最需要的排在第一位的德性”的选择上没有显著差异。

C46b by A5

当今中国社会最重要和最需要的排在第二位的德性 * 宗教信仰 Crosstabulation

	不信仰宗教	信仰宗教	总计
爱（仁爱、博爱、友爱）	8.3%	12.5%	8.6%
义（道义、义务）	17.0%	22.7%	17.4%
宽容	11.4%	4.5%	10.9%
责任	15.7%	14.8%	15.7%
正义或公正	10.1%	9.1%	10.0%
诚信	10.2%	9.1%	10.1%
忠恕	1.1%	1.1%	1.1%
理智	2.1%	2.3%	2.1%
节制	0.4%		0.4%
谦让	2.9%	5.7%	3.1%

续表

	不信仰宗教	信仰宗教	总计
恭敬	0.7%		0.7%
勇敢	0.5%		0.5%
正直	4.2%	4.5%	4.2%
善良	6.5%	4.5%	6.4%
力行或知行合一	0.1%		0.1%
教养	3.5%	2.3%	3.4%
孝悌	3.7%	4.5%	3.7%
气节	0.4%	1.1%	0.4%
中庸	0.2%		0.2%
敬业	1.1%	1.1%	1.1%
总计	100.0%	100.0%	100.0%
列总计	1119	88	1207

* Chi-square test：sig = 0.833 > 0.05，所以信仰宗教和不信仰宗教的居民在对“当今中国社会最重要和最需要的排在第二位的德性”的选择上没有显著差异。

C46c by A5

当今中国社会最重要和最需要的排在第三位的德性 * 宗教信仰 Crosstabulation

	不信仰宗教	信仰宗教	总计
爱（仁爱、博爱、友爱）	5.1%	2.3%	4.9%
义（道义、义务）	4.7%	5.7%	4.8%
宽容	16.9%	25.3%	17.5%
责任	14.3%	11.5%	14.1%
正义或公正	10.3%	8.0%	10.2%
诚信	16.3%	13.8%	16.1%
忠恕	0.8%	2.3%	0.9%
理智	3.5%	1.1%	3.3%
节制	0.8%	2.3%	0.9%
谦让	4.3%	3.4%	4.3%
恭敬	0.6%		0.6%
勇敢	2.4%		2.3%
正直	4.2%	2.3%	4.1%
善良	7.1%	5.7%	7.0%
力行或知行合一	0.1%	3.4%	0.3%

续表

	不信仰宗教	信仰宗教	总计
教养	4.1%	8.0%	4.4%
孝悌	2.6%	2.3%	2.6%
气节	0.4%	1.1%	0.5%
中庸	0.2%		0.2%
敬业	1.2%	1.1%	1.2%
总计	100.0%	100.0%	100.0%
列总计	1113	87	1200

* Chi-square test：sig = 0.000 < 0.05，所以信仰宗教和不信仰宗教的居民在对“当今中国社会最重要和最需要的排在第三位的德性”的选择上有显著差异。

C46d by A5

当今中国社会最重要和最需要的排在第四位的德性 * 宗教信仰 Crosstabulation

	不信仰宗教	信仰宗教	总计
爱（仁爱、博爱、友爱）	3.9%	3.4%	3.9%
义（道义、义务）	3.4%	1.1%	3.3%
宽容	10.1%	8.0%	9.9%
责任	12.1%	14.9%	12.4%
正义或公正	8.7%	4.6%	8.4%
诚信	11.3%	16.1%	11.7%
忠恕	1.5%	1.1%	1.4%
理智	3.6%	4.6%	3.7%
节制	1.5%	1.1%	1.4%
谦让	5.1%	1.1%	4.8%
恭敬	0.9%	5.7%	1.3%
勇敢	3.4%	9.2%	3.9%
正直	8.3%	6.9%	8.2%
善良	10.2%	8.0%	10.0%
力行或知行合一	0.7%		0.7%
教养	6.9%	3.4%	6.6%
孝悌	4.2%	3.4%	4.1%
气节	0.6%	3.4%	0.8%
中庸	0.4%		0.3%
敬业	3.2%	3.4%	3.2%

续表

	不信仰宗教	信仰宗教	总计
总计	100.0%	100.0%	100.0%
列总计	1103	87	1190

* Chi-square test：sig = 0.003 < 0.05，所以信仰宗教和不信仰宗教的居民在对“当今中国社会最重要和最需要的排在第四位的德性”的选择上有显著差异。

C46e by A5

当今中国社会最重要和最需要的排在第五位的德性 * 宗教信仰 Crosstabulation

	不信仰宗教	信仰宗教	总计
爱（仁爱、博爱、友爱）	4.7%	6.9%	4.9%
义（道义、义务）	2.3%	2.3%	2.3%
宽容	7.4%	9.2%	7.5%
责任	7.5%	6.9%	7.5%
正义或公正	7.1%	10.3%	7.3%
诚信	11.0%	11.5%	11.0%
忠恕	1.0%	2.3%	1.1%
理智	5.4%	3.4%	5.2%
节制	2.0%	2.3%	2.0%
谦让	5.4%	3.4%	5.2%
恭敬	1.5%	2.3%	1.5%
勇敢	4.6%	8.0%	4.9%
正直	6.9%	10.3%	7.2%
善良	9.9%	6.9%	9.7%
力行或知行合一	2.2%		2.0%
教养	6.8%	3.4%	6.6%
孝悌	5.1%	3.4%	5.0%
气节	1.9%	2.3%	1.9%
中庸	0.7%	1.1%	0.8%
敬业	6.7%	3.4%	6.5%
总计	100.1%	99.6%	100.1%
列总计	1101	87	1188

* Chi-square test：sig = 0.755 > 0.05，所以信仰宗教和不信仰宗教的居民在对“当今中国社会最重要和最需要的排在第五位的德性”的选择上没有显著差异。

后　记
数字写春秋

纤弱婉约而又婀娜多姿的数字从现身于茫茫宇宙的那一刻，便携带了太多的神奇密码。十个阿拉伯数字仅用了前七个，配上某些标识抑扬顿挫的符号，呆板的信息立马好似被赋予上帝所吹的那口灵气而成为变幻无穷的音乐。人们对数字如此信赖和崇拜，据说寻找外星人最重要的地球符号便是数字。不过，数字的灵性来自人赋予的意义，数字的无穷魅力在于其排列组合所表征的那个或隐或显的大千世界。呈现于眼前的这个偌大的数据库是由图或表组合的数字王国，它的特异之处在于，以伦理道德为主角，演绎着一个可道而又不可道的精神的王国，背后透迤的是改革开放 40 年激荡在精神世界苍穹所写意的春秋诗篇。这是一个数字呈现的火红时代的精神春秋，当然也包括呈现它的学者及其团队拔节成长的生命春秋。数字写春秋，既是本书的主题，也是创造它的人们的宏愿，只是无论春江水暖，还是秋意阑珊，我们都期待一次灵魂的缠绵。

改革开放 40 年，留下的不只是被某些固守帝国心态的西方人视为“威胁”的经济奇迹，更留下了一个跌宕起伏的精神世界，只是这个世界难以触摸，不仅因为它因其静水流深，更因为这个世界是由无数星辰构成的浩瀚宇宙，没有博大的视界和具有穿透力的思想难以发现其一泻千里的银河和作为宇宙星标的北斗。“四十而不惑”，改革开放已经到达不惑之境，对它的认知和呈现能否“不惑”，如何“不惑”，这不仅是对我们的学术能力的考验，也是对我们学术抱负的考验。为了迈向“不惑”，十年前，在改革开放的“而立”之年，我们东南大学的伦理学团队便开启“而立”之行，通过大规模全国调查，描绘和演绎这个时代伦理道德发展的精神史。历史机遇让我们在漫游思辨王国的同时打开了数字世界的大门，我们决心以最具确定性的数字写意最不具确定性的精神。这是一个浩大、枯燥而又考量耐力的艰苦工程，不仅每一次调查都是一次伦理关系与道德生活的精神体检，而且只有通过多次调查所获得的大数据的链接，才能触摸精神世界脉动的旋律。马克思说，伦理道德是物质生活条件的反映；黑格尔说，伦理道德是绝对精神的客观形态，家庭、社会和国家都是它的外化。伦理道德到底是物质世界的追随者还是生活世界的创造者？我们决定通过数字倾听和体验这一来自两个世界的天籁之音。伴随改革开放，伦理道德到底是“滑坡”，是“爬坡”，还是“永远在路上”？数字向我们展示了被激扬的社会情绪的不息旋律，也展示了经过反思的理性乐章，更有潜藏于高亢情绪和深沉理性背后的那种“天不变道亦不变”的伦理型文化的本能和基因。它让我们坚定了一种追求和抱负，至少坚定了一种信念：以数字展现这个伟大时代到达不惑之境的伦理道德的精神世界及其成长历史，从而为民族精神发展提供集体记忆力；为学术研究提供客观依据；为党和政府治国理政提供科学信息。

历史是人类在生命成长中踏成的康庄大道。在这条大道上，有人欢马叫的缤纷，有对身后足迹的眷念，更有一往无前通向远方的行进。黑格尔将历史分为三种，记事的历史，反省的历史，精神的历史，其中只有精神的历史才具有哲学意义。黑格尔的历史观当然具有绝对精神的偏见，但三种历史的自觉确实具有启发意义。这皇皇数十卷的数据库对改革开放40年的伦理道德发展具有记事意义，借此可以对中国伦理道德发展进行历史反思，同时由它们所构成的信息链和数据流既呈现了改革开放40年，从中也可以透视整个中国伦理道德发展的精神哲学规律，因而具有深刻的精神史意义。在由“记事的历史”向“反省的历史”和“精神的历史”的不断提升中，我们期待着学术发现和学术慧见。这个数据库呈现的不仅是改革开放40年伦理道德发展的春秋史，它的建构过程，也是我们这个团队在改革开放中成长的春秋史。三轮全国调查、四轮江苏调查，从2007年到2017年，十年生命节律不仅呈现了改革开放从“三十而立”到“四十而不惑”的伦理道德的发展史，而且也呈现了东南大学伦理学团队和社会学团队，以及与之相关的其他学术团队，从对中国伦理道德国情包括对调查研究方法从无知到知，从知之不多到走向专业化的成长之路。在学术和学科成长的过程中，如果说2007年伦理学团队展开的全国和江苏调查是少年期，2013年伦理学与社会学团队会合而进行的大调查是青春期，那么2017年的大调查便是成熟期，标志着我们的伦理道德国情研究跟随改革开放同步进入“不惑”之境，其间2015年道德发展高端智库和道德发展研究院的成立，是由青春期的躁动走向“不惑”期的成熟的标志。在这个过程中，不仅伦理学与社会学的整合、东南大学与中国人民大学、北京大学等专业调查组织的合作显现学科发展的改革与开放的气派，而且思辨研究和实证研究的深度切合，宣示追求“顶天立地”的“不惑”，并由此迈向“知天命”即履行自己的学术天命的学术征程。

也许有人认为，我们的持续大调查和建立数据库的努力，暗合了当今人文科学的社会科学化及其走向应用的国际趋势。坦率地说，每每听到这类评价，我总是保持高度的警惕和紧张。不错，大数据的建立和运用是当今包括人文科学在内的一切科学发展的重要趋势，国际顶尖的学术机构如哈佛大学的人文科学研究，借助社会科学方法的移植也确实取得了某些突破性进展。但人文科学的“社会科学化”确实必须警惕，两种学科之间的区分，不仅是数据的运用与否，更重要的是理想主义与现实主义两种不同取向，如果失去理想主义，失去意义世界建构的追求，人文科学最终将因“还俗”而失去自身。当今人文科学研究和人的精神世界“祛魅”的现代病，与人文科学被“化”或社会科学对人文科学的僭越存在深刻关联。西方世界运用数学和数据分析的方法进行的学术研究，在经济学等领域占主导地位，有很强的科学性与客观性，但其潜在的问题也已经被发现，经济学领域对人的经济行为的非经济分析已经预示一种新智慧的出现。与之相关的另一种“社会科学化”是所谓“应用研究”。与社会科学相比，人文科学相当程度上指向人的精神世界，其价值是“以无用求大用”。当然，人文科学也应当并且必须服务于国家重大需求，但直接而过度的应用导向同样会使人文科学难以完成自己的学术天命。在这个西方学术掌控话语权与评价权的时代，学术研究的方法和取向很容易以西方学术趋势为趋势，然而事实已经证明，西方学术已经面临难题，甚至正遭遇危机。

2010 年我在伦敦国王学院做访问教授时，曾对大英图书馆和伦敦国王学院图书馆的伦理学藏书做过一次比较全面的检索，试图发现和描绘西方伦理学发展的趋势。结果令我惊讶不已，自 20 世纪 70 年代以来，西方伦理学确实发生走向应用的重大转向，其中 20 世纪 90 年代和 21 世纪初是一个重要拐点，所有藏书中经济伦理、商务伦理、法伦理、伦理心理学等应用类藏书大幅度增加，与之相反，理论研究与历史研究的著作逐年减少，并且越来越少。图书馆折射的不仅是藏书，更是知识生产的状况。这一特点确实是西方趋势，但现实的并不是合理的，它表明，西方学术研究发展已经形成一种断裂带甚至走到悬崖边，宏大高远的理论研究和理论建构，让位于就事论事的问题研究，长此以往，将对文化传承和学术发展以及人的精神世界及其完整性产生深远影响。面对这一“西方趋向”，我们的选择不是跟风，而是保持一份清醒和警惕，以一种学术创新和学术自信宣告：在西方学术的断裂处，我们来了！应该说，这是中国学术发展的一次真正走向世界和赢得话语权的机遇，其中的关键在于，我们是否有足够的卓识和担当。

为此，无论是建立数据库，还是在运用数据库进行研究的过程中，我们都有一份学术清醒，将“热点”和“前沿”分开，将思辨研究和实证研究紧密结合。我们的努力不只是通过数据链和信息流发现和揭示伦理道德发展的事实，更不只是追随“热点”，而是由此寻找和追踪伦理道德发展的前沿，进行前沿性的理论研究和现实研究。我们追求的境界是“顶天立地”，“顶天”即尖端性的理论研究，“立地”即扎实而科学的调查研究，然而理论研究与现实研究、“顶天”与“立地”并不是两个过程，因为前沿和尖端并不存在于理论演绎中，甚至并不只存在于对以往研究的文献综述中，而是存在于现实、存在于生活世界中。这就是数据的意义，也是我们调查研究和建立数据库的意义。通过调查研究和数据分析，作出新发现新解释，甚至发出具有诊断意义的预警，由此进行前沿性的理论研究和理论建构，这是我们进行调查研究和建立数据库的学术追求。这种独特追求的要义就是：在这个不断变化的世界和不断推进的学术发展中，自己谱写自己的学术春秋。

演绎改革开放40年伦理道德发展的精神史的春秋，见证学术团队和学术研究成长史的春秋，自己谱写自己的学术春秋，一言蔽之，这套千万言的数据库和分析报告的要义就是：数字写春秋！

樊　浩

2018年9月10日